Nichtlineare Dynamik und Chaos

Eine Einführung

Von Dr. rer. nat. Wolfgang Metzler
Universität Gesamthochschule Kassel

 B. G. Teubner Stuttgart · Leipzig 1998

Dr. rer. nat. Wolfgang Metzler

Geboren 1949 in Gersfeld/Rhön. Von 1969 bis 1975 Studium der Mathematik und Physik an der Universität Marburg. 1980 Promotion an der Universität Gesamthochschule Kassel. Zwei Jahre wiss. Mitarbeiter beim Zweiten Deutschen Fernsehen. Seit 1979 wiss. Angestellter im Fachbereich Mathematik/Informatik an der Universität Kassel, zunächst als Geschäftsführer der Forschungsgruppe Mathematisierung und danach als wissenschaftlicher Bediensteter mit Lehraufträgen in der angewandten Mathematik und in der Mathematikausbildung anderer naturwissenschaftlicher Studiengänge. Forschungsschwerpunkt: Dynamische Systeme und Chaos.

Titelbild © IBM Deutschland GmbH 1985

Die Deutsche Bibliothek – CIP-Einheitsaufnahme

Metzler, Wolfgang:
Nichtlineare Dynamik und Chaos : eine Einführung / von Wolfgang Metzler. – Stuttgart ; Leipzig : Teubner, 1998
  (Teubner-Studienbücher : Mathematik)
  ISBN-13: 978-3-519-02391-3 e-ISBN-13: 978-3-322-80098-5
  DOI: 10.1007/978-3-322-80098-5

Das Werk einschließlich aller seiner Teile ist urheberrechtlich geschützt. Jede Verwertung außerhalb der engen Grenzen des Urheberrechtsgesetzes ist ohne Zustimmung des Verlages unzulässig und strafbar. Das gilt besonders für Vervielfältigungen, Übersetzungen, Mikroverfilmungen und die Einspeicherung und Verarbeitung in elektronischen Systemen.

© 1998 B. G. Teubner Stuttgart · Leipzig

Gesamtherstellung: Druckhaus Beltz, Hemsbach/Bergstraße

Vorwort

Chaos ist *eine* Ausdrucksform nichtlinearer dynamischer Systeme, so daß der mathematisch geschulte Leser die Chaostheorie in einem systematischen Aufbau nicht am Anfang sondern irgendwann später erwarten würde, wenn ein möglichst allgemeines begriffliches Umfeld zur Verfügung steht, in dem der Chaosbegriff und Eigenschaften chaotischer Systeme durch geeignete Spezifikationen gewonnen werden können. Ich habe einen anderen Aufbau gewählt, und das hat im wesentlichen zwei Gründe: Erstens möchte ich Sie als Leser dieses Buches gewinnen, also darf ich nicht zu kompliziert beginnen, und es muß für Sie spannend bleiben, den Text verstehen zu wollen. Zweitens sind die meisten der Ergebnisse aus dem ersten Teil jünger als die des zweiten Teils. Viele Fragen, die dort beantwortet werden, konnten erst in den letzten Jahrzehnten aufgrund experimenteller Befunde gestellt werden und wurden erst möglich durch die rasante Weiterentwicklung unserer Computer, insbesondere ihrer Geschwindigkeit und Speicherkapazitäten.

Teil 1 des Buches behandelt ausschließlich die dynamischen Eigenschaften von Selbstabbildungen auf Intervallen der reellen Achse, also eine „1-dimensionale" Theorie, die vornehmlich in den vergangen 35 Jahren entwickelt worden und eng verknüpft ist mit den Arbeiten von E. N. Lorenz, R. M. May, M. Feigenbaum, J.-P. Eckmann, P. Collet, D. Ruelle und J. Guckenheimer. Ihre Resultate sind vergleichsweise jung, und manchmal war es nicht einfach, sie auszuwerten und so aufeinander abzustimmen, daß ein eigenständiges mathematisches Konzept zur Beschreibung und Beurteilung chaotischen Verhaltens entstand, das sich von den eingeführten Lehrbüchern von Collet und Eckmann aus dem Jahr 1980 und von Devaney aus 1986 abhebt.

Die Mathematik tat sich in den beiden letzten Jahrzehnten schwer, sich eine Theorie des Chaos als möglichen Bestandteil ihrer selbst vorzustellen. Viele experimentelle Resultate wurden von ihr voreilig als „nicht theoriefähig" eingestuft, während auf der anderen Seite, vornehmlich in den angewandten Naturwissenschaften, von Naturforschern, Wirtschaftswissenschaftlern und Philosophen, und nicht zuletzt von Journalisten und den Medien über die dritte naturwissenschaftliche Revolution unseres Jahrhunderts nach der Relativitätstheorie und der Quantenmechanik spekuliert wurde. Ich selbst habe diese kontroverse Situation miterlebt, sie hat mein wissenschaftliches Arbeiten geprägt, und Sie verspüren sicher bereits nach dreißig bis vierzig Seiten, mit welchem Engagement ich Sie für nichtlineare Dynamik und Chaos begeistern möchte.

Man bemerkt auch, daß ich einige der Protagonisten der Chaostheorie persönlich erlebt habe, und aus diesem persönlichen Berührtsein bezieht das Buch seine Spannung: Zum einen erzähle ich Ihnen eine (hoffentlich) interessante Geschichte und versuche, Ihre Neugierde immer von Neuem zu wecken. Zum anderen lernen Sie dadurch ein Stück mathematischer Theorie kennen, und zwar mit der gewohnten

Sorgfalt und Präzision in Begriffsbildungen und mathematischen Schlußweisen. Um Sie, lieber Leser und liebe Leserin, nicht mutlos werden zu lassen, vermeide ich große gedankliche Sprünge und gebe Ihnen ungewohnt viele Anmerkungen, kleine Hilfestellungen und versorge Sie mit Hintergrundwissen und Verweisen, insbesondere bei manchen Begründungen und Beweisen, die man ohne Anpassungsprobleme an anderer Stelle nachlesen kann. Dennoch enthält der Text viele Rätsel, nicht nur in den Übungsaufgaben, sondern auch in manchen bis heute offen gebliebenen Fragen aus der mathematischen Forschung.

Zum ersten Teil des Buches möchte ich noch auf zwei Themen besonders hinweisen. Zum einen, auf A. N. Šarkovskiis bedeutende Arbeit aus dem Jahr 1964, in der er eine erschöpfende Auskunft über die Existenz sämtlicher möglichen periodischen Orbits von stetigen Selbstabbildungen der reellen Achse gibt. Dies ist ein bemerkenswertes Resultat, das keine Entsprechung im Mehrdimensionalen hat und cirka zehn Jahre nach Erscheinen erneut Bedeutung erlangte, als man begann, sogenannte Wege ins Chaos zu erforschen (Abschnitt 4). Und zweitens auf eine äquivalente Beschreibung von mathematischem Chaos mit Hilfe des sogenannten Hufeisens (Abschnitt 6), die zurückgeht auf Arbeiten von S. Smale in den 60-er Jahren. Die Existenz eines Hufeisens ist dimensions- und geometrieunabhängig und wird im zweiten Teil des Buches zu einem immer wiederkehrenden Strukturmerkmal chaotischer Dynamik.

Teil 2 behandelt zunächst chaotische Dynamiken höherdimensionaler Modellsysteme mit den Techniken aus dem ersten Teil (Abschnitt 10). Danach verlassen wir metrische Räume und seltsame Attraktoren, und an ihre Stelle treten hyperbolische Mengen auf Mannigfaltigkeiten, zunächst für Diffeomorphismen (Abschnitte 11 bis 13) und schließlich für kontinuierliche Flüsse, wo wir exemplarisch Hamiltonsche Flüsse auf symplektischen Mannigfaltigkeiten und geodätische Flüsse auf Flächen mit negativer Krümmung studieren. Sie dienen uns als Stellvertreter für sogenanntes *weiches* beziehungsweise *hartes Chaos*, charakterisiert durch positive Lyapunov-Exponenten beziehungsweise durch Isomorphie zu stochastischen Prozessen (15. und letzter Abschnitt). Trotz der nicht geringen Seitenzahl ist das Buch doch nur ein Einführungstext, am Schluß läßt es den Leser mit mehr offenen als gelösten Fragen zurück.

Ich möchte vielen Menschen danken. Zunächst meinem verstorbenen Freund, Chef und Kollegen, Prof. Friedrich Wille. Er hat mir immer wieder den Rücken freigehalten, wenn ich mich, vornehmlich in den Jahren von 1985 bis 1993, mit experimentellen Fragestellungen über chaotische Dynamik und fraktale Strukturbildung beschäftigte, was auch zur Folge hatte, daß ich mich manchmal nicht gut in die universitäre Ordnung einfügen wollte und manchen sogar dazu veranlaßte, daran zu zweifeln, ob ich überhaupt irgend etwas mit *dem Mathematiker* gemeinsam hätte. Ein klein wenig beeinflußt von fernöstlicher Kultur neige ich dazu, zu glauben, daß Friedrich Wille sich in seinem jetzigen Leben sehr über dieses Buch freut. Mein

Dank gilt auch Prof. Otto E. Rössler aus Tübingen, den ich Mitte der 80-er Jahre kennenlernte und der für mich Chaos lebt(e). Er hat mir viel Mut gegeben. Und ich habe auch die zahlreichen Workshops und Diskussionen mit meinen „Tübinger Freunden" Joachim Peinke, Jürgen Parisi, Michael Klein, Gerold Baier und den Kollegen aus der Forschungsgruppe *Engadyn* nicht vergessen, nicht zuletzt deshalb, weil wir in der Regel in zauberhafter Umgebung in den französischen Alpen gemeinsam gearbeitet haben.

Um ehrlich zu sein, auch die zahlreichen Vorträge, Ausstellungen und Buchprojekte der Bremer Forschungsgruppe um Prof. Heinz Otto Peitgen stachelten mich immer wieder an. Danken möchte ich meinen früheren Mitarbeitern W. Beau, W. Frees, A. Überla, A. Brelle und K. D. Schmidt, mit denen ich viele Jahre lang gemeinsam zahlreiche Arbeiten veröffentlicht und Vorträge vorbereitet habe, die sich zum Teil in diesem Buchprojekt wiederfinden. Besonders danken möchte ich Reiner Pilgram, der mit der ihm eigenen Sorgfalt an einem Exposé für dieses Buch mitgearbeitet hat. Meinen Studenten gilt ebenfalls Dank, stellvertretend Volker Messerschmidt, Carsten und Matthias Weller und Claudia Lorenz, an denen ich zuletzt das Manuskript noch einmal ausprobiert habe. Von ihnen stammen auch einige der Grafiken, die auf Computerexperimenten beruhen. Danke dafür.

Nicht zustande gekommen wäre dieses Buch ohne die Mitarbeit meiner Kollegin Helga Wasgindt. Sie verarbeitete mit großer Sorgfalt und Zuverlässigkeit mein Manuskript, und man erkennt sicher ihr Talent und Engagement für eine ansprechende Gestaltung von Text und Grafiken mit einem vergleichsweise geringen Einsatz raffinierter technischer Hilfsmittel.

Dem Verlag B. G. Teubner danke ich dafür, daß er das Buch in sein Programm aufnimmt, besonders Herrn P. Spuhler, der einen langen Atem bewies und prompt reagierte, als das Buchprojekt Gestalt annahm und Erfolg versprach.

Naumburg, im Juli 1998 Wolfgang Metzler

Inhaltsverzeichnis

Teil 1 Chaostheorie

1. Dynamik iterierter Abbildungen 7
2. Unimodale Funktionen 18
3. Parameterabhängigkeit und Verzweigung – das Feigenbaum-Szenario 28
4. "Period Three Implies Chaos" und der Satz von Šarkovskii 46
5. Lyapunov-Exponent und sensitive Abhängigkeit 61
6. Chaos und Seltsame Attraktoren 79
7. Symbolische Dynamik und Knettheorie 99
8. Renormierung 122
9. Universelle Eigenschaften diskreter dynamischer Systeme 136

Teil 2 Nichtlineare Dynamik auf Mannigfaltigkeiten

10. Modelle für nichtlineare Dynamik im Mehrdimensionalen 163
11. Dynamische Systeme auf Mannigfaltigkeiten 207
12. Hyperbolische Mengen und homokline Punkte 246
13. Transversalität und strukturelle Stabilität 282
14. Lagrangesche Mechanik und geodätische Flüsse auf hyperbolischen Flächen 339
15. Hamiltonsche Flüsse, invariante Maße und Lyapunov-Spektrum 385

Anhang 445

Hintergrundmaterial aus:

A.1 Topologie 445
A.2 Maßtheorie 449
A.3 Funktionalanalysis 456
A.4 Tensoren und Krümmung 461

Literaturverzeichnis 467
Sachverzeichnis 477

Teil 1 Chaostheorie

1 Dynamik iterierter Abbildungen

1.1 Definition. *Es sei $f : X \to X$, $X \neq \emptyset$, eine Abbildung einer Menge X in sich*[1]*. Die Abbildungen $f^n : X \to X$, definiert durch*

$$f^0(x) = x$$
$$f^{n+1}(x) = f(f^n(x)) \qquad (1.1)$$

mit $x \in X$ und $n \in \mathbb{Z}^+ = \mathbb{N} \cup \{0\}$, werden als die (Vorwärts-)Iterierten von f bezeichnet. Ist f umkehrbar[2]*, dann bezeichnen wir die Abbildungen $f^{-n} : X \to X$, definiert durch*

$$f^{-n}(x) = (f^{-1})^n(x), \quad x \in X, n \in \mathbb{N}, \qquad (1.2)$$

als die Rückwärtsiterierten von f.

1.2 Definition. *Es sei X ein metrischer Raum*[3]*. Eine stetige Abbildung $f : X \to X$ ist ein* diskretes dynamisches System (ddS) *und wird mit (X, f) bezeichnet. X heißt* Phasenraum *von f.*

1.3 Definition. *(X, f) sei ein ddS. (a) Für einen Punkt $x \in X$ nennen wir die Menge*

$$O_f^+(x) := \{f^n(x) \mid n \in \mathbb{Z}^+\} \qquad (1.3)$$

den (Vorwärts-)Orbit *von x. Ist f ein Homöomorphismus*[4]*, dann heißt*

$$O_f^-(x) := \{f^{-n}(x) \mid n \in \mathbb{Z}^+\} \qquad (1.4)$$

Rückwärtsorbit *von x, und*

$$O_f(x) = O_f^-(x) \cup O_f^+(x) \qquad (1.5)$$

bezeichnet den vollen Orbit.

(b) Für jedes $x \in X$ bezeichnet man die Menge der Häufungspunkte von $O_f^+(x)$ als die ω-Limesmenge $\omega(x)$*. Entsprechend bezeichnet $\alpha(x)$ (α-Limesmenge) die Menge der Häufungspunkte von $O_f^-(x)$. $\alpha(x)$ und $\omega(x)$ sind abgeschlossene Mengen, und es gilt $f(\omega(x)) \subseteq \omega(x)$ beziehungsweise $f^{-1}(\alpha(x)) \subseteq \alpha(x)$*[5]*.*

---

[1] Kurz: eine Selbstabbildung auf X.
[2] Das heißt, injektiv und surjektiv mit der Umkehrfunktion f^{-1}.
[3] Siehe Anhang A.1.
[4] Das heißt, f ist stetig, umkehrbar, und f^{-1} ist ebenfalls stetig.
[5] f Homöomorphismus: $f(\omega(x)) = \omega(x), f(\alpha(x)) = \alpha(x)$.

1.4 Beispiele. Uninteressant (warum?) aus Sicht der nichtlinearen Dynamik sind:

(a) $(\mathbb{R}, \exp)$:
$$O^+_{\exp}(1) = \{1, \exp(1), \exp(\exp(1)), \ldots\}$$
$$= \{1, e, e^e, \ldots\}.$$
Existiert $O^-_{\exp}(1)$?

(b) $X = \mathbb{R}$, $f(x) = x^3$, $x_0 = 2$:
$$O^+_f(x_0) = O^+_f(2) = \{2, 8, 512, 134217728, \ldots\}$$
$$O^-_f(x_0) = O^-_f(2) = \{2, 2^{1/3}, (2^{1/3})^{1/3}, \ldots\}.$$

1.5 Experiment. Iterieren mit dem Taschenrechner:

(a) $x_0 = 2$, $f(x) = \exp(x)$: Überlauf.
(b) $x_0 = 2$, $f(x) = \cos(x)$: $f^n(2) \xrightarrow[n\to\infty]{} 0.73908\ldots$, und man erhält für beliebige andere Werte x_0: $f^n(x_0) \xrightarrow[n\to\infty]{} 0.73908\ldots$ Warum?

Spekulation: Für eine gegebene Funktion f konvergiert die Iterationsfolge $x_{n+1} = f(x_n)$ unabhängig vom Anfangswert x_0 gegen einen *eindeutig bestimmten Grenzwert* ($\pm\infty$ zugelassen). *FALSCH!*

1.6 Experiment. Graphisches Iterieren der logistischen Abbildung (siehe Fig. 1.1):

$$X = [0,1], \quad f_a(x) = ax(1-x), \quad x \in X, \, a > 0 \text{ Parameter.} \tag{1.6}$$

1.7 Definition. (X, f) sei ein ddS und $A \neq \emptyset$ eine abgeschlossene Teilmenge von X.
(a) A heißt *invariant*, falls $f(A) = A$.
(b) A heißt *attraktiv*, falls eine Umgebung U von A existiert mit der Eigenschaft: Für jede Umgebung V von A [6] gilt $f^n(U) \subseteq V$ [7] für hinreichend große n ($n \geq n(V)$). U heißt *Fundamentalumgebung von A*.

1.8 Satz. (X, f) sei ein ddS, A eine kompakte, attraktive Teilmenge von X und U eine Umgebung von A.

Dann gilt: U ist genau dann eine Fundamentalumgebung von A wenn gilt:

$$\lim_{n\to\infty} d(f^n(x), A) = 0 \quad \text{gleichmäßig für alle } x \in U. \text{[8]} \tag{1.7}$$

Beweis. Übungsaufgabe 2.

---

[6] $W \subseteq X$ ist Umgebung von A, wenn W Umgebung für alle Punkte $x \in A$ ist.
[7] Für $n \in \mathbb{N}$ und $W \subseteq X$ sei: $f^n(W) = \{f^n(x) \mid x \in W\}$, $f^{-n}(W) = \{x \in X \mid f^n(x) \in W\}$.
[8] $d(x, A) := \inf\{d(x, a) \mid a \in A\}$ ist der Abstand des Punktes $x \in X$ zur nichtleeren Menge $A \subseteq X$. Da A kompakt ist, wird das Infimum angenommen.

1 Dynamik iterierter Abbildungen

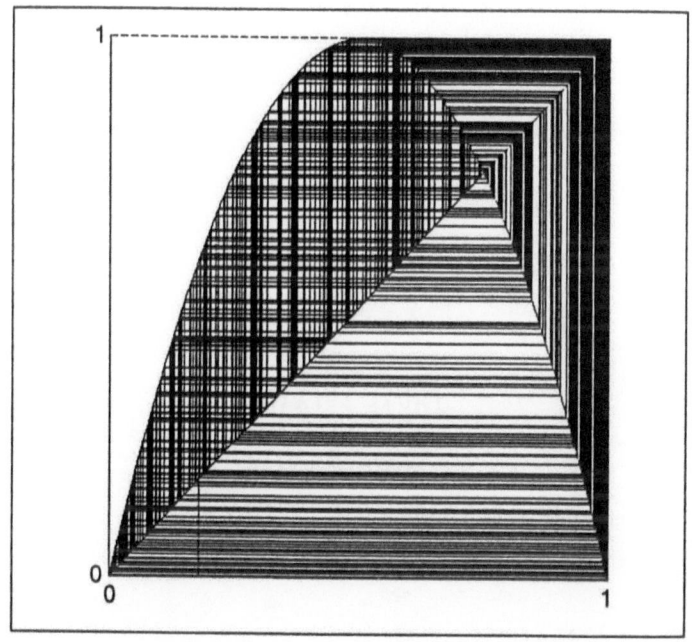

Fig. 1.1: Graphisches Iterieren der Abbildung $f_4(x) = 4x(1-x)$ ($f_4'(x) = 0$ für $x = c = \frac{1}{2}$, $f_4(c) = 1$).

1.9 Definition. *Sei (X, f) ein ddS und A eine kompakte Teilmenge von X. Die Menge*
$$E_f(A) := \{x \in X \mid \lim_{n \to \infty} d(f^n(x), A) = 0\} \tag{1.8}$$
nennen wir dann den Einzugsbereich von A [9)].

1.10 Satz. (Vergleiche Ruelle [132], [133].) *$A \subseteq X$ sei eine attraktive Menge mit einer Fundamentalumgebung U. Dann gilt: A ist genau dann invariant, wenn gilt:*
$$\bigcap_{n \geq 0} f^n(U) = A. \tag{1.9}$$

Beweis. Mit $U_\epsilon(A) := \bigcup_{a \in A} U_\epsilon(a)$ gilt
$$A = \bigcap_{n=1}^{\infty} U_{\frac{1}{n}}(A), \tag{1.10}$$

[9)] Vergleiche (1.39) und Satz 1.15 weiter unten für den Fall, daß A außerdem attraktiv ist.

da A abgeschlossen ist (Franz [46], S. 79). Aus 1.7 (b) folgt also

$$\bigcap_{n\geq 0} f^n(U) \subseteq A. \tag{1.11}$$

Aus $f(A) = A$ folgt $A = f^n(A) \subseteq f^n(U)$ und somit

$$A \subseteq \bigcap_{n\geq 0} f^n(U). \tag{1.12}$$

Sei umgekehrt $A = \bigcap_{n\geq 0} f^n(U)$. Aus $x \notin f(A)$ folgt

$$A \subseteq f^{-1}(X\setminus\{x\}) \tag{1.13}$$

und mit 1.7 (b)

$$f^n(U) \subseteq f^{-1}(X\setminus\{x\}) \tag{1.14}$$

beziehungsweise

$$f^{n+1}(U) \subseteq X\setminus\{x\} \tag{1.15}$$

für hinreichend große n. Damit ist

$$A = \bigcap_{n\geq 0} f^n(U) \subseteq X\setminus\{x\}, \tag{1.16}$$

das heißt $x \notin A$. Also gilt $A \subseteq f(A)$.

Wiederum wegen 1.7 (b) gilt $f^n(U) \subseteq U$ für hinreichend große n und somit

$$\bigcap_{n\geq 1} f^n(U) = \bigcap_{n\geq 0} f^n(U).^{10)} \tag{1.17}$$

$f(A) \subseteq A$ folgt damit aus

$$f(A) = f\left(\bigcap_{n\geq 0} f^n(U)\right) \subseteq \bigcap_{n\geq 0} f^{n+1}(U) = \bigcap_{n\geq 0} f^n(U) = A. \tag{1.18}$$

∎

1.11 Satz. *Sei X kompakt und U eine offene Teilmenge von X mit der Eigenschaft*

$$f(\overline{U}) \subseteq U^{\,11)}. \tag{1.19}$$

Dann ist

$$A := \bigcap_{n\geq 0} f^n(U) \tag{1.20}$$

[10)] Ergänzung: Aus $A \subseteq f(A)$ folgt $A \subseteq f^k(U)$ für jedes k. Also ist $f^k(U)$ Umgebung von A und nach 1.7 (b) $f^n(U) \subseteq f^k(U)$ für $n \geq n(k)$. Somit gilt für beliebiges $N \in \mathbb{N}$: $\bigcap_{n\geq N} f^n(U) = \bigcap_{n\geq 0} f^n(U)$.

[11)] $\overline{U}$: Abschluß von U.

1 Dynamik iterierter Abbildungen

eine kompakte, invariante, attraktive Menge und U ist eine Fundamentalumgebung von A.

Beweis. Aus (1.19) folgt zunächst

$$\bigcap_{n\geq 1} f^n(\overline{U}) \subseteq \bigcap_{n\geq 0} f^n(U) = \bigcap_{n\geq 1} f^n(U) \subseteq \bigcap_{n\geq 1} f^n(\overline{U}), \qquad (1.21)$$

das heißt,

$$A = \bigcap_{n\geq 0} f^n(\overline{U}). \qquad (1.22)$$

Da alle Abbildungen f^n abgeschlossen sind (siehe Querenburg [120], S. 86, oder Anhang A.1.2), ist A eine abgeschlossene und somit kompakte Teilmenge von X.

Sei nun V eine offene Umgebung von A (vergleiche auch Fußnote 12 unten). Dann gilt

$$X\backslash V \subseteq X\backslash \bigcap_{n\geq 0} f^n(\overline{U}) = \bigcup_{n\geq 0}(X\backslash f^n(\overline{U})), \qquad (1.23)$$

das heißt, $\{X\backslash f^n(\overline{U}) \mid n \in \mathbb{Z}^+\}$ ist eine offene Überdeckung von $X\backslash V$. Da $X\backslash V$ kompakt ist, existiert eine endliche Teilüberdeckung, das heißt,

$$X\backslash V \subseteq \bigcup_{k=1}^{m}(X\backslash f^{n_k}(\overline{U})) \qquad (1.24)$$

mit geeigneten $n_1,\ldots,n_m$. Daraus folgt

$$V \supseteq \bigcap_{k=1}^{m} f^{n_k}(\overline{U}) \qquad (1.25)$$

und mit $n^* := \max\{n_1,\ldots,n_m\}$ schließlich

$$f^{n^*}(U) \subseteq f^{n^*}(\overline{U}) \subseteq V. \qquad (1.26)$$

Also ist A eine attraktive Menge mit der Fundamentalumgebung U. Die Invarianz von A unter f folgt nun mit Satz 1.10 aus der Definition von A. [12] ∎

Die attraktive Menge A aus Satz 1.11 ist kompakt; dies gilt auch für die folgende schwächere Variante von Satz 1.11.

1.12 Satz. *U sei offen in X, und es existiere ein Iterationsindex N, für den gilt:*

$$\overline{f^N(U)} \text{ ist kompakt in } X \text{ [13]} \qquad (1.27)$$

---

[12] Ergänzung (Kurzform des zweiten Beweisteils): Sei nun V eine offene Umgebung von A. Dann gilt $X\backslash V \subseteq \bigcup_{n\geq 0}(X\backslash f^n(\overline{U}))$, und, da $X\backslash V$ kompakt ist, existiere eine endliche Teilüberdeckung, das heißt, $X\backslash V \subseteq \bigcup_{k=1}^{m}(X\backslash f^{n_k}(\overline{U}))$. Wegen (1.19) folgt daraus mit $n^* := \max\{n_1,\ldots,n_m\}$ $X\backslash V \subseteq X\backslash f^{n^*}(\overline{U})$, das heißt, $f^{n^*}(\overline{U}) \subseteq V$.

[13] Das heißt, $f^N(U)$ ist relativ kompakt.

und
$$f^n(\overline{U}) \subseteq U \quad \text{für alle} \quad n \geq N. \tag{1.28}$$

Dann ist
$$A := \bigcap_{n \geq 0} f^n(U) \tag{1.29}$$

eine kompakte, invariante, attraktive Menge mit Fundamentalumgebung U.

Beweis. Aus (1.28) folgt
$$\bigcap_{n \geq N} f^n(\overline{U}) \subseteq \bigcap_{n \geq 0} f^n(U) = \bigcap_{n \geq N} f^n(U) \subseteq \bigcap_{n \geq N} f^n(\overline{U}), \tag{1.30}$$

das heißt,
$$A = \bigcap_{n \geq N} f^n(\overline{U}). \tag{1.31}$$

Somit ist A eine abgeschlossene Teilmenge von $X' := \overline{f^N(U)}$, also kompakt.

Sei wiederum V eine offene Umgebung von A. Dann ist $V' := X' \cap V$ eine offene Umgebung von A im kompakten Unterraum X' von X. Dann gilt analog zum Beweis von Satz 1.11
$$X' \backslash V' \subseteq X' \backslash \bigcap_{n \geq N} f^n(\overline{U}) = \bigcup_{n \geq N} (X' \backslash f^n(\overline{U})), \tag{1.32}$$

das heißt, $\{X' \backslash f^n(\overline{U}) \mid n \geq N\}$ ist eine offene Überdeckung von $X' \backslash V'$. Da $X' \backslash V'$ kompakt ist, existiert eine endliche Teilüberdeckung
$$X' \backslash V' \subseteq \bigcup_{k=1}^{m} (X' \backslash f^{n_k}(\overline{U})), \tag{1.33}$$

$(n_k \geq N)$, das heißt,
$$V' \supseteq X' \cap \bigcap_{k=1}^{m} f^{n_k}(\overline{U}). \tag{1.34}$$

Mit $n^* := \max\{n_1, \ldots, n_m\}$ folgt aus (1.28)
$$f^{N+n^*}(\overline{U}) \subseteq f^{n_k}(f^{N+n^*-n_k}(\overline{U})) \subseteq f^{n_k}(U) \tag{1.35}$$

für $k = 1, \ldots, m$. Also gilt
$$f^{N+n^*}(U) \cap X' \subseteq V \cap X', \tag{1.36}$$

und wegen
$$f^{N+n^*}(U) = f^N(f^{n^*}(U)) \subseteq f^N(U) \subseteq X' \tag{1.37}$$

folgt daraus
$$f^{N+n^*}(U) \subseteq V. \tag{1.38}$$

∎

1 Dynamik iterierter Abbildungen

Aus diesem Satz folgt unmittelbar ein Resultat von Ruelle [132], [133]:

1.13 Korollar. *U sei offen in X und für hinreichend große n sei der Abschluß von $f^n(U)$ kompakt und Teilmenge von U. Dann gilt die Behauptung von Satz 1.12.*

Beweis. $f^n(\overline{U}) \subseteq \overline{f^n(U)} \subseteq U$. ■

Im folgenden sei eine Fundamentalumgebung U einer attraktiven Menge A immer offen und nicht leer. Man bezeichnet dann die offene Menge

$$E_f(A) = \bigcup_{n \geq 0} f^{-n}(U) \qquad (1.39)$$

als den *Einzugsbereich (Basin)* von A. Wegen Definition 1.7 (b) ist $E_f(A)$ unabhängig von der Wahl von U. Die Namensgleichheit mit (1.8) ergibt sich aus:

1.14 Satz. *Für $x \in E_f(A)$ gilt*

$$d(f^n(x), A) \longrightarrow 0 \quad \text{für} \quad n \to \infty. \text{^{14)}} \qquad (1.40)$$

Beweis: $x \in E_f(A)$ ist äquivalent zu $O_f^+(x) \cap U \neq \emptyset$. Sei $y := f^N(x) \in U$. Wegen 1.7 (b) existiert dann zu $\varepsilon > 0$ ein $n(\varepsilon)$ so, daß gilt

$$f^n(y) \in U_\varepsilon(A) \quad \text{für alle} \quad n \geq n(\varepsilon). \qquad (1.41)$$

Folglich gibt es eine Folge $(a_n) \subseteq A$ mit

$$f^n(y) \in U_\varepsilon(a_n) \quad \text{für alle} \quad n \geq n(\varepsilon). \qquad (1.42)$$

Daraus folgt

$$d(f^n(y), A) \leq d(f^n(y), a_n) < \varepsilon \qquad (1.43)$$

beziehungsweise

$$d(f^n(x), A) < \varepsilon \quad \text{für alle} \quad n \geq N + n(\varepsilon). \qquad (1.44)$$

Ist eine attraktive Menge A kompakt, dann gilt auch die Umkehrung: ■

1.15 Satz. *Ist A kompakt, dann gilt in (1.39)*

$$E_f(A) = \{x \in X \mid d(f^n(x), A) \longrightarrow 0 \text{ für } n \to \infty\}. \qquad (1.45)$$

Beweis. Es sei $x \notin E_f(A)$, das heißt, $f^n(x) \notin U$ für alle n. Daraus folgt für jedes n

$$d(f^n(x), A) \geq d(X \setminus U, A) > 0, \qquad (1.46)$$

[14)] Mit Hilfe der Metrik d auf X definiert man für zwei Teilmengen $A \neq \emptyset$ und $B \neq \emptyset$ von X ihren Abstand $d(A, B) := \inf\{d(a, B) \mid a \in A\}$, siehe Anhang A.1.1.

wobei die rechte Ungleichung aus der Kompaktheit von A folgt (Franz [46], S. 88). Also gilt

$$d(f^n(x), A) \not\to 0 \quad \text{für} \quad n \to \infty. \tag{1.47}$$

■

Bemerkung. Newhouse [103] und Devaney [36] bezeichnen eine Menge $A \subseteq X$, für die eine offene Umgebung U mit den Eigenschaften (1.9) und (1.19) existiert, als einen *Attraktor* für das dynamische System (X, f). Für einen kompakten Phasenraum X wäre ein so definierter Attraktor A nach Satz 1.11 eine invariante, attraktive Menge im Sinne von Definition 1.7, und A wäre dann selbstverständlich ebenfalls kompakt. □

1.16 Definition. (X, f) *sei ein dds, und A sei eine f-invariante Teilmenge von X. f heißt topologisch transitiv auf A, wenn es für jedes Paar offener Mengen $\emptyset \neq U, V \subseteq A$ ein $n \in \mathbb{Z}^+$ gibt mit*

$$f^n(U) \cap V \neq \emptyset. \tag{1.48}$$

Intuitiv gibt es für eine topologisch transitive Abbildung Punkte, die sich aus einer beliebigen kleinen Umgebung im Phasenraum A schließlich unter Iteration in jede beliebige andere Umgebung hinbewegen. Das dynamische System kann nicht in zwei invariante Teile zerlegt werden. Wenn f sogar einen dichten Orbit besitzt, dann ist f ganz bestimmt topologisch transitiv, wie der folgende Satz zeigt:

1.17 Satz. *Wenn unter den Voraussetzungen von Definition 1.16 in A ein dichter Orbit von f existiert, das heißt, wenn es ein $x \in A$ gibt mit*

$$\overline{O_f^+(x)} = A, \tag{1.49}$$

dann ist f topologisch transitiv auf A.

Beweis. Für $x \in A$ gelte (1.49), und U, V seien zwei nichtleere offene Teilmengen von A. Wegen (1.49) gilt $U \cap O_f^+(x) \neq \emptyset$, also existiert $l \in \mathbb{Z}^+$ mit $f^l(x) \in U$.

Sei $z \in V$ und

$$\varepsilon := \tfrac{1}{2} \min\{d(z, f^k(x)) \mid k = 0, \ldots, l\}, \tag{1.50}$$

dann gilt:

$$f^0(x), \ldots, f^l(x) \notin V \cap K_\varepsilon(z). \,^{15)} \tag{1.51}$$

Wiederum wegen (1.49) existiert $m \in \mathbb{Z}^+$ mit $f^m(x) \in V \cap K_\varepsilon(z)$.

Setze $n := m - l$, dann gilt

$$f^n(f^l(x)) = f^{n+l}(x) = f^m(x) \in f^n(U) \cap V. \tag{1.52}$$

■

[15)] $K_\varepsilon(z)$ ist eine Kugel vom Radius ε mit dem Mittelpunkt z.

1 Dynamik iterierter Abbildungen

Die Umkehrung ist ebenfalls richtig für kompakte invariante Teilmengen von $\mathbb{R}$ beziehungsweise S^1 [16] (siehe dazu auch Devaney [36]). Der Beweis nutzt den Baireschen Kategoriensatz [17] und sprengt den Rahmen dieses Buches.

1.18 Definition. (Ruelle [131], Wiggins [153].) *Ist $f : X \to X$ topologisch transitiv auf einer invarianten attraktiven Menge $A \subseteq X$, dann nennt man A einen* Attraktor *des dynamischen Systems (X, f).*

Bemerkung. Aus der topologischen Transitivität folgt, daß A nicht Vereinigung zweier Attraktoren sein kann. Dagegen ist die Vereinigung zweier attraktiver Mengen wieder attraktiv. □

Beispiele für Attraktoren lernen wir in großer Anzahl in den nachfolgenden Abschnitten kennen. Zum Abschluß dieses Abschnittes wollen wir statt dessen den Begriff des *dynamischen Systems* erweitern auf *kontinuierliche Systeme*, auch wenn diese erst sehr viel später Gegenstand dieses Buches sein werden (in Abschnitt 14 und 15):

Gegeben sei ein diskretes dynamisches System (X, f). Für alle $x \in X$ bildet dann der Vorwärtsorbit $O_f^+(x)$ von f, versehen mit der durch

$$f^m(x) \oplus f^n(x) := f^m(f^n(x)) = f^{m+n}(x) \quad \text{für} \quad m, n \in \mathbb{Z}^+ \tag{1.53}$$

gegebenen Verknüpfung, eine kommutative Halbgruppe $(O_f^+(x), \oplus)$ mit einer Eins $f^0(x) = x$. Bei jedem diskreten dynamischen System (X, f) lassen sich somit sämtliche Vorwärtsorbits durch eine Abbildung

$$F : X \times \mathbb{R}_0^+ \longrightarrow X \quad \text{mit} \quad F(x, n) = f^n(x) \quad \text{für alle} \quad (x, n) \in X \times \mathbb{Z}^+ \tag{1.54}$$

kontinuierlich fortsetzen, falls

$$F(F(x, s), t) = F(x, s + t) \tag{1.55}$$

für $s, t \in \mathbb{R}_0^+$ [18] erfüllt und $F|_{\{x\} \times \mathbb{R}_0^+}$ stetig ist für jedes $x \in X$. Dies führt zu folgender

1.19 Definition. *Ist X ein metrischer Raum, so nennt man eine Funktion $F : X \times \mathbb{R}_0^+ \to X$ ein* kontinuierliches dynamisches System $(\mathbb{R}_0^+, X, F)$, *wenn für jedes $x \in X$ und alle $s, t \in \mathbb{R}_0^+$ gilt:*

$$\begin{aligned} F(x, 0) &= x, \\ F(F(x, s), t) &= F(x, s + t) \end{aligned} \tag{1.56}$$

und wenn $F(x, t)$ stetig ist in beiden Variablen x und t.

---
[16] S^1 = Einheitskreis in der Ebene.
[17] Vergleiche Heuser [63], S. 148 f.
[18] $\mathbb{R}_0^+ = \{t \in \mathbb{R} \mid t \geq 0\}$.

Bemerkungen. 1. Mit der Bezeichnung

$$f^t(x) := F(x,t) \qquad (1.57)$$

läßt sich die Zeit $t \in \mathbb{R}_0^+$ als verallgemeinerter Iterationsindex deuten, so daß die Menge der von $f := f^1$ induzierten Abbildungen $f^t : X \to X$ bezüglich der Verkettung $\circ$ eine kommutative Halbgruppe mit Eins bildet:

$$f^s \circ f^t = f^{s+t} \quad \text{für alle} \quad s, t \in \mathbb{R}_0^+. \qquad (1.58)$$

Im Rahmen dieser Konzeption kann man ein *diskretes dynamisches System* (X, f) auch $(\mathbb{Z}^+, X, F)$ schreiben, wobei $F : X \times \mathbb{Z}^+ \to X$ gegeben ist durch

$$F(x,n) := f^n(x) \quad \text{für} \quad (x,n) \in X \times \mathbb{Z}^+. \qquad (1.59)$$

F erfüllt dann offenbar (1.56).

2. Geht aus dem Zusammenhang hervor, daß ein dynamisches System (I, X, F) diskret ($I = \mathbb{Z}^+$) beziehungsweise kontinuierlich ($I = \mathbb{R}_0^+$) ist, so wird für dieses die Bezeichnung (X, f) verwendet, mit einer wie oben definierten Funktion f. □

1.20 Definition. *Besitzt die durch ein (diskretes oder kontinuierliches) dynamisches System (X, f) gegebene Funktion f eine Inverse $f^{-1} : X \to X$, dann nennt man (X, f) ein dynamisches System für reelle Zeit und bezeichnet dieses im Rahmen der obigen Tripel-Schreibweise mit $(\mathbb{Z}, X, F)$ (diskret) beziehungsweise mit $(\mathbb{R}, X, F)$ (kontinuierlich). Ein dynamisches System $(\mathbb{Z}^+, X, F)$ oder $(\mathbb{R}_0^+, X, F)$ ist ein dynamisches System für nichtnegative Zeit.*

Bemerkungen: 1. Dynamische Systeme für reelle Zeit sind auch immer dynamische Systeme für nichtnegative Zeit.

2. Zu einem dynamischen System (I, X, F) für reelle Zeit ist mit jedem $x \in X$ ein *Rückwärtsorbit* von f gegeben durch die Menge aller

$$f^t(x) := (f^{-1})^{n+1}(f^{1-s}(x)), \qquad (1.60)$$

wobei $n + s = -t \in \mathbb{R}_0^+ \cap I$ ist mit $n \in \mathbb{Z}^+$ und $s \in [0, 1)$:

$$O_f^-(x) := \{f^t(x) \mid -t \in \mathbb{R}_0^+ \cap I\}. \qquad (1.61)$$

Man erhält für jedes $x \in X$ eines beliebigen dynamischen Systems (I, X, F) mit

$$O_f^+(x) := \{f^t(x) \mid t \in \mathbb{R}_0^+ \cap I\} \qquad (1.62)$$

einen *Vorwärtsorbit von f* und nennt

$$O_f(x) := \{f^t(x) \mid t \in I\} \qquad (1.63)$$

Orbit von f.

1 Dynamik iterierter Abbildungen

Die Bezeichnungen der letzten Definition ergeben sich also aus der Indexmenge I der Orbits von f. □

1.21 Definition. *Für jedes beliebige dynamische System (X, f) heißt eine Gruppe $\mathfrak{G}$ von Transformationen $g : X \to X$ Symmetriegruppe von (X, f), wenn (X, f) $\mathfrak{G}$-äquivalent ist, das heißt, für alle $g \in \mathfrak{G}$ und alle t gilt:*

$$f^t \circ g = g \circ f^t. \tag{1.64}$$

Bemerkung. $\mathfrak{G}$-äquivalente dynamische Systeme haben im allgemeinen unterschiedliche dynamische Eigenschaften. Denn sei zum Beispiel $\mathfrak{G}$ durch $g = -id_\mathbb{R}$ erzeugt, dann hat die $\mathfrak{G}$-äquivalente Abbildung $f = id_\mathbb{R}$ ein anderes Verhalten. □

Übungsaufgaben:

1. (a) Iterieren Sie graphisch die Abbildung $f_a(x) = ax(1-x)$ für $a = 4$ und $x_0 = \frac{1}{3}$, $x_0 = \frac{1}{2}$ und $x_0 = 0.8$ (ca. $n = 15$ Iterationsschritte).
   (b) Wiederholen Sie (a) für $a = 2, a = 2.8$. Was vermuten Sie?
   (c) Wiederholen Sie (a) für $a = 3.2$.
   (d) Benutzen Sie einen Computer mit graphischer Ausgabe und wiederholen Sie die Experimente aus (a), (b) und (c) mit ca. 200 Iterationsschritten.

2. (X, f) sei ein ddS, A eine kompakte, attraktive Teilmenge von X und U eine offene Umgebung von A. Zeigen Sie: U ist genau dann eine Fundamentalumgebung von A wenn gilt:
$$\lim_{n \to \infty} d(f^n(x), A) = 0 \quad \text{gleichmäßig für alle} \quad x \in U.$$

3. „Verdoppeln im Kleinen": Gegeben sei die Abbildung
$$f(x) = 2x \pmod{1} \quad \text{für} \quad x \in [0, 1].$$

   Durch Computerexperimente mit dieser Abbildung sollen Sie ein „Gefühl" für Chaos entwickeln. Iterieren Sie dazu die Funktion f für den Startwert $x_0 = 0.276$ und zahlreiche weitere Anfangswerte ca. $n = 200$ mal und geben Sie jeweils die Zahlenwerte für die (endlichen) Orbits $\{f^n(x_0) \mid n = 0, \ldots, 200\}$ an. Aus Ihren Experimenten sollten Sie (mindestens) zwei Hypothesen zur Dynamik des ddS $([0,1], f)$ ableiten können. Welche meine ich? Belegen Sie Ihre Antworten durch die experimentellen Resultate.

2 Unimodale Funktionen

2.1 Definition. *Eine stetige Funktion $f : [a, b] \to [a, b]$ mit genau einem Maximum im kritischen Punkt $c \in (a, b)$ heißt unimodal, wenn f auf $[a, c]$ streng monoton wachsend und auf $[c, b]$ streng monton fallend ist.* $f(c)$ bezeichnet man dann als den kritischen Wert.

2.2 Beispiele. (a) $f_a(x) = ax(1-x)$, $a > 0$,

(b) Tent map: $T(x) = \begin{cases} 2x & 0 \leq x < \frac{1}{2} \\ 2 - 2x & \frac{1}{2} \leq x \leq 1 \end{cases}$.

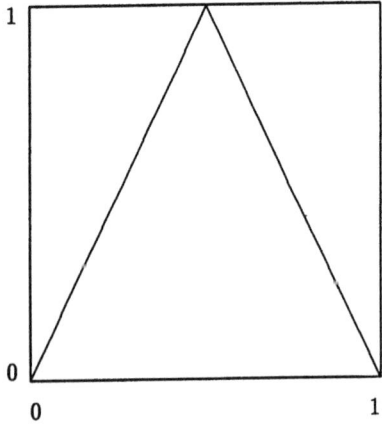

Fig. 2.1: Tent map (Zeltabbildung).

2.3 Definition. (a) *Zwei Abbildungen $f : I \to I$ und $g : J \to J$ ($I, J \subset \mathbb{R}$, Intervalle) heißen* topologisch konjugiert *falls ein Homöomorphismus $\varphi : I \to J$ existiert so, daß*

$$g = \varphi \circ f \circ \varphi^{-1}. \tag{2.1}$$

(b) *Sind f und g C^r-Diffeomorphismen[1], dann nennen wir f und g C^k-konjugiert ($r \leq k$), falls ein C^k-Diffeomorphismus $\varphi : I \to J$ existiert mit*

$$g \circ \varphi = \varphi \circ f. \tag{2.2}$$

Für $k = 0$ sind f und g topologisch konjugiert.

Bemerkung. Sei $\varphi : [a, b] \to [a', b']$ ein Homöomorphismus. Dann nennt man

$$g := \varphi \circ f \circ \varphi^{-1} \tag{2.3}$$

die durch φ vermittelte *Konjugierte* von f auf $[a', b']$. Mit

$$\varphi : [a, b] \longrightarrow [0, 1], \quad x \longmapsto \frac{x - a}{b - a}, \tag{2.4}$$

gelingt es, f in das Intervall $[0, 1]$ zu transformieren. Da, wie wir anschließend zeigen werden, die dynamischen Eigenschaften einer Abbildung konjugationsinvariant sind, folgt, daß o. B. d. A. unimodale Funktionen in unserem Kontext lediglich auf $[0, 1]$ betrachtet werden müssen. □

---

[1] Eine Abbildung $f : I \to \mathbb{R}$ ($I \subset \mathbb{R}$ Intervall) ist aus der Klasse C^r ($r \in \mathbb{Z}^+ \cup \{\infty\}$), wenn f auf I r-mal stetig differenzierbar ist ($r = 0 : f$ stetig). f heißt C^r-Diffeomorphismus, falls f ein C^r-Homöomorphismus ist, dessen Umkehrfunktion ebenfalls aus C^r ist.

2 Unimodale Funktionen

Die Konjugation zweier Abbildungen können wir durch das folgende Diagramm verdeutlichen:

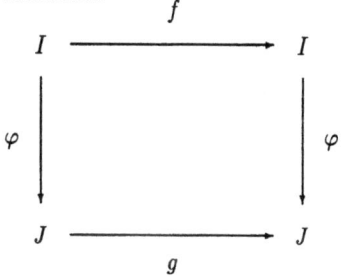

In der englischsprachigen Literatur sagt man, das Diagramm „commutes" (ist kommutativ) und meint damit, daß man auf zwei unterschiedlichen Routen von der linken oberen Ecke in die rechte untere gelangen kann, das heißt,

$$\varphi \circ f = g \circ \varphi. \qquad (2.5)$$

2.4 Satz. *Sind zwei Abbildungen f und g C^k-konjugiert ($k \geq 0$) durch φ* [2]*, dann werden die Orbits von f durch φ auf Orbits von g abgebildet.*

Beweis. Sei $x_0 \in I$, dann lautet der volle Orbit von x_0 unter f

$$O_f(x_0) = \{\ldots f^{-n}(x_0), \ldots, f^{-1}(x_0), x_0, f(x_0), \ldots f^n(x_0), \ldots\}. \qquad (2.6)$$

Nach (2.1) ist $f = \varphi^{-1} \circ g \circ \varphi$, das heißt, für $n > 0$ gilt

$$\begin{aligned} f^n(x_0) &= \underbrace{(\varphi^{-1} \circ g \circ \varphi) \circ (\varphi^{-1} \circ g \circ \varphi) \circ \ldots \circ (\varphi^{-1} \circ g \circ \varphi)(x_0)}_{n \text{ Faktoren}} \\ &= \varphi^{-1} \circ g^n \circ \varphi(x_0) \end{aligned} \qquad (2.7)$$

oder

$$\varphi \circ f^n(x_0) = g^n \circ \varphi(x_0). \qquad (2.8)$$

Analog folgt aus (2.1) $f^{-1} = \varphi^{-1} \circ g^{-1} \circ \varphi$, das heißt, wie oben

$$\varphi \circ f^{-n}(x_0) = g^{-n} \circ \varphi(x_0). \qquad (2.9)$$

Wegen (2.8) und (2.9) bildet φ also den Orbit von x_0 unter f ab auf den Orbit von $\varphi(x_0)$ unter g. ∎

2.5 Lemma. *f und g seien C^k-konjugiert, $k \geq 1$, und x_0 sei ein Fixpunkt von f, das heißt, $f(x_0) = x_0$. Dann gilt*

$$f'(x_0) = g'(\varphi(x_0)). \qquad (2.10)$$

Beweis. Es gilt $\varphi \circ f(x_0) = g \circ \varphi(x_0)$ und wegen $f(x_0) = x_0$ weiter

$$\varphi(x_0) = g(\varphi(x_0)), \text{[3]} \qquad (2.11)$$

---

[2] O.B.d.A. seien f, g Homöomorphismen.

[3] Und $\varphi'(x_0)$ ist ungleich 0.

das heißt, $\varphi(x_0)$ ist ein Fixpunkt von g. Aus der Kettenregel folgt dann

$$\begin{aligned} f'(x_0) &= (\varphi^{-1} \circ g \circ \varphi)'(x_0) \\ &= (\varphi^{-1})'(g(\varphi(x_0))) \cdot g'(\varphi(x_0)) \cdot \varphi'(x_0) \\ &= (\varphi^{-1})'(\varphi(x_0)) \cdot g'(\varphi(x_0)) \cdot \varphi'(x_0) \\ &= \frac{1}{\varphi'(x_0)} \cdot g'(\varphi(x_0)) \cdot \varphi'(x_0) \\ &= g'(\varphi(x_0)). \end{aligned} \qquad (2.12)$$

Dabei gilt die vorletzte Gleichung nach der Ableitungsformel für Umkehrfunktionen. ∎

2.6 Definition. (X, f) *sei ein ddS* (X *kann ein beliebiger metrischer Raum sein*).
(a) *Ein Punkt* x_0 *ist ein* Fixpunkt *von* f, *falls gilt* $f(x_0) = x_0$.

(b) $x_0 \in X$ *wird* periodischer Punkt *mit der* Periode $n \geq 1$ *genannt, falls* x_0 *ein Fixpunkt der n-ten Iterierten* f^n *ist. Die kleinste Zahl* n, *für welche* $f^n(x_0) = x_0$ *gilt, wird* Periode *von* x_0 *genannt.*

(c) *Eine Menge*

$$P = \{x_0, \ldots, x_{n-1} \in X \mid x_i = x_j \Leftrightarrow i = j\}, \qquad (2.13)$$

$n \in \mathbf{N}$, *heißt* n-periodischer Orbit *von* f, *wenn* $f(x_{n-1}) = x_0$ *und* $f(x_i) = x_{i+1}$ *für jedes* $i \neq n-1$ *gilt.*

Eine Menge $P \subseteq X$ *wird* periodischer Orbit *von* f *genannt, wenn es ein* $n \in \mathbf{N}$ *gibt, so daß* P *ein n-periodischer Orbit von* f *ist. Ein 1-periodischer Orbit ist eine einelementige Fixpunktmenge.*

Bemerkung. Wir bezeichnen die Menge aller periodischen Punkte der Perioden $n > 1$ (n nicht notwendig prim) durch

$$\operatorname{Per}_n(f), \qquad (2.14)$$

und die Menge der Fixpunkte von f durch

$$\operatorname{Fix}(f). \qquad (2.15)$$

Offenbar ist jedes $x \in \operatorname{Per}_n(f)$ ein Fixpunkt von f^n.

2.7 Beispiele. (a) Die Identität $id_{[0,1]}$ fixiert alle Elemente von $[0,1]$, während $f(x) = -x$ in $[-1,1]$ nur den Ursprung festlegt, während alle übrigen Punkte die Periode 2 besitzen. Dies ist atypisch: Abbildungen mit ganzen Intervallen von Fix- beziehungsweise periodischen Punkten sind selten (in einem Sinn, den wir später präzisieren werden).

2 Unimodale Funktionen

(b) Die Abbildung $f(x) = x^3$ hat auf $[-1,1]$ die Fixpunkte $0, 1, -1$ und überhaupt keine weiteren periodischen Punkte.

2.8 Definition. (X, f) *sei ein ddS. Ein Punkt $x \in X$ heißt schließlich periodisch (mit der Periode n), wenn f nicht periodisch ist, aber wenn es ein $m > 0$ gibt derart, daß*

$$f^{(n+i)}(x) = f^i(x) \tag{2.16}$$

gilt für alle $i \geq m$. Das heißt, $f^i(x)$ ist n-periodisch für $i \geq m$.

2.9 Beispiele. (a) Für $f(x) = x^2$ ist der Punkt $x = -1$ schließlich ein Fixpunkt.

(b) Schließlich periodische Punkte können nicht auftreten, falls f ein Homöomorphismus ist (vergleiche Übungsaufgabe 2).

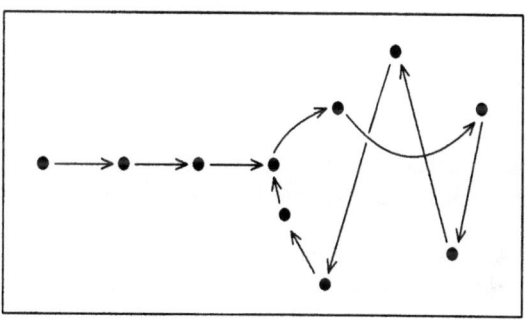

Fig. 2.2: f schließlich periodisch mit $m = 3$ und $n = 7$: $f^{(7+i)}(x) = f^i(x)$ für $i \geq 3$.

2.10 Definition. (X, f) *sei ein ddS mit $f \in C^1(X)$, und p sei ein periodischer Punkt der Periode $n \geq 1$.*

(a) *p heißt* hyperbolischer Punkt, *falls $\left|\frac{d}{dx}f^n(p)\right| \neq 1$.*

(b) *Ein hyperbolischer Punkt p der Periode n heißt* stabil, *falls gilt*

$$\left|\frac{d}{dx}f^n(p)\right| < 1, \tag{2.17}$$

und sonst instabil.

(c) *Ein n-periodischer Orbit $P = \{x_0, \ldots, x_{n-1}\}$ heißt* stabil, *falls jedes $x_i \in P$ ein stabiler Fixpunkt von f^n ist, das heißt, wenn gilt*

$$\left|\frac{d}{dx}f^n(x_i)\right| < 1 \quad \text{für} \quad i = 0, \ldots, n-1. \tag{2.18}$$

Bemerkung. Nach der Kettenregel gilt für jedes $x_k \in P\left(f' = \frac{d}{dx}f\right)$:

$$(f^n)'(x_k) = f'(\underbrace{f^{n-1}(x_k)}_{x_{k-1}}) \cdot f'(\underbrace{f^{n-2}(x_k)}_{x_{k-2}}) \cdot \ldots \cdot f'(x_k)$$

$$= \prod_{i=0}^{n-1} f'(x_i). \qquad (2.19)$$

Das heißt, für alle $x_i, x_j \in P$ ist

$$\frac{d}{dx}f^n(x_i) = \frac{d}{dx}f^n(x_j), \qquad (2.20)$$

und es reicht aus, ein $x_i \in P$ daraufhin zu überprüfen, ob $\left|\frac{d}{dx}f^n(x_i)\right| < 1$ ist, um einen stabilen periodischen Orbit zu identifizieren. □

Wir haben oben behauptet, daß die dynamischen Eigenschaften einer Abbildung konjugationsinvariant sind. Dies wollen wir im folgenden für periodische Dynamik bestätigen.

2.11 Satz. *Zwei C^1-Abbildungen f und g seien C^k-konjugiert ($k \geq 1$). Dann gilt:*
(a) *n-periodische Orbits von f werden auf n-periodische Orbits von g abgebildet ($n \geq 1$).*
(b) *Stabile (instabile) periodische Punkte von f werden auf stabile (instabile) periodische Punkte von g abgebildet.*

Beweis. (a) folgt aus (2.3). Aus

$$f^n(x_0) = x_0 \qquad (2.21)$$

folgt nämlich

$$\varphi(x_0) = \varphi \circ f^n(x_0) = g^n \circ \varphi(x_0), \qquad (2.22)$$

das heißt, ist x_0 ein n-periodischer Punkt von f, dann ist $\varphi(x_0)$ ein n-periodischer Punkt von g und umgekehrt.

(b) folgt aus Lemma 2.5 angewandt auf f^n und g^n [4]. Ist x_0 ein Fixpunkt von f^n, dann gilt $(f^n)'(x_0) = (g^n)'(\varphi(x_0))$. Daraus folgt die Behauptung. ■

Im folgenden wollen wir uns mit der grundlegenden und interessanten Frage beschäftigen, *wie viele (verschiedene) stabile Perioden eine unimodale Abbildung haben kann.*

Dazu setzen wir voraus, daß f C^1-unimodal auf dem Intervall $[0, 1]$ ist. Wir müssen keine Hyperbolizität voraussetzen und nennen für den Rest dieses Kapitels einen

---
[4] Offenbar sind mit f und g auch sämtliche Iterierten f^n und g^n ($n \in \mathbb{N}$) konjugiert (vergleiche den Beweis von Satz 2.4).

2 Unimodale Funktionen

periodischen Orbit P der Periode n von f einen *stabilen* periodischen Orbit, wenn für jedes $x \in P$

$$\left|\frac{d}{dx} f^n(x)\right| \leq 1 \qquad (2.23)$$

gilt. Die Frage von oben wurde (vermutlich) erstmals im Jahr 1918 von Julia [68] gestellt. Er zeigte, daß für ganz bestimmte unimodale Abbildungen, die Einschränkungen analytischer Funktionen auf das Intervall $[0,1]$ sind, höchstens ein stabiler periodischer Orbit existieren kann. Unter anderem ist sein Resultat auf die Familie der logistischen Abbildungen $f(x) = ax(1-x)$ für $a \in [0,4]$ anwendbar. Ein Durchbruch gelang dann Singer [142] im Jahr 1978, der die Bedingung der „negativen Schwarzschen Ableitung" als das entscheidende Kriterium zur Beantwortung der oben gestellten Frage herauskristallisierte.

2.12 Definition. (I, f) *sei ein ddS mit* $f \in C^3(I)$. (a) *Die* Schwarzsche Ableitung *von* f *im Punkt* $x \in I\setminus\{c\}$ (c : *kritischer Punkt von* f) *wird mit* $Sf(x)$ *bezeichnet und ist definiert durch*

$$Sf(x) = \frac{f'''(x)}{f'(x)} - \frac{3}{2}\left(\frac{f''(x)}{f'(x)}\right)^2. \qquad (2.24)$$

(b) f *wird* S-unimodal *genannt, wenn gilt*

(S1) f *ist unimodal.*
(S2) $Sf(x) < 0$ *für alle* $x \in I\setminus\{c\}$. [5]

Bemerkung. Aus Gründen der bequemen Formulierung mancher Resultate formulieren wir noch eine weitere Bedingung:

(S3) f *bildet* $J(f) = [f(1), 1]$ *auf sich selbst ab,* die wir gegebenenfalls unter „f *ist* S-*unimodal*" subsummieren.

2.13 Beispiel. (Vergleiche Übungsaufgabe 4.) Die diskreten dynamischen Systeme

$$([0,1], f_a) : f_a(x) = ax(1-x), \; 0 < a \leq 4,$$

und

$$([-1,1], g_b) : g_b(x) = 1 - bx^2, \; 0 < b \leq 2,$$

sind S-unimodal. Für $2 < a \leq 4$ sind $f_a|_{[1-\frac{a}{4},\frac{a}{4}]}$ und g_b (mit $b = \frac{a}{2}(\frac{a}{2}-1)$) konjugiert: Ist die Eigenschaft „S-unimodal" konjugationsinvariant?

2.14 Satz. $f : [0,1] \to [0,1]$ *sei* S-*unimodal mit dem kritischen Punkt* c. [6] *Dann gilt:*

---

[5] Für $x = c$ lassen wir den Wert $-\infty$ für $Sf(x)$ zu.
[6] O. B. d. A. sei $I = [0,1]$ wegen der Bemerkung zu Definition 2.3.

(a) f besitzt höchstens einen stabilen periodischen Orbit.

(b) Falls f einen stabilen periodischen Orbit besitzt, dann attrahiert dieser den kritischen Punkt c [7].

Bemerkung. Offenbar folgt (a) unmittelbar aus (b). Wir beweisen im folgenden (b) unter der zusätzlichen Voraussetzung $f(0) = f(1) = 0$. In Collet und Eckmann [29], S. 97-101, findet man den Beweis ohne diese Zusatzvoraussetzung. Für den Beweis benötigen wir einige Eigenschaften S-unimodaler Abbildungen, die wir vorab abhandeln wollen.

2.15 Satz. (I, f) sei ein dd$S$ mit $f \in C^3(I)$ und $Sf < 0$. Dann gilt:

(a) $Sf^n < 0$ für alle $n \in \mathbb{N}$.

(b) Ist $Sf < 0$, dann hat $|f'|$ kein positives lokales Minimum.

(c) Besitzt f endlich viele kritische Punkte, dann hat f höchstens endlich viele Punkte der Periode n für jedes $n \geq 1$.

(d) $a < b < c$ seien drei aufeinanderfolgende Fixpunkte von $g := f^n$, und $[a, c]$ enthalte keinen kritischen Punkt von g. Dann gilt $g'(b) > 1$.

Beweis. (a) folgt per Induktion einfach durch Ausrechnen. (Allgemein gilt, aus $Sf < 0$ und $Sg < 0$ folgt $S(f \circ g) < 0$.)

(b) Sei x_0 ein kritischer Punkt von f', das heißt, $f''(x_0) = 0$. Aus $Sf(x_0) < 0$ folgt $\frac{f'''(x_0)}{f'(x_0)} < 0$, das heißt, $f'''(x_0)$ und $f'(x_0)$ haben unterschiedliche Vorzeichen. Also besitzt f' weder ein positives lokales Minimum noch ein negatives lokales Maximum. Daraus folgt die Behauptung.

(c) Sei $g := f^n$. Angenommen, es gilt $g(x) = x$ für unendlich viele x. Nach dem Mittelwertsatz folgt dann $g'(x) = 1$ für unendlich viele x. Zwischen je drei dieser Punkte, sagen wir x_1, x_2, x_3, mit $g' = 1$ muß ein Punkt mit $g' < 1$ liegen. Denn wegen (a), das heißt, $Sg < 0$, kann g weder auf $[x_1, x_2]$ noch auf $[x_2, x_3]$ identisch gleich 1 sein. Wegen (b) besitzt g' kein positives lokales Minimum, also gibt es in mindestens einem der beiden Intervalle einen Punkt mit $g' \leq 0$ und somit auch einen mit $g' = 0$. Das bedeutet aber, daß g unendlich viele kritische Punkte besitzt im Widerspruch zur Voraussetzung.

(d) Nach dem Mittelwertsatz existieren Punkte u, v mit

$$a < u < b < v < c \quad \text{und} \quad g'(u) = g'(v) = 1 \qquad (2.25)$$

(vergleiche Fig. 2.3). $g'(x) < 0$ auf $[a, c]$ ist offenbar nicht möglich. Also ist $g'(x) > 0$ auf $[a, c]$, und somit folgt aus (b) $g'(b) > 1$. ∎

---

[7] Ein stabiler periodischer Orbit $P = \{x_0, \ldots, x_{n-1}\}$ ist ein Attraktor im Sinne von Definition 1.18. P attrahiert einen Punkt $x \in I$ genau dann, wenn $\lim_{n \to \infty} d(f^n(x), P) = 0$, wobei $d(x, P) = \min_{k=0,\ldots,n-1} |x - x_k|$.

2 Unimodale Funktionen

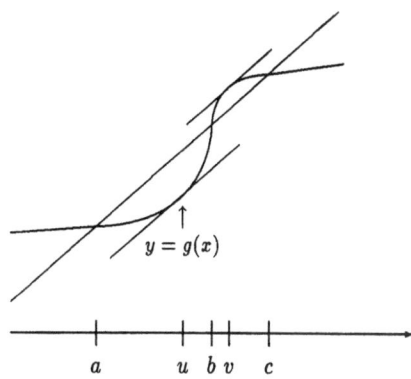

Fig. 2.3: Skizze zum Beweis von (d).

Beweis von Satz 2.14 (b). Wie gesagt, nehmen wir zusätzlich $f(0) = f(1) = 0$ an. $x \in (0,1)$ sei nun ein stabiler Fixpunkt von $g = f^n$ mit $|g'(x)| < 1$. Dann ist

$$E_g(x) = \{y \in (0,1) \mid g^m(y) \longrightarrow x \text{ für } m \to \infty\}. \tag{2.26}$$

$S(x)$ sei die offene Zusammenhangskomponente [8] von $E_g(x)$, welche x enthält. $S(x)$ ist ein offenes Teilintervall, das heißt,

$$S(x) = (r, s) \subseteq (0, 1). \tag{2.27}$$

Offenbar gilt

$$g((r,s)) \subseteq (r,s) \quad \text{sowie} \quad g(r) \notin (r,s),\ g(s) \notin (r,s). \tag{2.28}$$

Somit gibt es aus Stetigkeitsgründen drei Möglichkeiten:

(i) $g(r) = r$ und $g(s) = s$,
(ii) $g(r) = s$ und $g(s) = r$,
(iii) $g(r) = g(s)\ (= r \text{ oder } s)$.

Angenommen, es gilt $g'(x) \neq 0$ für alle $x \in (r, s)$. Dann kann der Fall (i) wegen Satz 2.15 (d) (mit $r = a$, $x = b$, $s = c$) nicht auftreten. Fall (ii) entfällt ebenfalls wegen 2.15 (d), angewandt auf g^2 anstatt g. Und auch der dritte Fall (iii) kann nicht auftreten, da g in diesem Fall nach dem Satz von Rolle einen kritischen Punkt in (r, s) besitzen müßte.

---

[8] Das heißt, $S(x)$ sei die größte zusammenhängende *offene* Teilmenge von $E_g(x)$, welche x enthält. Sie existiert, da x ein stabiler Fixpunkt von g ist.

Damit erhalten wir einen Widerspruch (einer der drei Fälle muß eintreten), das heißt, es existiert ein Punkt $x_0 \in (r,s)$ mit $g'(x_0) = 0$, welcher von x attrahiert wird. Aufgrund der Kettenregel

$$g'(x_0) = (f^n)'(x_0) = \prod_{k=0}^{n-1} f'(f^k(x_0)) = 0 \qquad (2.29)$$

gilt $f'(f^k(x_0)) = 0$ für mindestens ein $k \in \{0, \ldots, n-1\}$, das heißt, $f^k(x_0) = c$. Also wird der kritische Punkt c von f von x attrahiert. ■

2.16 Korollar. *Es gibt S-unimodale Funktionen, die keinen stabilen periodischen Orbit besitzen.*

Beweis. Das folgende klassische Beispiel stammt aus Ulam und von Neumann [150]:

$$g_2(x) = 1 - 2x^2, \quad x \in [-1,1].$$

g_2 ist S-unimodal, das heißt, g_2 hat höchstens einen stabilen periodischen Orbit, und ein solcher müßte $c = 0$ attrahieren. Es ist $g_2 \circ g_2(0) = -1$, und -1 ist ein Fixpunkt (vergleiche Fig. 2.4). Allerdings ist -1 nicht stabil, da $g_2'(-1) = 4$. Das war's. ■

Bemerkung. $f_4(x) = 4x(1-x)$, $x \in [0,1]$, ist S-unimodal und konjugiert zu $g_2(x) = 1 - 2x^2$, $x \in [-1,1]$ (Übungsaufgabe 4), und besitzt daher ebenfalls keinen stabilen periodischen Orbit (vergleiche auch Übungsaufgabe 5). □

Damit haben wir unsere Ausgangsfrage nach der Existenz koexistierender stabiler periodischer Orbits erschöpfend (negativ) beantwortet. Doch schon lauert die nächste Frage auf uns: *Konvergieren alle Punkte aus dem Phasenraum gegen den stabilen periodischen Orbit* (von dem möglicherweise existierenden Fixpunkt einmal abgesehen)?

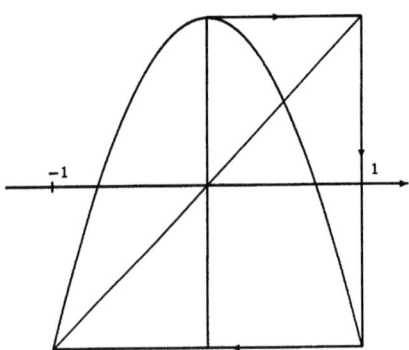

Fig. 2.4: Schicksal des kritischen Punktes $c = 0$ unter Iteration der Abbildung $g_2(x) = 1 - 2x^2$.

2.17 Satz. *Falls f S-unimodal ist und einen stabilen Orbit besitzt, dann ist das Lebesgue-Maß der Ausnahmemenge A_f von Punkten $x \in [0,1]$, die nicht von diesem Orbit attrahiert werden, gleich null, das heißt, $\lambda(A_f) = 0$.*

Beweis. Misiurewicz [98] beziehungsweise Collet und Eckmann [29], S. 119 f.

Bemerkung. Einen Abriß der Maßtheorie geben wir in Anhang A.2, insbesondere wird dort das Lebesgue-Maß eingeführt. Als hinreichende Bedingung für $\lambda(A_f) = 0$ wird sich das folgende Kriterium erweisen: Für jedes $\varepsilon > 0$ gilt $A_f \subseteq \bigcup_{k=1}^{\infty} (\alpha_k, \beta_k)$, wobei $\sum_{k=0}^{\infty} (\beta_k - \alpha_k) < \varepsilon$ ist. So hat zum Beispiel jede abzählbare Teilmenge von $\mathbb{R}$ das Lebesgue-Maß Null. □

Übungsaufgaben:

1. Bestimmen Sie *alle* periodischen (und Fix-)Punkte der Abbildung $p(x) = x^2 - 1$ in $\mathbb{R}$.

2. (X, f) sei ein ddS. Beweisen Sie: Schließlich periodische Punkte können nicht auftreten, falls f ein Homöomorphismus ist.

3. x_0 und α seien positive reelle Zahlen. Wir betrachten die Folge
$$x_{n+1} = \frac{1}{2}\left(x_n + \frac{\alpha}{x_n}\right), \quad n = 0, 1, 2, \ldots$$
   (a) Finden Sie eine Abbildung f, für die gilt: $x_n = f^n(x_0)$.
   (b) Beschreiben Sie die periodischen Punkte von f. Sind sie hyperbolisch, stabil, instabil?
   (c) Wie lautet der Limes der Folge $(x_n)_{n \in \mathbb{N}_0}$?

4. (a) Verifizieren Sie, daß die folgenden diskreten dynamischen Systeme S-unimodal sind:
$$([0,1], f_a) : f_a(x) = ax(1-x),\ 0 < a \leq 4,\ \text{und}$$
$$([-1,1], g_b) : g_b(x) = 1 - bx^2,\ 0 < b \leq 2.$$
   (b) Für $2 < a \leq 4$ sind f_a und g_b konjugiert: finden Sie eine Konjugation.

   HINWEIS: Beginnen Sie mit g_2 und f_4 und betrachten Sie f_a auf $[1 - \frac{a}{4}, \frac{a}{4}]$.

5. Zeigen Sie, daß $f_4(x) = 4x(1-x), x \in [0,1]$, S-unimodal ist und keinen stabilen periodischen Orbit besitzt.

6. Beweisen Sie Satz 2.14 für den Fall der Abbildung $f_2(x) = 2x(1-x)$ direkt ohne die Argumente von dort.

7. Zur Vorbereitung von Abschnitt 5 wiederholen Sie folgendes Computerexperiment von Ulam und von Neumann [150] aus dem Jahr 1947: Iterieren Sie die Abbildung $g_2(x) = 1 - 2x^2$ für drei verschiedene „typische" Anfangswerte x_0 cirka 50 000-mal. Erstellen Sie jedesmal ein Histogramm (Häufigkeitsverteilung) für die Anzahl von Punkten, die in jedes der 200 Intervalle $\left[\frac{n}{100}, \frac{(n+1)}{100}\right)$, $n = -100, -99, \ldots, 99$, fällt. Vergleichen Sie Ihre Resultate mit den Graphen der (Dichte-)Funktion
$$x \longmapsto 1/\pi \cdot (1 - x^2)^{-\frac{1}{2}}.$$

3 Parameterabhängigkeit und Verzweigung – das Feigenbaum-Szenario

In diesem Abschnitt untersuchen wir das dynamische Verhalten der *logistischen Abbildungen*

$$f_a(x) = ax(1-x), \; x \in \mathbb{R}, \, a > 0. \tag{3.1}$$

Es handelt sich hier um eine Familie von Abbildungen, die von einem sogenannten *Verzweigungsparameter* a abhängt; vielfach wird sie als die *quadratische Familie* bezeichnet. Sie zeigt alle wichtigen Phänomene, die im dynamischen Verhalten eindimensionaler Systeme auftreten können. Jede andere parameterabhängige Familie unimodaler Abbildungen (zum Beispiel $g_b(x) = 1 - bx^2, x \in [-1,1], b \in [0,2]$) besitzt in Abhängigkeit vom jeweiligen Verzweigungsparameter vergleichbare dynamische Verhaltensweisen.

3.1 Satz. *Es gilt:*
(a) $f_a(0) = f_a(1) = 0$ und $f_a(p_a) = p_a$ mit $p_a = \frac{a-1}{a}$.
(b) $0 < p_a < 1$ für $a > 1$.

Beweis. Aus $ax(1-x) = x$ und $x \neq 0$ folgt $1 - x = \frac{1}{a}$ beziehungsweise $1 - \frac{1}{a} = \frac{a-1}{a} = x$. Das heißt, 0 und $p_a = \frac{a-1}{a}$ sind die beiden Fixpunkte von f_a. ∎

Wie man leicht nachprüft, gilt $f'_a(0) = a$ und $f'_a(p_a) = 2 - a$, das heißt, für $0 \leq a < 1$ ist der Ursprung 0 ein stabiler Fixpunkt und p_a ist instabil. Für $a = 1$ ist der einzige Fixpunkt 0 nicht hyperbolisch ($f'_1(0) = 1$). Wenn so etwas auftritt, dann durchläuft die „Gestalt" des Attraktors im allgemeinen eine Verzweigung in Abhängigkeit vom Verzweigungsparameter. Offensichtlich ergibt sich also für $0 < a \leq 1$ die Situation von Fig. 3.1.

Daher konzentrieren wir uns im folgenden auf Parameterwerte $a > 1$.

3.2 Satz. *Sei $a > 1$. Ist $x \notin [0,1]$, dann gilt*

$$f_a^n(x) \longrightarrow -\infty \quad \text{für} \quad n \to \infty. \tag{3.2}$$

Beweis. Sei $x < 0$, dann gilt $ax(1-x) < x$. Also ist die Folge $(f_a^n(x))_{n \in \mathbb{N}}$ monoton fallend. Angenommen, $f_a^n(x) \to p < 0$ für $n \to \infty$, dann gilt $f_a^{n+1}(x) \to f(p) < p$ und dies ist ein Widerspruch. Also gilt $f_a^n(x) \to -\infty$ für $n \to \infty$. Ist andererseits $x > 1$, dann gilt $f_a(x) < 0$ (vergleiche Fig. 3.1) und damit ebenso $f_a^n(x) \to -\infty$. ∎

Aufgrund des letzten Satzes können wir uns bei der Diskussion der Dynamiken der quadratischen Familie auf das Intervall $I = [0,1]$ beschränken. Das heißt, wir betrachten ab sofort die Familie

$$f_a(x) = ax(1-x) \quad \text{für} \quad x \in [0,1] \quad \text{und} \quad a > 1. \tag{3.3}$$

3 Parameterabhängigkeit und Verzweigung – das Feigenbaum-Szenario

Für kleine Werte von a ist die Dynamik von f_a noch sehr einfach.

3.3 Satz. *Sei $1 < a < 3$, dann gilt:*

(a) f_a *besitzt einen stabilen Fixpunkt (Attraktor) in* $p_a = \frac{a-1}{a}$ *und einen instabilen Fixpunkt (Repeller) in 0.*

(b) *Für $0 < x < 1$ ergibt sich* $\lim_{n \to \infty} f_a^n(x) = p_a$.

Beweis. (a) Für $1 < a < 3$ ist $|f_a'(p_a)| = |2 - a| < 1$ und $f_a'(0) = a > 1$.

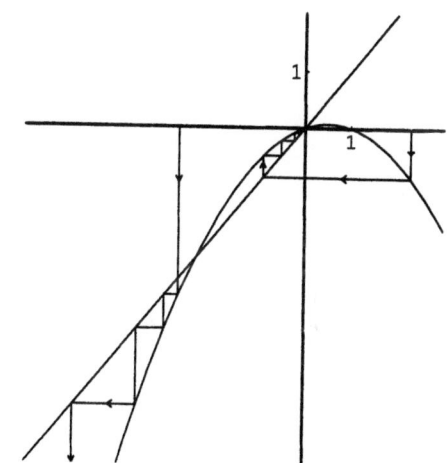

Fig. 3.1: Graphische Analyse von $f_a(x) = ax(1-x)$ für $0 < a \leq 1$.

(b) 1. Fall: $1 < a \leq 2$.

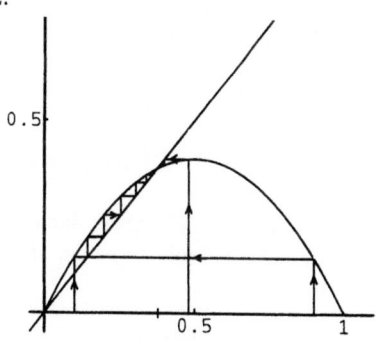

Fig. 3.2: Graphische Analysis von f_a für $1 < a \leq 2$ $\left(p_a = \frac{a-1}{a} \leq \frac{1}{2},\ f_a\left(\frac{1}{2}\right) = \frac{a}{4} \leq \frac{1}{2}\right)$.

Sei $x \in (0, p_a)$, dann gilt $f_a(x) > x$. Das heißt, die Iterationsfolge $(f_a^n(x))_{n \in \mathbb{N}}$ ist monoton wachsend und beschränkt durch p_a. Angenommen, $f_a^n(x) \to p < p_a$ für $n \to \infty$, dann folgt $f_a^{n+1}(x) \to f(p) > p$. Dies ist ein Widerspruch, also gilt $f_a^n(x) \to p_a$ für $n \to \infty$.

Nun sei $x \in (p_a, \frac{1}{2}]$. Dann gilt $f_a(x) < x$ und $(f_a^n(x))_{n \in \mathbb{N}}$ konvergiert monoton fallend gegen p_a.

Schließlich, für $x \in (\frac{1}{2}, 1]$, erhalten wir $f_a(x) \in [0, \frac{1}{2})$, und die Behauptung folgt nun aus dem eben Bewiesenen.

2. Fall: $2 < a < 3$.

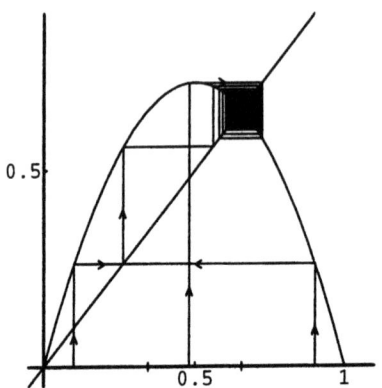

Fig. 3.3: Graphische Analyse von f_a für $2 < a < 3$.

Zunächst stellen wir fest

$$\tfrac{1}{2} < p_a = 1 - \tfrac{1}{a} < 1 \tag{3.4}$$

und

$$|f'_a(p_a)| = a - 2 \in (0,1). \tag{3.5}$$

Da f_a für $x \geq \tfrac{1}{2}$ streng monoton fallend ist, gilt

$$f_a([\tfrac{1}{2}, p_a]) = [p_a, f_a(\tfrac{1}{2})] \quad \text{und} \quad f_a^2([\tfrac{1}{2}, p_a]) = [f_a^2(\tfrac{1}{2}), p_a]. \tag{3.6}$$

Außerdem ist $f_a^2(\tfrac{1}{2}) > \tfrac{1}{2}$ (denn $f_a^2(\tfrac{1}{2}) > \tfrac{1}{2}$ gilt genau dann, wenn $a < A_1 = 1 + \sqrt{5} \approx 3.23$ ist, siehe auch Satz 3.8), und somit gilt wegen der strengen Monotonie für alle $k \in \mathbb{Z}^+$ (vergleiche Fig. 3.3):

$$f_a^{2k}([\tfrac{1}{2}, p_a]) = [f_a^{2k}(\tfrac{1}{2}), p_a] \quad \text{und} \quad f_a^{2k+1}([\tfrac{1}{2}, p_a]) = [p_a, f_a^{2k+1}(\tfrac{1}{2})]. \tag{3.7}$$

Nach Satz 2.14 attrahiert der stabile Fixpunkt p_a den kritischen Punkt $c = \tfrac{1}{2}$ und mit ihm das gesamte Intervall $[\tfrac{1}{2}, p_a]$, denn wegen (3.7) gilt für alle $n \in \mathbb{Z}^+$ und für alle $x \in [\tfrac{1}{2}, p_a]$

$$|f_a^n(x) - p_a| \leq |f_a^n(\tfrac{1}{2}) - p_a| \longrightarrow 0 \quad \text{für} \quad n \to \infty. \tag{3.8}$$

$\hat{p}_a$ bezeichne das p_a gegenüberliegende Urbild von p_a, das heißt, $\hat{p}_a = \tfrac{1}{a}$. Durch graphische Analyse (oder wiederum wegen $f_a^2(\tfrac{1}{2}) > \tfrac{1}{2}$) überzeugt man sich nun noch davon, daß f_a^2 das gesamte Intervall $[\hat{p}_a, p_a]$ in seinen rechten Teil $[\tfrac{1}{2}, p_a]$ abbildet.

Also gilt

$$f_a^n(x) \xrightarrow[n\to\infty]{} p_a \quad \text{für} \quad x \in [\hat{p}_a, p_a].\qquad (3.9)$$

Ist nun $x \in (0, \hat{p}_a)$, dann existiert ein $k \in \mathbb{N}$ mit $f_a^k(x) \in [\hat{p}_a, p_a]$, und die Behauptung folgt aus (3.9). Ist schließlich $x \in (p_a, 1)$, dann gilt $f_a(x) \in (0, p_a)$, und mit einem entsprechenden Argument sind wir ebenfalls fertig. ∎

Fassen wir kurz zusammen: Für die Parameterintervalle $0 \leq a < 1$ und $1 < a < 3$ besitzt die Abbildung f_a einen attraktiven Fixpunkt, zunächst ist es die 0 und für $1 < a < 3$ der Punkt $p_a = \frac{a-1}{a}$. Wir wollen nun den Attraktor gegen den Parameterwert a in einem Diagramm auftragen. Wir benutzen einen Computer, und nichts hindert uns mehr daran, dies auch für Parameterwerte $a > 3$ zu tun.

Wir diskretisieren den uns interessierenden Parameterbereich und führen für jeden Parameterwert folgende Prozedur aus:

1. Wir wählen zufällig einen Anfangswert x_0 aus dem Intervall $(0,1)$ und iterieren diesen, sagen wir, 400-mal.
2. Wir werfen die ersten 200 Iterationen $x_1, \ldots, x_{200}$ weg (Dunkeliterationen).
3. Wir plotten die übriggebliebenen Iterationen $x_{201}, \ldots, x_{400}$ in das Diagramm.

Für $a \in [0, 4]$ entsteht auf diese Weise das Diagramm von Fig. 3.4, allerdings bei 50.000 Iterationen, und davon sind cirka die ersten 49.000 Dunkeliterationen.

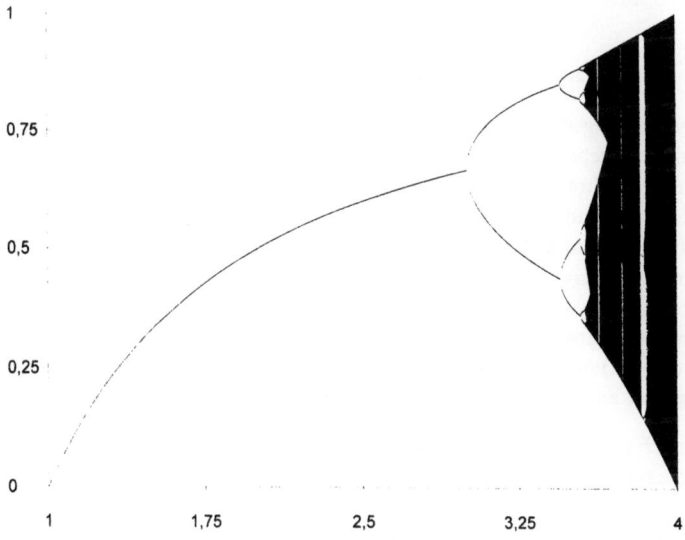

Fig. 3.4: Feigenbaum-Diagramm für $a \in [0, 4]$.

Wir erkennen aus dem Diagramm, daß wir in den Sätzen 3.1 und 3.3 offenbar bisher nur die trivialen Dynamiken der quadratischen Familie analysiert haben. Richtig spannend scheint es ja erst für $3 < a \leq 4$ zu werden und ganz besonders aufregend geht es um $a = 3.5$ herum zu.

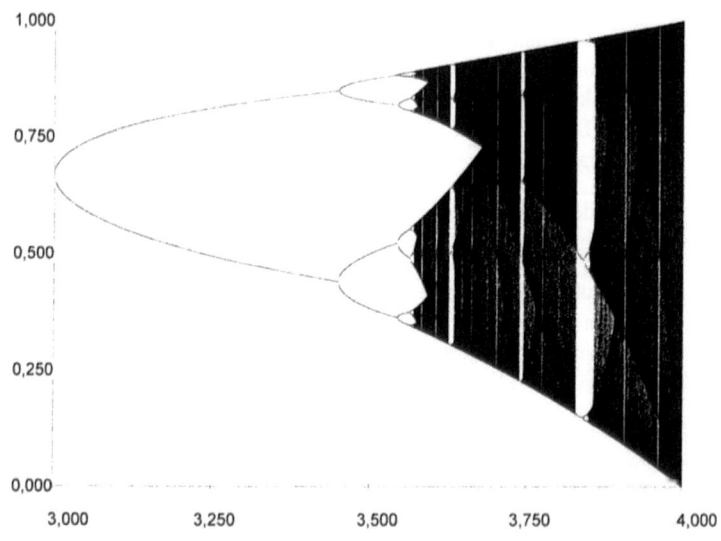

Fig. 3.5: Ausschnittsvergrößerung (Zoom) von Fig. 3.4 für $3 \leq a \leq 4$.

Das Verzweigungsdiagramm von Fig. 3.4 nennt man nach dem (sich noch bester Gesundheit erfreuenden) amerikanischen Physiker Mitchell J. Feigenbaum. Er veröffentlichte im Jahre 1978 eine bahnbrechende Arbeit [41], in der er das Verzweigungsverhalten der quadratischen Familie und verwandter parameterabhängiger Familien von Funktionen analysiert, von denen er lediglich verlangt, daß sie ein eindeutig bestimmtes quadratisches Maximum im kritischen Punkt besitzen, in dem die Ableitung existieren soll. Im Parameterbereich $3 < a \leq 4$ spricht man aufgrund seiner Resultate von einem „periodenverdoppelnden Weg zum Chaos" (period doubling route to chaos) oder kurz vom „Feigenbaum-Szenario". Wir werden seine Resultate im einzelnen am Schluß dieses Kapitels besprechen. [1]

Zuvor noch zwei Hinweise: Erstens, in Fig. 3.6 läßt sich (im Experiment!) deutlich ein sogenanntes periodisches Fenster ausmachen, in dem unter anderem eine 3-er

---

[1] Ganz analoge Resultate haben bereits früher die Marburger Physiker Grossmann und Thomae [53] publiziert. Den Ruhm erntete (zunächst) ganz allein Feigenbaum, nicht weil er hübscher war, sondern weil er im einflußreicheren Journal publizierte!

3 Parameterabhängigkeit und Verzweigung – das Feigenbaum-Szenario

Periode [2] deutlich zu identifizieren ist. Dieses Phänomen weist uns hin auf den folgenden vierten Abschnitt „Period 3 implies chaos". Zweitens, für $a = 4$ werden wir im sechsten Abschnitt beweisen, daß $f_4(x) = 4x(1-x)$ chaotische Dynamik besitzt. Bemerkenswert ist dabei, daß wir in diesem Spezialfall die chaotischen Iterationsfolge explizit angeben können.

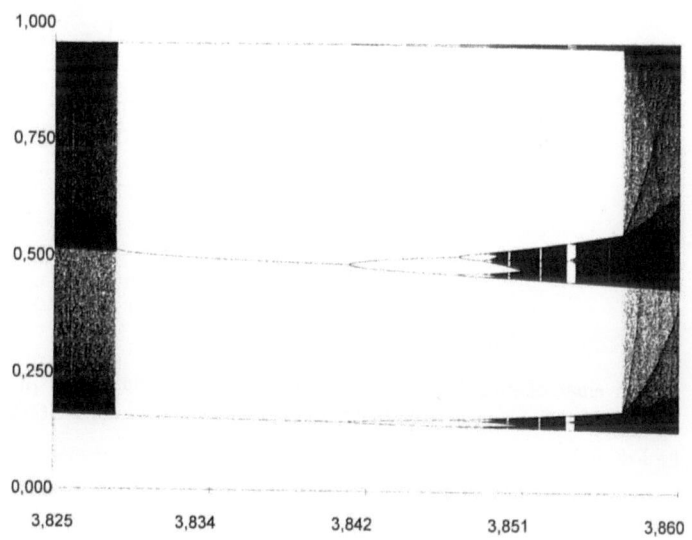

Fig. 3.6: Zoom für $3.825 \leq a \leq 3.86$.

So, vor den Resultaten von Feigenbaum beziehungsweise Grossmann und Thomae für $3 < a \leq 4$, wollen wir uns zunächst einmal die Dynamik von $f_a(x) = ax(1-x)$ für $a > 4$ ansehen. In diesen Fällen ist das Maximum $\frac{a}{4}$ von f_a im Punkt $c = \frac{1}{2}$ größer als 1. Also verlassen ganz bestimmte Punkte das Intervall $I = [0,1]$ nach einem Iterationsschritt (vergleiche Fig. 3.7). Wir versammeln diese Punkte in der Menge

$$\begin{aligned} A_0 &:= \{x \in I \mid f_a(x) \notin I\} \\ &= \{x \in I \mid f_a(x) > 1\} \\ &= f_a^{-1}(1, \infty). \end{aligned} \qquad (3.10)$$

---

[2] In Feigenbaums Szenario vor dem „ersten Chaos" treten nur Potenzen von 2 als Periodenlängen auf.

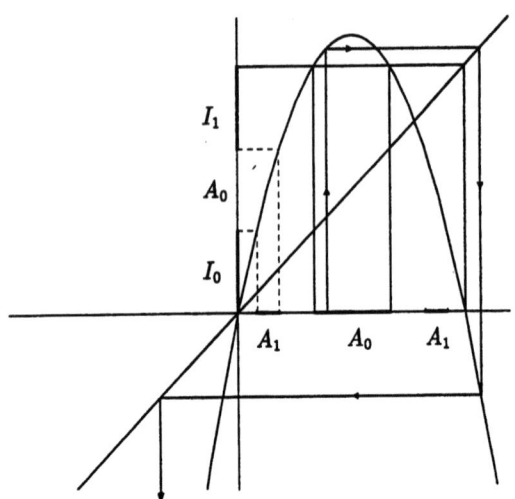

Fig. 3.7: Graphische Iteration von f_a für $a > 4$.

Als Urbild einer offenen Menge unter einer stetigen Abbildung ist A_0 offen. Für $x \in A_0$ gilt $f_a(x) > 1$ und nach Satz 3.2 weiter $f_a^n(x) \xrightarrow[n\to\infty]{} -\infty$. Weiterhin ist (vergleiche Fig. 3.7)

$$f_a^{-1}(I) = I \backslash A_0 =: I_0 \cup I_1 \tag{3.11}$$

eine kompakte Menge. Der nächste und übernächste Schritt:

$$A_1 := \{x \in I \mid f_a(x) \in A_0\} \tag{3.12}$$

und

$$\begin{aligned} f_a^{-2}(I) &= f_a^{-1}(f_a^{-1}(I)) \\ &= \{x \in I \mid f_a(x) \in f_a^{-1}(I)\} \\ &= \{x \in I \mid f_a(x) \in I \backslash A_0\} \\ &= \{x \in I \mid f_a(x) \notin A_0 \land x \notin A_0\} \\ &= I \backslash (A_1 \cup A_0). \end{aligned} \tag{3.13}$$

$$\begin{aligned} A_2 &:= \{x \in I \mid f_a^2(x) \in A_0\}, \\ f_a^{-3}(I) &= \{x \in I \mid f_a(x) \in f_a^{-2}(I)\} \\ &= \{x \in I \mid f_a(x) \in I \backslash (A_0 \cup A_1)\} \\ &= I \backslash (A_0 \cup A_1 \cup A_2). \end{aligned} \tag{3.14}$$

3 Parameterabhängigkeit und Verzweigung – das Feigenbaum-Szenario

Induktiv definiert man für jedes $n \in \mathbb{N}$ eine Menge

$$A_n := \{x \in I \mid f_a^n(x) \in A_0\}$$
$$= \{x \in I \mid f_a^k(x) \in I \text{ für } k \leq n \text{ und } f_a^{n+1}(x) \notin I\}. \quad (3.15)$$

Das heißt, A_n besteht aus allen Anfangswerten, die das Intervall im $(n+1)$-ten Schritt verlassen. Nach Satz 3.2 ist dann klar, daß $\lim_{n \to \infty} f^n(x) = -\infty$ gilt. Damit können wir uns bei der Untersuchung der Dynamik von f_a für $a > 4$ auf diejenigen Anfangswerte beschränken, die unter Iteration niemals das Intervall $I = [0,1]$ verlassen, das heißt, auf die Punkte der Menge

$$\Lambda_a := I \setminus \left(\bigcup_{n=0}^{\infty} A_n \right). \quad (3.16)$$

Aber was für eine Menge ist Λ_a? Wie sieht sie aus? Welche Eigenschaften hat sie? Um die Menge Λ_a besser zu verstehen, schauen wir uns unsere rekursive Konstruktion noch einmal ganz genau an:

```
       A₂       A₂                              A₂       A₂
|--(  )--(  )--(  )---(                     )--(  )--(  )--|
0      A₁              A₀              A₁                   1
```

Da A_0 ein offenes, zu $\frac{1}{2}$ symmetrisches Intervall ist, besteht $I \setminus A_0$ aus zwei abgeschlossenen Intervallen, I_0 und I_1. f_a bildet diese beiden Intervalle monoton auf I ab (vergleiche Fig. 3.7). Wegen $f_a(I_0) = f_a(I_1) = I$ gibt es ein Paar von offenen Intervallen, eines in I_0 und eines in I_1, die durch f_a auf A_0 abgebildet werden. Sie bilden genau die Menge A_1.

Nun betrachten wir die Menge $I \setminus (A_0 \cup A_1)$. Sie besteht aus vier abgeschlossenen Intervallen und f_a bildet jedes von ihnen monoton entweder auf I_0 oder I_1 ab (vergleiche Fig. 3.7), das heißt, f_a^2 bildet jedes dieser vier Intervalle auf I ab (vergleiche Fig. 3.8). Somit enthält jedes dieser vier Intervalle in $I \setminus (A_0 \cup A_1)$ ein offenes Teilintervall, das durch f_a^2 auf A_0 abgebildet wird. Das heißt, die Punkte dieser vier offenen Teilintervalle verlassen I mit der dritten Iteration. Sie bilden die Menge A_2.

Wenn wir so fortfahren, können wir folgendes festhalten:

1. A_n besteht aus 2^n disjunkten offenen Intervallen. Dann besteht $I \setminus (A_0 \cup \ldots \cup A_n)$ aus 2^{n+1} abgeschlossenen Intervallen, denn als Anzahl der offenen Komponenten von $A_0 \cup \ldots \cup A_n$ ergibt sich

$$1 + 2 + 2^2 + \ldots + 2^n = \frac{1 - 2^{n+1}}{1 - 2} = 2^{n+1} - 1. \quad (3.17)$$

2. f_a^{n+1} bildet jedes dieser 2^{n+1} abgeschlossenen Intervalle streng monoton auf I ab. Der Graph von f_a^{n+1} kreuzt also die Diagonale $\text{graph id}_{[0,1]}$ genau 2^{n+1} mal. Damit hat f_a^{n+1} genau 2^{n+1} Fixpunkte; mit anderen Worten:

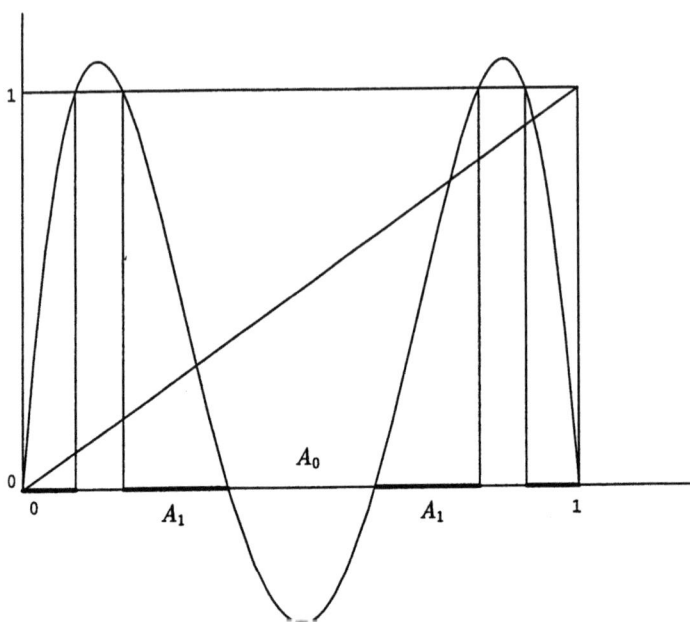

Fig. 3.8: Der Graph von f_a^2 für $a > 4$.

3.4 Satz. *Für jedes* $n \in \mathbb{N}$ *hat* f_a 2^n *periodische Punkte der Periode n, das heißt,*

$$\# \operatorname{Per}_n(f_a) = 2^n, \tag{3.18}$$

und es gilt $\operatorname{Per}_n(f_a) \subset I \backslash (A_0 \cup \ldots \cup A_{n-1})$. *Dies gilt, wohlgemerkt, für* $a > 4$.

Das ist doch schon mal was! Und wir wissen, daß ein Orbit unter f_a nur zwei Alternativen hat: entweder er entschwindet nach $-\infty$ oder der ganze Orbit liegt in $\Lambda_a = I \backslash \bigcup_{n=0}^{\infty} A_n$. Also wie sieht Λ_a aus?

3.5 Definition. *Eine Menge* $\Lambda \subset I$ *heißt* Cantor-Menge, *wenn sie abgeschlossen, vollständig unzusammenhängend und perfekt ist. Eine Menge* Λ *ist* vollständig unzusammenhängend *, falls sie keine Intervalle enthält, und sie ist* perfekt, *falls jeder Punkt in* Λ *Häufungspunkt von* Λ *ist.*

Bemerkung. Die *Cantorsche Wischmenge* C ist ein *Fraktal* [3]. Sie ist selbstähnlich unter Vergrößerung und hat die *fraktale (Hausdorff-)Dimension* $d_H(C) = \log 2 / \log 3 \sim 0.6302 < 1$. Darüber hinaus ist ihr Lebesgue-Maß $\lambda(C)$ gleich 0. [4]

---
[3] Vergleiche Mandelbrot [87], S. 27.
[4] Siehe Anhang A.2.

3.6 Beispiel. Die Cantorsche Wischmenge C

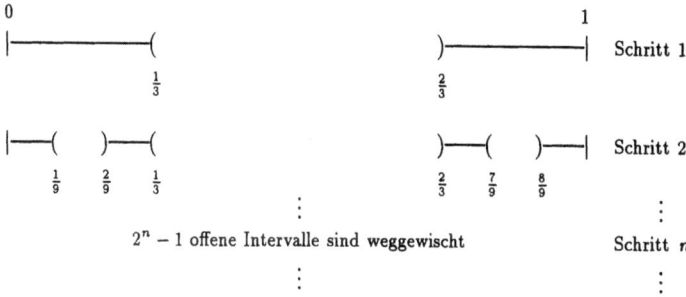

Fig. 3.9: Konstruktionsprinzip der Cantorschen Wischmenge.

3.7 Satz. *Gegeben sei das ddS* $([0,1], f_a)$ *mit* $f_a(x) = ax(1-x)$, $x \in [0,1]$ *und* $a > 4$. *Dann ist die oben rekursiv konstruierte Menge*

$$\Lambda_a = I \setminus \left(\bigcup_{n=0}^{\infty} A_n \right) \qquad (3.19)$$

eine Cantor-Menge.

Beweis (für $a > 2 + \sqrt{5}$ [5])). Wir nehmen an, daß a groß genug ist, so daß $|f'_a(x)| > 1$ für alle $x \in I_0 \cup I_1$ gilt. (Man prüft leicht nach, daß $a > 2 + \sqrt{5}$ ausreicht.) Also gibt es für diese Parameterwerte a ein $\lambda > 1$, so daß gilt:

$$|f'_a(x)| > \lambda > 1 \quad \text{für alle} \quad x \in \Lambda_a \text{ [6])}. \qquad (3.20)$$

Nach der Kettenregel erhalten wir daraus

$$|(f_a^n)'(x)| = \underbrace{|f'_a(f_a^{n-1}(x))|}_{>\lambda} \cdot \underbrace{|f'_a(f_a^{n-2}(x))|}_{>\lambda} \cdot \ldots \cdot \underbrace{|f'_a(x)|}_{>\lambda} > \lambda^n \text{ für alle } x \in \Lambda_a. \qquad (3.21)$$

Zuerst zeigen wir, daß Λ_a total unzusammenhängend ist, das heißt, keine Intervalle enthält. Dazu nehmen wir an, es existiere ein Intervall $[x, y] \subset \Lambda_a$, $x < y$. Daraus folgt

$$|(f_a^n)'(\alpha)| > \lambda^n \quad \text{für alle} \quad \alpha \in [x,y]. \qquad (3.22)$$

Wir wählen n so groß, daß

$$\lambda^n |x - y| > 1 \qquad (3.23)$$

---

[5]) Für $4 < a \leq 2 + \sqrt{5}$ ist der Beweis recht „delikat"!
[6]) Weil $\min_{x \in I_0 \cup I_1} |f'_a(x)| > 1$ und $I_0 \cup I_1$ kompakt ist.

gilt. Aus dem Mittelwertsatz folgt dann

$$|f_a^n(y) - f_a^n(x)| > \lambda^n |x - y| > 1, \qquad (3.24)$$

und dann müßte $f_a^n(y)$ oder $f_a^n(x)$ außerhalb von $I = [0,1]$ liegen, was der Konstruktion von Λ_a widerspricht. Also enthält Λ_a kein Intervall.

Λ_a ist selbstverständlich abgeschlossen, denn

$$\Lambda_a = I \setminus \left(\bigcup_{n=0}^{\infty} A_n \right) = \bigcap_{n=0}^{\infty} I \cap \bar{A}_n. \qquad (3.25)$$

Schließlich zeigen wir, daß Λ_a eine perfekte Menge ist. Zunächst halten wir fest, daß die Randpunkte der Intervalle A_n sämtlich zu Λ_a gehören, denn sie werden irgendwann auf 0 abgebildet und bleiben somit unter der Iteration in I.

Nun nehmen wir an, $p \in \Lambda_a$ sei ein isolierter Punkt in Λ_a. Dann gibt es eine Umgebung $U(p)$ derart, daß die Orbits aller Punkte aus $U(p) \setminus \{p\}$ das Intervall I verlassen müssen. Das heißt, jeder dieser Punkte muß irgendeiner der Mengen A_n angehören. Dann gilt: entweder es existiert eine Folge von Randpunkten der A_n, die gegen p konvergiert, oder es existiert eine „kleinere" Umgebung $\tilde{U}(p) \subseteq U$ derart, daß

$$\tilde{U}(p) \setminus \{p\} \subseteq A_{n-1} \quad \text{für ein } n. \qquad (3.26)$$

Im ersten Fall folgt ein Widerspruch, denn die Randpunkte der A_n werden irgendwann einmal auf 0 abgebildet, gehören also Λ_a an.

Im zweiten Fall können wir, da f_a^n stetig ist, annehmen, daß gilt

$$f_a^n(x) < 0 \quad \text{für} \quad x \in \tilde{U}(p) \setminus \{p\} \quad \text{und} \quad f_a^n(p) = 0 \qquad (3.27)$$

(andernfalls: $f_a^n(x) > 1$ für $x \neq p$ und $f_a^n(p) = 1$). Daraus folgt, da f_a^n somit im Punkt p ein (lokales) Maximum besitzt,

$$(f_a^n)'(p) = 0. \qquad (3.28)$$

Aufgrund der Kettenregel muß dann gelten

$$f_a'(f_a^k(p)) = 0 \quad \text{für mindestens ein } k < n, \qquad (3.29)$$

das heißt,

$$f_a^k(p) = \tfrac{1}{2}. \qquad (3.30)$$

Das hat aber zur Folge, daß

$$f_a^{k+1}(p) \notin I \quad \text{und somit} \quad f_a^k(p) \xrightarrow[k \to \infty]{} -\infty \qquad (3.31)$$

im Widerspruch zu $f_a^n(p) = 0$. Damit haben wir bewiesen, daß Λ_a eine Cantor-Menge ist. ∎

3 Parameterabhängigkeit und Verzweigung – das Feigenbaum-Szenario

Wir haben nun die Dynamik der Orbits unter f_a für $a > 4$ (eigentlich nur für $a > 2 + \sqrt{5}$) grob verstanden. Entweder der Orbit eines Punktes aus $[0,1]$ strebt gegen $-\infty$ oder der gesamte Orbit liegt in der Cantor-Menge Λ_a. Letzteres bedeutet, daß Λ_a eine invariante Menge unter f_a ist, also $f_a(\Lambda_a) = \Lambda_a$ [7]. In Abschnitt 7 werden wir zeigen, daß die Dynamik von f_a auf Λ_a für $a > 4$ chaotisch ist.

Um die Dynamik der quadratischen Familie vollständig zu verstehen, fehlt uns lediglich noch der Parameterbereich $3 \leq a < 4$ [8], in dem die periodischen Attraktoren von f_a mit wachsendem a unendlich oft ihre Periodenlänge verdoppeln bis hin zu einem „genau" berechenbaren Parameterwert a_∞, von dem ab nichtperiodische (chaotische) Attraktoren beobachtet werden.

Wir wählen hier eine intuitive geometrische Erklärung dieses periodenverdoppelnden Weges ins Chaos. „Sauber" beschreiben läßt er sich, wenn man die Knettheorie von Abschnitt 7 anwendet. Wir weisen noch einmal darauf hin, daß, obwohl wir hier mit der quadratischen Familie arbeiten, sich die nachfolgenden Ideen und Techniken ebenso auf eine Vielzahl anderer Familien unimodaler Abbildungen anwenden lassen.

Erinnern wir uns: Solange $f'_a(p_a) < 0$ für den Fixpunkt $p_a = \frac{a-1}{a}$ erfüllt ist, besitzt dieser ein „Gegenüber" $\hat{p}_a$ mit $f_a(\hat{p}_a) = p_a$ und $\hat{p}_a < p_a$.

Fig. 3.10 macht folgendes deutlich: Wenn der Wert des Parameters a den Punkt $a = 3$ passiert, dann entsteht ein neuer Fixpunkt von f_a^2 im Intervall $[\hat{p}_a, p_a]$. Dieser Fixpunkt ist ein stabiler Punkt der Periode 2 von f_a. Natürlich kann man das beweisen (Übungsaufgabe 3).

Dieses gerade beschriebene Verhalten nennt man *Periodenverdopplung*. Jetzt schauen wir uns die quadratische Box über dem Intervall $[\hat{p}_a, p_a]$ an. Dort ähnelt der Graph von f_a^2 sehr stark dem von f_a über dem Intervall $[0,1]$. Mit wachsendem a wird auch f_a^2 (innerhalb der Box, vergleiche Fig. 3.11) von einer Periodenverdopplung heimgesucht werden, das heißt, es entsteht eine stabile 4er-Periode von f_a und die bisher stabile 2er-Periode wird instabil. Wenn man so weitermacht, erhält man immer kleiner werdende Boxen, in denen die Graphen von f_a^4, f_a^8, und so weiter dem Graphen von f_a über $[0,1]$ ähnlich sind. Also können wir erwarten, daß f_a für anwachsenden Parameterwert a eine unendliche Folge von Periodenverdopplungen durchläuft. Ich denke, daß wir mit diesen von der Anschauung geleiteten qualitativen Argumenten zunächst zufrieden sein und uns den quantitativen „epochalen" Resultaten von „Mitch" Feigenbaum zuwenden können. Wie bereits gesagt, läßt sich das alles durch die Methoden der Renormierung von Abschnitt 8 ($\hat{=}$ Box in Box) und symbolische Darstellung (Kneading-Theorie) der Dynamik von f_a präzise beschreiben (Abschnitt 7).

---

[7] Λ_a ist natürlich auch kompakt, *aber nicht attraktiv*! Letzteres wird uns schmerzlich bewußt bei der Lösung der Übungsaufgabe 1 (d) dieses Abschnittes.

[8] Neben den für die Abschnitte 6 und 7 angekündigten Beweisen der chaotischen Dynamik für f_4 auf $[0,1]$ und f_a auf Λ_a für $a > 4$.

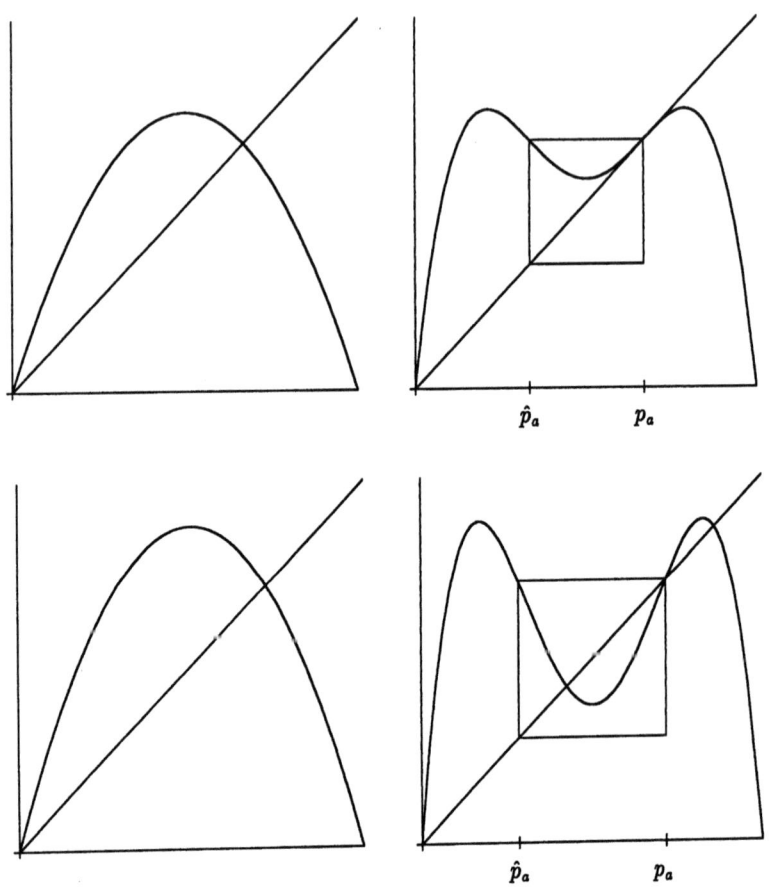

Fig. 3.10: Graphen von f_a und f_a^2 für $a = 3$ und $a \approx 3.5$.

3.8 Satz. (Feigenbaum [41], [43]) [9] *Gegeben sei die Familie* $([0,1], f_a)$ *von logistischen Abbildungen* $f_a(x) = ax(1-x)$ *für* $0 < a < 4$. *Wir bezeichnen mit* a_n *die Bifurkationspunkte, das heißt, in* a_n *wird ein bis dahin stabiler periodischer Orbit der Länge* 2^{n-1} *instabil und gleichzeitig wird ein stabiler periodischer Orbit der Länge* 2^n *geboren. Mit* A_n *bezeichnen wir diejenigen Parameterwerte, an denen der* 2^n-*periodische Orbit den Punkt* $c = \frac{1}{2}$ *enthält, und schließlich mit* d_n *den Abstand von* $c = \frac{1}{2}$ *zum nächstgelegenen Punkt dieser* 2^n-*Periode (vergleiche Fig. 3.12)* [10].

---

[9] Beachte Fußnote 1 dieses Abschnittes.

[10] Aus $c = \frac{1}{2} \in O^+_{f_{A_n}}(x_0) = \{x_0, \ldots, x_{2^n-1}\}$ folgt $\frac{1}{2} = f^k_{A_n}(x_0)$ für ein $k \in \{0, \ldots, 2^n-1\}$ und somit wegen der Kettenregel $(f^{2^n}_{A_n})'(x_0) = 0$, das heißt, x_0 (beziehungsweise f_{A_n}) ist *superstabil*.

3 Parameterabhängigkeit und Verzweigung – das Feigenbaum-Szenario

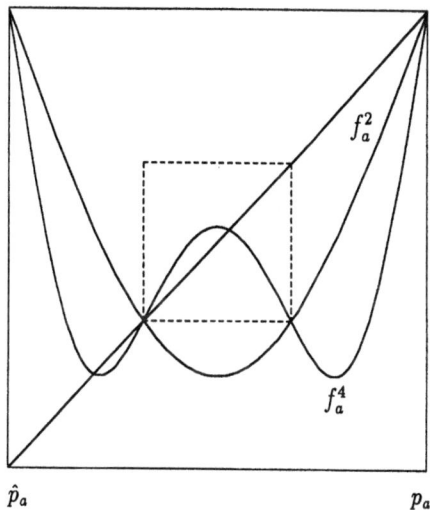

Fig. 3.11: Graphische Analyse von $f_a^2(a = 3.52)$ innerhalb der unteren Box von Fig. 3.10.

Dann gilt

$$\lim_{n\to\infty} \frac{d_n}{d_{n+1}} = -\alpha \tag{3.32}$$

und

$$\lim_{n\to\infty} \frac{a_n - a_{n-1}}{a_{n+1} - a_n} = \lim_{n\to\infty} \frac{A_n - A_{n-1}}{A_{n+1} - A_n} = \delta \tag{3.33}$$

mit den Feigenbaum-Konstanten

$$\begin{aligned} \alpha &= 2.5029078750957\ldots, \\ \delta &= 4.669201609103\ldots \end{aligned} \tag{3.34}$$

Beweis: Vergleiche Feigenbaum [41]. Eine verständliche Darstellung und Beweise seiner Resultate geben wir in den Abschnitten 8 und 9.

Bemerkungen und Folgerungen.

1. Ich erwähnte schon zu Beginn dieses Abschnitts, daß sich die Aussagen von Satz 3.8 nicht allein auf die quadratische Familie $f_a(x) = ax(1-x)$, $x \in [0,1]$, $a \in [0,4]$, und zu ihr konjugierte parameterabhängige unimodale Funktionenfamilien, wie zum Beispiel $g_b(x) = 1 - bx^2$, $x \in [-1,1]$, $b \in [0,2]$, anwenden lassen. Sondern sie sind anwendbar auf jede Familie von S-unimodalen Abbildungen mit einem eindeutigen Maximum im kritischen Punkt c, welches quadratisch ist [11].

---

[11] Das heißt, $f(x) - f(c) \approx (x-c)^2$ für x aus einer geeigneten Umgebung von c. Vergleiche auch Peitgen, Jürgens, Saupe [114], S. 228: Die Autoren geben dort auch ein Beispiel einer parameterabhängigen Abbildung mit den genannten Eigenschaften an, die nicht symmetrisch ist, und zwar $g_a(x) = ax^2 \sin(\pi x)$, vergleiche Übungsaufgabe 4 (b).

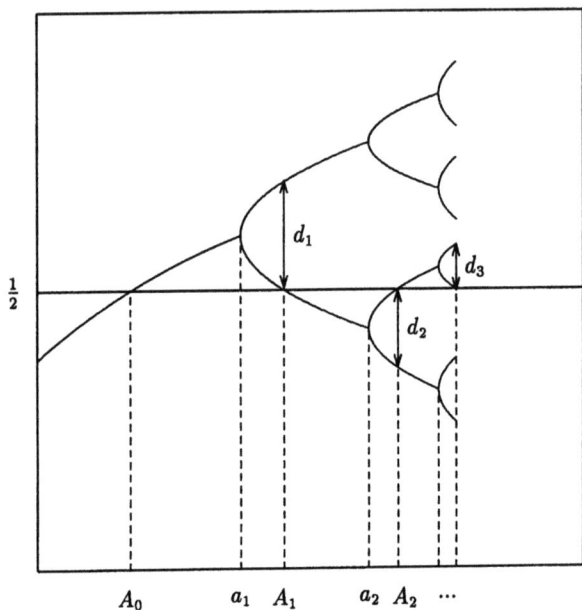

Fig. 3.12: Bifurkationsschema der quadratischen Familie. Die a_n geben die Bifurkationsstellen an, die A_n charakterisieren die Stellen, wo der jeweilige periodische Orbit den Punkt $c = \frac{1}{2}$ enthält, und d_n ist der Abstand zwischen c und dem nächstgelegenen Punkt des jeweiligen 2^n-Orbits.

Für jede derartige Klasse von Abbildungen sind die Konstanten δ und α dieselben wie für die quadratische Familie in Satz 3.8. Das heißt, die Feigenbaumkonstanten δ und α sind *universelle Konstanten*. Spätestens jetzt wird die wahre Bedeutung von Feigenbaums Resultaten deutlich: Die Feigenbaum-Diagramme (die uns den Weg ins Chaos veranschaulichen) sind bis auf Stauchungen und Streckungen für eine große Klasse von parameterabhängigen Abbildungen identisch.

2. Die Folgen (a_n) und (A_n) sind konvergent zum gleichen Grenzwert:

$$\lim_{n \to \infty} a_n = \lim_{n \to \infty} A_n =: a_\infty = 3.5699456\ldots. \tag{3.35}$$

Den gemeinsamen Grenzwert a_∞ nennt man den *Feigenbaum-Punkt*. Für alle Parameterwerte a zwischen 3 und a_∞ existieren stabile periodische Orbits mit wachsenden Periodenlängen 2^n, $n = 1, 2, 3, \ldots$ Beginnend mit dem Parameter $a = a_\infty$ ist die Dynamik nicht mehr periodisch: Das System kehrt für beliebig lange endliche Zeiten nicht mehr zu seinem Ausgangspunkt x_0 zurück. Damit ist die Schwelle zu chaotischen Bewegungen erreicht. a_∞ trennt das Feigenbaum-Diagramm in zwei unterschiedliche Hälften: links Periodenverdopplung, rechts Chaos (vergleiche Fig. 3.13).

3 Parameterabhängigkeit und Verzweigung – das Feigenbaum-Szenario

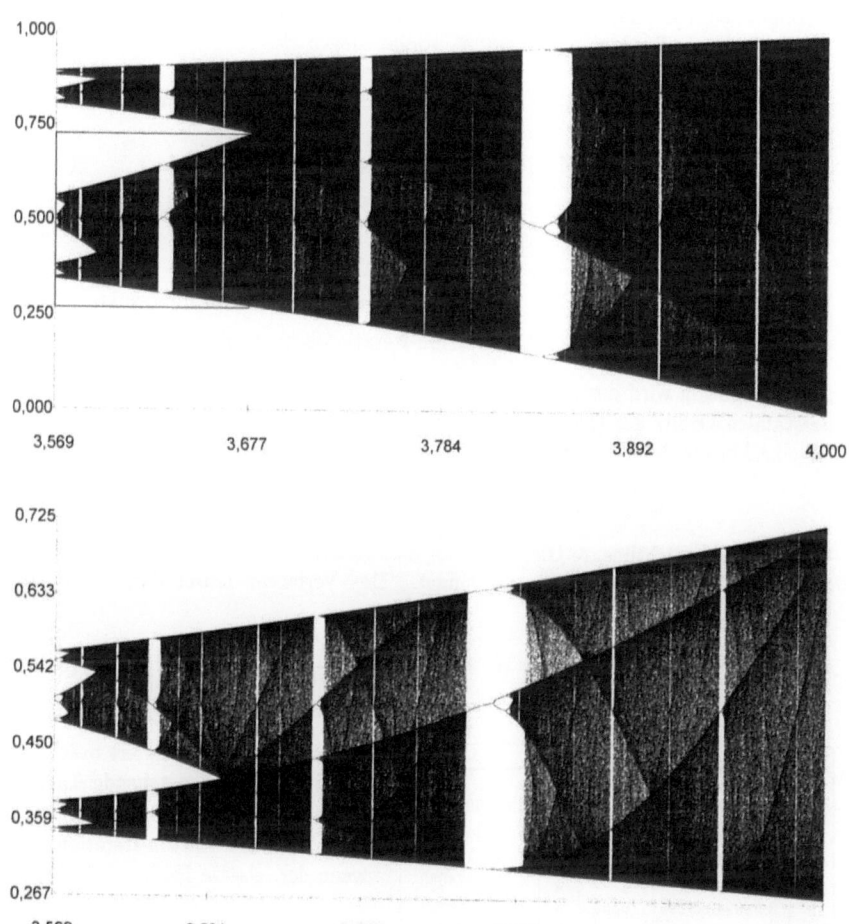

Fig. 3.13: Zwei Ausschnitte aus dem Feigenbaum-Diagramm am Feigenbaum-Punkt a_∞. Nach Peitgen, Jürgens, Saupe [114].

Im Gegensatz zur Feigenbaum-Konstanten δ ist der Feigenbaum-Punkt keine universelle Konstante! Für das ddS $([-1,1], g_b)$, $g_b(x) = 1 - bx^2$, $b \in [0,2]$, lautet der Feigenbaum-Punkt

$$b_\infty = 1.401155\ldots. \tag{3.36}$$

Er berechnet sich aus a_∞ über die Konjugation zu f_a (vergleiche Abschnitt 2, Übungsaufgabe 4), also

$$b_\infty = \frac{a_\infty}{2}\left(\frac{a_\infty}{2} - 1\right). \tag{3.37}$$

3. Feigenbaum [41] hat ein einfaches Prädiktor-Korrektur-Verfahren zur Berechnung des Feigenbaum-Punktes $a_\infty = \lim_{n\to\infty} A_n$ vorgeschlagen [12].

Beginnend mit $A_0 = 2$, $A_1 = 1 + \sqrt{5} = 3.236079\ldots$ [13] berechnet man für $n = 2, 3, 4, \ldots$

$$A_{n+1} = A_n + \delta_n^{-1}(A_n - A_{n-1}) \qquad (3.38)$$

mit

$$\delta_n = \frac{A_{n-1} - A_{n-2}}{A_n - A_{n-1}}, \quad \delta_1 = 4. \qquad (3.39)$$

Wegen $\delta_n \xrightarrow[n\to\infty]{} \delta$ (Satz 3.8) ist dies ein guter Näherungswert für den exakten Wert von A_{n+1}. Er soll nun durch einige Newton-Iterationsschritte nachkorrigiert werden.

Nach Definition wird der Parameter A_n charakterisiert durch die Existenz eines superstabilen Orbits der (kleinsten) Periode 2^n, der die Zahl $c = \frac{1}{2}$ enthält. Also ist A_n eine Lösung der Gleichung

$$f_a^{2^n}(\tfrac{1}{2}) = \tfrac{1}{2} \quad \text{bzw.} \quad g(a) := f_a^{2^n}(\tfrac{1}{2}) - \tfrac{1}{2} = 0.\,^{14)} \qquad (3.40)$$

Man löst diese nichtlineare Gleichung mit dem Newton-Verfahren, wobei man A_{n+1} aus (3.38) als Startwert $A_{n+1}^{(0)}$ verwendet. Das Verfahren lautet dann für $k = 1, 2, 3, \ldots$

$$A_{n+1}^{(k)} = A_{n+1}^{(k-1)} - \frac{g\left(A_{n+1}^{(k-1)}\right)}{g'\left(A_{n+1}^{(k-1)}\right)}. \qquad (3.41)$$

n	A_n	#	δ_n
0	2.000000000000000		
1	3.236067977499789696		4.0000000000
2	3.498561699327701520	6	4.7089430135
3	3.554643880189573995	1	4.6805191559
4	3.566667594798299166	1	4.6642974062
5	3.569243531637110338	4	4.6677055227
6	3.569795293749944621	4	4.6685641853
7	3.569913465422348515	3	4.6691571813
8	3.569938774233305491	3	4.6691910025
9	3.569944194608064931	3	4.6691994706
10	3.569945355486468581	3	4.6692011346
11	3.569945604111078447	3	4.6692015094
12	3.569945657358856505	3	4.6692015880
13	3.569945668762899979	3	4.6692016018
14	3.569945671205296863	2	4.6692016148

Das Verfahren konvergiert prächtig wie auch die nebenstehende Tabelle zeigt (vergleiche [114], S. 227). Man bricht die Newton-Iteration ab, wenn der relative Fehler

$$\frac{A_{n+1}^{(k+1)} - A_{n+1}^{(k)}}{A_{n+1}^{(k)}} \qquad (3.42)$$

im Rahmen der Maschinengenauigkeit liegt und setzt zur Berechnung von A_{n+2} in (3.38) $A_{n+1} := A_{n+1}^{(k+1)}$. Das Symbol # in der Tabelle steht für die Anzahl der Newton-Iterationsschritte bis die Abbruchbedingung (3.42) erfüllt ist.

---
[12] Eine ausführliche Darstellung findet man in Peitgen, Jürgens, Saupe [114], S. 224–227.
[13] Dies folgt aus $(f_{A_1}^2)'(\tfrac{1}{2}) = 0$.
[14] Achtung: Die Variable ist der Parameter a!

3 Parameterabhängigkeit und Verzweigung – das Feigenbaum-Szenario

Wirft man einen Blick auf die Newton-Iteration (3.41), so stellt sich sofort die Frage: *Wie berechnet man $g(a)$ sowie $g'(a)$ für einen vorgegebenen Parameterwert a?* Nun, $g(a)$ berechnet man iterativ aus

$x_0 = \frac{1}{2}$; $x_{k+1} = ax_k(1-x_k)$, $k = 0,\ldots,2^n - 1$, und $g(a) = x_{2^n} - \frac{1}{2}$.

$g'(a)$ ergibt sich dann aus

$x'_0 = 0$, $x'_{k+1} = x_k(1-x_k) + a(1-2x_k)x'_k$, $k = 0,\ldots,2^n - 1$, und $g'(a) = x'_{2^n}$.

Dabei bezeichnet $'$ hier die Ableitung *nach a*, das heißt, $g' = \frac{dg}{da}$.

Übungsaufgaben:

1. Schreiben Sie ein Computerprogramm, welches Feigenbaum-Diagramme und *beliebige Ausschnittsvergrößerungen (Zooms)* wie in Fig. 3.4 bis 3.6 erstellt.

    Plotten Sie das Feigenbaum-Diagramm für die quadratische Familie $f_a(x) = ax(1-x)$, $x \in [0,1]$, in den nachfolgenden Parameterintervallen:

    (a) $0 \leq a \leq 4$
    (b) $3 \leq a \leq 4$
    (c) $3.825 \leq a \leq 3.86$ (Zoom)
    (d) $4 \leq a \leq 4.25$ (Zoom)

    Nutzen Sie jedesmal den gesamten Bildschirm beziehungsweise den ganzen Plotbereich zur Darstellung der Diagramme aus. Im Fall (c) sollten Sie die beiden besonders interessanten Teile des Plots noch einmal ausschnittsvergrößern. Und was ist bei (d) los? Versuchen Sie Ihre experimentellen Resultate zu deuten!

2. Zeigen Sie, daß die Cantorsche Wischmenge eine Cantormenge gemäß Definition 3.5 ist. – Orientieren Sie sich am Beweis von Satz 3.7.

3. Gegeben sei die quadratische Familie $([0,1], f_a)$, $x \in [0,1]$, für $a \in [0,4]$. Zeigen Sie: Wenn der Wert des Parameters a die Stelle $a = 3$ passiert, dann wird der Fixpunkt p_a instabil und der neugeborene Fixpunkt von f_a^2 ist dann ein stabiler Periode-2-Punkt von f_a.

4. Schreiben Sie ein Programm zur näherungsweisen Berechnung des Feigenbaum-Punktes b_∞ und der Feigenbaumkonstanten δ. Wenden Sie es an auf die Abbildungen

    (a) $g_b(x) = 1 - bx^2$, $x \in [-1,1]$, $b \in [0,2]$,
    (b) $g_b(x) = bx^2 \sin(\pi x)$, $x \in [0,1]$, $b \in [1.5, 2.5]$,

    und geben Sie jeweils eine Tabelle wie in Bemerkung 3 zu Satz 3.8 und das zugehörige Feigenbaum-Diagramm aus.

4 "Period Three Implies Chaos" und der Satz von Šarkovskii

Im dritten Abschnitt konnten wir bereits beobachten, daß in den Feigenbaum-Diagrammen „rechts von" a_∞ sogenannte *periodische Fenster* in Bereichen mit überwiegend nichtperiodischer Dynamik vorkommen.

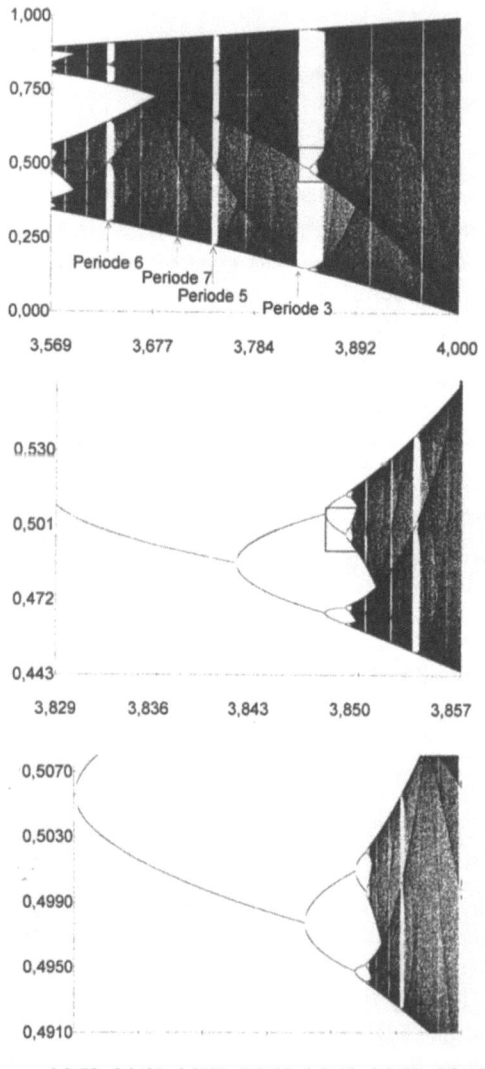

Vergrößern wir weiter, dann finden wir (im Prinzip) Perioden, deren Ordnungen alle ungerade Zahlen 3, 5, 7, 9, 11, ... und so weiter durchlaufen, allerdings in umgekehrter Reihenfolge (das heißt, 3 ist rechts von 5, und so weiter). Allerdings werden die Fenster mit wachsender Periodenordnung sehr schnell kleiner, so daß bereits das Periode 9-Fenster im Computerexperiment schwer zu finden ist. Woher wollen wir denn wissen, daß alle ungeraden Periodenlängen $k = 2n+1$, $n \in \mathbb{N}$, ebenso wie die Perioden 6 (vergleiche Fig. 4.1), 10, 12, 14, und so weiter wirklich existieren? Die Computerexperimente mit sukzessiven Ausschnittsvergrößerungen des Feigenbaumes stoßen sehr schnell an Grenzen, die durch die Bildschirmauflösung beziehungsweise durch die Mantissenlänge der vom Rechner darstellbaren Zahlen bestimmt werden.

Allerdings sind wir gar nicht auf das Experiment angewiesen, denn es gibt ein bemerkens-

Fig. 4.1: Zwei aufeinanderfolgende Ausschnittsvergrößerungen eines Periode 3-Fensters.

4 "Period Three Implies Chaos" und der Satz von Šarkovskii

wertes Resultat des russischen Mathematikers Šarkovskii aus dem Jahr 1964 [137] zur Existenz periodischer Orbits bei stetigen Abbildungen der reellen Zahlen. Zum Aufwärmen wollen wir zunächst einen Spezialfall von Šarkovskiis Satz formulieren, der die Bedeutung der Periode 3 deutlich macht.

4.1 Satz. $f : \mathbb{R} \to \mathbb{R}$ *sei stetig. Angenommen, f besitzt einen periodischen Punkt der Periode 3. Dann besitzt f periodische Punkte der Periode n für alle $n \in \mathbb{N}$.*

Beweis. Vergleiche Satz 4.5 weiter unten. ∎

Satz 4.1 ist gerade erst der Beginn einer langen Geschichte, die der Satz von Šarkovskii erzählt. Šarkovskii ordnete zunächst die natürlichen Zahlen vollkommen neu:

Anordnung der natürlichen Zahlen nach Šarkovskii:

1. Ordne alle ungeraden natürlichen Zahlen größer oder gleich 3 aufsteigend an.
2. Multipliziere jede Zahl aus 1. mit 2 und ordne diese aufsteigend an.
3. Multipliziere jede Zahl aus 1. mit 2^2 und ordne diese aufsteigend an.

$\vdots$

n. Multipliziere jede Zahl aus 1. mit 2^{n-1} und ordne diese aufsteigend an.

$\vdots$

∞. Ordne alle Potenzen von 2 absteigend an, zuletzt $2^0 = 1$.

Zusammengefaßt ergibt sich folgende Anordnung:

$3, 5, 7, 9, 11, 13, \ldots$	(alle ungeraden $k \geq 3$)
$2 \cdot 3, 2 \cdot 5, 2 \cdot 7, 2 \cdot 9, \ldots$	(alle $2 \cdot k$, k ungerade)
$4 \cdot 3, 4 \cdot 5, 4 \cdot 7, 4 \cdot 9, \ldots$	(alle $2^2 \cdot k$, k ungerade)
$\ldots$	
$2^n \cdot 3, 2^n \cdot 5, 2^n \cdot 7, 2^n \cdot 9, \ldots$	(alle $2^n \cdot k$, k ungerade)
$\ldots$	
$\ldots 2^4, 2^3, 2^2, 2, 1$	(alle Potenzen von 2).

Dieses Zahlenschema, in dem offenbar alle natürlichen Zahlen vorkommen, muß von links oben nach rechts unten zeilenweise von links nach rechts durchlaufen werden. Dadurch entsteht eine, zugegeben etwas ungewöhnliche, Anordnung der natürlichen Zahlen. Unter Verwendung des Ordnungssymbols ▷ (das heißt, *a kommt vor b* wird geschrieben $a \triangleright b$) lautet Šarkovskiis Anordnung also:

$$3 \triangleright 5 \triangleright 7 \triangleright \ldots \triangleright 2 \cdot 3 \triangleright 2 \cdot 5 \triangleright 2 \cdot 7 \triangleright \ldots$$
$$\ldots \triangleright 2^2 \cdot 3 \triangleright 2^2 \cdot 5 \triangleright 2^2 \cdot 7 \triangleright \ldots \triangleright 2^n \cdot 3 \triangleright 2^n \cdot 5 \triangleright 2^n \cdot 7 \triangleright \ldots \qquad (4.1)$$
$$\ldots \triangleright \ldots \triangleright 2^4 \triangleright 2^3 \triangleright 2^2 \triangleright 2 \triangleright 1.$$

4.2 Satz. (Šarkovskii [137]) $f : \mathbb{R} \to \mathbb{R}$ *sei stetig und habe einen periodischen Punkt von kleinster Periode $k \in \mathbb{N}$. Dann hat f auch für jedes natürliche l mit $l \triangleleft k$ in der Anordnung* (4.1) *einen periodischen Punkt der Periode l.*

Bemerkung. Nachvollziehbare Beweise dieses Satzes findet man bei Glendinning [51], S. 327–334, und Devaney [36], S. 60–65. Der vermeindlich kürzeste Beweis stammt von Štefan [148], einen weiteren findet man bei Targonski [149], S. 195–206. Der Beweis des Satzes von Šarkovskii verlangt umfangreiche (und interessante) Vorarbeiten.

4.3 Definition. (a) *Eine* Partition *eines Intervalls* $[a,b]$ *ist eine endliche Menge von Punkten* x_i, $i = 0, \ldots, n$, *mit*

$$a = x_0 < x_1 < \ldots < x_{n-1} < x_n = b. \tag{4.2}$$

Die n abgeschlossenen Intervalle $[x_{i-1}, x_i]$ *nennen wir* Elemente der Partition.

(b) $f : [a,b] \to \mathbb{R}$ *sei stetig und* J_i, $i = 1, \ldots, n$, *seien die Elemente einer Partition von* $[a,b]$. *Wir sagen,* J_i f-überdeckt J_k *m-fach, falls m disjunkte offene Teilintervalle* $K_1, \ldots, K_m$ *von* J_i *existieren derart, daß* $f(\overline{K}_r) = J_k$ [1]) *für* $r = 1, \ldots, m$ *erfüllt ist.* [2])

(c) *Seien* f *und* $J_i, i = 1, \ldots, n$, *wie in* (b) *gegeben. Ein A-Graph zur Partition* $\{J_i, i = 1, \ldots, n\}$ *von* f *ist ein orientierter verallgemeinerter Graph mit Ecken* J_i *derart, daß folgendes gilt: Falls* J_i *m-fach* J_k f-überdeckt, dann gibt es m gerichtete Kanten (Pfeile) von* J_i *nach* J_k.

Bemerkung. Ein Beispiel für diese Definition stellt ein *Hufeisen* dar (vergleiche Abschnitt 6). Wenn f ein Hufeisen besitzt, dann existieren zwei Intervalle J_1 und J_2 derart, daß $J_1 \cup J_2 \subseteq f(J_i)$ für $i = 1, 2$ erfüllt ist. Also f-überdeckt jedes der beiden Intervalle mindestens 1-fach sowohl sich selbst als auch das andere Intervall. Folglich muß der A-Graph von f den Subgraphen von Figur 4.2 enthalten.

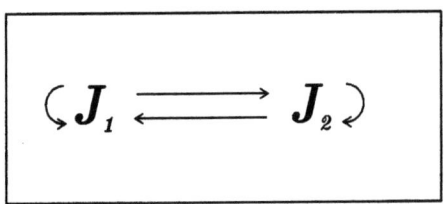

Fig. 4.2: Der Subgraph des Hufeisens.

(d) *Ein erlaubter Pfad für einen A-Graphen ist eine Folge* $J_{a(1)} J_{a(2)} \ldots J_{a(s)}$ *mit* $a(i) \in \{1, \ldots, n\}$ *derart, daß für* $i = 1, \ldots, s-1$ *ein Pfeil von* $J_{a(i)}$ *nach* $J_{a(i+1)}$ *existiert.* (Für den A-Graphen von Fig. 4.2 ist übrigens jede beliebige endliche Folge aus J_1-en und J_2-en ein erlaubter Pfad.)

---

[1]) $\overline{A}$: Abschluß von A.
[2]) Insbesondere gilt: J_i f-überdeckt J_k (wenigstens einfach) genau dann, wenn $f(J_i) \supseteq J_k$. Eine Beweisrichtung ist trivial, die andere folgte aus $J_k = f(J_i \cap f^{-1}(J_k))$.

4 "Period Three Implies Chaos" und der Satz von Šarkovskii

4.4 Lemma. $J_{a(1)}J_{a(2)}\ldots J_{a(s+1)}$ sei ein erlaubter Pfad und es gelte $a(1) = a(s+1)$. Dann gibt es einen Punkt $x \in J_{a(1)}$ mit $f^s(x) = x$ und $f^i(x) \in J_{a(i+1)}$ für $i = 2,\ldots,s$.

Beweis. Wenn man die Definition der f-Überdeckung von hinten nach vorne anwendet, so folgt die Existenz von (abgeschlossenen) Teilintervallen $K_i \subseteq J_{a(i)}$ mit $f(K_i) = K_{i+1}$ für $i = 1,\ldots,s$ und $K_{s+1} = J_{a(1)}$. Daher gilt $f^s(K_1) = J_{a(1)}$ und (nach Definition) $K_1 \subseteq J_{a(1)}$. Somit besitzt f^s einen Fixpunkt x in K_1, das heißt, $f^s(x) = x$. Wegen $f(K_i) = K_{i+1} \subseteq J_{a(i+1)}$ gilt offenbar auch der Rest der Behauptung. ∎

Bemerkung. Dieses Lemma ist „die Seele" des Beweises von Šarkovskiis Satz. Aber es ist mit viel Sorgfalt anzuwenden: Obwohl es benutzt werden kann, um die Existenz eines Fixpunktes von f^s in einem Element der Partition nachzuweisen, so muß dieser Punkt jedoch nicht die kleinste Periode s besitzen. Als Beispiel dient der Pfad $J_1J_2J_1J_2J_1$, den der A-Graph von Fig. 4.2 erlaubt. Die Anwendung des Lemmas ergibt, daß ein Fixpunkt von f^4 in J_1 existiert. Jedoch ist dieser erlaubte Pfad (eine Schleife) nichts weiter als die 2-malige Wiederholung der kürzeren Schleife $J_1J_2J_1$, und wenn man das Lemma auf diese Schleife anwendet, so findet man einen Fixpunkt von f^2 in J_1. Unser Lemma liefert uns keine Möglichkeit, diese beiden Fixpunkte zu unterscheiden, denn man kann mit seiner Hilfe keinen Fixpunkt mit garantiert minimaler Periode bestimmen.

Andererseits läßt Fig. 4.2 auch die Schleife $J_1J_2J_2J_2J_1$ zu, die keine Wiederholung einer Schleife mit kleinerer Periode sein kann, das heißt, der A-Graph von Fig. 4.2 besitzt einen Orbit mit minimaler Periodenlänge 4. Will man diese Mehrdeutigkeit ausschalten, dann beschränkt man sich auf *irreduzible Schleifen*, das heißt auf solche Schleifen, die sich nicht als Wiederholungen einer kürzeren Schleife darstellen lassen. □

Einen kräftigen Vorgeschmack auf den Satz von Šarkovskii liefert uns schon der folgende Satz.

4.5 Satz. $f : [a,b] \to \mathbb{R}$ sei stetig und habe einen Orbit von (*minimaler*) Periode 3. Dann besitzt f periodische Orbits jeder Periodenlänge $n \in \mathbb{N}$.

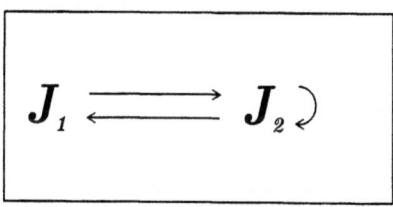

Fig. 4.3: Der A-Graph zu Satz 4.5.

Beweis. Seien $p_1 < p_2 < p_3$ die drei Punkte des periodischen Orbits der Periode 3, und es gelte o. B. d. A. $f(p_1) = p_2$, $f(p_2) = p_3$ und $f(p_3) = p_1$. Sei außerdem $J_1 = [p_1, p_2]$ und $J_2 = [p_2, p_3]$. Dann besitzt f den A-Graphen von Fig. 4.3. Aus ihr liest man unmittelbar ab, daß f einen Fixpunkt (Anwendung von Lemma 4.4 auf $J_2 J_2$), einen Punkt der Periode 2 (Anwendung von Lemma 4.4 auf $J_2 J_1 J_2$) und nach Voraussetzung einen Punkt der Periode 3 besitzt. Für jedes $n \in \mathbb{N}$ ist die Schleife $J_2 J_1 J_2^{n-2} J_2$ irreduzibel und erlaubt. Also hat f für jedes $n \in \mathbb{N}$ einen Orbit mit (minimaler) Periode n. ∎

Bemerkung. Satz 4.5 ist ein Spezialfall von Šarkovskiis Theorem. Dessen Beweis verlangt jedoch raffiniertere Anwendungen der oben verwendeten Beweisprinzipien. □

4.6 Lemma. $f : [a, b] \to \mathbb{R}$ *sei stetig. Dann gilt: Besitzt f einen periodischen Orbit mit ungerader Periodenlänge $m > 1$, dann besitzt f periodische Orbits aller geraden Periodenlängen kleiner als m sowie aller Periodenlängen größer als m.*

Bemerkung. Aus dem Beweis geht gleich zu Anfang hervor, daß f in jedem Fall auch einen Fixpunkt besitzt. □

Beweis. Sei $m > 1$ und ungerade. O. B. d. A. nehmen wir an, daß f keinen periodischen Orbit mit einer ungeraden Periode kleiner als m und größer als 1 besitzt [3].

$p_1 < p_2 < \ldots < p_m$ seien die Punkte des Orbits, der Größe nach angeordnet. Somit gilt $f(p_1) > p_1$ und $f(p_m) < p_m$. Folglich existiert ein $j < m$ mit $f(p_i) < p_i$ für alle $i > j$ und $f(p_j) > p_j$, das heißt, p_j ist der größte Punkt des periodischen Orbits, für den $f(p_j) > p_j$ gilt. Folglich haben wir

$$f(p_j) > p_j \quad \text{und} \quad f(p_{j+1}) < p_{j+1}. \tag{4.3}$$

Wir verwenden nun die periodischen Punkte p_i für eine Partition des Intervalls $[p_1, p_m]$ [4]. Sei $I_1 := [p_j, p_{j+1}]$, dann gilt wegen (4.3) $f(p_{j+1}) \leq p_j$, das heißt,

$$I_1 \subseteq [f(p_{j+1}), p_{j+1}] \subseteq f(I_1). \tag{4.4}$$

Also f-überdeckt I_1 sich selbst; der A-Graph von f besitzt folglich einen Pfeil $I_1 \to I_1$, und es existiert nach Lemma 4.4 ein Fixpunkt $x \in I_1$ mit $f(x) = x$.

Als nächstes werden wir zeigen, daß von I_1 ein erlaubter Pfad zu jedem anderen Element der Partition existiert. Dazu sei $\mathfrak{A}_1 := \{I_1\}$, und $\mathfrak{A}_2$ sei die Menge aller Elemente der Partition, welche von I_1 f-überdeckt werden. Nach (4.4) gilt $I_1 \in \mathfrak{A}_2$, aber $\mathfrak{A}_2 \neq \{I_1\}$, da p_j nicht periodisch ist mit Periode 2. Es kann also nicht gelten

---

[3] Wenn nicht, gehen wir solange rückwärts, bis wir keinen periodischen Orbit ungerader Periodenlänge m' mit $1 < m' < m$ mehr finden.

[4] $[p_1, p_m] \subseteq [a, b]$!

$f(p_j) = p_{j+1}$ und $f(p_{j+1}) = p_j$, das heißt, $f([p_j, p_{j+1}]) = [p_j, p_{j+1}]$[5]. $f(I_1)$ überdeckt also wenigstens noch ein weiteres Intervall der Form $[p_i, p_{i+1}]$, das wir I_2 nennen wollen; i. e. $I_1 \to I_2$.

Allgemein sei für $l = 1, 2, \ldots$ $\mathfrak{A}_l$ diejenige Menge von Elementen der Partition, die von wenigstens einem Element von $\mathfrak{A}_{l-1}$ f-überdeckt werden, das heißt, ist $I_l \in \mathfrak{A}_l$ für ein $l > 0$, dann gibt es einen erlaubten Pfad von I_1 nach I_l, das heißt, es gilt

$$I_1 \longrightarrow I_2 \longrightarrow \ldots \longrightarrow I_{l-1} \longrightarrow I_l \qquad (4.5)$$

mit geeigneten Intervallen $I_i \in \mathfrak{A}_i$. Offenbar gilt $\mathfrak{A}_l \subseteq \mathfrak{A}_{l+1}$, und da die Partition nur endlich viele Elemente besitzt, existiert ein $r > 1$ mit $\mathfrak{A}_r = \mathfrak{A}_{r+1}$. $\mathfrak{A}_r$ muß alle Elemente der Partition enthalten, denn sonst besäße p_j eine Periode kleiner als m. Also existiert ein erlaubter Pfad von I_1 zu jedem anderen Element der Partition.

Wir wollen nun zeigen, daß ein Element $I_k \neq I_1$ in der Partition existiert, dessen Bild unter f das Intervall I_1 überdeckt. Dabei nutzen wir erstmals die Tatsache aus, daß m ungerade ist. Deshalb müssen nämlich auf beiden Seiten außerhalb von I_1 (und somit auch auf beiden Seiten des Fixpunktes $x \in I_1 = [p_j, p_{j+1}]$) unterschiedlich viele periodische Punkte p_i liegen (vergleiche Fig. 4.4). Also existiert unter ihnen

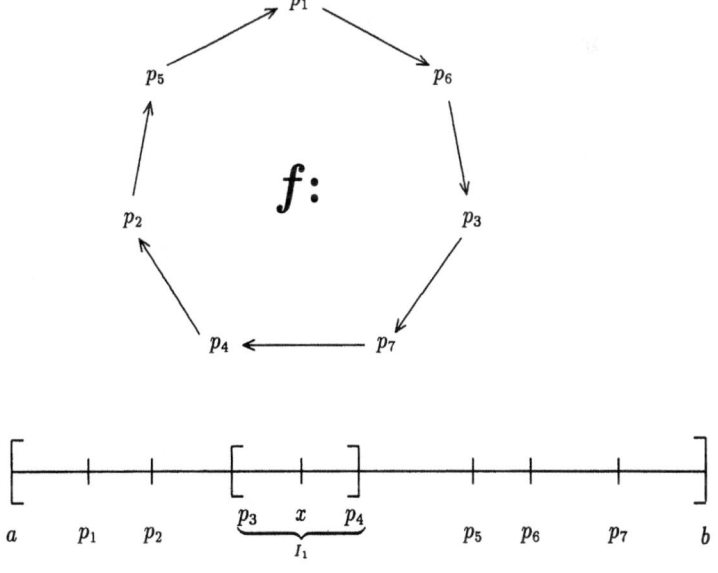

Fig. 4.4: Partition von $[p_1, p_m]$ für ungerades m. Hier ist $I_1 = [p_3, p_4]$ und $f([p_3, p_4]) \supset [p_3, p_4]$ sowie $f([p_6, p_7]) = [p_3, p_4]$.

---

[5] Auch $f(p_j) = p_j$ und $f(p_{j+1}) = p_{j+1}$ ist selbstverständlich ausgeschlossen.

mindestens ein $p_r \neq p_j$ mit $f(p_r) > x$ und $f(p_{r+1}) < x$ oder umgekehrt. Wenn dies nicht der Fall wäre [6], dann müßten wegen $f(p_j) > x$ und $f(p_{j+1}) < x$ alle Punkte $p_r < x$ abgebildet werden auf periodische Punkte größer als x und umgekehrt, das heißt, auf beiden Seiten von x müßten gleich viele periodische Punkte p_i liegen, was wegen m ungerade unmöglich ist (vergleiche noch einmal Fig. 4.4 zur graphischen Unterstützung dieser Widerspruchsannahme). $[p_r, p_{r+1}]$ ist also ein solches Intervall $I_k \neq I_1$ mit $f(I_k) \supseteq I_1$, das heißt, $I_k \to I_1$.

Oben hatten wir gezeigt, daß es einen erlaubten Pfad von I_1 zu jeder Ecke des A-Graphen gibt. Folglich gibt es auch einen solchen von I_1 über I_k zurück nach I_1, das heißt (vergleiche Fig. 4.5)

$$I_1 \longrightarrow I_2 \longrightarrow I_3 \longrightarrow \ldots \longrightarrow I_k \longrightarrow I_1 \qquad (4.6)$$

mit $I_2 \neq I_1$. Dabei ist jede Ecke I_l ein Intervall der Form $[p_i, p_{i+1}]$, das nicht aus $\mathfrak{A}_l$ sein muß. Der Index k in (4.6) sei nun die kleinste natürliche Zahl, für die (4.6) erfüllt ist, das heißt, für die (4.6) der kürzeste erlaubte Pfad von I_1 nach I_1 ist, ausgenommen natürlich $I_1 \to I_1$. Da somit (4.6) den kürzesten Pfad von I_1 nach I_1 über $I_k \neq I_1$ darstellt, müssen alle dazwischenliegenden Elemente $I_2, \ldots, I_{k-1}$ verschieden sein. Denn sonst gäbe es eine Abkürzung im Gegensatz zur angenommenen Minimalität. Also gilt $k \leq m - 1$. Wäre $k < m - 1$, dann würde eine der beiden erlaubten Schleifen

$$I_1 I_2 \ldots I_k I_1 \quad \text{oder} \quad I_1 I_1 I_2 \ldots I_k I_1 \qquad (4.7)$$

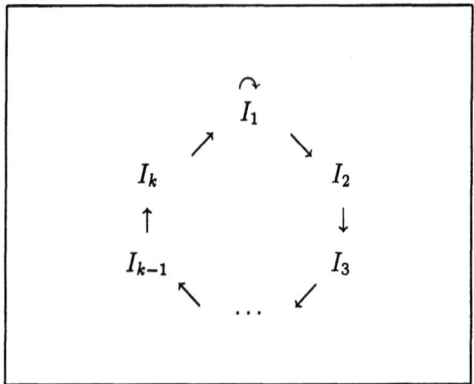

Fig. 4.5: Der A-Graph von f nach unserem derzeitigen Wissensstand.

nach Lemma 4.4 die Existenz eines Fixpunktes von f^n mit n ungerade und $n < m$ in I_1 garantieren, das heißt, die Existenz einer ungeraden Periode kleiner als m,

---

[6] Das heißt $\forall p_r \neq p_j : (f(p_r) > x \Rightarrow f(p_{r+1}) > x) \lor (f(p_r) < x \Rightarrow f(p_{r+1}) < x)$.

4 "Period Three Implies Chaos" und der Satz von Šarkovskii

und das ist ein Widerspruch. Also gilt $k = m - 1$, und jedes Element der Partition kommt genau einmal in der Schleife von I_1 über I_k zurück zu I_1 vor. Somit existieren Orbits aller Perioden größer als m : Man nimmt einfach die Schleife von I_1 über I_{m-1} nach I_1 und hängt eine entsprechende Anzahl von I_1-en hinten dran, das heißt, zum Beispiel garantiert die erlaubte Schleife

$$I_1 I_2 \ldots I_{m-1} I_1 \underbrace{I_1 I_1 \ldots I_1}_{p-\text{mal}} \qquad (4.8)$$

nach Lemma 4.4 die Existenz eines Orbits von f der Länge $m + p - 1$.

Im letzten Schritt des Beweises müssen wir noch zeigen, daß Orbits aller geraden Perioden kleiner als m existieren. Wir leiten dies her aus der Existenz von (erlaubten) Pfaden von I_{m-1} zu den Ecken der A-Graphen von f mit ungeradem Index und von dort über die alte Schleife zurück zu I_{m-1} (vergleiche Fig. 4.6). Zum Beispiel garantiert

$$I_{m-1} I_5 I_6 \ldots I_{m-1} \qquad (4.9)$$

nach Lemma 4.4 einen Orbit der (geraden) Länge $m - 5$. Doch im Moment wissen wir noch nicht, ob im A-Graphen von f Pfeile von I_{m-1} zu jeder ungeraden Ecke existieren. Dies wird nun der einzige trickreiche Teil des Beweises werden.

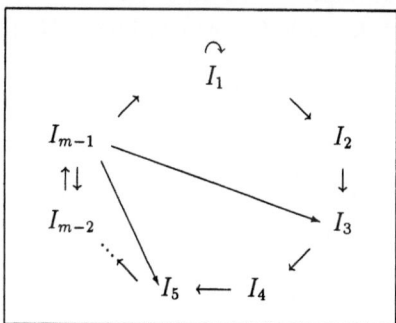

Fig. 4.6: Der fertige A-Graph zu Lemma 4.6.

Zunächst halten wir fest, daß im Graphen von Fig. 4.5 weder Pfeile von I_r nach I_s für $s > r + 1$ existieren, noch solche von I_r nach I_1 für $r < m - 1$. Wenn nämlich ein solcher vorhanden wäre, dann gäbe es eine Abkürzung auf dem Pfad von I_1 über I_{m-1} zurück nach I_1, und die (nichttriviale) Schleife von I_1 nach I_1 wäre nicht die kürzeste. Das bedeutet im einzelnen: I_1 f-überdeckt (sich selbst und) I_2, aber kein anderes Element der Partition. Da $f(I_1)$, wie zu Beginn des Beweises festgestellt, ein Intervall ist mit $f(I_1) \supset I_2$ (das heißt, eine echte Obermenge), gilt entweder $f(p_j) = p_{j+1}$ und $f(p_{j+1}) = p_{j-1}$ oder $f(p_j) = p_{j+2}$ und $f(p_{j+1}) = p_j$ [7]. O. B. d. A. nehmen wir an, daß die erste Möglichkeit gilt, also ist $I_2 = [p_{j-1}, p_j]$.

---
[7] Nach einem Wechsel der Orientierung, $x \mapsto -x$, sind beide Fälle identisch.

I_2 kann weder I_1 f-überdecken (außer für $m = 3$, vergleiche den zugehörigen A-Graphen von Fig. 4.3, doch in diesem Fall haben wir die Behauptung bereits in Satz 4.5 bewiesen), noch irgendein anderes Intervall I_r für $r > 3$, denn dann gäbe es jedesmal eine Abkürzung im Graphen von Fig. 4.5. Analoge Argumente gelten für $I_3, I_4, I_5, \ldots$, das heißt, es gibt nur eine mögliche Anordnung der Elemente der Partition (eine zweite ist die gespiegelte), vergleiche Fig. 4.7. Im einzelnen gilt:

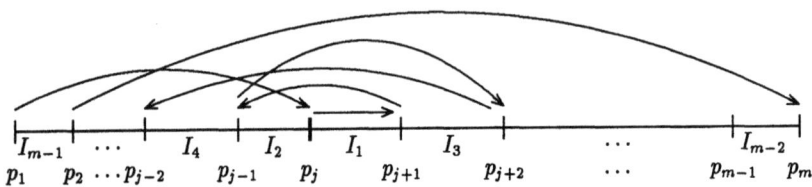

Fig. 4.7: Die einzig mögliche Anordnung der I_j (bis auf Spiegelungen am Fixpunkt).

$$I_1 = [p_j, p_{j+1}] \quad \text{und (o. B. d. A.)} \quad f(p_{j+1}) = p_{j-1}, \tag{4.10}$$

das heißt,

$$I_2 = [p_{j-1}, p_j] \quad \text{und} \quad f(p_j) = p_{j+1}. \tag{4.11}$$

I_2 f-überdeckt lediglich I_3, das heißt, wegen (4.10) und (4.11)

$$I_3 = [p_{j+1}, p_{j+2}] \quad \text{und} \quad f(p_{j-1}) = p_{j+2}. \tag{4.12}$$

I_3 f-überdeckt lediglich I_4, das heißt, wegen (4.10) und (4.11)

$$I_4 = [p_{j-2}, p_{j-1}] \quad \text{und} \quad f(p_{j+2}) = p_{j-2}. \tag{4.13}$$

I_4 f-überdeckt lediglich I_5, das heißt, wegen (4.12)

$$I_5 = [p_{j+2}, p_{j+3}] \quad \text{und} \quad f(p_{j-2}) = p_{j+3}. \tag{4.14}$$

Und so weiter, das heißt, wir finden folgende Anordnung der Intervalle I_r auf der reellen Achse:

Dabei f-überdeckt I_r das Intervall I_{r+1} und kein anderes Element der Partition. Dies gilt für $2 \leq r \leq m - 2$.

Nun betrachten wir $I_{m-1} = [p_1, p_2]$. Da $I_{m-3} = [p_2, p_3]$ das Intervall $I_{m-2} = [p_{m-1}, p_m]$ f-überdeckt, folgt wie oben $f(p_2) = p_m$[8]. Der einzige periodische Punkt,

---
[8] Die Intervallgrenzen werden immer „über Kreuz" aufeinander abgebildet.

dem auf die oben durchgeführte Art noch kein Urbild zugeordnet ist, das ist p_j und der einzige Punkt, dem noch kein Bild zugeordnet worden ist, das ist p_1. Also: $f(p_1) = p_j$. Somit gilt

$$[p_j, p_m] \subseteq f([p_1, p_2]), \qquad (4.15)$$

und damit f-überdeckt $I_{m-1} = [p_1, p_2]$ alle Elemente der Partition rechts von p_j, das heißt, alle Intervalle mit ungeradem Index, I_1 eingeschlossen. Also existiert zu jeder dieser ungeraden Ecken im A-Graphen von f ein Pfeil mit der Ausgangsecke I_{m-1}.

■

Nun müssen wir uns mit den Fällen beschäftigen, in denen f keine Orbits mit ungerader Periodenlänge besitzt.

4.7 Lemma. *Sei $f : [a, b] \to \mathbb{R}$. f besitze einen Orbit der Periode $2^r \cdot m$ mit $r \geq 1$ und m ungerade, aber keinen periodischen Orbit mit ungerader Periodenlänge größer als 1. Wir bezeichnen die Punkte des Orbits wie bisher mit p_i. Dann gilt: f besitzt einen Fixpunkt, und zwar im Intervall*

$$[p_{2^{r-1} \cdot m}, p_{2^{r-1} \cdot m + 1}]. \qquad (4.16)$$

Außerdem gilt

$$f(p_i) \geq p_{2^{r-1} \cdot m + 1} \quad \text{für} \quad i \leq 2^{r-1} \cdot m \qquad (4.17)$$

und

$$f(p_i) \leq p_{2^{r-1} \cdot m} \quad \text{für} \quad i \geq 2^{r-1} \cdot m + 1. \qquad (4.18)$$

Beweis. Die einzige Stelle im Beweis des letzten Lemmas 4.6, wo die Eigenschaft, daß m ungerade ist, benutzt wird, war dort, wo wir die Existenz eines Intervalls I_k bewiesen haben, welches I_1 f-überdeckt. Somit können wir mit den gleichen Argumenten wie dort festhalten, daß ein Element I_1 der Partition existiert, welches sich selbst f-überdeckt und von dem aus ein erlaubter Pfad zu jedem anderen Element der Partition existiert.

Nimmt man an, daß ein weiteres Element der Partition existiert, welches I_1 f-überdeckt, dann erhält man den A-Graphen von Fig. 4.5. Dann besitzt aber f periodische Orbits mit ungerader Periode größer als 1 im Widerspruch zu den Voraussetzungen dieses Lemmas. Also überdeckt kein anderes Element der Partition das zentrale Intervall I_1. Damit dies der Fall ist, müssen alle periodischen Punkte p_i auf jeder der beiden Seiten von I_1 unter der Abbildung f entweder auf derselben Seite bleiben oder sämtlich auf die gegenüberliegende Seite abgebildet werden. Die erste Möglichkeit kann nicht eintreten, da die gesamte Partition von *einem* periodischen Orbit erzeugt wird. Bei der zweiten Möglichkeit muß I_1 symmetrisch in der Mitte der Partition placiert sein, das heißt,

$$I_1 = [p_{2^{r-1} \cdot m}, p_{2^{r-1} \cdot m + 1}]. \qquad (4.19)$$

Da I_1 sich selbst f-überdeckt, besitzt f in I_1 einen Fixpunkt. Und, da die periodischen Punkte jeweils auf die gegenüberliegende Seite von I_1 abgebildet werden, gelten die Ungleichungen (4.17) und (4.18). ∎

Bemerkung. Für den Fall, daß f keine periodischen Orbits mit ungerader Periodenlänge besitzt, haben die Überlegungen des letzten Lemmas eine wichtige Konsequenz: Bei der Konstruktion des A-Graphen von f erkennt man, daß man nur dann davon ausgehen kann, daß ein Intervall $[p_i, p_{i+1}]$ ein anderes Intervall der Partition f-überdeckt, wenn beide auf unterschiedlichen Seiten des zentralen Intervalls I_1 liegen. In der Tat, würde es ein Intervall auf derselben Seite wie es selbst f-überdecken, dann müßte es auch I_1 überdecken, und man wäre bei dem Widerspruch von oben. □

Diese Beobachtung legt es nahe, den sogenannten induzierten A-Graphen von f^2 einzuführen: Der Fixpunkt von f in I_1 teilt die Periode in zwei gleichgroße Teilmengen, die linken Punkte werden unter der Abbildung f zu rechten und umgekehrt. Also sind die Punkte $p_1, \ldots, p_{2^{r-1} \cdot m}$ (beziehungsweise $p_{2^{r-1} \cdot m+1}, \ldots, p_{2^r \cdot m}$) periodisch mit der Periode $2^{r-1} \cdot m$ unter f^2.

Als *induzierten A-Graphen* von f^2 bezeichnen wir den A-Graphen von $f^2|_{[p_1, p_{2^{r-1} \cdot m}]}$ zur Partition $\{p_1, \ldots, p_{2^{r-1} \cdot m}\}$. Im induzierten A-Graphen von f^2 gibt es also genau dann einen Pfeil von einem Element I_l der Partition zu einem anderen, I_k, wenn I_l ein Intervall I_m auf der gegenüberliegenden Seite f-überdeckt und I_m seinerseits I_k f-überdeckt. Zwei Eigenschaften des induzierten A-Graphen von f^2 wollen wir noch notieren:

1. Falls er eine irreduzible Schleife der Länge n besitzt, dann besitzt der A-Graph von f eine irreduzible Schleife der Länge $2n$.
2. Der induzierte A-Graph von f^2 unterscheidet sich ein wenig vom A-Graphen von f^2, der mehr (aber nicht weniger) Pfeile enthalten kann.

4.8 Satz. (Šarkovskiis Theorem [137]) *Wir betrachten folgende Anordnung der natürlichen Zahlen:*

$$1 \triangleleft 2 \triangleleft 4 \triangleleft 2^3 \triangleleft \ldots \triangleleft 2^n \triangleleft 2^{n+1} \triangleleft \ldots$$
$$\ldots \triangleleft 2^{n+1} \cdot 9 \triangleleft 2^{n+1} \cdot 7 \triangleleft 2^{n+1} \cdot 5 \triangleleft 2^{n+1} \cdot 3 \triangleleft \ldots$$
$$\ldots \triangleleft 2^n \cdot 9 \triangleleft 2^n \cdot 7 \triangleleft 2^n \cdot 5 \triangleleft 2^n \cdot 3 \triangleleft \ldots \quad (4.20)$$
$$\ldots \triangleleft 2 \cdot 9 \triangleleft 2 \cdot 7 \triangleleft 2 \cdot 5 \triangleleft 2 \cdot 3 \triangleleft \ldots$$
$$\ldots \triangleleft 9 \triangleleft 7 \triangleleft 5 \triangleleft 3.$$

$f : [a, b] \to \mathbb{R}$ *(oder* $f : \mathbb{R} \to \mathbb{R}$*) sei stetig und besitze einen periodischen Orbit der Periode* $k \in \mathbb{N}$. *Dann besitzt* f *periodische Orbits sämtlicher Periodenlängen* $l \triangleleft k$ *in der obigen Anordnung.*

4 "Period Three Implies Chaos" und der Satz von Šarkovskii

Beweis. Ist k ungerade, dann folgt die Behauptung aus Lemma 4.6: Die einzigen Periodenlängen, die nicht auftreten, sind die ungeraden größer als 1 und kleiner als k [9], und genau diese stehen in der Anordnung von Satz 4.8 rechts von k.

Ist $k = 2^r \cdot m (r \geq 1;\ m \geq 1$ ungerade), so können wir annehmen, daß f keinen periodischen Orbit mit ungerader Periode besitzt (sonst folgt die Behauptung wiederum aus Lemma 4.6). Nach Lemma 4.7 besitzt f einen Fixpunkt, und der induzierte A-Graph von f^2 besitzt eine Partition der Periode $2^{r-1} \cdot m$ (vergleiche Bemerkung weiter oben).

Ist $r = 1$ und $m > 1$ [10], dann wenden wir die Techniken von Lemma 4.6 auf den induzierten A-Graphen von f^2 an, und es gilt: Der induzierte A-Graph von f^2 besitzt (mit $n \in \mathbb{N}$)

(i)   irreduzible Schleifen jeder Länge $n > m$,
(ii) irreduzible Schleifen jeder Länge $2n < m$, und
(iii) einen Fixpunkt.

Mit der Bemerkung vor Satz 4.8 folgt daraus, der A-Graph von f hat

(i)   (irreduzible) Schleifen jeder Länge $2n > 2m$,
(ii) (irreduzible) Schleifen jeder Länge $2 \cdot 2n < 2m$,
(iii) eine Schleife der Länge 2, und, wie oben festgestellt,
(iv) einen Fixpunkt.

Wir bilanzieren: Es fehlen alle ungeraden Periodenlängen größer als 1 sowie unter den geraden Periodenlängen größer als 2 und kleiner als $2m$ diejenigen, die sich nicht als Vielfache von 4 darstellen lassen, das heißt, die das Doppelte einer ungeraden Zahl sind. Vergleichen wir diese Bilanz mit Šarkovskiis Anordnung in Satz 4.8, so stellen wir verblüfft fest, daß auch für diesen Fall Šarkovskiis Satz bewiesen ist. Zum Beispiel fehlen für $k = 14 = 2 \cdot 7$ in dieser Bilanz neben den ungeraden Perioden > 1 lediglich $2 \cdot 3$ und $2 \cdot 5$, und das ist exakt die Aussage von Satz 4.8.

Für $r \geq 2$ gehen wir induktiv vor. Wir betrachten den induzierten A-Graphen vom induzierten A-Graphen von f^2. Dies ist der induzierte A-Graph von f^4, eingeschränkt auf die Partition auf einer Seite (sagen wir, der linken) des Fixpunktes des induzierten A-Graphen von f^2. Dieses f^4 hat einen Fixpunkt in seinem Definitionsbereich [11], und die Partitionspunkte haben alle die Periode $2^{r-2} \cdot m$. So fortfahrend erhält man induktiv Partitionen der Perioden $m \cdot 2^k$, $k < r$, bis schließlich der induzierte A-Graph von f^{2^r} eine Partition besitzt mit der ungeraden Periodenlänge m.

---

[9] Aus dem Beweis des Lemmas geht hervor, daß f einen Fixpunkt ($k = 1$) besitzt.
[10] Der Fall $r = 1$ *und* $m = 1$ ist trivial.
[11] Der Definitionsbereich ist ein abgeschlossenes Intervall der Form $[p_1, p_s], s < 2^{r-1}m$, und wird also von f^4 auf sich selbst abgebildet.

Im Fall $m \geq 3$ kann man wieder Lemma 4.6 anwenden: f^{2^r} besitzt demnach periodische Orbits jeder Periodenlänge größer als m sowie jeder geraden Periodenlänge kleiner als m und einen Fixpunkt. Für f bedeutet dies: f besitzt periodische Orbits sämtlicher Periodenlängen $n \cdot 2^r$, $n > m$, sowie $2n \cdot 2^r$, $2n < m$, $n \in \mathbb{N}$, und 2^r. Es fehlen also, verglichen mit Satz 4.8, lediglich noch die Periodenlängen 2^l für $l < r$.

Im Fall $m = 1$ (das heißt $k = 2^r$) besteht die Partition zum induzierten A-Graphen von $f^{2^{r-1}}$ aus 2 Punkten der Periode 2, und der zugehörige A-Graph hat die triviale Form von Fig. 4.8. Also besitzt die Abbildung $f^{2^{r-1}}$ einen Fixpunkt, das heißt, es existiert ein Punkt der Periode 2^{r-1} für f.

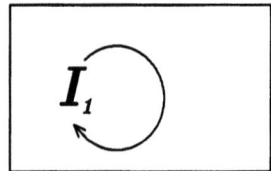

Fig. 4.8: A-Graph bei Periode 2.

Fortgesetzte Anwendung dieser letzten Schlußweise mit $k = 2^{r-1}$ statt 2^r, 2^{r-2} statt 2^{r-1}, und so weiter, beweist die Existenz sämtlicher Periodenlängen $2^l < 2^r$ mit $l < r$ [12]), und, wie oben festgestellt, eines Fixpunktes. Damit ist der Satz bewiesen. ∎

Bemerkungen.

1. Falls f einen periodischen Punkt besitzt, dessen Periodenlänge keine Potenz von 2 ist, dann hat f notwendigerweise unendlich viele periodische Punkte.

2. Periode 3 ist in Šarkovskiis Ordnung am größten (das heißt, 3 kommt vor allen anderen natürlichen Zahlen) und impliziert daher die Existenz aller anderen Perioden (vergleiche Satz 4.1).

3. Das Gegenteil von Satz 4.8 ist ebenso wahr: Es gibt Abbildungen, die periodische Punkte der Periodenlänge p und keine „höheren" periodischen Punkte im Sinne von Šarkovskii besitzen (vergleiche Übungsaufgabe 1).

4. Wir sollten abschließend betonen, daß Satz 4.8 ein Resultat im 1-Dimensionalen ist. Es gibt kein höherdimensionales Analogon! □

Ein nicht zu unterschätzender Anteil an der großen Attraktivität von Konzepten der „Nichtlinearen Dynamik" gebührt sicherlich den einprägsamen Namen für die Phänomene, die dort untersucht werden. Das Wort *Chaos* wurde zum erstenmal im Jahr 1975 in einem Artikel von Tien-Yien Li und James A. Yorke mit der Überschrift „*Period three implies chaos*" [85] benutzt. Der Begriff *Strange Attractor* (in deutsch: *Seltsamer Attraktor*, vergleiche Abschnitt 6) geht sogar zurück auf das Jahr 1971.[13]

---
[12]) Somit auch die noch fehlenden Periodenlängen im Fall $m \geq 3$.
[13]) Ruelle und Takens [136], sowie Ruelle [131].

4 "Period Three Implies Chaos" und der Satz von Šarkovskii

4.9 Definition. *Ist $f : I \to I$ ($I \subseteq \mathbb{R}$, Intervall) stetig. Ein Punkt $x \in I$ heißt asymptotisch periodisch (bezüglich f), falls ein periodischer Punkt $p \in I$ existiert derart, daß gilt*

$$|f^n(x) - f^n(p)| \longrightarrow 0 \quad \text{für} \quad n \to \infty. \tag{4.21}$$

4.10 Satz. (Li und Yorke [94]) *Sei I ein Intervall, $f : I \to I$ stetig und $a \in I$ sowie*

$$b := f(a), \quad c := f^2(a), \quad d := f^3(a) \tag{4.22}$$

mit

$$d \leq a < b < c \quad (oder\ d \geq a > b > c). \tag{4.23}$$

Dann gilt: (a) *Für alle $n \in \mathbb{N}$ existiert ein periodischer Punkt aus I mit Periode n.*

(b) *Es gibt eine überabzählbare Menge $X \subseteq I$, die keine periodischen Punkte enthält, so daß für alle $x, y \in X$ und alle periodischen Punkte $p \in I$ gilt ($x \neq y$):*

$$\begin{aligned}\limsup_{n \to \infty} |f^n(x) - f^n(y)| &> 0, \\ \liminf_{n \to \infty} |f^n(x) - f^n(y)| &= 0,\end{aligned} \tag{4.24}$$

und

$$\limsup_{n \to \infty} |f^n(x) - f^n(p)| > 0. \tag{4.25}$$

Kein Punkt von X ist damit asymptotisch periodisch.

Bemerkungen.

1. Heute sagt man (vergleiche Abschnitt 5), f *besitzt empfindliche (englisch: sensitive) Abhängigkeit von den Anfangswerten im Sinn von Li and Yorke*, falls eine überabzählbare Menge $X \subset I$ existiert (die weder periodische noch asymptotisch periodische Punkte enthält) derart, daß für alle $x, y \in X$ mit $x \neq y$ gilt:

$$\begin{aligned}\limsup_{n \to \infty} |f^n(x) - f^n(y)| &> 0, \\ \liminf_{n \to \infty} |f^n(x) - f^n(y)| &= 0.\end{aligned} \tag{4.26}$$

Diese empfindliche Abhängigkeit von den Anfangswerten ist der wesentlichste Bestandteil dessen, was man „chaotisch" nennt (vergleiche Abschnitt 6).

2. Aus Satz 4.10 (b) folgt, daß in X kein asymptotisch periodischer Punkt liegt. Natürlich kann auch kein periodischer Punkt in X liegen.

3. Im Spezialfall der Gleichheit, das heißt, für $d = a < b < c$ oder $d = a > b > c$ lautet die Behauptung von Satz 4.10 schlicht und einfach: „Periode 3 impliziert Chaos". □

Beweis von Satz 4.10: Vergleiche Abschnitt 6 und Satz 4.8. ∎

Übungsaufgaben:

1. Gegeben sei eine Abbildung, für die gilt: $f(1) = 3$, $f(3) = 4$, $f(4) = 2$, $f(2) = 5$, $f(5) = 1$, und wir nehmen weiterhin an, daß f linear zwischen den ganzzahligen Argumentwerten ist.

   (a) Zeichnen Sie Graph f.

   (b) Bestimmen Sie $f^3([1,2])$, $f^3([2,3])$ und $f^3([4,5])$. Was kann man über Fixpunkte von f in diesen Intervallen aussagen?

   (c) Zeigen Sie, daß f^3 wenigstens einen Fixpunkt in $[3,4]$ hat.

   (d) Zeigen Sie, daß dieser Fixpunkt eindeutig ist.

   (e) Schließen Sie aus (d), daß f keinen periodischen Punkt der Periode 3 haben kann.

2. $f : \mathbb{R} \to \mathbb{R}$ sei stetig, $n > 3$, und $x_1, x_2, \ldots, x_n \in \mathbb{R}$ seien Punkte mit $x_1 < x_2 < \ldots < x_n$. Zeigen Sie: Gilt $f(x_i) = x_{i+1}$ für $i = 1, 2, \ldots, n-1$ und $f(x_n) = x_1$, dann hat f periodische Punkte jeder (Prim-)Periode $m \in \mathbb{N}$.

3. Für eine vorgegebene natürliche Zahl k konstruieren Sie eine Abbildung $f : \mathbb{R} \to \mathbb{R}$, die periodische Punkte jeder Periode 2^j für $j < k$ besitzt, aber keinen mit Periode 2^k.

4. Zeigen Sie die Existenz eines Orbits der Periode 3 für $f_4(x) = 4x(1-x)$. Was sagt uns Šarkovskiis Theorem über die periodischen Punkte von f_4?

   HINWEIS: Schauen Sie sich die Graphen von f_4 und f_4^3 an.

5. Geben Sie jeweils ein Gegenbeispiel an gegen die Gültigkeit des Satzes von Šarkovskii

   (a) für Abbildungen $f : S^1 \to S^1$ auf dem Einheitskreis, und

   (b) für Abbildungen $f : \mathbb{R}^2 \to \mathbb{R}^2$ in der Ebene.

6. $A_0, A_1, A_2, \ldots, A_n$ seien abgeschlossene Intervalle, und f sei eine stetige Funktion, für die gilt $f(A_k) \supseteq A_{k+1}$ für $0 \leq k < n$.

   Zeigen Sie:

   (a) Es existiert ein $x_0 \in A_0$ mit $f^i(x_0) \in A_i$ für $0 \leq i \leq n$.

   (b) Gilt $f(A_n) \supseteq A_0$, dann besitzt f in A_0 einen periodischen Punkt der Periode $n+1$.

   (c) Ist A_0 disjunkt von den restlichen Intervallen, dann besitzt f einen Punkt mit Prim-Periode n in A_0.

5 Lyapunov-Exponent und sensitive Abhängigkeit

5.1 Definition. $I \subseteq \mathbb{R}$ *sei ein Intervall* ($I = \mathbb{R}$ *ist zugelassen*) *und* $\mathfrak{A} \subset \mathfrak{P}(I)$ *sei die σ-Algebra der Borelschen Teilmengen von I (vergleiche Anhang A.2).*

(a) *Eine Funktion*

$$\mu : \mathfrak{A} \longrightarrow \overline{\mathbb{R}}_0^+ = [0, \infty] \tag{5.1}$$

ist ein Maß auf $\mathfrak{A}$, wenn

$$\mu(\emptyset) = 0 \tag{5.2}$$

und

$$\mu\left(\bigcup_{n=1}^{\infty} A_n\right) = \sum_{n=1}^{\infty} \mu(A_n) \tag{5.3}$$

für jede Folge $(A_n)_{n \in \mathbb{N}} \subset \mathfrak{A}$ *mit* $A_k \cap A_l = \emptyset$ *für $k \neq l$ erfüllt ist.*

(b) *Gilt* $\mu(I) = 1$, *dann ist μ ein Wahrscheinlichkeitsmaß und* $(I, \mathfrak{A}, \mu)$ *ein Wahrscheinlichkeitsraum.*

(c) *ν und μ seien zwei Maße auf $\mathfrak{A}$. Existiert eine ($\mathfrak{A}$-)meßbare numerische Funktion $\rho : I \to \overline{\mathbb{R}}$, so daß*

$$\bigwedge_{A \in \mathfrak{A}} \mu(A) = \int_A \rho(x)\nu(dx) \tag{5.4}$$

(*kurz:* $\mu = \rho\nu$) *erfüllt ist* [1]), *so ist ρ eine Dichte von μ bezüglich ν. Ein Wahrscheinlichkeitsmaß μ auf $\mathfrak{A}$ heißt* absolutstetig, *wenn μ eine Dichte bezüglich des Lebesgue-Maßes besitzt.*

Bemerkung. Ist ρ eine Dichte von μ bezüglich ν, dann gilt $\rho \geq 0$ ν-fast überall, und für jede integrierbare, das heißt, insbesondere für jede stetige Funktion $f : I \to \overline{\mathbb{R}}$ gilt:

$$\int_I f(x)\mu(dx) = \int_I f \cdot \rho(x)\nu(dx). \tag{5.5}$$

5.2 Definition. (I, f), $I \subseteq \mathbb{R}$ *Intervall, sei ein ddS und* $(I, \mathfrak{A}, \mu)$ *ein Wahrscheinlichkeitsraum. Dann nennt man das Wahrscheinlichkeitsmaß μ*

(a) *f-invariant, falls* $\mu(A) = \mu(f^{-1}(A))$ *gilt für alle Mengen* $A \in \mathfrak{A}$ [2]), *und*
(b) *ergodisch, falls zusätzlich keine f-invariante Zerlegung von μ existiert, das heißt, μ läßt sich nicht darstellen in der Form*

$$\mu = \alpha\mu_1 + (1-\alpha)\mu_2 \quad (0 < \alpha < 1) \tag{5.6}$$

mit zwei verschiedenen f-invarianten Wahrscheinlichkeitsmaßen $\mu_1 \neq \mu_2$.

---
[1]) Auf der rechten Seite in 5.4 steht das ν-Integral von ρ, vergleiche Anhang A.2.
[2]) Dieselbe Eigenschaft lautet aus Sicht der Abbildung: f ist *maßerhaltend* (engl.: measure preserving).

5.3 Lemma. *Unter den Voraussetzungen von Definition 5.2 gilt: Ein f-invariantes Maß μ ist genau dann ergodisch, wenn für eine meßbare Menge $A \in \mathfrak{A}$ gilt:*

$$f^{-1}(A) = A \implies \mu(A) = 0 \quad oder \quad \mu(A) = 1. \tag{5.7}$$

Beweis. Wir nehmen zunächst an, $f^{-1}(A) = A$ und $0 < \mu(A) < 1$. Dann erhält man die Zerlegung

$$\mu(B) = \underbrace{\frac{\mu(B \cap A)}{\mu(A)}}_{=:\mu_A(B)} \mu(A) + \underbrace{\frac{\mu(B \cap (I \setminus A))}{\mu(I \setminus A)}}_{=:\mu_{I \setminus A}(B)} \mu(I \setminus A) \tag{5.8}$$

für jedes $B \in \mathfrak{A}$. Mit den bedingten Wahrscheinlichkeiten μ_A und $\mu_{I \setminus A}$ und mit $\alpha := \mu(A)$ lautet (5.8)

$$\mu(B) = \alpha \mu_A(B) + (1-\alpha) \mu_{I \setminus A}(B). \tag{5.9}$$

Wegen $f^{-1}(A) = A$ sind, wie man leicht nachrechnet, μ_A beziehungsweise $\mu_{I \setminus A}$ f-invariante Maße; sie sind verschieden, weil $\mu_A(A) = 1$ und $\mu_{I \setminus A}(A) = 0$ gilt. Also ist μ nicht ergodisch.

Umgekehrt, sei μ ein f-invariantes Maß mit der Zerlegung $\mu = \alpha \mu_1 + (1-\alpha) \mu_2$, wobei $0 < \alpha < 1$ und $\mu_1 \neq \mu_2$ ebenfalls invariante Maße sind. μ_1 ist absolutstetig in bezug auf μ, das heißt, aus $\mu(B) = 0$ folgt $\mu_1(B) = 0$ für jedes $B \in \mathfrak{A}$. Nach dem Satz von Radon-Nikodym [3] existiert dann eine μ-fast überall eindeutige Dichte ρ mit $\mu_1(B) = \int_B \rho(x) \mu(dx)$ für alle meßbaren Mengen B. Da μ_1 und μ beide f-invariant sind, folgt aus dem Transformationssatz für Integrale (vergleiche Anhang A.2), daß die Dichte ρ f-invariant ist, das heißt, es gilt $\rho(f(x)) = \rho(x)$ μ-fast überall.

Nimmt man nun an, es gilt (5.7), dann wäre ρ μ-fast überall konstant [4]. Wegen $\mu_1(I) = 1$ gilt $\rho \equiv 1$. Daraus folgt $\mu_1 = \mu$, also ein Widerspruch. ∎

5.4 Satz. *Für $f : I \to I$ gelte $f \in C^1(I)$, und μ sei ein f-invariantes Wahrscheinlichkeitsmaß auf I. Dann gilt:*

(a) $\lim\limits_{n \to \infty} \frac{1}{n} \sum\limits_{k=0}^{n-1} ln \left| \frac{df}{dx}(f^k(x)) \right|$ *existiert μ-fast überall (das heißt, die Ausnahmemenge A_f, auf der der Limes nicht existieren muß, hat das Maß null, $\mu(A_f) = 0$).*

---
[3] Vergleiche Bauer [15], S. 76.
[4] Die Eigenschaft (5.7) ist eine äquivalente Charakterisierung für ein f-invariantes ergodisches Maß μ. An dieser Stelle benutzen wir eine weitere fundamentale Äquivalenz: μ ist ergodisch genau dann, wenn für jede meßbare (beziehungsweise für jede quadratisch integrierbare) f-invariante Funktion φ (das heißt, $\varphi(f(x)) = \varphi(x)$) gilt: φ ist μ-fast überall konstant (vergleiche Walters [152], S. 28). Statt $\varphi \in \mathcal{L}^2(\mu)$ gilt dies auch für $\varphi \in \mathcal{L}^p(\mu)$ und $p \geq 1$ beliebig.

5 Lyapunov-Exponent und sensitive Abhängigkeit

(b) *Ist μ ergodisch, dann ist der Grenzwert in (a) μ-fast überall gleich der Zahl $\int_I ln\left|\frac{df}{dx}(x)\right| \mu(dx)$, das heißt, es gilt μ-fast überall*

$$\lim_{n\to\infty} \frac{1}{n} \sum_{k=0}^{n-1} ln\left|\frac{df}{dx}(f^k(x))\right| = \int_I ln\left|\frac{df}{dx}(x)\right| \mu(dx). \quad (5.10)$$

Beweis. Beide Aussagen folgen mit Lemma 5.3 unmittelbar aus dem Birkhoffschen Ergodensatz[5] angewandt auf die Funktion

$$\varphi_f(x) := ln\left|\frac{df}{dx}(x)\right|. \quad (5.11)$$

(vergleiche Walters [152], S. 34 f., beziehungsweise Katok und Hasselblatt [73], S. 136 und 138). ∎

5.5 Beispiele.

5.5.1 $T(x) = \begin{cases} 2x & \text{für } 0 \leq x \leq \frac{1}{2} \\ 2 - 2x & \text{für } \frac{1}{2} < x \leq 1 \end{cases}$ (Zeltabbildung).

Ein ergodisches T-invariantes Maß ist das Lebesgue-Maß auf $[0,1]$, das heißt, $\mu(dx) = dx$ und

$$\int_{[0,1]} \varphi_T(x) dx = ln\, 2. \quad (5.12)$$

5.5.2 $f_4(x) = 4x(1-x)$ auf $I = [0,1]$. f_4-invariant ist ein absolutstetiges Maß, nämlich

$$\mu = h\lambda \quad \text{mit} \quad h(x) = \frac{1}{\pi(x(1-x))^{\frac{1}{2}}}, \quad (5.13)$$

das heißt,

$$\mu(dx) = \frac{dx}{\pi(x(1-x))^{\frac{1}{2}}} \quad (dx : \text{Lebesgue-Maß}). \quad (5.14)$$

Nach Satz 5.7 weiter unten ist es ergodisch und

$$\int_{[0,1]} \varphi_{f_4}(x)\mu(dx) = \frac{1}{\pi} \int_0^1 \frac{ln|4(1-2x)|}{(x(1-x))^{\frac{1}{2}}} dx = ln\, 2. \quad (5.15)$$

5.5.3 $g_2(x) = 1 - 2x^2$ auf $[-1,1]$. Diesmal haben wir

$$\mu(dx) = \frac{dx}{\pi(1-x^2)^{\frac{1}{2}}} \quad (5.16)$$

---
[5] Vergleiche Birkhoff [20].

sowie

$$\int_{[-1,1]} \varphi_{g_2}(x)\mu(dx) = \frac{1}{\pi}\int_{-1}^{1} \frac{ln|4x|}{(1-x^2)^{\frac{1}{2}}}dx = ln\,2\,. \tag{5.17}$$

Bemerkung. In Übungsaufgabe 7 von Abschnitt 2 haben wir für die Abbildung $g_2(x) = 1 - 2x^2$ die Dichtefunktion des g_2-invarianten Maßes bereits näherungsweise experimentell ermittelt (was die Regel ist, denn in den wenigsten Fällen kennt man diese Dichten). Dort erstellten wir ein Histogramm, indem wir von einem „typischen" Anfangswert ausgingen und die Häufigkeitsverteilung, mit der die Iterierten in einzelne Teilintervalle von $[-1,1]$ fallen, im Histogramm auftrugen. Die relative Häufigkeit, mit der die Punkte in ein Teilintervall $[\alpha,\beta]$ von $[-1,1]$ fallen, ist augenscheinlich (im wahrsten Sinne des Wortes) annähernd gleich

$$\int_{[\alpha,\beta]} \frac{dx}{\pi(1-x^2)^{\frac{1}{2}}}\,. \tag{5.18}$$

Je größer die Anzahl der Iterationen gewählt wird, desto genauer ist die Übereinstimmung. Andere Startwerte liefern fast identische Histogramme. Exakt dieses Resultat liefert uns auch der Ergodensatz: Mit $\varphi(x) = \chi_{[\alpha,\beta]}(x)$ lautet das Analogon zu (5.10)

$$\lim_{n\to\infty} \frac{1}{n}\sum_{k=0}^{n-1} \chi_{[\alpha,\beta]}(g_2^k(x)) = \int_{[\alpha,\beta]} \frac{dx}{\pi(1-x^2)^{\frac{1}{2}}}\,. \tag{5.19}$$

Wenn eine Abbildung diese Eigenschaft besitzt, nennen wir sie *ergodisch*. Genauer: Ergodisch ist f (unter den Voraussetzungen von Satz 5.4), wenn fast überall

$$\lim_{n\to\infty} \frac{1}{n}\sum_{k=0}^{n-1} g(f^k(x)) = \int_I g(x)\mu(dx) \tag{5.20}$$

für alle integrierbaren Funktionen $g: I \to \mathbb{R}$ erfüllt ist.[6]

Gleichung (5.19) besagt, daß das *zeitliche Mittel* (entlang des Orbits eines „typischen" Anfangswertes x), mit dem die Iterierten das Intervall $[\alpha,\beta]$ treffen, gleich dem *räumlichen Mittel* über den Phasenraum in bezug auf das ergodische (g_2-invariante) Maß ist. Die Existenz eines ergodischen Maßes bedeutet also, daß wir Voraussagen machen können, wie häufig ein bestimmtes Gebiet im Phasenraum von fast allen Orbits besucht wird. □

5.6 Definition. *Eine Funktion $f: I \to I$, $f \in C^1(I)$, besitze ein ergodisches invariantes Maß μ, dann heißt die Zahl*

$$\lambda_f := \int_I \varphi_f(x)\mu(dx) \tag{5.21}$$

---
[6] In Abschnitt 15 wird dies ausführlicher behandelt.

5 Lyapunov-Exponent und sensitive Abhängigkeit

Lyapunov-Exponent *von f*. Für λ_f gilt μ-fast überall

$$\lambda_f = \lim_{n\to\infty} \frac{1}{n} ln \left| \frac{df^n}{dx}(x) \right| = \lim_{n\to\infty} \frac{1}{n} \sum_{k=0}^{n-1} ln \left| \frac{df}{dx}(f^k(x)) \right|. \quad (5.22)$$

Bemerkungen. 1. Sind die Voraussetzungen von Definition 5.6 nicht erfüllt, so bezeichnet man die von x abhängige Größe

$$\lambda_f(x) = \lim_{n\to\infty} \frac{1}{n} \sum_{k=0}^{n-1} ln \left| \frac{df}{dx}(f^k(x)) \right| \quad (5.23)$$

als den *Lyapunov-Exponenten von f in x*, vorausgesetzt, der Limes existiert.

2. Aus den Beispielen in 5.4 ergibt sich offenbar

$$\lambda_T = \lambda_{f_4} = \lambda_{g_2} = ln\, 2. \quad (5.24)$$

Das ist selbstverständlich kein Zufall, sondern eine Konsequenz aus der Tatsache, daß diese drei Abbildungen zueinander konjugiert sind. Wir haben im zweiten Abschnitt bereits festgestellt, daß die dynamischen Eigenschaften eines ddS konjugationsinvariant sind. Nun, auch der Wert des Lyapunov-Exponenten ist, wie die linke Seite von (5.10) zeigt, eine Eigenschaft des Orbits, das heißt, eine dynamische Eigenschaft von f. Von daher sind die Identitäten in (5.24) keine Überraschung. Aber der gemeinsame Zahlenwert $ln\, 2$ verdient eine kurze Beachtung. Zahlreiche Autoren, überwiegend aus dem Bereich der Physik, so auch Steeb [147], nennen eine Abbildung f chaotisch, wenn der Lyapunov-Exponent λ_f positiv (> 0) ist. Die Dynamik von f ist dann „um so chaotischer", je größer λ_f ist. Der in diesem Zusammenhang[7] große positive Wert $\lambda_{f_4} = ln\, 2$ verkörpert eine „hochentwickelte" chaotische Dynamik bei der logistischen Abbildung f_4 (ebenso bei T und g_2). □

5.7 Satz. Seien $f \in C^1(I,I)$[8], $g \in C^1(J,J)$, $I, J \subseteq \mathbb{R}$, Intervalle, und sei $\varphi : I \to J$ ein Diffeomorphismus, der f und g konjugiert, das heißt, $f = \varphi^{-1} \circ g \circ \varphi$. f besitze ein invariantes Maß μ auf I, welches ergodisch ist. Dann gilt:

(a) *Das Bildmaß* $\varphi(\mu)$, definiert durch

$$\varphi(\mu)(B') = \mu(\varphi^{-1}(B')), \quad B' \subseteq J \text{ meßbar}, \quad (5.25)$$

ist ein g-invariantes ergodisches Maß auf J.

(b) *Ist das Maß μ absolutstetig mit einer Dichte ρ, dann ist auch das Bildmaß $\varphi(\mu)$ absolutstetig mit der Dichte*

$$\rho^*(y) = \rho(\varphi^{-1}(y)) \frac{d\varphi^{-1}(y)}{dy}. \quad (5.26)$$

(c) $\varphi(\mu)$ *ist ergodisch.*

(d) $\lambda_f = \lambda_g$.

---
[7] Vergleiche Fig. 5.1 weiter unten.
[8] Das heißt, $f : I \to I$ und $f \in C^1(I)$.

Beweis. (a) Sei $B' \subseteq J$ meßbar, dann gilt

$$\begin{aligned}
\varphi(\mu)(B') &= \mu(\varphi^{-1}(B')) = \mu(f^{-1}(\varphi^{-1}(B'))) \\
&= \mu((\varphi \circ f)^{-1}(B')) = \mu((g \circ \varphi)^{-1}(B')) \\
&= \mu(\varphi^{-1}(g^{-1}(B'))) = \varphi(\mu)(g^{-1}(B')).
\end{aligned} \qquad (5.27)$$

(b) Sei wiederum $B' \subseteq J$ meßbar und $B' = \varphi(B)$, $B \subseteq I$. Dann gilt:

$$\begin{aligned}
\varphi(\mu)(B') &= \mu(\varphi^{-1}(\varphi(B))) = \mu(B) = \int_B \rho(x)dx \\
&= \int_{\varphi(B)} \rho(\varphi^{-1}(y)) \frac{d\varphi^{-1}(y)}{dy} dy \\
&= \int_{B'} \rho^*(y) dy.
\end{aligned} \qquad (5.28)$$

Daraus folgt die Behauptung (b).

(c) Nach Lemma 5.3 ist μ genau dann ergodisch, wenn für jede meßbare Teilmenge B von I gilt:

$$f^{-1}(B) = B \implies \mu(B) = 0 \quad \text{oder} \quad \mu(B) = 1 \qquad (5.29)$$

(vergleiche (5.7)), analog für $\varphi(\mu)$ auf J.

Sei also $B' \subseteq J$ meßbar und $g^{-1}(B') = B'$. Dann ist

$$\varphi^{-1}(B') = \varphi^{-1}(g^{-1}(B')) = f^{-1}(\varphi^{-1}(B')). \qquad (5.30)$$

Da μ ergodisch ist, folgt

$$\mu(\varphi^{-1}(B')) = 0 \quad \text{oder} \quad \mu(\varphi^{-1}(B')) = 1, \qquad (5.31)$$

das heißt,

$$\varphi(\mu)(B') = 0 \quad \text{oder} \quad \varphi(\mu)(B') = 1, \qquad (5.32)$$

und damit die Behauptung (c).

(d) Nach der Kettenregel gilt:

$$\begin{aligned}
f'(x) &= (\varphi^{-1} \circ g \circ \varphi)'(x) \\
&= (\varphi^{-1})'(g(\varphi(x))) \cdot g'(\varphi(x)) \cdot \varphi'(x).
\end{aligned} \qquad (5.33)$$

Daraus folgt

$$\begin{aligned}
\lambda_f &= \int_I \ln|f'(x)| \mu(dx) \\
&= \int_I \ln\left|\frac{1}{\varphi'(\varphi^{-1}(g(\varphi(x))))}\right| \mu(dx) + \int_I \ln|g'(\varphi(x))| \mu(dx) + \int_I \ln|\varphi'(x)| \mu(dx).
\end{aligned} \qquad (5.34)$$

5 Lyapunov-Exponent und sensitive Abhängigkeit

Nun zu den einzelnen Integralen: Nach dem Transformationssatz für Integrale gilt zunächst

$$\int_I ln|g'(\varphi(x))|\mu(dx) = \int_J ln|g'(y)|\varphi(\mu)(dy) = \lambda_g. \tag{5.35}$$

Weiterhin gilt

$$\int_I ln\left|\frac{1}{\varphi'(\varphi^{-1}(g(\varphi(x))))}\right|\mu(dx) = -\int_I ln|\varphi'(\varphi^{-1}(g(\varphi(x))))|\mu(dx)$$

$$= -\int_I ln|\varphi'(f(x))|\mu(dx) \tag{5.36}$$

$$= -\int_I ln|\varphi'(x)|\mu(dx),$$

wobei die letzte Gleichung aus der f-Invarianz von μ folgt [9]. Also heben sich das erste und dritte Integral in (5.34) gegenseitig auf, es bleibt lediglich das mittlere Integral übrig, und aus (5.35) folgt die Behauptung (d). ∎

Ohne die Existenz eines ergodischen Maßes gilt unter den sonstigen Voraussetzungen von Satz 5.7 unter Beachtung von (5.43) dennoch das nachfolgende

5.8 Korollar. *Für $x \in I$ existiert $\lambda_f(x)$ (gegeben durch (5.23)) genau dann, wenn $\lambda_g(\varphi(x))$ existiert, und in diesem Fall gilt*

$$\lambda_f(x) = \lambda_g(\varphi(x)). \tag{5.37}$$

Beweis. Sei $x_0 \neq c$. Dann gilt

$$\lambda_f(x_0) = \lim_{n\to\infty} \frac{1}{n} ln |f'(f^{n-1}(x_0)) \cdot \ldots \cdot f'(x_0)|$$

$$= \lim_{n\to\infty} \frac{1}{n} ln |f'(x_{n-1}) \cdot \ldots \cdot f'(x_0)| \tag{5.38}$$

und analog

$$\lambda_g(\varphi(x_0)) = \lim_{n\to\infty} \frac{1}{n} ln |g'(\varphi(x_{n-1})) \cdot \ldots \cdot g'(\varphi(x_0))|, \tag{5.39}$$

und beide Limites existieren (oder existieren nicht) gemeinsam. Aus

$$f'(x_k) = (\varphi^{-1} \circ g \circ \varphi)'(x_k)$$

$$= \frac{g'(\varphi(x_k))\varphi'(x_k)}{\varphi'(\varphi^{-1} \circ g \circ \varphi(x_k))} \tag{5.40}$$

$$= \frac{g'(\varphi(x_k))\varphi'(x_k)}{\varphi'(x_{k+1})}$$

---

[9] Aus $f(\mu)(B) = \mu(f^{-1}(B)) = \mu(B)$ ($B \subseteq I$ meßbar) folgt nach dem Transformationssatz für jede integrierbare Funktion F auf I : $\int_I F(f(x))\mu(dx) = \int_I F(y)f(\mu)(dy) = \int_I F(y)\mu(dy)$.

für $k = 0, \ldots, n-1$ folgt

$$f'(x_{n-1}) \cdot \ldots \cdot f'(x_0) = g'(\varphi(x_{n-1})) \cdot \ldots \cdot g'(\varphi(x_0)) \frac{\varphi'(x_0)}{\varphi'(x_n)} \tag{5.41}$$

und damit

$$\begin{aligned}
ln|f'(x_{n-1}) \cdot \ldots \cdot f'(x_0)| &= \sum_{k=0}^{n-1} ln|f'(x_k)| \\
&= \sum_{k=0}^{n-1} ln|g'(\varphi(x_k))| + ln|\varphi'(x_0)| - ln|\varphi'(x_n)|.
\end{aligned} \tag{5.42}$$

Genügt der Orbit $O_f^+(x_0)$ der Bedingung

$$\lim_{n \to \infty} \frac{ln|\varphi'(x_n)|}{n} = 0, \tag{5.43}$$

dann folgt wegen $\frac{1}{n} ln|\varphi'(x_0)| \to 0$ für $n \to \infty$ die Behauptung. ∎

Wir kommen nun zurück zu den Beispielen 5.5. Nach Übungsaufgabe 4 konjugiert $\varphi_1(x) = \frac{1 - \cos \pi x}{2}$, $x \in [0,1]$, die Zeltabbildung T zu f_4, und bekanntlich ist $\psi_2 : [0,1] \to [-1,1]$, $x \mapsto 2x - 1$, eine Konjugation von f_4 zu g_2. Weiterhin rechnet man leicht nach, daß das Lebesguemaß λ T-invariant ist (Übungsaufgabe 5 (a)). Nach Satz 5.7 ist dann das Bildmaß $\varphi_1(\lambda)$ f_4-invariant und absolutstetig mit der Dichte

$$\rho^*(y) = \frac{d\varphi_1^{-1}(y)}{dy} = \frac{1}{\pi \sqrt{y(1-y)}} \tag{5.44}$$

(vergleiche (5.14)). Eine analoge Aussage gilt für g_2 (vergleiche Übungsaufgabe 5 (b) und (5.16)). Damit haben wir bestätigt, daß die in 5.5 angegebenen absolutstetigen Maße invariante Maße sind. Der nachfolgende Satz beantwortet die letzte noch offene Frage: Warum sind sie ergodisch?

5.9 Satz. (Misiurewicz [98]) *$f : I \to I$ sei S-unimodal und besitze keinen stabilen periodischen Orbit. Außerdem gelte für den kritischen Punkt*

$$c \notin \overline{\{f^n(c) \mid n \in \mathbb{N}\}} \,[10]. \tag{5.45}$$

Dann besitzt f genau ein invariantes Maß. Es ist absolutstetig.

Beweis. Misiurewicz [98]; Collet und Eckmann [29], S. 155–168. ∎

---

[10] Dies bedeutet grob, daß der Orbit von c einen gewissen Abstand von c einhält.

5 Lyapunov-Exponent und sensitive Abhängigkeit

Bemerkungen.

1. Im Beweis von Satz 5.9 wird gezeigt, daß f genau ein *invariantes Maß* besitzt, welches absolutstetig und wegen der Eindeutigkeit ergodisch ist. Aber aus *invariant* und *absolutstetig* folgt *nicht* automatisch *ergodisch*!

2. In 5.5 haben wir für f_4, g_2 und die Zeltabbildung T invariante absolutstetige Maße angegeben. Wie man leicht überprüft, genügen diese Abbildungen den Voraussetzungen von Satz 5.9 (f_4, zum Beispiel, ist S-unimodal, besitzt keinen stabilen periodischen Orbit, und für den kritischen Punkt $c = \frac{1}{2}$ gilt $\frac{1}{2} \notin \{0,1\}$, entsprechendes gilt für g_2 und T). Nach Satz 5.9 sind die angegebenen invarianten Maße die einzig möglichen, und sie sind somit ergodisch! Es bleibt also doch noch eine Frage offen, nämlich wie man, ihre Existenz vorausgesetzt, ergodische Maße konkret findet.

3. Die Eigenschaft *absolutstetig* verhindert, daß das invariante ergodische Maß konzentriert ist auf eine Teilmenge von I, welche Lebesgue-Maß 0 besitzt, zum Beispiel auf eine Cantor-Menge. Ein Beispiel dafür ist der *Feigenbaum-Attraktor* von Fig. 6.5 sowie $f_a(x) = ax(1-x)$ für $a > 2 + \sqrt{5}$ (vergleiche Abschnitt 3). □

5.10 Das natürliche Maß. Computerexperimente mit einem gegebenen ddS (I, f) liefern direkt Zeitmittel der Form

$$\overline{\varphi}_n(x) = \frac{1}{n}\sum_{k=0}^{n-1} \varphi(f^k(x)), \tag{5.46}$$

vergleiche Gleichung (5.10) oder (5.20). Sie konvergieren in der Praxis schließlich gegen eine Konstante unabhängig vom Anfangswert x. Für $\varphi = \varphi_f = ln\left|\frac{df}{dx}\right|$ ist diese Konstante der Lyapunov-Exponent von f. Aufgrund der Theorie sollte dann ein f-invariantes ergodisches Maß auf dem Phasenraum existieren. Wie findet man dieses ergodische Maß?

Marek und Schreiber [89] sagen, ein solches Maß ist gegeben durch die Verweilzeit des Systems in den verschiedenen Teilmengen von I

$$\nu(J,x) := \lim_{n\to\infty} \nu_n(J,x), \quad J \subseteq I, \tag{5.47}$$

dabei ist ν_n der relative Zeitanteil ($0 \leq \nu_n(J,x) \leq 1$), den der Vorwärtsorbit von x bis zum n-ten Iterationsschritt in J verbringt. Nimmt man an, daß fast alle Anfangswerte zu ein und demselben Maß $\nu(J)$ führen, dann nennt man dieses *natürliches*, *asymptotisches* oder *physikalisches Maß*.

Ist $A \subseteq I$ ein Attraktor von f und J eine Teilmenge von I, dann gilt:

$$\nu(J) = \begin{cases} 0, & \text{falls } A \cap J = \emptyset \\ 1, & \text{falls } A \subseteq J \end{cases}. \tag{5.48}$$

Hieraus folgt, daß ν ergodisch ist (Lemma 5.3), insbesondere gilt $\nu(A) = 1$, das heißt, ν ist auf A konzentriert. Damit können wir, vorausgesetzt, das dynamische System (I, f) besitzt einen Attraktor, immer von der Existenz eines invarianten ergodischen Maßes μ ausgehen, welches im allgemeinen auf den Attraktor konzentriert ist und

$$\lambda_f = \lim_{n \to \infty} \frac{1}{n} \sum_{k=0}^{n-1} ln \left| \frac{df}{dx}(f^k(x)) \right| \qquad (5.49)$$

(λ_f : Lyapunov-Exponent von f) für μ-fast alle $x \in I$ gewährleistet.

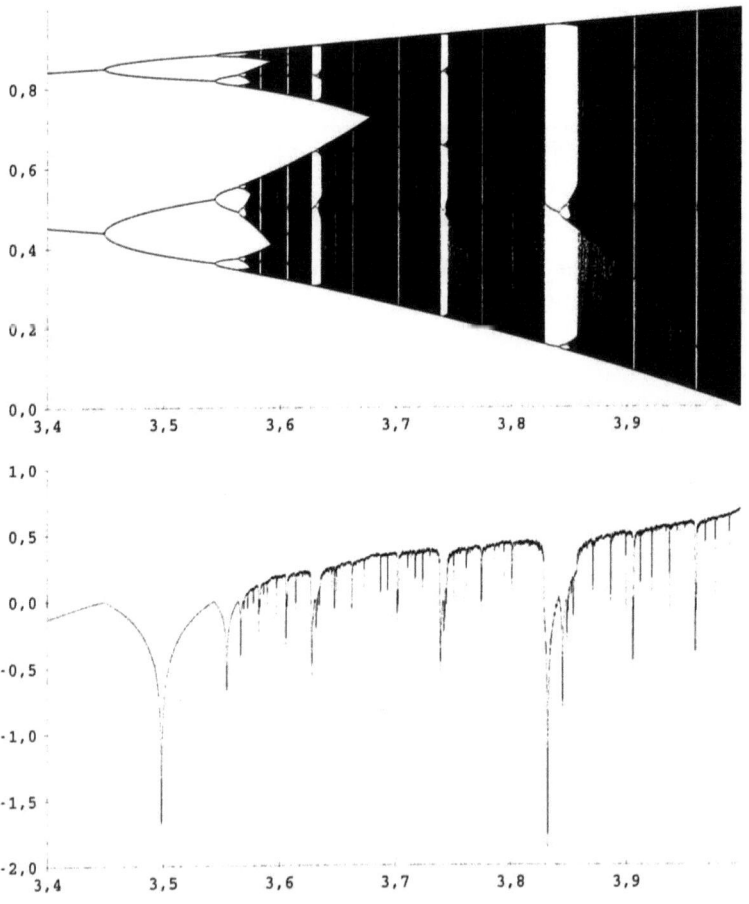

Fig. 5.1: Feigenbaum-Diagramm und Lyapunov-Exponenten von $f_a(x) = ax(1-x)$, $x \in [0,1]$, für $3.4 \leq a \leq 4$.

5 Lyapunov-Exponent und sensitive Abhängigkeit

5.11 Sensitive Abhängigkeit

Die (über-)empfindliche Abhängigkeit der Orbits eines ddS (I, f) vom Anfangswert ist die wesentliche Eigenschaft dessen, was wir heute Chaos nennen. In mehr als zwanzig Jahren seit Li und Yorke [85] hat sich jedoch die "scientific community" nicht auf eine einzige Definition für chaotische Dynamik einigen können. Die einen bescheinigen einem ddS (I, f) sensitive Abhängigkeit von den Anfangswerten und nennen infolgedessen f chaotisch, wenn die Orbits benachbarter Anfangswerte „im Kleinen" immer wieder exponentiell auseinanderlaufen (vergleiche 5.11 (f)). „Im Großen" ist dies selbstverständlich unmöglich, da die Orbits das beschränkte Intervall I nicht verlassen dürfen. In Satz 5.13 zeigen wir, daß diese Eigenschaft gleichbedeutend ist damit, daß der Lyaponov-Exponent λ_f größer als null ist (vergleiche 5.11 (c)).

Andere favorisieren eine Definition von Guckenheimer [54], die besagt, daß in einem Punkt $x \in I$ sensitive Abhängigkeit vom Anfangswert vorliegt, wenn man in einer beliebig kleinen Umgebung $U(x)$ immer noch einen Punkt y finden kann so, daß die beiden Orbits von x und y irgendwann einmal einen größeren Abstand als ein von x und y unabhängiges $\varepsilon > 0$ haben (vergleiche 5.11 (b)).

Beide Zugänge sind nicht einfach zu vergleichen. Ruelles Definition verlangt jedoch eine größere Gleichmäßigkeit beim Auseinanderstreben der Orbits. Die Ungleichmäßigkeit in Guckenheimers Definition kommt daher, daß, obwohl $|f^n(x) - f^n(y)| > \varepsilon$ für mindestens ein n gelten muß, trotzdem eine Umgebung $\tilde{U}(x)$ existieren kann (mit $y \notin \tilde{U}$) derart, daß $f^n(x) - f^n(x') \approx 0$ für alle $x' \in \tilde{U}$ gilt (vergleiche Collet und Eckmann [29], S. 136).

Es läßt sich leicht zeigen (zumindest für absolutstetige Maße), daß sensitive Abhängigkeit im Sinne von Ruelle die sensitive Abhängigkeit im Sinne von Guckenheimer impliziert. Die eigentlich interessante Frage ist jedoch: Gilt auch die Umkehrung? Beziehungsweise: Für welche ddS gilt die Umkehrung?

Als erstes wollen wir die verschiedenen Definitionen für „sensitive Abhängigkeit von den Anfangswerten" zusammenstellen und kommentieren. Dazu sei (I, f) ein ddS auf einem Teilintervall I der reellen Zahlen. Dann hat f *sensitive Abhängigkeit von den Anfangswerten* (oder: *von den Anfangsbedingungen*) im Sinne von

(a) Li und Yorke [85] [11]), falls eine überabzählbare Teilmenge $S \subseteq I$ existiert (die weder periodische noch asymptotisch periodische Punkte enthält) derart, daß für alle $x, y \in S$ mit $x \neq y$ gilt:

$$\limsup_{n \to \infty} |f^n(x) - f^n(y)| > 0, \quad \text{und} \tag{5.50}$$
$$\liminf_{n \to \infty} |f^n(x) - f^n(y)| = 0.$$

---
[11]) Vergleiche Satz 4.10.

(b) Guckenheimer [54], falls eine Teilmenge $S \subseteq I$ von positivem Lebesgue-Maß existiert und ein $\varepsilon > 0$ derart, daß für jedes $x \in S$ und jede Umgebung U von x ein $y \in U \cap S$ und ein $n \in \mathbb{N}$ existieren mit

$$|f^n(x) - f^n(y)| > \varepsilon. \qquad (5.51)$$

(c) Ruelle [130], falls ein ergodisches Maß μ existiert derart, daß

$$\lim_{n \to \infty} \frac{1}{n} \ln \left| \frac{df^n}{dx}(x) \right| = \lambda_f > 0 \qquad (5.52)$$

für μ-fast alle $x \in I$ erfüllt ist. λ_f ist der Lyapunov-Exponent von f.[12]

(d) Preston [118], falls für ein $\varepsilon > 0$ gilt

$$S_\varepsilon(f) = I \qquad (5.53)$$

mit

$$S_\varepsilon(f) := \{ x \in I \mid \forall \delta > 0\, \exists m \in \mathbb{N}_0\, \forall n \geq m\, |f^n((x - \delta, x + \delta)) \cap I| \geq \varepsilon \}. \qquad (5.54)$$

Dabei bezeichnet $|J| = \sup\{|x - y| \| x, y \in J\}$ die Länge eines Intervalls J.

Diese vier Versionen machen Aussagen über die Sensitivität der gesamten Funktion $f : I \to I$. Danach muß Sensitivität „spürbar", das heißt, mindestens auf einer überabzählbaren Teilmenge von I oder einer Teilmenge mit positivem Lebesgue-Maß oder fast überall oder schließlich in (d) auf dem gesamten Intervall I vorliegen. Jetzt folgen noch zwei lokale Definitionen.

Danach zeigt ein Punkt $x \in I$ empfindliche Abhängigkeit vom Anfangswert im Sinne von

(e) Newhouse [103], falls Konstanten $\alpha > 0$, $C > 0$ und ein $m \in \mathbb{N}_0$ ($m = m(x)$, $\mathbb{N}_0 = \mathbb{N} \cup \{0\}$) existieren, derart daß für jedes $\delta > 0$ und jede ganze Zahl $n \geq m$ ein Punkt $y \in I$ mit $0 < |x - y| < \delta$ existiert so, daß

$$|f^k(x) - f^k(y)| \geq C e^{\alpha k} |x - y| \qquad (5.55)$$

für $m \leq k \leq n$ erfüllt ist.

(f) Metzler [92], falls Konstanten $\alpha > 0$, $C > 0$ und ein $m \in \mathbb{N}_0$ existieren, derart, daß für hinreichend kleines $|h|$

$$|f^n(x) - f^n(x + h)| \geq C e^{\alpha n} |h| \qquad (5.56)$$

für alle ganzen Zahlen $n \geq m$ mit der Eigenschaft $n\varphi(|h|) \leq 1$ erfüllt ist, wobei $\varphi(\varepsilon) \downarrow 0$ für $\varepsilon \to 0^+$.

---

[12] Vergleiche Definition 5.6; selbstverständlich hat diese Definition nur für $f \in C^1(I)$ einen Sinn.

5 Lyapunov-Exponent und sensitive Abhängigkeit

Chaotisches Verhalten und (als Bestandteil davon, vergleiche die nachfolgende Definition 5.12) sensitive Abhängigkeit von den Anfangswerten sind globale Eigenschaften einer Abbildung f beziehungsweise eines ddS (I, f). Auch wenn sich das „exponentielle Auseinanderstreben im Kleinen" am einzelnen Punkt $x \in I$ festmachen läßt (vergleiche 5.11 (e), (f)), so wird es doch erst wichtig, wenn es zumindest einer „nicht unbedeutenden" invarianten Teilmenge von I zukommt.

5.12 Definition. (a) (X, f) *sei ein ddS und* $S \subseteq X$ *eine f-invariante Teilmenge von X, das heißt hier* $f(S) \subseteq S$. *Wir sagen, f besitzt auf S empfindliche Abhängigkeit von den Anfangswerten (kurz: Sensitivität) im Sinne von Guckenheimer, falls ein $\varepsilon > 0$ existiert derart, daß für jedes $x \in S$ und jede Umgebung U von x ein $y \in U \cap S$ und ein $n \in \mathbb{N}_0$ existieren mit*

$$|f^n(x) - f^n(y)| > \varepsilon. \tag{5.57}$$

(b) (I, f) *sei ein ddS auf einem Intervall $I \subseteq \mathbb{R}$ mit $f \in C^1(I)$. μ sei ein f-invariantes Maß auf I und S eine f-invariante meßbare Teilmenge von I. Dann besitzt f auf S Sensitivität im Sinne von Ruelle, falls*

$$\lim_{n \to \infty} \frac{1}{n} ln \left|\frac{df^n}{dx}(x)\right| = \lambda_f(x) > 0 \tag{5.58}$$

für μ-fast alle $x \in S$ erfüllt ist. Ist μ ergodisch, dann ist λ_f konstant. [13]

Bevor wir im nächsten Satz die Äquivalenz von 5.11 (e) und 5.11 (f) zu $\lambda_f > 0$ beweisen, wollen wir mit Hilfe der „Physikermethode" verdeutlichen, daß (5.58) wirklich exponentielles „Voneinanderwegstreben" (englisch: stretching) beinhaltet.

Aus (5.58) folgt nämlich für große n an einer Stelle $x_0 \in S$

$$\frac{1}{n} ln \left|\frac{df^n}{dx}(x_0)\right| \approx \lambda_f(x_0) \iff \left|\frac{df^n}{dx}(x_0)\right| \approx e^{n\lambda_f(x_0)}$$
$$\iff \underbrace{|f^n(x_0 + \delta x_0) - f^n(x_0)|}_{\delta x_n} \approx \delta x_0 e^{n\lambda_f(x_0)}, \tag{5.59}$$

das heißt,

$$\delta x_n \approx \delta x_0 e^{n\lambda_f(x_0)}. \tag{5.60}$$

Die Beziehung (5.60) ist nur sinnvoll, solange der Abstand δx_n kleiner ist als die „Länge" $|S| = \sup\{|x - y| \mid x, y \in S\}$, das heißt, nur sinnvoll im Kleinen. Jedesmal wenn ein Orbit droht, die beschränkte Menge S verlassen zu wollen, dann wird

---

[13] Diese Definition funktioniert analog auf Maßräumen $(X, \mathfrak{A}, \mu)$, bei denen X eine kompakte Teilmenge des $\mathbb{R}^n (n \in \mathbb{N})$ oder eine kompakte n-dimensionale Mannigfaltigkeit sein kann. Das Analogon zu (5.58) (mit der Fréchet-Ableitung Df anstelle von $\frac{df}{dx}$) ist eine Folgerung aus dem multiplikativen Ergodensatz von Oseledec [107]. Ausführlich behandelt wird diese Verallgemeinerung in Abschnitt 15.

er „zurückgefaltet" in die Menge S und beginnt erneut, sich exponentiell von den Orbits seiner (neuen) Umgebung zu entfernen. Diese permanente Aufeinanderfolge von „Stretching" und „Folding" der Orbits ist die Ursache für Chaos.

5.13 Satz. (I, f) *sei ein ddS und* $x \in I$ *sei ein Punkt, für den der Limes*

$$\lambda_f(x) = \lim_{n \to \infty} \frac{1}{n} ln \left| \frac{df^n}{dx}(x) \right| \tag{5.61}$$

existiert. Dann sind die beiden lokalen Kriterien 5.11 (e) *und* 5.11 (f) *für Sensitivität im Punkt* x *äquivalent zu* $\lambda_f(x) > 0$.

Beweis. Wir zeigen: 5.11 (f) $\Longrightarrow$ 5.11 (e) $\Longrightarrow$ $\lambda_f(x) > 0 \Longrightarrow$ 5.11 (f).

5.11 (f) $\Longrightarrow$ **5.11 (e):** In beiden Versionen sind die Konstanten α, C und $m \in \mathbb{N}_0$ dieselben. Außerdem sei die Funktion φ durch 5.11 (f) gegeben. Zu vorgegebenem $\delta > 0$ und $n \geq m$ wählen wir ein $y = x + h$ so, daß

$$0 < |h| < \delta \quad \text{und} \quad n \leq \frac{1}{\varphi(|h|)} \tag{5.62}$$

erfüllt ist. Nach 5.11 (f) gilt dann

$$|f^k(x) - f^k(y)| \geq C e^{\alpha k}|h| \tag{5.63}$$

für alle $k \geq m$ mit $k\varphi(|h|) \leq 1$, das heißt, insbesondere für $m \leq k \leq n$ $\left(\leq \frac{1}{\varphi(|h|)} \right)$.

5.11 (e) $\Longrightarrow$ $\lambda_f(x) > 0$: Sei $n \geq m$ zunächst festgehalten und $\delta > 0$. Dann existiert nach 5.11 (e) ein h, $0 < |h| < \delta$, so daß gilt

$$|f^n(x + h) - f^n(x)| \geq C e^{\alpha n}|h|. \tag{5.64}$$

Division durch $|h|$ und $\delta \to 0$ ergibt

$$\left| \frac{df^n}{dx}(x) \right| \geq C e^{\alpha n}. \tag{5.65}$$

Dies gilt für jedes $n \geq m$, also

$$\frac{1}{n} ln \left| \frac{df^n}{dx}(x) \right| \geq \frac{ln C}{n} + \alpha. \tag{5.66}$$

Für hinreichend großes n gilt

$$\frac{ln C}{n} + \alpha \geq \varepsilon > 0 \tag{5.67}$$

für ein geeignetes ε und somit

$$\lim_{n \to \infty} \frac{1}{n} ln \left| \frac{df^n}{dx}(x) \right| = \lambda_f(x) \geq \varepsilon > 0. \tag{5.68}$$

5 Lyapunov-Exponent und sensitive Abhängigkeit

$\lambda_f(x) > 0 \Rightarrow$ **5.11 (f)**: Aus $\lambda_f(x) > 0$ folgt, daß Zahlen $m = m(x) \in \mathbb{N}$ und α mit $0 < \alpha < \lambda_f(x)$ existieren, so daß

$$\frac{1}{n} ln \left| \frac{df^n}{dx}(x) \right| > \alpha \tag{5.69}$$

für alle $n \geq m$ erfüllt ist. Für jedes $n \geq m$ existiert dann ein $h(n)$ mit

$$\left| \frac{f^n(x+h) - f^n(x)}{h} \right| \geq Ce^{n\alpha},\ 0 < C < 1, \tag{5.70}$$

für $0 < |h| \leq h(n)$. Wir können $h(n) < h(n-1)$ annehmen und problemlos eine streng monotone Abbildung

$$H : \mathbb{R}^+ \longrightarrow \mathbb{R}^+ \quad \text{mit} \quad H(n) = \frac{1}{h(n)} \quad \text{für} \quad n \geq m \tag{5.71}$$

konstruieren. (5.70) gilt dann für alle $h \neq 0$ mit

$$\frac{1}{|h|} \geq H(n), \tag{5.72}$$

also für alle $h \neq 0$ mit

$$H^{-1}\left(\frac{1}{|h|}\right) \geq n; \tag{5.73}$$

dabei bezeichnet H^{-1} die Umkehrfunktion von H. Für vorgegebenes $h \neq 0$ stellt (5.73) gleichzeitig ein Kriterium für n dar. Mit

$$\varphi(\varepsilon) := \frac{1}{H^{-1}(1/\varepsilon)},\ \varepsilon > 0, \tag{5.74}$$

gilt demnach (5.70) für alle $n \geq m$, welche die Bedingung

$$n\varphi(|h|) \leq 1 \tag{5.75}$$

erfüllen. ∎

Beide Bedingungen (5.55) und (5.56) sind somit äquivalent zu $\lambda_f(x) > 0$, so daß sensitive Abhängigkeit von den Anfangswerten im Sinne von Ruelle (mindestens) exponentielles Auseinanderstreben im Kleinen für benachbarte Orbits bedeutet. Nun wollen wir uns Guckenheimers Definition zuwenden.

5.14 Satz. *Eine stetige Abbildung $f : I \to I$ besitzt dann und nur dann auf I sensitive Abhängigkeit von den Anfangswerten im Sinne von Guckenheimer, wenn ein $\varepsilon > 0$ existiert, so daß für jedes $x \in I$ und jede Umgebung U von x ein $y \in U$ existiert mit*

$$|f^n(x) - f^n(y)| > \varepsilon \quad \text{für unendlich viele } n \in \mathbb{N}. \tag{5.76}$$

Beweis. Wir beweisen zunächst einen (anscheinend) „verschärften Guckenheimer". Danach besitzt f auf I genau dann Sensitivität, wenn ein $\varepsilon > 0$ existiert, so daß für jedes $x \in I$, jede Umgebung U von x *und jedes* $m \in \mathbb{N}$ *ein* $n > m$ und ein $y \in U$ existieren mit

$$|f^n(x) - f^n(y)| > \varepsilon. \tag{5.77}$$

Sei also $\varepsilon > 0$ sowie $x \in I$, $U(x)$ und $m \in \mathbb{N}_0$ gegeben. Sei weiter

$$x_m = f^m(x) \quad \text{und} \quad U(x_m) := f^m(U(x)), \tag{5.78}$$

dann existiert nach Definition 5.12 (a) ein Punkt $y_m =: f^m(y)$, $y \in U(x)$, und ein $l \in N_0$ mit

$$|f^l(x_m) - f^l(y_m)| = |f^{m+l}(x) - f^{m+l}(y)| > \varepsilon. \tag{5.79}$$

Daraus folgt (5.76) durch wiederholte Anwendung dieses Kriteriums. Trivialerweise gelten für beide Beweisschritte die Umkehrungen. Das heißt, sowohl der „verschärfte Guckenheimer" als auch die Aussage in Satz 5.14 sind äquivalent zu Definition 5.12 (a). ∎

5.15 Korollar. *Eine stetige Abbildung* $f : I \to I$ *besitzt genau dann auf I sensitive Abhängigkeit von den Anfangswerten, falls ein $\varepsilon > 0$ existiert, so daß jedes $x \in I$ Häufungspunkt der Menge*

$$\Omega_\varepsilon(x, f) = \{y \in I \mid |f^n(x) - f^n(y)| > \varepsilon \quad \text{für unendlich viele } n \in \mathbb{N}_0\} \tag{5.80}$$

ist.

Beweis. Trivial. ∎

Wir können nicht erwarten, daß das Kriterium 5.11 (d) von Preston äquivalent ist zu Guckenheimers Definition, denn die Bedingung (5.53), das heißt $S_\varepsilon(f) = I$, verlangt an jeder Stelle $x \in I$ „Stretching" einer ganzen Umgebung $(x-\delta, x+\delta)$ von x. Aber man kann zeigen, daß Sensitivität im Sinne von Preston ein stärkeres Kriterium ist als das von Guckenheimer.

5.16 Satz. *Sei $S_\varepsilon(f) = I$ und $0 < 2\delta < \varepsilon$. Dann ist $\Omega_\delta(x, f)$ für jedes $x \in I$ eine dichte offene Teilmenge von I.*

Beweis. Preston [118], S. 83 f. ∎

Aus $\overline{\Omega_\delta(x, f)} = I$ folgt nun, daß x Häufungspunkt der Menge $\Omega_\delta(x, f)$ ist. Dies gilt für jedes $x \in I$, und mit Korollar 5.15 folgt daraus Sensitivität im Sinne von Guckenheimer.

Bis hierher haben wir von der Abbildung f nichts anderes verlangt als Stetigkeit beziehungsweise $f \in C^1$, wenn der Lyapunov-Exponent im Spiel war. Jetzt betrachten wir S-unimodale Abbildungen $f : I \to I$. Aus dem zweiten Abschnitt wissen

5 Lyapunov-Exponent und sensitive Abhängigkeit

wir, daß eine S-unimodale Funktion höchstens einen stabilen periodischen Orbit besitzt, den man aufspüren kann, wenn man den Orbit $O_f^+(c)$ des kritischen Punktes c verfolgt. Aber wie ist es, wenn kein stabiler periodischer Orbit existiert, wie zum Beispiel bei $f_4(x) = 4x(1-x)$, $x \in [0,1]$, wo die Folge $(f_4^n(\frac{1}{2}))_{n \in \mathbb{N}_0}$ sich nach zwei Iterationsschritten im instabilen Fixpunkt 0 einnistet und dort selbstverständlich nicht mehr wegkommt?

5.17 Satz. *Sei $f : I \to I$ S-unimodal, dann gilt: Besitzt f einen stabilen periodischen Orbit, dann ist f nicht sensitiv abhängig von den Anfangswerten (genauer: f ist dann höchstens auf einer Teilmenge A_f mit $\lambda(A_f) = 0$ [14] sensitiv abhängig von den Anfangswerten).*

Beweis. Satz 2.17 beziehungsweise Collet und Eckmann [29], S. 136 und Guckenheimer [54], S. 149–152. ∎

5.18 Definition. *Sei $f : I \to I$ S-unimodal. (a) Ein Fixpunkt x_0 von $f^n, n > 1$, heißt zentral, falls gilt:*
(i) $\frac{df^n}{dx}(x_0) > 1$, *und*
(ii) f^n *ist ein Homöomorphismus auf dem Intervall $J = (x_0, c)$ [15].*

(b) Ein zentraler Punkt x_0 ist restriktiv, wenn $f^n(J) \subseteq (x_0, y_0)$ erfüllt ist; dabei ist y_0 der x_0 gegenüberliegende Punkt mit $f(x_0) = f(y_0)$.

5.19 Satz. *$f : I \to I$ sei S-unimodal und besitze keinen stabilen periodischen Orbit. Dann ist f genau dann sensitiv abhängig von den Anfangswerten [16], wenn ein $m \in \mathbb{N}$ existiert, so daß für alle ganzen Zahlen $n \geq m$ die Iterierten f^n keinen restriktiven zentralen Punkt besitzen.*

Beweis. Guckenheimer [54], S. 152, und Collet und Eckmann [29], S. 138 f. ∎

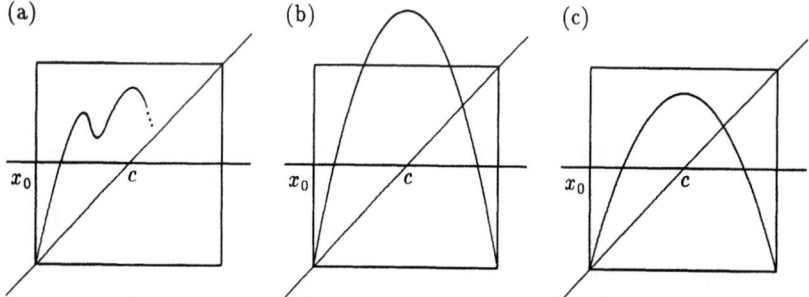

Fig. 5.2: Ausschnitt aus dem Graphen von $f^n (n > 1)$, mit einem Fixpunkt, der (a) nicht zentral, (b) zentral und (c) restriktiv zentral ist.

---
[14] λ: Lebesgue-Maß.
[15] c ist der kritische Punkt von f; er wird nicht als zentraler Punkt angesehen.
[16] Im Sinne von Guckenheimer.

Übungsaufgaben:

1. Schreiben Sie ein Computerprogramm zur Berechnung und graphischen Ausgabe des Lyapunov-Exponenten einer beliebigen C^1-Funktion mit Hilfe der Formel (5.49).

   (a) Berechnen Sie damit die Lyapunov-Exponenten der logistischen Abbildung $f_a(x) = ax(1-x)$ für $3 \leq a \leq 4$.

   (b) Erstellen Sie ein Diagramm, welches sowohl den Feigenbaum als auch die Lyapunov-Exponenten von f_a für $a \in [3,4]$ synchron „übereinander" zeigt (vergleiche Fig. 5.1).

2. Sei $f \in C^1(I,I)$, $g \in C^1(J,J)$, $I, J \subseteq \mathbb{R}$ Intervalle, und sei $\varphi : I \to J$ ein C^1-Diffeomorphismus, der f und g konjugiert. Zeigen Sie für $x \in I$: $\lambda_f(x)$ (gegeben durch das zeitliche Mittel (5.23)) existiert genau dann, wenn $\lambda_g(\varphi(x))$ existiert, und in diesem Fall gilt $\lambda_f(x) = \lambda_g(\varphi(x))$.

3. Sei $f(x) = (x+q) \mod 1$, $x \in \mathbb{R}$, q irrational. Zeigen Sie:

   (a) f hat keine periodischen Orbits.   (b) $\lambda_f(x) \equiv 0$.

4. (a) Stellen Sie in einem gemeinsamen Diagramm (wie in Fig. 5.1) die Lyapunov-Exponenten und den Feigenbaum dar für die Familie
   $$t_a(x) = \begin{cases} ax & 0 \leq x \leq \frac{1}{2} \\ a(1-x) & \frac{1}{2} \leq x \leq 1 \end{cases}.$$
   der Zeltabbildungen für $0 < a \leq 2$.

   (b) Zeigen Sie: Die Abbildung $\varphi(x) = (1 - \cos \pi x)/2$ konjugiert t_2 zur logistischen Abbildung f_4.

5. Zeigen Sie:

   (a) Das Lebesgue-Maß λ auf $[0,1]$ ist T-invariant (T: Zeltabbildung).
   HINWEIS: Beweisen Sie (a) zunächst für halboffene Intervalle und verwenden Sie dann die Fortsetzung von λ in Anhang A.2.

   (b) Das in 5.5.3 angegebene absolutstetige Maß ist g_2-invariant.
   HINWEIS: Verwenden Sie (a), eine geeignete Konjugation und Satz 5.7.

6. Zeigen Sie: Die logistische Abbildung $f_a(x) = ax(1-x)$, $x \in [0,1]$, besitzt für $a > 2 + \sqrt{5}$ auf Λ_a empfindliche Abhängigkeit von den Anfangswerten.
   HINWEIS: Verwenden Sie die Konstruktion von Λ_a.

7. Sei $f_a(x) = ax(1-x)$ für $a > 2 + \sqrt{5}$. Zeigen Sie: Der Lyapunov-Exponent von f_a in jedem Punkt x, dessen Orbit in $[0,1]$ bleibt, ist größer als 0, falls er existiert.

6 Chaos und Seltsame Attraktoren

Nun haben wir alle Zutaten beisammen, um Chaos sinnvoll definieren zu können. Zuvor sollten wir uns aber noch einmal vor Augen führen, daß wir zwei gleichberechtigte Definitionen von Sensitivität, nämlich die von Guckenheimer und die von Ruelle (vergleiche Definition 5.12) vor uns hertragen. Die offene Frage lautet: Sind sie äquivalent beziehungsweise unter welchen Voraussetzungen sind sie äquivalent? Guckenheimer [54], S. 159 f., mutmaßt, daß Sensitivität von f äquivalent sein könnte zur Existenz eines eindeutigen f-invarianten absolutstetigen (nicht unbedingt ergodischen) Maßes. Dies würde die Existenz und Unabhängigkeit des Lyapunov-Exponenten λ_f vom Anfangswert x sichern (letzteres bei einem ergodischen Maß), aber warum gilt $\lambda_f > 0$?

6.1 Definition. (X, f) *sei ein ddS und* $S \subseteq X$ *sei abgeschlossen.* f *heißt* chaotisch *auf* S, *falls gilt*

(a) S *ist* f-*invariant* [1]*,*
(b) f *ist auf* S *sensitiv abhängig von den Anfangsbedingungen* [2]*,*
(c) f *ist topologisch transitiv auf* S [3]*, und*
(d) *die periodischen Punkte von* f *liegen dicht in* S.

Bemerkung. Aus Definition 6.1 (c) folgt, daß das ddS $(S, f_{|S})$ nicht in zwei Untersysteme zerlegt werden kann, die sich gegenseitig nicht beeinflussen. □

6.2 Beispiele für chaotische Abbildungen.

(1) $F : S^1 \longrightarrow S^1$, $\theta \longmapsto 2\theta$. [4]

(2) $f_a(x) = ax(1-x)$ auf Λ_a für $a > 2 + \sqrt{5}$.

(3) $f_4(x) = 4x(1-x)$ auf $[0, 1]$.

(4) $T(x) = \begin{cases} 2x & \text{für } 0 \leq x \leq \frac{1}{2} \\ 2 - 2x & \text{für } \frac{1}{2} < x \leq 1 \end{cases}$ (Zeltabbildung, engl.: tent map),

(5) $B(x) = \begin{cases} 2x & \text{für } 0 \leq x \leq \frac{1}{2} \\ 2x - 1 & \text{für } \frac{1}{2} < x \leq 1 \end{cases}$ (Bernoulli-Shift oder baker map)

(6) $g_2(x) = 1 - 2x^2$ auf $[-1, 1]$.

(7) $f : [-1, 1] \longrightarrow [-1, 1]$, $x \longmapsto 8x^4 - 8x^2 + 1$.

(8) $f(x) = 2x \pmod{1}$ auf $[0, 1]$.

---

[1] Das heißt hier, $f(S) \subseteq S$.
[2] Im Sinne von Guckenheimer.
[3] Vergleiche Definition 1.16 und Satz 1.17.
[4] $S^1 := \{z \in \mathbb{C} \mid z = e^{i\theta}, \theta \in \mathbb{R}\}$ ist der Einheitskreis. Die kanonische Abbildung $\theta \mapsto e^{i\theta}$ vermittelt einen Homöomorphismus zwischen S^1 und der Menge $\{\theta \in \mathbb{R} \mid \theta = \theta(\mod 2\pi)\}$, die wir ebenfalls S^1 nennen wollen. Es werden ganz einfach die Punkte des Einheitskreises mit ihrem Winkel (= Bogenmaß) in der Polarkoordinatendarstellung identifiziert.

Für Beispiel (2) wird im nächsten Abschnitt das Chaos mit Hilfe von sogenannter symbolischer Dynamik bewiesen. Das Beispiel (7) überlassen wir den Übungsaufgaben. An dieser Stelle zeigen wir zunächst, daß Beispiel (1) chaotisch ist, dann (3) und schließlich (4) und (6), die nämlich beide topologisch konjugiert sind zu f_4 aus Beispiel (3). Und wie steht es mit den Beispielen (5) und (8)?

Beispiel 6.2 (1): $F : S^1 \to S^1$, $\theta \mapsto 2\theta$. Die Punkte auf dem Einheitskreis S^1 seien im Bogenmaß $\theta \in [0, 2\pi)$ angegeben. Die Funktion F ist auf S^1 stetig! Sie verdoppelt Winkel im Kleinen, das heißt, für einen Startwert $\theta_0 \in [0, 2\pi)$ gilt für $n \in \mathbb{N}$

$$\theta_n := F^n(\theta_0) = 2^n \theta_0 \pmod{2\pi}. \tag{6.1}$$

Aus (6.1) folgt für einen beliebigen Startwert und eine Störung $|\delta\theta_0| \ll \pi$

$$\begin{aligned}\delta\theta_n &:= F^n(\theta_0 + \delta\theta_0) - F^n(\theta_0) \\ &= 2^n \delta\theta_0 \pmod{2\pi}.\end{aligned} \tag{6.2}$$

Man rechnet leicht nach, daß für $n \in \mathbb{N}$

$$\delta\theta_n = 2^n \delta\theta_0 \tag{6.3}$$

solange erfüllt ist, wie $|\delta\theta_n| < \pi$ gilt. Das heißt, der Fehler $\delta\theta_n$ verdoppelt sich mit jedem Iterationsschritt solange er kleiner bleibt als π. „Im Kleinen" gilt also

$$\begin{aligned}F^n(\theta_0 + \delta\theta_0) - F^n(\theta_0) &= 2^n \delta\theta_0 \\ &= e^{n \ln 2} \delta\theta_0,\end{aligned} \tag{6.4}$$

das heißt, der Lyapunov-Exponent λ_F ist gleich $\ln 2$ unabhängig von θ_0 (vergleiche (5.60)). Damit ist F sensitiv im Sinne von Ruelle. Zur Sicherheit schauen wir noch auf das zu $\lambda_F > 0$ äquivalente Kriterium 5.11 (e) von Newhouse. Man erkennt sofort, daß es zum Beispiel für $\alpha = \ln 2$, $C = 1$ und $m = 1$ erfüllt ist: Für jedes $n \geq 1$ macht man die Winkeldifferenz beim Start so klein, daß die Beziehung

$$F^k(\theta_0 + \delta\theta_0) - F^k(\theta_0) = e^{k \ln 2} \delta\theta_0 \tag{6.5}$$

für $1 \leq k \leq n$ erfüllt ist. Das ist Sensitivität im Sinne von Ruelle, aber wie steht es mit dem Kriterium 5.11 (b) von Guckenheimer? Nun, es ist ganz sicher erfüllt, denn die Abbildung F ist sogar *expansiv* [5]. Wegen der Winkelverdopplung kann man den Mindestabstand ε zum Beispiel gleich $\frac{\pi}{2}$ wählen.

Dieses Argument gilt auch für die topologische Transitivität, denn jedes noch so kleine Bogenstück expandiert unter fortwährender Verdopplung so stark, daß es

---

[5] $f : I \to I$ heißt *expansiv*, wenn ein $\varepsilon > 0$ existiert, so daß für jedes Paar $x, y \in I$, $x \neq y$ ein $n \in \mathbb{N}_0$ existiert mit $|f^n(x) - f^n(y)| > \varepsilon$. Diese Eigenschaft ist schärfer als die empfindliche Abhängigkeit von den Anfangsbedingungen, da *alle* zueinander benachbarten Punkte schließlich um wenigstens $\varepsilon > 0$ separiert werden.

6 Chaos und Seltsame Attraktoren

schließlich (für ein F^n) den ganzen Einheitskreis und damit auch jedes andere Bogenstück überdeckt.

Schließlich kommen wir noch zu den periodischen Punkten von F. θ ist ein periodischer Punkt der Periode n, falls

$$F^n\theta = 2^n\theta (\mathrm{mod}\, 2\pi) = \theta \qquad (6.6)$$

gilt, das heißt, falls

$$2^n\theta - \theta = 2k\pi \qquad (6.7)$$

für ein $k \in Z$ erfüllt ist. Dies gilt für alle θ mit

$$\theta = \frac{k}{2^n - 1} 2\pi,\ k \in \mathbb{Z}. \qquad (6.8)$$

(6.6) hat somit genau $2^n - 1$ verschiedene Lösungen auf S^1, nämlich

$$\theta_k = \frac{2k\pi}{2^n - 1},\ k = 1, \ldots, 2^n - 1. \qquad (6.9)$$

Sie markieren auf S^1 $2^n - 1$ Punkte in gleichem Abstand der Länge $\frac{2\pi}{2^n-1}$ voneinander. Dies gilt für jedes $n \in \mathbb{N}$ und somit gilt $\overline{\mathrm{Per}\,(F)} = S^1$. Damit ist bewiesen, daß F auf S^1 chaotisch ist.

Vermittelt durch die kanonische Abbildung

$$h : [0, 2\pi) \longrightarrow S^1,\ \varphi \longmapsto e^{i\varphi}, \qquad (6.10)$$

sind die beiden ddS $([0, 2\pi), \varphi \underset{B}{\longmapsto} 2\varphi\,(\mathrm{mod}\, 2\pi))$ und (S^1, F) topologisch konjugiert, das heißt, $h^{-1} \circ F \circ h = B$.

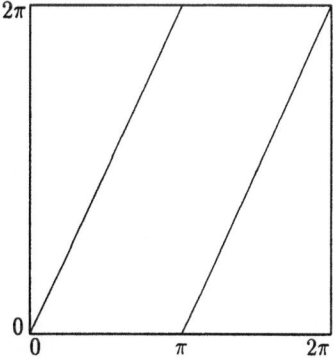

Fig. 6.1: Graph der Abbildung
$B : [0, 2\pi) \to [0, 2\pi),\ B(\varphi) = 2\varphi(\mathrm{mod}\, 2\pi)$.

Die beiden ddS $([0, 2\pi), B)$ und (S^1, F) sind dynamisch äquivalent, „obwohl" B eine Unstetigkeitsstelle besitzt. Gehen wir noch ein kleines „Schrittchen" weiter: Der *Bernoulli-Shift*

$$B(x) = 2x(\mathrm{mod}\, 1)$$

auf $[0, 1)$ aus *Beispiel* (5) beziehungsweise (8) ist natürlich ebenfalls topologisch konjugiert zur Winkelverdopplung F auf S^1. Als geeignete Konjugation drängt sich die Abbildung

$$l : [0, 1) \longrightarrow S^1,\ x \longmapsto e^{i2\pi x} \qquad (6.11)$$

auf, also $B = l^{-1} \circ F \circ l$. Somit können wir zusammenfassend sagen, daß die Winkelverdopplung $F(\theta) = 2\theta$ auf S^1 identisch ist mit dem „2π-Bernoulli-Shift" $B(\varphi) = 2\varphi(\text{mod } 2\pi)$ von Fig. 6.1 und trivial konjugiert zum klassischen Bernoulli-Shift $B(x) = 2x(\text{mod } 1)$, $x \in [0,1)$. [6]

Beim Bernoulli-Shift wollen wir noch ein wenig verweilen, denn er gewährt Einblicke in zwei wichtige Handwerkszeuge zur Beschreibung beziehungsweise Beurteilung chaotischer Dynamik, nämlich *symbolische Dynamik* und *Entropie*.

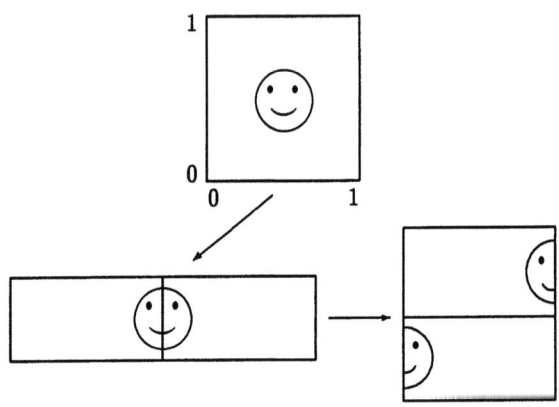

Fig. 6.2: Bernoulli-Shift oder Bäckertransformation.

Jedes $x \in [0,1]$ hat eine Binärdarstellung der Form

$$x = \sum_{i=1}^{\infty} \frac{a_i}{2^i} \quad \text{mit} \quad a_i \in \{0,1\}. \qquad (6.12)$$

Daraus folgt

$$2x = a_1 + \sum_{i=1}^{\infty} \frac{a_{i+1}}{2^i}, \qquad (6.13)$$

und, wenn man 0 und 1 identifiziert, gilt dann

$$B(x) = 2x(\text{mod } 1) = \sum_{i=1}^{\infty} \frac{a_{i+1}}{2^i} \qquad (6.14)$$

für alle $x \in [0,1)$.

Der Effekt von B ist klar: Wenn x die Binärdarstellung

$$a_1 a_2 a_3 a_4 \ldots \quad (a_i \in \{0,1\}) \qquad (6.15)$$

---

[6] Hier sei S^1 verstanden als $S^1 = \{\theta \in \mathbb{R} \mid \theta = \theta(\text{mod } 2\pi)\}$, vergleiche Fußnote 4 weiter oben.

hat, dann besitzt $B(x)$ die Darstellung

$$a_2 a_3 a_4 \ldots \qquad (6.16)$$

Das heißt, B ist nichts anderes als die *Shift-Abbildung* über einem Coderaum mit zwei Symbolen (vergleiche Definition 7.1 weiter unten). In Abschnitt 7 zeigen wir folgende Eigenschaften einer solchen Shift-Abbildung:

(i) B hat für jedes $n \in \mathbb{N}$ 2^n periodische Punkte der Periode n.[7]
(ii) Die periodischen Punkte von B liegen dicht in $[0,1]$.
(iii) B besitzt einen in $[0,1]$ dichten Orbit.

Da die Ableitung für alle $x \neq \frac{1}{2}$ gleich 2 ist, wächst $|B^n(x) - B^n(y)|$ für $x \neq y$ im Kleinen wie $2^n |x - y|$ beziehungsweise gilt für den Lyapunov-Exponenten $\lambda_B(x) = \lim_{n\to\infty} \frac{1}{n} ln \left|\frac{dB^n}{dx}(x)\right| = ln\, 2$.

Also ist B sensitiv im Sinne von Ruelle, doch B ist sogar expansiv und somit auch sensitiv im Sinne von Guckenheimer. In Abschnitt 7 werden wir zeigen, daß der Shift über zwei Symbolen topologisch konjugiert ist zur chaotischen Abbildung $f_a(x) = ax(1-x)$ für $a > 2 + \sqrt{5}$. Glendinning [51] beweist eine noch stärkere Eigenschaft von B:

6.3 Satz. (Siehe Glendinning [51], S. 295.) *Gegeben sei die Abbildung* $B:[0,1) \to [0,1)$, $x \mapsto 2x(\mathrm{mod}\, 1)$. *Dann gibt es für jedes* $x \in (0,1)$ *und jedes* $\varepsilon > 0$ *eine offene Umgebung* J *von* x (*o. B. d. A. ein offenes Intervall*) *von einer Länge kleiner als* ε *und ein* $n \in \mathbb{N}$ *derart, daß gilt*

$$B^n(J) = (0,1) \text{ und } B^n|_J \text{ ist ein Homöomorphismus.} \qquad (6.17)$$

Beweis. $x \in [0,1)$ habe die Binärdarstellung

$$[x] = a_1 a_2 a_3 \ldots \qquad (6.18)$$

und x sei kein Urbild von $\frac{1}{2}$ unter B (so daß die Binärdarstellung von x nicht mit einem unendlichen String von 0en oder 1en endet). Alle Punkte in der Umgebung von x haben Binärdarstellungen, die mit der von x bis zur, sagen wir, N-ten Stelle übereinstimmen. Wenn wir N groß genug wählen, dann können wir für alle Punkte mit einer Binärdarstellung

$$a_1 a_2 \ldots a_N b_1 b_2 \ldots \qquad (6.19)$$

garantieren, daß sie in einer vorgegebenen ε-Umgebung von x liegen. Da x kein Urbild von $\frac{1}{2}$ ist, können wir ein $M > N$ auswählen derart, daß $a_{M+1} = 0$ gilt. Jetzt sei y der Punkt mit der Binärdarstellung

$$[y] = a_1 \ldots a_M\, 000 \ldots \qquad (6.20)$$

---

[7] 2^n sind es, wenn man B wie in 6.2 (5) beziehungsweise (8) auf $[0,1]$ betrachtet.

Es gilt $y < x$, da

$$x - y = \sum_{i=M+1}^{\infty} \frac{a_i}{2^i} \qquad (6.21)$$

und da, wegen der Annahme über x, $a_i \neq 0$ für mindestens ein $i > M$ gilt. In ähnlicher Weise sei z der Punkt mit der Binärdarstellung

$$[z] = a_1 \ldots a_M \, 1\,0\,0\,0\ldots \qquad (6.22)$$

Weil $a_{M+1} = 0$ ist, gilt $z > x$ [8]. Man zeigt jetzt, daß $B^M((y,z)) = (0, \frac{1}{2})$ gilt und daß $B^M|_{(y,z)}$ ein Homöomorphismus ist. Daraus folgt die Behauptung, da $B((0, \frac{1}{2})) = (0, 1)$ und weil B ein Homöomorphismus ist auf $(0, \frac{1}{2})$. Der Restbeweis läuft dann folgendermaßen ab:

(i) Zuerst zeigt man, daß, wenn die Binärdarstellungen zweier Punkte $y, z \in [0, 1)$ in den ersten k Stellen übereinstimmen, B^k auf dem von diesen beiden Punkten berandeten offenen Intervall ein Homöomorphismus ist. Wir nehmen also an, daß die Binärdarstellung von y und z in den ersten k Einträgen übereinstimmen. Daraus folgt, wie man sich leicht vergewissert, daß die Binärdarstellungen aller Punkte zwischen y und z ebenfalls in den ersten k Einträgen übereinstimmen. Ist der erste Eintrag eine 0, dann liegen diese Punkte in $[0, \frac{1}{2}]$, und sie liegen in $[\frac{1}{2}, 1)$, wenn er gleich 1 ist.

Wir betrachten $B((y,z))$: Da alle Punkte im Intervall (y,z) ihre Binärdarstellung mit demselben Eintrag beginnen, ist $B|_{(y,z)}$ ein Homöomorphismus (siehe zum Vergleich Fig. 6.1), und, falls $k > 1$, beginnen auch die Punkte des Bildes $B((y,z))$ ihre Binärdarstellung mit demselben Eintrag, und es gilt $B((y,z)) = (B(y), B(z))$, da B streng monoton wächst auf (y, z).

Nun wenden wir dieselbe Schlußweise an auf das Intervall $(B(y), B(z))$ anstelle von (y, z), und so weiter, und erhalten schließlich nach k Schritten: $B^k|_{(y,z)}$ ist ein Homöomorphismus von (y,z) auf $(B^k(y), B^k(z))$.

(ii) Für $k = M$ und y und z aus (6.20) und (6.22) folgt aus (i), daß $B^M|_{(y,z)}$ ein Homöomorphismus ist von (y, z) auf sein Bild $(B^M(y), B^M(z)) = (0, \frac{1}{2})$. Damit gilt $B^{M+1}((y,z)) = (0, 1)$, und $B^{M+1}|_{(y,z)}$ ist ein Homöomorphismus, was zu beweisen war. ∎

Kirchgraber und Stoffer [74] nennen eine Abbildung *chaotisch im Sinne von Bernoulli*, wenn sie homöomorph ist zum Bernoulli-Shift $B(x) = 2x \pmod 1$. Glendinning [51] verallgemeinert dieses Beispiel auf folgende Weise:

---

[8] Es gilt für $[x] = a_1 \ldots a_k \, 0 \, a_{k+1} \ldots$ und $[z] = a_1 \ldots a_k \, 1 \, b_{k+1} \ldots$ wegen der Voraussetzungen über x immer $z > x$.

6 Chaos und Seltsame Attraktoren

6.4 Definition. (I, f), mit $I \subseteq \mathbb{R}$ *Intervall, sei ein ddS.*
(a) *Die Abbildung f besitzt ein Hufeisen (engl.: horseshoe), falls ein Teilintervall $J \subseteq I$ existiert und zwei disjunkte Teilintervalle T_1 und T_2 von J derart, daß $f(T_i) = J$ für $i = 1, 2$.*
(b) *f heißt chaotisch im Sinne von Glendinning, wenn f^n für irgendein $n \in \mathbb{N}$ ein Hufeisen besitzt.*

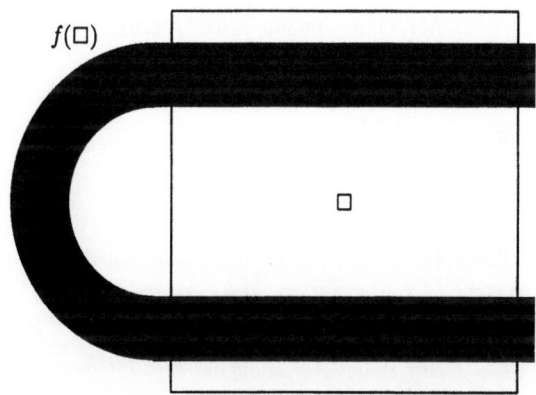

Fig. 6.3: Smales Hufeisen-Abbildung.

Bemerkung. Offenbar genügt der Bernoulli-Shift dieser Definition. Der Begriff „horseshoe" in Zusammenhang mit Dynamischen Systemen geht zurück auf Smale [144], der mit Hilfe von symbolischer Dynamik [9] nachwies, daß die nach ihm benannte horseshoe map chaotisch ist (siehe Abschnitt 10). □

Ganz analog wie für den Bernoulli-Shift beziehungsweise die Shift-Abbildung in Abschnitt 7 beweist man den

6.5 Satz. *Eine stetige Abbildung $f : I \to I$ habe ein Hufeisen. Dann gilt:*
(a) *f^n hat wenigstens 2^n Fixpunkte.*
(b) *f hat periodische Punkte jeder beliebigen Periodenlänge.*
(c) *f besitzt eine überabzählbare Anzahl nichtperiodischer Orbits.*

Beweis. Vergleiche Glendinning [51], Abschnitt 11.1, und Übungsaufgabe 2. ∎

Das war eine Stipvisite in die symbolische Dynamik, die in Abschnitt 7 ausführlich fortgesetzt wird. Kommen wir nun noch kurz zur (topologischen) Entropie, sie ist ein topologisches Maß zur Beurteilung chaotischer Dynamik ähnlich dem Lyapunov-Exponenten, der ein ergodisches (wahrscheinlichkeitstheoretisches) Kriterium darstellt. Ausführlicher wird sie in Abschnitt 15 behandelt werden.

---
[9] Vergleiche Abschnitt 7.

6.6 Definition. (I, f) sei ein ddS ($I \subseteq \mathbb{R}$ Intervall), $n \in \mathbb{N}$ und $\varepsilon > 0$.

(a) *Eine Teilmenge S von I heißt* (n, ε)-separiert, *falls für alle x und y in S, $x \neq y$, ein k, $0 \leq k \leq n$, existiert derart, daß* $|f^k(x) - f^k(y)| > \varepsilon$.

(b) $C(f, \varepsilon, n)$ *bezeichne die größte Mächtigkeit* (= Anzahl von Punkten) (n, ε)-*separierter Teilmengen von I.*

$$h(f, \varepsilon) := \limsup_{n \to \infty} \frac{1}{n} \ln C(f, \varepsilon, n) \qquad (6.23)$$

ist die exponentielle Wachstumsrate von $C(f, \varepsilon, n)$.

(c) *Die topologische Entropie von f, $h(f)$, ist definiert durch*

$$h(f) = \lim_{\varepsilon \to 0} h(f, \varepsilon). \qquad (6.24)$$

Bemerkungen. Wenn die Orbit-Struktur von f kompliziert ist, dann kann man einen großen Wert von $C(f, \varepsilon, n)$ erwarten. $h(f, \varepsilon)$ ist positiv, wenn $C(f, \varepsilon, n)$ exponentiell mit n wächst, und offensichtlich wird $h(f, \varepsilon)$ nicht kleiner mit ε. □

6.7 Satz. *Sei $f : I \to I$ eine stetige Abbildung auf dem Intervall I. Dann gilt:*

$$h(f) > 0 \iff f^n \text{ hat ein Hufeisen für ein } n \in \mathbb{N}. \qquad (6.25)$$

Der Beweis von Satz 6.7 geht weit über das hinaus, was wir bisher gelernt haben. Wir verweisen auf Targonski [149] und auf Katok und Hasselblatt [73] aber nicht, ohne noch einmal darauf hinzuweisen, daß Chaos (im Sinne von Glendinning) äquivalent ist zu $h(f) > 0$. Dieses Kriterium, $h(f) > 0$, ist schärfer als die Kriterien von Definition 6.1.

Bemerkung. Definition 6.4 (b) ist schärfer als die Definition 6.1, nach der ein ddS (X, f) chaotisch ist, wenn eine f-invariante Menge $S \subseteq X$ existiert, auf der f topologisch transitiv und sensitiv abhängig ist von den Anfangsbedingungen, und die periodischen Punkte von f dicht liegen in S. Schärfer heißt, es gibt Beispiele, die chaotisch sind im Sinne von Definition 6.1 aber nicht im Sinne von 6.4. Dies gilt wiederum deshalb, weil Definition 6.1 lediglich verlangt, daß der Orbit von wenigstens einem Punkt aus der unmittelbaren Umgebung jedes Punktes x irgendwann einmal um wenigstens $\varepsilon > 0$ von $O_f^+(x)$ separiert wird und daß diese Separation nicht exponentiell sein muß, wie bei Sensitivität im Sinne von Ruelle, wo bei positivem Lyapunov-Exponenten $\lambda_f > 0$ sogar fast eine ganze Umgebung von x separiert wird. Die Äquivalenz von Definition 6.4 (b) zu positiver topologischer Entropie zeigt aber gerade, daß man für die Existenz eines Hufeisens auch exponentielle lokale Divergenz benötigt. Zum Abschluß dieses Ausfluges in die Welt der Bernoulli-Shifts wollen wir eines unserer früheren Versprechen einlösen, nämlich den Satz von Li und Yorke (vergleiche Abschnitt 4) beweisen. □

6 Chaos und Seltsame Attraktoren

6.8 Satz. $f : [a,b] \to \mathbb{R}$ *sei stetig und habe einen Orbit von (kleinster) Periode 3. Dann ist f chaotisch* [10].

Beweis. Seien $x_i, i = 1, 2, 3$, drei verschiedene periodische Punkte der Periode 3 aus $[a, b]$ mit $x_1 < x_2 < x_3$. Dann gilt entweder

$$f(x_1) = x_2, \quad f(x_2) = x_3, \quad f(x_3) = x_1 \qquad (6.26)$$

oder

$$f(x_1) = x_3, \quad f(x_2) = x_1, \quad f(x_3) = x_2. \qquad (6.27)$$

Diese beiden Fälle sind äquivalent, wenn man die Orientierung der x-Achse umkehrt. Deshalb gelte o. B. d. A. der Fall (6.26). Nach dem Zwischenwertsatz, angewandt auf $g(x) = f(x) - x$, gibt es einen Punkt $z \in (x_2, x_3)$ mit $f(z) = z$. Also ist

$$f(x_1) = x_2 < z \quad \text{und} \quad f(x_2) = x_3 > z. \qquad (6.28)$$

Also existiert wiederum nach dem Zwischenwertsatz ein Punkt $y \in (x_1, x_2)$ mit $f(y) = z$. Somit haben wir folgende Konstellation:

$$x_1 < y < x_2 < z < x_3, \qquad (6.29)$$

wobei

$$f(x_1) = x_2, \quad f(y) = z, \quad f(x_2) = x_3, \quad f(z) = z, \quad \text{und} \quad f(x_3) = x_1 \quad (6.30)$$

erfüllt ist (und zwar einzig und allein) aufgrund der Stetigkeit von f und der Existenz eines periodischen Orbits der Periode 3. Diese fünf Relationen werden uns ausreichen, um zu zeigen, daß f^2 ein Hufeisen besitzt.

Wir betrachten $f^2|_{[y,z]}$. Da f stetig ist, ist auch f^2 stetig, und aus (6.30) folgt

$$f^2(y) = z, \quad f^2(x_2) = x_1 < y, \quad \text{und} \quad f^2(z) = z. \qquad (6.31)$$

Somit, wiederum mit dem Zwischenwertsatz, gibt es ein (kleinstes) $r \in (y, x_2)$ mit $f^2(r) = y$ und ein (größtes) $s \in (x_2, z)$ mit $f^2(s) = y$ (vergleiche Fig. 6.4).

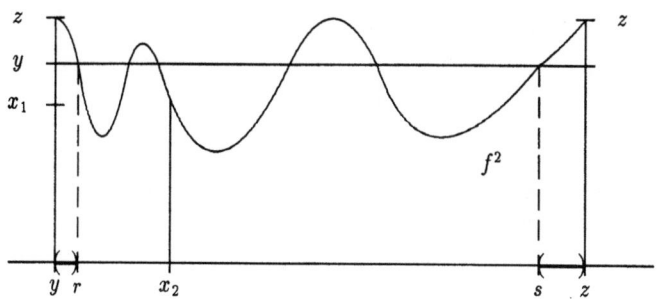

Fig. 6.4: f^2 besitzt ein Hufeisen.

---

[10] Im Sinne von Glendinning und damit auch im Sinne von Definition 6.1!

Wir setzen $K_1 = (y,r)$ und $K_2 = (s,z)$. Dann sind beide Teilintervalle von $J := (y,z)$ und es gilt $f^2(K_1) = f^2(K_2) = J$. Somit besitzt f^2 ein Hufeisen und ist damit nach Definition 6.4 chaotisch. ∎

Beispiel 6.2 (3): $f_4 : [0,1] \to [0,1]$, $x \mapsto 4x(1-x)$. Wir werden versuchen, f_4 zu $F : \theta \mapsto 2\theta$ zu konjugieren. Wir beginnen mit der Abbildung

$$h_1 : S^1 \longrightarrow [-1,1], \quad \theta \longmapsto \cos\theta, \tag{6.32}$$

das heißt, h_1 ist nichts anderes als die Projektion von S^1 auf die x-Achse. Sei weiterhin

$$q : [-1,1] \longrightarrow [-1,1], \quad x \longmapsto 2x^2 - 1, \tag{6.33}$$

dann gilt

$$\begin{aligned} h_1 \circ F(\theta) &= \cos 2\theta \\ &= 2\cos^2\theta - 1 \\ &= q \circ h_1(\theta) \,.^{11)} \end{aligned} \tag{6.34}$$

Aber h_1 ist kein Homöomorphismus, da h_1 für fast alle Punkte von S^1 eine 2 zu 1-Abbildung ist. q jedoch ist topologisch konjugiert zu f_4, denn für die bijektive stetige Abbildung

$$h_2 : [-1,1] \longrightarrow [0,1], \quad x \longmapsto \tfrac{1}{2}(1-x) \tag{6.35}$$

gilt analog zu (6.34)

$$f_4 \circ h_2 = h_2 \circ q \,. \tag{6.36}$$

Damit gilt das folgende Diagramm:

$$\begin{array}{ccc} S^1 & \xrightarrow{F} & S^1 \\ h_1 \downarrow & & \downarrow h_1 \\ {[-1,1]} & \xrightarrow{q} & [-1,1] \\ h_2 \downarrow & & \downarrow h_2 \\ {[0,1]} & \xrightarrow{f_4} & [0,1] \end{array} \tag{6.37}$$

Das Diagramm stellt, wie gesagt, keine topologische Konjugation zwischen F und f_4 dar, aber wir können unter Ausnutzung dieser Beziehung, i. e.

$$h_2 \circ h_1 \circ F = f_4 \circ h_2 \circ h_1 \,, \tag{6.38}$$

die Kriterien in Definition 6.1 nachweisen, die absichern, daß f_4 auf $[0,1]$ chaotisch ist.

---
[11] $\cos 2\theta = \cos^2\theta - \sin^2\theta = 2\cos^2\theta - 1$.

6 Chaos und Seltsame Attraktoren

Zum Nachweis der topologischen Transitivität von f_4 seien U, V zwei offene Teilintervalle von $[0,1]$. Dann können wir zwei offene Bogenstücke $\hat{U}$ und $\hat{V}$ in S^1 auswählen, die beide durch $h_2 \circ h_1$ auf U beziehungsweise V abgebildet werden [12]. Wegen der topologischen Transitivität von F existiert ein $n \in \mathbb{N}_0$ mit $F^n(\hat{U}) \cap \hat{V} \neq \emptyset$. Daraus folgt

$$\begin{aligned}
\emptyset &\neq h_2 \circ h_1(F^n(\hat{U}) \cap \hat{V}) \\
&\subseteq h_2 \circ h_1(F^n(\hat{U})) \cap h_2 \circ h_1(\hat{V}) \\
&= h_2 \circ h_1(F^n(\hat{U})) \cap V \\
&= f_4^n(h_2 \circ h_1(\hat{U})) \cap V \text{ [13]} \\
&= f_4^n(U) \cap V.
\end{aligned} \qquad (6.39)$$

Um die sensitive Abhängigkeit von den Anfangsbedingungen für f_4 zu zeigen, müssen wir uns lediglich daran erinnern, daß die Winkelverdopplung F auf S^1 expansiv ist. Das heißt, für jedes $x \in [0,1]$ und jede Umgebung U von x existiert ein $n \in \mathbb{N}_0$ derart, daß $F^n(\hat{U})$ ganz S^1 überdeckt, dabei sei $\hat{U}$ wie oben ein Bogenstück in S^1, welches durch $h_2 \circ h_1$ auf U abgebildet wird. Also überdeckt $f_4^n(U)$ das gesamte Intervall $[0,1]$, denn wie in (6.39) gilt

$$\begin{aligned}
f_4^n(U) &= f_4^n(h_2 \circ h_1(\hat{U})) \\
&= h_2 \circ h_1(F^n(\hat{U})) \\
&= h_2 \circ h_1(S^1) \\
&= [0,1].
\end{aligned} \qquad (6.40)$$

Also gibt es genügend viele Punkte y in $U(x)$, für die zum Beispiel $|f_4^n(x) - f_4^n(y)| > \frac{1}{2}$ gilt.

Schließlich, um $\overline{\text{Per}(f_4)} = [0,1]$ nachzuweisen, sei U eine Umgebung eines beliebigen Punktes $x \in [0,1]$ und $\hat{U}$ sei wiederum ein Bogenstück in S^1, welches durch $h_2 \circ h_1$ auf U abgebildet wird. Wegen $\overline{\text{Per}(F)} = S_1$ muß $\hat{U}$ mindestens einen periodischen Punkt θ_p mit $F^p(\theta_p) = \theta_p$, $p \in \mathbb{N}$, enthalten. Für sein Bild $h_2 \circ h_1(\theta_p)$ gilt dann

$$\begin{aligned}
f_4^p(h_2 \circ h_1(\theta_p)) &= h_2 \circ h_1(F^p(\theta_p)) \\
&= h_2 \circ h_1(\theta_p),
\end{aligned} \qquad (6.41)$$

das heißt, $h_2 \circ h_1(\theta_p) \in U(x)$ ist ein periodischer Punkt der Periode p für f_4. Damit haben wir gezeigt, daß f_4 auf $[0,1]$ chaotisch ist.

Für die chaotische logistische Abbildung $f_4(x) = 4x(1-x)$ – sie ist die logistische Abbildung mit dem „besten" Chaos und dem größten Lyapunov-Exponenten $\lambda_{f_4} = ln\,2$ (vergleiche Fig. 5.1) – können wir die Iterationsfolge

$$x_{n+1} = f_4(x_n) = 4x_n(1-x_n), \quad n \in \mathbb{N}_0, \qquad (6.42)$$

---
[12] Bitte beachten Sie: U beziehungsweise V besitzen jeweils zwei disjunkte Bogenstücke als Urbild.
[13] Die Beziehung (6.38) gilt auch für die Iterierten von F und f_4, das heißt, $h_2 \circ h_1 \circ F^n = f_4^n \circ h_2 \circ h_1$.

in Abhängigkeit von Startwert $x_0 \in (0,1)$ explizit analytisch angeben [14]. Mit dem Ansatz
$$x_n = \sin^2 g_n, \quad n \in \mathbb{N}_0, \tag{6.43}$$
mit $g : \mathbb{R} \longrightarrow \mathbb{R}$ erhält man
$$\begin{aligned} x_{n+1} &= 4\sin^2 g_n(1-\sin^2 g_n) \\ &= (2\sin g_n \cos g_n)^2 \\ &= \sin^2(2g_n). \end{aligned} \tag{6.44}$$

Also folgt aus dem Ansatz (6.43)
$$x_{n+1} = \sin^2 g_{n+1} = \sin^2(2g_n). \tag{6.45}$$

Daraus folgt mit Induktion
$$x_n = \sin^2(2^n g_0). \tag{6.46}$$

Jetzt müssen wir nur noch g_0 bestimmen. Wegen
$$\sin^2(2^n g_0) = \tfrac{1}{2}(1 - \cos 2^{n+1} g_0) \tag{6.47}$$
gilt
$$x_0 = \sin^2 g_0 = \tfrac{1}{2}(1 - \cos 2g_0), \tag{6.48}$$
das heißt,
$$1 - 2x_0 = \cos 2g_0, \tag{6.49}$$
beziehungsweise
$$g_0 = \tfrac{1}{2}\arccos(1 - 2x_0).$$

Daraus folgt [15]
$$\begin{aligned} x_n &= \sin^2(2^{n-1}\arccos(1-2x_0)) \\ &= \tfrac{1}{2}(1 - \cos(2^n \arccos(1-2x_0))). \end{aligned} \tag{6.50}$$

Die so bestimmte Folge hat das dynamische Verhalten von Fig. 1.1! Für die Iterationsfolge
$$x_{n+1} = \begin{cases} 2x_n & \text{für } 0 \le x_n < \tfrac{1}{2} \\ 2x_n - 1 & \text{für } \tfrac{1}{2} \le x_n < 1 \end{cases} \tag{6.51}$$
des Bernoulli-Shifts $B(x) = 2x \pmod 1$, $x \in [0,1]$, lautet die exakte Lösung von (6.51)
$$x_n = \frac{1}{\pi}\operatorname{arccot}(\cot 2^n \pi x_0). \tag{6.52}$$[16]

---
[14] Vergleiche Metzler et al. [93].
[15] $x_0 \in [0,1] \Rightarrow 1 - 2x_0 \in [-1,1] \Rightarrow \arccos(1-2x_0) \in [0,\pi]$.
[16] Vergleiche Steeb [147], S. 16.

6 Chaos und Seltsame Attraktoren

Beispiel 6.2 (4) ist topologisch konjugiert zu f_4. Zunächst gilt mit dem Homöomorphismus

$$\varphi : [0,1] \longrightarrow [0,1], \quad x \longmapsto \frac{1 - \cos \pi x}{2} \tag{6.53}$$

und

$$\varphi^{-1}(x) = \frac{2}{\pi} \arcsin \sqrt{x}, \tag{6.54}$$

vergleiche Übungsaufgabe 4, Abschnitt 5, für die Zeltabbildung

$$T(x) = \begin{cases} 2x & \text{für } x \in [0, \tfrac{1}{2}] \\ 2(1-x) & \text{für } x \in (\tfrac{1}{2}, 1] \end{cases} \tag{6.55}$$

und $f_4(x) = 4x(1-x)$, $x \in [0,1]$,

$$T = \varphi^{-1} \circ f_4 \circ \varphi. \tag{6.56}$$

Aus dem vierten Abschnitt wissen wir, daß das Lebesgue-Maß λ mit $\lambda(dx) = dx$ T-invariant und ergodisch ist mit

$$\lambda_T = \int_{[0,1]} \ln\left|\frac{dT}{dx}(x)\right| dx = \ln 2 \tag{6.57}$$

(vergleiche 5.5.1). Dann ist das Maß $\varphi(\lambda)$ invariant bezüglich f_4, $\varphi(\lambda)$ ist absolutstetig mit der Dichtefunktion

$$(\varphi^{-1})'(x) = \frac{1}{\pi \sqrt{x(1-x)}} \tag{6.58}$$

und zudem, wie wir aus Abschnitt 5 wissen, das einzige f_4-invariante Maß und somit ergodisch. Daß $\varphi(\lambda)$ absolutstetig ist mit der Dichte $(\varphi^{-1})'$, folgt mit $B \in \mathfrak{B} \cap [0,1]$ aus

$$\begin{aligned}
\varphi(\lambda)(B) &= \lambda(\varphi^{-1}(B)) \\
&= \int_{[0,1]} \chi_{\varphi^{-1}(B)}(x) dx \\
&= \int_{[0,1]} \chi_{\varphi^{-1}(B)}(\varphi^{-1}(x))(\varphi^{-1})'(x) dx \\
&= \int_{[0,1]} \chi_B(x)(\varphi^{-1})'(x) dx \\
&= \int_B (\varphi^{-1})'(x) dx,
\end{aligned} \tag{6.59}$$

vergleiche Satz 5.7 (b).

Kommen wir zu **Beispiel 6.2 (6)**, dessen Dynamik bereits im Jahr 1947 von Ulam und von Neumann [150] untersucht wurde. Die Familie der logistischen Abbildungen $f_a(x) = ax(1-x)$ bildet für $2 < a \leq 4$ das Intervall $\left[1 - \frac{a}{4}, \frac{a}{4}\right]$ in sich selbst ab. Durch

$$\varphi : x \longmapsto \frac{4x-2}{a-2} \tag{6.60}$$

und mit der Parameteridentifikation

$$b = \frac{a}{2}\left(\frac{a}{2} - 1\right) \in (0, 2] \tag{6.61}$$

ist f_a (linear) konjugiert zu

$$g_b : x \longmapsto 1 - bx^2, \ x \in [-1, 1], \tag{6.62}$$

wie man leicht nachrechnet. Das heißt, für $x \in \left[1 - \frac{a}{4}, \frac{a}{4}\right]$ gilt

$$f_a = \varphi^{-1} \circ g_b \circ \varphi, \tag{6.63}$$

insbesondere sind also g_2 und f_4 konjugiert; dabei ist

$$\varphi^{-1} : x \longmapsto \tfrac{1}{4}(a-2)x + \tfrac{1}{2} \tag{6.64}$$

und umgekehrt

$$a = 1 + \sqrt{1+4b}. \tag{6.65}$$

Unter Zuhilfenahme des nachfolgenden Satzes 6.9 sind die zu f_4 topologisch konjugierten Abbildungen g_2 und T beide chaotisch. Wir könnten uns den Weg über die Konjugation auch ersparen und direkt mit Definition 6.1 zeigen, daß g_2 und T chaotisch sind. Für g_2 finden wir die entsprechenden Beweise bei Collet und Eckmann [29] und für die Zeltabbildung T soll dies in einer Übungsaufgabe erfolgen [17]. Es verbleibt uns von unseren Beispielen in 6.2 nur noch das Beispiel (7), das heißt,

$$f : [-1, 1] \longrightarrow [-1, 1], \ x \longmapsto 8x^4 - 8x^2 + 1. \tag{6.66}$$

Für diese Abbildung soll das Chaos ebenfalls in einer Übungsaufgabe nachgewiesen werden, so daß wir uns hier lediglich auf zwei Hinweise beschränken. Offenbar gilt mit

$$g(x) := -g_2(x) = 2x^2 - 1 :$$

$$\begin{aligned} g \circ g(x) &= 2g^2(x) - 1 \\ &= 2(2x^2 - 1)^2 - 1 \\ &= 8x^4 - 8x^2 + 1 \\ &= f(x). \end{aligned} \tag{6.67}$$

---

[17] Vergleiche Devaney [36], S. 52, und Übungsaufgabe 2, Abschnitt 7.

6 Chaos und Seltsame Attraktoren

Somit gilt $f^n(x_0) = g^{2n}(x_0)$ und $O_f^+(x_0) = O_{g \circ g}^+(x_0)$. Damit ist eigentlich schon alles klar. Der Übung wegen blättern wir aber doch noch einmal die Kriterien für Chaos durch: Invarianz ist klar; die periodischen Punkte der Ordnung p für f sind gerade diejenigen der Ordnung $2p$ für g, das heißt, f und g haben dieselben periodischen Punkte. Aus $\overline{O_g^+(x)} = [-1, 1]$ folgt wegen $g^n(x) = g^{2m}(x)$ oder $g^n(x) = g^{2m}(g(x))$, $m \in \mathbb{N}_0$, entweder $\overline{O_f^+(x)} = [-1, 1]$ oder $\overline{O_f^+(g(x))} = [-1, 1]$. Die Fallunterscheidung in n gerade oder ungerade hilft auch beim Nachweis der Sensitivität: g ist sensitiv in x, also gibt es ein $\varepsilon > 0$, ein $\tilde{x} \in U(x)$ (beliebig klein) und ein $n \in \mathbb{N}_0$ mit

$$|g^n(x) - g^n(\tilde{x})| > \varepsilon. \tag{6.68}$$

Ist $n = 2m$, sind wir fertig. Für $n = 2m + 1$ schreiben wir (6.68) in der Form

$$|g(g^{2m}(x)) - g(g^{2m}(\tilde{x}))| > \varepsilon. \tag{6.69}$$

Zu ε existiert wegen der Stetigkeit von g ein $\delta = \delta(\varepsilon) > 0$ mit

$$\tilde{y} \in U_\delta(y) \implies g(\tilde{y}) \in U_\varepsilon(g(y)), \tag{6.70}$$

das heißt, aus (6.69) folgt $g^{2m}(\tilde{x}) \notin U_\varepsilon(g^{2m}(x))$ und damit

$$|g^{2m}(x) - g^{2m}(\tilde{x})| = |f^m(x) - f^m(\tilde{x})| > \delta. \tag{6.71}$$

Also ist $f = g \circ g$ im Punkt x sensitiv abhängig von den Anfangsbedingungen mit dem Separationsabstand $\delta > 0$.

Das ist eine Möglichkeit. Oder man konjugiert g und f topologisch mit Hilfe von (6.61) und (6.64), das heißt, mit

$$\varphi(x) = 1 - 2x \quad \text{und} \quad \varphi^{-1}(x) = \tfrac{1}{2} - \tfrac{1}{2}x \tag{6.72}$$

(vergleiche (6.35)) gilt

$$f_4 = \varphi^{-1} \circ g \circ \varphi, \tag{6.73}$$

und benutzt den nachfolgenden Satz.

6.9 Satz. *(X, f) und (Y, g) seien diskrete dynamische Systeme, X sei kompakt und $\varphi : X \to Y$ sei ein Homöomorphismus, der f zu g topologisch konjugiert, das heißt,*

$$f = \varphi^{-1} \circ g \circ \varphi. \tag{6.74}$$

Dann gilt: f ist dann und nur dann chaotisch auf X (im Sinne von Definition 6.1), wenn g chaotisch ist auf Y.

Beweis. Es genügt, eine Richtung nachzuweisen, die Rückrichtung folgt dann aus einer Vertauschung der Rollen von f und g, das heißt,

$$\varphi^{-1} \circ g \circ \varphi = f \iff g = \varphi \circ f \circ \varphi^{-1}. \tag{6.75}$$

Aus Abschnitt 2 wissen wir, daß φ die Orbits von f auf die Orbits von g abbildet, das heißt,

$$\varphi : O_f^+(x) \longrightarrow O_g^+(\varphi(x)), \quad x \in X, \tag{6.76}$$

insbesondere werden die Fixpunkte und n-periodischen Orbits durch φ auf ebensolche von g abgebildet. Ist φ ein Diffeomorphismus, dann sagt die Kettenregel für einen Fixpunkt $p \in X$

$$\begin{aligned} g'(\varphi(p)) &= (\varphi \circ f \circ \varphi^{-1})'(\varphi(p)) \\ &= \varphi'(f(p)) \cdot f'(p) \cdot (\varphi^{-1})'(\varphi(p)) \\ &= \varphi'(p) \cdot f'(p) \cdot \tfrac{1}{\varphi'(p)} \\ &= f'(p) \,. \end{aligned} \tag{6.77}$$

Also ist p genau dann stabil unter f, wenn $\varphi(p)$ ein stabiler Fixpunkt von g ist. Das Analogon für Perioden der Länge $n > 1$ erhält man aus (6.77) mit f^n und g^n anstelle von f und g. Das Letzte brauchen wir nicht für den Beweis des Satzes, aber schaden kann es uns auch nicht. Jetzt aber los!

Wir nehmen an, daß die periodischen Punkte von g dicht liegen in Y, also $\overline{\text{Per}(g)} = Y$. Um nachzuweisen, daß daraus $\overline{\text{Per}(f)} = X$ folgt, seien $x \in X$ und eine beliebige Umgebung U von x vorgegeben. Dann ist $\varphi(U(x))$ eine Umgebung von $\varphi(x)$, das heißt,

$$\varphi(U(x)) =: V(\varphi(x)) \,. \tag{6.78}$$

In V liegt ein periodischer Punkt y_p von g, sein Urbild unter φ sei der periodische Punkt $x_p \in U(x)$. Damit gilt $\overline{\text{Per}(f)} = X$.

Weiter sei $O_g^+(y)$ ein dichter Orbit von Y, das heißt, $\overline{O_g^+(y)} = Y$. Sein Urbild unter φ ist $O_f^+(\varphi^{-1}(y))$, und er ist selbstverständlich dicht in X, denn

$$\overline{\varphi^{-1}(O_g^+(y))} = \varphi^{-1}(\overline{O_g^+(y)}) = X \,. \tag{6.79}$$

Zum Nachweis der Sensitivität [18] von f nehmen wir an, daß g auf Y sensitiv abhängig ist von den Anfangsbedingungen. Seien $x \in X$ und eine Umgebung U von x vorgegeben. Dann existiert ein $\varepsilon > 0$ so, daß zu $y = \varphi(x)$ und $U(y) := \varphi(U(x))$ ein $\tilde{y} \in U(y)$ und ein $n \in \mathbb{N}_0$ existieren mit

$$d(g^n(y), g^n(\tilde{y})) > \varepsilon \,. \tag{6.80}$$

Sei $\tilde{x}$ das Urbild von $\tilde{y}$ unter φ, dann folgt aus (6.80)

$$\begin{aligned} d(g^n(y), g^n(\tilde{y})) &= d(g^n(\varphi(x)), g^n(\varphi(\tilde{x}))) \\ &= d(\varphi(f^n(x)), \varphi(f^n(\tilde{x}))) > \varepsilon \,. \end{aligned} \tag{6.81}$$

---

[18] Im Sinne von Guckenheimer.

6 Chaos und Seltsame Attraktoren

Zu ε existiert wegen der gleichmäßigen Stetigkeit von φ ein $\delta(\varepsilon) > 0$ mit

$$x \in U_\delta(x_0) \implies \varphi(x) \in U_\varepsilon(\varphi(x_0)), \quad x_0 \in X, \tag{6.82}$$

das heißt, aus (6.81) folgt

$$f^n(\tilde{x}) \notin U_\delta(f^n(x)) \quad \text{und damit} \quad d(f^n(x), f^n(\tilde{x})) > \delta. \tag{6.83}$$

Mit diesem δ als Separationsmindestabstand haben wir damit die Sensitivität von f auf X gezeigt. Also ist f chaotisch auf X, und Satz 6.9 ist bewiesen. ∎

Nach diesem Satz sind die zur logistischen Abbildung f_4 konjugierte Zeltabbildung T ebenso wie die Abbildung $g_2(x) = 1 - 2x^2$, $x \in [-1,1]$, und die Abbildung $f(x) = 8x^4 - 8x^2 + 1$ aus Beispiel (7) chaotisch, letztere wegen $f = (-g_2) \circ (-g_2)$.

6.10 Korollar. *Satz 6.9 gilt analog, wenn wir die Sensitivität im Sinne von Ruelle verstehen wollen.*

Beweis. Satz 5.7 und Übungsaufgabe 2, Abschnitt 5. ∎

Bemerkung. Für die wechselseitig konjugierten Abbildungen f_4, g_2 und T beziehungsweise B und die Winkelverdopplung F gilt zum Beispiel: $\lambda_{f_4} = \lambda_{g_2} = \lambda_T = ln\,2$ und $\lambda_B = \lambda_F = ln\,2$. Für f_4 und g_2 haben wir dies in Abschnitt 5 über das Integral ausgerechnet. Für B und F, aber auch für T, folgt es aus $\left|\frac{d}{dx}T^n(x)\right| = \left|\frac{d}{dx}B^n(x)\right| = \left|\frac{d}{d\theta}F^n(\theta)\right| = 2^n$. □

In Abschnitt 1 haben wir Attraktoren dynamischer Systeme (X, f) als abgeschlossene invariante attraktive Teilmengen des Phasenraumes kennengelernt, auf denen f topologisch transitiv ist. An möglichen Dynamiken von f auf Attraktoren haben wir dort lediglich attraktive Perioden studiert. Das können wir ändern.

6.11 Definition. (X, f) *sei ein ddS und A ein Attraktor von (X, f).* (a) *A heißt seltsamer Attraktor, wenn f auf A sensitiv abhängig ist von den Anfangsbedingungen.* [19]

(b) *Ein seltsamer Attraktor A des ddS (X, f) heißt chaotisch, wenn die periodischen Punkte von f dicht liegen in A, das heißt,* $\overline{\text{Per}(f)} \cap A = A$.

Bemerkung. Manche Autoren bezeichnen einen Attraktor A als seltsam, wenn $O_f^+(x)$ für alle $x \in A$ *Lyapunov-instabil* ist, das heißt, wenn es jeweils ein $\varepsilon > 0$ gibt derart, daß für jede Umgebung U von x in A ein $y \in U$ und ein $n \in \mathbb{N}_0$ existieren mit

$$d(f^n(x), f^n(y)) > \varepsilon.\,[20] \tag{6.84}$$

---

[19] Das heißt, es existiert ein $\varepsilon > 0$ derart, daß für alle $x \in A$ und für jede Umgebung $U(x)$ in A ein $y \in U(x)$ und ein $n \in \mathbb{N}_0$ existieren mit $d(f^n(x), f^n(y)) > \varepsilon$.

[20] Der Separationsmindestabstand ε muß nicht für alle x derselbe sein!

Das heißt, $O_f^+(x)$ heißt Lyapunov-instabil, wenn *im Punkt x* sensitive Abhängigkeit vorliegt. □

6.12 Satz. *Sei A ein Attraktor von (X, f) und $\overline{O_f^+(x)} = A$ derart, daß $O_f^+(x)$ Lyapunov-instabil ist. Dann ist $O_f^+(y)$ für alle $y \in A$ Lyapunov-instabil.*

Beweis. Vergleiche Garrido und Simó [50]. Sei $y \in A$ und U eine beliebige Umgebung von y. Wegen $\overline{O_f^+(x)} = A$ gibt es ein $n \in \mathbb{N}_0$ mit $f^n(x) \in U$. Sei jetzt $V \subseteq U$ eine Umgebung von $f^n(x)$. Wir wählen einen Punkt $z \in f^{-n}(V)$, $z \neq x$, derart, daß ein $m > n$ und ein $\varepsilon > 0$ existieren mit

$$d(f^m(x), f^m(z)) > \varepsilon.\text{[21]} \tag{6.85}$$

Dann gilt
$$d(f^{m-n}(y), f^{m-n}(f^n(x))) > \frac{\varepsilon}{2} \tag{6.86}$$

oder
$$d(f^{m-n}(y), f^{m-n}(f^n(z))) > \frac{\varepsilon}{2}, \tag{6.87}$$

woraus folgt, daß $O_f^+(y)$ Lyapunov-instabil ist. ∎

Bemerkung. Die oben genannten Autoren nennen einen Attraktor bereits dann seltsam, wenn ein in A dichter Orbit $O_f^+(x)$ existiert, der Lyapunov-instabil ist. □

6.13 Beispiele für seltsame Attraktoren.

Die Beispiele für chaotische Abbildungen liefern „automatisch" chaotische Attraktoren: Für die logistische Abbildung $f_4(x) = 4x(1-x)$ und die zu ihr konjugierten $g_2(x) = 1 - 2x^2$ und die Zeltabbildung

$$T(x) = \begin{cases} 2x & \text{für } 0 \leq x \leq \frac{1}{2} \\ 2 - 2x & \text{für } \frac{1}{2} < x \leq 1 \end{cases} \tag{6.88}$$

sind jeweils ihre Phasenräume [0,1] beziehungsweise (bei g_2) [−1, 1] die chaotischen Attraktoren. Sie enthalten selbstverständlich periodische Orbits jeder Periode $n \in \mathbb{N}$. Denn vom Feigenbaum-Diagramm für f_a, $0 \leq a \leq 4$, in Abschnitt 3 wissen wir, daß alle zunächst stabilen Perioden der Ordnungen 2^n ($n \in \mathbb{N}_0$) als instabile Perioden auch für $a = 4$ weiter existieren. Oder wir vertrauen auf Šarkovskiis Satz in Abschnitt 4, der bei Nachweis der Periode 3 die Existenz von Perioden aller anderen Ordnungen verspricht: Für $T(x)$ existiert eine 3er-Periode für $x = \frac{2}{7}$ [22].

Das Entsprechende gilt für $\theta \xrightarrow{F} 2\theta$ und $B(x) = 2x \pmod{1}$ auf dem Einheitskreis beziehungsweise auf [0, 1]. Etwas aus der Rolle fällt das ddS (f_a, Λ_a) für $a > 4$, doch das analysieren wir im nächsten Abschnitt.

---

[21] Angenommen, für alle $z \neq x$ aus einer Umgebung von x, für alle $m > n$ und für alle $\varepsilon > 0$ gilt $d(f^m(x), f^m(z)) \leq \varepsilon$, dann folgt $f^m(x) = f^m(z)$ für alle $m > n$ im Widerspruch dazu, daß $O_f^+(x)$ Lyapunov-instabil ist.

[22] Dieser Hinweis stammt aus Targonski [149], S. 210.

6 Chaos und Seltsame Attraktoren

Alle diese Beispiele liefern deshalb automatisch chaotische Attraktoren, weil für den jeweiligen Phasenraum I gilt $f(I) = I$ und weil f jedesmal topologisch transitiv und sensitiv auf I ist und – last but not least –, weil die periodischen Punkte von f dicht liegen in I.

Ein wenig anders ist die Situation für die logistische Abbildung f_a genau am Feigenbaumpunkt $a_\infty = 3.569946\ldots$ (beziehungsweise g_b für $b_\infty := 1.401155\ldots$). Das ddS $([0,1], f_{a_\infty})$ besitzt einen Attraktor, der *Feigenbaum-Attraktor* heißt und eine echte Teilmenge von $[0,1]$ ist; vergleiche Fig. 3.5. Der Feigenbaum-Attraktor ist durchsetzt von abstoßenden (instabilen) Perioden der Ordnungen 2^n für alle $n \in \mathbb{N}_0$. Man kann zeigen, daß f_{a_∞} keine stabilen periodischen Punkte besitzt. Das Histogramm von Fig. 6.5 ist jedoch dasselbe für fast alle Anfangswerte $x_0 \in [0,1]$. Das spricht (wie das Feigenbaum-Diagramm) allerdings dafür, daß die x_0 von einem nichtperiodischen Attraktor A, dessen Lebesguemaß gleich null ist, angezogen werden. Man kann außerdem zeigen [23], daß A keine Sensitivität (im Sinne von Ruelle) besitzt, denn für den Lyapunov-Exponenten gilt $\lambda_{f_{a_\infty}} = 0$.

Der Feigenbaum-Attraktor ist also nicht seltsam und damit auch nicht chaotisch. Doch alle diese eindimensionalen Attraktoren holen nicht einmal einen Hund hinter dem Ofen hervor. Sie sind stinklangweilig und für sie hätte man sicherlich nicht den vielversprechenden Begriff „seltsamer Attraktor" in die Mathematik und Physik plaziert. Nun, in Abschnitt 10 lernen wir chaotische Abbildungen und Attraktoren im $\mathbb{R}^2$ beziehungsweise $\mathbb{R}^3$ kennen. Diese sehen wenigstens seltsam aus [24] und haben so vielversprechende Namen wie Arnolds cat map, Horseshoe, Solenoid, Henon map, Kasseler Eiffelturm und Lorenz-Attraktor.

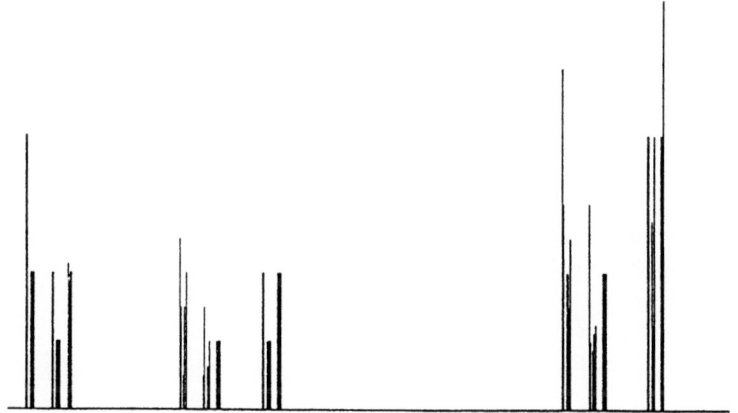

Fig. 6.5: Der Feigenbaum-Attraktor: Histogramm mit 50 000 Punkten verteilt auf 1024 Kästen (aus Eckmann und Ruelle [38]).

---

[23] Vergleiche Eckmann und Ruelle [38], S. 651–629.
[24] Vergleiche zum Beispiel Fig. 10.1, 10.19 oder 10.22.

Übungsaufgaben:

1. Zeigen Sie, daß die Abbildung $f : [-1,1] \to [-1,1]$, $x \mapsto 8x^4 - 8x^2 + 1$ chaotisch ist.

2. Beweisen Sie Satz 6.5.

3. Benutzen Sie die Methode von Beispiel 6.2 (3) und zeigen Sie, daß die Abbildung $f(x) = 4x^3 - 3x$ chaotisch ist auf dem Intervall $[-1, 1]$.
   HINWEIS: Betrachten Sie $g(\theta) = 3\theta$ auf S^1.

4. Konstruieren Sie eine stückweise lineare Abbildung auf $[0, 1]$, die topologisch konjugiert ist zu $f(x) = 4x^3 - 3x$ auf $[-1, 1]$.

5. Sei $n \in \mathbb{N}$ und $f(x) = nx \pmod 1$ auf $[0, 1]$. Welche Punkte sind periodisch, eventuell periodisch, asymptotisch periodisch? Welche Orbits von f sind chaotisch?

6. *Zur Winkelverdopplung auf dem Einheitskreis*: Sei S^1 der Einheitskreis, und $d(\alpha, \beta)$ sei die Länge des kürzeren Bogens von α nach β, das heißt,

$$d(\alpha, \beta) = \begin{cases} |\alpha - \beta|, & \text{falls } |\alpha - \beta| \leq \pi \\ 2\pi - |\alpha - \beta|, & \text{falls } |\alpha - \beta| > \pi \end{cases}$$

mit $\alpha, \beta \in [0, 2\pi)$.

   (a) Zeigen Sie, daß d eine Metrik auf S^1 ist.

   $F : S^1 \to S^1$ mit $F(\alpha) = 2\alpha$ sei gegeben wie in Beispiel 6.2 (1).

   (b) Zeigen Sie: In jedem offenen Intervall von S^1 gibt es Punkte α_1 und α_2 und ein $n \in \mathbb{N}$, so daß gilt

$$d(F^n(\alpha_1), F^n(\alpha_2)) = \pi.$$

   (c) Verwenden Sie Teil (b) um nachzuweisen, daß F sensitive Abhängigkeit von den Anfangswerten besitzt.

7 Symbolische Dynamik und Knettheorie

In diesem Abschnitt soll zunächst für die logistische Abbildung

$$f_a : x \longmapsto ax(1-x), \quad x \in I = [0,1], \tag{7.1}$$

für $a > 2 + \sqrt{5}$ (vergleiche Satz 3.7) gezeigt werden, daß sie auf der Cantor-Menge

$$\Lambda_a = I \backslash \bigcup_{n=0}^{\infty} A_n \tag{7.2}$$

mit

$$A_0 = \{x \in I \mid f_a(x) > 1\} \tag{7.3}$$

und

$$A_{n+1} = \{x \in I \mid f_a(x) \in A_n\} \quad \text{für } n \in \mathbb{N}_0 \tag{7.4}$$

chaotisch ist [1]. Dazu basteln wir uns ein symbolisches Modell, das, wie sich bald herausstellen wird, topologisch konjugiert ist zu f_a und eine äquivalente Dynamik aufweist. Zunächst erscheint dieses Modell künstlich, und wir können überhaupt keine Verbindung zur logistischen Abbildung $f_a (a > 2 + \sqrt{5})$ erkennen. Aber je länger wir uns damit beschäftigen, desto klarer wird es, daß solch ein symbolisches Modell die Dynamik von f_a vollständig beschreiben kann und das sogar auf die einfachste mögliche Weise.

7.1 Definition. (a) *Die Menge*

$$\Sigma := \{S = s_0 s_1 s_2 \ldots := (s_n)_{n \in \mathbb{N}_0} \mid s_n \in \{0,1\}\} \tag{7.5}$$

heißt Coderaum über zwei Symbolen 0 und 1.

(b) *Für $S = (s_n)_{n \in \mathbb{N}_0}$, $T = (t_n)_{n \in \mathbb{N}_0} \in \Sigma$ definieren wir durch*

$$d(S,T) := \sum_{n=0}^{\infty} \frac{|s_n - t_n|}{2^n} \tag{7.6}$$

eine Metrik auf Σ.

Bemerkung. Da $|s_n - t_n|$ entweder gleich 0 oder 1 ist, wird die unendliche Reihe in (7.6) majorisiert durch die geometrische Reihe $\sum_{n=0}^{\infty} \left(\frac{1}{2}\right)^n$ und ist deshalb konvergent.

7.2 Lemma. *Sei $m \in \mathbb{N}$ und $S = (s_n)_{n \in \mathbb{N}_0}$, $T = (t_n)_{n \in \mathbb{N}_0} \in \Sigma$. (a) Aus $s_n = t_n$ für $0 \leq n \leq m$ folgt $d(S,T) \leq \frac{1}{2^m}$.*

(b) *Gilt umgekehrt $d(S,T) < \frac{1}{2^m}$, dann folgt daraus $s_n = t_n$ für $0 \leq n \leq m$.*

---
[1] Diese Aussage gilt sogar für jedes $a > 4$, doch wir haben bereits in Abschnitt 3 darauf hingewiesen, daß einige der Beweise für $4 < a \leq 2 + \sqrt{5}$ „anstrengender" werden.

Beweis. (a) Sei $s_n = t_n$ für $0 \leq n \leq m$, dann gilt

$$d(S,T) = \sum_{n=0}^{m} \frac{|s_n - t_n|}{2^n} + \sum_{n=m+1}^{\infty} \frac{|s_n - t_n|}{2^n} \leq \sum_{n=m+1}^{\infty} \frac{1}{2^n} = \frac{1}{2^{m+1}} \cdot \frac{1}{1-\frac{1}{2}} = \frac{1}{2^m}. \quad (7.7)$$

(b) Angenommen, es ist $s_{n_0} \neq t_{n_0}$ für ein $n_0 \leq m$, dann folgt

$$d(S,T) \geq \frac{1}{2^{n_0}} \geq \frac{1}{2^m} \quad (7.8)$$

und dies ist ein Widerspruch. ∎

7.3 Satz. (Σ, d) *ist ein vollständiger metrischer Raum.*

Beweis. Übungsaufgabe 1. Benutzen Sie Lemma 7.2.

7.4 Definition. *Die Abbildung*

$$\sigma : \Sigma \longrightarrow \Sigma, \quad (s_n)_{n \in \mathbb{N}_0} \longmapsto (s_{n+1})_{n \in \mathbb{N}_0} \quad (7.9)$$

heißt Shiftabbildung.

7.5 Satz. σ *ist stetig.*

Beweis. Übungsaufgabe 1. Benutzen Sie noch einmal das unschuldige Lemma 7.2.

Bemerkung. $S \in \Sigma$ ist ein *periodischer Punkt* von σ, falls ein $m \in \mathbb{N}$ existiert mit $s_{m+n} = s_n$ für alle $n \in \mathbb{N}_0$, Schreibweise:

$$\overline{s_0 \ldots s_{m-1}}, \quad (7.10)$$

und m ist die Periode von S. Somit besitzt σ für jedes $m \in \mathbb{N}$ genau 2^m periodische Punkte der Periode m, das heißt, $\#\mathrm{Per}_m(\sigma) = 2^m$.

Ein Punkt $S = s_0 \ldots s_m \overline{s_{m+1} \ldots s_{m+k}} \in \Sigma$ ist ein *schließlich periodischer* Punkt von σ. □

7.6 Satz. *Die periodischen Punkte von σ liegen dicht in Σ, in Zeichen:* $\overline{\mathrm{Per}(\sigma)} = \Sigma$.

Beweis. Sei $S = (s_n)_{n \in \mathbb{N}_0} \in \Sigma$. Dann gilt für die Folge $(S_n)_{n \in \mathbb{N}_0}$ mit $S_n := \overline{s_0 \ldots s_n} \in \Sigma$ nach Lemma 7.2

$$d(S_n, S) \leq \frac{1}{2^n} \quad (7.11)$$

und somit

$$\lim_{n \to \infty} S_n = S. \quad (7.12)$$

∎

7.7 Satz. *In Σ gibt es einen dichten Vorwärtsorbit von σ, das heißt, es existiert ein $T_0 \in \Sigma$ mit*

$$\overline{O_\sigma^+(T_0)} = \Sigma. \quad (7.13)$$

7 Symbolische Dynamik und Knettheorie

Beweis. Setze

$$T_0 := \underbrace{01}_{1} \underbrace{00011011}_{2} \underbrace{000001010\ldots111}_{3} \underbrace{0000\ldots}_{4} {}^{2)}$$

$$T_{n+1} := \sigma(T_n) \quad \text{für} \quad n \in \mathbb{N}_0. \tag{7.14}$$

Dann gibt es zu jedem $S \in \Sigma$ und zu jedem $m \in \mathbb{N}_0$ eine Iterierte σ^n, $n = n(m)$, so daß $\sigma^n(T_0)$ in den ersten m Stellen mit S übereinstimmt. Somit existiert nach Lemma 7.2 zu jedem $\varepsilon > 0$ ein $n \in \mathbb{N}_0$ mit

$$d(\sigma^n(T_0), S) = d(T_n, S) < \varepsilon. \tag{7.15}$$

∎

Bemerkung. Aus Satz 7.7 folgt, wie wir aus Abschnitt 1 wissen, daß σ topologisch transitiv ist auf Σ. Schauen wir zurück auf Definition 6.1, so sind bereits drei Kriterien dafür erfüllt, daß diese simple Abbildung chaotisch ist auf Σ. Hier wird uns noch einmal deutlich vor Augen geführt, daß Chaos eine dynamische Eigenschaft der Iterierten und nicht der einzelnen Abbildung ist [3]. Uns interessiert weniger wie die Abbildung ihren Definitionsbereich abbildet, sondern welches Schicksal die einzelnen Punkte des Phasenraumes (= Definitionsbereich) unter unendlich langer Anwendung der Abbildung haben. □

Um auch das vierte Kriterium für chaotische Dynamik nachweisen zu können, wollen wir zunächst die bisherigen Resultate vom ddS (Σ, σ) auf (Λ_a, f_a) für $a > 2 + \sqrt{5}$ übertragen.

7.8 Definition. *Sei $a > 4$. Die Abbildung*

$$\alpha : \Lambda_a \longrightarrow \Sigma, \quad x \longmapsto (a_n)_{n \in \mathbb{N}_0} \tag{7.16}$$

mit

$$a_n = \begin{cases} 0, & \text{falls} \quad f_a^n(x) \in I_0 \\ 1, & \text{falls} \quad f_a^n(x) \in I_1 \end{cases} \tag{7.17}$$

heißt **Adressierungsabbildung**; *dabei sind I_0 und I_1 disjunkte abgeschlossene Intervalle derart, daß*

$$I_0 \cup I_1 = [0,1] \setminus A_0. \tag{7.18}$$

Die Folge $(a_n)_{n \in \mathbb{N}_0}$ bezeichnet man in diesem Zusammenhang als die **Adresse** *von x.*

7.9 Satz. *Für $a > 2 + \sqrt{5}$ ist $\alpha : \Lambda_a \to \Sigma$ ein Homöomorphismus.*

---

[2] In T_0 stehen nacheinander für $n = 1,2,3,\ldots$ alle Möglichkeiten, endliche Folgen der Länge n aus den Symbolen 0 und 1 zu bilden.

[3] Solche Eigenschaften, etwa Stetigkeit, Differenzierbarkeit, und so weiter behandelt man in Analysis- beziehungsweise Calculus-Vorlesungen.

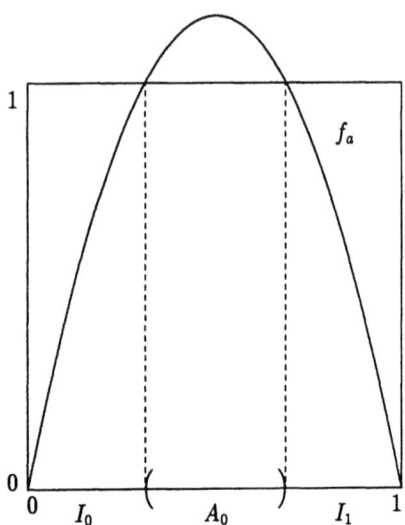

Fig. 7.1: f_a für $a > 4$.

Beweis. Wir zeigen zunächst, daß α injektiv ist. Dazu seien $x, y \in \Lambda_a$, $x \neq y$, und $\alpha(x) = \alpha(y)$. Dann liegen für alle $n \in \mathbf{N}$ die Iterierten $f_a^n(x)$ und $f_a^n(y)$ in $I_0 \cup I_1$ und auf derselben Seite von $\frac{1}{2}$. Also ist f_a monoton auf dem Intervall zwischen $f_a^n(x)$ und $f_a^n(y)$, und *alle* Punkte aus diesem Intervall bleiben (für immer) in $I_0 \cup I_1$ im Widerspruch dazu, daß Λ_a vollständig unzusammenhängend ist.

Zum Nachweis, daß α surjektiv ist, zunächst eine – zugegeben triviale – Feststellung: Ist $J \subseteq I$ ein abgeschlossenes Intervall, dann besteht $f_a^{-1}(J)$ aus zwei Teilintervallen, eins in I_0 und das andere in I_1 (vergleiche Fig. 7.1). Analog dazu bezeichnet $f_a^{-n}(J)$, $n \in \mathbf{N}$, die Menge

$$f_a^{-n}(J) = \{x \in I \mid f_a^n(x) \in J\}. \tag{7.19}$$

Nun sei $S = s_0 s_1 s_2 \ldots$ Wir suchen ein $x \in \Lambda_a$ mit $\alpha(x) = S$. Dazu definieren wir die Mengen

$$\begin{aligned} I_{s_0 s_1 \ldots s_n} &= \{x \in I \mid x \in I_{s_0}, f_a(x) \in I_{s_1}, \ldots, f_a^n(x) \in I_{s_n}\} \\ &= I_{s_0} \cap f_a^{-1}(I_{s_1}) \cap \ldots \cap f_a^{-n}(I_{s_n}). \end{aligned} \tag{7.20}$$

Wir wollen zeigen, daß die Mengen $I_{s_0 \ldots s_n}$ für $n = 1, 2, 3, \ldots$ eine ineinandergeschachtelte Folge nichtleerer, abgeschlossener Intervalle bilden. Dazu halten wir erst einmal fest, daß gilt

$$I_{s_0 s_1 \ldots s_n} = I_{s_0} \cap f_a^{-1}(I_{s_1 \ldots s_n}). \tag{7.21}$$

Durch Induktion zeigt man nun zuerst, daß $I_{s_0 s_1 \ldots s_n}$ ein nichtleeres, abgeschlossenes Teilintervall von I ist. Für den Induktionsschritt nimmt man an, daß $I_{s_1 \ldots s_n}$ ein nichtleeres abgeschlossenes Teilintervall von I ist, so daß, nach unserer obigen Feststellung, $f_a^{-1}(I_{s_1 \ldots s_n})$ aus zwei abgeschlossenen Intervallen, eines in I_0 und ein zweites in I_1, besteht. Also ist $I_{s_0} \cap f_a^{-1}(I_{s_1 \ldots s_n})$ ein einzelnes abgeschlossenes Intervall. Diese Intervalle sind ineinandergeschachtelt wegen

$$I_{s_0 \ldots s_n} = I_{s_0 \ldots s_{n-1}} \cap f_a^{-n}(I_{s_n}) \subset I_{s_0 \ldots s_{n-1}}. \tag{7.22}$$

7 Symbolische Dynamik und Knettheorie

Also gilt
$$\bigcap_{n \geq 0} I_{s_0 \ldots s_n} \neq \emptyset, \tag{7.23}$$

und $x \in \bigcap_{n \geq 0} I_{s_0 \ldots s_n}$ bedeutet: $x \in I_{s_0}$, $f_a(x) \in I_{s_1}, \ldots$ Also ist $\alpha(x) = s_0 s_1 s_2 \ldots$, und somit ist α surjektiv.

Nachtragen wollen wir noch, daß $\bigcap_{n \geq 0} I_{s_0 \ldots s_n}$ aus einem einzigen Punkt besteht, das folgt aus der Injektivität von α. Somit geht der Durchmesser (besser: die Länge) von $I_{s_0 \ldots s_n}$ gegen 0 für $n \to \infty$.

Zum Schluß beweisen wir, daß α stetig ist. Wir wählen ein $x \in \Lambda_a$ und setzen $\alpha(x) = s_0 s_1 s_2 \ldots$ Sei $\varepsilon > 0$. Wir wählen n so groß, daß $\left(\frac{1}{2}\right)^n < \varepsilon$ erfüllt ist, und betrachten die abgeschlossenen Teilintervalle $I_{t_0 \ldots t_n}$ von I für alle möglichen Kombinationen von $t_0, \ldots, t_n \in \{0, 1\}$. Sie sind disjunkt, und Λ_a ist in ihrer Vereinigung enthalten. Es gibt 2^{n+1} derartige Teilintervalle, und $I_{s_0 \ldots s_n}$ ist eines von ihnen. Somit können wir ein $\delta > 0$ wählen, so daß gilt:

$$(|x - y| < \delta \text{ und } y \in \Lambda_a) \implies y \in I_{s_0 \ldots s_n}.$$

Somit stimmen $\alpha(x)$ und $\alpha(y)$ in den ersten $n+1$ Einträgen überein. Nach Lemma 7.2 gilt dann
$$d(\alpha(x), \alpha(y)) < \frac{1}{2^n} < \varepsilon. \tag{7.24}$$

Damit ist die Stetigkeit von α bewiesen. Man kann nun leicht zeigen, daß auch α^{-1} stetig ist. Also ist α ein Homöomorphismus. ∎

7.10 Satz. *Für $a > 2 + \sqrt{5}$ sind (Λ_a, f_a) und (Σ, σ) topologisch konjugiert.*

Beweis. Für jedes $x \in \Lambda_a$ ist
$$(\alpha \circ f_a)(x) = (\sigma \circ \alpha)(x), \tag{7.25}$$

denn mit $\alpha(x) = (a_n)_{n \in \mathbb{N}_0}$ gilt
$$(\sigma \circ \alpha)(x) = (a_{n+1})_{n \in \mathbb{N}_0}, \tag{7.26}$$

und für die Adresse von $f_a(x)$ ergibt sich ebenfalls
$$(\alpha \circ f_a)(x) = (a_{n+1})_{n \in \mathbb{N}_0}. \tag{7.27}$$
∎

7.11 Korollar. *Satz 7.6 und Satz 7.7 sind auch gültig für (Λ_a, f_a), $a > 2 + \sqrt{5}$, anstelle von (Σ, σ).* [4]

---

[4] Vorsicht! Satz 7.9 sichert erst für $a > 2 + \sqrt{5}$, daß f_a und σ konjugiert sind.

7.12 Satz. *Die Abbildung $f_a(x) = ax(1-x)$ besitzt für $a > 2 + \sqrt{5}$ auf Λ_a sensitive Abhängigkeit von den Anfangsbedingungen.*

Beweis. Wir wählen $\varepsilon > 0$ kleiner als die Länge des offenen Intervalls A_0 in Fig. 7.1. Seien jetzt $x, y \in \Lambda_a$, $x \neq y$. Dann gilt $\alpha(x) \neq \alpha(y)$, da α ein Homöomorphismus ist. Das heißt, die Adressen von x und y müssen an wenigstens einer Stelle verschieden sein, sagen wir an der n-ten Stelle. Das bedeutet aber, daß $f_a^n(x)$ und $f_a^n(y)$ auf unterschiedlichen Seiten von A_0 liegen müssen, so daß gilt

$$|f_a^n(x) - f_a^n(y)| > \varepsilon. \tag{7.28}$$

∎

Bemerkung. Wir haben für die Abbildung $f_a : \Lambda_a \to \Lambda_a$ sogar mehr nachgewiesen als Sensitivität. Diese Abbildung ist expansiv, das heißt, es existiert ein $\varepsilon > 0$ so, daß für je zwei Punkte, $x, y \in \Lambda_a$, $x \neq y$, ein n existiert mit

$$|f^n(x) - f^n(y)| > \varepsilon. \tag{7.29}$$

Der Unterschied zu empfindlicher Abhängigkeit ist, daß hier *alle* benachbarten Punkte schließlich unter der Iteration separieren. □

Resümee: In diesem Abschnitt haben wir für die beiden topologisch konjugierten Abbildungen

$$\sigma : \Sigma \longrightarrow \Sigma \quad \text{und} \quad f_a : \Lambda_a \longrightarrow \Lambda_a \tag{7.30}$$

für jeden Parameterwert $a > 2 + \sqrt{5}$ gezeigt, daß sie chaotisch sind. Unsere Ergebnisse geben einen Eindruck von der enormen „Power" der symbolischen Dynamik in Kombination mit topologischer Konjugation. Will man zum Beispiel nur die 2^n periodischen Orbits der Periode n von f_a berechnen, man wäre hoffnungslos verloren. Aber topologische Konjugation garantiert, daß es diese periodischen Orbits gibt, und die symbolische Dynamik verschafft uns ein Gefühl für die Komplexität der Orbits in Λ_a. □

Die *Knettheorie*[5] ist eine Weiterführung von Methoden der symbolischen Dynamik, in der die verschiedenen Dynamiken diskreter dynamischer Systeme klassifiziert werden durch die Spuren, die der kritische Punkt im Phasenraum hinterläßt. Sie hilft zum Beispiel dabei, chaotisches Verhalten auf Cantor-Mengen wie zum Beispiel von f_{a_∞} beziehungsweise f_a für $a > 2 + \sqrt{5}$ von ebensolchem auf ganzen Intervallen wie bei f_4 zu unterscheiden. Und sie befähigt uns in Kombination mit Methoden der Renormierung (vergleiche Abschnitt 8), auf einer symbolischen Ebene verschiedene Wege ins Chaos, zum Beispiel die Periodenverdopplung bei der logistischen Abbildung f_a für a zwischen $a = 3$ und dem Feigenbaum-Punkt a_∞, zu verstehen, die wir bisher nur qualitativ beschreiben konnten (vergleiche Abschnitt 3).

---

[5] Engl.: Kneading theory.

7 Symbolische Dynamik und Knettheorie

7.13 Definition. *Es sei* $f : [0,1] \to [0,1]$ *eine unimodale Funktion und* $c \in (0,1)$ *der kritische Punkt von* f. *Für jedes* $x \in [0,1]$ *heißt dann die Folge* $P_f(x) = (p_n)_{n \in \mathbb{N}_0}$ *mit*

$$p_n := \begin{cases} 0, & \text{falls } f^n(x) < c \\ \kappa, & \text{falls } f^n(x) = c \\ 1, & \text{falls } f^n(x) > c \end{cases} \tag{7.31}$$

Pfad (*engl.*: itinerary) *von* x (*unter* f). *Den Pfad* $K(f) := P_f(f(c))$ *von* $f(c)$ *nennt man* Kneadingfolge *von* f.

Bemerkung. Wie man unmittelbar einsieht, gilt für die Pfade zweier topologisch konjugierter unimodaler Abbildungen $f = \varphi^{-1} \circ g \circ \varphi$ und g offenbar

$$P_f(x) = P_g(\varphi(x)) \tag{7.32}$$

genau dann, wenn φ die Orientierung erhält. Speziell gilt dies für die Kneadingfolgen. Das bedeutet, daß zwei topologisch konjugierte unimodale Abbildungen dieselbe Kneadingfolge besitzen:

$$K(f) = K(g), \quad \text{falls} \quad f = \varphi^{-1} \circ g \circ \varphi \tag{7.33}$$

und φ die Orientierung erhält. □

7.14 Beispiel. $f_4 : x \longmapsto 4x(1-x)$.

Hier ist $c = \frac{1}{2}$, $f_4(c) = 1$ und $f_4^n(c) = 0$ für $n > 1$, also $K(f_4) = (1\overline{0})$.

7.15 Definition. *Eine Folge* $(s_n)_{n \in \mathbb{N}_0}$ *mit* $s_n \in \{0,1\}$ *für alle* $n \in \mathbb{N}_0$ *heißt* regulär.

Bemerkungen. 1. Der Pfad $P_f(x)$ eines $x \in [0,1]$ ist also genau dann regulär, wenn gilt

$$f^n(x) \neq c \quad \text{für alle } n \in \mathbb{N}_0. \tag{7.34}$$

Ist hingegen $p_n = \kappa$ für ein $n \in \mathbb{N}_0$, so gilt:

$$\sigma^{n+1}(P_f(x)) = K(f). \tag{7.35}$$

2. Den Pfad von $x \in [0,1]$ kann man auch folgendermaßen definieren (vergleiche Collet und Eckmann [29]):

$$P'_f(x) := \begin{cases} P_f(x), & \text{falls } P_f(x) \text{ regulär ist, und} \\ p_0 \ldots p_n \kappa, & \text{falls } f^{n+1}(x) = c \text{ und } f^0(x), \ldots, f^n(x) \neq c \end{cases} \tag{7.36}$$

7.16 Beispiel. $f_a : x \mapsto ax(1-x)$ mit $2 < a < 3$.

Da f_a einen attraktiven Fixpunkt $\frac{a-1}{a} > \frac{1}{2} = c$ besitzt, besteht die Gesamtheit aller Pfade unter f_a aus Folgen der Gestalt

$$(\overline{0}), (\overline{1}) = K(f_a), (\kappa\overline{1}), (0\ldots 0\overline{1}), (0\ldots 0\kappa\overline{1}) \tag{7.37}$$

sowie denselben noch einmal, aber jetzt mit einer 1 vorneweg. Dies zeigt: Nicht jede Folge über $\{0, 1, \kappa\}$ ist notwendig Pfad eines $x \in [0, 1]$.

7.17 Definition. Σ_κ bezeichne den Coderaum der Folgen über $\{0, 1, \kappa\}$. Sind $S = (s_n)_{n \in \mathbf{N}_0}$ und $T = (t_n)_{n \in \mathbf{N}_0}$ zwei verschiedene Folgen aus Σ_κ, dann ist der Unterschied von S und T gegeben durch

$$\delta(S, T) := \min\{n \in \mathbf{N}_0 \mid s_n \neq t_n\}. \tag{7.38}$$

Auf Σ_κ läßt sich nun wie folgt eine Ordnung definieren:

7.18 Definition. Es seien $S = (s_n)_{n \in \mathbf{N}_0}$ und $T = (t_n)_{n \in \mathbf{N}_0}$ zwei Folgen aus Σ_κ mit Unterschied $\delta(S, T) = m \in \mathbf{N}_0$ sowie

$$\varepsilon_{m-1}(S) := \sum_{n=0}^{m-1} |\{s_n\} \cap \{1\}|, \tag{7.39}$$

wobei $\varepsilon_{-1}(S) := 0$ (das heißt, $\varepsilon_{m-1}(S)$ gibt die Anzahl der 1-en unter $s_0, \ldots, s_{m-1}$ an). Auf Σ_κ erhält man nun mit $0 < \kappa < 1$ eine Relation $\prec$ durch

$$S \prec T :\Longleftrightarrow \begin{cases} \text{Entweder} & s_m < t_m \ \& \ (-1)^{\varepsilon_{m-1}(S)} = 1, \\ \text{oder} & s_m > t_m \ \& \ (-1)^{\varepsilon_{m-1}(S)} = -1. \end{cases} \tag{7.40}$$

Weiterhin sei

$$S \preceq T :\Longleftrightarrow \begin{cases} \text{Entweder} & S \prec T, \\ \text{oder} & S = T. \end{cases} \tag{7.41}$$

7.19 Satz. $\preceq$ *ist eine totale Ordnung auf* Σ_κ.

Beweis. Übungsaufgabe 3. ∎

7.20 Beispiel. Für $m \in \mathbf{N}_0$ setze $S_m = (s_n)_{n \in \mathbf{N}_0}$ mit

$$s_n := \begin{cases} 0, & \text{falls } n < m \\ 1, & \text{falls } n \geq m \end{cases} \tag{7.42}$$

und $T_m = (t_n)_{n \in \mathbf{N}_0}$ mit

$$t_n := \begin{cases} 0, & \text{falls } n < m \\ \kappa, & \text{falls } n = m \\ 1, & \text{falls } n > m \end{cases} \tag{7.43}$$

Es ergibt sich:

$$\overline{0} \prec \cdots \prec T_n \prec S_n \prec \cdots \prec T_1 \prec S_1 \prec T_0 \prec S_0 \prec 1T_0 \prec 1S_0 \prec 1T_1 \prec \\ \cdots \prec 1T_n \prec 1S_n \prec \cdots \prec 1\overline{0}. \tag{7.44}$$

7 Symbolische Dynamik und Knettheorie

7.21 Satz. $f : [0,1] \to [0,1]$ *sei unimodal gegeben, dann gilt für alle* $x, y \in [0,1]$:

(a) $P_f(x) \prec P_f(y) \Longrightarrow x < y$,
(b) $x < y \Longrightarrow P_f(x) \preceq P_f(y)$.

Beweis. (Vergleiche Devaney [36] (1989^2), S. 143.)

(a) Induktion nach $m = \delta(P_f(x), P_f(y))$.
(b) Kontraposition und (a). ∎

7.22 Definition. *Bezüglich einer unimodalen Funktion* $f : [0,1] \to [0,1]$ *heißt eine Folge* $(s_n)_{n \in \mathbb{N}_0} \in \Sigma_\kappa$ *zulässig, wenn ein* $x \in [0,1]$ *existiert mit*

$$P_f(x) = (s_n)_{n \in \mathbb{N}_0}. \tag{7.45}$$

Mit Σ^f *wird die Menge aller Folgen aus* Σ_κ *bezeichnet, die bezüglich* f *zulässig sind.*

Bemerkung. Da $f(c)$ das Maximum von f in $[0,1]$ ist, gilt für alle $n \in \mathbb{N}$:

$$f^n(x) \leq f(c) \quad \text{für alle} \quad x \in [0,1], \tag{7.46}$$

also folgt

$$\sigma^n(S) \preceq K(f) \quad \text{für alle} \quad S \in \Sigma^f. \tag{7.47}$$

7.23 Satz. *Wenn der kritische Punkt* $c \in (0,1)$ *einer unimodalen Funktion* $f : [0,1] \to [0,1]$ *nicht periodisch ist, dann gilt für jede reguläre Folge* $S \in \Sigma_\kappa$:

$$(\sigma^n(S) \prec K(f) \quad \text{für alle} \quad n \in \mathbb{N}) \Longrightarrow S \in \Sigma^f. \tag{7.48}$$

Beweis. Gilt $S = (\overline{0})$ oder $S = (1\overline{0})$, dann sind wir fertig, denn $P_f(0) = (\overline{0})$ und $P_f(1) = (1\overline{0})$.

Sei jetzt $S \notin \{P_f(0), P_f(1)\}$, dann definieren wir

$$\begin{aligned} L_S &:= \{x \in [0,1] \mid P_f(x) \prec S\}, \\ R_S &:= \{x \in [0,1] \mid P_f(x) \succ S\}. \end{aligned} \tag{7.49}$$

Wir werden im folgenden zeigen, daß sowohl L_S als auch R_S offene Teilmengen von $[0,1]$ sind. Wegen $P_f(0) = (\overline{0})$ und $P_f(1) = (1\overline{0})$ sind L_S und R_S nichtleer. Außerdem gilt $L_S \cap R_S = \emptyset$ und nach Satz 7.21

$$(x \in L_S,\ y \in [0,1] \wedge y < x) \Longrightarrow y \in L_S, \tag{7.50}$$

sowie

$$(y \in R_S,\ x \in [0,1] \wedge y < x) \Longrightarrow x \in R_S. \tag{7.51}$$

Also ist die Menge

$$[0,1] \setminus (L_S \cup R_S) = \{x \in [0,1] \mid P_f(x) = S\} \tag{7.52}$$

ein nichtleeres abgeschlossenes Teilintervall von $[0,1]$, genauer:

$$\begin{array}{cccc} \vdash & \overset{L_S}{\times} & \overset{R_S}{\times} & \dashv \\ 0 & & [0,1]\backslash(L_S\cup R_S) & 1 \end{array}.$$ (7.53)

Daraus folgt die Behauptung. Wir haben allerdings, wie gesagt, noch zu zeigen, daß L_S und R_S offen sind. Wir tun dies für L_S, der Beweis für R_S verläuft analog.

Zunächst eine Vorabüberlegung: Sei $S = (s_n)_{n\in \mathbb{N}_0} \in \Sigma_\kappa$ eine reguläre Folge und $m \in \mathbb{N}_0$. Dann ist die Menge

$$U_S^m = \{x \in [0,1] \mid P_f(x) = (p_n)_{n\in\mathbb{N}_0} \wedge p_n = s_n \text{ für } n = 0,\ldots,m\}$$ (7.54)

offen in der Relativtopologie auf $[0,1]$.

Um dies einzusehen, sei $x \in U_S^m$ gewählt. Dann existieren für $i = 0,\ldots,m$ offene Umgebungen U_i von x in $[0,1]$ derart, daß $f^i(U_i)$ auf derselben Seite von c liegt wie $f^i(x)$. Der Durchschnitt dieser Umgebungen ist eine offene Umgebung von x, die in U_S^m enthalten ist.

Sei jetzt $x \in L_S$ mit $P_f(x) = (p_n)_{n\in\mathbb{N}_0}$[6]. Wegen $P_f(x) \prec S$ gibt es ein $m \in \mathbb{N}_0$ mit $\delta(S, P_f(x)) = m$.

1. Fall: $s_m = 1$.

Für $p_m = 0$ ist $U_{P_f(x)}^m$ nach unserer Vorabüberlegung eine (bezüglich $[0,1]$) offene Umgebung von x, und es gilt $U_{P_f(x)}^m \subseteq L_S$. Also sind wir fertig.

Andernfalls gilt $p_m = \kappa$, also $\sigma^{m+1}(P_f(x)) = K(f)$. Dann existiert ein kleinstes $l \in \mathbb{N}$ mit $p_{m+l} \neq s_{m+l}$, denn sonst wäre $\sigma^{m+1}(S) = \sigma^{m+1}(P_f(x)) = K(f)$ im Widerspruch zu den Voraussetzungen. Da c nicht periodisch ist, muß außerdem gelten

$$p_{m+i} \neq \kappa \quad \text{für alle } i \in \mathbb{N}.$$ (7.55)

Sei

$$U := \bigcup_{\iota \in \{0,\kappa,1\}} U_{(p_0\ldots p_{m-1}\iota\, p_{m+1}\ldots p_{m+l}\ldots)}^{m+l}.$$ (7.56)

Offenbar gilt $x \in U$, und U ist eine offene Teilmenge von $[0,1]$. Letzteres folgt mit analogen Argumenten wie für (7.54), doch zur Sicherheit wollen wir den Beweis noch einmal durchführen:

Sei $y \in U$. Dann existieren für $i = 0,\ldots,m+l$, $i \neq m$, offene Umgebungen U_i von y in $[0,1]$ derart, daß $f^i(U_i)$ auf derselben Seite von c liegt wie $f^i(y)$, denn es gilt $p_i \neq \kappa$ für $i = 0,\ldots,m+l$, $i \neq m$. Der Durchschnitt dieser Umgebungen ist eine offene Umgebung von y, die in U enthalten ist. Letzteres ergibt sich aus

---
[6] $S \notin \{P_f(0), P_f(1)\}$, siehe oben.

7 Symbolische Dynamik und Knettheorie

$$z \in \bigcap_{\substack{i=0 \\ i \neq m}}^{m+l} U_i \implies f^i(z) \in f^i(U_i) \text{ für } i = 0, \ldots, m+l, i \neq m,$$
$$\implies P_f(z) = (p_0 \ldots p_{m-1} \iota \, p_{m+1} \ldots p_{m+l} \ldots), \iota \in \{0, \kappa, 1\}, \quad (7.57)$$
$$\implies z \in U.$$

U ist also eine offene Umgebung von x, und wir müssen lediglich noch nachweisen, daß

$$U \subseteq L_S \quad (7.58)$$

erfüllt ist, das heißt, daß gilt:

$$y \in U \implies P_f(y) \prec S. \quad (7.59)$$

Für $y \in U$ haben wir

$$P_f(y) = (p_0 \ldots p_{m-1} \iota \, p_{m+1} \ldots p_{m+l} \ldots) \quad (7.60)$$

mit $\iota \in \{0, \kappa, 1\}$. Für $\iota \in \{0, \kappa\}$ ist wegen $P_f(x) \prec S$ auch $P_f(y) \prec S$. [7]

Sei nun $\iota = 1$: Zur Vereinfachung der Schreibweise sei $T := P_f(y)$. Aus

$$\sigma^{m+1}(S) \prec K(f) = \sigma^{m+1}(P_f(x)) = \sigma^{m+1}(T) \quad (7.61)$$

folgt, wie bereits festgestellt,

$$\delta(S, T) = m + l, \quad l \in \mathbb{N}, \quad (7.62)$$

sowie

$$\delta(\sigma^{m+1}(S), \sigma^{m+1}(T)) = l - 1 \quad (7.63)$$

und folglich

$$s_{m+l} \prec p_{m+l} \; \& \; (-1)^{\varepsilon_{l-2}(\sigma^{m+1}(T))} = 1 \quad (7.64)$$

oder

$$p_{m+l} \prec s_{m+l} \; \& \; (-1)^{\varepsilon_{l-2}(\sigma^{m+1}(T))} = -1. \quad (7.65)$$

Aus $P_f(x) \prec S$ und $p_m = \kappa \prec 1 = s_m$ folgt weiter

$$(-1)^{\varepsilon_{m-1}(T)} = (-1)^{\varepsilon_{m-1}(P_f(x))} = 1 \quad (7.66)$$

beziehungsweise

$$(-1)^{\varepsilon_m(T)} = -1. \quad (7.67)$$

Mit

$$(-1)^{\varepsilon_{m+l-1}(T)} = (-1)^{\varepsilon_m(T) + \varepsilon_{l-2}(\sigma^{m+1}(T))} = -(-1)^{\varepsilon_{l-2}(\sigma^{m+1}(T))} \quad (7.68)$$

---

[7] Und $\varepsilon_{m-1}(P_f(x)) = \varepsilon_{m-1}(P_f(y))$ ist gerade, vergleiche (7.66).

folgt somit aus (7.64) und (7.65)

$$p_{m+l} \prec s_{m+l} \quad \& \quad (-1)^{\epsilon_{m+l-1}(T)} = 1 \qquad (7.69)$$

oder

$$s_{m+l} \prec p_{m+l} \quad \& \quad (-1)^{\epsilon_{m+l-1}(T)} = -1, \qquad (7.70)$$

das heißt,

$$T = P_f(y) \prec S \quad \text{beziehungsweise} \quad U \subseteq L_S. \qquad (7.71)$$

Jedes $x \in L_S$ besitzt also eine offene Umgebung, die ganz in L_S enthalten ist: L_S ist offen.

2. Fall: $s_m = 0$.

Analog zum 1. Fall läßt sich auch hier die Offenheit von L_S zeigen. In gleicher Weise folgt, daß R_S offen ist. Schließlich bekommt man, wie oben gezeigt, die Abgeschlossenheit der Menge $\{x \in [0,1] \mid P_f(x) = S\} = [0,1]\setminus(L_S \cup R_S) \neq \emptyset$ und daraus die Behauptung des Satzes. ∎

Bemerkungen.

1. Die Bedingung $\sigma^n(S) \prec K(f)$ für $n \in \mathbb{N}$ kann nicht auf $n \in \mathbb{N}_0$ ausgeweitet werden, denn es gilt $(\overline{10}) \succ S$ für jedes $S \in \Sigma_\kappa$, aber $P_f(1) = (\overline{10})$.
2. Die Voraussetzung, daß c nicht periodisch sein soll, kann man fallenlassen. Dann erfährt der Beweis des Satzes eine geringe Modifikation, die man in Devaney [36], in der 2. Auflage auf S. 146, nachlesen kann. □

Im Rest dieses Abschnitts wollen wir eine (fast) vollständige Antwort auf die bereits mehrfach gestellte Frage geben: Auf welche Weise durchleben parameterabhängige Selbstabbildungen auf Intervallen, wie die logistische Abbildung $f_a(x) = ax(1-x)$, den Übergang von einfacher periodischer zu chaotischer Dynamik?

Im Unterschied zur logistischen Abbildung f_a für große a, wo zu jedem periodischen Pfad genau ein periodischer Punkt gehört (vergleiche Korollar 7.26), ist die Situation im allgemeinen für unimodale Abbildungen f durchaus unterschiedlich. Zum Beispiel hat f_a für $1 < a < 2$ zwei Fixpunkte, beide haben Pfad $(000\ldots) = (\overline{0})$. Oder, wenn f einen stabilen periodischen Orbit besitzt, dann teilt sich ein ganzes Intervall von Punkten denselben Pfad. Wie auch immer, wie der folgende Satz zeigt, gibt es immer wenigstens einen periodischen Punkt, der zu einem vorgegebenen periodischen Pfad gehört.

7.24 Satz. *Sei $f : [0,1] \to [0,1] \in C[0,1]$ und unimodal, und sei $S = (\overline{s_0 \ldots s_{n-1}})$ eine reguläre, bezüglich f zulässige periodische Folge, die*

$$\sigma^i(S) \prec K(f) \qquad (7.72)$$

7 Symbolische Dynamik und Knettheorie

für alle $i \in \mathbb{N}$ erfüllt. Dann gibt es einen periodischen Punkt x_0 von f der Periode n mit $P_f(x_0) = S$, und jeder periodische Punkt x mit $P_f(x) = S$ hat die Periode n oder $2n$.

Beweis. Wir nehmen an, daß $K(f)$ nicht periodisch sei [8]. Wegen $\sigma^n(S) \prec K(f)$ für alle $n \in \mathbb{N}$, folgt aus Satz 7.23, daß die Menge

$$\begin{aligned} J &= \{x \in [0,1] \mid P_f(x) = S\}, \\ &= [0,1]\backslash(L_S \cup R_S) \end{aligned} \tag{7.73}$$

ein nichtleeres abgeschlossenes Teilintervall von $[0,1]$ ist. Außerdem gilt wegen der n-Periodizität von S zusätzlich $f^n(J) \subseteq J$, da alle Punkte in $f^n(J)$ ebenfalls den Pfad S besitzen.

Ist J ein einzelner Punkt, dann ist er natürlich periodisch mit der Periode n. Ist $J = [a,b]$, $a \neq b$, dann argumentieren wir folgendermaßen:

Ist $x \in [a,b]$, dann gilt $f^i(x) \neq c$ für jedes i, denn

$$P_f(f^{i+1}(x)) = \sigma^{i+1}(S) \prec K(f). \tag{7.74}$$

Folglich ist $(f^n)'(x) \neq 0$ für alle $x \in [a,b]$, also ist f^n entweder streng monoton wachsend oder fallend auf ganz J. Darüber hinaus bildet f^n die Menge $\{a,b\}$ (i. e. die Randpunkte von J) auf sich selbst ab. Denn, nimmt man zum Beispiel an, daß $f^n(a) \in (a,b)$ gilt, dann gibt es aus Stetigkeitsgründen eine offene Umgebung U von a so, daß für alle $x \in U$ sowohl

(i) $f^i(x) \neq c$ für alle $i < n$ [9], als auch
(ii) $f^n(x) \in J$

gilt. Folglich wäre $P_f(x) = S$ für alle $x \in U(a)$ und somit J größer als $[a,b]$ im Widerspruch zur Annahme.

Ist nun f^n monoton wachsend auf J, dann ist sowohl a als auch b periodisch mit der Periode n und $P_f(a) = P_f(b) = S$. Ist f^n monoton fallend, dann ist klar, daß a und b die Periode $2n$ besitzen mit $f^n(a) = b$ und $f^n(b) = a$. Nach dem Zwischenwertsatz gibt es dann ein z, $a \leq z \leq b$, mit $f^n(z) = z$. Damit ist der Satz bewiesen. ∎

Bemerkung. Devaney [36] macht darauf aufmerksam, daß Satz 7.24 auch für $\sigma^i(S) \preceq K(f)$ gilt. In diesem Fall muß $J = \{x \in [0,1] \mid P_f(x) = S\}$ nicht länger eine abgeschlossene Menge sein. Wir wollen auch extra darauf hinweisen, daß der Fall eines periodischen Punktes der Periode $2n$ mit n-periodischem Pfad wirklich

---

[8] Den periodischen Fall für $K(f)$ überlassen wir Übungsaufgabe 4; vergleiche dazu die obige Bemerkung nach Satz 7.23.
[9] Und $f^i(x)$ liegt auf derselben Seite von c wie $f^i(a)$.

auftreten kann. Zum Beispiel bei der quadratischen Familie: Direkt hinter der ersten Periodenverdopplung liegen beide periodischen Punkte ganz nahe bei dem Fixpunkt, der sie gezeugt hat, und haben beide den Pfad $(\overline{1})$. □

Wir nehmen jetzt zusätzlich an, daß $f \in C^3[0,1]$ eine negative Schwarzsche Ableitung besitzt, das heißt,

$$Sf(x) = \frac{f'''(x)}{f'(x)} - \frac{3}{2}\left(\frac{f''(x)}{f'(x)}\right)^2 < 0. \tag{7.75}$$

7.25 Korollar. *Sei zusätzlich $Sf < 0$ auf $[0,1]$ und sei $S \neq (\overline{0})$ eine reguläre periodische Folge der Periode n, die*

$$\sigma^i(S) \preceq K(f) \tag{7.76}$$

für alle $i \in \mathbb{N}$ erfüllt. Dann existieren höchstens zwei periodische Orbits von f, die denselben Pfad S besitzen.[10]

Beweis. Wir nehmen an, es gäbe drei verschiedene periodische Orbits mit dem gemeinsamen Pfad S. Der Einfachheit halber nehmen wir an, daß alle drei Orbits die Periode n besitzen. Wir wählen je einen Vertreter dieser Orbits und ordnen sie der Größe nach an, das heißt, $x_1 < x_2 < x_3$ sind drei Fixpunkte von f^n mit ein und demselben Pfad $P_f(x_i) = S$ für $i = 1, 2, 3$. Nach Satz 7.21 besitzen alle Punkte des Intervalls $[x_1, x_3]$ denselben Pfad S. Dann kann im Intervall $[x_1, x_3]$ kein kritischer Punkt d von f^n liegen, denn in einem solchen müßte wegen der Kettenregel

$$(f^n)'(d) = \prod_{k=0}^{n-1} f'(f^k(d)) \tag{7.77}$$

für mindestens eine der Iterierten f^k, $0 \leq k \leq n - 1$, gelten, $f^k(d) = c$, das heißt, der Pfad $P_f(d) = S$ wäre nicht regulär im Widerspruch zu unseren Voraussetzungen. Da f^n eine stückweise (streng) monotone Funktion ist, die in den kritischen Punkten d_i von f^n „umdreht" von monoton wachsend zu monoton fallend oder umgekehrt [11], muß $[x_1, x_3] \subset (d_i, d_{i+1})$ für ein i gelten. Ist f^n auf (d_i, d_{i+1}) monoton fallend, können nicht x_1, x_2 und x_3 Fixpunkte von f^n sein, und wir sind fertig. Andernfalls sind höchstens die beiden Konstellationen von Fig. 7.2 möglich. Im Fall (a) sind x_1 und x_3 attraktiv. Dies führt zum Widerspruch, da $Sf < 0$ ist und f somit nach Satz 2.14 höchstens einen attraktiven periodischen Orbit besitzen darf. Im Fall (b) hat $(f^n)'$ im Intervall $[x_1, x_3]$ ein positives lokales Minimum im Widerspruch zu $Sf^n < 0$ (vergleiche Satz 2.15). Damit ist das Korollar bewiesen. ∎

---

[10] Nach Satz 7.24 kommen lediglich n und $2n$ als Periodenlängen in Frage.
[11] Vergleiche zur Vertiefung Preston [118].

7 Symbolische Dynamik und Knettheorie

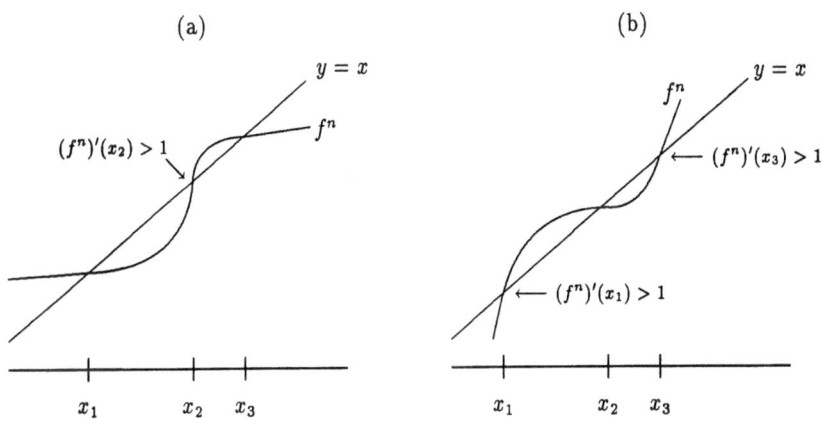

Fig. 7.2: Ausschnitte aus dem Graphen von f^n mit drei Fixpunkten.

7.26 Korollar. *Sei wiederum $Sf < 0$ auf $[0,1]$. Weiter sei $S = (\overline{s_0 \ldots s_{n-1}})$ eine reguläre periodische Folge, für die*

$$\tau_{n-1}(S) := \sum_{i=0}^{n-1} s_i \tag{7.78}$$

ungerade ist und die

$$\sigma^i(S) \preceq K(f) \tag{7.79}$$

für alle $i \in \mathbb{N}$ erfüllt. Dann existiert ein eindeutig bestimmter periodischer Punkt $x_0 \in [0,1]$ von f der Periode n mit $P_f(x_0) = S$.

Beweis. Sei $x \in [0,1]$ ein periodischer Punkt von f der Periode n mit $P_f(x) = S$. $\tau_{n-1}(P_f(x))$ ist genau dann ungerade, wenn von den Zahlen $x, f(x), f^2(x), f^3(x), \ldots,$ $f^{n-1}(x)$ eine ungerade Anzahl in das Intervall $(c, 1]$ fällt. Aufgrund der Kettenregel

$$(f^n)'(x) = \prod_{k=0}^{n-1} f'(f^k(x)) \tag{7.80}$$

gilt dann $(f^n)'(x) < 0$. Falls also f zwei periodische Punkte mit demselben Pfad S besitzt, können aufgrund analoger Überlegungen wie im Beweis von Korollar 7.25 nicht beide die Periode n besitzen[12]. Daraus folgt die Behauptung, doch wir wollen die Argumente zur Eindeutigkeit noch einmal wiederholen: Angenommen, es existieren zwei periodische Punkte $x < y$ der Periode n mit $P_f(x) = P_f(y) = S$. Zwischen x und y darf kein kritischer Punkt d von f^n liegen, denn wegen $c = f^m(d)$ für ein $m < n$ wäre $S = P_f(d)$ nicht regulär. Also müssen beide Punkte x und y wegen $(f^n)'(x) < 0$ und $(f^n)'(y) < 0$ in dasselbe streng monoton fallende Teilstück des Graphen von f^n abgebildet werden. Dann können aber nicht beide Fixpunkte von f^n sein! ∎

---
[12] Das heißt nach Satz 7.24, der zweite hat die Periode $2n$.

Bemerkung. Gilt darüber hinaus $(f^n)'(x_0) < -1$ und $K(f) = S$ (beziehungsweise $\sigma^i(S) = K(f)$ für ein i), dann existiert ein zweiter, ebenfalls eindeutig bestimmter periodischer Punkt von f der Periode $2n$, der sich mit x_0 den Pfad S teilt (vergleiche Übungsaufgabe 5 am Schluß dieses Abschnitts). □

Wir kommen nun zur Beantwortung der Frage, wie unimodale Abbildungen von endlich vielen zu unendlich vielen periodischen Punkten fortschreiten. Zunächst behandeln wir die Struktur der periodischen Punkte einer festen unimodalen Abbildung, bevor wir später zu Familien solcher Abbildungen kommen.

7.27 Definition. $S = (\overline{s_0 \ldots s_{n-1}}) \in \Sigma_\kappa$ sei eine periodische Folge. Mit $M(S)$ bezeichnen wir die maximale Folge im Orbit von S unter dem Shift σ, das heißt,

$$M(S) = \sigma^j(S), \tag{7.81}$$

wobei $\sigma^j(S) \succeq \sigma^i(S)$ für alle i.

Wir führen jetzt noch neue Schreibweisen ein: Sind $S = (\overline{s_0 \ldots s_n})$ und $T = (\overline{t_0 \ldots t_k})$ zwei reguläre periodische Folgen, dann ist $S \cdot T = (\overline{s_0 \ldots s_n \, t_0 \ldots t_k})$ die *Verkettung* dieser beiden Folgen. Wir schreiben $\hat{S} = (\overline{s_0 \ldots s_{n-1} \hat{s}_n})$, wenn in S lediglich der letzte Eintrag getauscht wurde. Außerdem betrachten wir einige spezielle periodische Folgen, die wir mit Abkürzungen versehen wollen:

$$\begin{aligned} \tau_0 &= (\overline{1}), \\ \tau_1 &= (\overline{10}), \\ \tau_2 &= (\overline{1011}), \\ \tau_3 &= (\overline{1011\,1010}), \end{aligned} \tag{7.82}$$

und weiter induktiv

$$\tau_{k+1} = \tau_k \cdot \hat{\tau}_k \tag{7.83}$$

für $k \in \mathbf{N}_0$. Schließlich setzen wir noch

$$\begin{aligned} \tau_\infty &= \lim_{k \to \infty} \tau_k \\ &= (1011\,1010\,1011\,1011\ldots). \end{aligned} \tag{7.84}$$

τ_∞ ist natürlich keine periodische Folge.

7.28 Satz. *Es gilt:*

(a) τ_k *hat die Primperiode* 2^k.
(b) τ_k *besitzt eine ungerade Anzahl von 1-en.*
(c) $\tau_0 \prec \tau_1 \prec \tau_2 \prec \ldots$

Beweis. (a) und (b) folgen direkt aus der Konstruktion. Zum Beweis von (c) sei

$$\tau_k = (\overline{s_0 \ldots s_\mu \nu}). \tag{7.85}$$

7 Symbolische Dynamik und Knettheorie

Ist $\nu = 1$, dann besitzt $(s_0 \ldots s_\mu)$ wegen (b) eine gerade Anzahl von 1-en. Also gilt

$$\tau_k \succ \hat{\tau}_k = \tau_{k-1} \cdot \tau_{k-1} = \tau_{k-1}. \tag{7.86}$$

Ganz analog geht es für $\nu = 0$. ∎

Die τ_k's spielen eine besondere Rolle auf dem Weg ins Chaos: sie sind jeweils die ersten periodischen Pfade der Perioden 2^n, $n \in \mathbb{N}_0$, die bei einer Familie unimodaler Abbildungen auf dem Weg ins Chaos erscheinen.

7.29 Satz. $M(\tau_k) = \tau_k$. $\tag{7.87}$

Beweis (mittels Induktion nach k). Für $k = 0$ und $k = 1$ ist die Aussage klar. Wir nehmen an, (7.87) gelte für $i = 1, \ldots, k-1$. Dann gilt

$$\hat{\tau}_k = \tau_{k-1} \cdot \tau_{k-1} = M(\tau_{k-1}) = \tau_{k-1} \prec \tau_k, \tag{7.88}$$

letzteres nach Satz 7.28. Wir nehmen nun an, es sei

$$M(\tau_k) = \sigma^i(\tau_k) \tag{7.89}$$

für irgendein $1 \leq i < 2^k$. Für $1 \leq i < 2^{k-1}$ haben wir dann

$$\begin{aligned}
\sigma^i(\tau_k) &= \sigma^i(\tau_{k-1}) \cdot \sigma^i(\hat{\tau}_{k-1})\,^{13)} \\
&\preceq M(\tau_{k-1}) \cdot M(\hat{\tau}_{k-1}) \\
&\prec \tau_{k-1} \cdot \tau_{k-1} \\
&\prec \tau_k.
\end{aligned} \tag{7.90}$$

Die letzte $\prec$-Beziehung gilt wegen (7.88) und die vorletzte wegen

$$M(\hat{\tau}_{k-1}) = M(\tau_{k-2} \cdot \tau_{k-2}) = M(\tau_{k-2}) = \tau_{k-2} \prec \tau_{k-1}. \tag{7.91}$$

Im Falle $2^{k-1} < i < 2^k$ sei $l = i - 2^{k-1}$ und somit

$$\begin{aligned}
\sigma^i(\tau_k) &= \sigma^l(\sigma^{2^{k-1}}(\tau_{k-1})) \cdot \sigma^l(\sigma^{2^{k-1}}(\hat{\tau}_{k-1})) \\
&= \sigma^l(\tau_{k-1}) \cdot \sigma^l(\hat{\tau}_{k-1}).
\end{aligned} \tag{7.92}$$

Dabei gilt $1 \leq l < 2^{k-1}$ und somit wie in (7.90)

$$\sigma^i(\tau_k) \prec \tau_k. \tag{7.93}$$

---

[13] Das macht man sich am besten an einem Zahlenbeispiel klar: $\sigma(\tau_3) = \sigma(\overline{1011\,1010}) \stackrel{!}{=} (\overline{0111\,0101})$ und $\sigma(\tau_2) = (\overline{0111})$, $\sigma(\hat{\tau}_2) = (\overline{0101})$, das heißt, $\sigma(\tau_3) = \sigma(\tau_2) \cdot \sigma(\hat{\tau}_2)$. Dies gilt analog auch für σ^2 und σ^3, aber nicht mehr für σ^4 ($4 = 2^{3-1}$) wegen des Unterschieds von τ_2 und $\hat{\tau}_2$ im 4. Eintrag.

Schließlich ergibt sich für $i = 2^{k-1}$

$$\sigma^i(\tau_k) = \hat{\tau}_{k-1} \cdot \tau_{k-1} \prec \tau_{k-1} \cdot \hat{\tau}_{k-1} = \tau_k. \qquad (7.94)$$

Die letzte $\prec$-Beziehung folgt wiederum aus (7.88). Also gilt (7.89) für kein i, $1 \leq i < 2^k$, das heißt, es gilt $M(\tau_k) = \tau_k$. ∎

Der folgende Satz zeigt nun, daß die periodischen Punkte mit den Pfaden τ_k bei unimodalen Abbildungen vor periodischen Punkten mit anderen Pfaden auftauchen.

7.30 Satz. *Sei* $T \neq (\overline{0})$ *irgendeine reguläre periodische Folge aus* Σ_κ *ungleich* τ_j *für alle* $j \in \mathbb{N}_0$. *Dann gilt*

$$M(T) \succ \tau_j \quad \text{für alle} \quad j \in \mathbb{N}_0. \qquad (7.95)$$

Beweis. Da $T \neq (\overline{0})$ oder $(\overline{1}) = \tau_0$ gilt, existiert ein $i \geq 0$ derart, daß

$$\sigma^i(T) = (10\ldots) \succ (\overline{1}) = \tau_0. \qquad (7.96)$$

Also gilt $M(T) \succ \tau_0$. Wir nehmen nun an, es gelte

$$\tau_{k-1} \prec M(T) \prec \tau_k \qquad (7.97)$$

für ein $k \in \mathbb{N}$. Daraus folgt

$$\tau_{k-1} = \tau_{k-1} \cdot \tau_{k-1} \prec M(T) \prec \tau_{k-1} \cdot \hat{\tau}_{k-1}, \qquad (7.98)$$

und die in (7.98) vorkommenden Folgen unterscheiden sich lediglich an der 2^k-ten Stelle, das heißt, es gilt $M(T) = \tau_{k-1}$ oder $M(T) = \tau_k$ im Widerspruch zu unserer Annahme. ∎

Bemerkung. Wie in (7.98) folgt insbesondere, daß die Ungleichung

$$\tau_k \preceq K(f) \prec \tau_{k+1} \qquad (7.99)$$

nur für $K(f) = \tau_k$ erfüllt ist. □

Wir kommen nun zurück zu Familien (f_λ) unimodaler Abbildungen, die hinreichend glatt sein sollen, sowohl als Funktion von x als auch vom Parameter λ (Maximalforderung: $F(x, \lambda) = f_\lambda(x)$ sei C^∞ in beiden Variablen).

7.31 Definition. *Sei* (f_λ) *eine Familie unimodaler Abbildungen auf* $I = [0,1]$ *mit* $\lambda_a \leq \lambda \leq \lambda_b$. (f_λ) *heißt Übergangsfamilie* [14], *wenn gilt*

(a) $K(f_{\lambda_a}) = (\overline{0})$,
(b) $K(f_{\lambda_b}) = (1\overline{0})$,
(c) $S f_\lambda < 0$ *für alle* $\lambda > \lambda_a$.[15]

---
[14] Engl.: transition family.
[15] Sf ist die Schwarzsche Ableitung (7.75).

7.32 Beispiel. Die Familie f_a der logistischen Abbildungen $f_a(x) = ax(1-x)$ auf $[0,1]$ für $0 \leq a \leq 4$. Ebenso die Familie $S_\lambda(x) = \lambda \sin(\pi x)$ auf $[0,1]$ für $0 \leq \lambda \leq 1$ (Übungsaufgabe 6).

Bemerkungen. 1. Die Bedingungen (a) und (b) weisen darauf hin, daß die Dynamik der Übergangsfamilie mit anwachsendem λ immer komplexer wird: Nach Satz 7.24 (in Kombination mit 7.23) besitzt f_{λ_b} zu jeder(!) regulären periodischen Folge mindestens einen periodischen Punkt, dessen Pfad sie ist. Denn, für jede zulässige reguläre periodische Folge $(\overline{s_0 \ldots s_{n-1}})$, $n \in \mathbb{N}$, gilt

$$\sigma^i(\overline{s_0 \ldots s_{n-1}}) \prec (1\overline{0}) = K(f_{\lambda_b}). \qquad (7.100)$$

Das, was wir zum Beispiel für $f_4(x) = 4x(1-x)$ in Abschnitt 6 bewiesen haben, nämlich daß f_4 periodische Orbits beliebiger Ordnungen besitzt, finden wir hier also wieder.

2. Wie bereits angedeutet, haben die τ_k's eine besondere Bedeutung für Übergangsfamilien: Aus der Maximalität (7.87), das heißt, $M(\tau_k) = \tau_k$, folgt nämlich, daß zu jedem τ_k ein Parameterwert $\lambda = \lambda(k) \in (\lambda_a, \lambda_b)$ existiert mit $\tau_k = K(f_\lambda)$ [16]. Für alle λ mit $\tau_k \preceq K(f_\lambda) \prec \tau_{k+1}$ gilt darüber hinaus aufgrund der Bemerkung nach Satz 7.30 $K(f_\lambda) = \tau_k$, das heißt, $K(f_\lambda)$ ist konstant zwischen den τ_k, die Abbildung

$$\lambda \longmapsto K(f_\lambda) \qquad (7.101)$$

ist also eine „Treppenfunktion". □

Doch das haut uns selbstverständlich nicht vom Hocker, – noch nicht, denn wenn wir uns die Folge $(\tau_k)_{k \in \mathbb{N}_0}$ aus (7.83) noch einmal vornehmen, so kriegen wir noch ganz andere Dinge heraus. Dazu sei $k \in \mathbb{N}_0$ beliebig vorgegeben. Solange $K(f_\lambda) \succeq \tau_k$ gilt, existiert wegen

$$\sigma^i(\tau_k) \preceq M(\tau_k) = \tau_k \preceq K(f_\lambda) \qquad (7.102)$$

für alle $i \in \mathbb{N}$ nach Korollar 7.26 in $[0,1]$ genau ein periodischer Orbit der Periode 2^k mit dem Pfad τ_k. Bezeichnen wir seinen größten Punkt mit $\gamma_k(\lambda)$, dann ist also

$$P_{f_\lambda}(\gamma_k(\lambda)) = \tau_k. \qquad (7.103)$$

Da jedes τ_k eine ungerade Anzahl von 1-en besitzt, gilt

$$(f_\lambda^{2^k})'(\gamma_k(\lambda)) < 0 \qquad (7.104)$$

(vergleiche Beweis zu oben genanntem Korollar). Dann garantiert der Satz über implizite Funktionen, daß $\gamma_k(\lambda)$ stetig von λ abhängt (vergleiche Devaney [36], Theorem 12.5). Wenn wir also das Bifurkationsdiagramm der Familie (f_λ) zeichnen, dann muß $\gamma_k(\lambda)$ auf einer stetigen Kurve in der λ-x-Ebene liegen.

---

[16] Diese Aussage ist nicht ganz einfach zu beweisen, sie folgt jedoch unmittelbar aus einer verwandten Aussage über die Existenz superstabiler Orbits jeder Periode 2^k, $k \in \mathbb{N}_0$, die wir in Satz 9.8 beweisen.

Für alle λ mit $\tau_k \preceq K(f_\lambda) \prec \tau_{k+1}$ gilt, wie bereits gesagt, aufgrund der Bemerkung nach Satz 7.30 $K(f_\lambda) = \tau_k$. Ist zusätzlich

$$(f_\lambda^{2^k})'(\gamma_k(\lambda)) < -1, \tag{7.105}$$

dann greift die Bemerkung hinter dem oben genannten Korollar, das heißt, es existiert ein ebenfalls eindeutig bestimmter zweiter Orbit von f_λ der Periode $2 \cdot 2^k = 2^{k+1}$, der sich mit $\gamma_k(\lambda)$ den Pfad teilt. Seinen größten Punkt bezeichnen wir mit $\gamma_{k+1}(\lambda)$.

Zusammen mit denselben Überlegungen wie zu (7.103) – für τ_{k+1} anstelle von τ_k – ist dann $\gamma_{k+1}(\lambda)$ für alle λ definiert, für die $K(f_\lambda) \succeq \tau_k$ und $(f_\lambda^{2^k})'(\gamma_k(\lambda)) < -1$ gilt. $\gamma_{k+1}(\lambda)$ ändert lediglich „geringfügig" seinen Pfad an der Stelle $\lambda =: \Lambda_{k+1}$, an der $K(f_\lambda)$ von τ_k auf τ_{k+1} springt (vergleiche Fig. 7.3). Da τ_{k+1} sich von $\tau_k \cdot \tau_k$ nur im letzten Eintrag unterscheidet, bedeutet dies, daß ein Ast des Orbits von $\gamma_{k+1}(\lambda)$ an der Stelle Λ_{k+1} die Gerade $x \equiv c$ kreuzt (vergleiche Fig. 7.4). Mit anderen Worten, Λ_{k+1} ist der eindeutig bestimmte (!) Parameterwert, für den der Orbit $\gamma_{k+1}(\lambda)$ den kritischen Punkt c enthält. Da

$$(f_\lambda^{2^{k+1}})'(\gamma_{k+1}(\lambda)) \neq 1 \tag{7.106}$$

gilt (vergleiche Übungsaufgabe 7 (a)), folgt wie oben, daß auch $\gamma_{k+1}(\lambda)$ stetig von λ abhängt.

Bei unseren letzten Überlegungen haben wir selbstverständlich vorausgesetzt, daß überhaupt Parameterwerte $\lambda > \Lambda_k$ existieren mit der Eigenschaft (7.105), das heißt Parameterwerte, für die $\gamma_k(\lambda)$ instabil ist. Darüber hinaus wollen wir noch annehmen, daß (wie in Fig. 7.4) genau eine Stelle $\lambda =: \lambda_{k+1}$ existiert mit $(f_\lambda^{2^k})'(\gamma_k(\lambda)) = -1$. An der Stelle λ_{k+1} wird der vorher stabile Orbit von $\gamma_k(\lambda)$ der Periode 2^k instabil und lebt als solcher für $\lambda > \lambda_{k+1}$ weiter (vergleiche Fig. 7.3). Gleichzeitig wird, wie oben ausgeführt, der stabile Orbit $\gamma_{k+1}(\lambda)$ geboren, der schließlich später das gleiche Schicksal erleidet wie $\gamma_k(\lambda)$.

Bemerkung. Achtung, die Eindeutigkeit des Verzweigungspunktes λ_{k+1} ist gleichbedeutend damit, daß

$$(f_\lambda^{2^k})'(\gamma_k(\lambda)) < -1 \text{ für } alle \ \lambda > \lambda_{k+1} \tag{7.107}$$

erfüllt ist und kann nicht allein aus den Annahmen dieses Abschnitts abgeleitet werden. Für die quadratische Familie $f_a(x) = ax(1-x)$, $x \in [0,1]$, $a \in [0,4]$, zum Beispiel, ist dies jedoch gewährleistet. □

Man zeigt des weiteren leicht (Übungsaufgabe 7 (b)), daß

$$(\gamma_{k+1}(\lambda) - \gamma_k(\lambda)) \longrightarrow 0 \tag{7.108}$$

7 Symbolische Dynamik und Knettheorie

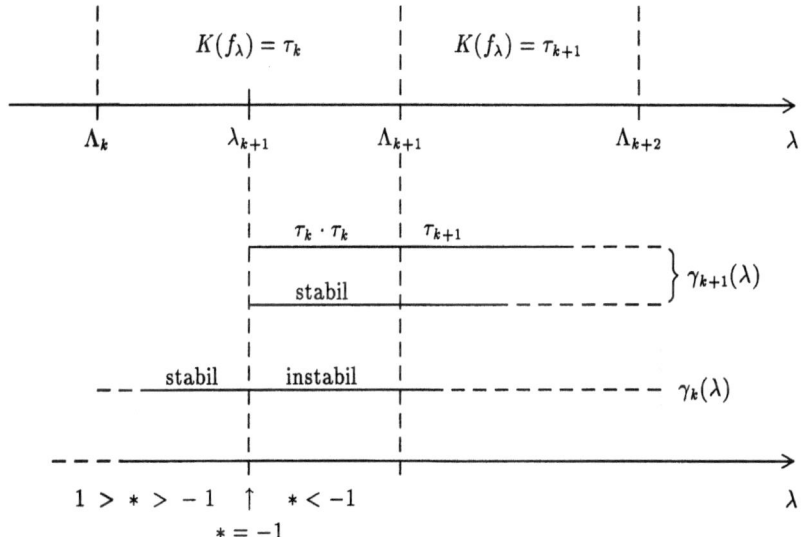

Fig. 7.3: Bifurkation einer Übergangsfamilie. Für $k \in \mathbb{N}_0$ sind die λ_k die Bifurkationsstellen und die Λ_k charakterisieren die superstabilen Orbits, welche den kritischen Punkt c enthalten; Abkürzung: $* = (f_\lambda^{2^k})'(\gamma_k(\lambda))$.

für $\lambda \to \lambda_{k+1}$ erfüllt ist. Zusammen mit den Feststellungen davor bedeutet dies, daß $\gamma_k(\lambda)$ an der Stelle $\lambda = \lambda_{k+1}$ eine Periodenverdopplung durchläuft (vergleiche Fig. 7.4).[17]

Das Schema von Fig. 7.4 gleicht dem von Fig. 3.12 [18], unsere jetzige Situation ist jedoch ungleich emanzipierter: In Abschnitt 3 stammten die Bifurkationsdiagramme noch aus Computerexperimenten beziehungsweise, sie gehen zurück auf die Resultate von Feigenbaum um das Jahr 1980 herum.[19] Fig. 7.4, jedoch, ist Resultat der *theoretischen Analyse* einer Übergangsfamilie mit den Methoden der Knettheorie.

Damit haben wir, mit der in der letzten Bemerkung angegebenen Einschränkung (7.107)[20], gezeigt, daß das Bifurkationsschema *jeder* Übergangsfamilie minde-

---

[17] Daß jede einzelne Verzweigung in einer Aufgabelung von $\gamma_k(\lambda)$ bestehen muß, in deren „Mitte" $\gamma_k(\lambda)$ instabil weiterläuft (vergleiche Fig. 7.5), verifiziert man am besten zunächst für $k = 0$ durch graphische Iteration: Damit $\gamma_1(\lambda)$ auf demselben Pfad $\tau_0 = (\overline{1})$ wie $\gamma_0(\lambda)$ Periode 2 besitzen kann, *müssen* beide Punkte von $\gamma_1(\lambda)$ auf unterschiedlichen Seiten von $\gamma_0(\lambda)$ in $(c, 1]$ liegen. Allgemein folgt dies für $\gamma_{k+1}(\lambda)$, indem wir f^{2^k} auf einem „Lap" zwischen zwei kritischen Punkten analysieren.

[18] Preisfrage: Warum sind beide nicht identisch?

[19] Vergleiche die entsprechenden Referenzen in Abschnitt 3.

[20] Ist (7.107) nicht gewährleistet, so stirbt der periodische Punkt $\gamma_{k+1}(\lambda)$ irgendwann nach seiner Geburt an der Stelle λ_{k+1} wieder. Diese Rückbildung eines periodischen Orbits kann auch durch pathologisch wechselndes Ansteigen und Fallen der Kneadingfolge verursacht werden (vergleiche Devaney [36], S. 154 in der 2. Auflage).

stens so aussehen muß wie Fig. 7.4, lediglich die Abstände $\Lambda_{k+1} - \Lambda_k$ beziehungsweise $\lambda_{k+1} - \lambda_k$ muß man noch mit Hilfe der (ebenfalls universellen) Feigenbaum-Konstanten ermitteln. Unabhängig von dieser Einschränkung weisen wir darauf hin, daß neben den 2^k-periodischen Punkten $\gamma_k(\lambda)$ im allgemeinen weitere (instabile) periodische Punkte in einer Übergangsfamilie existieren können mit ähnlichen Entwicklungsgeschichten.

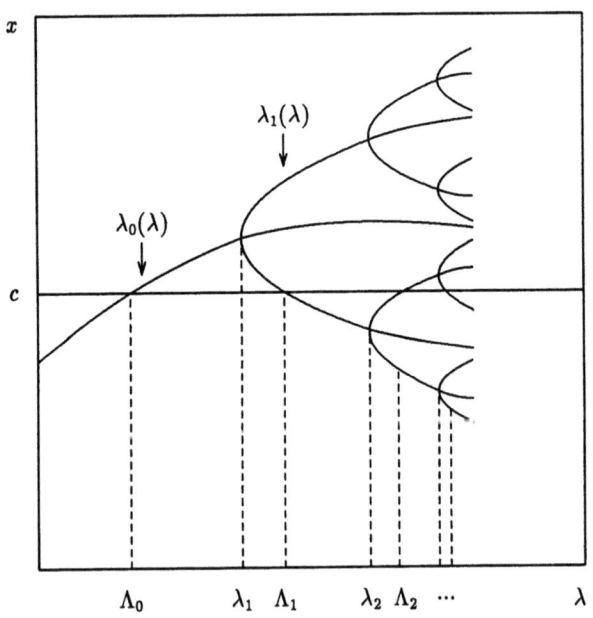

Fig. 7.4: Der Anfang des Bifurkationsdiagramms einer Übergangsfamilie (f_λ), $\lambda_a \leq \lambda \leq \lambda_b$.

Nehmen wir unsere Stabilitätsbetrachtungen hinzu (Fig. 7.3), so haben wir gezeigt, daß jede Übergangsfamilie für $\lambda \to \lambda_b$ (= rechter Randpunkt des Parameterintervalls) einen periodenverdoppelnden Weg in eine Dynamik nehmen *muß*, die für $\lambda = \lambda_b$ mindestens unendlich viele periodische Orbits besitzt, welche ihrerseits auf dem Weg dorthin nach und nach geboren wurden. Das heißt andererseits auch, daß das Bifurkationsdiagramm einer Übergangsfamilie mindestens so kompliziert sein muß wie das von Fig. 7.4.

7 Symbolische Dynamik und Knettheorie

Übungsaufgaben:

1. Beweisen Sie die Sätze 7.3 und 7.5.

2. Zur Beschreibung der Dynamik der Zeltabbildung
$$T(x) = \begin{cases} 2x & \text{für } 0 \leq x \leq \tfrac{1}{2} \\ 2(1-x) & \text{für } \tfrac{1}{2} \leq x \leq 1 \end{cases}$$
   mittels symbolischer Dynamik muß man – verglichen mit dem Bernoulli-Shift – eine winzige Vorkehrung treffen. T bildet lediglich den einen Punkt $x = \tfrac{1}{2}$ auf 1 ab. Der Shift σ von Definition 7.4 tut dies aber für die beiden Binärdarstellungen $11000\ldots$ und $01000\ldots$ Das Analoge gilt für die Iterierten von σ. Um diese Mehrdeutigkeit im kritischen Punkt $\tfrac{1}{2}$ auszuschalten, identifizieren wir alle Binärdarstellungen der Form
$$s_0 \ldots s_{k-1} * 1000\ldots,$$
   wobei $* = 0$ oder 1 ist, für alle $k \in \mathbb{N}$. Den dann entstehenden Coderaum bezeichnen wir mit Σ^*.

   (a) Zeigen Sie, daß die Adressierungsabbildung $\alpha : [0,1] \to \Sigma^*$ bijektiv ist, wobei α analog Definition 7.8 zu definieren ist.

   (b) Beweisen Sie $\sigma \circ \alpha = \alpha \circ T$.

   (c) Beweisen Sie, daß T genau 2^n periodische Punkte der Periode n besitzt.

   (d) Beweisen Sie, daß T chaotisch ist auf $[0,1]$.

3. Beweisen Sie, daß die Definition 7.18 eingeführte Relation $\preceq$ eine totale Ordnung auf σ_k ist.

4. (a) Zeigen Sie: Ist die Kneadingfolge einer unimodalen Abbildung f periodisch, dann gibt es einen periodischen Punkt x_0 von f mit $P_f(x_0) = K(f)$.

   (b) Beweisen Sie Satz 7.24 für den Fall, daß $K(f)$ periodisch ist.

5. Sei x_0 ein periodischer Punkt einer S-unimodalen Funktion f mit $P_f(x_0) = S = \overline{(s_0 \ldots s_{n-1})}$. Zeigen Sie: Gilt darüber hinaus $(f^n)'(x_0) < -1$ und $K(f) = S$, dann existiert ein Paar periodischer Punkte von f der Periode $2n$, welches den Pfad S gemeinsam hat.

6. Zeigen Sie, daß die Familie $S_\lambda(x) = \lambda \sin(\pi x)$, $x \in [0,1]$, für $0 \leq \lambda \leq 1$ eine Übergangsfamilie ist.

7. Wir setzen voraus, (f_λ), $\lambda_a \leq \lambda \leq \lambda_b$, sei eine Übergangsfamilie. Es gelte $K(f_\lambda) = \tau_k$ und $(f_\lambda^{2^k})'(\gamma_k(\lambda)) < -1$. Dann existiert der periodische Punkt $\gamma_{k+1}(\lambda)$, vergleiche (7.105).

   (a) Zeigen Sie: Für alle $k \in \mathbb{N}_0$ gilt $(f_\lambda^{2^{k+1}})'(\gamma_{k+1}(\lambda)) \neq 1$.

   (b) Beweisen Sie (7.108), das heißt, $(\gamma_{k+1}(\lambda) - \gamma_k(\lambda)) \to 0$ für $\lambda \to \lambda_{k+1}$.

8 Renormierung

In Abschnitt 3 haben wir die Periodenverdopplungen bei der logistischen Abbildung

$$f_a(x) = ax(1-x), \quad x \in [0,1], \tag{8.1}$$

für $3 \le a < a_\infty$ (a_∞: Feigenbaumpunkt) qualitativ anhand der Graphen von f_a und ihrer Iterierten $f_a^{2^n}$ für $n = 1, 2, 3, \ldots$ untersucht. Mit anwachsendem Parameterwert a konnten wir im Graphen von f_a^2 einen kleinen Ausschnitt finden, der bei geeigneter Vergrößerung dem ursprünglichen Graphen von f_a über $[0,1]$ (für einen früheren Parameterwert a) stark ähnelt.

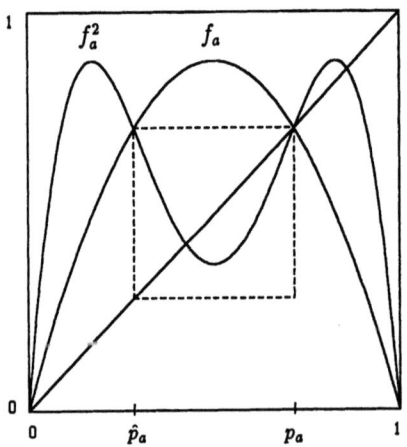

Fig. 8.1: Graph von f_a und f_a^2 für $a \approx 3.5$.

Setzt man diese Prozedur fort, dann findet man mit wachsendem a (immer kleiner werdende) Ausschnitte der Graphen von $f_a^2, f_a^4, f_a^8, \ldots$, welche dem Original über $[0,1]$ ähnlich sind.

Um diese anschauliche Beschreibung zu präzisieren, führen wir einen *Renormierungsoperator* ein. Wir bleiben zunächst noch bei der logistischen Abbildung (8.1) und nehmen $a > 2$ an, so daß das (zweite) Urbild $\hat{p}_a = \frac{1}{a}$ des Fixpunktes $p_a = \frac{a-1}{a}$ kleiner als p_a ist. Mit L_a bezeichnen wir dann diejenige lineare Abbildung, die p_a auf 0 und $\hat{p}_a$ auf 1 abbildet, das heißt,

$$L_a(x) = \frac{1}{\hat{p}_a - p_a}(x - p_a), \quad x \in [\hat{p}_a, p_a]. \tag{8.2}$$

Offenbar skaliert L_a das kleine Intervall $[\hat{p}_a, p_a]$ auf $[0,1]$ und ändert dabei gleichzeitig die Orientierung. Die Umkehrabbildung ist gegeben durch

$$L_a^{-1}(x) = (\hat{p}_a - p_a)x + p_a. \tag{8.3}$$

8 Renormierung

8.1 Definition. *Für $x \in [0,1]$ heißt die Funktion*

$$(Rf_a)(x) := L_a \circ f_a^2 \circ L_a^{-1}(x). \tag{8.4}$$

Renormierung (engl.: rescaling) *von f_a.*[1]

Für $a > A_0 = 2$ gilt $f_a(\frac{1}{2}) > \frac{1}{2}$, so daß die Anwendung des Renormierungsoperators erst Sinn macht, wenn, wie in Fig. 8.1,

$$f_a^2\left(\frac{1}{2}\right) < \frac{1}{2} \quad \text{bzw.} \quad a > A_1 = 3.23\ldots \tag{8.5}$$

erfüllt ist, denn aus $f_a^2(\frac{1}{2}) \geq \frac{1}{2}$ folgt $Rf_a(\frac{1}{2}) \leq \frac{1}{2}$. Die Verkettung (8.4) ist andererseits nur sinnvoll definiert, solange

$$f_a^2([\hat{p}_a, p_a]) \subseteq [\hat{p}_a, p_a] \tag{8.6}$$

erfüllt ist. Wegen

$$f_a^2(\hat{p}_a) = f_a^2(p_a) = p_a \tag{8.7}$$

muß also

$$f_a^2\left(\frac{1}{2}\right) = f_a\left(\frac{a}{4}\right) \geq \hat{p}_a = \frac{1}{a}, \tag{8.8}$$

das heißt,

$$\frac{a^3}{4}\left(1 - \frac{a}{4}\right) \geq 1, \tag{8.9}$$

vom Parameter a erfüllt werden. Für a irgendwo zwischen 3.6 und 3.7, also deutlich rechts vom Feigenbaum-Punkt $a_\infty = 3.5699\ldots$, ist diese Ungleichung zum erstenmal verletzt, das heißt, der Graph von f_a^2 durchstößt den Boden des gestrichelten Quadrates in Fig. 8.1, und dies ändert sich selbstverständlich nicht mehr für noch größere Parameterwerte a. Der Inhalt der gestrichelten Box, gespiegelt und vergrößert auf das Einheitsquadrat, ist der Graph von Rf_a.

8.2 Satz. *Rf_a hat folgende Eigenschaften:*
(a) $Rf_a(0) = 0$ und $Rf_a(1) = 0$.
(b) $(Rf_a)'(\frac{1}{2}) = 0$, und $\frac{1}{2}$ ist der einzige kritische Punkt von Rf_a.
(c) Rf_a ist unimodal mit $S Rf_a < 0$.[2]

Beweis. (a) Trivial. (b) beziehungsweise (c): Übungsaufgabe 1. ∎

---
[1] **Achtung:** Der Renormierungsoperator renormiert f_a^2!
[2] Sf ist die Schwarzsche Ableitung von f, vergleiche Abschnitt 2.

Zunächst stellen wir fest, daß die Renormierung periodische Punkte von f_a der Periode 2 in Fixpunkte von Rf_a überführt (vergleiche dazu auch Übungsaufgabe 2). Der Renormierungsoperator erlaubt uns darüber hinaus, die zweite Iterierte einer gegebenen Abbildung auf der gleichen Skala zu untersuchen wie das Original f_a. Er arbeitet wie ein Mikroskop und gestattet somit, Phänomene von f_a^2 mit derselben Genauigkeit zu betrachten wie bei f_a. Natürlich wird man wissen wollen, was im Limes geschieht, das heißt, wenn man den Renormierungsoperator immer wieder auf eine gegebene Abbildung anwendet. Feigenbaum [41], [42], [44], [43], [45] war der erste, der mit dieser Methode Bifurkationsfolgen untersucht hat, an deren „Ende" chaotische Dynamik steht. Er fand experimentell *universelle Gesetzmäßigkeiten* der Bifurkationsfolgen, die unabhängig sind von der speziellen Wahl der parameterabhängigen Funktionenfamilie. Seine Resultate wurden von anderen, Collet, Eckmann und Lanford III [32], analytisch bestätigt, vergleiche dazu Abschnitt 9.

Erinnern wir uns: Im Bifurkationsschema von Fig. 3.12 bezeichnen wir mit A_n denjenigen Parameterwert, für den der kritische Punkt $\frac{1}{2}$ ein Element der notwendigerweise superstabilen 2^n-Periode ist [3]. $|d_n|$ ist der Abstand von $\frac{1}{2}$ zum nächstgelegenen Element dieses Orbits, das heißt, zu $f_{A_n}^{2^{n-1}}(\frac{1}{2})$ [4], d_n ist abwechselnd positiv und negativ. Feigenbaums Resultate lauten dann (vergleiche Abschnitt 3):

$$\lim_{n\to\infty} \frac{d_n}{d_{n+1}} = -\alpha, \qquad (8.10)$$

$$\lim_{n\to\infty} \frac{A_n - A_{n-1}}{A_{n+1} - A_n} = \delta, \qquad (8.11)$$

mit *universellen* (das heißt, von der speziellen Wahl der Funktionenfamilie unabhängigen) Konstanten

$$\alpha = 2.5029078\ldots \quad \text{und} \quad \delta = 4.6692016\ldots \qquad (8.12)$$

Wir werden im folgenden Abschnitt zeigen, daß die asymptotischen Gleichungen (8.10) und (8.11) für jede 1-Parameter-Familie $a \mapsto f_a$ unimodaler C^1-Selbstabbildungen eines reellen Intervalls gelten, die eine unendliche Folge von Periodenverdopplungen durchlaufen, und die ein Maximum der Ordnung $1 + \varepsilon$ ($\varepsilon > 0$) im kritischen Punkt c besitzen. Letzteres bedeutet, daß sie in einer hinreichend kleinen Umgebung von c einer Beziehung der Form

$$f(x) - f(c) \propto |x - c|^{1+\varepsilon} \qquad (8.13)$$

genügen. Ist $\varepsilon = 1$, dann spricht man von einem *quadratischen Maximum*; wie man leicht nachrechnet, besitzt die Familie $f_a(x) = ax(1-x)$ ein quadratisches Maximum.

---

[3] Collet et al. [26] nennen dann die *Abbildung f_{A_n} superstabil*.
[4] Dies stimmt deshalb, weil diese zwei Punkte zusammenfielen, bevor die n-te Periodenverdopplung sie trennte.

8 Renormierung

Ist $c = 0$ und $f(0) = 1$, dann ist (8.13) für $\varepsilon = 1$ gleichbedeutend mit

$$f(x) = 1 - \text{const}\, x^2, \quad \text{const} > 0, \tag{8.14}$$

in einer Umgebung von 0. Allein die Ordnung des Maximums bestimmt die universellen Konstanten α und δ. Sie lassen sich aus dem Limes einer geeignet renormierten Folge der 2^n-ten Iterierten der superstabilen Abbildungen $f_{A_{n+1}}$ in der Umgebung des Maximums ableiten (vergleiche Gleichung (8.56) weiter unten). Nur für Familien mit quadratischem Maximum haben die Feigenbaum-Konstanten die Werte aus (8.12), sonst sehen sie anders aus.[5]

Fig. 8.2 zeigt Ausschnitte *superstabiler* periodischer Abbildungen für $f_a(x) = ax(1-x)$ und $a = A_1$ sowie $a = A_2$. Das Kurvenstück in dem Quadrat mit der Sei-

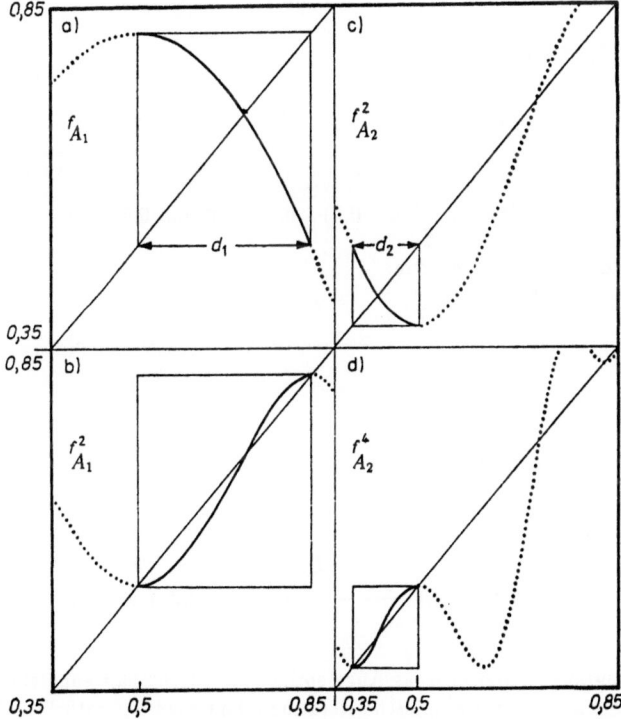

Fig. 8.2: Segmente von $f_a(x) = ax(1-x)$ und f_a^2 für $a = A_1$ sowie von f_a^2 und f_a^4 für $a = A_2$. Die Kurvenstücke innerhalb des Quadrates mit der Seitenlänge d_2 in (c) und (d) fallen nach Spiegelung und Vergrößerung um $\alpha \approx |\frac{d_1}{d_2}|$ mit denjenigen von (a) beziehungsweise (b) zusammen (aus Leven, Koch und Pompe [84], S. 107).

---
[5] Dies werden wir am Schluß dieses Abschnittes noch einmal aufgreifen.

tenlänge $|d_2|$ in Abbildung 8.2 (c) ist annähernd ein um den Faktor $\frac{1}{\alpha} \approx |\frac{d_2}{d_1}|$ verkleinertes gespiegeltes Abbild der im Quadrat mit der Seitenlänge d_1 einbeschriebenen Kurve in Abbildung 8.2 (a). Das heißt, nimmt man f_a^2 für den Parameterwert A_2 als Funktion von x/α und vergrößert um den Faktor α, so erhält man ein Kurvenstück, das sich nach Spiegelung nur wenig von f_{A_1} unterscheidet. Wir präzisieren unsere Beobachtungen aus Fig. 8.2 mit Hilfe von Definition 8.1:

Mit d_n bezeichnen wir jetzt wieder die Differenz von 0.5 zum nächstgelegenen Element des superstabilen periodischen Orbits von f_{A_n}, das heißt,

$$d_n = f_{A_n}^{2^{n-1}}(0.5) - 0.5. \tag{8.15}$$

Zunächst für $n = 2$ betrachten wir eine Renormierung von f_{A_2}, nämlich

$$Rf_{A_2}(x) = L_{A_2} \circ f_{A_2}^2 \circ L_{A_2}^{-1}(x), \tag{8.16}$$

für $x \in [0.5, 0.5 + d_1]$ mit

$$L_{A_2}(x) = \frac{d_1}{d_2}(x - 0.5) + 0.5, \quad x \in [0.5 + d_2, 0.5]^{6)}, \tag{8.17}$$

und

$$L_{A_2}^{-1}(x) = \frac{d_2}{d_1}(x - 0.5) + 0.5, \quad x \in [0.5, 0.5 + d_1]. \tag{8.18}$$

Es gilt also folgendes Diagramm:

$$\begin{array}{ccc} & L_{A_2}^{-1} & \\ [0.5, 0.5 + d_1] & \longrightarrow & [0.5 + d_2, 0.5] \\ \Big\downarrow Rf_{A_2} & & \Big\downarrow f_{A_2}^2 \\ [0.5, 0.5 + d_1] & \longleftarrow & [0.5 + d_2, 0.5]. \\ & L_{A_2} & \end{array}$$

Dieses Diagramm nutzt eine ins Auge springende Eigenschaft superstabiler Orbits der Länge 2 aus: Durch graphische Iteration erhält man auf natürliche Weise quadratische Fenster (vergleiche Fig. 8.2 und 8.3). f_{A_1} legt so ein quadratisches Fenster mit der Seitenlänge $d_1 = f_{A_1}(0.5) - 0.5$ und der Grundseite $[0.5, 0.5 + d_1]$ fest, und der superstabile Orbit der Länge 2 von $f_{A_2}^2$, welcher den kritischen Punkt 0.5 enthält, bestimmt das Quadrat mit der Grundseite $[0.5 + d_2, 0.5]$ mit $d_2 = f_{A_2}^2(0.5) - 0.5 < 0$.

---
6) $d_2 < 0$!

8 Renormierung

Im Unterschied zu Figur und Definition 8.1 renormiert (8.16) das Kurvenstück von $f_{A_2}^2$ in diesem „superstabilen Fenster" *exakt* auf die Größe des superstabilen Fensters von f_{A_1}. Diese Renormierung entspricht exakt der Spiegelung und Vergrößerung des Kurvenstückes innerhalb des kleinen Quadrates in Fig. 8.2 (c) zu dem Kurvenstück im Kasten von Fig. 8.2 (a), das heißt, über $[0.5, 0.5 + d_1]$ „gleicht" f_{A_1} der Renormierung von f_{A_2} [7]:

$$f_{A_1} \approx R f_{A_2}. \qquad (8.19)$$

Entsprechend lassen sich die superstabilen Abbildungen f_{A_n} für $n = 3, 4, 5, \ldots$ (mit Skalierungsfaktoren $\frac{d_{n-1}}{d_n}$ statt $\frac{d_1}{d_2}$) renormieren.

Wir lösen uns nun von Fig. 8.2 und vereinfachen zunächst die nachfolgenden Überlegungen durch eine simple lineare Konjugation, $x \mapsto 2x - 1$, $x \in [0, 1]$, welche die Familie $a \mapsto f_a$ in das Intervall $[-1, 1]$ transformiert und den kritischen Punkt c in den Ursprung 0 verschiebt. Dann gilt

$$2d_n = f_{A_n}^{2^{n-1}}(0), \quad n = 1, 2, 3, \ldots \qquad (8.20)$$

d_1 ist positiv, und die folgenden d_n sind abwechselnd negativ und wieder positiv. [8]

Zunächst rechnet man leicht nach, daß für

$$R^n f_a := R(R^{n-1} f_a), \, n > 1, \qquad (8.21)$$

aus (8.4) folgt:

$$R^n f_a = L_a^n \circ f_a^{2^n} \circ L_a^{-n}. \qquad (8.22)$$

Setzt man die Skalierungsfaktoren $\frac{d_1}{d_2}$ beziehungsweise $\frac{d_{n-1}}{d_n}$ in (8.16) identisch gleich $-\alpha$ ($\alpha > 1$) [9], dann erhält man wegen der Verschiebung des kritischen Punktes in den Ursprung aus (8.16) und (8.22) für $x \in [-1, 1]$

$$R f_{A_2}(x) = -\alpha f_{A_2}^2(x/-\alpha), \qquad (8.23)$$

$$\begin{aligned} R^2 f_{A_3}(x) &= R(R f_{A_3}(x)) \\ &= R(-\alpha f_{A_3}^2(x/-\alpha)) \\ &= (-\alpha)^2 f_{A_3}^{2^2}(x/(-\alpha)^2) \end{aligned} \qquad (8.24)$$

---

[7] **Achtung:** Fig. 8.2 (a) zeigt nicht die Renormierung $R f_{A_2}$ sondern f_{A_1}! Die Kurvenstücke in Fig. 8.2 (b) und (d) entsprechen der Renormierung $f_{A_1}^2 \approx R f_{A_2}^2 = L_{A_2} \circ R f_{A_2}^{2^2} \circ L_{A_2}^{-1}$.

[8] Den Faktor 2 können wir vernachlässigen, da im folgenden ausschließlich die Quotienten $\frac{d_{n-1}}{d_n}$ eine Rolle spielen.

[9] **Wichtig:** Die Formeln (8.51) beziehungsweise (8.56) weiter unten sind als *Ansatz* für ein noch unbekanntes $\alpha > 1$ zu verstehen.

und so weiter, also durch Induktion für beliebiges $n \in \mathbb{N}$:

$$R^n f_{A_{n+1}}(x) = (-\alpha)^n f_{A_{n+1}}^{2^n}(x/(-\alpha)^n). \qquad (8.25)$$

Diese iterative Anwendung des Renormierungsoperators bedarf einiger Ergänzungen:

1. Wir wollen im folgenden nicht explizit voraussetzen, daß die Funktionen f_a symmetrisch sind. Deshalb können wir das Minuszeichen im Argument von f_a nicht weglassen. Symmetrie vereinfacht jedoch viele Begründungen, weshalb wir sie gegebenenfalls aus Bequemlichkeit mit voraussetzen.

2. Für die (durch $\varphi(x) = 2x - 1$) in $[-1, 1]$ transformierten Abbildungen f_a ist Fig. 8.1 weiterhin gültig, allerdings ist der kritische Punkt jetzt die Null, und an die Stelle von $\hat{p}_a$ und p_a treten $\varphi(\hat{p}_a)$ und $\varphi(p_a) = -\varphi(\hat{p}_a)$. Damit durch

$$Rf_a(x) = -\alpha f_a^2(x/-\alpha) \qquad (8.26)$$

eine Renormierung sinnvoll definiert ist, muß somit $a > A_1$ und α so gewählt werden, daß

$$0 < f_a^2\left(\frac{1}{\alpha}\right) \leq \frac{1}{\alpha} \leq \varphi(p_a) \qquad (8.27)$$

erfüllt ist [10]. Damit gilt

$$-1 \leq Rf_a(-1) = Rf_a(1) < 0, \qquad (8.28)$$

und nach Satz 8.2 ist dann Rf_a eine unimodale Abbildung auf $[-1, 1]$ mit $Rf_a(0) > 0$, insbesondere gilt dies für Rf_{A_2}.

3. Damit die weitere (iterative) Anwendung des Renormierungsoperators sinnvoll ist, muß für (8.24) analog zu (8.5) gelten:

$$Rf_{A_3} \circ Rf_{A_3}(0) < 0. \qquad (8.29)$$

Dies folgt aus

$$\begin{aligned} Rf_{A_3} \circ Rf_{A_3}(0) &= Rf_{A_3}(-\alpha f_{A_3}^2(0)) \\ &= -\alpha f_{A_3}^{2^2}(0) \\ &= -\alpha d_3 < 0, \end{aligned} \qquad (8.30)$$

---

[10] An dieser Stelle ist ein entsprechender Hinweis wie im Anschluß an die Definition von Rf_a (vergleiche (8.4)) angebracht: Gleichung (8.23) ist natürlich nicht nur dann sinnvoll, wenn $f_{A_2} \circ f_{A_2}$ das Intervall $[-\frac{1}{\alpha}, \frac{1}{\alpha}]$ in sich selbst abbildet. In Satz 9.4 des nächsten Abschnitts geben wir aber Bedingungen an die Funktionen f_a an, das sicherstellen, und darüber hinaus gewährleisten, daß Rf_a ebenfalls unimodal ist. In Satz 9.8 zeigen wir, daß unter ihnen eine Folge $(f_{A_n})_{n \in \mathbb{N}_0}$ superstabiler Abbildungen existiert, wie wir sie in unserer (derzeitig heuristischen) Vorgehensweise benötigen.

8 Renormierung

und (8.29) gilt dann auch für alle Rf_{A_k} mit $k > 3$. Analog erhalten wir für beliebiges $n > 2$

$$\begin{aligned}R^{n-1}f_{A_{n+1}} \circ R^{n-1}f_{A_{n+1}}(0) &= R^{n-1}f_{A_{n+1}}((-\alpha)^{n-1}f_{A_{n+1}}^{2^{n-1}}(0)) \\ &= (-\alpha)^{n-1}f_{A_{n+1}}^{2^n}(0) \\ &= (-\alpha)^{n-1}d_{n+1} < 0,\end{aligned} \qquad (8.31)$$

da d_{n+1} positiv ist für n gerade und negativ für n ungerade, und wie oben gilt dann

$$R^{n-1}f_{A_k} \circ R^{n-1}f_{A_k}(0) < 0 \qquad (8.32)$$

auch für alle $k > n + 1$. Durch Induktion folgt dann, daß

$$R^n f_{A_{n+1}}(x) = (-\alpha)^n f_{A_{n+1}}^{2^n}(x/(-\alpha)^n) \qquad (8.33)$$

für alle $n \in \mathbb{N}$ sinnvoll definiert und folglich unimodal ist. Dabei nehmen wir an, daß ein $\alpha > 1$ so gewählt werden kann, daß für alle n und für alle zur Berechnung von $R^n f_{A_{n+1}}$ erforderlichen Renormalisierungsschritte die (8.27) jeweils entsprechende Bedingungen von α erfüllt wird. Wegen (8.31) gilt

$$R^n f_{A_{n+1}}(0) > 0 \qquad (8.34)$$

und analog zu (8.28) außerdem

$$-1 \leq R^n f_{A_{n+1}}(1) = R^n f_{A_{n+1}}(-1) < 0. \qquad (8.35)$$

Feigenbaum [41] erhält die rechte Seite von (8.25) auf anderem Wege. Beginnend mit f_{A_1} wendet er für $n = 1, 2, 3, \ldots$ sukzessive einen Operator T_n an, dessen Wirkungsweise (auf $f_{A_n}^{2^{n-1}}$) im n-ten Schritt durch Fig. 8.3 veranschaulicht und von ihm wie folgt beschrieben wird:

(0) Betrachte $f_{A_n}^{2^{n-1}}(x)$, vergleiche Fig. 8.3 (a).
(i) Bilde $f_{A_n}^{2^n}(x) = f_{A_n}^{2^{n-1}} \circ f_{A_n}^{2^{n-1}}(x)$ wie in Fig. 8.3 (b).
(ii) Shifte den Parameter a von A_n auf den Wert A_{n+1} (Fig. 8.3 (c)).
(iii) Reskaliere: $f_{A_{n+1}}^{2^n}(x) \to -\alpha f_{A_{n+1}}^{2^n}(x/-\alpha)$, $\alpha = \left|\frac{d_{n-1}}{d_n}\right|$, vergleiche Fig. 8.3 (d).

Fig. 8.3 veranschaulicht sehr schön die Wirkungsweise des Operators T_n auf $f_{A_n}^{2^{n-1}}$: T_n verdoppelt die Periode, shiftet dann den Parameter a vom superstabilen Wert A_n zum nächsten, A_{n+1}, und reskaliert schließlich so, daß das Resultat

$$-\alpha f_{A_{n+1}}^{2^n}(x/-\alpha) \qquad (8.36)$$

der ursprünglichen Funktion in (0) „gleicht". Dies ergibt die Folge: [11]

---

[11] Feigenbaums Beschreibung der Wirkungsweise von T_n ist etwas unsauber. Da T_n iterativ angewendet wird, findet formal zusätzlich in jedem Schritt eine Vertauschung von T_n mit einer Potenz des Skalierungsfaktors $-\alpha$ statt. Inhaltlich bedeutet es: Für $n \geq 2$ wirkt T_n nicht auf $f_{A_n}^{2^{n-1}}$, sondern auf die bereits skalierte unimodale Abbildung $(-\alpha)^{n-1}f_{A_n}^{2^n}(x/(-\alpha)^{n-1})$ ein.

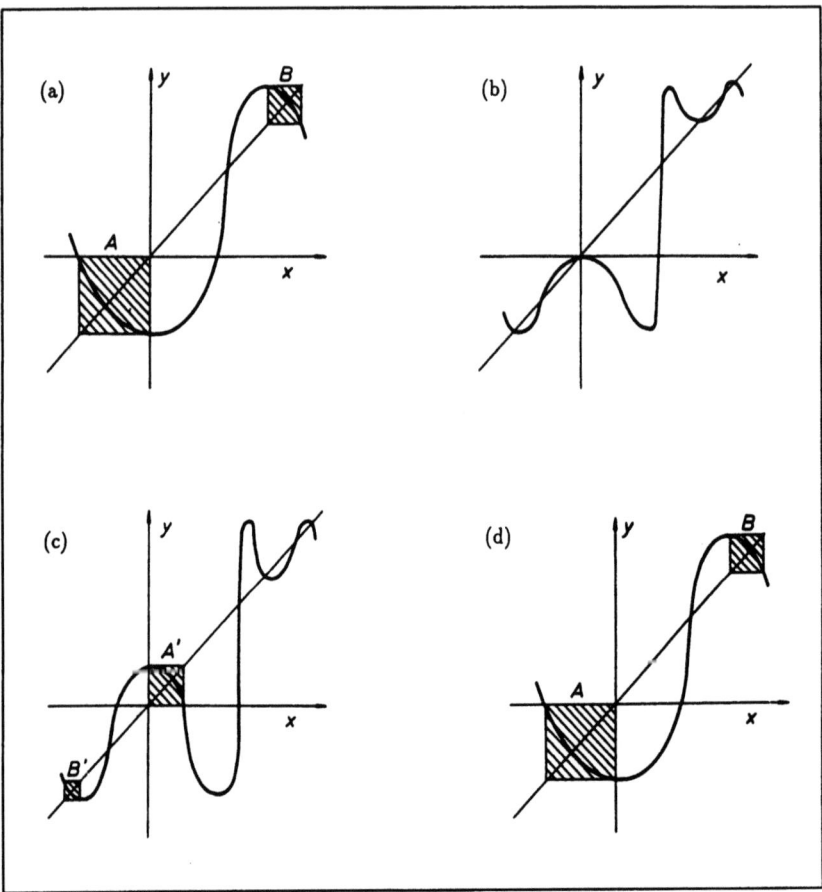

Fig. 8.3: (a) $f_{A_n}^{2^{n-1}}(x)$, (b) Periodenverdopplung zu $f_{A_n}^{2^n}(x)$, (c) Parametershiften ergibt $f_{A_{n+1}}^{2^n}(x)$ und (d): Reskalierung zu $-\alpha f_{A_{n+1}}^{2^n}(x/-\alpha)$. Die schraffierten Quadrate veranschaulichen zwei lokale superstabile periodische Orbits der Länge 2. Nach der Reskalierung „gleicht" $T_n f_{A_n}^{2^{n-1}}(x) = -\alpha f_{A_{n+1}}^{2^n}(x/-\alpha)$ in (d) der Abbildung $f_{A_n}^{2^{n-1}}$ in (a) (aus Hao Bai-Lin [13]).

$$g_{1,A_1}(x) := T_1 f_{A_1}(x) = -\alpha f_{A_2}^2(x/-\alpha), \qquad (8.37)$$

$$\begin{aligned} g_{2,A_1}(x) &:= T_2(T_1 f_{A_1}(x)) \\ &= T_2(-\alpha f_{A_2}^2(x/-\alpha)) \\ &= (-\alpha)^2 f_{A_3}^{2^2}(x/(-\alpha)^2) \end{aligned} \qquad (8.38)$$

8 Renormierung

und so weiter, und für beliebiges $n \in \mathbb{N}$ wie in (8.25):

$$\begin{aligned} g_{n,A_1}(x) &:= T_n(g_{n-1,A_1}(x)) \\ &= (-\alpha)^n f_{A_{n+1}}^{2^n}(x/(-\alpha)^n). \end{aligned} \tag{8.39}$$

Startet man mit $f_{A_k}, k > 1$, anstelle von f_{A_1}, dann ergibt sich analog

$$g_{n,A_k}(x) = (-\alpha)^n f_{A_{n+k}}^{2^n}(x/(-\alpha)^n), \quad n = 1,2,3,\ldots \tag{8.40}$$

Gehen wir streng nach Feigenbaums Beschreibung vor, dann lautet (8.37)

$$T_1 f_{A_1}(x) = \frac{d_1}{d_2} f_{A_2}^2\left(x / \frac{d_1}{d_2}\right). \tag{8.41}$$

Das bedeutet, für $x \in [0, d_1]$ renormiert T_1 das Kurvenstück von $f_{A_2}^2$ im superstabilen Fenster $[d_2, 0] \times [d_2, 0]$ ganz genauso wie in Gleichung (8.16) und Fig. 8.2 auf das superstabile Fenster von f_{A_1}. Im nächsten Schritt ergibt sich (unter Berücksichtigung von Anmerkung 11)

$$\begin{aligned} T_2(T_1 f_{A_1}(x)) &= \frac{d_2}{d_3} \frac{d_1}{d_2} f_{A_3}^{2^2}\left(x / \frac{d_1}{d_2} \frac{d_2}{d_3}\right) \\ &= \frac{d_1}{d_3} f_{A_3}^{2^2}\left(x / \frac{d_1}{d_3}\right), \end{aligned} \tag{8.42}$$

und diesmal wird das zentrale superstabile Fenster der Breite d_3 von $f_{A_3}^{2^2}$ (welches durch den superstabilen Orbit der Länge 2 von $f_{A_3}^2$, der den kritischen Punkt 0 enthält, festgelegt ist) auf das superstabile Fenster von f_{A_1} renormiert, und so weiter. Mit diesen exakten Renormierungen erhält man eine Folge normierter, unimodaler, superstabiler (mit Periode 2) Abbildungen, von denen jede einzelne im Intervall $[0, d_1]$ ungefähr so aussieht wie der Graph in Fig. 8.2 (a).

Ersetzt man, wie geschehen, alle Skalierungsfaktoren $\frac{d_{n-1}}{d_n}$ für $n = 2,3,\ldots$ durch $-\alpha$, dann geht (zumindest) die Normierungseigenschaft verloren. Feigenbaum vermutete jedoch aufgrund seiner Computerexperimente, daß die renormierten Abbildungen

$$g_{n,A_1}(x) = (-\alpha)^n f_{A_{n+1}}^{2^n}(x/(-\alpha)^n), \quad n = 1,2,3,\ldots, \tag{8.43}$$

mindestens in einer symmetrischen Umgebung von 0 gegen eine Funktion $g_1(x)$ mit $g_1(0) > 0$ konvergieren, das heißt, daß für $x \in [-1, 1]$ gilt

$$\begin{aligned} g_1(x) &:= \lim_{n \to \infty} g_{n,A_1}(x) \\ &= \lim_{n \to \infty} (-\alpha)^n f_{A_{n+1}}^{2^n}(x/(-\alpha)^n). \end{aligned} \tag{8.44}$$

Wir wollen annehmen, daß die Konvergenz in (8.44) gleichmäßig ist. [12] Da aufgrund unserer Annahmen jede Anwendung des Renormierungoperators (8.26) eine superstabile unimodale Abbildung in eine ebensolche transformiert und dabei die Periode halbiert (vergleiche Satz 9.5), ist ebenso wie bei den exakten Renormierungen mit den Skalierungsfaktoren $\frac{d_{n-1}}{d_n}$ auch weiterhin jede der Abbildungen

$$R^n f_{A_{n+1}}(x) = g_{n,A_1}(x) = (-\alpha)^n f_{A_{n+1}}^{2^n}(x/(-\alpha)^n) \qquad (8.45)$$

für $n = 1, 2, 3, \ldots$ superstabil mit Periode 2. Aus der gleichmäßigen Konvergenz in (8.44) folgt dann mit analogen Argumenten wie in (8.55) weiter unten

$$g_1(g_1(0)) = 0. \qquad (8.46)$$

Also ist g_1 entweder superstabil mit (minimaler) Periode 2 und $g_1(0) > 0$ oder $g_1(0) = 0$. Letzteres wollen wir, wie oben bereits getan, in unserem Ansatz ausschließen.[13] Dann spricht auch nichts mehr dagegen, dies auch für die anderen renormierten Abbildungen aus (8.40) anzunehmen, das heißt, die Abbildungen

$$\begin{aligned} g_k(x) &:= \lim_{n \to \infty} g_{n,A_k}(x) \\ &= \lim_{n \to \infty} (-\alpha)^n f_{A_{n+k}}^{2^n}(x/(-\alpha)^n) \end{aligned} \qquad (8.47)$$

für $k = 2, 3, 4, \ldots$ sind superstabil mit Periode 2^k, und es gilt $g_k(0) > 0$. Außerdem definieren wir eine Abbildung g_0 als das Resultat der Skalierung von g_1^2, das heißt,

$$g_0(x) := -\alpha g_1^2(x/-\alpha). \qquad (8.48)$$

Bevor wir die Funktionenfolge $(g_k)_{k \in \mathbb{N}_0}$ unter die Lupe nehmen, wollen wir zunächst kurz eine Folgerung aus (8.44) festhalten.

8.3 Satz. *Aus* (8.44) *folgt* (8.10), *das heißt,*

$$\lim_{n \to \infty} \frac{d_n}{d_{n+1}} = -\alpha. \qquad (8.49)$$

Beweis. Aus (8.44) folgt für $x = 0$ wegen $f_{A_{n+1}}^{2^n}(0) = d_{n+1}$ für $n \geq 0$ und $g_1(0) > 0$

$$\lim_{n \to \infty} \frac{(-\alpha)^{n-1} d_n}{(-\alpha)^n d_{n+1}} = 1 \qquad (8.50)$$

und daraus die Behauptung. ∎

---

[12] Diese Annahme wird untermauert durch Computerexperimente mit der Familie der logistischen Abbildungen, vergleiche auch Fig. 8 in Feigenbaum [45], S. 26.
[13] Die Einführung des Skalierungsfaktors $-\alpha$ beinhaltet ja gerade die Abkehr von der exakten Renormierung und resultiert in einer nichtnormierten Renormierungsfolge (8.45). Mit zusätzlichen Voraussetzungen läßt sich der Fall $g_1(0) = 0$ jedoch von vornherein ausschließen.

8 Renormierung

Als Limites gleichmäßig konvergenter Folgen stetiger Funktionen sind die Funktionen g_k ebenfalls stetig (und somit gleichmäßig stetig auf jedem kompakten Intervall, welches den kritischen Punkt 0 enthält). Außerdem hängen sie miteinander über folgende Transformation zusammen:

8.4 Satz. *Für die Funktionen g_k, $k = 1, 2, \ldots$, gilt*

$$g_{k-1}(x) = -\alpha\, g_k(g_k(x/-\alpha)) =: Tg_k(x). \tag{8.51}$$

Beweis. Für $k = 1$ ist (8.51) gerade die Definition (8.48) von g_0. Sei also $k \geq 2$, dann gilt

$$\begin{aligned}
g_{k-1}(x) &= \lim_{n\to\infty} (-\alpha)^n f_{A_{n+k-1}}^{2^n}(x/(-\alpha)^n) \\
&= \lim_{n\to\infty} (-\alpha)(-\alpha)^{n-1} f_{A_{n-1+k}}^{2^{n-1+1}}((-\alpha)^{-1}x/(-\alpha)^{n-1}) \\
&= \lim_{m\to\infty} (-\alpha)(-\alpha)^m f_{A_{m+k}}^{2^{m+1}}((-\alpha)^{-1}x/(-\alpha)^m).
\end{aligned} \tag{8.52}$$

Unter Berücksichtigung von $f^{2^{m+1}} = f^{2^m} \circ f^{2^m}$ erhält man daraus

$$\begin{aligned}
g_{k-1}(x) &= \lim_{m\to\infty} (-\alpha)(-\alpha)^m f_{A_{m+k}}^{2^m}((-\alpha)^{-m}(-\alpha)^m f_{A_{m+k}}^{2^m}((-\alpha)^{-1}x/(-\alpha)^m)) \\
&= \lim_{m\to\infty} (-\alpha)(-\alpha)^m f_{A_{m+k}}^{2^m}((-\alpha)^m f_{A_{m+k}}^{2^m}((-\alpha)^{-1}x/(-\alpha)^m)/(-\alpha)^m) \\
&= (-\alpha) \lim_{m\to\infty} g_{m,A_k}(g_{m,A_k}(x/-\alpha)) \\
&= -\alpha\, g_k(g_k(x/-\alpha)).
\end{aligned} \tag{8.53}$$

Dabei gilt die letzte Zeile von (8.53), weil die Konvergenz in (8.44) beziehungsweise (8.47) gleichmäßig ist, denn durch Anwendung der Dreiecksungleichung gilt mit $y = -x/\alpha$:

$$\begin{aligned}
|g_{m,A_k}(g_{m,A_k}(y)) - g_k(g_k(y))| &\leq |g_{m,A_k}(g_{m,A_k}(y)) - g_k(g_{m,A_k}(y))| \\
&\quad + |g_k(g_{m,A_k}(y)) - g_k(g_k(y))|,
\end{aligned} \tag{8.54}$$

und wegen der Stetigkeit der g_k und wegen (8.47) existiert zu vorgegebenem $\varepsilon > 0$ ein $N(y) \in \mathbb{N}$ so, daß der zweite Summand auf der rechten Seite von (8.54) für alle $m \geq N(y)$ kleiner ist als $\varepsilon/2$. Nimmt man o. B. d. A. gleichmäßige Stetigkeit der Grenzfunktionen g_k an, so ist diese zusammen mit der gleichmäßigen Konvergenz in (8.47) zuständig dafür, daß N nicht mehr von y abhängt. Letztere garantiert eine entsprechende Abschätzung auch für den ersten Summanden rechts in (8.54). ∎

Feigenbaum [41] vermutete weiterhin, daß die Funktionen g_k ihrerseits gegen eine Funktion

$$g(x) = \lim_{k\to\infty} g_k(x), \quad x \in [-1, 1], \tag{8.55}$$

konvergieren. Nimmt man wie oben gleichmäßige Konvergenz an, so ist $g(x)$ ebenfalls stetig, und mit denselben Argumenten wie bei (8.53) muß dann $g(x)$ eine Fixpunktlösung der Funktionalgleichung [14]

$$g(x) = Tg(x) = -\alpha g(g(x/-\alpha)) \tag{8.56}$$

sein, die nun ihrerseits zur Bestimmung des Wertes von α benutzt werden kann. Gleichung (8.56) ist erwartungsgemäß skalierungsinvariant, das heißt, mit $g(x)$ ist auch jede Funktion $ag(x/a)$, $0 \neq a \in \mathbb{R}$, eine Lösung von (8.56). Schließen wir $g \equiv 0$ als Lösung aus, so kann man $g(0)$ nur bis auf einen konstanten Faktor festlegen, wir setzen daher

$$g(0) = 1. \tag{8.57}$$

Aus (8.56) und (8.57) folgt dann

$$g(0) = 1 = -\alpha g(g(0)) = -\alpha g(1), \tag{8.58}$$

das heißt,

$$\alpha = -\frac{1}{g(1)}. \tag{8.59}$$

Die Renormierungsgleichung (8.56) bestimmt also sowohl g als auch α (und δ, siehe Abschnitt 9). g und α sind *universell* relativ zu dem Funktionenraum, in dem g als Fixpunktlösung von (8.56) bestimmt wird (vergleiche Abschnitt 9, Satz 9.11), und nicht abhängig von der speziellen Funktionenfamilie $a \mapsto f_a$ aus diesem Funktionenraum. Doch die Lösung von (8.56) ist ein schwieriges Problem, dem wir uns in Abschnitt 9 widmen wollen. Feigenbaum [41] begnügte sich mit einem pragmatischen Vorgehen, indem er $g(x)$ durch ein Polynom endlicher Länge approximierte und dessen Koeffizienten und die Konstante α auf numerischem Wege berechnete.

Da $g(x)$ ein gleichmäßiger Limes von Iterierten von (in 0) superstabilen stetig differenzierbaren Abbildungen ist, folgt (ohne weiter auf den analytischen Feinheiten herumzureiten) als zweite Randbedingung neben (8.57)

$$g'(0) = 0. \tag{8.60}$$

Die Bedingungen (8.57) und (8.60) allein legen eine Lösung von (8.56) noch nicht eindeutig fest. Wir werden im nächsten Abschnitt feststellen, daß wir mindestens $g \in C^1[-1, 1]$ fordern und das Verhalten der gesuchten Lösung in der Umgebung des kritischen Punktes 0 spezifizieren müssen. Nehmen wir ein quadratisches Maximum an, das heißt, es gilt

$$g(x) = 1 - \text{const}\, x^2 \tag{8.61}$$

---

[14] Gleichung (8.56) wurde 1978 von Cvitanović in Zusammenarbeit mit Feigenbaum gefunden. Das Minuszeichen im Argument von $g \circ g$ lassen wir weg, wenn wir an einer symmetrischen Lösung g von (8.56) interessiert sind.

(const > 0) in einer Umgebung von 0, dann wird aus der Fixpunktgleichung (8.56)

$$1 - \text{const}\, x^2 = -\alpha(1 - \text{const}) - \left(\frac{2\cdot \text{const}^2}{\alpha}\right)x^2 + O(x^4). \tag{8.62}$$

Koeffizientenvergleich ergibt

$$\text{const} = (2 + \sqrt{12})/4 = 1.366\ldots \tag{8.63}$$

sowie

$$\alpha = 2\cdot\text{const} = 2.73\ldots \tag{8.64}$$

Diese Werte weichen um nicht mehr als 10 % von Feigenbaums numerischen Resultaten

$$g(x) = 1 - 1.52763 x^2 + 0.104815 x^4 - 0.0267057 x^6 + \ldots \tag{8.65}$$

und

$$\alpha = 2.502907876\ldots \tag{8.66}$$

ab. Ist die Ordnung des Maximums der zugrundeliegenden Funktionenklasse gleich $1 + \varepsilon \neq 2$ ($\varepsilon > 0$), dann führt dies auf eine (Näherungs-)Lösung von (8.56) mit anderen Werten für die Feigenbaum-Konstanten α und δ als diejenigen in (8.12). Die Funktion g sowie α und δ sind, wie gesagt, universell relativ zum zugrundeliegenden Funktionenraum, indem sie als Fixpunktlösung von (8.56) und davon abgeleiteter Beziehungen bestimmt werden.

Übungsaufgaben:

1. Beweisen Sie Satz 8.2.

2. Zeigen Sie, daß der Renormierungsoperator Rf_a superstabile, unimodale Abbildungen f_a in ebensolche überführt und dabei die Periode halbiert, vorausgesetzt die Periode des superstabilen Orbits von f_a ist geradzahlig.

3. Für $\alpha = -\frac{1}{f(1)}$ sei $Rf(x) = -\alpha f^2(x/\alpha)$, $x \in [-1,1]$, die Renormierungsabbildung einer symmetrischen, unimodalen Abbildung $f : [-1,1] \to [-1,1]$ mit $f(0) = 1$ sowie $f(1) < 0$, $f^2(1) > 0$ und $f^3(1) \leq -f(1)$. Zeigen Sie:

   (a) $Rf(x) \in [-1,1]$ und $Rf(0) = 1$,
   (b) Rf ist unimodal.

4. $(g_n)_{n\in\mathbb{N}}$ sei eine gleichmäßig konvergente Folge unimodaler Abbildungen auf $[-1,1]$. Beweisen Sie: $g(x) := \lim_{n\to\infty} g_n(x)$, $x \in [-1,1]$, ist entweder unimodal oder konstant auf $[-1,1]$.

9 Universelle Eigenschaften diskreter dynamischer Systeme

In diesem Abschnitt operieren wir auf folgendem Funktionenraum:

9.1 Definition. $\mathfrak{M}$ *bezeichne die Menge aller stetig differenzierbaren Abbildungen f des Intervalls $[-1, 1]$ in sich selbst mit folgenden Eigenschaften:*

(M1) $f(0) = 1$,
(M2) $x f'(x) < 0$ *für* $x \neq 0$,
(M3) $f(-x) = f(x)$ *für* $x \in [0, 1]$.

Bemerkungen. 1. (M2) besagt, daß f streng monoton wachsend ist auf $[-1, 0]$ und streng monoton fallend auf $(0, 1]$, mit anderen Worten: f ist unimodal.

2. Die Normierung (M1), nach der die Funktionen aus $\mathfrak{M}$ ihr Maximum im kritischen Punkt 0 mit dem Wert 1 annehmen, läßt sich durch geeignete Konjugationen nach Bedarf immer einrichten (vergleiche Abschnitt 2).

3. Die Symmetrieeigenschaft (M3) haben wir hauptsächlich aus Bequemlichkeit hinzugefügt. □

In $\mathfrak{M}$ betrachten wir wiederum (1-)parameterabhängige Familien

$$a \longmapsto f_a \tag{9.1}$$

mit $a \in [A_0, A_0]$ und $f_a \in \mathfrak{M}$. Dabei sei durch (9.1) eine stetige Kurve in $\mathfrak{M}$ definiert, stetig in dem Sinne, daß

$$\sup_{x \in [-1,1]} (|f_a(x) - f_{a_0}(x)| + |f'_a(x) - f'_{a_0}(x)|) \longrightarrow 0 \tag{9.2}$$

für $a \to a_0$ erfüllt ist. Wir nennen in diesem Fall f_a stetig in der C^1-*Topologie*. Sie wird induziert durch die sogenannte C^1-Norm

$$\|f\|_1 := \max\{\|f^{(k)}\| \mid k = 0, 1\} \tag{9.3}$$

mit

$$\|f\| = \sup\{|f(x)| \mid x \in [-1, 1]\}. \tag{9.4}$$

Die Menge $C^1[-1, 1]$ der stetig differenzierbaren Funktionen auf $[-1, 1]$, versehen mit den üblichen Verknüpfungen (Addition von Funktionen und Multiplikation mit einem Skalar aus $\mathbb{R}$) und ausgestattet mit der C^1-Norm (9.3) ist ein reeller Banachraum. [1]

Ist der kritische Punkt 0 periodisch für ein $f \in \mathfrak{M}$, dann ist er wegen $f'(0) = 0$ „automatisch" superstabil.

---

[1] Dies gilt analog für die Menge $C^n[-1, 1]$ der n-mal stetig differenzierbaren Funktionen auf $[-1, 1]$ mit der C^n-Norm $\|f\|_n = \max\{\|f^{(k)}\| \mid k = 0, \ldots, n\}$.

9 Universelle Eigenschaften diskreter dynamischer Systeme

9.2 Definition. $f \in \mathfrak{M}$ *heißt* superstabil *mit der Periode p, falls* 0 *für f periodisch ist mit minimaler Periode p.*

Bemerkungen. 1. Ist $f_0 \in \mathfrak{M}$ superstabil mit Periode p, dann besitzt jedes $f \in \mathfrak{M}$, welches in der C^1-Topologie nahe genug bei f_0 liegt, ebenfalls einen stabilen Orbit der Periode p. Ist zum Beispiel $a \mapsto f_a$ eine Familie von Funktionen aus $\mathfrak{M}$, für die f_{a_0} superstabil ist mit Periode p, dann gibt es ein offenes Intervall um a_0 im Parameterraum derart, daß f_a für jedes a aus diesem Intervall einen stabilen periodischen Orbit der Periode p besitzt (vergleiche Übungsaufgabe 1).

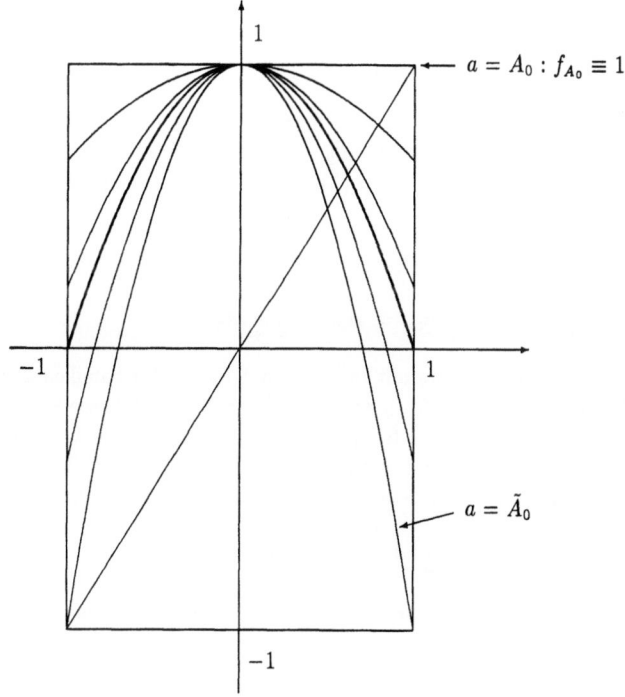

Fig. 9.1: Beispiel einer parameterabhängigen Familie $a \mapsto f_a$ für $a \in [A_0, \tilde{A}_0]$.

2. Die Existenz superstabiler Funktionen f kann manchmal mit einfachen topologischen Argumenten bewiesen werden. Zum Beispiel ist wegen (M1) eine Funktion $f \in \mathfrak{M}$ genau dann superstabil mit Periode 2, wenn $f(1) = 0$ gilt. □

Ist für eine stetige Familie $a \mapsto f_a$ aus $\mathfrak{M}$ $f_a(1)$ manchmal positiv und dann wieder negativ, dann muß wegen der letzten Bemerkung ein a_0 existieren, für das f_{a_0} superstabil ist mit Periode 2. Weiter unten werden wir eine weitaus stärkere Version dieses simplen Argumentes beweisen (vergleiche Satz 9.8), nach der unter den

Voraussetzungen

$$f_{A_0}(1) = 1 \quad \text{und} \quad f_{\tilde{A}_0}(1) = -1 \tag{9.5}$$

eine streng monoton wachsende Folge

$$A_0 < A_1 < A_2 < A_3 < \ldots < \tilde{A}_0 \tag{9.6}$$

von Parameterwerten existiert derart, daß für $n = 1, 2, 3, \ldots$ jede Funktion f_{A_n} superstabil ist mit der Periode 2^n.

Bemerkungen. 1. Die Bedingungen (9.5) sind erfüllt für die Familie in Fig. 9.1.

2. Ein weiteres Beispiel liefern die zu $f_a(x) = ax(1-x)$, $x \in [1 - \frac{a}{4}, \frac{a}{4}]$, $a \in (2, 4]$, konjugierten Abbildungen $g_b : [-1, 1] \to [-1, 1]$, $g_b(x) = 1 - bx^2$, für $b \in (0, 2]$.

3. Eine Familie, die den Bedingungen (9.5) entspricht, ist eine *Übergangsfamilie* (engl.: *transition-*, oft auch *full family* genannt) im Sinne von Definition 7.31: $f_{A_0}(1) = 1$ ist äquivalent zu $K(f_{A_0}) = (\overline{1})$ und $f_{\tilde{A}_0}(1) = -1$ äquivalent zu $K(f_{\tilde{A}_0}) = (1\overline{0})$. [2] □

Wie bisher bezeichnen wir den Grenzwert der A_n mit A_∞, das heißt,

$$a_\infty = A_\infty = \lim_{n \to \infty} A_n . \tag{9.7}$$

Durch numerische Experimente mit zahlreichen 1 Parameter Familien aus $\mathfrak{M}$, zum Beispiel $x \mapsto ax(1-x)$, $a \in [0, 4]$, entdeckte Feigenbaum [41], wie wir bereits aus Abschnitt 3 wissen, eine weitere frappierende *universelle*, das heißt, nicht von der einzelnen Familie abhängige, Eigenschaft: Für große n ist die Differenz $A_\infty - A_n$ asymptotisch gleich $K \cdot \delta^{-n}$ mit einer Konstanten $K > 0$. Mit anderen Worten,

$$\lim_{n \to \infty} (A_\infty - A_n) \delta^n = K > 0 . \tag{9.8}$$

Dabei ist die Konstante δ anscheinend für jede 1-Parameter-Familie dieselbe und hat den Wert

$$\delta = 4.6692016091\ldots \tag{9.9}$$

Dieser Näherungswert für δ ergibt sich aus der folgenden einfachen Folgerung aus (9.8):

9.3 Satz. *Aus* (9.8) *folgt* $\delta > 1$ *und*

$$\lim_{n \to \infty} \frac{A_n - A_{n-1}}{A_{n+1} - A_n} = \delta . \tag{9.10}$$

---

[2] In Definition 7.31 verlangen wir $K(f_{A_0}) = (\overline{0})$, denn dort legen wir unimodale Funktionen $f_a : [0, 1] \to [0, 1]$ zugrunde ohne die Normierung $f_a(c) = 1$ zu verlangen (c: kritischer Punkt). Eine solche Normierung auf $f_a(c) = 1$ erreicht man durch die simple Verschiebung $f_a \to f_a + (1 - f_a(c))$. Daraus folgt dann $K(f_{A_0}) = (\overline{1})$ wie in (9.5).

9 Universelle Eigenschaften diskreter dynamischer Systeme

Beweis. Wegen (9.8) ist $\delta > 1$ offensichtlich. Weiter gilt

$$\frac{A_n - A_{n-1}}{A_{n+1} - A_n} = \delta \cdot \frac{(A_n - A_\infty)\delta^n - \delta(A_{n-1} - A_\infty)\delta^{n-1}}{(A_{n+1} - A_\infty)\delta^{n+1} - \delta(A_n - A_\infty)\delta^n}. \tag{9.11}$$

Daraus folgt

$$\lim_{n \to \infty} \frac{A_n - A_{n-1}}{A_{n+1} - A_n} = \delta \cdot \frac{\delta K - K}{\delta K - K} = \delta. \tag{9.12}$$

∎

Bemerkung. Einen Näherungswert für A_∞ erhält man ebenfalls aus (9.10), indem man für große n A_{n+1} durch A_∞ ersetzt, das heißt,

$$A_\infty - A_n \approx (A_1 - A_0)\delta^{-n} \tag{9.13}$$

beziehungsweise

$$A_\infty - A_n \propto \delta^{-n}. \tag{9.14}$$

Der Zahlenwert für A_∞ ist, im Gegensatz zu den Feigenbaumkonstanten α und δ, selbstverständlich nicht universell und lautet für die Familie $x \mapsto 1 - bx^2$, $b \in [0,2]$, über $[-1,1]$

$$B_\infty = 1.401155\ldots \tag{9.15}$$

Für die Familie $x \mapsto ax(1-x)$, $a \in [0,4]$, über $[0,1]$ ergibt er sich daraus über die Konjugation (6.61), und es gilt

$$A_\infty = 1 + \sqrt{1 + 4B_\infty} = 3.569946\ldots \tag{9.16}$$

(vergleiche Abschnitt 6, Beispiel 6.2 (6)). □

Zum Nachweis der Beziehung (9.8) greifen wir zurück auf den Renormierungsoperator T aus Gleichung (8.56):

9.4 Satz. *Für $f \in \mathfrak{M}$ mit $f(1) < 0$ ist auch Tf, definiert durch*

$$Tf(x) := -\alpha f\left(f\left(\frac{x}{\alpha}\right)\right), \quad x \in [-1,1], \tag{9.17}$$

mit $\alpha = -\dfrac{1}{f(1)}$ *ein Element von* $\mathfrak{M}$.[3]

Beweis. Sei $f \in \mathfrak{M}$. Wir setzen

$$a = \frac{1}{\alpha} \quad \text{und} \quad b = f(a). \tag{9.18}$$

Für f nehmen wir an, daß

$$a < b \tag{9.19}$$

erfüllt ist sowie

$$f(b) = f^2(a) \leq a. \tag{9.20}$$

---

[3] Wobei f *zusätzlich* den Bedingungen (9.19) und (9.20) genügt!

Dann sind die Intervalle $[-a, a]$ und $[b, 1]$ durchschnittsfremd, und f bildet $[-a, a]$ auf $[b, 1]$ und $[b, 1]$ auf $[-a, f(b)] \subseteq [-a, a]$ ab (vergleiche Fig. 9.2). Also bildet $f \circ f$ das Intervall $[-\frac{1}{\alpha}, \frac{1}{\alpha}]$ in sich selbst ab, und $-f \circ f$ ist unimodal auf $[-\frac{1}{\alpha}, \frac{1}{\alpha}]$. Durch Reskalierung (mit Orientierungswechsel) folgt schließlich

$$Tf(x) = -\alpha f \circ f\left(\frac{x}{\alpha}\right) \in [-1, 1] \qquad (9.21)$$

und weiter, da Tf die Bedingungen (M1)–(M3) erfüllt, $Tf \in \mathfrak{M}$. ∎

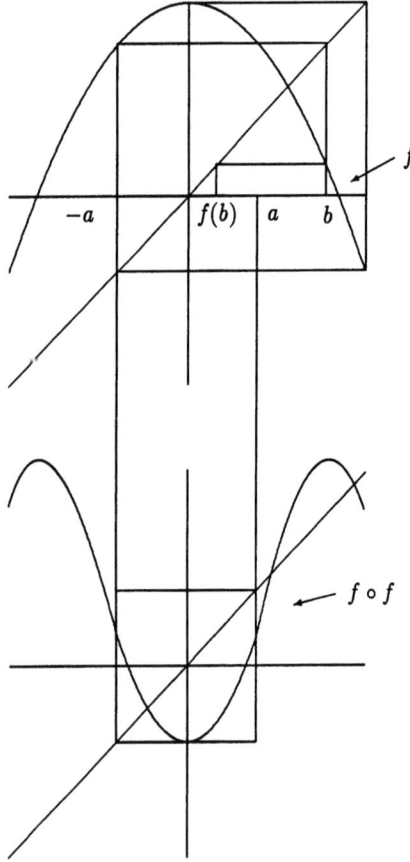

Fig. 9.2: Eine Abbildung $f \in \mathfrak{M}$, i.e. $f(x) = 1 - 1.4x^2$, mit den Annahmen von Satz 9.4 (nach [32], S. 214).

Bemerkung. Die Aussage von Satz 9.4 bleibt richtig, wenn wir anstelle der Bedingung (9.19) lediglich

$$0 < b = f\left(\frac{1}{\alpha}\right) \qquad (9.22)$$

verlangen. Dann ist $-f \circ f$ auf $[-\frac{1}{\alpha}, \frac{1}{\alpha}]$ weiterhin unimodal[4], allerdings vertauscht f in dem von Satz 9.4 und Fig. 9.2 abweichenden Fall $b < a$ nicht wie dort die (dort disjunkten) Intervalle $[-a, a]$ und $[b, 1]$, sondern ist invariant auf deren Durchschnitt $[b, a]$. □

Die Nützlichkeit der Transformation T beim Studium superstabiler Abbildungen ist uns bereits im letzten Abschnitt deutlich geworden:

9.5 Satz. *Vorausgesetzt, $f \in \mathfrak{M}$ gehört zum Definitionsbereich von T, dann gilt: f ist genau dann superstabil mit Periode p, wenn Tf superstabil ist mit Periode $\frac{p}{2}$. Insbesondere muß p gerade sein.*

---

[4] In $[-\frac{1}{\alpha}, \frac{1}{\alpha}]$ ist $(f^2)'(x) = f'(f(x)) \cdot f'(x) = 0$ nur für $x = 0$ erfüllt, denn es gilt $f(x) \geq b > 0$.

9 Universelle Eigenschaften diskreter dynamischer Systeme

Beweis. Mit ein wenig Geduld verifiziert man durch vollständige Induktion, daß für $n \in \mathbb{N}$ gilt:
$$(Tf)^n(x) = -\alpha f^{2n}(x/\alpha). \quad [5)] \tag{9.23}$$
Für $n = \frac{p}{2}$ folgt daraus
$$x_0 = (Tf)^{p/2}(x_0) = -\alpha f^p(x_0/\alpha) \tag{9.24}$$
dann und nur dann, wenn
$$\frac{x_0}{-\alpha} = f^p(x_0/\alpha), \tag{9.25}$$
sowie
$$\frac{d}{dx} f^p(x_0/\alpha) = 0 \tag{9.26}$$
genau dann, wenn
$$\frac{d}{dx}(Tf)^{p/2}(x_0) = -\alpha \frac{d}{dx} f^p(x_0/\alpha) = 0. \tag{9.27}$$
∎

Die Bedingungen (9.19) und (9.20) beziehungsweise (9.22) im Beweis von Satz 9.4 haben den Definitionsbereich von T in $\mathfrak{M}$ eingeschränkt. Für $f \in \mathfrak{M}$ setzen wir wie dort
$$\alpha = \alpha(f) := -\frac{1}{f(1)} \quad \text{und} \quad \beta = \beta(f) := f\left(\frac{1}{\alpha}\right), \tag{9.28}$$
letzteres, falls $\alpha > 0$. Der Definitionsbereich von T, $\mathfrak{D}_T$ genannt, sei dann die Menge aller Funktionen $f \in \mathfrak{M}$, für die gilt:

(a) $\alpha > 0$, (b) $\beta > 0$, (c) $f(f(\frac{1}{\alpha})) \leq \frac{1}{\alpha}$.

Für $f \in \mathfrak{D}_T$ und $x \in [-1, 1]$ sei im folgenden definitionsgemäß
$$Tf(x) = -\alpha f \circ f(x/\alpha), \tag{9.29}$$
und aufgrund von Satz 9.4 und der daran anschließenden Bemerkung ist dann $Tf \in \mathfrak{M}$. Im allgemeinen liegt Tf aber nicht mehr in $\mathfrak{D}_T$. Guckenheimer und Holmes [55] bezeichnen T als einen renormierten Verdopplungsoperator, für uns ist T eine Renormierung im Sinne von Definition 8.1.

9.6 Satz. *Sei $f \in \mathfrak{D}_T$ und $f \circ f(\frac{1}{\alpha}) < 0$. Dann gilt (9.19), das heißt, $f(\frac{1}{\alpha}) > \frac{1}{\alpha}$.*

Beweis. Sei x_0 die positive Nullstelle von f und $f \in \mathfrak{D}_T$. Wegen $f(\frac{1}{\alpha}) > 0$ ist dann $f \circ f(\frac{1}{\alpha}) < 0$ äquivalent zu $x_0 < f(\frac{1}{\alpha})$. Daraus folgt die Behauptung, denn aus der Annahme $\frac{1}{\alpha} \geq f(\frac{1}{\alpha})$ folgt $x_0 < \frac{1}{\alpha}$ und somit $0 > f(\frac{1}{\alpha})$ im Widerspruch zu $f \in \mathfrak{D}_T$.
∎

[5)] **Achtung:** (9.23) gilt im Unterschied zu $T^n f(x) = T(T^{n-1}f)(x)$.

9.7 Lemma. *Für $f \in \mathfrak{M}$ gelte $f(1) = 0$ [6]. $(f_n)_{n \in \mathbb{N}}$ sei eine Folge in $\mathfrak{M}$, die in der C^1-Topologie gegen f konvergiert und $\alpha(f_n) > 0$ für alle n erfüllt. Dann gilt:*

(a) *Für hinreichend großes n gilt $f_n \in \mathfrak{D}_T$ mit (9.19).*
(b) *$Tf_n(1) \to 1$ für $n \to \infty$.*

Beweis. Sei $a_n := \frac{1}{\alpha(f_n)}$. Wir zeigen zunächst $f_n(a_n) > 0$ und danach

$$\frac{f_n^2(a_n) - (-a_n)}{a_n} \longrightarrow 0 \qquad (9.30)$$

für $n \to \infty$. Wegen

$$Tf_n(1) = -\frac{1}{a_n} f_n^2(a_n) \qquad (9.31)$$

folgt dann zum einen die Behauptung (b) und zum anderen $f_n^2(a_n) < 0$ für hinreichend großes n und somit nach Satz 9.6 die Behauptung (a).

Sei $0 < \varepsilon < 1$. Dann existiert wegen $f(1) = 0$ ein $\delta = \delta(\varepsilon) \in (0,1)$ mit $f(\delta) = \varepsilon$. Wegen der gleichmäßigen Konvergenz existiert außerdem ein $n_0 = n_0(\varepsilon) \in \mathbb{N}$ mit

$$f(x) - \varepsilon < f_n(x) < f(x) + \varepsilon \qquad (9.32)$$

für alle $x \in [-1, 1]$ und $n \geq n_0$. Wegen der Monotonie der f_n folgt daraus

$$f_n(x) > 0 \quad \text{für} \quad x \in [0, \delta] \quad \text{und alle} \quad n \geq n_0. \qquad (9.33)$$

Andererseits gibt es wegen

$$a_n = -f_n(1) \longrightarrow 0 \, (= -f(1)) \qquad (9.34)$$

ein $n_1 = n_1(\delta) \in \mathbb{N}$ mit $a_n < \delta$ für alle $n \geq n_1$. Für $n \geq N = \max(n_0, n_1)$ gilt dann $f_n(a_n) > 0$.

Nun zu (9.30). Nach dem Mittelwertsatz gilt zunächst

$$\frac{f_n(a_n) - f_n(0)}{a_n} = f_n'(\xi_n) \quad \text{mit} \quad \xi_n \in (0, a_n). \qquad (9.35)$$

Sei $\varepsilon > 0$. Aus $a_n \xrightarrow[n \to \infty]{} 0$ folgt $\xi_n \xrightarrow[n \to \infty]{} 0$, das heißt, es existiert ein $n_0 = n_0(\varepsilon)$ mit

$$|f'(\xi_n) - f'(0)| < \varepsilon \quad \text{für alle} \quad n \geq n_0. \qquad (9.36)$$

Weiterhin existiert wegen $f_n \xrightarrow[n \to \infty]{} f$ in der C^1-Topologie ein $n_1 = n_1(\varepsilon)$ mit

$$|f_n'(x) - f'(x)| < \varepsilon \quad \text{für alle} \quad x \in [-1,1] \quad \text{und für alle} \quad n \geq n_1. \qquad (9.37)$$

---
[6] Das heißt, f ist superstabil.

9 Universelle Eigenschaften diskreter dynamischer Systeme

Für $n \geq N = \max(n_0, n_1)$ folgt dann

$$|f'_n(\xi_n) - f'(0)| \leq |f'_n(\xi_n) - f'(\xi_n)| + |f'(\xi_n) - f'(0)| < 2\varepsilon. \tag{9.38}$$

Wegen $f'(0) = 0$ folgt daraus

$$\frac{f_n(a_n) - f_n(0)}{a_n} \xrightarrow[n \to \infty]{} 0. \tag{9.39}$$

Aus (9.37) folgt außerdem

$$|f'_n(x)| \leq M \tag{9.40}$$

gleichmäßig für alle $x \in [-1, 1]$ und alle $n \in \mathbb{N}$. Aus (9.39) und (9.40) erhalten wir schließlich

$$\left| \frac{f_n^2(a_n) - (-a_n)}{a_n} \right| = \left| \frac{f_n(f_n(a_n)) - f_n(f_n(0))}{a_n} \right| \leq M \left| \frac{f_n(a_n) - f_n(0)}{a_n} \right| \xrightarrow[n \to \infty]{} 0. \tag{9.41}$$

∎

Bemerkung. Ohne Tricks (straightforward, vergleiche Übungsaufgabe 2) beweist man für

$$a(f) = \frac{1}{\alpha(f)} = -f(1) > 0 \tag{9.42}$$

die entsprechende Aussage: Ist $f^2(a(f)) = a(f)$ und gilt in der C^1-Topologie

$$f_n \xrightarrow[glm]{} f \tag{9.43}$$

für $f_n \in \mathfrak{D}_T$ mit $a(f_n) = \frac{1}{\alpha(f_n)} > 0$, dann folgt

$$Tf_n(1) = -\frac{1}{a(f_n)} f_n^2(a(f_n)) \xrightarrow[n \to \infty]{} -\frac{1}{a(f)} f^2(a(f)) = -1. \tag{9.44}$$

Lemma 9.7 ist der Spezialfall $a(f) = 0$. □

Der Operator T erweist sich nun als ein geeignetes Werkzeug, um die zu Beginn dieses Abschnitts angekündigte Aussage zu beweisen, nach der für jede Übergangsfamilie $a \mapsto f_a$ eine monoton wachsende Folge

$$A_0 < A_1 < A_2 < A_3 < \ldots < \tilde{A}_0 \tag{9.45}$$

von Parameterwerten existiert derart, daß jede der Funktionen f_{A_n} superstabil ist mit Periode 2^n. Wir lockern dazu die Bedingung (9.5) ein wenig, betrachten die Familie $a \mapsto f_a$ für $a \in (A_0, \tilde{A}_0)$ und verlangen jetzt

$$f_a(1) \to 1 \text{ für } a \to A_0 \quad \text{und} \quad f_a(1) \to -1 \text{ für } a \to \tilde{A}_0. \tag{9.46}$$

(9.5) folgt daraus aufgrund der Stetigkeit von f_a in der C^1-Topologie. Wir haben oben bereits festgestellt, daß für jede Übergangsfamilie $a \mapsto f_a$ mindestens ein Parameterwert a existieren muß mit $f_a(1) = 0$, das heißt, für den f_a superstabil ist. Den *größten* derartigen Parameterwert bezeichnen wir mit A_1, das heißt,

$$A_1 = \max\{a \in (A_0, \tilde{A}_0) \mid f_a(1) = 0\}. \tag{9.47}$$

Lemma 9.7 besagt dann: $f_a \in \mathfrak{D}_T$ [7] für $a > A_1$ und a hinreichend nahe bei A_1. Wir bezeichnen nun mit $\tilde{A}_1$ den *kleinsten* Parameterwert $a > A_1$, für den $f_a \notin \mathfrak{D}_T$ gilt, das heißt,

$$\tilde{A}_1 = \min\{a \in (A_0, \tilde{A}_0) \mid a > A_1 \text{ und } f_a \notin \mathfrak{D}_T\}. \tag{9.48}$$

Wegen $\beta(f_a) = f_a^2(1) \to -1$ [8] und $\alpha(f_a) = -\frac{1}{f_a(1)} \to 1$ für $a \to \tilde{A}_0$ ist das Kriterium (9.19) (vergleiche Fußnote 7) für die Zugehörigkeit zu $\mathfrak{D}_T$ verletzt, bevor a den Wert $\tilde{A}_0$ erreicht hat. Also ist auch (9.48) sinnvoll. Auf dem Weg dorthin (aus $\mathfrak{D}_T$ heraus) muß es aus Stetigkeitsgründen einen Punkt a mit $\beta(f_a) = \frac{1}{\alpha(f_a)}$, das heißt, $f_a^2\left(\frac{1}{\alpha(f_a)}\right) = \frac{1}{\alpha(f_a)}$, geben. Nach (9.48) gilt dies an der Stelle $a = \tilde{A}_1$, das heißt, es gilt

$$f_{\tilde{A}_1}^2\left(\frac{1}{\alpha(f_{\tilde{A}_1})}\right) = \frac{1}{\alpha(f_{\tilde{A}_1})}, \tag{9.49}$$

beziehungsweise

$$f_{\tilde{A}_1}^2(-f_{\tilde{A}_1}(1)) = -f_{\tilde{A}_1}(1). \tag{9.50}$$

Damit haben wir folgendes Resultat:

9.8 Satz. *Ist* $a \mapsto f_a$; $a \in (A_0, \tilde{A}_0)$ *eine Übergangsfamilie, dann ist*

$$a \longmapsto Tf_a, \quad a \in (A_1, \tilde{A}_1), \tag{9.51}$$

ebenfalls eine Übergangsfamilie [9].

Beweis. Nach Lemma 9.7 gilt

$$Tf_a(1) \longrightarrow 1 \quad \text{für} \quad a \downarrow A_1 \text{[10]}, \tag{9.52}$$

und aufgrund der Bemerkung nach Lemma 9.7 und (9.50) gilt ebenso

$$Tf_a(1) \longrightarrow -1 \quad \text{für} \quad a \uparrow \tilde{A}_1. \tag{9.53}$$

∎

---

[7] Für $\mathfrak{D}_T$ verlangen wir die schärfere Bedingung (b), also (9.19), das heißt, $\beta(f_a) > \frac{1}{\alpha(f_a)} > 0$ für jedes $f_a \in \mathfrak{D}_T$.
[8] Folgt aus der gleichmäßigen Konvergenz.
[9] Im Sinne von (9.46).
[10] $a \downarrow A_1$ bedeutet $\lim\limits_{\substack{a \to A_1 \\ a > A_1}} Tf_a(1) = 1$, analog $a \uparrow \tilde{A}_1$.

9 Universelle Eigenschaften diskreter dynamischer Systeme

Wir wenden nun Satz 9.8 an auf die Familie $a \mapsto Tf_a$ anstelle von $a \mapsto f_a$ und für $a \in (A_1, \tilde{A}_1)$ anstelle von $(A_0, \tilde{A}_0)$, und so weiter, und erhalten schließlich durch Induktion: Es existieren zwei Folgen

$$A_0 < A_1 < A_2 < \ldots < \tilde{A}_2 < \tilde{A}_1 < \tilde{A}_0 \tag{9.54}$$

von Parameterwerten derart, daß für $A_n < a < \tilde{A}_n$ gilt:

(a) $f_a \in \mathfrak{D}_{T^n}$, und
(b) $a \mapsto T^n f_a$, $A_n < a < \tilde{A}_n$ ist eine Übergangsfamilie.

Die Folge $(A_n)_{n \in \mathbb{N}_0}$ ist so konstruiert, daß $T^n f_{A_{n+1}}$ superstabil ist mit Periode 2, das heißt nach Satz 9.5, f_{A_n} ist superstabil mit Periode 2^n.

Wir gehen noch einmal zurück zum Beginn dieses Abschnittes und machen eine Zwischenbilanz.

Wir befinden uns in der Menge $\mathfrak{M}$ aller symmetrischen, C^1-unimodalen Funktionen f auf $[-1, 1]$ mit $f(0) = 1$. Für $f \in \mathfrak{M}$ haben wir den renormierten Verdopplungsoperator

$$Tf(x) = -\alpha f^2(\alpha^{-1} x), \; x \in [-1, 1], \tag{9.55}$$

mit

$$\alpha = -(f^2(0))^{-1} = -\frac{1}{f(1)} > 0 \tag{9.56}$$

eingeführt. Die Bedingungen

$$\beta = f(\alpha^{-1}) > 0 \tag{9.57}$$

und

$$f(\beta) = f^2(\alpha^{-1}) \leq \alpha^{-1} \tag{9.58}$$

sind hinreichend dafür, daß die Bilder Tf wieder in $\mathfrak{M}$ liegen und definieren den Definitionsbereich $\mathfrak{D}_T$ von T. Die Verschärfung von (9.57), gemeint ist

$$\beta > \alpha > 0, \tag{9.59}$$

haben wir lediglich einmal benötigt, nämlich zum Nachweis der Eigenschaft (9.50) der Folge $(\tilde{A}_n)_{n \in \mathbb{N}_0}$ in Satz 9.8.

Feigenbaum legt seinen Untersuchungen in [41] und [42] parameterabhängige Funktionenfamilien der Form

$$a \mapsto f_a(x) \equiv a \cdot f(x) \tag{9.60}$$

zugrunde. Dabei ist f eine C^1-unimodale symmetrische Funktion auf $[-1, 1]$ mit einem Maximum der Ordnung $1 + \varepsilon$ ($\varepsilon > 0$) in $x = 0$, das heißt, es gilt

$$f(x) - f(0) \propto |x|^{1+\varepsilon} \tag{9.61}$$

für $|x|$ hinreichend klein. In [41] bestimmt er heuristische Näherungswerte für die nach ihm benannten Konstanten α und δ aus (8.10) und (8.11). Dabei nimmt er stillschweigend die Existenz des Grenzwertes

$$g_1(x) = \lim_{n\to\infty} (-\alpha)^n f_{A_{n+1}}^{2^n}(x/\alpha^n) \qquad (9.62)$$

in (8.44) an [11]. In der Folgearbeit [42] verallgemeinert er (9.62) zu Funktionen g_k, $k \in \mathbb{Z}^+$ (vergleiche (8.47)), die einer inversen Rekursionsbeziehung,

$$g_{k-1}(x) = -\alpha g_k^2\left(\frac{x}{\alpha}\right), \qquad (9.63)$$

für $k = 1, 2, 3, \ldots$ genügen. Feigenbaum vermutet, daß der Limes

$$g(x) = \lim_{k\to\infty} g_k(x) \qquad (9.64)$$

existiert und schließt aus (9.63) für $k \to \infty$ ohne Umschweife auf die Fixpunktgleichung

$$Tg(x) := -\alpha g^2\left(\frac{x}{\alpha}\right) = g(x). \qquad (9.65)$$

Die Normierung $g(0) = 1$ legt den Skalierungsfaktor eindeutig fest:

$$\alpha = -\frac{1}{g(1)}. \qquad (9.66)$$

Näherungslösungen für $\alpha \approx 2.5$ erhält man für Funktionen mit quadratischem Maximum (d. i. $\varepsilon = 1$) durch Einsetzen eines Polynoms höheren Grades in x^2 und anschließenden Koeffizientenvergleich (vergleiche dazu den Schluß von Abschnitt 8). Feigenbaum vermutete, daß die Linearisierung (= Ableitung, vergleiche Anhang A.3.3) von T an der Stelle g im Raum der symmetrischen, glatten Abbildungen $f : \mathbb{R} \to \mathbb{R}$ mit $f(0) = 1$, $f'(0) = 0$ und $f''(0) < 0$ genau einen „instabilen" Eigenwert größer als 1 besitzt, nämlich gerade die Konstante $\delta \approx 4.67$ mit der Eigenschaft (9.10), das heißt,

$$\lim_{n\to\infty} \frac{A_n - A_{n-1}}{A_{n+1} - A_n} = \delta. \qquad (9.67)$$

In der Folgezeit stürzten sich zahlreiche namhafte Autoren auf Feigenbaums Vermutungen. Ziel ihrer Bemühungen war zum einen der Nachweis von Existenz und Eindeutigkeit einer Lösung von Feigenbaums Fixpunktgleichung (9.65) und damit der Universalität (= Unabhängigkeit von der speziellen Funktionenfamilie) der Feigenbaum-Konstanten α in (9.66). Zum anderen galt es, Feigenbaums sogenannte Spektralvermutung zu verifizieren, nach der die Konstante δ in (9.67) gerade der

---

[11] Da die Funktionen f_a symmetrisch zum Ursprung sein sollen, können wir das Minuszeichen im Argument von f_a weglassen; das gilt entsprechend für die Funktionen g_k und g.

9 Universelle Eigenschaften diskreter dynamischer Systeme

einzige Eigenwert außerhalb des Einheitskreises für die Ableitung $DT(g)$ von T an der Stelle g ist [12] und die Eigenschaft besitzt, daß

$$\lim_{n\to\infty}(A_\infty - A_n)\delta^n \qquad (9.68)$$

($A_\infty = \lim_{n\to\infty} A_n$) existiert und von 0 verschieden ist – woraus unmittelbar (9.67) folgt, und zwar wiederum unabhängig von der speziell gewählten Funktionenfamilie.

Resultate zu diesen Behauptungen, zum Teil basierend auf unterschiedlichen Teilmengen von $\mathfrak{M}$, in denen sie den Fixpunkt g suchten, lieferten Collet, Eckmann und Lanford III [32], [81] sowie Campanino, Epstein und Ruelle [24], [25]; weitere Resultate findet man bei Lanford III [79], [80].

Wir geben im folgenden einen Überblick über diese Resultate und stellen die verwendeten Beweismethoden vor, ohne jedoch in alle Einzelheiten der (zum Teil sehr anspruchsvollen) Beweise einzusteigen. Wir orientieren uns dabei an der Vorgehensweise von Collet, Eckmann und Lanford III [32], wobei die wichtigsten Teile dieser Arbeit von Collet und Eckmann auch in ihr Lehrbuch [29] (S. 199–226) übernommen worden sind. Wir tun dies, obwohl sie, wie wir weiter unten sehen werden, die Existenz (und sogar die Eindeutigkeit) einer Lösung g von (9.65) beweisen, welche einer Teilmenge von $\mathfrak{M}$ angehört, in der die von Feigenbaum zugrundegelegten symmetrischen unimodalen Funktionen mit quadratischem Maximum gerade nicht enthalten sind. Das ist allerdings nicht weiter tragisch, denn diese Lücke schließt die Arbeit von Campanino und Epstein [24], aber bis heute scheinen Collet, Eckmann und Lanford III die einzigen gewesen zu sein, die Feigenbaums Vermutungen über die Universalität von α und δ bis zum Ende sauber analytisch durchgefochten haben.

Wie wir bereits mehrfach betont haben, sind die Konstanten α und δ *universell relativ zum Funktionenraum*, in dem g als Fixpunkt von (9.65) bestimmt wird. Das heißt, die aus (9.65) abgeleiteten Beziehungen sind nicht abhängig von der jeweils betrachteten speziellen Familie $a \mapsto f_a$ in diesem Funktionenraum. Es gibt viele verschiedene Lösungen von (9.65), wenn man, wie bei der Definition von $\mathfrak{M}$, lediglich $g \in C^1[-1,1]$ fordert. Campanino, Epstein und Ruelle (vergleiche [24] und [25]) schränken diese Vielfalt ein und beweisen die Existenz einer Lösung $g : [-1,1] \to [-1,1]$ mit den Eigenschaften: $g \in C^2[-1,1]$, unimodal, gerade, $g(0) = 1$ und $g''(0) < 0$. Offenbar gilt dann $g \in \mathfrak{M}$, und in einer Umgebung des Nullpunktes ist $g(x) = 1 - \text{const}\, x^2$. Das heißt, ihre Lösung g ist eine mit quadratischem Maximum, deren Existenz Feigenbaum in [41] vermutete, wie wir sie in (8.62) zur Berechnung einer Näherung von α benutzt haben.

Collet, Eckmann und Lanford III [32] betrachten Funktionen $f \in \mathfrak{M}$ der Form

$$f(x) = \psi(|x|^{1+\varepsilon}), \quad 0 < \varepsilon \ll 1 \text{ fest}, \qquad (9.69)$$

---
[12] Vergleiche Anhang A.3.3.

wobei ψ die Restriktion auf $[0, 1]$ einer auf einer komplexen Umgebung Ω von $[0, 1]$ analytischen Funktion ist. Um es präzise zu machen, sei Ω ein beschränktes Gebiet in $\mathbb{C}$, welches das Intervall $[0, 1]$ enthält. $\mathfrak{H} = \mathfrak{H}(\Omega)$ sei dann der reelle Banachraum [13] der beschränkten analytischen Funktionen auf Ω, reell auf $\Omega \cap \mathbb{R}$ und ausgestattet mit der Supremumsnorm.

Für $\varepsilon > 0$ bezeichnen wir mit $\mathfrak{M}_\varepsilon$ die Menge aller Funktionen f auf $[-1, 1]$ der Form

$$f(x) = \psi(|x|^{1+\varepsilon}) \qquad (9.70)$$

mit $\psi \in \mathfrak{H}$, für die außerdem gilt:

$$\psi(0) = 1, \quad \frac{d\psi}{dt} < 0 \text{ auf } [0, 1], \quad \psi(1) > -1. \qquad (9.71)$$

9.9 Lemma. $\mathfrak{M}_\varepsilon \subset \mathfrak{M}$.

Beweis. (M1) und (M3) aus Definition 9.1 gelten nach Definition, und (M2) folgt aus $\frac{d\psi}{dt} < 0$ auf $[0, 1]$. Die Eigenschaft $\psi(1) > -1$ gewährleistet dann $f : [-1, 1] \to [-1, 1]$. Weiterhin ist die komplexe Ableitung $\psi'(z)$ stetig in Ω; somit ist die reelle Ableitung $\psi'_{|[0,1]}$ ebenfalls stetig, das heißt, es gilt $f \in C^1[-1, 1]$. ∎

Bemerkungen. 1. Für $\varepsilon > 0$ verhalten sich die Funktionen von $\mathfrak{M}_\varepsilon$ für kleine Werte von $|x|$ wie $1 - \text{const} |x|^{1+\varepsilon}$ (const > 0), das folgt aus dem Mittelwertsatz. Für $\varepsilon = 1$ besitzen die Funktionen aus $\mathfrak{M}_\varepsilon$ also ein quadratisches Maximum.

2. Definitionsgemäß sind die Mengen $\mathfrak{M}_\varepsilon$ für verschiedene Werte von $\varepsilon > 0$ disjunkt. Das bedeutet, zu jedem $\varepsilon > 0$ gehört ein eigenes Problem, eine Lösung der Fixpunktgleichung (9.65) zu finden, welche sich in der Umgebung von 0 wie $1 - \text{const} |x|^{1+\varepsilon}$ verhält. □

Für $f \in \mathfrak{M}_\varepsilon \cap \mathfrak{D}_T$ [14], $f(x) = \psi(|x|^{1+\varepsilon})$, gilt nach (9.55) mit $a = \alpha^{-1} = -f(1) = -\psi(1) > 0$ für $x \in [-1, 1]$

$$Tf(x) = -\frac{1}{a} f \circ f(ax)$$

$$= -\frac{1}{a} \psi(|\psi(a^{1+\varepsilon}|x|^{1+\varepsilon})|^{1+\varepsilon}) \qquad (9.72)$$

$$=: F(|x|^{1+\varepsilon})$$

mit

$$F(z) = -\frac{1}{a} \psi(|\psi(a^{1+\varepsilon} z)|^{1+\varepsilon}). \qquad (9.73)$$

---

[13] Das heißt, $\mathfrak{H}$ ist ein vollständiger normierter linearer Raum über $\mathbb{R}$.
[14] $\mathfrak{M}_\varepsilon \cap \mathfrak{D}_T \neq \emptyset$!

9 Universelle Eigenschaften diskreter dynamischer Systeme

Die Bedingung (9.57) an $\mathfrak{D}_T$ impliziert, daß

$$\psi(a^{1+\varepsilon}t) > 0 \quad \text{für} \quad 0 \le t \le 1 \tag{9.74}$$

erfüllt ist, so daß wir in (9.73) die Betragsstriche weglassen können.

Mit $\mathfrak{D}_\varepsilon$ bezeichnen wir nun die Menge aller Abbildungen $f \in \mathfrak{M}_\varepsilon \cap \mathfrak{D}_T$, $f(x) = \psi(|x|^{1+\varepsilon})$, die mit $a = -\psi(1) > 0$ zusätzlich den folgenden Bedingungen genügen:

(i) $a^{1+\varepsilon}\overline{\Omega} \subset \Omega$,
(ii) $\psi(a^{1+\varepsilon}\Omega) \cap (-\infty, 0) = \emptyset$,
(iii) $\overline{(\psi(a^{1+\varepsilon}\Omega))^{1+\varepsilon}} \subset \Omega$.

Durch diese drei Bedingungen unterliegt das Gebiet Ω gewissen Einschränkungen. Doch wenn wir Ω zum Beispiel als eine offene Kreisscheibe mit dem Mittelpunkt in $(\frac{1}{2}, 0)$ und einem Radius nicht allzuviel größer als $\frac{1}{2}$ wählen, so ist keine unserer nachfolgenden Überlegungen gefährdet (vergleiche auch Collet, Eckmann und Lanford III [32], S. 217 und 245), insbesondere gilt dann $\mathfrak{D}_\varepsilon \ne \emptyset$.

9.10 Lemma. $f \in \mathfrak{D}_\varepsilon \implies Tf \in \mathfrak{M}_\varepsilon$.

Beweis. Wegen (i) und (iii) ist $F \in \mathfrak{H}(\Omega)$; aus (ii) folgt (9.74). Weiterhin gilt

$$F(0) = -\frac{1}{a}\psi((\psi(0))^{1+\varepsilon}) = -\frac{1}{a}\psi(1) = 1, \tag{9.75}$$

sowie für $t \in [0,1]$ wegen (9.74)

$$\frac{dF(t)}{dt} = -\frac{1}{a}\frac{d\psi}{dt}((\psi(a^{1+\varepsilon}t))^{1+\varepsilon}) \cdot (1+\varepsilon)(\psi(a^{1+\varepsilon}t))^{\varepsilon} \cdot \frac{d}{dt}\psi(a^{1+\varepsilon}t) \cdot a^{1+\varepsilon} < 0, \tag{9.76}$$

und last but not least mit (9.58)

$$\begin{aligned} F(1) &= -\frac{1}{a}\psi((\psi(a^{1+\varepsilon}))^{1+\varepsilon}) \\ &= -\frac{1}{a}f(f(a)) \ge -1. \end{aligned} \tag{9.77}$$

Es gilt nun folgender Satz: ∎

9.11 Satz. (Vergleiche Collet, Eckmann und Lanford III [32], Theorem 2.1 und 2.2.) *Für $\varepsilon > 0$ und hinreichend klein gilt*

(a) *T besitzt in $\mathfrak{D}_\varepsilon$ einen Fixpunkt $g = g(\varepsilon)$ mit negativer Schwarzscher Ableitung.*
(b) *Fordern wir in (9.71) zusätzlich, daß ψ zweimal stetig differenzierbar ist auf $[0,1]$, dann ist g eindeutig bestimmt.*

Die Behauptungen von Satz 9.11 folgen aus einem analogen Satz im Banachraum $\mathfrak{H}(\Omega)$. Zu dessen Beweis verwenden Collet, Eckmann und Lanford III [32] Methoden aus der Störungstheorie [15]. Aus diesem Grund haben ihre Ergebnisse nur Gültigkeit für hinreichend kleines $\varepsilon > 0$. Der angekündigte Satz bedarf jedoch noch einiger Vorbereitungen.

Dazu schreiben wir den Parameter ε in der Form

$$\varepsilon = \frac{-\alpha}{1 + \ln \alpha}. \qquad (9.78)$$

Man überlegt sich leicht, daß zu jedem hinreichend kleinen $\alpha > 0$ genau ein kleines $\varepsilon > 0$ gehört und umgekehrt. Außerdem führen wir im Funktionenraum einen Wechsel der Variablen durch, das heißt, wir setzen für $\psi \in \mathfrak{H}$ mit $\psi(0) = 1$

$$\psi(z) = 1 - z + \alpha z(\psi_\alpha(z) - 1), \, z \in \Omega. \qquad (9.79)$$

Ein solches $\psi_\alpha \in \mathfrak{H}$ existiert, denn definiert man für $z \in \Omega$

$$A\psi(z) = \begin{cases} \dfrac{\psi(z) - \psi(0)}{z}, & \text{falls } z \neq 0 \\ \psi'(0), & \text{falls } z = 0 \end{cases}, \qquad (9.80)$$

dann gilt $A\psi \in \mathfrak{H}$ und

$$\psi_\alpha(z) = \frac{1}{\alpha}(A\psi(z) + 1) + 1. \qquad (9.81)$$

Das heißt, die Beziehung (9.79) ordnet für hinreichend kleines $\alpha > 0$ jeder Abbildung $\psi \in \mathfrak{H}$ mit $\psi(0) = 1$ genau eine Abbildung $\psi_\alpha \in \mathfrak{H}$ der Form (9.81) zu und umgekehrt. Beide Richtungen sind offenbar stetig und definieren somit einen Homöomorphismus von

$$\mathfrak{H}_1 := \{\psi \in \mathfrak{H} \mid \psi(0) = 1\} \qquad (9.82)$$

auf einen von α (und damit von ε) abhängigen Unterraum von $\mathfrak{H}$. Dort wird die Existenz eines Fixpunktes nachgewiesen, doch zuvor müssen wir erst einmal die Zusammenhänge zu $\mathfrak{M}_\varepsilon$ und T herstellen. Wir bezeichnen mit $\mathfrak{H}_0$ den Unterraum von $\mathfrak{H}$ aller Funktionen, die in 0 verschwinden, das heißt,

$$\mathfrak{H}_0 = \{\psi \in \mathfrak{H} \mid \psi(0) = 0\}. \qquad (9.83)$$

Weiterhin sei

$$\hat{\mathfrak{H}}_0 := \{\psi \in \mathfrak{H}_0 \mid \frac{d\psi}{dt} < 0 \text{ auf } [0,1], \, \psi(1) > -2\} \qquad (9.84)$$

sowie

$$\hat{\mathfrak{H}}_1 := \{1 + \psi \mid \psi \in \hat{\mathfrak{H}}_0\}. \qquad (9.85)$$

---

[15] Vergleiche Kato [72]. Völlig anders ist übrigens die Vorgehensweise von Campanino und Epstein [24].

9 Universelle Eigenschaften diskreter dynamischer Systeme

Bemerkung. $\overset{\wedge}{\mathfrak{H}}_0$ ist eine offene Teilmenge von $\mathfrak{H}_0$, denn $\mathfrak{H}_0 \setminus \overset{\wedge}{\mathfrak{H}}_0$ ist offensichtlich abgeschlossen bezüglich der Supremumsnorm. Damit ist $\overset{\wedge}{\mathfrak{H}}_1$ eine offene Teilmenge von $\mathfrak{H}_1$. □

Sei jetzt $\varepsilon > 0$. Nach Definition von $\mathfrak{M}_\varepsilon$ gilt: $f \in \mathfrak{M}_\varepsilon$ genau dann, wenn ein $\psi \in \overset{\wedge}{\mathfrak{H}}_1$ existiert derart, daß gilt

$$f(x) = \psi(|x|^{1+\varepsilon}) \tag{9.86}$$

für alle $x \in [-1, 1]$. (9.86) definiert eine Abbildung

$$\Psi : \mathfrak{M}_\varepsilon \longrightarrow \overset{\wedge}{\mathfrak{H}}_1, \ \Psi : f \longmapsto \psi \tag{9.87}$$

mit

$$f(x) = \psi(|x|^{1+\varepsilon}), \ x \in [-1, 1]. \tag{9.88}$$

Denn, angenommen, für $x \in [-1, 1]$ gilt

$$f(x) = \psi_1(|x|^{1+\varepsilon}) = \psi_2(|x|^{1+\varepsilon}) \tag{9.89}$$

mit $\psi_1, \psi_2 \in \overset{\wedge}{\mathfrak{H}}_1$, so folgt daraus $\psi_1 = \psi_2$ auf Ω. Nach Definition ist somit Ψ eine bijektive Abbildung von $\mathfrak{M}_\varepsilon$ auf $\overset{\wedge}{\mathfrak{H}}_1$.

Durch (9.87) ist kein Homöomorphismus definiert, denn Ψ ist nicht stetig bezüglich der Supremumsnormen, einerseits in $C^1[-1,1]$ und andererseits in $\mathfrak{H}(\Omega)$. Die Umkehrabbildung Ψ^{-1} ist im Kern nichts anderes als die Restriktion von $\psi = \psi_f$ auf $[0, 1]$,

$$\Psi^{-1}(\psi_f) = \psi_{f|_{[0,1]}}, \tag{9.90}$$

und damit stetig. Für $f \in \mathfrak{D}_\varepsilon$ definiert nun das nachfolgende kommutative Diagramm

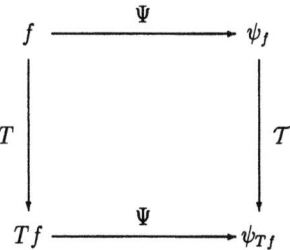

eine Abbildung $\mathcal{T}$ von $\Psi(\mathfrak{D}_\varepsilon)$ nach $\mathfrak{H}_1$, das heißt,

$$\mathcal{T}(\psi_f) := \Psi \circ T \circ \Psi^{-1}(\psi_f) \tag{9.91}$$

mit $\psi_f \in \Psi(\mathfrak{D}_\varepsilon)$. Bezeichnen wir nun den Definitionsbereich von T wie üblich mit $\mathfrak{D}_T$, dann induziert T eine Abbildung im Banachraum $\mathfrak{H}$, nämlich

$$T : \mathfrak{D}_T \longrightarrow \mathfrak{H}_1, \quad \mathfrak{D}_T \subset \mathfrak{H}_1, \tag{9.92}$$

mit $\mathfrak{D}_T := \Psi(\mathfrak{D}_\varepsilon)$ und T definiert durch (9.91).

Wenn sich jetzt zeigen ließe, daß T einen Fixpunkt ψ_g in $\mathfrak{D}_T$ besäße, dann wäre g ein Fixpunkt von T in $\mathfrak{D}_\varepsilon$. Collet, Eckmann und Lanford III [32] wählen einen kleinen „Umweg" und bestimmen den Fixpunkt in einer zu $\mathfrak{D}_T$ homöomorphen Teilmenge von $\mathfrak{H}$. Im Kern ist dieser Umweg nicht mehr und nicht weniger als eine, von ε abhängige, Variablentransformation im Funktionenraum (das *Koordinatensystem* im Funktionenraum richtet sich nach dem Parameter ε).

Wir kommen jetzt nämlich zurück zu den Beziehungen (9.79) und (9.81) und bezeichnen den durch (9.81) definierten Homöomorphismus auf $\mathfrak{H}_1$ mit Ψ_ε mit $\varepsilon = \varepsilon(\alpha)$ gemäß (9.78) [16]. Das vorhergehende Diagramm läßt sich wie folgt erweitern:

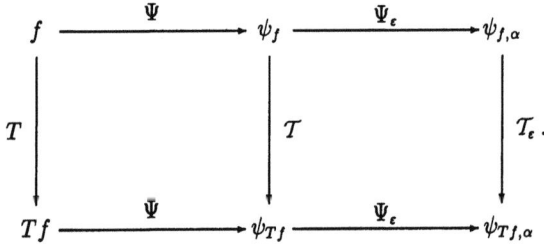

Es definiert eine weitere Abbildung, T_ε, von $\Psi_\varepsilon(\mathfrak{D}_T)$ nach $\mathfrak{H}$ durch

$$T_\varepsilon(\psi_{f,\alpha}) := \Psi_\varepsilon \circ T \circ \Psi_\varepsilon^{-1}(\psi_{f,\alpha}) \tag{9.93}$$

mit $\psi_{f,\alpha} \in \Psi_\varepsilon(\mathfrak{D}_T)$. Endlich sind wir am Ziel, für T_ε wird in [32] die Existenz eines Fixpunktes bewiesen:

9.12 Lemma (Teil 1). *Sei $\mathfrak{K}_\rho = \mathfrak{K}_\rho(\Omega)$, $\rho > 0$, die offene Kugel um 0 vom Radius ρ (bezüglich der Supremumsnorm im Banachraum $\mathfrak{H}$), dann gilt:*

(a) *Für hinreichend kleines $\varepsilon > 0$ gilt*

$$\mathfrak{K}_1 \subset \Psi_\varepsilon(\mathfrak{D}_T), \tag{9.94}$$

das heißt, T_ε ist definiert auf $\mathfrak{K}_1$.

(b) *Sei $0 < \rho < 1$. Für hinreichend kleines $\varepsilon > 0$ existiert genau eine Lösung $\psi = \psi_\varepsilon$ des Fixpunktproblems*

$$\psi = T_\varepsilon \psi \tag{9.95}$$

in $\mathfrak{K}_\rho$. [17]

---
[16] Ψ_ε ist sogar ein Diffeomorphismus, siehe Übungsaufgabe 3.
[17] Daraus folgt: $\|\psi_\varepsilon\| \to 0$ für $\varepsilon \to 0$.

9 Universelle Eigenschaften diskreter dynamischer Systeme

Beweis. Vergleiche Collet, Eckmann und Lanford III [32], Korollar 4.2. ∎

Zum Beweis von Satz 9.11. Sei $\varepsilon > 0$ hinreichend klein und sei $\psi_\varepsilon = \psi_{g,\alpha}$, $g \in \mathfrak{D}_\varepsilon$, die eindeutige Lösung von (9.95) in $\mathfrak{K}_\rho$, $0 < \rho < 1$. Dann gilt (vergleiche das vorhergehende Diagramm)

$$\psi_{g,\alpha} = \mathcal{T}_\varepsilon \psi_{g,\alpha} = \psi_{Tg,\alpha} \tag{9.96}$$

und somit, da Ψ und Ψ_ε bijektive Abbildungen sind, zunächst

$$\psi_g = \psi_{Tg} \tag{9.97}$$

und schließlich

$$g = Tg, \tag{9.98}$$

das heißt, $g \in \mathfrak{D}_\varepsilon$ ist ein Fixpunkt von T. ∎

Die Beweise der beiden noch ausstehenden Behauptungen von Satz 9.11, i. e. negative Schwarzsche Ableitung und Eindeutigkeit, findet man in [32], S. 224–232. Viel wichtiger für uns sind allerdings die folgenden Aussagen:

9.12 Lemma (Teil 2). *Mit den Bezeichnungen aus Teil 1 dieses Lemmas gilt für hinreichend kleines $\varepsilon > 0$:*

(c) *$\mathcal{T}_\varepsilon$ besitzt in $\mathfrak{K}_1$ Ableitungen beliebig hoher Ordnungen. Sie sind beschränkt auf jeder Kugel $\mathfrak{K}_\rho$ mit $0 < \rho < 1$.*

(d) *Sei $0 < \rho < 1$. Die Ableitung $\mathcal{DT}_\varepsilon(\psi_\varepsilon)$ von $\mathcal{T}_\varepsilon$ im Fixpunkt ψ_ε besitzt einen einfachen Eigenwert $\delta_\varepsilon > \rho$ mit der Eigenschaft $\delta_\varepsilon \to 2$ für $\varepsilon \to 0$. Der Durchmesser der kleinsten Kreisscheibe mit Zentrum 0, die den Rest des Spektrums von $\mathcal{DT}_\varepsilon(\psi_\varepsilon)$ enthält, geht mit ε gegen 0.*

Beweis. Vergleiche Collet, Eckmann und Lanford III [32], Proposition 4.1, Korollar 4.2 sowie Theorem 2.3. ∎

Nach Lemma 9.12 besitzt also die Abbildung $\mathcal{T}_\varepsilon$ für kleines $\varepsilon > 0$ einen isolierten hyperbolischen Fixpunkt $\psi_\varepsilon = \psi_{g,\alpha}$ in $\mathfrak{H}(\Omega)$, das heißt, das Spektrum der Ableitung $\mathcal{DT}_\varepsilon(\psi_\varepsilon)$ ist disjunkt vom Einheitskreis. Mehr noch, ist $\varepsilon > 0$ hinreichend klein, dann enthält das Spektrum genau einen Eigenwert $\delta_\varepsilon > 1$, der Rest des Spektrums liegt im Innern des Einheitskreises. Ein solches ε halten wir jetzt fest.

Dann ist, wie man leicht überprüft (vergleiche Übungsaufgabe 3), die Abbildung Ψ_ε, definiert durch (9.81), ein Diffeomorphismus auf $\mathfrak{H}_1$ [18], der die oben dargestellte Situation lediglich innerhalb von $\mathfrak{H}(\Omega)$ „verschiebt". Das heißt, der Fixpunkt ψ_g der

---

[18] Ψ_ε ist, wie bereits betont, lediglich eine von ε abhängige lineare Variablentransformation in $\mathfrak{H}(\Omega)$.

Abbildung $T : \mathfrak{D}_T \to \mathfrak{H}$ ist ebenfalls isoliert und hyperbolisch, und für das Spektrum von $DT(\psi_g)$ gelten analoge Aussagen wie oben. Insbesondere existiert genau ein positiver Eigenwert $\delta > 1$, und der Rest des Spektrums von $DT(\psi_g)$ liegt im Innern des Einheitskreises. Die Bezeichnung δ für diesen Eigenwert ist nicht zufällig gewählt: δ ist, wie wir weiter unten sehen werden, die Feigenbaum-Konstante δ mit der Eigenschaft (9.67). Dieses (9.67) ist eine Aussage über superstabile Funktionen in $\mathfrak{M}$, von daher läge es nahe, das oben geschilderte Szenario in $\mathfrak{H}(\Omega)$ gemäß dem letzten Diagramm „ganz zurückzuspielen" auf $\mathfrak{M}_e$ und die Renormierungsabbildung $T : \mathfrak{D}_e \to \mathfrak{M}_e$ mit

$$Tg(x) = -\alpha g \circ g \left(\frac{x}{\alpha}\right), \quad x \in [-1,1], \tag{9.99}$$

und $g \in \mathfrak{D}_e$. Bewerkstelligen würde dies die Abbildung Ψ^{-1} (aus (9.90)), welche einfach ψ_g auf $[0,1]$ restringiert. Doch Ψ ist kein Diffeomorphismus, denn Ψ muß nicht einmal stetig sein. Das heißt, Ψ (beziehungsweise Ψ^{-1}) erzeugt im Banachraum $C^1[-1,1]$ in einer Umgebung des Fixpunktes g von T nicht notwendig ein solches Szenario wie wir es in einer Umgebung von ψ_g in $\mathfrak{H}(\Omega)$ vorfinden.

Wir wollen unseren Gedankengang für einen Moment unterbrechen, um kurz auf die Resultate von Lanford III [81] einzugehen. Lanford III wählt speziell $\Omega = \{z \in \mathbb{C} \mid |z| < \sqrt{8}\}$ und betrachtet ebenfalls den reellen Banachraum $\mathfrak{H}(\Omega)$ der geraden, beschränkten, analytischen Funktionen auf Ω, reell auf $\Omega \cap \mathbb{R}$ und ausgestattet mit der Supremumsnorm. Er kündigt einen computergestützten Beweis folgender Aussage an: *Es existiert eine Funktion $g \in \mathfrak{H}(\Omega)$, deren Restriktion auf $[-1,1]$ in $\mathfrak{D}_T \subset \mathfrak{M}$ liegt und ein Fixpunkt von T ist. g besitzt negative Schwarzsche Ableitung.* Dies ist (wäre) das ideale Resultat: Denn, die Funktionenklasse, aus der g stammt, ist nicht wie in (9.69) auf Funktionen aus $\mathfrak{M}_e$ eingeschränkt. Für eine beliebige offene Umgebung Ω von $[-1,1]$ behauptet Lanford III darüber hinaus: *Es gibt eine Umgebung $\mathfrak{U}$ des Fixpunktes g in $\mathfrak{H}_1 = 1 + \mathfrak{H}_0$ (vergleiche (9.82)), in der folgendes gilt:*

(a) *Die Restriktion jeder Abbildung $f \in \mathfrak{U}$ auf $[-1,1]$ liegt in $\mathfrak{D}_T$.*
(b) *$f \in \mathfrak{U} \Rightarrow Tf \in \mathfrak{H}_1$; dabei ist T als Abbildung von $\mathfrak{U}$ in $\mathfrak{H}_1$ genauso definiert wie auf $\mathfrak{D}_T$.*
(c) *T ist (als Abbildung von $\mathfrak{U}$ in $\mathfrak{H}_1$) unendlich oft differenzierbar.*
(d) *Die Ableitung $DT(f)$ ist für alle $f \in \mathfrak{U}$ ein kompakter Operator auf $\mathfrak{H}_0$. $DT(g)$ ist hyperbolisch auf $\mathfrak{H}_0$.*
(e) *Das Spektrum von $DT(g)$ hat einen einfachen positiven Eigenwert $\delta > 1$. Der Rest des Spektrums liegt innerhalb des Einheitskreises.*

Diese Behauptungen decken sich mit dem von uns entwickelten Szenario in der Umgebung von $\psi_g \in \mathfrak{D}_T$ in $\mathfrak{H}(\Omega)$. Vorbehaltlich der noch nachzuliefernden Beweise [19] wären Lanfords Resultate in [81] universell gültig relativ zum Funktionen-

---

[19] Lanford III kündigte in [81] Beweise an, sie stehen vermutlich noch immer aus.

9 Universelle Eigenschaften diskreter dynamischer Systeme

raum $\mathfrak{M}$ aus Definition 9.1 [20], während, wie schon mehrfach betont, das Szenario in Collet, Eckmann und Lanford III [32] auf Teilräume $\mathfrak{M}_\varepsilon$, $0 < \varepsilon \ll 1$, von $\mathfrak{M}$ (vergleiche (9.70) und (9.71)) anwendbar ist.

Bevor wir fortfahren, wollen wir unser Set-up ein wenig vereinfachen: Bekanntlich induziert die Renormierung T durch (9.91) eine Abbildung $\mathcal{T}$ im Banachraum $\mathfrak{H}$ mit einem Fixpunkt ψ_g, dessen Zuordnung zu $g \in \mathfrak{M}_\varepsilon$ gegeben ist durch

$$g(x) = \psi_g(|x|^{1+\varepsilon}), \quad x \in [-1, 1], \tag{9.100}$$

und der folgenden Fixpunktgleichung genügt:

$$\psi_g = \mathcal{T}\psi_g = \psi_{Tg}. \tag{9.101}$$

Durch (9.100) ist eine Injektion $g \mapsto \psi_g$ auf $\mathfrak{M}_\varepsilon$ definiert, somit identifizieren wir (jetzt, wo wir die Existenz eines Fixpunktes ψ_g von $\mathcal{T}$ beziehungsweise g von T nachgewiesen haben) *in der Schreibweise* ψ_f und f (für $f \in \mathfrak{M}_\varepsilon$) und haben also die folgende (mit Lanford III [81] übereinstimmende) Ausgangssituation: Die Renormierungsabbildung T aus (9.65) induziert im Banachraum $\mathfrak{H} = \mathfrak{H}(\Omega)$ eine Abbildung

$$\mathcal{T} : \mathfrak{D}_\mathcal{T} \longrightarrow \mathfrak{H} \quad (\mathfrak{D}_\mathcal{T} \subseteq \mathfrak{H}), \tag{9.102}$$

die einen Fixpunkt g besitzt [21], welcher seinerseits einen Fixpunkt von T in $\mathfrak{M}_\varepsilon$ bestimmt (vergleiche (9.100)). g ist isoliert und hyperbolisch, und das Spektrum der Ableitung $\mathcal{DT}(g)$ besitzt genau einen Eigenwert außerhalb des Einheitskreises, der reell ist und mit δ bezeichnet wird, der Rest des Spektrums liegt im Inneren des Einheitskreises. Damit ist nun ein klassisches Werkzeug anwendbar, der *Satz von der stabilen (und instabilen) Mannigfaltigkeit* (engl.: stable (and unstable) manifold theorem) [22]. Nach diesem Satz besitzt $\mathcal{T}$ im Punkt g eine (lokale) eindimensionale instabile Mannigfaltigkeit $\mathcal{W}^u(g)$ und eine (lokale) stabile Mannigfaltigkeit $\mathcal{W}^s(g)$ von Kodimension 1. Im vorliegenden Fall ist $\mathcal{W}^u$ eine ($\mathcal{T}$-)invariante Kurve und $\mathcal{W}^s$ eine invariante Fläche, die sich im Punkt g kreuzen. $\mathcal{T}$ ist kontraktiv auf $\mathcal{W}^s$ und expansiv auf $\mathcal{W}^u$ (vergleiche Fig. 9.4).

Dieses geometrische Szenario bedarf einiger Ergänzungen: Das klassische Stable Manifold Theorem gilt für hyperbolische Fixpunkte $\overline{x}$ [23] von Diffeomorphismen $G: \mathbb{R}^n \to \mathbb{R}^n$ (vergleiche Guckenheimer und Holmes [55], S. 18) und lautet:

Sei $G: U \to \mathbb{R}^n$, $U \subseteq \mathbb{R}^n$ offen, ein C^1-Diffeomorphismus, mit einem hyperbolischen Fixpunkt $\overline{x} \in U$. Dann existieren lokale stabile *und* instabile Mannigfaltigkeiten

---

[20] Also auch für den von Feigenbaum studierten Fall $\varepsilon = 1$ der Funktionen mit quadratischem Maximum.
[21] Bisher ψ_g genannt.
[22] Vergleiche Abschnitt 11, Satz 11.27; für den Augenblick reicht es uns aus, unter einer solchen Mannigfaltigkeit eine $\mathcal{T}$-invariante Kurve oder Fläche zu verstehen, versehen mit einer speziellen Topologie. Genaueres erfahren wir in Abschnitt 11.
[23] Das heißt, $DG(\overline{x})$ (die Jacobi Matrix in $\overline{x}$) ist hyperbolisch.

$W_{loc}^s(\bar{x})$ und $W_{loc}^u(\bar{x})$, tangential zu den Eigenräumen $E_{\bar{x}}^s$ und $E_{\bar{x}}^u$ von $DG(\bar{x})$ und von gleicher Dimension wie diese. W_{loc}^s und W_{loc}^u sind ebenfalls glatt wie G.

Hierbei ist $E_{\bar{x}}^s$ der Eigenraum (Unterraum von $\mathbb{R}^n$), der aufgespannt wird von den Eigenvektoren von $DG(\bar{x})$ zu den Eigenwerten $\lambda < 1$ und $E_{\bar{x}}^u$ derjenige zu den Eigenwerten $\lambda > 1$. In einer geeigneten Umgebung $U = U(\bar{x})$ haben wir

$$W_{\text{loc}}^s(\bar{x}) = \{x \in U \mid G^n(x) \to \bar{x} \text{ für } n \to \infty \text{ und } G^n(x) \in U \text{ f. a. } n \in \mathbb{N}\}, \quad (9.103)$$

sowie

$$W_{\text{loc}}^u(\bar{x}) = \{x \in U \mid G^{-n}(x) \to \bar{x} \text{ für } n \to \infty \text{ und } G^{-n}(x) \in U \text{ f. a. } n \in \mathbb{N}\}, \quad (9.104)$$

und die *globale stabile beziehungsweise instabile Mannigfaltigkeit*

$$W^s(\bar{x}) = \bigcup_{n \geq 0} G^{-n}(W_{\text{loc}}^s(\bar{x})), \quad (9.105)$$

beziehungsweise

$$W^u(\bar{x}) = \bigcup_{n \geq 0} G^n(W_{\text{loc}}^u(\bar{x})). \quad (9.106)$$

Im übrigen nehmen wir Fig. 9.3 zum Anlaß darauf hinzuweisen, daß die stabilen und instabilen Mannigfaltigkeiten bei Abbildungen (im Unterschied zu den Flüssen bei Differentialgleichungen) Vereinigungen von *Orbits aus diskreten Punkten* und nicht von glatten Kurven im $\mathbb{R}^n$ sind.

Dieser Satz läßt sich selbstverständlich nicht direkt auf unsere Verhältnisse übertragen, weil er in einem endlichdimensionalen Raum angesiedelt ist, und hauptsächlich, weil die Transformation $\mathcal{T}$ nicht invertierbar ist. Bei Palis und de Melo [110], Hirsch, Pugh und Shub [66] oder bei Ruelle [133] wird der oben zitierte Satz so verallgemeinert, daß wir ihn anwenden können. Wir geben im folgenden die entsprechenden Verallgemeinerungen (bezogen auf $\mathcal{T}, g$ und $\mathcal{DT}(g)$) an und verweisen im übrigen auf Abschnitt 11. Ruelle [133] legt einen Banachraum $\mathfrak{H}$ anstelle des $\mathbb{R}^n$ zugrunde und definiert anstelle der Eigenräume $E_{\bar{x}}^s$ und $E_{\bar{x}}^u$ zwei abgeschlossene Unterräume $\mathfrak{E}_g^s$ und $\mathfrak{E}_g^u$ mit folgenden Eigenschaften:

(a) $\mathfrak{E}_g^s$ und $\mathfrak{E}_g^u$ sind komplementär in $\mathfrak{H}$, das heißt, $\mathfrak{E}_g^s \cap \mathfrak{E}_g^u = \{0\}$ und $\mathfrak{E}_g^s + \mathfrak{E}_g^u = \mathfrak{H}$.
(b) $\mathcal{DT}(g)\mathfrak{E}_g^s \subseteq \mathfrak{E}_g^s$, und das Spektrum der Restriktion von $\mathcal{DT}(g)$ auf $\mathfrak{E}_g^s$ liegt innerhalb des Einheitskreises.
(c) $\mathcal{DT}(g)\mathfrak{E}_g^u \subseteq \mathfrak{E}_g^u$, und das Spektrum der Restriktion von $\mathcal{DT}(g)$ auf $\mathfrak{E}_g^u$ liegt ausserhalb des Einheitskreises.

Die Definition der *lokalen stabilen Mannigfaltigkeit* $\mathcal{W}_{\text{loc}}^s$ bleibt unverändert, das heißt, in einer geeigneten Umgebung $\mathfrak{U} \subseteq \mathfrak{H}$ von g haben wir

$$\mathcal{W}_{\text{loc}}^s(g) = \{f \in \mathfrak{U} \mid \mathcal{T}^n f \to g \text{ für } n \to \infty \text{ und } \mathcal{T}^n f \in \mathfrak{U} \text{ f. a. } n \geq 0\}. \quad (9.107)$$

9 Universelle Eigenschaften diskreter dynamischer Systeme

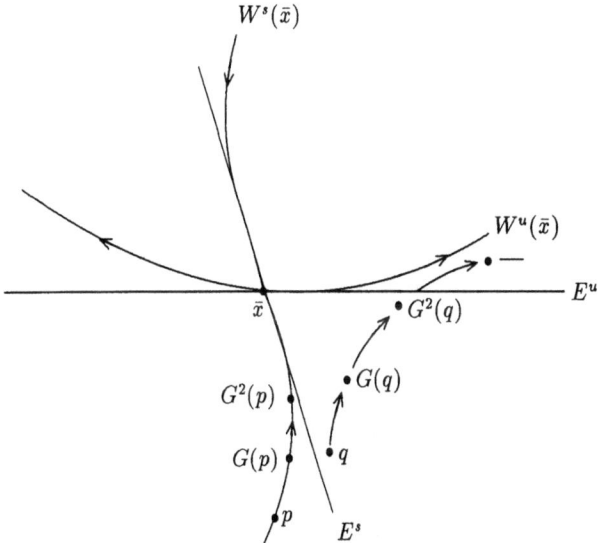

Fig. 9.3: Invariante Mannigfaltigkeiten und Orbits für eine Abbildung $G: \mathbb{R}^2 \to \mathbb{R}^2$.

Die *instabile Mannigfaltigkeit* definiert man (wegen der Nichtinvertierbarkeit von T) wie folgt:

$$\mathcal{W}^u_{\text{loc}}(g) = \{f_0 \in \mathfrak{H} \mid \exists (f_n)_{n \geq 0} \subset \mathfrak{U} \text{ mit } Tf_{n+1} = f_n \text{ und } f_n \to g \text{ für } n \to \infty\}. \quad (9.108)$$

Bemerkung. Ist $\mathfrak{U}$ hinreichend klein, so reicht es aus, in (9.107) zu verlangen, daß der Vorwärtsorbit $O_T^+(f) = \{T^n f \mid n \geq 0\}$ in $\mathfrak{U}$ bleibt. Auch in (9.108) ergibt sich dann automatisch $f_n \to g$. □

Mit den obigen Verallgemeinerungen gilt ein völlig analoger Satz zu dem oben aus [55] zitierten. Einen Beweis findet man bei Ruelle [133], S. 27 ff., der sich wiederum hauptsächlich auf Hirsch, Pugh und Shub [66] stützt. Palis und de Melo [110], S. 75 ff., beweisen einen analogen Satz für differenzierbare dynamische Systeme auf Mannigfaltigkeiten. Damit werden wir uns, wie gesagt, ausführlich in den Abschnitten 11 und 12 beschäftigen.

In unserem Fall, das heißt, $DT(g)$ hat einen Eigenwert $\delta > 1$ und der Rest des Spektrums von $DT(g)$ liegt innerhalb des Einheitskreises, ist der Unterraum $\mathfrak{E}^u_g$ eindimensional und somit (aufgrund des Stable Manifold Theorems) auch $\mathcal{W}^u_{\text{loc}}(g)$. $\mathcal{W}^s_{\text{loc}}(g)$ hat dann *Kodimension* 1, das heißt, $\mathcal{W}^s_{\text{loc}}(g)$ hat die gleiche Dimension wie der Komplementärraum $\mathfrak{E}^s_g$ von $\mathfrak{E}^u_g$.

Die *Globalisierung* der stabilen und instabilen Mannigfaltigkeiten (9.107) und (9.108) ist, wiederum wegen der Nichtinvertierbarkeit von T, komplizierter als für Diffeomorphismen. Collet, Eckmann und Lanford III definieren unter Rückgriff auf Hirsch, Pugh und Shub [66] globale Mannigfaltigkeiten $W^s(g)$ und $W^u(g)$ ([32], S. 233 f.), die sich als geeignet erweisen, um für den Eigenwert $\delta > 1$ von $\mathcal{D}T(g)$ nachzuweisen, daß

$$\lim_{n\to\infty}(A_\infty - A_n)\delta^n \qquad (9.109)$$

existiert und von 0 verschieden ist [24]. Danach ist eine *stabile Mannigfaltigkeit von T* (in g) jede glatte Kodimension-1-Submannigfaltigkeit $W^s(g)$ von $\mathfrak{D}_T$, für die gilt:

(a) $TW^s(g) \subseteq W^s(g)$,
(b) $f \in W^s(g) \Longrightarrow \lim_{n\to\infty} T^n f = g$.
(c) Für jedes $f \in W^s(g)$ ist der Wertebereich von $\mathcal{D}T(f)$ nicht enthalten im Tangentialraum von $W^s(g)$ im Punkt Tf.[25]

Bemerkung. Aus (b) folgt $T^n f \in W^s_{\text{loc}}(g)$ für hinreichend großes n. □

Entsprechend ist eine *instabile Mannigfaltigkeit von T* eine glatte eindimensionale Submannigfaltigkeit $W^u(g)$ (die nicht notwendig in $\mathfrak{D}_T$ liegen muß) derart, daß gilt:

(a) $T(W^u(g) \cap \mathfrak{D}_T) \supseteq W^u(g)$,
(b) Ist $f \in W^u(g)$, dann gibt es eine Folge $(f_n) \subset \mathfrak{D}_T$, die gegen g konvergiert derart, daß $f = Tf_n$ (dies impliziert $W^u(g) \subseteq \bigcup_{n=1}^{\infty} T^n(W^u_{\text{loc}}(g))$, vergleiche (9.108)).
(c) Für kein $f \in W^u(g) \cap \mathfrak{D}_T$ verschwindet die Tangentialabbildung von T in f entlang $W^u(g)$.[26]

$W^s_{\text{loc}}(g)$ und $W^u_{\text{loc}}(g)$ aus (9.107) und (9.108) sind stabile beziehungsweise instabile Mannigfaltigkeiten von T im gerade definierten Sinn. Also gibt es solche Mannigfaltigkeiten; für uns ist es nicht wichtig, ob $W^s(g)$ beziehungsweise $W^u(g)$ maximal sind.[27]

Mit Hilfe der Bijektion $\Psi : \mathfrak{M}_\epsilon \to \hat{\mathfrak{H}}_1$, $f \mapsto \psi_f$, aus (9.87) holen wir nun den Fixpunkt ψ_g von T [28] und seine Mannigfaltigkeiten $W^s(\psi_g)$ und $W^u(\psi_g)$ zurück in

---

[24] Damit wir das Ziel aller unserer Bemühungen nicht aus den Augen verlieren!
[25] Dies ist eine schwache Form von *Transversalität*, welche unter den gegebenen Voraussetzungen normalerweise (das heißt, für einen Diffeomorphismus T) verlangt, daß folgendes gilt:
  (a) $\mathcal{D}T(f)\mathfrak{H} + T_{Tf}W^s(g) = \mathfrak{H}$, und
  (b) $(\mathcal{D}T(f))^{-1}W^s(g)$ besitzt ein abgeschlossenes Komplement in $\mathfrak{H}$ (vergleiche [133], S. 143). $T_{Tf}W^s(g)$ bezeichnet dabei den Tangentialraum von $W^s(g)$ in Tf (vergleiche Definition 11.11).
[26] Vergleiche Definition 11.12.
[27] Dies war zum Beispiel der Fall für die stabile beziehungsweise instabile globale Mannigfaltigkeit in dem oben aus [55] zitierten Stable Manifold Theorem.
[28] **Achtung!** Um unnötige Verwechslungen zu vermeiden, bezeichnen wir *an dieser Stelle* den Fixpunkt von T in $\hat{\mathfrak{H}}_1$ wie ursprünglich in (9.101) mit ψ_g.

9 Universelle Eigenschaften diskreter dynamischer Systeme

den Funktionenraum $\mathfrak{M}_\epsilon$. Da Ψ^{-1} als Restriktion von ψ_g auf $[0,1]$ stetig ist, haben

$$W^s(g) := \Psi^{-1}(\mathcal{W}^s(\psi_g)) \tag{9.110}$$

und

$$W^u(g) := \Psi^{-1}(\mathcal{W}^u(\psi_g)) \tag{9.111}$$

jeweils die Eigenschaften (a) und (b) (jetzt bezogen auf T und g) gemeinsam mit $\mathcal{W}^s(\psi_g)$ und $\mathcal{W}^u(\psi_g)$. Das heißt, $W^s(g)$ und $W^u(g)$ sind stabile beziehungsweise instabile Mannigfaltigkeiten von T in g, $W^u(g)$ ist eindimensional und $W^s(g)$ besitzt wiederum Kodimension 1 (vergleiche Fig. 9.4). Sie haben folgende, für unsere Zwecke wichtige Eigenschaften:

9.13 Satz. (Collet, Eckmann und Lanford III [32].) (a) *Für jedes $x \in [-1,1]$ existiert genau ein Punkt f_x^* auf $W^u(g)$ mit $f_x^*(1) = -x$. Für $x = 0$ bedeutet dies $f_0^*(1) = 0$, das heißt, f_0^* ist superstabil mit Periode 2.*

(b) *$W^u(g)$ schneidet die Kodimension-1-Fläche*

$$\Sigma_1 = \{f \in \mathfrak{M}_\epsilon \mid f(1) = 0\} \tag{9.112}$$

der superstabilen Abbildungen in $\mathfrak{M}_\epsilon$ (beziehungsweise $\mathfrak{M}$) mit Periode 2 transversal [29] *(vergleiche Fig. 9.4). Das gleiche gilt für*

$$\widetilde{\Sigma}_1 = \{f \in \mathfrak{M}_\epsilon \mid f^3(1) = -f(1)\}, \tag{9.113}$$

das heißt, für die Menge aller Abbildungen $f \in \mathfrak{M}_\epsilon$, für die $-f(1)$ ($= \frac{1}{\alpha(f)}$, vergleiche (9.28)) ein Fixpunkt von f^2 ist.

Beweis. Vergleiche Collet, Eckmann und Lanford III [32], Theorem 2.4. ∎

Damit ergibt sich die Konstellation von Fig. 9.4. Man nutzt sie, um die Universalität von δ beziehungsweise der asymptotischen Beziehung (9.8) herzuleiten. Dazu betrachten wir sukzessive die Urbilder von Σ_1 unter T, das heißt,

$$\Sigma_n := T^{-(n-1)}(\Sigma_1), \quad n = 2, 3, 4, \ldots \tag{9.114}$$

Ist $f \in \Sigma_n$, dann ist $T^{n-1}f \in \Sigma_1$ und damit superstabil mit Periode 2. Nach Satz 9.5 ist f dann superstabil mit Periode 2^n. Mit wachsendem n nähern sich die Flächen Σ_n der stabilen Mannigfaltigkeit $W^s(g)$ immer besser an [30]. Der „Abstand in der

---

[29] Vergleiche Fußnote 25; für zwei Submannigfaltigkeiten Σ und Q einer *Mannigfaltigkeit M* (und nicht, wie dort, einer offenen Teilmenge eines Banachraumes) erhält die Definition von *Transversalität* eine bekannte Gestalt (vergleiche Definition 12.23): Σ und Q sind transversal im Punkt $p \in \Sigma \cap Q$ genau dann, wenn für die Tangentialräume in p gilt: $T_p\Sigma + T_pQ = T_pM$. Im vorliegenden Fall schneidet $W^u(g)$ die Fläche Σ_1 im Punkt f_0^* transversal.

[30] Vergleiche Fig. 9.5. Collet, Eckmann und Lanford III verwenden hier die Terminologie: Σ_n *konvergiert gegen $W^s(g)$ exponentiell mit einer Rate $\delta > 1$*; sie definieren diese Aussage sorgfältig und beweisen sie in [32], Theorem 6.2.

C^1-Topologie" zwischen Σ_n und $W^s(g)$ nimmt für große n exponentiell wie δ^{-n} ab, mit anderen Worten,

$$\lim_{n \to \infty} d(\Sigma_n, W^s(g))\delta^n \qquad (9.115)$$

existiert und ist größer als null (Dabei ist δ eben jener größte Eigenwert von $\mathcal{D}T(g)$, von dem wir behaupten, daß die Folge $(A_n)_{n \in \mathbb{N}_0}$ von Parameterwerten, für welche die Abbildungen f_{A_n} einer beliebigen Familie $a \mapsto f_a$ aus $\mathfrak{M}_t$ superstabil sind mit Periode 2^n gemäß (9.8) mit der exponentiellen Rate δ gegen A_∞ konvergiert.).

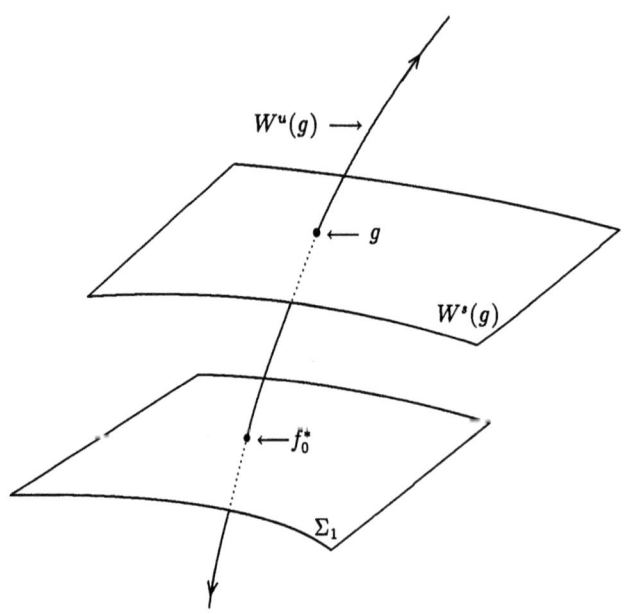

Fig. 9.4: Stabile und instabile Mannigfaltigkeit von T in g.

Diese Formulierung ebenso wie die Schreibweise (9.115) ist eine intuitive Beschreibung folgenden Sachverhaltes (vergleiche [32], Proposition 6.1): Betrachtet man eine Funktionenfamilie $a \mapsto f_a$ als differenzierbare, parametrisierte Kurve in $\mathfrak{M}_t$, und nimmt man an, sie durchstößt die stabile Mannigfaltigkeit $W^s(g)$ für $a = A_\infty$ transversal „von unten" (das heißt, von der Seite, auf der Σ_1 liegt, vergleiche Fig. 9.5), dann existieren, zumindest für große n, eindeutig bestimmte Parameterwerte A_n nahe A_∞ mit $f_{A_n} \in \Sigma_n$ (das heißt, f_{A_n} ist superstabil mit Periode 2^n) und mit der Eigenschaft:

$$\lim_{n \to \infty} (A_\infty - A_n)\delta^n \qquad (9.116)$$

existiert und ist größer als null [31]. Die Parameterwertefolge ist die gleichbezeichnete Folge von Satz 9.8, und offensichtlich sind wir endlich am Ziel! δ ist univer-

---
[31] Vergleiche Collet, Eckmann und Lanford III [32], Theorem 2.5.

sell, und das heißt nach unserem Beweis, universell relativ zum Funktionenraum $\mathfrak{M}_\varepsilon \subset \mathfrak{M}$, $0 < \varepsilon \ll 1$.

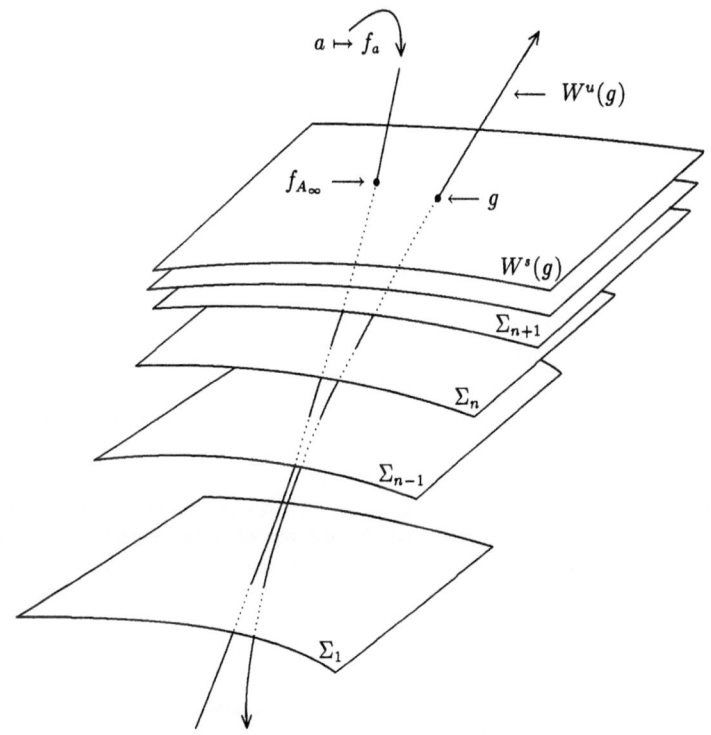

Fig. 9.5: Die Struktur des Funktionenraumes in der Umgebung der universellen Abbildung g.

Bemerkung. Für die Fläche

$$\tilde{\Sigma}_1 = \{f \in \mathfrak{M}_\varepsilon \mid f^3(1) = -f(1)\} \tag{9.117}$$

aus (9.113) hat Misiurewicz [98] gezeigt, daß eine offene Teilmenge von $\tilde{\Sigma}_1$ existiert, deren Funktionen ein invariantes absolutstetiges Maß und somit typische Orbits besitzen, die nicht periodisch sind (vergleiche Abschnitt 5). Nach Satz 9.13 schneidet $\tilde{\Sigma}_1$ (ebenso wie Σ_1) die instabile Mannigfaltigkeit $W^u(g)$ transversal; der Schnittpunkt liegt in Fig. 9.4 und 9.5 oberhalb von $W^s(g)$. Wie dort bilden die sukzessiven Urbilder von $\tilde{\Sigma}_1$ unter T, das heißt,

$$\tilde{\Sigma}_n = T^{-(n-1)}(\tilde{\Sigma}_1), \tag{9.118}$$

Flächen, die ebenfalls exponentiell mit der Rate δ gegen $W^s(g)$ konvergieren, und zwar auf der entgegengesetzten Seite wie die Σ_n's. Für eine Funktionenfamilie $a \mapsto f_a$ aus $\mathfrak{M}_t$ und für große n gibt es wiederum eindeutig bestimmte Parameterwerte $\tilde{A}_n$ in der Nähe von A_∞, die in analoger Weise wie die A_n's (diesmal von oben) gegen A_∞ konvergieren, nämlich wiederum so, daß der

$$\lim_{n\to\infty}(A_\infty - \tilde{A}_n)\delta^n \qquad (9.119)$$

existiert und von null verschieden ist. Die Parameterfolge $(\tilde{A}_n)$ ist wiederum die gleichbezeichnete Folge in Satz 9.8, insbesondere gilt für $f_{\tilde{A}_n}$ wegen (9.113) und (9.118), daß

$$T^{n-1}f_{\tilde{A}_n} \in \tilde{\Sigma}_1 \qquad (9.120)$$

und somit (9.50) erfüllt ist. Damit ist A_∞ also auch Grenzwert von Parameterwerten a, für die f_a nicht periodisch – chaotisch – ist, denn für große n liegt $T^{n-1}f_{\tilde{A}_n}$ in der Umgebung des Schnittpunktes von $\tilde{\Sigma}_1$ und $W^u(g)$, in der die Abbildungen nach Misiurewicz [98] ein invariantes absolutstetiges Maß besitzen. Mit einer Warnung, die jedoch nach unseren bisherigen Erfahrungen (aus den Abschnitten 3 und 4) eigentlich überflüssig sein sollte, wollen wir diesen Abschnitt beschließen: Selbstverständlich sind *nicht alle* Abbildungen f_a einer gegebenen Familie, welche die stabile Mannigfaltigkeit $W^s(g)$ in A_∞ transversal durchstößt, für a knapp oberhalb A_∞ chaotisch! Zum Beispiel gibt es eine weitere Folge $\hat{A}_n$, die von oben mit derselben exponentiellen Rate δ gegen A_∞ konvergiert, mit der Eigenschaft: $f_{\hat{A}_n}$ ist superstabil mit der Periode $3 \cdot 2^n$, $n = 1, 2, 3, \ldots$

Übungsaufgaben:

1. Sei $a \mapsto f_a$, $a \in (A_1, A_2)$, eine Familie von parameterabhängigen Funktionen in $\mathfrak{M}$, für die f_{a_0} superstabil ist mit (minimaler) Periode p. Zeigen Sie: Dann existiert eine Umgebung $U(a_0) \subseteq (A_1, A_2)$, so daß f_a für alle $a \in U(a_0)$ einen stabilen periodischen Orbit der Periode p besitzt.

2. Für $f \in \mathfrak{M}$ gelte $a(f) = -f(1) > 0$ und $f^2(a(f)) = a(f)$. Zeigen Sie: Ist $(f_n)_{n\in\mathbb{N}}$ eine Folge in $\mathcal{D}_T \subset \mathfrak{M}$, die in der C^1-Topologie gegen f konvergiert und $a(f_n) > 0$ für alle n erfüllt, dann gilt:
$$\lim_{n\to\infty} Tf_n(1) = -1.$$
HINWEIS: Orientieren Sie sich am Beweis von Lemma 9.7.

3. Zeigen Sie, daß durch
$$T\psi(z) := 1 - z + \alpha z(\psi(z) - 1), \quad z \in \Omega,$$
(mit $\Omega = \{z \in \mathbb{C} \mid |z| < \rho\}$, $\rho > 0$) ein Diffeomorphismus $T : \mathfrak{H}(\Omega) \to \mathfrak{H}(\Omega)$ definiert ist.

Teil 2 Nichtlineare Dynamik auf Mannigfaltigkeiten

10 Modelle für nichtlineare Dynamik im Mehrdimensionalen

Die in diesem Abschnitt verwendeten Normen sind die euklidischen.

10.1 Das Solenoid. Das Solenoid [1] ist ein Attraktor, der im *soliden 2-Torus*

$$T^2 = S^1 \times D^2 \subseteq \mathbb{R}^3 \tag{10.1}$$

enthalten ist, dabei ist $D^2 = \{(x,y) \mid x^2 + y^2 \leq 1\}$ und S^1 der Einheitskreis. Er gehört zu einer Abbildung

$$F : T^2 \to T^2 \quad \text{mit} \quad F(T^2) \neq T^2, \tag{10.2}$$

die anschaulich folgendes leistet: F streckt den Torus T^2 und wickelt ihn zweimal in T^2 um den Ursprung herum. Der „Doppelring" $F(T^2)$ (vergleiche Fig. 10.1) wird wiederum von F gestreckt, dünner gemacht und in $F(T^2)$ viermal um den Ursprung gewickelt: Man erhält $F^2(T^2) = F(F(T^2))$. Analog umläuft $F^3(T^2)$ in $F^2(T^2)$ den Ursprung achtmal, und so weiter. Allgemein ist $F^n(T^2) \subset F^{n-1}(T^2)$ ein Torus, der den Ursprung 2^n-mal umläuft.

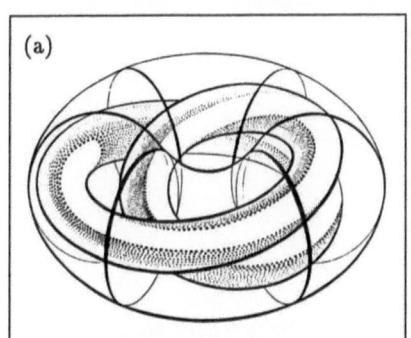
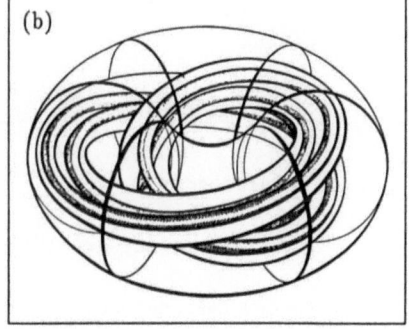

Fig. 10.1: Das Solenoid in der Entstehung (aus Shub [140]).

Dieser geometrischen Beschreibung entspricht folgende algebraische Definition von $F : T^2 \to T^2$:

$$F(\theta, p) := \left(2\theta, \frac{1}{10}p + \frac{1}{2}(\cos\theta, \sin\theta)\right), \tag{10.3}$$

---

[1] Solenoid = schraubenförmig gewundener Draht.

wobei θ ein Winkel auf S^1 ist und $p = (x,y) \in D^2$. Alle im folgenden auftretenden Winkel auf S^1 sind modulo 2π zu verstehen. Für F gilt $F(T^2) \subset T^2$, denn es ist

$$\left(\frac{1}{10}x + \frac{1}{2}\cos\theta\right)^2 + \left(\frac{1}{10}y + \frac{1}{2}\sin\theta\right)^2 =$$
$$\frac{1}{100}(x^2 + y^2) + \frac{1}{10}(x\cos\theta + y\sin\theta) + \frac{1}{4}(\cos^2\theta + \sin^2\theta) \leq \frac{1}{100} + \frac{2}{10} + \frac{1}{4} < 1. \tag{10.4}$$

Als nächstes zeigen wir, daß F injektiv ist; dazu sei $F(\theta_1, x_1, y_1) = F(\theta_2, x_2, y_2)$. Dann gilt:

$$2\theta_1 = 2\theta_2 \pmod{2\pi},$$
$$\frac{1}{10}x_1 + \frac{1}{2}\cos\theta_1 = \frac{1}{10}x_2 + \frac{1}{2}\cos\theta_2, \tag{10.5}$$
$$\frac{1}{10}y_1 + \frac{1}{2}\sin\theta_1 = \frac{1}{10}y_2 + \frac{1}{2}\sin\theta_2.$$

Ist $\theta_1 = \theta_2$, so folgt sofort $x_1 = x_2$ und $y_1 = y_2$. Ist $\theta_1 = \theta_2 + \pi$, dann haben wir

$$\frac{1}{10}x_1 + \frac{1}{2}\cos\theta_1 = \frac{1}{10}x_2 - \frac{1}{2}\cos\theta_1,$$
$$\frac{1}{10}y_1 + \frac{1}{2}\sin\theta_1 = \frac{1}{10}y_2 - \frac{1}{2}\sin\theta_1, \tag{10.6}$$

beziehungsweise

$$\frac{1}{10}(x_2 - x_1) = \cos\theta_1 \quad \text{und} \quad \frac{1}{10}(y_2 - y_1) = \sin\theta_1. \tag{10.7}$$

Aus (10.7) folgt aber

$$(x_2 - x_1)^2 + (y_2 - y_1)^2 = 100 \tag{10.8}$$

im Widerspruch dazu, daß die linke Seite von (10.8) durch 8 nach oben beschränkt ist. Wenn wir uns also irgendeinen Querschnitt

$$D(\theta) = \{(\theta, p) \mid p \in D^2\} = \{\theta\} \times D^2 \tag{10.9}$$

von T^2 anschauen, dann schneidet $F(T^2)$ diesen Querschnitt in zwei disjunkten Kreisscheiben (vergleiche Fig. 10.2 und 10.3). $F(D(\theta)) \subseteq D(2\theta)$ ist eine Kreisscheibe mit Radius $\frac{1}{10}$ und Mittelpunkt $(2\theta, \frac{1}{2}(\cos\theta, \sin\theta))$. Auch $F(D(\theta + \pi)) \subseteq D(2\theta)$ ist eine Kreisscheibe mit Radius $\frac{1}{10}$, aber ihr Mittelpunkt ist $(2\theta, \frac{1}{2}(\cos(\theta+\pi), \sin(\theta+\pi)))$. $F(D(\theta + \pi))$ liegt also $F(D(\theta))$ genau gegenüber (in der Kreisscheibe $D(2\theta)$).

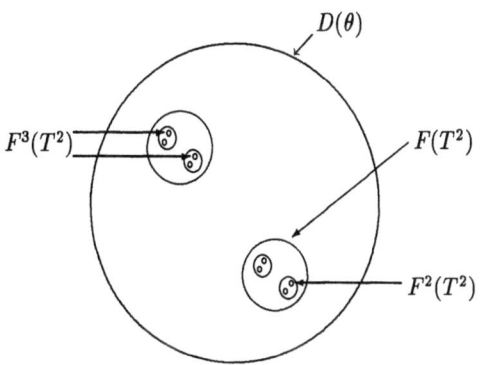

Fig. 10.2: Cantor-Struktur eines Querschnitts des Solenoids.

Wird nun S^1 von θ durchlaufen, so macht

$$F(D(\theta)) = \left\{ \left(2\theta, \frac{1}{10}p + \frac{1}{2}(\cos\theta, \sin\theta)\right) \Big| \, p \in D^2 \right\} \tag{10.10}$$

in S^1-Richtung zwei und in D^2-Richtung einen Umlauf – es entsteht also genau der oben beschriebene „Doppelring". $F(D(\theta))$ wird durch F abgebildet auf

$$\left\{ \left(4\theta, \frac{1}{100}p + \frac{1}{20}(\cos\theta, \sin\theta) + \frac{1}{2}(\cos 2\theta, \sin 2\theta)\right) \Big| \, p \in D^2 \right\} = F^2(D(\theta)) \subseteq D(4\theta). \tag{10.11}$$

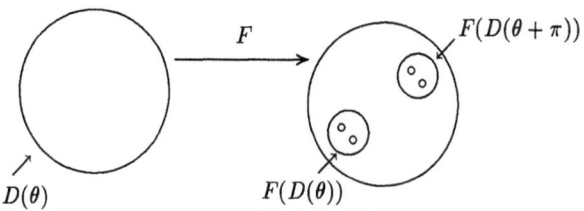

Fig. 10.3: Innere Struktur des Solenoids.

In $D(4\theta)$ liegen auch die F^2-Bilder von $D(\theta + \pi)$ und von $D(\theta \pm \frac{\pi}{2})$, also insgesamt vier Bilder (siehe Fig. 10.2). In S^1-Richtung verdoppelt F die Winkel, wirkt also streckend, in D^2-Richtung dagegen ist F eine starke Kontraktion.

$F(T^2) \subset T^2$ ist ein Torus vom Radius $\frac{1}{10}$, der T^2 zweimal durchläuft, ohne sich selbst zu schneiden. $F^2(T^2) \subset F(T^2)$ ist ein Torus vom Radius $\frac{1}{100}$, der viermal T^2 (beziehungsweise zweimal $F(T^2)$) durchläuft. Induktiv ergibt sich, daß $F^n(T^2)$ ein Torus vom Radius $\frac{1}{10^n}$ ist, der T^2 2^n-mal durchläuft.

$F^n(T^2) \cap D(\theta)$ ist daher die Vereinigung von 2^n disjunkten Kreisscheiben, so daß der Grenzübergang für $n \to \infty$ in jeder Scheibe $D(\theta)$ eine Cantor-Menge liefert: Wegen

$F^{n+1}(T^2) \subset F^n(T^2)$ und $F^n(T^2)$ abgeschlossen für alle $n \in \mathbf{Z}^+$ gilt

$$\Lambda := \bigcap_{n \geq 0} F^n(T^2) \neq \emptyset. \qquad (10.12)$$

Λ heißt *Solenoid* und ist die maximale invariante Menge von F im Innern von T^2.

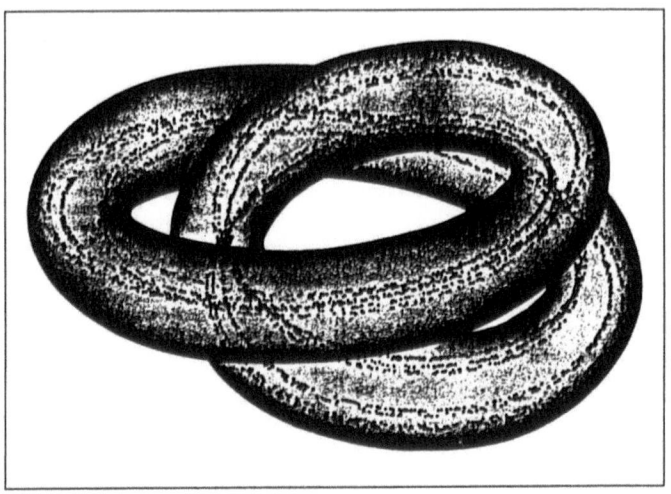

Fig. 10.4: $F(T^2)$ zusammen mit 5000 Punkten von $x_{n+1} = F(x_n)$ für vorgegebenes $x_0 = (\theta_0, p_0)$ (aus Ruelle [131]).

Sei nun $x = (\theta_0, p_0) \in \Lambda$ mit $\theta_0 \in S^1$, $p_0 \in D^2$ und $(\theta_n, p_n) := F^n(x)$. Dann folgt aus $F(D(\theta_0)) \subset D(2\theta_0) = D(\theta_1)$ für alle $n \in \mathbf{N}$:

$$F^n(D(\theta_0)) \subset D(\theta_n). \qquad (10.13)$$

Jede Anwendung von F verkleinert außerdem $D(\theta_0)$ um $\frac{1}{10}$. Ist dann $y \in D(\theta_0)$, so gilt $F^n(y) \in F^n(D(\theta_0)) \subset D(\theta_n)$, also

$$\|F^n(x) - F^n(y)\| \leq \frac{2}{10^n}. \qquad (10.14)$$

Dies bedeutet, Λ ist attraktiv. Dies folgt auch direkt aus (10.12) durch Anwendung von Satz 1.11.

10 Modelle für nichtlineare Dynamik im Mehrdimensionalen

10.2 Satz. Λ *ist ein chaotischer Attraktor von* (T^2, F), *das heißt* [2],
(a) Λ *ist eine abgeschlossene, invariante, attraktive Teilmenge von* T^2,
(b) F *ist topologisch transitiv auf* Λ,
(c) F *ist auf* Λ *sensitiv abhängig von den Anfangsbedingungen, und*
(d) *die periodischen Punkte von* F *liegen dicht in* Λ.

Beweis. (a) folgt aus Satz 1.11 (mit $X = U = T^2$), und (c) gilt, da F in der ersten Komponente eine Winkelverdopplung bewirkt (vergleiche Beispiel 6.2 (1)). Wir beweisen nun zunächst (d) und anschließend (b).

(d) Sei U eine Umgebung von $x = (\theta_0, p_0) \in \Lambda$. Dann gibt es $\delta \in \mathbb{R}^+$ und $n \in \mathbb{N}$ mit

$$C := \left\{ (\theta, p) \in F^n(T^2) \mid |\theta - \theta_0| < \delta, \|p - p_0\| \leq \frac{2}{10^n} \right\} \subseteq F^n(T^2) \cap U. \quad (10.15)$$

Es wird nun gezeigt, daß in C ein periodischer Punkt von F liegt. Dazu sei $m \in \mathbb{N}$ mit $m > n$ und

$$2^m \delta > 2^{n+1} \cdot 4\pi. \quad (10.16)$$

Daraus folgt $F^m(C) \subseteq F^n(T^2)$. Die „Röhre" $F^m(C)$ durchläuft T^2 mindestens 2^{n+1}-mal, während $F^n(T^2)$ dies genau 2^n-mal tut. Da C den Torus $F^n(T^2)$ völlig „verstopft", geht $F^m(C)$ mindestens einmal ganz durch C:

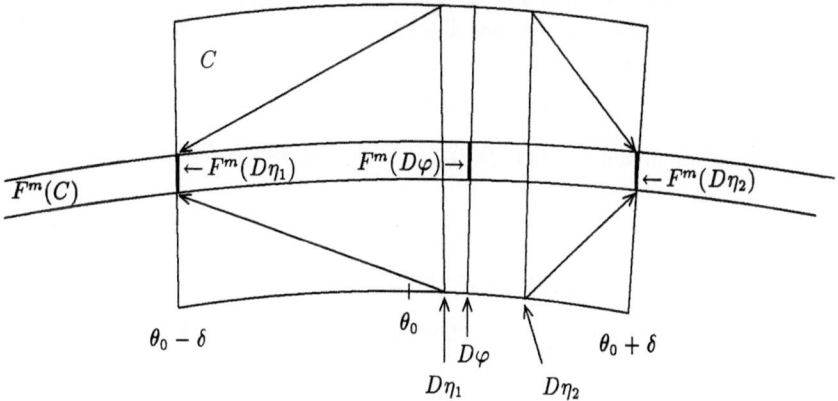

Fig. 10.5: $F^m(C)$ durchschneidet C.

Dabei sei $D\theta := D(\theta) \cap C$. Es existiert $\eta_1, \eta_2 \in [\theta_0 - \delta, \theta_0 + \delta]$ mit $\eta_1 < \eta_2$ und

$$2^m \eta_1 = \theta_0 - \delta, \quad 2^m \eta_2 = \theta_0 + \delta. \quad (10.17)$$

---
[2] Vergleiche Definition 6.11.

Also ist die Abbildung $\psi \mapsto 2^m \psi$ ein Homöomorphismus zwischen $[\eta_1, \eta_2]$ und $[\theta_0 - \delta, \theta_0 + \delta]$. Da diese Abbildung linear ist und $[\eta_1, \eta_2] \subseteq [\theta_0 - \delta, \theta_0 + \delta]$, gibt es ein $\varphi \in [\eta_1, \eta_2]$ mit

$$2^m \varphi = \varphi, \tag{10.18}$$

wobei – wie anfangs erwähnt – die Winkel modulo 2π zu nehmen sind. Für dieses $\varphi \in [\theta_0 - \delta, \theta_0 + \delta]$ gilt

$$F^m(D(\varphi) \cap C) \subset D(\varphi) \cap C. \tag{10.19}$$

Da F^m kontrahierend ist, besitzt F^m nach dem Banachschen Fixpunktsatz in $D(\varphi) \cap C$ einen Fixpunkt.

(b) Es seien $\emptyset \neq U, V \subseteq \Lambda$ offen in Λ. Nach Definition 1.16 ist zu zeigen, daß ein $m \in \mathbf{Z}^+$ existiert mit $F^m(U) \cap V \neq \emptyset$.

Seien also $x \in U, y \in V$ fest und $\widetilde{U}, \widetilde{V} \subseteq T^2$ offene Mengen mit $\widetilde{U} \cap \Lambda = U$, $\widetilde{V} \cap \Lambda = V$. Wie im Beweis von (d) lassen sich (mit hinreichend großem $n \in \mathbf{Z}^+$) Röhren

$$\begin{aligned} C_x &\subseteq \widetilde{U} \cap F^n(T^2), \\ C_y &\subseteq \widetilde{V} \cap F^n(T^2) \end{aligned} \tag{10.20}$$

konstruieren mit $x \in \overset{\circ}{C}_x$ und $y \in \overset{\circ}{C}_y$. Ebenso wie in (d) gibt es ein $m > n$ derart, daß $F^m(C_x)$ eine Röhre ist, die ganz durch C_y geht, und es existiert ein $\theta \in S^1$ mit $D(\theta) \cap C_x \neq \emptyset$, so daß

$$F^m(D(\theta) \cap C_x) \subseteq C_y. \tag{10.21}$$

Aus der Definition von C_x folgt $(D(\theta) \cap C_x) \cap \Lambda \neq \emptyset$. Wegen $D(\theta) \cap (C_x \cap \Lambda) \subseteq U$ und

$$F^m(D(\theta) \cap C_x \cap \Lambda) \subseteq C_y \tag{10.22}$$

ist dann $F^m(U) \cap C_y \neq \emptyset$, und mit $F^m(U) = F^m(U) \cap \Lambda$ bekommt man

$$\emptyset \neq F^m(U) \cap C_y = F^m(U) \cap (C_y \cap \Lambda) \subseteq F^m(U) \cap V. \tag{10.23}$$

∎

Bemerkung. Es sei D^2 wiederum die Einheitskreisscheibe, S^1 der Einheitskreis und $T^2 = S^1 \times D^2 \subseteq \mathbf{R}^3$ wiederum der solide 2-Torus. Ist (r, ψ) ein Punkt aus D^2 in Polarkoordinaten mit Radius $r \in [0, 1]$ und Winkel $\psi \in [0, 2\pi)$ sowie $\theta \in [0, 2\pi)$ ein durch den Winkel dargestellter Punkt auf S^1, so sei für festes $q \in \mathbf{R} \setminus \mathbf{Q}$ die Abbildung $f : T^2 \to T^2$ definiert durch

$$f(\theta, r, \psi) := \left(\theta + 2\pi q \pmod{2\pi}, \frac{r}{2}, \psi\right). \tag{10.24}$$

Dann ist
$$A = \{(\theta, 0, 0) \mid \theta \in S^1\} \quad (10.25)$$

der Attraktor, denn A ist abgeschlossen, f-invariant, attraktiv, und jeder Punkt $(\theta, 0, 0)$ besitzt einen Orbit, der dicht in A liegt, da $f|_A$ eine Drehung ist um den Winkel $2\pi q$, einem irrationalen Vielfachen von 2π.

Seien $x, y \in A$ mit $\|x - y\| = \delta$. Dann werden x und y beide von f um den gleichen Winkel in die gleiche Richtung gedreht. Also ist $\|f(x) - f(y)\| = \delta$, und für alle $n \in \mathbb{Z}^+$ folgt

$$\|f^n(x) - f^n(y)\| = \delta. \quad (10.26)$$

Damit liegt *keine* sensitive Abhängigkeit von den Anfangsbedingungen auf A vor, das heißt, A ist kein seltsamer Attraktor. □

10.3 Arnolds Cat Map. Sie ist ein eindrucksvolles Beispiel einer durch eine simple lineare Abbildung des $\mathbb{R}^2$ auf dem *Torus*

$$\mathbf{T}^2 = \partial(S^1 \times D^2)^{3)} \subset \mathbb{R}^3 \quad (10.27)$$

(vergleiche Fig. 10.6) induzierten Abbildung mit einer erstaunlich komplexen dynamischen Struktur. Zur algebraischen Definition des Torus $\mathbf{T}^2$ identifiziert man alle Punkte $(x, y) \in \mathbb{R}^2$ miteinander, deren Koordinaten sich durch Elemente aus $\mathbb{Z}$ unterscheiden, das heißt,

$$(x, y) \stackrel{\triangle}{=} (x', y') \iff x - x' \in \mathbb{Z} \quad \text{und} \quad y - y' \in \mathbb{Z}. \quad (10.28)$$

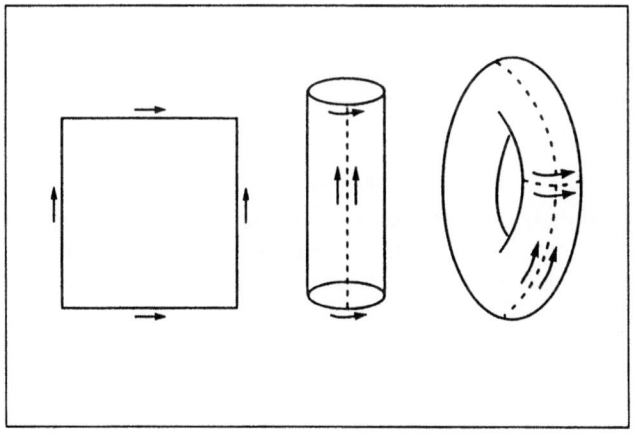

Fig. 10.6: Konstruktion des Torus $\mathbf{T}^2$ aus dem Einheitsquadrat.

[3)] Für $M \subseteq \mathbb{R}^n$ bezeichne ∂M wie üblich den Rand von M.

Durch (10.28) ist eine Äquivalenzrelation auf $\mathbf{R}^2$ definiert, der Torus ist gleich der Menge der zugehörigen Äquivalenzklassen, das heißt,

$$\mathbf{T}^2 = \mathbf{R}^2/\mathbf{Z}^2. \tag{10.29}$$

Der Torus (10.29) wird in natürlicher Weise durch das Einheitsquadrat

$$Q = \{(x,y) \in \mathbf{R}^2 \mid 0 \leq x \leq 1,\ 0 \leq y \leq 1\} \tag{10.30}$$

im $\mathbf{R}^2$ repräsentiert, wobei gegenüberliegende Seitenlinien von Q miteinander identifiziert werden. Geometrisch wird Q durch Identifikation der vertikalen Seiten zum Zylinder und durch die anschließende Identifikation der horizontalen Seiten zum Torus (10.27) (vergleiche Fig. 10.6). Mit π bezeichnen wir die kanonische Projektion

$$\pi: \mathbf{R}^2 \longrightarrow \mathbf{R}^2/\mathbf{Z}^2, \quad (x,y) \mapsto [(x,y)] \tag{10.31}$$

vom Punkt (x,y) auf seine Äquivalenzklasse $[(x,y)]$ [4)].

Bemerkung. Die Projektion (unter π) jeder nicht achsenparallelen Geraden im $\mathbf{R}^2$ windet sich um den Torus herum, und zwar so, daß sie im Einheitsquadrat aus parallelen Geradenstücken besteht, die von Rand zu Rand verlaufen. Ist die Steigung der Geraden im $\mathbf{R}^2$ rational, gleich p/q, p, q teilerfremd, dann besteht ihre Projektion auf das Einheitsquadrat aus genau q, also endlich vielen Geradenstücken, sonst, bei irrationaler Steigung, sind es unendlich viele Geradenstücke. □

Gilt für eine Abbildung $F: \mathbf{R}^2 \to \mathbf{R}^2$:

$$(x,y) \triangleq (x',y') \implies F(x,y) \triangleq F(x',y'), \tag{10.32}$$

dann induziert F eine wohldefinierte Abbildung $\hat{F}: \mathbf{T}^2 \to \mathbf{T}^2$. $\hat{F}$ ist definiert durch das Diagramm

$$\begin{array}{ccc} \mathbf{R}^2 & \xrightarrow{F} & \mathbf{R}^2 \\ \pi \downarrow & & \downarrow \pi \\ \mathbf{T}^2 & \xrightarrow[\hat{F}]{} & \mathbf{T}^2 \end{array}$$

das heißt, es gilt

$$\hat{F}[x,y] = \hat{F}(\pi(x,y)) = \pi(F(x,y)). \tag{10.33}$$

π induziert auf $\mathbf{R}^2/\mathbf{Z}^2$ in natürlicher Weise eine Topologie, die sogenannte Quotiententopologie. Sie ist die feinste Topologie auf $\mathbf{T}^2 = \mathbf{R}^2/\mathbf{Z}^2$, für die π stetig ist. Das heißt, eine Menge O in $\mathbf{T}^2$ ist genau dann offen, wenn $\pi^{-1}(O)$ offen ist im euklidischen Raum $\mathbf{R}^2$.

Bemerkung. Schreibt man $\mathbf{T}^2$ in der Form

$$\mathbf{T}^2 = \{(x,y) \in \mathbf{R}^2 \mid x = x(\mathrm{mod}\, 1) \text{ und } y = y(\mathrm{mod}\, 1)\}, \tag{10.34}$$

[4)] Wenn Mißverständnisse nicht zu befürchten sind, verzichten wir im folgenden auf Mehrfachklammerungen und schreiben $[x,y]$ anstatt $[(x,y)]$, ebenso $F(x,y)$ anstatt $F((x,y))$, und so weiter.

dann lautet (10.33)

$$\hat{F}(x,y) = F(x,y)(\mathrm{mod}\, 1),\qquad(10.35)$$

wobei die rechte Seite in *beiden* Komponenten von $F(x,y)$ modulo 1 zu verstehen ist. □

Wir betrachten als Beispiel die lineare Abbildung

$$L(x,y) = \begin{pmatrix} 2 & 1 \\ 1 & 1 \end{pmatrix}\begin{pmatrix} x \\ y \end{pmatrix} = (2x+y, x+y).\qquad(10.36)$$

Falls zwei Vektoren (x,y) und $(x',y') \in \mathbb{R}^2$ dasselbe Element von $\mathbb{T}^2$ repräsentieren, das heißt, falls $(x-x', y-y') \in \mathbb{Z}^2$, dann gilt auch

$$L(x,y) - L(x',y') = (2(x-x')+(y-y'), (x-x')+(y-y')) \in \mathbb{Z}^2.\qquad(10.37)$$

Also induziert L nach (10.33) eine Abbildung auf dem Torus:

$$F_L : \mathbb{T}^2 \to \mathbb{T}^2 \qquad(10.38)$$

mit

$$\begin{aligned} F_L[x,y] &= F_L(\pi(x,y)) = \pi(L(x,y)) \\ &= \pi(2x+y, x+y) = [2x+y, x+y]. \end{aligned}\qquad(10.39)$$

Die Abbildung $F_L : \mathbb{T}^2 \to \mathbb{T}^2$ ist invertierbar, da die Matrix $L = \begin{pmatrix} 2 & 1 \\ 1 & 1 \end{pmatrix}$ Determinante 1 besitzt, so daß L^{-1} ebenfalls ganzzahlige Einträge hat. F_L ist ein Automorphismus der Abelschen Gruppe $\mathbb{T}^2 = \mathbb{R}^2/\mathbb{Z}^2$.

Vereinbarung. Wie hier bereits geschehen, vereinbaren wir für das Folgende, daß wir bei einer linearen Abbildung im $\mathbb{R}^2$ der Form

$$\begin{pmatrix} x \\ y \end{pmatrix} \longmapsto \begin{pmatrix} a & b \\ c & d \end{pmatrix}\begin{pmatrix} x \\ y \end{pmatrix} \qquad(10.40)$$

die Abbildung und die sie definierende Matrix $A = \begin{pmatrix} a & b \\ c & d \end{pmatrix}$ gleich (mit A) bezeichnen, also $A(x,y) := A\begin{pmatrix} x \\ y \end{pmatrix}$. □

Zunächst sehen wir uns nun die lineare Abbildung L etwas näher an: Wegen $\det \begin{pmatrix} 2 & 1 \\ 1 & 1 \end{pmatrix} = 1$ ist L eine flächentreue Abbildung. Die Eigenwerte von L sind

$$\lambda_1 = \frac{3+\sqrt{5}}{2} > 1 \quad \text{und} \quad \lambda_2(=\lambda_1^{-1}) = \frac{3-\sqrt{5}}{2} < 1.\qquad(10.41)$$

Da die Matrix L symmetrisch ist, sind die Eigenvektoren orthogonal. Die Eigenvektoren, die zum ersten Eigenwert gehören, liegen auf der Geraden

$$y = \frac{\sqrt{5}-1}{2}x, \qquad (10.42)$$

diejenigen zum zweiten Eigenwert genügen der Geradengleichung

$$y = -\frac{\sqrt{5}+1}{2}x. \qquad (10.43)$$

Die Familien von Parallelen [5)] zu diesen Geraden, also

$$y = \frac{\sqrt{5}-1}{2}x + \text{const} \qquad (10.44)$$

beziehungsweise

$$y = -\frac{\sqrt{5}+1}{2}x + \text{const}, \qquad (10.45)$$

sind invariant unter L. L expandiert Abstände auf den Geraden (10.44) und kontrahiert auf (10.45). Fig. 10.7 veranschaulicht die Wirkungsweise von F_L auf dem Einheitsquadrat $Q = \{(x,y) \in \mathbb{R}^2 \mid 0 \leq x \leq 1,\ 0 \leq y \leq 1\}$.

Einprägsamer als Fig. 10.7 veranschaulicht Arnolds cat map [6)], Fig. 10.8, die Wirkungsweise eines *toralen Automorphismus* der Form (10.39). Für Arnolds cat map $F_L : \mathbf{T}^2 \to \mathbf{T}^2$ mit $L = \begin{pmatrix} 1 & 1 \\ 1 & 2 \end{pmatrix}$ lauten die Eigenwerte wie oben

$$\lambda_{1,2} = (3 \pm \sqrt{5})/2, \qquad (10.46)$$

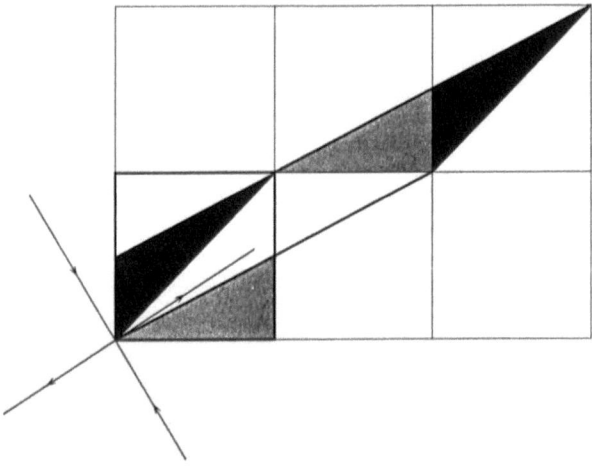

Fig. 10.7: Wirkungsweise der Abbildung F_L auf dem Einheitsquadrat. Die Linien mit den Pfeilen bezeichnen die Richtung der Eigenvektoren.

[5)] Nicht die einzelnen parallelen Linien!
[6)] Vergleiche Arnold und Avez [9].

10 Modelle für nichtlineare Dynamik im Mehrdimensionalen

und die Eigenvektoren sind diesmal gegeben durch die Geradengleichungen

$$y = \frac{1+\sqrt{5}}{2}x \qquad (10.47)$$

beziehungsweise

$$y = \frac{1-\sqrt{5}}{2}x. \qquad (10.48)$$

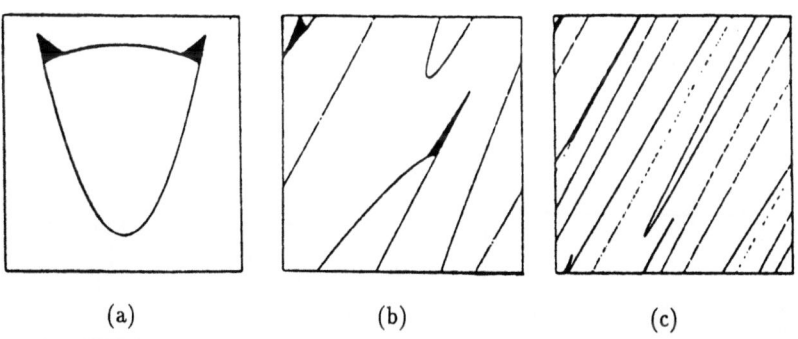

(a) (b) (c)

Fig. 10.8: Erste (b) und zweite (c) Iteration unter Arnolds cat map $F_L : \mathbf{T}^2 \to \mathbf{T}^2$ für $L = \begin{pmatrix} 1 & 1 \\ 1 & 2 \end{pmatrix}$ (aus Eckmann und Ruelle [38]).

$(0,0)$ ist ein hyperbolischer Fixpunkt der Abbildung

$$L : \begin{pmatrix} x \\ y \end{pmatrix} \longmapsto \begin{pmatrix} 1 & 1 \\ 1 & 2 \end{pmatrix} \begin{pmatrix} x \\ y \end{pmatrix}. \qquad (10.49)$$

Nach dem Stable Manifold Theorem (vergleiche Abschnitt 9 beziehungsweise Guckenheimer [55], S. 18) existieren stabile und instabile Mannigfaltigkeiten $W^s(0,0)$ und $W^u(0,0)$, das heißt,

$$\begin{aligned} W^s(0,0) &= \{(x,y) \in \mathbb{R}^2 \mid L^n(x,y) \longrightarrow (0,0) \text{ für } n \to \infty\}, \\ W^u(0,0) &= \{(x,y) \in \mathbb{R}^2 \mid L^{-n}(x,y) \longrightarrow (0,0) \text{ für } n \to \infty\}, \end{aligned} \qquad (10.50)$$

und, da L linear ist, sind sie identisch mit den Geraden (10.48) beziehungsweise (10.47).

Unter der Projektion π auf den Torus verläßt, zum Beispiel, die instabile Mannigfaltigkeit das Einheitsquadrat im Punkt $\left(\frac{2}{1+\sqrt{5}}, 1\right)$ und erscheint wieder, mit derselben Steigung, in $\left(\frac{2}{1+\sqrt{5}}, 0\right)$, um erneut das Quadrat zu verlassen, diesmal im Punkt $\left(1, \frac{\sqrt{5}-1}{2}\right)$, und so weiter (vergleiche Fig. 10.9). Da die Steigungen $(1 \pm \sqrt{5})/2$ irrational sind, liegen die Projektionen unter π der Mannigfaltigkeiten (10.50) dicht im

Einheitsquadrat, beziehungsweise, sie winden sich dicht um den Torus herum. Im folgenden lösen wir uns von den Beispielen und verallgemeinern diese Beobachtungen.

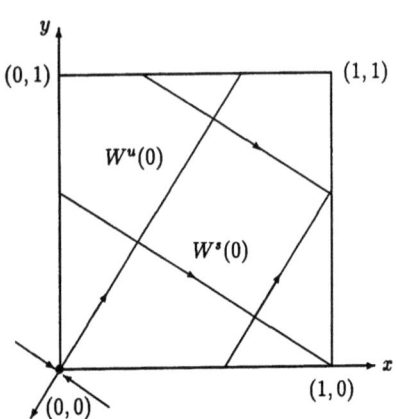

Fig. 10.9: Stabile und instabile Mannigfaltigkeit von F_L auf dem Torus.

Die Konstruktion der Beispiele läßt sich einfach verallgemeinern: Sei A eine $m \times m$-Matrix mit ganzzahligen Einträgen und $\det A = \pm 1$ derart, daß kein Eigenwert von A den Betrag 1 hat, das heißt, A ist *hyperbolisch*. Dann gilt $A\mathbf{Z}^m = \mathbf{Z}^m$, und A ist invertierbar auf $\mathbf{Z}^m$. Wie in (10.38) induziert dann A eine invertierbare Abbildung F_A auf dem m-Torus $\mathbf{T}^m = \mathbf{R}^m/\mathbf{Z}^m$. Man nennt F_A wie im Fall $m = 2$ einen hyperbolischen toralen Automorphismus auf $\mathbf{T}^m$. Thom (vergleiche [38], S. 625) fand vermutlich als erster heraus, daß hyperbolische torale Automorphismen auf ihren Definitionsbereichen $\mathbf{T}^m$ chaotisch sind. Dies (o. B. d. A. für $m = 2$) zu beweisen, machen wir uns nun zur Aufgabe.

10.4 Definition. *Es sei A eine 2×2-Matrix über $\mathbf{Z}$ mit $|\det A| = 1$ derart, daß kein Eigenwert den Betrag 1 hat, das heißt, A ist hyperbolisch. Die Abbildung F_A, die von A gemäß (10.38) auf $\mathbf{T}^2$ induziert wird,*

$$F_A[x,y] = F_A(\pi(x,y)) := \pi(A(x,y)) = [A(x,y)], \qquad (10.51)$$

heißt hyperbolischer toraler Automorphismus von $\mathbf{T}^2$.

Bemerkungen. 1. Durch Induktion folgt aus (10.51) für $n \in \mathbf{N}$:

$$F_A^n[x,y] = \pi(A^n(x,y)) = F_{A^n}[x,y], \qquad (10.52)$$

$(x,y) \in \mathbf{R}^2$, das heißt,

$$F_A^n = F_{A^n}. \qquad (10.53)$$

2. Wegen $|\det A| = 1$ ist A^{-1} ebenfalls eine Matrix mit ganzzahligen Einträgen, und sie ist ebenfalls hyperbolisch. Also induziert A^{-1} ebenfalls einen hyperbolischen toralen Automorphismus $F_{A^{-1}}$, und dieser ist invers zu F_A, das heißt,

$$F_A^{-1} = F_{A^{-1}}. \qquad (10.54)$$

10 Modelle für nichtlineare Dynamik im Mehrdimensionalen

Damit ist F_A ein Diffeomorphismus auf $\mathbb{T}^2$ (vergleiche Übungsaufgabe 1 und Alligood, Sauer und Yorke [3], S. 92 ff.).

3. Da A hyperbolisch ist mit $|\det A| = 1$, sind beide Eigenwerte von A reell; für den einen, λ_s, gilt $|\lambda_s| < 1$ und für den zweiten, λ_u, gilt entsprechend $|\lambda_u| > 1$. □

Wie bei unseren Beispielen existieren stabile und instabile Mannigfaltigkeiten W^s ($= W^s(0,0)$) und W^u (vergleiche (10.50)), und beide sind Geraden durch den Ursprung im $\mathbb{R}^2$. Nun sei $[x,y] \in \mathbb{T}^2$. l_s und l_u seien Geraden im $\mathbb{R}^2$, die sich in (x,y) schneiden, und die parallel sind zu W^s und W^u. Die Projektion dieser beiden Geraden unter π auf $\mathbb{T}^2$ bezeichnen wir mit

$$W^s[x,y] := \pi(l_s),$$
$$W^u[x,y] := \pi(l_u). \tag{10.55}$$

10.5 Lemma. $[x',y'] \in W^s[x,y] \Rightarrow F_A[x',y'] \in W^s(F_A[x,y])$. Analog für $W^u[x,y]$.

Beweis. Wegen $[x',y'] \in W^s[x,y]$ liegt (x',y') auf einer Geraden im $\mathbb{R}^2$ durch den Punkt (x,y) und parallel zu W^s. Das Bild dieser Geraden unter A ist wiederum eine Parallele zu W^s durch den Punkt $A(x,y)$, und $A(x',y')$ liegt auf dieser Geraden. Die Projektion dieser Geraden durch $A(x,y)$ auf $\mathbb{T}^2$ ist nach (10.55)

$$W^s[A(x,y)] = W^s(F_A[x,y]). \tag{10.56}$$

Auf ihr liegt der Punkt $\pi(A(x',y')) = F_A[x',y']$, was zu beweisen war. ∎

Die Bezeichnungen in (10.55) nehmen vorweg, daß die Parallelen zu den Eigenvektoren (das heißt, die Parallelen zu W^s beziehungsweise W^u) von A im $\mathbb{R}^2$ unter π auf stabile und instabile Mengen (besser: Mannigfaltigkeiten) auf dem Torus projiziert werden, die ihrerseits nach dem letzten Lemma zwei Familien F_A-invarianter Mannigfaltigkeiten auf dem Torus darstellen. Sie sind stabil beziehungsweise instabil in folgendem Sinne:

10.6 Lemma. (a) $W^s[x,y]$ *ist die* stabile Menge *von* $[x,y]$ *bezüglich* F_A *in dem Sinne, daß gilt:*

$$[x',y'] \in W^s[x,y] \implies d(F_A^n[x',y'], F_A^n[x,y]) \xrightarrow[n\to\infty]{} 0.\,[7)} \tag{10.57}$$

(b) *Entsprechend ist* $W^u[x,y]$ *die* instabile Menge *von* $[x,y]$ *bezüglich* F_A*, das heißt,*

$$[x',y'] \in W^u[x,y] \implies d(F_A^{-n}[x',y'], F_A^{-n}[x,y]) \xrightarrow[n\to\infty]{} 0. \tag{10.58}$$

[7)] Vergleiche die anschließende Bemerkung.

Bemerkung. Wegen $[x',y'] \in W^s[x,y]$ liegt (x',y') auf einer Geraden im $\mathbb{R}^2$ durch den Punkt (x,y) und parallel zu $W^s(0,0)$. Wegen der Linearität gilt dies analog für $A^n(x',y')$ und $A^n(x,y)$. Nach Bemerkung 1 zu Definition 10.4 gilt

$$F_A^n[x,y] = \pi(A^n(x,y)) \tag{10.59}$$

(analog für $F_A^n[x',y']$) und weiter nach Lemma 10.5

$$F_A^n[x',y'] = F_{A^n}[x',y'] \in W^s(F_A^n[x,y]). \tag{10.60}$$

Mit

$$d(F_A^n[x',y'], F_A^n[x,y]) \tag{10.61}$$

meinen wir den *Abstand* der Punkte $F_A^n[x',y']$ und $F_A^n[x,y]$ auf dem Torus *entlang der stabilen Menge* $W^s(F_A^n[x,y])$, induziert durch den euklidischen Abstand im $\mathbb{R}^2$ (wenn wir ins Einheitsquadrat projizieren) [8]. Das bedeutet für $[x',y'] \in W^s[x,y]$ aber gerade:

$$\begin{aligned} d(F_A^n[x',y'], F_A^n[x,y]) &= d\big(\pi(A^n(x',y')), \pi(A^n(x,y))\big) \\ &= \|A^n(x',y') - A^n(x,y)\|, \end{aligned} \tag{10.62}$$

wobei mit $\|\cdot\|$ der euklidische Abstand im $\mathbb{R}^2$ gemeint ist. □

Dieser Abstandsbegriff ist jedoch nur sinnvoll für Punkte auf dem Torus, die auf Projektionen unter π von Geraden im $\mathbb{R}^2$ mit irrationalen Steigungen liegen. Dies ist für W^s und W^u aber der Fall, wie uns der Beweis des nachfolgenden Lemmas 10.7 zeigen wird.

Beweis von Lemma 10.6. Wir beweisen (a), Teil (b) läuft analog. Seien (x,y) und (x',y') zwei Punkte auf einer Parallelen zu W^s in $\mathbb{R}^2$ und l sei das Geradenstück, welches (x,y) und (x',y') verbindet. Aufgrund der Linearität der Abbildung A ist auch $A^n(l)$ ein Geradenstück, welches ebenfalls parallel ist zu W^s. Und die Länge von $A^n(l)$ ist gleich dem $|\lambda_s^n|$-fachen der Länge von l. Aus $|\lambda_s| < 1$ folgt dann

$$\|A^n(x,y) - A^n(x',y')\| \xrightarrow[n\to\infty]{} 0 \tag{10.63}.$$

und somit wegen (10.62) die Behauptung. ∎

Bemerkung. Wegen (10.62) kontrahiert beziehungsweise expandiert F_A entlang $W^s[x,y]$ beziehungsweise $W^u[x,y]$, $[x,y] \in \mathbb{T}^2$, Abstände mit denselben Faktoren $|\lambda_s| < 1$ beziehungsweise $|\lambda_u| > 1$ wie A auf W^s beziehungsweise W^u. □

---

[8] Dies ist sinnvoll, denn „von $F_A^n[x,y]$ nach $F_A^n[x',y']$" werden wegen (10.59) nur endlich viele parallele Geradenstücke von Rand zu Rand des Einheitsquadrates durchlaufen. Auf dem Torus im $\mathbb{R}^3$ entspricht diesem Abstand die Länge des um den Torus herumgewickelten Linienelementes (zum Beispiel eines Seils) zwischen den beiden Punkten.

10.7 Lemma. $W^s[x,y]$ und $W^u[x,y]$ sind dicht in $\mathbb{T}^2$ für jedes $[x,y] \in \mathbb{T}^2$.

Beweis. Wir überlegen uns zunächst, wie bereits angekündigt, daß die stabile Mannigfaltigkeit W^s (von A) eine Gerade mit irrationaler Steigung im $\mathbb{R}^2$ ist. Denn wäre dies nicht der Fall, dann müßte W^s notwendigerweise durch einen Punkt (m,n), $m,n \in \mathbb{Z}$, laufen. Dann hätten aber alle A-Iterierten von (m,n) ganzzahlige Koordinaten, da A eine Matrix mit ganzzahligen Einträgen ist. Dies ist jedoch unmöglich, denn es gilt $A^n(x,y) \to (0,0)$ für $n \to \infty$ (vergleiche (10.50)).

Nun betrachten wir die sukzessiven Schnittpunkte von W^s mit den Geraden $y = n$ im $\mathbb{R}^2$: x_n sei die x-Koordinate des Schnittpunktes mit $y = n$. x_1 ist der Kehrwert der Steigung von W^s und ist daher irrational. Das Gleiche gilt dann für $x_2 = 2x_1, \ldots, x_N = Nx_1, \ldots$ Jeder Punkt (x_j, j) wird durch π auf einen Punkt der Form $[\alpha_j, 0]$ mit $0 \le \alpha_j = x_j(\text{mod } 1) < 1$ auf dem Torus projiziert. Dabei ist

$$[y = 0] := \{[x,0] \mid 0 \le x < 1\} \tag{10.64}$$

eine Kreislinie auf dem Torus (vergleiche Fig. 10.6), und die Punkte

$$\alpha_j = x_j(\text{mod } 1) = jx_1(\text{mod } 1) \tag{10.65}$$

bilden den Orbit $O^+_{T_{x_1}}(0)$ der Translation

$$T_{x_1}(t) = [t + x_1](\text{mod } 1), \quad t \in [0,1), \tag{10.66}$$

und dieser ist dicht in $[0,1)$, weil x_1 irrational ist [9]. Das heißt, die Projektionen $[\alpha_j, 0]$ unter π der Schnittpunkte von W^s mit den Geraden $y = j$ auf den Torus liegen dicht in der Grundseite $[y = 0]$ des Einheitsquadrates beziehungsweise in der entsprechenden Kreislinie auf dem Torus im $\mathbb{R}^3$. Damit ergibt sich für die Projektion π von W^s auf das Einheitsquadrat Q eine Situation wie in Fig. 10.10, wobei die Geradenstücke dicht liegen in Q, was auf dem Torus im $\mathbb{R}^3$ bedeutet, daß sich $\pi(W^s)$ dicht um den Torus herumwindet.

Man überlegt sich nun leicht, daß sich das gleiche Bild ergibt, wenn man anstelle von W^s eine dazu parallele Gerade l_s unter π auf dem Torus projiziert. Damit ist die Behauptung des Lemmas für die stabile Menge von $[x,y]$, $W^s[x,y]$, bewiesen. Der Beweis für $W^u[x,y]$ (dargestellt in Fig. 10.10) verläuft analog. ∎

Bemerkung. Damit ist auch bewiesen, daß die Projektion jeder Geraden in $\mathbb{R}^2$ mit irrationaler Steigung überall dicht ist auf dem Torus $\mathbb{T}^2$. □

Kommen wir kurz noch einmal zurück auf eines unserer Beispiele, nämlich

$$F_L : \mathbb{T}^2 \longrightarrow \mathbb{T}^2 \quad \text{mit} \quad L = \begin{pmatrix} 2 & 1 \\ 1 & 1 \end{pmatrix}. \tag{10.67}$$

---

[9] Durch $\varphi(t) = 2\pi t$ ist T_{x_1} konjugiert zur Translation $T_{x_1}(\theta) = \theta + 2\pi x_1$, $\theta \in S^1$, des Einheitskreises S^1, unter der jeder Orbit dicht ist in S^1, da x_1 irrational ist.

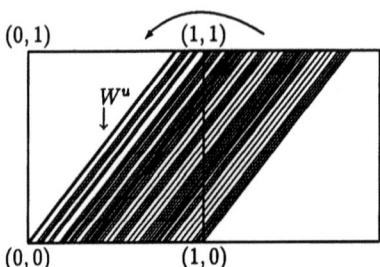

Fig. 10.10: Projektion von W^u auf den Torus.

Hier werden die L-invarinaten Familien von Geraden

$$y = \frac{\sqrt{5}-1}{2}x + \text{const} \quad (10.68)$$

beziehungsweise

$$y = -\frac{\sqrt{5}+1}{2} + \text{const} \quad (10.69)$$

unter π projiziert auf F_L-invariante Familien stabiler beziehungsweise instabiler Mengen $W^s[x,y]$ beziehungsweise $W^u[x,y]$ auf $\mathbf{T}^2$. Jede einzelne dieser stabilen beziehungsweise instabilen Mengen besteht aus einer in $\mathbf{T}^2$ dichten Menge von parallelen Geradenstücken (vergleiche Fig. 10.10) mit irrationaler Steigung. □

Eine weitere wichtige Eigenschaft halten wir in einem Korollar fest:

10.8 Korollar. *Durch jeden Punkt $[x,y]$ „verläuft" genau eine stabile und eine instabile Menge.*

Beweis. Übungsaufgabe 1. Hinweis: Aus $[x',y'] \in W^s[x,y]$ folgt $W^s[x,y] = W^s[x',y']$, analog für $W^u[x,y]$. ∎

Bemerkungen. 1. Die stabilen beziehungsweise instabilen Mengen sind Beispiele für flächenfüllende Familien von Kurven (engl.: foliations), die sich nicht kreuzen und deren Vereinigung der gesamte Torus ist.

2. Die stabilen und instabilen Mengen von F_A sind nach Definition Projektionen unter π von Linien parallel zu den Eigenvektoren der Matrix A. Nach Lemma 10.7 winden sie sich dicht um den Torus (beziehungsweise sie sind dicht im Einheitsquadrat). Da die Mannigfaltigkeiten W^s und W^u im $\mathbb{R}^2$ unterschiedliche Steigungen besitzen, müssen die Projektionen für jeden Punkt $[x,y] \in \mathbf{T}^2$ eine in $\mathbf{T}^2$ dichte Teilmenge von Schnittpunkten gemeinsam haben. Diese Punkte nennt man *homoklin*. □

10.9 Definition. *Sei $[x,y] \in \mathbf{T}^2$ ein periodischer Punkt von F_A, das heißt, es existiert ein $n \in \mathbf{N}$ mit $F_A^n[x,y] = [x,y]$. Ein Punkt $p \in \mathbf{T}^2$, $p \neq [x,y]$, heißt* homoklin *zu $[x,y]$, falls $p \in W^s[x,y] \cap W^u[x,y]$.*

Bemerkung. Bei einem hyperbolischen toralen Automorphismus treffen $W^s[x,y]$ und $W^u[x,y]$ in einem homoklinen Punkt mit einem Winkel größer als 0 aufeinander. Der homokline Punkt heißt dann *transversal*. Damit gilt das Folgende:

10.10 Satz. *Die transversalen homoklinen Punkte sind dicht in $\mathbf{T}^2$.*

So, inzwischen haben wir auch alles zusammen, um zu zeigen, daß F_A chaotisch ist auf $\mathbf{T}^2$, mit anderen Worten, daß der Torus ein chaotischer Attraktor für F_A ist.

10 Modelle für nichtlineare Dynamik im Mehrdimensionalen

10.11 Satz. *Sei F_A ein hyperbolischer toraler Automorphismus von $\mathbf{T}^2$. Dann ist F_A chaotisch auf $\mathbf{T}^2$, das heißt im einzelnen:*
(a) $\overline{Per(F_A)} = \mathbf{T}^2$ [10].
(b) *F_A ist topologisch transitiv.*
(c) *F_A besitzt auf $\mathbf{T}^2$ sensitive Abhängigkeit von den Anfangsbedingungen.*

Bemerkung. Somit ist $\mathbf{T}^2$ ein chaotischer Attraktor von $(\mathbf{T}^2, F_A)$ im Sinne von Definition 6.11. □

Beweis. (a) Die Punkte auf dem Torus $\mathbf{T}^2$ mit rationalen Koordinaten liegen selbstverständlich dicht in $\mathbf{T}^2$. Wir werden zeigen, daß jeder dieser rationalen Punkte ein periodischer Punkt von F_A ist. Dazu bringen wir x und y auf den Hauptnenner, das heißt,

$$x = \frac{s}{q}, \quad y = \frac{t}{q}, \quad s,t,q \in \mathbb{N}, 0 \leq s,t < q. \tag{10.70}$$

Da A ganzzahlige Einträge hat, ist auch $F_A\left[\dfrac{s}{q},\dfrac{t}{q}\right]$ von der Form (10.70) [11]. Es gibt q^2 verschiedene rationale Punkte auf $\mathbf{T}^2$, deren Koordinaten durch rationale Zahlen der Form (10.70) mit dem Nenner q dargestellt werden können. Aber es gehören alle Iterierten $F_A^n\left[\dfrac{s}{q},\dfrac{t}{q}\right]$, $n \in \mathbb{N}$, zu dieser endlichen Menge, das heißt, sie müssen sich wiederholen. Also existieren $m,n \in \mathbb{N}$, $m < n$, mit

$$F_A^n\left[\frac{s}{q},\frac{t}{q}\right] = F_A^m\left[\frac{s}{q},\frac{t}{q}\right]. \tag{10.71}$$

Da F_A invertierbar ist, folgt daraus

$$F_A^{n-m}\left[\frac{s}{q},\frac{t}{q}\right] = \left[\frac{s}{q},\frac{t}{q}\right], \tag{10.72}$$

was zu zeigen war.

Beispiel. Wir betrachten $F_A : \mathbf{T}^2 \to \mathbf{T}^2$ für $A = \begin{pmatrix} 2 & 1 \\ 1 & 1 \end{pmatrix}$: $[0,0]$ ist offenbar ein Fixpunkt, er ist auch der einzige Fixpunkt von F_A, wie man an der Fixpunktgleichung

$$\begin{aligned} 2x+y &= x+n \\ x+y &= y+m \end{aligned} \tag{10.73}$$

$(m,n \in \mathbb{Z})$ sofort abliest. Außerdem gilt zum Beispiel:

$$F_A\left[\frac{1}{2},\frac{1}{2}\right] = \left[\frac{1}{2},0\right],\ F_A\left[\frac{1}{2},0\right] = \left[0,\frac{1}{2}\right] \text{ und } F_A\left[0,\frac{1}{2}\right] = \left[\frac{1}{2},\frac{1}{2}\right], \tag{10.74}$$

das heißt, $\left[\frac{1}{2},\frac{1}{2}\right]$ ist periodisch mit Periode 3. □

---

[10] Bezüglich der Quotiententopologie auf $\mathbf{T}^2$.

[11] Für $A = \begin{pmatrix} 2 & 1 \\ 1 & 1 \end{pmatrix}$, zum Beispiel, gilt $F_A\left[\dfrac{s}{q},\dfrac{t}{q}\right] = \left[\dfrac{2s+t}{q},\dfrac{s+t}{q}\right]$.

Bevor wir im Beweis weitermachen, wollen wir uns noch kurz klarmachen, daß die Punkte in $\mathbf{T}^2$ mit rationalen Koordinaten die einzigen periodischen Punkte von F_A sind. Wir nehmen also an, für $n \in \mathbf{N}$ sei

$$F_A^n[x,y] = [x,y]. \tag{10.75}$$

Da aber $F_A^n[x,y] = [ax+by, cx+dy]$ gilt mit ganzen Zahlen a,b,c,d, folgt aus (10.75)

$$\begin{aligned} ax + by &= x + k \\ cx + dy &= y + l \end{aligned} \tag{10.76}$$

mit $l, k \in \mathbf{Z}$. Da 1 kein Eigenwert von A^n ist, können wir $[x,y]$ eindeutig aus a, b, c, d, k, l bestimmen:

$$x = \frac{(d-1)k - bl}{(a-1)(d-1) - cb}, \quad y = \frac{(a-1)l - ck}{(a-1)(d-1) - cb}. \tag{10.77}$$

Also sind x und y rationale Zahlen.

Fortsetzung des Beweises von Satz 10.11. (b) Zum Nachweis, daß F_A auf $\mathbf{T}^2$ topologisch transitiv ist, seien U und V zwei offene Teilmengen von $\mathbf{T}^2$ [12]. Nach Teil (a) existieren periodische Punkte $[x_p, y_p] \in U$ und $[x_q, y_q] \in V$ von F_A. n sei ihre kleinste gemeinsame Periode. Die stabile Menge $W^s[x_q, y_q]$ ist nach Lemma 10.5 invariant unter F_A^n, und F_A^n kontrahiert auf $W^s[x_q, y_q]$ Abstände mit dem Faktor $|\lambda_s|$, $0 < |\lambda_s| < 1$ [13]. Ganz entsprechend ist $W^u[x_p, y_p]$ ebenfalls invariant unter F_A^n, und F_A^n ist dort expandierend.

Nach Lemma 10.7 sind die Mannigfaltigkeiten $W^s[x_q, y_q]$ und $W^u[x_p, y_p]$ beide dicht in $\mathbf{T}^2$. Sie sind Projektionen unter π von Linien parallel zur stabilen Mannigfaltigkeit W^s beziehungsweise zur instabilen Mannigfaltigkeit W^u von A im $\mathbf{R}^2$ (das heißt, parallel zu den Eigenvektoren von A). Da diese unterschiedliche Steigungen besitzen, haben $W^s[x_q, y_q]$ und $W^u[x_p, y_p]$ eine in $\mathbf{T}^2$ dichte Teilmenge von Schnittpunkten gemeinsam. Sei $[x_r, y_r]$ ein solcher Schnittpunkt (vergleiche Fig. 10.11), dann gilt nach Lemma 10.5

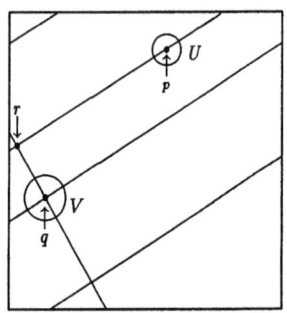

Fig. 10.11: Topologische Transitivität auf dem Torus ($p = [x_p, y_p]$, analog q, r).

$$d\bigl(F_A^{kn}[x_r, y_r], F_A^{kn}[x_q, y_q]\bigr) = d\bigl(F_A^{kn}[x_r, y_r], [x_q, y_q]\bigr) \longrightarrow 0 \quad (k \to \infty), \tag{10.78}$$

---

[12] Das heißt definitionsgemäß, daß die Urbilder unter π von U und V offen sind im $\mathbf{R}^2$.
[13] Vergleiche dazu die Bemerkung nach Lemma 10.6.

10 Modelle für nichtlineare Dynamik im Mehrdimensionalen

und analog

$$d\left(F_A^{-kn}[x_r, y_r], [x_p, y_p]\right) \longrightarrow 0 \quad (k \to \infty). \tag{10.79}$$

Ist k hinreichend groß und positiv, dann gilt also

$$F_A^{-kn}[x_r, y_r] \in U \tag{10.80}$$

und

$$F_A^{2kn}(F_A^{-kn}[x_r, y_r]) = F_A^{kn}[x_r, y_r] \in V, \tag{10.81}$$

und damit haben wir

$$F_A^{2kn}(U) \cap V \neq \emptyset, \tag{10.82}$$

was zu beweisen war.

(c) Zum Nachweis der Sensitivität sei $[x, y] \in \mathbf{T}^2$ beliebig. Für $[x', y'] \in W^u[x, y]$ gilt, wie wir wissen,

$$d(F_A^n[x', y'], F_A^n[x, y]) \geq |\lambda_u|^n d([x', y'], [x, y]). \tag{10.83}$$

Das heißt, F_A ist zumindest entlang $W^u[x, y]$ expansiv und somit sensitiv abhängig von den Anfangsbedingungen. Damit ist alles bewiesen. ∎

Bemerkung. F_A besitzt auf $\mathbf{T}^2$ eine stärkere Mischungseigenschaft als topologische Transitivität: F_A ist auf $\mathbf{T}^2$ *topologisch mischend* (engl.: topologically mixing), das heißt, zu zwei nichtleeren offenen Mengen $U, V \in \mathbf{T}^2$ existiert ein $N = N(U, V) \in \mathbb{N}$, so daß

$$f^n(U) \cap V \neq \emptyset \tag{10.84}$$

für alle $n > N$ erfüllt ist. Offenbar ist jede topologisch mischende Abbildung auch topologisch transitiv. □

10.12 Korollar. *Der Automorphismus F_A ist topologisch mischend auf $\mathbf{T}^2$.*

Beweis. Vergleiche Katok und Hasselblatt [73], S. 46. ∎

Bemerkung. Die hyperbolischen toralen Automorphismen sind die einfachsten Beispiele sogenannter *Anosov-Diffeomorphismen* $f : \mathbf{T}^2 \to \mathbf{T}^2$, die durch die Eigenschaft definiert sind, daß der gesamte Torus $\mathbf{T}^2$ ein *hyperbolischer Attraktor* von f ist (vergleiche Katok und Hasselblatt [73], Definition 6.4.2). *Hyperbolische Mengen* für eine Abbildung f sind dadurch charakterisiert, daß jeder Punkt der Menge mit kontraktiven und expansiven Richtungen (bezüglich f) ausgestattet ist, die den Verlauf von stabilen und instabilen Mengen, ähnlich wie bei den *linearen Anosov-Diffeomorphismen* F_A auf $\mathbf{T}^2$, kontrollieren; im Englischen bezeichnet man diesen

Sachverhalt als „hyperbolic splitting". Hyperbolische Mengen bieten damit eine Voraussetzungen dafür, daß chaotische Dynamik auftreten kann. Wir werden den hyperbolischen Mengen den übernächsten Abschnitt widmen, Beispiele für hyperbolische Mengen sind neben dem Torus für hyperbolische torale Automorphismen das Solenoid und Smales Horseshoe, mit dem wir uns als nächstes beschäftigen werden. □

10.13 Smales Horseshoe-Abbildung[14]. Es sei S ein Quadrat im $\mathbb{R}^2$ und $f: S \to \mathbb{R}^2$ sei ein Diffeomorphismus von S auf sein Bild der Art, daß der Durchschnitt $S \cap f(S)$ aus zwei disjunkten (in Fig. 10.12 vertikalen) Rechtecken besteht und die Restriktion von f auf die beiden Komponenten des Urbildes $f^{-1}(S \cap f(S))$ eine hyperbolische lineare Abbildung ist, die in vertikaler Richtung expandiert und in horizontaler Richtung kontrahiert.[15]

Das impliziert, daß die beiden Komponenten des Urbildes von $S \cap f(S)$ horizontale Rechtecke sind. Die einfachste Art und Weise, diesen Effekt zu erzielen, ist, das Quadrat S in ein Hufeisen oder in die Form eines Permanentmagneten zu verbiegen (Fig. 10.12). Guckenheimer und Holmes [55] geben eine operative anschauliche Beschreibung der Horseshoe-Abbildung, der wir uns für kurze Zeit anschließen wollen: Wie in Fig. 10.13 dargestellt, wird zunächst S vertikal mit einem Faktor $\mu > 2$ expandiert und horizontal mit einem Faktor $0 < \lambda < \frac{1}{2}$ linear kontrahiert. Dann wird gefaltet (besser: gebogen wie beim Hufschmied), und zwar so, daß der gebogene Teil nicht in S hineinreicht (vergleiche Fig. 10.13). Daher ist die Restriktion von f auf $S \cap f^{-1}(S) \; (= f^{-1}(S \cap f(S)))$ eine lineare Abbildung.

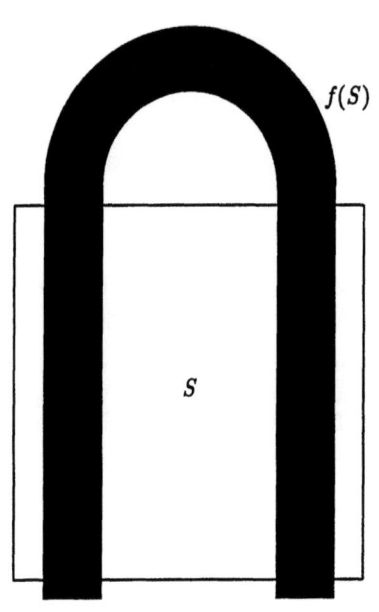

Fig. 10.12: Smales Horseshoe-Abbildung.

Macht man in Fig. 10.13 die Verbiegung und Streckung rückgängig, so ist unmittelbar klar, daß das Urbild

$$f^{-1}(S \cap f(S)) = S \cap f^{-1}(S) \tag{10.85}$$

aus zwei horizontalen Bändern (o. B. d. A. sei $S = [0,1] \times [0,1]$)

$$H_1 = [0,1] \times [a, a+\mu^{-1}] \quad \text{und} \quad H_2 = [0,1] \times [b, b+\mu^{-1}] \tag{10.86}$$

---
[14] Vergleiche Smale [143], S. 63–80, und [146].
[15] Das heißt, die Beträge ihrer Eigenwerte sind verschieden von 1.

besteht (vergleiche Fig. 10.13). Auf H_1 und H_2 ist f linear, und zwar streckt f dort mit dem Faktor μ in y-Richtung und kontrahiert mit dem Faktor λ in x-Richtung. Somit hat f auf H_1 und H_2 die Jacobi-Matrix $Df = \begin{pmatrix} \pm\lambda & 0 \\ 0 & \pm\mu \end{pmatrix}$, dabei gilt das Vorzeichen + auf H_1 und − auf H_2.

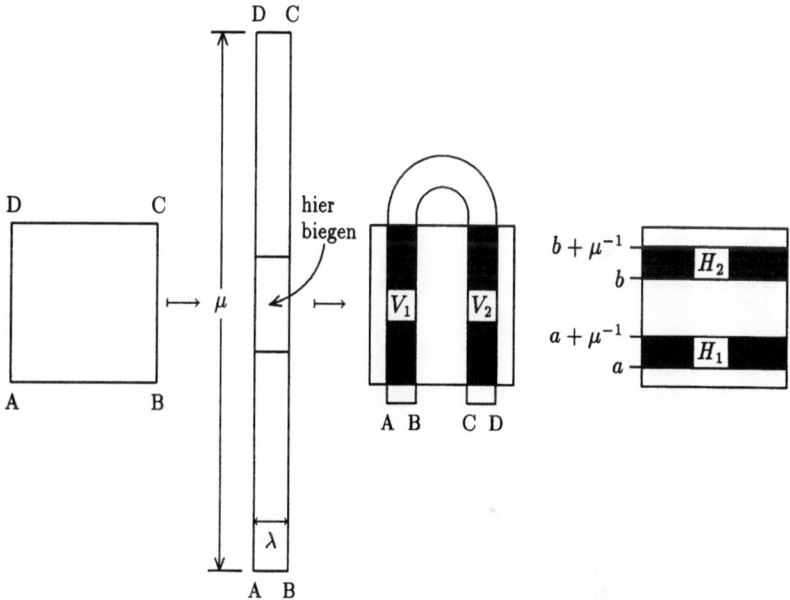

Fig. 10.13: Darstellung der Horseshoe-Abbildung nach Guckenheimer und Holmes [55].

Wenn man f iteriert, und zwar rückwärts oder vorwärts (f ist injektiv), dann verlassen die meisten Punkte S oder, wenn sie in S bleiben, sind sie schließlich in einer der Mengen $f^n(S)$, $n \in \mathbb{Z}$, nicht mehr enthalten. Diejenigen Punkte $x \in S$, die für alle Zeiten in S verbleiben, bilden die Menge

$$\Lambda = \{x \in S \mid f^n(x) \in S, -\infty < n < \infty\} = \bigcap_{n=-\infty}^{\infty} f^n(S). \qquad (10.87)$$

Λ ist die maximale f-invariante Teilmenge von S. Ihre topologische Struktur wollen wir nun beschreiben:

Jedes der beiden horizontalen Rechtecke H_i ($i = 1, 2$) wird von f zu einem Rechteck $V_i = f(H_i)$ gestreckt und gefaltet (vergleiche Fig. 10.13), welches seinerseits sowohl H_1 als auch H_2 schneidet. Am Hufeisen macht man sich leicht klar, daß die Menge von Punkten, die nach einer Anwendung von f wieder in H_1 oder H_2 landen, aus je zwei disjunkten Komponenten in H_1 und H_2 besteht. Da f auf $H_1 \cup H_2$ achsenparallel abbildet, sind dies vier horizontale dünne Rechteckstreifen in S (in Fig. 10.14 mit $H_{11}, \ldots, H_{22}$ bezeichnet). Wegen $H_1 \cup H_2 = f^{-1}(S \cap f(S))$ folgt

$$\begin{aligned} f^{-1}(H_1 \cup H_2) &= f^{-2}(S \cap f(S)) \cap S \\ &= f^{-2}(S \cap f(S) \cap f^2(S)), \end{aligned} \quad (10.88)$$

also besteht die Menge

$$f^{-2}(S \cap f(S) \cap f^2(S)) = S \cap f^{-1}(S) \cap f^{-2}(S) \quad (10.89)$$

aus den oben genannten 2^2 disjunkten horizontalen Rechteckstreifen in S.

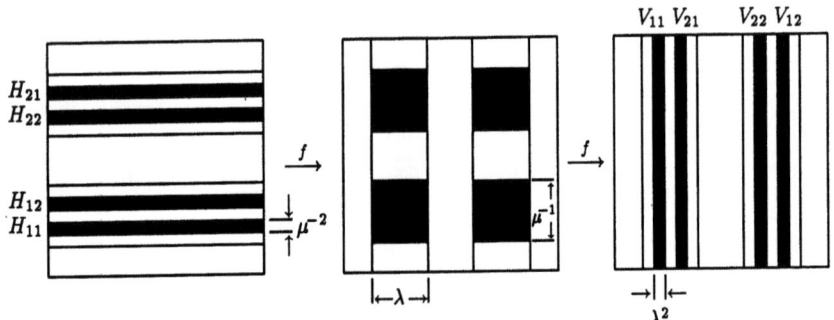

Fig. 10.14: Iteration von $f : V_{ij} = f^2(H_{ij})$.

So fortfahrend, folgt durch Induktion, daß

$$f^{-n}(S \cap f(S) \cap \ldots \cap f^n(S)) = S \cap f^{-1}(S) \cap \ldots \cap f^{-n}(S) \quad (10.90)$$

gleich der Vereinigung von 2^n disjunkten horizontalen Rechteckstreifen ist. Ihre Dicke ist μ^{-n}, denn es gilt $\left|\frac{\partial f}{\partial y}\right| = \mu$ in allen Punkten von $H_1 \cup H_2$, und die ersten $n-1$ Iterierten jedes dieser horizontalen Streifen bleiben innerhalb von $H_1 \cup H_2$. Der Durchschnitt aller so entstehenden horizontalen Streifen, also die Menge

$$\Lambda_H = \bigcap_{n \leq 0} f^n(S) = \{x \in S \mid f^{-n}(x) \in S, n \geq 0\} \quad (10.91)$$

ist eine Cantormenge, genauer: ihr vertikaler Schnitt ist cantorsch in $\mathbb{R}$.[16]

Nun betrachten wir das Bild unter f^n eines dieser horizontalen Rechteckstreifen in $f^{-n}(S \cap f(S) \cap \ldots \cap f^n(S))$. Aus der Kettenregel folgt

$$Df^n = \begin{pmatrix} \pm \lambda^n & 0 \\ 0 & \pm \mu^n \end{pmatrix} \quad (10.92)$$

---

[16] **Ganz exakt:** Λ_H ist das topologische Produkt einer (1-dimensionalen) Cantormenge mit einem Intervall.

10 Modelle für nichtlineare Dynamik im Mehrdimensionalen

für alle Punkte aus diesem Streifen, also ist sein Bild ein Rechteck in S mit der (horizontalen) Breite λ^n, das in S vertikal von oben bis unten reicht (vergleiche Fig. 10.14 für $n = 2$). f^n ist wie f injektiv, also besteht die Menge

$$S \cap f(S) \cap \ldots \cap f^n(S) \tag{10.93}$$

aus 2^n disjunkten vertikalen Rechteckstreifen, jeder von ihnen mit der Breite λ^n. Der Durchschnitt über all diese Mengen (10.93), das heißt,

$$\Lambda_V = \bigcap_{n \geq 0} f^n(S) = \{x \in S \mid f^n(x) \in S, n \geq 0\} \tag{10.94}$$

ist ebenfalls eine Cantormenge, diesmal aus vertikalen Streifen. Schließlich ist

$$\Lambda = \Lambda_H \cap \Lambda_V \tag{10.95}$$

eine (2-dimensionale) Cantormenge in S. Sie besteht aus einzelnen Punkten, und man zeigt leicht, daß jeder von ihnen ein Häufungspunkt von Λ ist. Λ selbst kann man natürlich nicht anschaulich machen, aber Fig. 10.15 zeigt wenigstens die 16 Komponenten von $f^{-2}(S) \cap f^{-1}(S) \cap S \cap f(S) \cap f^2(S)$.

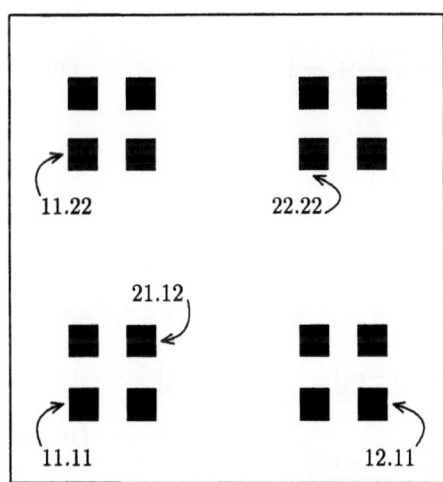

Fig. 10.15: Die schmalen schwarzen Rechtecke der Breite λ^2 und Höhe μ^{-2} sind die Komponenten von $\bigcap_{n=-2}^{2} f^n(S)$. Die Symbolsequenzen $\{\sigma_{-2}\sigma_{-1}.\sigma_1\sigma_2\}$ verweisen auf die Codierung der Elemente von Λ, vergleiche (10.108).

Bis jetzt haben wir lediglich eine mehr oder weniger informelle Beschreibung von Λ gegeben. Eine vollständigere Darstellung, die auch Auskunft gibt über die Dynamik von f auf Λ, erhält man, ähnlich wie bei der Beschreibung der Dynamik der logistischen Abbildung $f_a(x) = ax(1-x)$ für $a > 2 + \sqrt{5}$ (vergleiche Abschnitt 7), durch eine geeignete Codierung der Elemente von Λ und eine symbolische Darstellung ihrer Dynamiken mittels einer simplen Shiftabbildung. Die Codierung (Adresse) jedes Punktes $x \in \Lambda$ erhalten wir diesmal dadurch, daß wir für jede Iterierte von x notieren, ob sie in das horizontale Band H_1 oder H_2 hineinfällt. Doch gehen wir der Reihe nach vor, zunächst brauchen wir einen geeigneten Coderaum:

10.14 Definition. (a) *Für jedes $N \geq 2\,(N \in \mathbb{N})$ sei*

$$\Omega_N = \{\omega = (\ldots \omega_{-1}\omega_0\omega_1 \ldots) \mid \omega_i \in \{0, \ldots, N-1\}, i \in \mathbb{Z}\} \tag{10.96}$$

die Menge der 2-seitigen Folgen von N Symbolen.

(b) *Für $\omega, \omega' \in \Omega_N$ definieren wir für beliebiges festgehaltenes $\lambda > 1$*

$$d_\lambda(\omega, \omega') = \sum_{n=-\infty}^{\infty} \frac{|\omega_n - \omega'_n|}{\lambda^{|n|}}. \tag{10.97}$$

Bemerkungen. 1. d_λ ist eine Metrik auf Ω_N [17], und (Ω_N, d_λ) ist ein vollständiger metrischer Raum. (Beweis: Übungsaufgabe 2; benutze das nachfolgende Lemma.)

2. Ω_N ist perfekt, total unzusammenhängend und kompakt, also homöomorph zu einer Cantormenge. Dies läßt sich direkt zeigen, es folgt aber auch aus dem nachfolgenden Satz 10.18 und der daran anschließenden Bemerkung. □

10.15 Lemma. *Seien $\omega, \omega' \in \Omega_N$ und $m, n \in \mathbb{Z}^+$. Dann gilt:* (a) *Aus $\omega_k = \omega'_k$ für $-m \leq k \leq n$ folgt*

$$d_\lambda(\omega, \omega') \leq \frac{1}{\lambda - 1}\left(\frac{1}{\lambda^m} + \frac{1}{\lambda^n}\right). \tag{10.98}$$

Gilt umgekehrt

$$d_\lambda(\omega, \omega') < \min\left(\frac{1}{\lambda^m}, \frac{1}{\lambda^n}\right), \tag{10.99}$$

dann folgt daraus $\omega_k = \omega'_k$ für $-m \leq k \leq n$.

Beweis (o. B. d. A. für $\lambda = 2$ und $N = 2$). Sei $\omega_k = \omega'_k$ für $-m \leq k \leq n$, dann gilt

$$\begin{aligned}d_2(\omega, \omega') &= \sum_{k=-\infty}^{-(m+1)} \frac{|\omega_k - \omega'_k|}{2^{|k|}} + \sum_{k=-m}^{n} \frac{|\omega_k - \omega'_k|}{2^{|k|}} + \sum_{k=n+1}^{\infty} \frac{|\omega_k - \omega'_k|}{2^k} \\ &= \sum_{k=m+1}^{\infty} \frac{|\omega_{-k} - \omega'_{-k}|}{2^k} + \sum_{k=n+1}^{\infty} \frac{|\omega_k - \omega'_k|}{2^k} \leq \frac{1}{2^m} + \frac{1}{2^n}.\end{aligned} \tag{10.100}$$

Umgekehrt sei $\omega_{k_0} \neq \omega'_{k_0}$ für ein k_0, $-m \leq k_0 \leq n$. Dann gilt

$$d_2(\omega, \omega') \geq \frac{1}{2^{|k_0|}} \geq \begin{cases} \frac{1}{2^n}, & \text{falls} \quad k_0 \in \mathbb{Z}^+ \\ \frac{1}{2^m}, & \text{falls} \quad -k_0 \in \mathbb{Z}^+ \end{cases}. \tag{10.101}$$

∎

---

[17] Majorante: Geometrische Reihe.

10 Modelle für nichtlineare Dynamik im Mehrdimensionalen   187

Im folgenden Satz codieren wir die Elemente von Λ danach, ob ihre Iterierten in H_1 oder H_2 liegen, deshalb sei Ω_2 die Menge der 2-seitigen Folgen von zwei Symbolen, die wir hier mit 1 und 2 bezeichnen.

10.16 Satz. *Die (Adressierungs-)Abbildung*

$$\phi : \Lambda \to \Omega_2, \; x \mapsto (\ldots \omega_{-1} \omega_0 \omega_1 \ldots) \tag{10.102}$$

mit

$$\omega_n = \begin{cases} 1, & \text{falls} \quad f^n(x) \in H_1 \\ 2, & \text{falls} \quad f^n(x) \in H_2 \end{cases} \tag{10.103}$$

ist ein Homöomorphismus.

Beweis. Jetzt ist es angebracht, die topologische Struktur von Λ systematischer als bisher zu analysieren. Dazu kommen wir zurück auf die endlichen Durchschnitte $\bigcap_{k=0}^{n} f^{\pm k}(S)$ in (10.90) beziehungsweise (10.93).

Für $n = 1$ haben wir

$$S \cap f^{-1}(S) = H_1 \cup H_2. \tag{10.104}$$

Für $n = 2$ besteht $S \cap f^{-1}(S) \cap f^{-2}(S)$ aus vier disjunkten horizontalen Rechteckstreifen (vergleiche Fig. 10.14), es handelt sich dabei um die Mengen

$$H_1 \cap f^{-1}(H_1), \; H_1 \cap f^{-1}(H_2), \; H_2 \cap f^{-1}(H_1), \; H_2 \cap f^{-1}(H_2). \tag{10.105}$$

Für beliebiges $n \in \mathbb{N}$ sind die 2^n horizontalen Rechteckzerlegungsmengen von der Form

$$S_{\omega_{-n+1} \ldots \omega_0} := \bigcap_{k=0}^{n-1} f^{-k}(H_{\omega_{-k}}) \tag{10.106}$$

mit $\omega_{-k} \in \{1,2\}$ für $k = 0, \ldots, n-1$. Jede hat die Höhe μ^{-n}. In gleicher Weise sind die vertikalen Rechteckzerlegungsmengen von $S \cap f(S) \cap \ldots \cap f^n(S)$ gegeben durch

$$S_{\omega_1 \ldots \omega_n} = \bigcap_{k=1}^{n} f^k(H_{\omega_k}) \tag{10.107}$$

mit $\omega_k \in \{1,2\}$ für $k = 1, \ldots, n$. Jede hat die Breite λ^n.

Wir betrachten nun für $m, n \in \mathbb{Z}^+$ und eine vorgegebene 2-seitige endliche Symbolfolge $\sigma_{-m}, \sigma_{-m+1}, \ldots, \sigma_0, \ldots, \sigma_n \in \{1,2\}$ die Menge

$$S_{\sigma_{-m} \sigma_{-m+1} \ldots \sigma_0 \ldots \sigma_n} := \{x \in S \mid f^k(x) \in H_{\sigma_k} \text{ für } -m \leq k \leq n\}. \tag{10.108}$$

Offenbar gilt

$$S_{\sigma_{-m} \sigma_{-m+1} \ldots \sigma_0 \ldots \sigma_n} = \bigcap_{k=0}^{m} f^{-k}(H_{\sigma_{-k}}) \cap \bigcap_{k=1}^{n} f^{k}(H_{\sigma_k})$$
$$= S_{\sigma_{-m} \ldots \sigma_0} \cap S_{\sigma_1 \ldots \sigma_n}, \qquad (10.109)$$

das heißt, $S_{\sigma_{-m} \ldots \sigma_n}$ ist ein Rechteck in S der Breite λ^n und der Höhe $\mu^{-(m+1)}$. Für $m,n \to \infty$ geht also der Durchmesser (oder die Fläche) einer solchen Menge $S_{\sigma_{-m} \ldots \sigma_0 \ldots \sigma_n}$ gegen null. Fig. 10.15 zeigt die Mengen $S_{\sigma_{-2}\sigma_{-1}\sigma_0\sigma_1\sigma_2}$ für $\sigma_i \in \{1,2\}$.

Nach diesen Vorüberlegungen zeigen wir zunächst, daß ϕ injektiv ist. Dazu seien $x,y \in \Lambda$ und $\phi(x) = \phi(y) = \sigma \in \Omega_2$. Dann liegen für alle $n \in \mathbf{Z}^+$ die Iterierten $f^n(x)$ und $f^n(y)$ in $H_1 \cup H_2$ und entweder beide in H_1 oder beide in H_2. Somit gilt

$$x,y \in S_{\sigma_{-m} \ldots \sigma_0 \ldots \sigma_n} \quad \text{für alle} \quad m,n \in \mathbf{Z}^+. \qquad (10.110)$$

Aufgrund unserer Vorüberlegungen folgt daraus (für $m,n \to \infty$) $x = y$.

Zum Nachweis der Stetigkeit von ϕ wählen wir ein $x \in \Lambda$ mit $\phi(x) = \sigma$. Sei $\varepsilon > 0$. Wir wählen n so groß, daß $\left(\frac{1}{2}\right)^{n-1} < \varepsilon$ erfüllt ist, und betrachten die Rechtecke der Form

$$S_{\omega_{-n} \ldots \omega_0 \ldots \omega_n} \qquad (10.111)$$

für alle Kombinationen $\omega_{-n}, \ldots, \omega_0, \ldots, \omega_n \in \{1,2\}$. Sie sind disjunkt, ihre Breite ist λ^n und ihre Höhe ist gleich $\mu^{-(n+1)}$. $S_{\sigma_{-n} \ldots \sigma_0 \ldots \sigma_n}$ ist eines von ihnen. Jetzt können wir in Abhängigkeit von μ und λ ein $\delta > 0$ wählen, so daß gilt:

$$|x-y| < \delta \quad \text{und} \quad y \in \Lambda \implies y \in S_{\sigma_{-n} \ldots \sigma_0 \ldots \sigma_n}. \qquad (10.112)$$

Also stimmt $\phi(y)$ in den zentralen Einträgen σ_k für $-n \leq k \leq n$ mit $\phi(x)$ überein. Nach Lemma 10.15 folgt daraus

$$d_2(\phi(x),\phi(y)) \leq \frac{1}{2^{n-1}} < \varepsilon. \qquad (10.113)$$

Die Stetigkeit von ϕ^{-1} ist mit Hilfe unserer geometrischen Vorüberlegungen einfach zu zeigen. Wir überlassen den Beweis dem Leser, so daß lediglich die Surjektivität von ϕ noch offen ist. Dazu sei $\sigma = (\ldots \sigma_{-1}\sigma_0\sigma_1 \ldots) \in \Omega_2$. Wir suchen ein $x \in \Lambda$ mit $\phi(x) = \sigma$. Dazu betrachten wir die durch σ festgelegten Rechtecke

$$S_{\sigma_{-n} \ldots \sigma_0 \ldots \sigma_n}, n \in \mathbf{Z}^+. \qquad (10.114)$$

Sie sind als Schnitte eines horizontalen und eines vertikalen Rechteckstreifens (vergleiche (10.109) und Fig. 10.14) nichtleer, abgeschlossen und ineinandergeschachtelt, das heißt,

$$S_{\sigma_{-(n+1)} \ldots \sigma_0 \ldots \sigma_{n+1}} \subseteq S_{\sigma_{-n} \ldots \sigma_0 \ldots \sigma_n}. \qquad (10.115)$$

Somit gilt

$$\bigcap_{n\geq 0} S_{\sigma_{-n}\ldots\sigma_0\ldots\sigma_n} \neq \emptyset, \tag{10.116}$$

und $x \in \bigcap_{n\geq 0} S_{\sigma_{-n}\ldots\sigma_0\ldots\sigma_n}$ bedeutet:

$$\ldots, f^{-n}(x) \in H_{\sigma_{-n}}, \ldots, x \in H_{\sigma_0}, \ldots, f^n(x) \in H_{\sigma_n}, \ldots, \tag{10.117}$$

das heißt, $\phi(x) = \sigma$, was zu zeigen war. ∎

Bemerkungen. 1. Im unendlichen Durchschnitt (10.116) liegt wegen der Injektivität von ϕ ein einziger Punkt $x \in \Lambda$.

2. Die Umkehrabbildung von ϕ, $\phi^{-1} : \Omega_2 \to \Lambda$, ist gegeben durch

$$\phi^{-1}(\ldots\omega_{-1}\omega_0\omega_1\ldots) = \bigcap_{n=-\infty}^{\infty} f^n(H_{\omega_n}). \tag{10.118}$$

□

Unser Ziel ist es nun, die Dynamik von f auf Λ wie im Eindimensionalen äquivalent zu beschreiben durch die Dynamik der Shiftabbildung auf Ω_2. Der (Links-)*Shift auf* Ω_2 (völlig analog für Ω_N) ist definiert wie in Definition 7.4, das heißt, mit $\omega = (\ldots\omega_{-1}\omega_0\omega_1\ldots) \in \Omega_2$ gilt:

$$\sigma_2 : \Omega_2 \to \Omega_2, \ \sigma_2(\omega) = \omega' = (\ldots\omega'_0\omega'_1\ldots) \tag{10.119}$$

mit $\omega'_n = \omega_{n+1}$ für alle $n \in \mathbb{Z}$. Der Shift σ_2 auf der Menge der 2-seitigen Folgen ist (im Unterschied zum Shift σ auf den einseitigen Symbolfolgen in Abschnitt 7) injektiv.

Schreibweise. Um die Aktion von σ_2 auf Ω_2 zweifelsfrei erkennen zu können, markieren wir „den Nullpunkt" in der Darstellung von ω, das heißt, wir schreiben $(\ldots\omega_{-1} \cdot \omega_0\omega_1\ldots)$, dann ist zum Beispiel

$$\sigma_2^3(\omega) = (\ldots\omega_2 \cdot \omega_3\omega_4\ldots). \tag{10.120}$$

10.17 Satz. σ_2 *ist ein Homöomorphismus auf* Ω_2.

Beweis. Wir zeigen, daß σ_2 stetig ist. Sei $\omega \in \Omega_2$ und $\sigma_2(\omega) = \omega'$, außerdem $\varepsilon > 0$ und $n \in \mathbb{N}$ so gewählt, daß $\frac{1}{2^n} < \varepsilon$ erfüllt ist. Ein Blick auf Lemma 10.15 (für $\lambda = 2$) sagt uns: Wähle $\delta < \frac{1}{2^{n+2}}$, dann folgt für ein $\sigma \in \Omega_2$ mit $\sigma_2(\sigma) = \sigma'$ und $d_2(\omega,\sigma) < \delta$:

$$\omega_k = \sigma_k \quad \text{für} \quad -(n+2) \leq k \leq n+2, \tag{10.121}$$

und somit nach einem Shift

$$\omega'_k = \sigma'_k \quad \text{für} \quad -(n+3) \leq k \leq n+1. \tag{10.122}$$

Nach nochmaliger Anwendung von Lemma 10.15 folgt aus (10.122) auf jeden Fall

$$d_2(\sigma_2(\omega), \sigma_2(\sigma)) \leq \frac{1}{2^n} < \varepsilon. \tag{10.123}$$

Für den inversen (Rechts-)Shift geht das ganz analog. ∎

10.18 Satz. *Die dynamischen Systeme $(\Lambda, f_{|\Lambda})$ und (Ω_2, σ_2) sind topologisch konjugiert.*

Beweis. Der Homöomorphismus ϕ aus (10.102) konjugiert die Restriktion von Smales Horseshoe map f auf Λ und die Shiftabbildung σ_2 auf Ω_2, denn für jedes $x \in \Lambda$ und $\phi(x) = (\ldots \omega_{-1} \cdot \omega_0 \omega_1 \ldots)$ gilt

$$(\sigma_2 \circ \phi)(x) = (\ldots \omega_{-1}\omega_0 \cdot \omega_1 \ldots), \tag{10.124}$$

und für die Adresse von $f(x)$ ergibt sich ebenfalls

$$(\phi \circ f_{|\Lambda})(x) = (\ldots \omega_{-1}\omega_0 \cdot \omega_1 \ldots). \tag{10.125}$$

Somit haben wir

$$f_{|\Lambda} = \phi^{-1} \circ \sigma_2 \circ \phi. \tag{10.126}$$

∎

Bemerkung. Aus dem 7. Abschnitt kennen wir die Menge $\Sigma = \{\omega = (\omega_0\omega_1\omega_2\ldots) | \omega_k \in \{0,1\}\}$ der (einseitigen) Folgen in den Symbolen 0 und 1. Sie ist der natürliche Definitionsbereich des „normalen" Shifts σ auf Σ. Dort haben wir gezeigt, daß Σ homöomorph ist zu der invarianten eindimensionalen Cantormenge Λ_a der quadratischen Abbildung $f_a(x) = ax(1-x)$ für $a > 2 + \sqrt{5}$. Λ haben wir (aufgrund seiner Konstruktion) ebenfalls als eine zweidimensionale Cantormenge identifiziert, und man könnte vermuten, Λ müßte „doppelt soviele" Elemente haben wie Λ_a. Da Λ und Ω_2 homöomorph sind, müßte eine analoge Aussage für Σ und Ω_2 zutreffen. Das stimmt nicht, denn

$$\Phi : \Sigma \longrightarrow \Omega_2, \ (\omega_0\omega_1\omega_2\ldots) \longmapsto (\ldots\omega_3\omega_1 \cdot \omega_0\omega_2\ldots) \tag{10.127}$$

ist ein Homöomorphismus (Übungsaufgabe 3). Natürlich definiert (10.127) keine Konjugation von (Σ, σ) und (Ω_2, σ_2)! Wegen (10.127) ist jetzt auf jeden Fall gezeigt, daß Ω_2, und damit auch der Horseshoe Λ, eine Cantormenge ist.

Nun haben wir alles notwendige zusammengetragen, um die Dynamik der Horseshoe-Abbildung $f_{|\Lambda}$ auf der f-invarianten Cantor-Menge Λ adäquat zu charakterisieren.

10.19 Satz. *Für das ddS $(\Lambda, f_{|\Lambda})$ gelten folgende Aussagen:*
(a) *Die periodischen Punkte von f liegen dicht in Λ.*
(b) $Per_n(f_{|\Lambda}) = 2^n$.
(c) $f_{|\Lambda}$ *ist topologisch transitiv auf Λ.*
(d) $f_{|\Lambda}$ *ist auf Λ sensitiv abhängig von den Anfangsbedingungen.* [18]

---

[18] $f_{|\Lambda}$ ist injektiv und *vorwärts-* und *rückwärtsinvariant* auf Λ. Ebenso wie alle sonstigen dynamischen Eigenschaften von $f_{|\Lambda}$ (zum Beispiel Periodizität, vergleiche Lemma 10.20) bezieht sich auch die Sensitivität von $f_{|\Lambda}$ auf die vollen Orbits $O_{f_{|\Lambda}}(x)$, $x \in \Lambda$, von $f_{|\Lambda}$.

10 Modelle für nichtlineare Dynamik im Mehrdimensionalen

Alle diese Aussagen sind konjugationsinvariant. Die drei ersten ergeben sich für $N = 2$ somit aus dem folgenden Lemma.

10.20 Lemma. *Der Shift σ_N auf Ω_N ($N \geq 2$) hat folgende Eigenschaften:*
(a) *Die periodischen Punkte von σ_N in Ω_N sind dicht in Ω_N : $\overline{Per(\sigma_N)} = \Omega_N$.*
(b) $Per_n(\sigma_N) = N^n$.
(c) σ_N *ist topologisch mischend auf Ω_N.*[19]

Beweis. (a) und (b): $\omega = (\ldots \omega_{-1} \omega_0 \omega_1 \ldots) \in \Omega_N$ ist ein periodischer Punkt von σ_N, wenn ein $m \in \mathbb{Z}^+$ existiert mit $\sigma_N^m(\omega) = \omega$, das heißt, wenn gilt: $\omega_{n+m} = \omega_n$ für alle $n \in \mathbb{Z}$. Die Schreibweise ist dieselbe wie bisher: $(\overline{\omega_0 \ldots \omega_{m-1}})$. Damit ergibt sich $Per_m(\sigma_N)$ als die Anzahl der Kombinationen von m Elementen aus $\{0, \ldots, N-1\}$ und ist gleich N^m. Zum Nachweis, daß die periodischen Punkte dicht sind in Ω_N, sei $\omega = (\ldots \omega_{-1} \omega_0 \omega_1 \ldots)$ beliebig vorgegeben. Dann gilt für die Folge $(\omega_n)_{n \in \mathbb{N}_0}$ mit

$$\omega_n = (\overline{\omega_{-n} \ldots \omega_{-1} \omega_0 \omega_1 \ldots \omega_n}) \in \Omega_N \tag{10.128}$$

nach Lemma 10.15, o. B. d. A. für $\lambda = 2$,

$$d_2(\omega_n, \omega) \leq \frac{1}{2^{n-1}}, \tag{10.129}$$

und somit

$$\lim_{n \to \infty} \omega_n = \omega. \tag{10.130}$$

Bevor wir (c) beweisen, holen wir ein klein wenig weiter aus, als es an dieser Stelle notwendig wäre: Für endlich viele ganze Zahlen $n_1 < n_2 < \ldots < n_k$ und $\alpha_1, \ldots, \alpha_k \in \{0, 1, \ldots, N-1\}$ nennt man die Mengen

$$C_{\alpha_1 \ldots \alpha_k}^{n_1 \ldots n_k} := \{\omega \in \Omega_N \mid \omega_{n_i} = \alpha_i \text{ für } i = 1, \ldots, k\} \tag{10.131}$$

Zylinder, und die Anzahl der fest vorgegebenen Einträge bezeichnet man als den *Rang* des Zylinders. Ein alternativer Weg, eine Topologie in Ω_N zu erzeugen, ist es, alle möglichen Zylinder der Form (10.131) als offene Mengen anzusehen, die die Basis der dadurch definierten Topologie bilden. Dann ist jeder Zylinder offen und abgeschlossen, denn das Komplement jedes Zylinders ist eine endliche Vereinigung von Zylindern, und die allgemeinste offene Menge in dieser Topologie ist eine abzählbare Vereinigung von Zylindern. Man kann zeigen [20], daß die von den verschiedenen Metriken $d_\lambda, \lambda > 1$, auf Ω_N induzierten Topologien identisch sind und daß sie auch übereinstimmen mit der von den oben definierten Zylindern erzeugten Topologie.

Auf dieser Grundlage stellt der Nachweis von (c) kein Problem mehr dar: Denn offenbar enthält jeder Zylinder einen symmetrischen Zylinder der Form

$$C_{\alpha_{-m} \ldots \alpha_m}^{-m \ldots m} =: C_\alpha^m \tag{10.132}$$

---

[19] Dies gilt natürlich dann auch für $f_{|\Lambda}$ auf Λ und, da der Beweis für den einseitigen Shift völlig analog verläuft, auch für σ auf Σ.

[20] Vergleiche Katok und Hasselblatt [73] sowie Hellwig [60], Lemma 1.79.

mit $\alpha = (\alpha_{-m} \ldots \alpha_m)$. Um zu beweisen, daß σ_N auf Ω_N topologisch mischend ist, reicht es also aus [21], zu zeigen, daß für jedes $\alpha = (\alpha_{-m} \ldots \alpha_m)$ und $\beta = (\beta_{-m} \ldots \beta_m)$ und hinreichend großes n gilt

$$\sigma_N^n(C_\alpha^m) \cap C_\beta^m \neq \emptyset. \tag{10.133}$$

Wir wählen $n > 2m + 1$, sagen wir, $n = 2m + k + 1$ mit $k > 0$, und betrachten ein $\omega \in \Omega_N$, für das gilt:

$$\omega_i = \alpha_i \text{ für } |i| \leq m \text{ und } \omega_i = \beta_{i-n} \text{ für } i = m + k + 1, \ldots, 3m + k + 1. \tag{10.134}$$

Dann gilt

$$\omega \in C_\alpha^m \text{ und } \sigma_N^n(\omega) \in C_\beta^m. \tag{10.135}$$

∎

Beweis von Satz 10.19. Wegen Satz 10.18 sind die Aussagen (a) bis (c) bewiesen. Sensitive Abhängigkeit von den Anfangsbedingungen beweist man völlig analog zu Satz 7.12, dennoch wollen wir die Argumente, nun für den zweidimensionalen Horseshoe anstelle des eindimensionalen im siebten Abschnitt, noch einmal aneinanderfügen: Wir wählen $\varepsilon > 0$ kleiner als den Abstand der Rechtecke H_1 und H_2 (vergleiche Fig. 10.13). Seien jetzt $x, y \in \Lambda$, $x \neq y$. Nach Satz 10.16 gilt $\psi(x) \neq \phi(y)$, das heißt, die Adressen von x und y müssen in wenigstens einem Eintrag verschieden sein, sagen wir an der n-ten Stelle, $n \in \mathbf{Z}$. Dann muß aber $f^n(x)$ in H_1 liegen und $f^n(y)$ in H_2, oder umgekehrt. Also existiert zu $x, y \in \Lambda$, $x \neq y$, ein $n \in \mathbf{Z}$ mit

$$\|f^n(x) - f^n(y)\| > \varepsilon. \tag{10.136}$$

∎

Bemerkung. Wie $f_a(x) = ax(1-x)$, $x \in [0, 1]$, für $a > 2 + \sqrt{5}$ auf Λ_a (vergleiche Satz 7.12) ist auch Smales Horseshoe-Abbildung sogar *expansiv* auf Λ. □

Wie das Solenoid und der Torus $\mathbf{T}^2 = \mathbf{R}^2/\mathbf{Z}^2$ für einen hyperbolischen toralen Automorphismus ist Λ eine hyperbolische Menge, allerdings im Gegensatz zu den beiden Erstgenannten kein Attraktor. Für $x_0 \in \Lambda$ ist

$$W^s(x_0) = \{x \in \Lambda \mid \|f^n(x) - f^n(x_0)\| \longrightarrow 0 \text{ für } n \to \infty\} \tag{10.137}$$

die stabile und

$$W^u(x_0) = \{x \in \Lambda \mid \|f^{-n}(x) - f^{-n}(x_0)\| \longrightarrow 0 \text{ für } n \to \infty\} \tag{10.138}$$

---

[21] Zu $C_\alpha^{m_1}$ und $C_\beta^{m_2}$ mit $m_1 < m_2$ wählt man ein $C_{\alpha^*}^{m_2} \subseteq C_\alpha^{m_1}$.

10 Modelle für nichtlineare Dynamik im Mehrdimensionalen

die instabile Menge. Die stabilen und instabilen Mengen sind ähnlich kompliziert strukturiert wie beim toralen Automorphismus. Wir betrachten als Beispiel den Fixpunkt

$$x_0 = \phi^{-1}(\ldots 1 \cdot 11 \ldots) \tag{10.139}$$

von f in H_1. Auf H_1 und auf H_2 ist f linear und erhält dort horizontale und vertikale Linien. Horizontal kontrahiert f mit dem Faktor $\lambda(0 < \lambda < \frac{1}{2})$. Somit gehört jeder Punkt $x \in \Lambda$, der auf der Horizontalen l_s durch x_0 liegt, zu $W^s(x_0)$. Weiterhin, angenommen, ein Punkt $\bar{x} \in \Lambda$ wird schließlich in l_s abgebildet, das heißt, es existiert ein $n \in \mathbb{N}$ so, daß $f^n(\bar{x}) \in l_s$, dann gilt ebenfalls $\bar{x} \in W^s(x_0)$. Aus diesem Grund gehört die Vereinigung aller horizontalen „Linien" $f^{-k}(l_s) \cap \Lambda$ für $k = 1, 2, 3, \ldots$ zu $W^s(x_0)$. Für jedes k sind das 2^k Stück. Analog dazu liegt das vertikale Liniensegment l_u durch x_0 in $W^u(x_0)$, ebenso alle Iterierten $f^k(l_u)$ für $k = 1, 2, \ldots$, die jedesmal wiederum aus 2^k vertikalen Liniensegmenten bestehen.

Die stabilen und instabilen Mengen sind sehr einfach zu codieren: Sei

$$\sigma^* = (\ldots \sigma_{-2}^* \sigma_{-1}^* \cdot \sigma_0^* \sigma_1^* \sigma_2^* \ldots) \in \Omega_2. \tag{10.140}$$

Stimmen die Einträge einer Folge $\sigma \in \Omega_2$ mit denen von σ^* ab einer bestimmten Stelle nach rechts überein, dann gilt offenbar $\sigma \in W^s(\sigma^*)$. Die Umkehrung davon stimmt ebenfalls (Übungsaufgabe 6).

Unsere Beschreibung von Λ ist „robust" gegenüber kleinen Änderungen der Abbildung f. Man kann sich leicht ausmalen, welche (geringen) Konsequenzen es zum Beispiel hätte, wenn man die Annahme fallen ließe, daß f auf $H_1 \cup H_2$ rechtwinklig (achsenparallel) abbildet. Nehmen wir also an, wir verändern f zu einer neuen Abbildung $\bar{f}$ so, daß die Jacobi-Determinante von $\bar{f}$ nicht mehr konstant sein muß, aber dennoch nahe bei derjenigen von f bleibt. Dann bestehen die Mengen $S \cap \bar{f}(S) \cap \ldots \cap \bar{f}^n(S)$ weiterhin aus 2^n „vertikalen" Streifen (die jetzt keine exakten Rechtecke mehr sind), und das Analoge gilt für $\bar{f}^{-n}(S) \cap \ldots \cap S$. Und weiterhin wird die Menge $\bar{\Lambda}$ aller Punkte $x \in S$, deren Rückwärts- und Vorwärtsiterierte für alle Zeiten in S bleiben, homöomorph sein zu Ω_2. Und $\bar{f}_{|\bar{\Lambda}}$ wird auf $\bar{\Lambda}$ topologisch äquivalent agieren wie $f_{|\Lambda}$ auf Λ beziehungsweise σ_2 auf Ω_2. Das heißt, Smales Horseshoe-Abbildung liefert mit Satz 10.19 ein Beispiel für *strukturell stabile* Eigenschaften (vergleiche Smale [144] und Abschnitt 13). Wir halten diese Überlegungen abschließend in einem Korollar fest:

10.21 Korollar. *Jede in der C^1-Topologie hinreichend nahe bei Smales Horseshoe-Abbildung gelegene Abbildung $\bar{f}$ besitzt eine invariante Cantormenge $\bar{\Lambda}$ so, daß $\bar{f}_{|\bar{\Lambda}}$ topologisch konjugiert ist zu $f_{|\Lambda}$.*

Im Unterschied zu seinem eindimensionalen Pendant, $f_a(x) = ax(1-x)$ für $a > 2 + \sqrt{5}$, ist die Horseshoe-Abbildung geometrisch und nicht algebraisch definiert.

Dies begegnet uns öfters bei höherdimensionalen Abbildungen: Vielfach arbeitet es sich besser mit geometrisch definierten Abbildungen. Dennoch ist es wichtig, einen algebraischen Ausdruck hinschreiben zu können, der eine Abbildung definiert, die der Horseshoe-Abbildung sehr ähnlich ist. Solch eine Abbildung ist die Hénon-Abbildung [22], mit der wir uns anschließend beschäftigen wollen.

Wir kommen zunächst aber noch einmal zurück auf das Solenoid und wollen die Dynamik der Abbildung F aus (10.3) auf dem Solenoid mit Hilfe symbolischer Dynamik beschreiben. Wir folgen dabei einer Konstruktion von Williams [155]. Dazu sei

$$g : S^1 \longrightarrow S^1, \quad \theta \longmapsto 2\theta \qquad (10.141)$$

die Winkelverdopplung auf dem Einheitskreis. Unser symbolisches Modell ist die sogenannte *inverse Grenzmenge*

$$\Sigma = \{\theta = (\theta_0 \theta_1 \theta_2 \ldots) \mid \theta_j \in S^1 \text{ und } g(\theta_{j+1}) = \theta_j\}, \qquad (10.142)$$

in Zeichen: $\Sigma = (S^1 \xleftarrow{g} S^1 \xleftarrow{g} S^1 \xleftarrow{g} \ldots)$. Σ besteht aus allen unendlichen Folgen von Elementen aus S^1, für die für jedes $j \in \mathbb{N}$ gilt: θ_{j+1} ist eines der beiden Urbilder von θ_j. Elemente von Σ sind zum Beispiel die Folgen

$$(000\ldots), \quad \left(0 \pi \frac{\pi}{2} \frac{\pi}{4} \frac{\pi}{8} \ldots\right), \quad \left(\frac{\pi}{3} \frac{2\pi}{3} \frac{\pi}{3} \frac{2\pi}{3} \frac{\pi}{3} \ldots\right), \qquad (10.143)$$

sie sind offenbar Rückwartsorbits der Winkelverdopplung g.

$$0 \xleftarrow{g} 0 \xleftarrow{g} 0 \xleftarrow{g} \cdots$$
$$0 \xleftarrow{g} \pi \xleftarrow{g} \frac{\pi}{2} \xleftarrow{g} \frac{\pi}{4} \xleftarrow{g} \cdots \qquad (10.144)$$
$$\frac{\pi}{3} \xleftarrow{g} \frac{2\pi}{3} \xleftarrow{g} \frac{\pi}{3} \xleftarrow{g} \frac{2\pi}{3} \xleftarrow{g} \cdots .$$

Mit $\Theta = (\theta_0 \theta_1 \theta_2 \ldots)$ und $\Psi = (\psi_0 \psi_1 \psi_2 \ldots) \in \Sigma$ ist

$$d[\Theta, \Psi] := \sum_{j=0}^{\infty} \frac{\|\theta_j - \psi_j\|}{2^j} \qquad (10.145)$$

eine Metrik auf Σ (Beweis: Übungsaufgabe 8), dabei ist $\|\theta_j - \psi_j\| := |e^{i\theta_j} - e^{i\psi_j}|$ der übliche euklidische Abstand für Punkte aus S^1 in der Ebene. In dieser Metrik sind zwei Elemente aus Σ „nahe beieinander", wenn ihre führenden Einträge nahe beieinander sind.

---

[22] In den Übungsaufgaben 12–20, S. 253–254, in Devaney [36], 1989², wird in kleinen Schritten entwickelt, daß die Hénon-Abbildung (vergleiche (10.161) weiter unten) homöomorph ist zu σ_2 auf Ω_2, ebenso wie die Horseshoe-Abbildung. Am Schluß von Abschnitt 12 kommen wir darauf zurück.

10 Modelle für nichtlineare Dynamik im Mehrdimensionalen

Auf Σ definiert man eine Version der Shift-Abbildung durch

$$\sigma(\theta_0\theta_1\theta_2\ldots) := (g(\theta_0)\theta_0\theta_1\theta_2\ldots). \tag{10.146}$$

Wie σ_2 auf Ω_2 ist σ ein Homöomorphismus auf Σ. Die Inverse von σ, σ^{-1}, ist unser „normaler" Shift (allerdings auf einem völlig andersartigen Grundraum Σ definiert)

$$\sigma^{-1}(\theta_0\theta_1\theta_2\ldots) = (\theta_1\theta_2\theta_3\ldots). \tag{10.147}$$

Ist θ ein periodischer Punkt von g mit Periode n, dann ist die Folge

$$\overline{(\theta g^{n-1}(\theta)g^{n-2}(\theta)\ldots g(\theta))} \in \Sigma \tag{10.148}$$

ein periodischer Punkt von σ, ebenfalls mit Periode n. Man kann leicht zeigen, daß die periodischen Punkte der Form (10.148) von σ dicht sind in Σ, und daß σ einen in Σ dichten Orbit besitzt (Übungsaufgabe 9).

Welcher Zusammenhang besteht nun zwischen der Abbildung $F : \Lambda \to \Lambda$,

$$F(\theta,p) = \left(2\theta, \frac{1}{10}p + \frac{1}{2}(\cos\theta, \sin\theta)\right) \tag{10.149}$$

mit $\theta \in S^1$ und $p = (x,y) \in D^2$, auf dem Solenoid Λ und dem Shift σ aus Σ aus (10.146)?

Sei $\pi : T^2 \to S^1$ die natürliche Projektion, das heißt,

$$\pi(\theta,p) = \theta. \tag{10.150}$$

Für jeden Punkt $x = (\theta,p) \in \Lambda$ definieren wir eine Abbildung

$$S : \Lambda \longrightarrow \Sigma \tag{10.151}$$

durch

$$S(x) = (\pi(x)\pi(F^{-1}(x))\pi(F^{-2}(x))\ldots). \tag{10.152}$$

S ist wohldefiniert, denn auf dem Solenoid Λ können wir F invertieren. S ist injektiv auf Λ, denn aus $(\theta,p_1) \neq (\theta,p_2)$ folgt, daß ein kleinster Iterationsindex n existiert so, daß die beiden Punkte in zwei verschiedenen Komponenten von $F^n(T^2) \cap D(\theta)$ liegen (vergleiche Fig. 10.2 und 10.3). Diese sind aber gerade die Bilder unter F^n zweier verschiedener Kreisscheiben $D(\theta_1)$ und $D(\theta_2)$. Also gilt $\pi(F^{-n}(\theta,p_1)) \neq \pi(F^{-n}(\theta,p_2))$. S ist offenbar auch surjektiv, und wir überlassen den Übungsaufgaben den vollständigen Nachweis, daß S ein Homöomorphismus von Λ auf Σ ist.

10.22 Satz. *S ist eine topologische Konjugation der Abbildung F (aus (10.149)) auf dem Solenoid Λ zu (Σ, σ) (mit Σ aus (10.142) und σ aus (10.146)).*

Beweis. Sei $x = (\theta, p) \in \Lambda$. Dann gilt

$$\begin{aligned} S \circ F(x) &= S(F(x)) \\ &= S\left(2\theta, \frac{1}{10}p + \frac{1}{2}(\cos\theta, \sin\theta)\right) \\ &= \left(2\theta, \theta, \frac{\theta}{2}, \ldots\right) \end{aligned} \qquad (10.153)$$

und

$$\begin{aligned} \sigma \circ S(x) &= \sigma(S(x)) \\ &= \sigma\left(\theta, \frac{\theta}{2}, \ldots\right) \\ &= \left(2\theta, \theta, \frac{\theta}{2}, \ldots\right). \end{aligned} \qquad (10.154)$$

Das heißt,

$$F = S^{-1} \circ \sigma \circ S. \qquad (10.155)$$

∎

Das Solenoid Λ ist, wie bereits mehrfach betont wurde und im übernächsten Abschnitt auch bewiesen wird, ein hyperbolischer Attraktor. Wie der Horseshoe und der Torus $\mathbf{T}^2$ (bei Arnolds cat map), ist jeder Punkt von Λ ausgestattet mit einer stabilen und einer instabilen Menge. Als Anwendung von Satz 10.22 wollen wir uns klarmachen, daß die instabilen Mengen in Λ stetige Kurven sind. Der Einfachheit halber zeigen wir dies nur für den Fixpunkt, dem die Symbolfolge $0 = (000\ldots) \in \Sigma$ zugeordnet ist. Man rechnet leicht nach, daß dies der Punkt $(\theta, p) \in \Lambda$ mit $\theta = 0$ und $p = \left(\frac{5}{9}, 0\right) \in D^2$ ist.

10.23 Satz. *Die instabile Menge von $0 \in \Sigma$ bezüglich σ besteht genau aus allen Symbolfolgen der Form*

$$\left(x \frac{x}{2} \frac{x}{2^2} \frac{x}{2^3} \ldots\right) \qquad (10.156)$$

für beliebiges $x \in \mathbf{R}$.

Beweis. Nach Definition gilt für $x \in \mathbf{R}$

$$\sigma^{-1}\left(x \frac{x}{2} \frac{x}{4} \ldots\right) = \left(\frac{x}{2} \frac{x}{4} \frac{x}{8} \ldots\right). \qquad (10.157)$$

Also gilt

$$\sigma^{-n}\left(x \frac{x}{2} \frac{x}{4} \ldots\right) \longrightarrow (000\ldots). \qquad (10.158)$$

10 Modelle für nichtlineare Dynamik im Mehrdimensionalen

Für die Umkehrung rufen wir uns in Erinnerung, daß für jedes $\theta \in S^1$ gilt: $g^{-1}(\theta)$ ist entweder gleich $\frac{\theta}{2}$ oder gleich $\frac{\theta}{2} + \pi$. Sei nun $\Theta = (\theta_0 \theta_1 \theta_2 \ldots) \in W^u(0)$. Aus $\sigma^{-n}(\Theta) \to 0$ folgt mit (10.145):

$$\exists N \; \forall n \geq N \; \sum_{j=0}^{\infty} \frac{\|\theta_{n+j}\|}{2^j} < 1. \tag{10.159}$$

Daraus folgt insbesondere, daß $\|\theta_n\| < 1$ für $n \geq N$ erfüllt ist. Somit müssen $\theta_N, \theta_{N+1}, \theta_{N+2} \ldots$ alle auf der rechten Halbkreislinie von S^1 liegen. Daraus folgt $\theta_{N+1} = \frac{\theta_N}{2}$, denn das andere Urbild, $\frac{\theta_N}{2} + \pi$, liegt auf dem linken Halbkreis. Induktiv folgt somit

$$\theta_{N+k} = \frac{\theta_N}{2^k} \quad \text{und} \quad \theta_{N-k} = 2^k \theta_N, \tag{10.160}$$

für $k \in \mathbb{Z}^+$, und damit hat Θ die Form (10.156). ∎

Nach diesem Satz wird also die instabile Menge von 0 parametrisiert durch $\mathbb{R}$, und mit Satz 10.22 ist folglich die instabile Menge des angegebenen Fixpunktes von F in Λ eine stetige Kurve, nämlich das Bild von $W^u(0)$ unter S^{-1}.

10.24 Die Hénon-Abbildung und die gekoppelten logistischen Abbildungen.
M. Hénon [61] führte 1976 eine von zwei reellen Parametern $a, b \in \mathbb{R}$ abhängige Abbildung

$$F_{a,b} : \mathbb{R}^2 \longrightarrow \mathbb{R}^2 \quad \text{mit} \quad F_{a,b}(x, y) = (y + 1 - ax^2, bx) \tag{10.161}$$

ein zur numerischen Simulation eines Poincaré-Schnittes durch den Phasenraum des dreidimensionalen *Lorenz-Attraktors* [86] [23]. Geometrisch erhält man die Hénon-Abbildung für festgehaltenes $(a, b) \in \mathbb{R}^2$ durch folgende Operationen:

Eine flächenerhaltende *Faltung*

$$T_1 : (x, y) \longmapsto (x, y + 1 - ax^2) \tag{10.162}$$

mit dem Parameter a, eine *Kontraktion*

$$T_2 : (x, y) \longmapsto (bx, y) \tag{10.163}$$

mit $|b| < 1$ und eine (ebenfalls flächenerhaltende) *Drehung*

$$T_3 : (x, y) \longmapsto (y, x). \tag{10.164}$$

Man setzt nun

$$F_{a,b} := T_3 \circ T_2 \circ T_1, \tag{10.165}$$

also

$$F_{a,b} : (x, y) \longmapsto (y + 1 - ax^2, bx). \tag{10.166}$$

---
[23] Vergleiche Abschnitt 15.

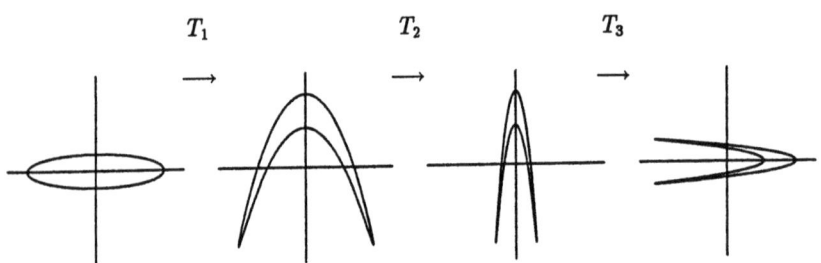

Fig. 10.16: Das Bild einer Ellipse unter $F_{a,b}$ (aus Hénon [61]).

Für $b \neq 0$ ist $F_{a,b}$ ein C^∞-Diffeomorphismus auf $\mathbb{R}^2$, die Umkehrabbildung lautet

$$F_{a,b}^{-1}(x,y) = \left(\frac{1}{b}y, x - 1 + \frac{a}{b^2}y^2\right), \tag{10.167}$$

und die Jacobi-Determinante von $F_{a,b}$ ist konstant:

$$\det(DF_{a,b}(x,y)) = \det\begin{pmatrix} -2ax & 1 \\ b & 0 \end{pmatrix} = -b. \tag{10.168}$$

Das heißt, in jedem Iterationsschritt werden Flächeninhalte mit dem Faktor $|b|$ multipliziert, für $|b| < 1$ ist die Hénon-Abbildung *dissipativ*, das heißt, sie kontrahiert Flächen.

Für unsere nächsten Überlegungen skalieren wir um, mit anderen Worten, wir betrachten eine zu $F_{a,b}$ simpel konjugierte Abbildung

$$\hat{F}_{a,b}(x,y) = (T^{-1} \circ F \circ T)(x,y) \quad \text{mit} \quad T(x,y) = \begin{pmatrix} 1 & 0 \\ 0 & b \end{pmatrix}\begin{pmatrix} x \\ y \end{pmatrix}. \tag{10.169}$$

Man rechnet einfach aus:

$$\begin{aligned}\hat{F}_{a,b}(x,y) &= \begin{pmatrix} 1 & 0 \\ 0 & \frac{1}{b} \end{pmatrix}\begin{pmatrix} 1 + by - ax^2 \\ bx \end{pmatrix} \\ &= (1 + by - ax^2, x).\end{aligned} \tag{10.170}$$

Für $b = 0$ haben wir damit

$$\hat{F}_{a,0}(x,y) = (1 - ax^2, x), \tag{10.171}$$

das heißt, für $b = 0$ kontrahiert $\hat{F}_{a,0}$ die gesamte Ebene auf die Kurve $\{(1 - ax^2, x) \mid x \in \mathbb{R}\}$. Das ist der gespiegelte Graph der logistischen Abbildung

$$f_a(x) = 1 - ax^2. \tag{10.172}$$

10 Modelle für nichtlineare Dynamik im Mehrdimensionalen

Betrachten wir die zu (10.171) gehörige Iterationsfolge, das heißt,

$$\begin{aligned} x_{n+1} &= 1 - ax_n^2 \\ y_{n+1} &= x_n, \end{aligned} \tag{10.173}$$

so stellen wir fest, daß das zweidimensionale System praktisch entkoppelt ist, denn die Dynamik der y_n läuft derjenigen der x_n einfach hinterher, das heißt, für $b = 0$ hat die Hénon-Abbildung dieselbe Dynamik wie $f_a(x) = 1 - ax^2$. Die in den Bifurkationsdiagrammen der Abbildungen 3.4 bis 3.6 wiedergegebenen Eigenschaften der logistischen Abbildung (10.172) erscheinen, auch für Werte von $b > 0$, bei der Hénon-Abbildung wieder (vergleiche Fig. 10.17), wobei die Bifurkationen in komplizierterer Art und Weise von den Parametern a und b abhängen und bis heute größtenteils unerforscht sind. Die Hénon-Abbildung hat zwei Fixpunkte, gegeben durch

$$x^* = \frac{1}{2a}\Big(-(1-b) \pm \sqrt{(1-b)^2 + 4a}\Big), \quad y^* = bx^*. \tag{10.174}$$

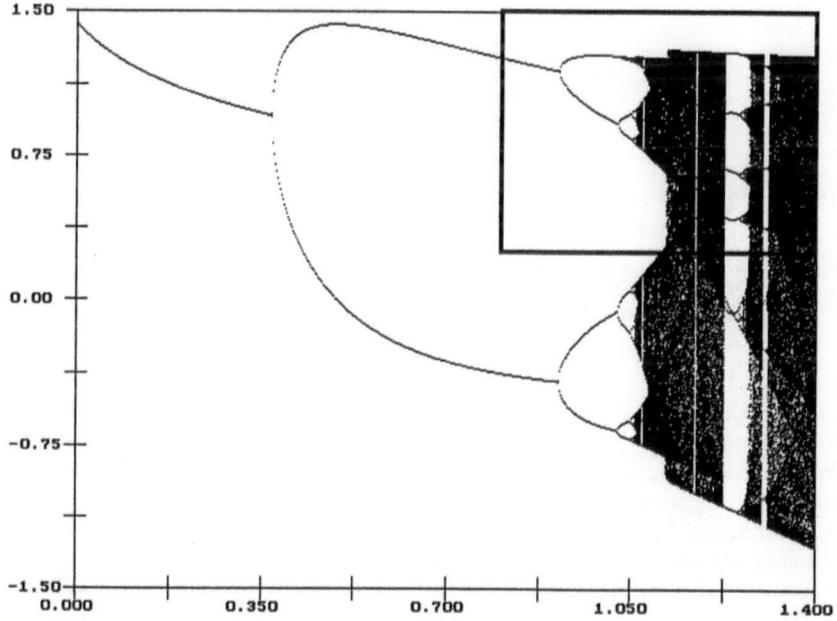

Fig. 10.17: Bifurkationsdiagramm der Hénon-Abbildung für $b = 0.3$ und $0 < a < 1.4$. Aufgetragen ist die x-Variable gegen den Parameter a; die nachfolgende Fig. 10.18 ist eine Vergrößerung des markierten Ausschnitts. Der Startpunkt ist $x_0 = 0.67$, $y_0 = bx_0$, bei 50.000 Iterationen, davon 48.750 Dunkeliterationen.

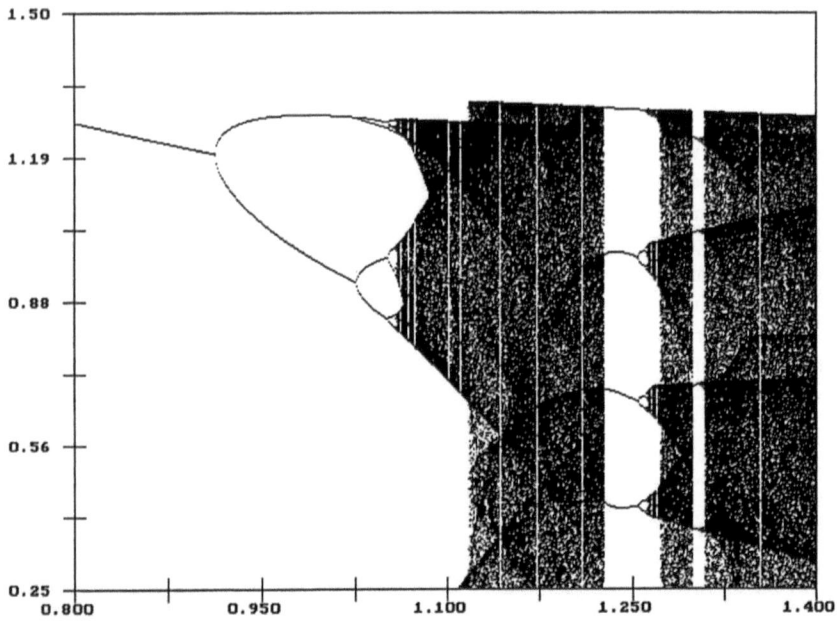

Fig. 10.18: Ausschnittsvergrößerung von Fig. 10.17.

Sie sind reell für
$$a > a_0 = -(1-b)^2/4. \tag{10.175}$$

Falls diese Bedingung erfüllt ist, ist ein Fixpunkt instabil. Der andere Fixpunkt wird zugunsten eines stabilen Orbits der Periode 2 instabil für
$$a > a_1 = 3(1-b)^2/4. \tag{10.176}$$

Falls $a = 1.4$ und $b = 0.3$, dann sind beide Fixpunkte instabil. Für diese beiden Parameterwerte wurde die Hénon-Abbildung von ihrem Erfinder und zahlreichen Nachfolgern numerisch analysiert (vergleiche Fig. 10.19). In der Literatur wird die fraktale „Mannigfaltigkeit" in Fig. 10.19 *Hénon-Attraktor* genannt. Fig. 10.20 zeigt schließlich eine bereits von Hénon ausgerechnete Fundamentalumgebung des Hénon-Attraktors, und Fig. 10.21 den numerisch ermittelten Einzugsbereich. In Fig. 10.19 erkennen wir lokal eine Cantor-ähnliche Struktur quer zum globalen Verlauf des Attraktors. Im Unterschied zu den konstruierten Attraktoren, Solenoid und Horseshoe, ist diese nicht analytisch nachweisbar (im Sinne der Definition einer Cantormenge), dennoch kann man auf dem Hénon-Attraktor die von Mandelbrot [87] eingeführte Hausdorff-Dimension (numerisch durch sogenanntes box-counting) ausrechnen, es ergibt sich ein Wert von ungefähr 1.28, also deutlich größer als 1. Im Sinne von Mandelbrot ist damit der Hénon-Attraktor ein *Fraktal*.

10 Modelle für nichtlineare Dynamik im Mehrdimensionalen

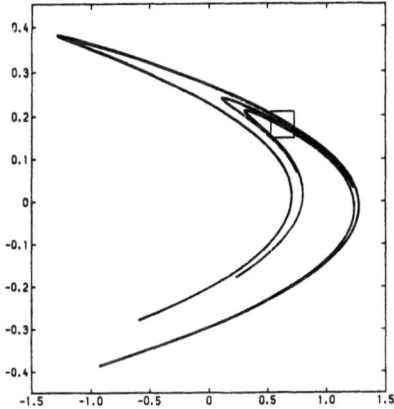

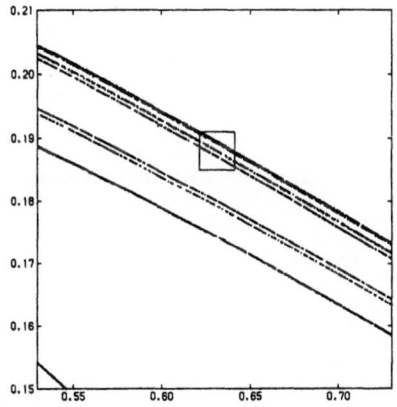

Fig. 10.19: Der Hénon-Attraktor für $a = 1.4$ und $b = 0.3$ und eine Ausschnittsvergrößerung (aus Hénon [61]).

Numerische Experimente lassen uns daran glauben, daß $F_{1.4, 0.3}$ auf dem Hénon-Attraktor topologisch mischend, zumindest aber topologisch transitiv ist. Und niemand zweifelt daran, daß auf dem Attraktor auch sensitive Abhängigkeit von den Anfangsbedingungen vorliegt, der Hénon-Attraktor wird allgemein als Prototyp für einen seltsamen Attraktor angesehen. Katok und Hasselblatt [73] weisen darauf hin, daß der Hénon-Attraktor (im Gegensatz zu den bisher in diesem Abschnitt behandelten Attraktoren) keine hyperbolische Menge (mit anderen Worten, bisher kein theoretisch bestätigter seltsamer Attraktor) ist, aber dennoch lokal ein ungleichmäßiges hyperbolisches Verhalten aufgrund der numerischen Experimente vermuten läßt. Das wichtigste theoretische Resultat in dieser Richtung ist eine Arbeit von Benedicks und Carleson [86], die die Hénon-Abbildungen $F_{a,b}$ als Perturbationen eindimensionaler quadratischer Abbildungen $x \mapsto 1 - ax^2$ betrachten und für eine Menge von Parameterwerten mit positivem Lebesgue-Maß die Existenz von Attraktoren mit hyperbolischem Verhalten bewiesen haben. Sie konnten zeigen, daß die chaotische Dynamik im Fall $b = 0$ erhalten bleibt für kleine Werte von $b > 0$: Für jedes hinreichend kleine $b > 0$ gibt es viele Parameterwerte a, so daß die Dynamik von $F_{a,b}$ chaotisch ist. Der Beweis gibt jedoch keine Hilfestellung, diese Werte a konkret auszurechnen.

Eine weitere Möglichkeit der Erzeugung chaotischer Dynamik in der Ebene $\mathbb{R}^2$ ist die „Überkreuz"-Verkopplung zweier logistischer Iterationsfolgen; man erhält zwei symmetrische reelle Gleichungen

$$\begin{aligned} u_{n+1} &= r u_n (1 - u_n) + (r-1) v_n \\ v_{n+1} &= r v_n (1 - v_n) + (r-1) u_n \,, \end{aligned} \qquad (10.177)$$

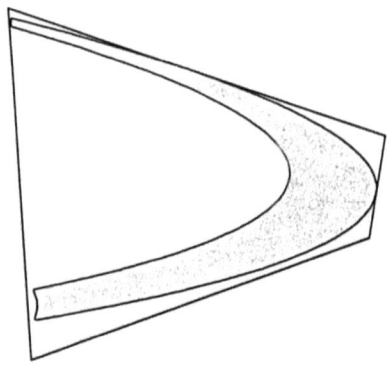

Fig. 10.20: Eine Fundamentalumgebung des Hénon-Attraktors und ihr Bild nach einem Iterationsschritt. Die Zahlenwerte der Eckpunkte stammen von Hénon: $P_1 = (-1.33, 0.42)$, $P_2 = (1.32, 0.133)$, $P_3 = (1.245, -0.14)$, $P_4 = (-1.06, -0.5)$.

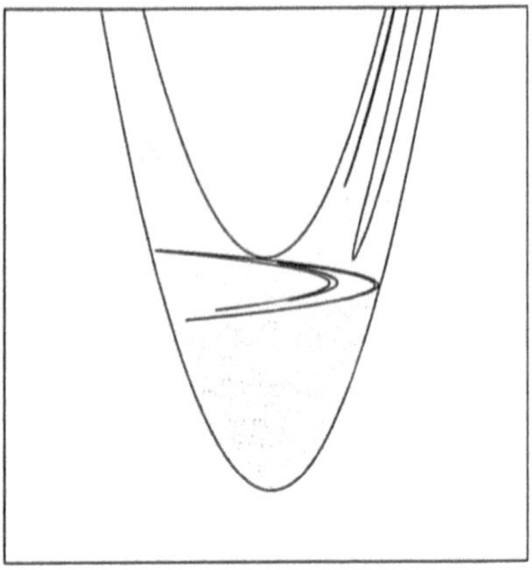

Fig. 10.21: Der Einzugsbereich des Hénon-Attraktors.

dabei gilt für den Bifurkationsparameter $r > 1$. Diese Darstellung läßt die Art der Verkopplung deutlich werden, wir arbeiten jedoch mit einer transformierten Iterationsgleichung: Mit

$$u_n = \frac{a}{1+a} x_n \quad \text{(analog } v_n\text{)} \quad \text{und} \quad r = 1 + a \tag{10.178}$$

nehmen die Gleichungen (10.177) folgende Gestalt an:

$$\begin{aligned} x_{n+1} &= (1+a)x_n + a(y_n - x_n^2) \\ y_{n+1} &= (1+a)y_n + a(x_n - y_n^2) \end{aligned} \tag{10.179}$$

Die sie erzeugende Abbildung lautet also

$$F_a : \mathbf{R}^2 \longrightarrow \mathbf{R}^2, \quad F_a = (f_a^1, f_a^2), \quad a > 0, \tag{10.180}$$

mit

$$\begin{aligned} f_a^1(x,y) &= (1+a)x + a(y - x^2) \\ f_a^2(x,y) &= (1+a)y + a(x - y^2) \end{aligned} \tag{10.181}$$

Die Abbildung F_a ist nicht invertierbar und besitzt folgende Symmetrieeigenschaft:

$$F_a(x,y) = \overline{F_a(y,x)}, \quad \text{wobei} \quad \overline{(x,y)} = (y,x). \tag{10.182}$$

Gekoppelte logistische Abbildungen wurden zuerst von Kaneko [69] und, unabhängig davon, von Metzler et al. [94] untersucht. Letztere analysierten, zu großen Teilen

10 Modelle für nichtlineare Dynamik im Mehrdimensionalen

numerisch, den äußerst komplexen Übergang von stabilen Perioden praktisch jeder denkbaren Ordnung bis hin zu chaotischen Attraktoren, deren am markantesten ausgebildeter wegen seines Aussehens als „Kasseler Eiffelturm" in die Fachliteratur einging (vergleiche Fig. 10.22). Der Weg ins Chaos ist in einem Computergrafikfilm grob dargestellt (vergleiche Metzler et al. [95]).

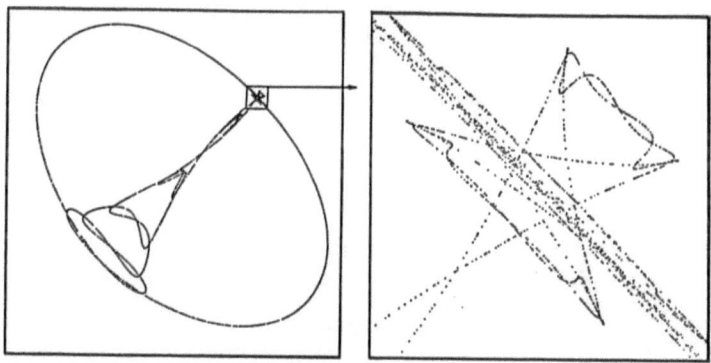

Fig. 10.22: Der Kasseler Eiffelturm: Chaotischer Attraktor von (10.177) beziehungsweise (10.179) für $r = 1.684$ im Intervall $[-1,3] \times [-1,3]$ nach 30.000 Iterationen ausgehend vom Startwert $(0.4, 0.5)$ sowie Ausschnittsvergrößerung des Bereiches $[1.9, 2.1] \times [1.9, 2.1]$. (Sie läßt bereits die fraktale Linienstruktur des Attraktors erahnen.)

Relativ einfach läßt sich in den Gleichungen (10.179) ein zweiter Kontrollparameter einführen, der es gestattet, die Dynamik der gekoppelten logistischen Abbildungen in der Ebene in Abhängigkeit von einem Parameter-Tupel (a, b) in der Parameter-Ebene zu analysieren (analog zur Vorgehensweise von B. B. Mandelbrot bei der Untersuchung der Abbildung $f_c(z) = z^2 + c$, $z \in \mathbb{C}$, in Abhängigkeit von einem komplexen Parameter $c = a + ib$, vergleiche zum Beispiel Blanchard [21]).

Mit den Transformationen

$$x_n = \frac{1}{a}u_n + \frac{1+a}{2a}, \quad y_n = \frac{1}{a}v_n + \frac{1+a}{2a} \qquad (10.183)$$

lautet (10.179)

$$\begin{aligned} u_{n+1} &= \frac{3a^2 + 2a - 1}{4} + av_n - u_n^2 \\ v_{n+1} &= \frac{3a^2 + 2a - 1}{4} + au_n - v_n^2, \end{aligned} \qquad (10.184)$$

oder, mit

$$b := \frac{3a^2 + 2a - 1}{4}, \qquad (10.185)$$

schließlich

$$u_{n+1} = b + av_n - u_n^2$$
$$v_{n+1} = b + au_n - v_n^2 .$$
(10.186)

Analog zur Definition der *Mandelbrot-Menge*,

$$M = \{c \in \mathbb{C} \mid f_c^n(0) \not\to_{n \to \infty} \infty\},$$
(10.187)

mit dem quadratischen Polynom $f_c(z) = z^2 + c$ definieren wir in der Parameter-Ebene die Menge

$$M^* = \{(a,b) \in \mathbb{R}^2 \mid u_n^2 + v_n^2 \not\to_{n \to \infty} \infty\}$$
(10.188)

mit u_n, v_n aus (10.186). Man erkennt die Analogie zur Mandelbrot-Menge M deutlicher, wenn man die Iterationsfolge von f_c, das heißt,

$$z_{n+1} = z_n^2 + c$$
(10.189)

in ihren Real- und Imaginärteil zerlegt. Dies ergibt mit $z = x + iy = (x,y)$ und $c = a + ib = (a,b)$, $a,b,x,y \in \mathbb{R}$,

$$x_{n+1} = x_n^2 - y_n^2 + a$$
$$y_{n+1} = 2x_n y_n + b$$
(10.190)

Die Mandelbrot-Menge (10.187) ergibt sich dann mit $x_0 = y_0 = 0$ als

$$M = \{(a,b) \in \mathbb{R}^2 \mid x_n^2 + y_n^2 \not\to_{n \to \infty} \infty\}.$$
(10.191)

Im Gegensatz zur Menge M, die definitionsgemäß (vergleiche (10.187)) mit dem Startwert $z_0 = (x_0, y_0) = (0,0)$ arbeitet, ist M^* abhängig von den Anfangswerten u_0 und v_0 in (10.186). Grob gesprochen ist M^* die Menge aller Parameterpaare (a,b), für die die gekoppelten logistischen Abbildungen unter Iteration nicht divergieren. Bei numerischen Experimenten (mit $u_0 = v_0 = 10^{-7}$) trat eine unglaubliche Vielfalt völlig unterschiedlicher Attraktoren zutage [24], jeder einzelne zugeordnet einer Wahl von $(a,b) \in M^*$. Dazu gehört natürlich der Eiffelturm-Attraktor von Fig. 10.22, aber auch die Attraktoren der nachfolgenden Fig. 10.23. Im Unterschied zum Hénon- oder zum Eiffelturm-Attraktor haben sie keine (Cantor-Menge × Linien-)Struktur, sondern sie wirken wie Projektionen dreidimensionaler kunstvoll gefalteter Tücher. Haben Attraktoren ein derartiges Aussehen, so spricht man im Sinne von Rössler (vergleiche [126], [125]) von *Hyperchaos*. Es ist dadurch definiert, daß die Lyapunov-Exponenten sowohl in x- als auch in y-Richtung beide größer als

---

[24] Vergleiche Metzler et al. [96], [97].

10 Modelle für nichtlineare Dynamik im Mehrdimensionalen 205

null sind (siehe dazu Abschnitt 15). Im Jahr 1993 haben Gardini, Abraham, Record und Fournier-Prunaret in einer bemerkenswerten Arbeit [49] globale Verzweigungen und Übergänge dieser Attraktoren ineinander theoretisch analysiert und erklärt.

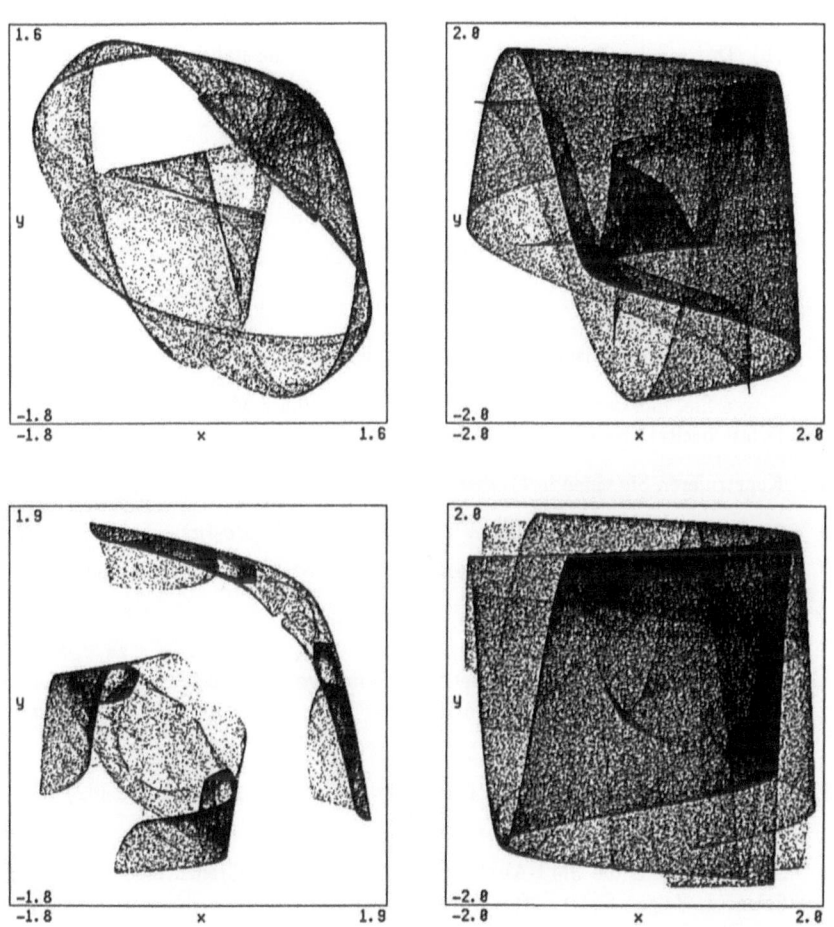

Fig. 10.23: Hyperchaotische Attraktoren der gekoppelten logistischen Abbildungen.

Übungsaufgaben:

1. F_A sei ein hyperbolischer toraler Automorphismus im Sinne von Definition 10.4. Zeigen Sie:
   (a) F_A ist ein Diffeomorphismus auf T^2.
   (b) Durch jeden Punkt $[x,y] \in T^2$ verläuft genau eine stabile und eine instabile Menge von F_A (siehe Lemma 10.6 und Korollar 10.8).

2. Ω_N und d_λ seien gegeben wie in Definition 10.14. Zeigen Sie: (Ω_N, d_λ) ist ein vollständiger metrischer Raum.

3. Gegeben seien die Folgenräume Σ und Ω_2 der ein- und zweiseitigen Folgen in den Symbolen 1 und 2. Beweisen Sie, daß
$$\Phi(\omega_1\omega_2\omega_3\ldots) := (\ldots\omega_4\omega_2 \cdot \omega_1\omega_3\ldots), \quad (\omega_1\omega_2\omega_3\ldots) \in \Sigma,$$
einen Homöomorphismus von Σ nach Ω_2 definiert.

4. Zeigen Sie, daß der Horseshoe Λ eine überabzählbare Menge nichtperiodischer Orbits besitzt. Beschreiben Sie deren Symbolfolgen.

5. Konstruieren Sie einen in Ω_2 dichten Orbit von σ_2.

6. Sei $\sigma^* \in \Omega_2$. Zeigen Sie, daß $W^s(\sigma^*) = \{\sigma \in \Omega_2 \mid d(\sigma_2(\sigma), \sigma_2(\sigma^*)) \xrightarrow[n \to \infty]{} 0\}$ aus genau den Folgen $\sigma \in \Omega_2$ besteht, die mit σ^* ab einer bestimmten Stelle nach rechts übereinstimmen.

7. Sei $0 := (\ldots 00.00\ldots) \in \Omega_2$. Eine Folge $\sigma \in \Omega_2$ heißt homoklin zu 0, wenn $s \in W^s(0) \cap W^u(0)$ gilt. Wie sehen die Einträge einer Folge $\sigma \in \Omega_2$ aus, die homoklin ist zu 0? Beweisen Sie, daß die Folgen, die homoklin sind zu 0, eine dichte Teilmenge von Ω_2 bilden.

8. Zeigen Sie, daß durch (10.145) eine Metrik auf dem Folgenraum (10.142) definiert ist.

9. Sei $\sigma : \Sigma \to \Sigma$ die Shift-Abbildung auf der inversen Grenzmenge Σ für das Solenoid. Zeigen Sie:
   (a) Die periodischen Punkte von σ sind dicht in Σ.
   (b) σ besitzt einen in Σ dichten Orbit.
   (c) σ ist ein Homöomorphismus.

10. Zeigen Sie, daß S (definiert in (10.152)) ein Homöomorphismus ist von Λ auf Σ.

11 Dynamische Systeme auf Mannigfaltigkeiten

11.1 Definition. *$M \neq \emptyset$ sei ein Hausdorff-Raum[1], dessen Topologie eine abzählbare Basis besitzt. Existiert dann zu jedem Punkt $x \in M$ eine offene Umgebung $U = U(x)$, die homöomorph ist zu einer offenen Kugel B des $\mathbb{R}^n$, $n \in \mathbb{N}$, ausgestattet mit der natürlichen Topologie, dann nennt man M eine* topologische Mannigfaltigkeit. *Jedes Paar (U, h) aus einer solchen Umgebung U und einem Homöomorphismus $h : U \to B \subset \mathbb{R}^n$ heißt* Karte *(oder ein System lokaler Koordinaten). Eine Menge $\mathcal{A} = \{(U_i, h_i) \mid i \in I\}$ nennt man einen* Atlas *von M, falls $\{U_i \mid i \in I\}$ eine Überdeckung von M ist.*

Bemerkungen. 1. M nennt man eine *topologische Mannigfaltigkeit mit Rand*, wenn jeder Punkt $x \in M$ in einer offenen Umgebung liegt, die homöomorph ist zu einer offenen Teilmenge von $\mathbb{R}^{n-1} \times [0, \infty)$, $n \in \mathbb{N}$.

2. Ist M zusammenhängend, das heißt, M kann nicht in zwei disjunkte, nichtleere offene Teilmengen zerlegt werden, dann ist n konstant. In diesem Fall nennt man n die *Dimension* von M.

3. Auf topologischen Mannigfaltigkeiten fallen die Begriffe *Zusammenhang* und *Wegzusammenhang* zusammen.

4. Definition 11.1 für eine n-dimensionale Mannigfaltigkeit läßt sich verallgemeinern, indem man an die Stelle des $\mathbb{R}^n$ einen Banach-Raum X treten läßt. Karte und Atlas werden analog definiert, und man nennt M dann eine *(Banach)-Mannigfaltigkeit*, wenn M einen Atlas besitzt. Die Dimension von M ist definitionsgemäß gleich der Dimension von X, und in der Schreibweise für die Karten ergänzt man den Banach-Raum $X : (U, h, X)$.

11.2 Beispiele. n-dimensionale Mannigfaltigkeiten sind:

(a) Die n-*Sphäre*

$$S^n := \left\{ (x_1, \ldots, x_{n+1}) \in \mathbb{R}^{n+1} \,\bigg|\, \sum_{i=1}^{n+1} x_i^2 = 1 \right\}, \tag{11.1}$$

die sich lokal homöomorph in den $\mathbb{R}^n$ abbilden läßt mit einer Translation, die alternativ den Südpol $p_- = (0, \ldots, 0, -1)$ oder den Nordpol $p_+ = (0, \ldots, 0, 1)$ in $(0, \ldots, 0, 0)$ verschiebt, einer anschließenden stereographischen Projektion auf die $\mathbb{R}^n \times \{0\}$-Hyperebene und einer nachfolgenden isomorphen Abbildung auf $\mathbb{R}^n$.

(b) Der n-*Torus* $\mathbb{T}^n$, der im $\mathbb{R}^{n+1}$ aus dem n-dimensionalen Hyperwürfel

$$\{(x_1, \ldots, x_n, 0) \in \mathbb{R}^{n+1} \mid x_i \in [0, 1) \quad \text{für} \quad i = 1, \ldots, n\} \tag{11.2}$$

---
[1] Vergleiche Anhang A.1.

durch Zusammenkleben der gegenüberliegenden $(n-1)$-dimensionalen Seitenflächen gebildet wird [2]. □

Eine Karte um $x \in M$ ist offensichtlich auch immer eine Karte um alle $y \in U(x)$. Bei zwei verschiedenen Karten (U_i, h_i), (U_j, h_j) von M hat ein $x \in U_i \cap U_j$ in der Regel unterschiedliche lokale Koordinaten, die bestimmt sind durch die Koordinaten von $h_i(x)$ beziehungsweise $h_j(x)$. Sie lassen sich durch die homöomorphe Transformation (genannt: *Koordinatenwechsel* oder *Kartenwechsel*)

$$h_{ij} := h_j \circ h_i^{-1}\big|_{h_i(U_i \cap U_j)} \tag{11.3}$$

ineinander überführen.

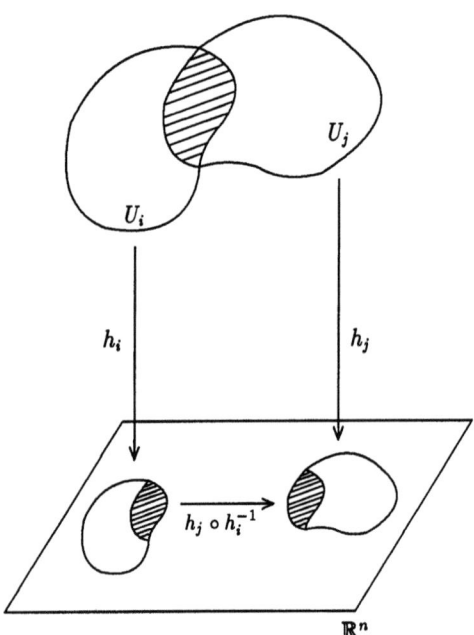

Fig. 11.1: Überlappende Karten.

11.3 Definition. (a) *Eine n-dimensionale topologische Mannigfaltigkeit M nennt man* differenzierbare Mannigfaltigkeit, *falls sie von einem Atlas* $\mathcal{A} = \{(U_i, h_i) |\ i \in I\}$ *überdeckt wird, für dessen Karten folgendes gilt: Sind (U_1, h_1) und (U_2, h_2) aus $\mathcal{A}$ mit $h_i : U_i \to B_i \subset \mathbb{R}^n$ $(i = 1, 2)$, dann ist der Kartenwechsel $h_{12} := h_2 \circ h_1^{-1}$ differenzierbar auf $h_1(U_1 \cap U_2) \subset \mathbb{R}^n$. Dabei bedeutet differenzierbar: zugehörig zur Klasse C^r für $r \in \mathbb{N} \cup \{\infty\}$ oder analytisch (im Sinne der Differentialrechnung im $\mathbb{R}^n$).*

(b) *Zwei Karten (U_1, h_1) und (U_2, h_2) einer Mannigfaltigkeit heißen* verträglich *(beziehungsweise C^r-verträglich), falls die Kartenwechsel h_{12} und $h_{21} = h_{12}^{-1}$ (vergleiche (11.3)) (C^r-)differenzierbar sind. Sind je zwei Karten aus einem Atlas von M miteinander verträglich, dann nennt man diesen differenzierbar, und man spricht von einem C^r-Atlas, wenn alle Karten paarweise C^r-verträglich sind. Eine n-dimensionale Mannigfaltigkeit M ist somit differenzierbar, wenn sie einen differenzierbaren beziehungsweise einen C^r-Atlas besitzt.*

---

[2] Vergleiche Fig. 10.6 und Beispiel 11.5 (e) weiter unten.

11 Dynamische Systeme auf Mannigfaltigkeiten

(c) *Eine differenzierbare Mannigfaltigkeit M heißt* orientierbar, *falls sie einen Atlas besitzt, für den alle Kartenwechsel eine positive Funktionaldeterminante (auf ihrem Definitionsbereich) besitzen.*

Vereinbarung. Mit einer Karte einer differenzierbaren Mannigfaltigkeit beziehungsweise einer C^r-Mannigfaltigkeit M ist immer eine Karte aus einem differenzierbaren beziehungsweise C^r-Atlas von M gemeint. □

Zu jedem Atlas $\mathcal{A}$ einer differenzierbaren Mannigfaltigkeit M gibt es einen eindeutigen *maximalen Atlas* von M, in dem alle Karten versammelt sind, die mit den Karten von $\mathcal{A}$ verträglich sind. Ein maximaler Atlas heißt *differenzierbare Struktur*. (Man sollte sich an dieser Stelle klarmachen, daß man eine differenzierbare Struktur ganz anders erhält als eine topologische Struktur. Letztere ist a priori gegeben, während man eine differenzierbare Struktur über den $\mathbb{R}^n$ mit Hilfe einer Verträglichkeitsbedingung für Karten erhält.) Um eine differenzierbare Struktur festzulegen, ist lediglich ein einziger Atlas, der in ihr enthalten ist, notwendig. So besitzt der $\mathbb{R}^n$ eine eindeutig bestimmte differenzierbare Struktur, welche die Identität auf $\mathbb{R}^n$ enthält (vergleiche Beispiel 11.5 (a) weiter unten).

11.4 Definition. *Sei $M \neq \emptyset$ eine n-dimensionale differenzierbare Mannigfaltigkeit. Eine* Untermannigfaltigkeit V *von M (mit Dimension k) ist eine differenzierbare Mannigfaltigkeit, die Teilmenge von M ist, und für die der maximale Atlas von M Karten (U, h) enthält, so daß die induzierten Abbildungen $h_{|U \cap V}$ von $U \cap V$ nach $\mathbb{R}^k \times \{0\} \subseteq \mathbb{R}^n$ abbilden und Karten für V definieren, die verträglich sind mit der differenzierbaren Struktur von V.*

Das bedeutet, ein nichtleerer Teilraum V von M ist genau dann eine differenzierbare Untermannigfaltigkeit von M, falls ein $k \geq 0$ existiert, so daß zu jedem $p \in V$ eine Karte (U, h) aus dem Atlas von M existiert mit $p \in U$ und

$$U \cap V = h^{-1}(\mathbb{R}^k \times \{0\}),\ 0 \in \mathbb{R}^{n-k}. \tag{11.4}$$

Die Abbildungen

$$h_{|U \cap V} : U \cap V \longrightarrow \mathbb{R}^k \times \{0\} \tag{11.5}$$

definieren dann einen Atlas von V und machen aus V eine k-dimensionale Untermannigfaltigkeit von M.

Die Bedingungen dafür sind insbesondere gegeben, wenn zu jedem $p \in V$ eine Karte (U, h) aus dem Atlas von M existiert mit $p \in U$ und weiterhin zwei offene Mengen $\hat{V} \subseteq \mathbb{R}^k$ und $\{0\} \subset \hat{W} \subseteq \mathbb{R}^{n-k}$ derart, daß gilt:

$$h(U) = \hat{V} \times \hat{W} \tag{11.6}$$

und

$$h(U \cap V) = \hat{V} \times \{0\}. \tag{11.7}$$

Bemerkung. Der Verallgemeinerungen von Definition 11.3 und 11.4 auf Banach-Mannigfaltigkeiten liegen auf der Hand: M ist eine differenzierbare (C^r)-Banach-Mannigfaltigkeit, falls zu jedem Punkt $p \in M$ eine Karte (U, h, X) existiert, die aus einem differenzierbaren beziehungsweise aus einem C^r-Atlas ist. Dabei bedeutet *differenzierbar* hier die Existenz der Fréchet-Ableitung im Banach-Raum, mit analogen Bedeutungen von C^r, $r \in \mathbb{N} \cup \{\infty\}$, beziehungsweise analytisch wie im $\mathbb{R}^n$ (vergleiche Anhang A.3).

Ist $M \neq \emptyset$ eine Banach-Mannigfaltigkeit und $\emptyset \neq V \subseteq M$, dann heißt V Untermannigfaltigkeit von M, wenn für jedes $p \in V$ eine Karte $(U, h, X \times Y)$ von M existiert mit

$$\begin{aligned} h(U) &= \hat{V} \times \hat{W} \\ h(U \cap V) &= \hat{V} \times \{0\}, \end{aligned} \tag{11.8}$$

wobei X, Y Banachräume und $\hat{V} \subseteq X$, $\{0\} \subset \hat{W} \subseteq Y$ offen sind. Ist zusätzlich die Dimension der Räume Y für alle $p \in V$ dieselbe, so bezeichnet man diese als die *Kodimension* von V (analog in Definition 11.4):

$$\operatorname{codim} V := \dim Y . \tag{11.9}$$

□

Die wichtigsten Beispiele für Untermannigfaltigkeiten von M liefern die offenen Teilmengen von M, ausgestattet mit den induzierten Karten. In diesem Fall ist $k = n$, mit anderen Worten, jede offene Teilmenge von M ist eine Untermannigfaltigkeit mit Kodimension 0. „Konkrete" Beispiele wollen wir als nächstes kurz diskutieren:

11.5 Beispiele.

(a) Der $\mathbb{R}^n (n \in \mathbb{N})$, ausgestattet mit der (einzigen) Karte $(\mathbb{R}^n, id)$, ist eine differenzierbare Mannigfaltigkeit, ebenso alle offenen Teilmengen.

(b) Im linearen Raum $M^{n \times n}$ der $(n \times n)$-Matrizen über $\mathbb{R}$, betrachtet als $\mathbb{R}^{n^2}$, ist

$$\{A \in M^{n \times n} \mid \det A \neq 0\} \tag{11.10}$$

eine offene Teilmenge, also eine Untermannigfaltigkeit. Diese Menge ist bekannt unter der Bezeichnung $GL(n, \mathbb{R})$ als die allgemeine lineare Gruppe der invertierbaren $(n \times n)$-Matrizen über $\mathbb{R}$.

(c) S^n und $\mathbf{T}^n$ sind Untermannigfaltigkeiten von $\mathbb{R}^{n+1}$ mit Kodimension 1 für $n \in \mathbb{N}$ (vergleiche dazu auch Beispiel 11.19 (c) und Übungsaufgabe 3).

(d) Ist $S \subset \mathbb{R}^3$ ein glattes Flächenstück mit einer Parametrisierung

$$x : G \longrightarrow S \quad (G \subset \mathbb{R}^n : \text{Gebiet}), \tag{11.11}$$

dann ist x lokal ein Homöomorphismus und liefert die Karten $(U, x_{|U}^{-1})$, $U \subseteq S$ offen. Dies gilt analog für jede parametrisierte Kurve oder Fläche des $\mathbb{R}^n$.[3]

(e) *Flächen im $\mathbb{R}^n$, die durch Gleichungen definiert sind, sind Mannigfaltigkeiten;* die Karten bekommt man in diesen Fällen aus dem *Satz über Implizite Funktionen*. Beispiel dafür sind die Einheitssphäre $S^n \subset \mathbb{R}^{n+1}$, oder Ellipsoide, zum Beispiel

$$\left\{(x,y,z) \Big| \frac{x^2}{a^2} + \frac{y^2}{b^2} + \frac{z^2}{c^2} = 1 \right\}, \tag{11.12}$$

aber auch wieder der räumliche Torus (des Amerikaners liebstes Gebäck: der doughnut), das ist die Fläche

$$\{(x,y,z) \mid z^2 + (\sqrt{x^2+y^2} - a)^2 = r^2\} \tag{11.13}$$

für $0 < r < a$.

11.6 Definition. *M und N seien differenzierbare Mannigfaltigkeiten.*

(a) *Eine Funktion $f : M \to \mathbb{R}$ heißt differenzierbar, wenn $f \circ h^{-1}$ für jede Karte (U, h) mit $h : U \to B \subseteq \mathbb{R}^n$ auf B differenzierbar ist. Wir bezeichnen mit $C^r(M)$ diejenigen differenzierbaren Funktionen, welche in diesem Sinn zur Klasse C^r gehören.*

(b) *Eine Abbildung $f : M \to N$ heißt differenzierbar* [4]*, wenn für je zwei Karten (U, h) von M und (V, g) von N gilt: Die Abbildung $g \circ f \circ h^{-1}$ ist differenzierbar auf $h(U \cap f^{-1}(V))$* [5]*. Sind M, N C^r-Mannigfaltigkeiten und gilt $g \circ f \circ h^{-1} \in C^r$, so gehört f zur Klasse C^r $(= C^r(M,N))$.*

(c) *Ein Diffeomorphismus ist eine differenzierbare Abbildung mit einer differenzierbaren Inversen aus derselben Klasse. Zwei Mannigfaltigkeiten M und N heißen diffeomorph, wenn ein Diffeomorphismus $f : M \to N$ existiert.*

Bemerkung. Die Definitionen für Funktionen auf Banach-Mannigfaltigkeiten sind gleichlautend. □

Um die *Ableitung* einer differenzierbaren Funktion zwischen Mannigfaltigkeiten definieren zu können, benötigen wir einen (lokalen) linearen Raum, auf dem die Ableitung agieren kann. Als geeignet wird sich der *Tangentialraum* erweisen. Wir beschränken uns zunächst auf differenzierbare Untermannigfaltigkeiten von $\mathbb{R}^n$, $n \in \mathbb{N}$.

---

[3] Auch eine simple Kurve mit einer Ecke (wie zum Beispiel „∟") ist eine differenzierbare Mannigfaltigkeit, da ∟ homöomorph ist zu $\mathbb{R}$. Aber sie ist keine differenzierbare Untermannigfaltigkeit von $\mathbb{R}^2$!

[4] Wir werden uns auf dynamische Systeme (M, f) konzentrieren, das heißt, auf Funktionen $f : M \to M$.

[5] Da die Kartenwechsel differenzierbar sind, ist diese Definition unabhängig von der Wahl der Karten.

11.7 Definition. *Sei M eine m-dimensionale C^r-Untermannigfaltigkeit des $\mathbb{R}^n$ ($r \in \mathbb{N} \cup \{\infty\}$), und sei $p \in M$.*

(a) *Ist $I = \{t \in \mathbb{R} \mid -\varepsilon < t < \varepsilon\}$, $\varepsilon > 0$, dann nennt man eine C^r-Abbildung $c : I \to M$ eine C^r-Kurve auf M.*

(b) *Sei $c : I \to M$ eine C^1-Kurve mit $c(0) = p$. Dann ist der* Tangentialvektor *an die Kurve c im Punkt p gegeben durch (vergleiche Fig. 11.2)*

$$\frac{d}{dt}c(t)\Big|_{t=0} = \dot{c}(0). \tag{11.14}$$

(c) *Die Menge aller Tangentialvektoren an alle derartigen Kurven im Punkt p nennt man den* Tangentialraum *von M im Punkt p, und man bezeichnet ihn mit T_pM.*

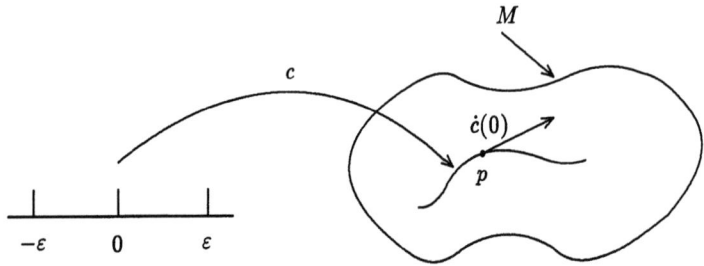

Fig. 11.2: Eine Kurve und ihr Tangentialvektor im Punkt p (nach Wiggins [154]).

Wir betrachten zunächst den Spezialfall $M = \mathbb{R}^m$. Für einen Punkt $p \in \mathbb{R}^m$ ist $T_p\mathbb{R}^m$ gleich $\mathbb{R}^m$, denn jeder Vektor $\xi \in \mathbb{R}^m$ läßt sich verstehen als Tangentialvektor an eine C^1-Kurve durch p: Wähle $c(t) = p + \xi t$, $t \in I$, dann gilt

$$\frac{dc(t)}{dt}\Big|_{t=0} = \xi\,^{[6]}. \tag{11.15}$$

Nun sei M eine beliebige m-dimensionale differenzierbare Untermannigfaltigkeit von $\mathbb{R}^n$, (U,h) eine Karte von M mit $p \in U$, und $h : U \to \mathbb{R}^m$ sei ein Diffeomorphismus. Dann gilt $T_{h(p)}\mathbb{R}^m = \mathbb{R}^m$, und h^{-1} ist ein Diffeomorphismus von $h(U)$ auf U. Also kann man die Ableitung $Dh^{-1}(h(p))$ bestimmen [7] und mit ihrer Hilfe den Tangentialraum $T_{h(p)}\mathbb{R}^m = \mathbb{R}^m$ in den Punkt $p \in M$ zurückholen:

11.8 Satz. *Es gilt*

$$T_pM = Dh^{-1}(h(p))\mathbb{R}^m. \tag{11.16}$$

---

[6] Um der Anschauung genüge zu tun, muß man sich den Fußpunkt des Vektors ξ von 0 in p verschoben vorstellen.

[7] $Dh^{-1}(h(p))$ bezeichnet die Funktionalmatrix von h^{-1} im Punkt $h(p)$.

11 Dynamische Systeme auf Mannigfaltigkeiten

Beweis. Sei (U, h) eine Karte von M mit $p \in U$. Für beliebiges $\xi \in \mathbb{R}^m$ existiert wegen $T_{h(p)}\mathbb{R}^m = \mathbb{R}^m$ eine differenzierbare Kurve γ durch $h(p)$, deren Tangentialvektor im Punkt $\gamma(0) = h(p)$ gleich ξ ist: $\dot\gamma(0) = \xi$. Dann ist

$$c(t) \equiv h^{-1}(\gamma(t)) \tag{11.17}$$

eine differenzierbare Kurve auf M mit $c(0) = p$. Nach der Kettenregel gilt

$$\dot c(0) = Dh^{-1}(\gamma(0))\dot\gamma(0) = Dh^{-1}(h(p))\xi, \tag{11.18}$$

das heißt, zu jedem $\xi \in \mathbb{R}^m$ existiert eine differenzierbare Kurve c auf M mit $c(0) = p$ und $\dot c(0) = Dh^{-1}(h(p))\xi$.

Umgekehrt sei $c : I \to M$ eine beliebige Kurve mit $c(0) = p$. Dann ist

$$\gamma(t) = h \circ c(t) \tag{11.19}$$

eine Kurve in $h(U) \subset \mathbb{R}^m$ (Achtung: eventuell muß man den Definitionsbereich I der Kurve c einschränken) mit $\gamma(0) = h(p)$. Auflösung von (11.19) nach c und Differentiation ergibt schließlich (vergleiche (11.18))

$$\dot c(0) = Dh^{-1}(h(p))\dot\gamma(0) \tag{11.20}$$

mit $\dot\gamma(0) \in \mathbb{R}^m$. ∎

11.9 Korollar. *Die Darstellung (11.16) von T_pM ist unabhängig von der gewählten Karte.*

Beweis. Seien (U_1, h_1), (U_2, h_2) zwei Karten von M mit $U_1 \cap U_2 \neq \emptyset$ und $p \in U_1 \cap U_2$, h_1 und h_2 seien Diffeomorphismen. Wir müssen zeigen:

$$Dh_1^{-1}(h_1(p))\mathbb{R}^m = Dh_2^{-1}(h_2(p))\mathbb{R}^m. \tag{11.21}$$

Auf $U_1 \cap U_2$ gilt

$$h_1^{-1} = h_2^{-1} \circ (h_2 \circ h_1^{-1}), \tag{11.22}$$

und durch Anwendung der Kettenregel folgt daraus

$$Dh_1^{-1}(h_1(p)) = Dh_2^{-1}(h_2(p))D[h_2 \circ h_1^{-1}](h_1(p)). \tag{11.23}$$

$D[h_2 \circ h_1^{-1}]$ ist ein Isomorphismus des $\mathbb{R}^m$, das heißt, $D[h_2 \circ h_1^{-1}](h_1(p))\mathbb{R}^m = \mathbb{R}^m$. Damit erhalten wir

$$\begin{aligned} Dh_1^{-1}(h_1(p))\mathbb{R}^m &= Dh_2^{-1}(h_2(p))D[h_2 \circ h_1^{-1}](h_1(p))\mathbb{R}^m \\ &= Dh_2^{-1}(h_2(p))\mathbb{R}^m. \end{aligned} \tag{11.24}$$

∎

Aus Darstellung (11.16) liest man ab, daß T_pM ein linearer Raum der Dimension m ist. Bevor wir den Tangentialraum auf abstrakte differenzierbare Mannigfaltigkeiten verallgemeinern, wollen wir für den Fall einer m-dimensionalen Untermannigfaltigkeit $M \subset \mathbb{R}^n$ die *Ableitung* einer differenzierbaren Funktion $f: M \to M$ bestimmen: sie ist eine lineare Abbildung von T_pM nach $T_{f(p)}M$. Dazu sei (U,h) eine Karte von M mit $p \in U$ und (V,g) eine weitere mit $f(p) \in V, h$ und g seien wiederum Diffeomorphismen. Mit Hilfe dieser Karten schreiben wir

$$f(p) = g^{-1} \circ [g \circ f \circ h^{-1}] \circ h(p). \tag{11.25}$$

Ist f differenzierbar (Definition 11.6), dann definieren wir die *Ableitung* von f im Punkt p, D_pf geschrieben, durch

$$D_pf := Dg^{-1}\bigl(g(f(p))\bigr) D[g \circ f \circ h^{-1}](h(p)) Dh(p), \tag{11.26}$$

wobei rechts des Gleichheitszeichens nur gewöhnliche Ableitungen, mit anderen Worten Funktionalmatrizen, stehen. Die Definition ist (mit den gleichen Argumenten wie in Korollar 11.9) unabhängig von den gewählten Karten.

11.10 Satz. *Sei $f: M \to M$ und D_pf aus (11.26). Dann gilt:*

$$D_pf : T_pM \longrightarrow T_{f(p)}M. \tag{11.27}$$

Beweis. Aus (11.26) folgt

$$D_pf\, Dh^{-1}(h(p)) = Dg^{-1}\bigl(g(f(p))\bigr) D[g \circ f \circ h^{-1}](h(p)), \tag{11.28}$$

also

$$D_pf \underbrace{Dh^{-1}(h(p))\mathbb{R}^m}_{= T_pM} = Dg^{-1}\bigl(g(f(p))\bigr) \underbrace{D[g \circ f \circ h^{-1}](h(p))\mathbb{R}^m}_{\subseteq \mathbb{R}^m}. \tag{11.29}$$

Nach (11.16) gilt

$$Dg^{-1}\bigl(g(f(p))\bigr)\mathbb{R}^m = T_{f(p)}M, \tag{11.30}$$

und zusammen mit (11.29) schließlich

$$D_pf\,(T_pM) \subseteq T_{f(p)}M. \tag{11.31}$$

∎

D_pf ist eine lineare Abbildung und erfüllt die Kettenregel (ohne Beweis, vergleiche Wiggins [154], Proposition 2.2.3): Ist $g: M \to M$ eine weitere differenzierbare Abbildung, dann gilt:

$$D_p(g \circ f) = D_{f(p)}g \circ D_pf. \tag{11.32}$$

11 Dynamische Systeme auf Mannigfaltigkeiten

Das bedeutet für die n-te Iterierte von f:

$$T_pM \underbrace{\xrightarrow{D_pf} T_{f(p)}M \xrightarrow{D_{f(p)}f} T_{f^2(p)}M \xrightarrow{D_{f^2(p)}f} \cdots \xrightarrow{D_{f^{n-1}(p)}f} T_{f^n(p)}M}_{D_pf^n}. \quad (11.33)$$

Palis und de Melo [110] führen die (gleiche) Ableitung D_pf „abstrakt" ein: M sei wie zuletzt gewählt, $f: M \to M$ differenzierbar und $v \in T_pM$. Sie betrachten eine differenzierbare (im Sinne von Definition 11.6 (b), vergleiche Übungsaufgabe 1) Kurve

$$c: (-\varepsilon, \varepsilon) \longrightarrow M \quad (\varepsilon > 0) \quad (11.34)$$

mit $c(0) = p$ und $\dot{c}(0) = v$. Nach Definition 11.6 ist c differenzierbar, falls für jede Karte (U, h) von M mit $c((-\varepsilon, \varepsilon)) \subset U$ gilt: $h \circ c: (-\varepsilon, \varepsilon) \to \mathbb{R}^m$ ist differenzierbar. f ist differenzierbar, wenn für je zwei Karten (U, h) und (V, g) von M gilt: $g \circ f \circ h^{-1}$ ist differenzierbar auf $h(U \cap f^{-1}(V))$. Für jede Karte (V, g) mit $c((-\varepsilon, \varepsilon)) \subset f^{-1}(V)$ folgt dann:

$$(g \circ f \circ h^{-1}) \circ (h \circ c) = g \circ f \circ c \quad (11.35)$$

ist differenzierbar auf $(-\varepsilon, \varepsilon)$, und das heißt, wiederum nach Definition 11.6,

$$f \circ c: (-\varepsilon, \varepsilon) \longrightarrow M \quad (11.36)$$

ist differenzierbar. Sie definieren nun die Ableitung von f im Punkt p wie folgt:

$$D_pf(v) := \left.\frac{d}{dt} f \circ c\right|_{t=0}, \quad (11.37)$$

wobei $v = \dot{c}(0) \in T_pM$. Diese Definition ist unabhängig von der gewählten Kurve, sie ist identisch mit (11.26), was man wie folgt einsieht:

$f \circ c$ ist eine differenzierbare Kurve durch $f(c(0)) = f(p)$ mit dem Tangentialvektor $\frac{d}{dt} f \circ c \big|_{t=0}$ in $f(p)$. Aus 11.20 folgt dann (mit einer Karte (V, g) um $f(p)$):

$$\left.\frac{d}{dt} f \circ c\right|_{t=0} = Dg^{-1}\big(g(f(p))\big)\dot{\delta}(0), \quad (11.38)$$

wobei $\delta(t) = g \circ f \circ c(t)$ ist. Entsprechend gilt

$$v = \dot{c}(0) = Dh^{-1}(h(p))\dot{\gamma}(0) \quad (11.39)$$

mit $\gamma(t) = h \circ c(t)$, und nach Satz 11.10, Gleichung (11.28), erhalten wir daraus

$$\begin{aligned} D_pf(v) &= D_pf(\dot{c}(0)) \\ &= Dg^{-1}\big(g(f(p))\big) D[g \circ f \circ h^{-1}](h(p))\dot{\gamma}(0). \end{aligned} \quad (11.40)$$

Aus

$$\dot{\delta}(t) = \frac{d}{dt} g \circ f \circ c(t) = \frac{d}{dt} g \circ f \circ h^{-1}\bigl(h(c(t))\bigr)$$
$$= D[g \circ f \circ h^{-1}]\bigl(h(c(t))\bigr)\dot{\gamma}(t) \qquad (11.41)$$

folgt schließlich für $t = 0$ die behauptete Übereinstimmung. Definition 11.37 läßt sich auf beliebige Mannigfaltigkeiten übertragen, allerdings auf einem Tangentialraum, dessen Elemente nicht mehr über die Vektoren des $\mathbb{R}^m$ definiert sein können.

Dazu sei M eine n-dimensionale C^r-Mannigfaltigkeit ($r \in \mathbb{N} \cup \{\infty\}$), $p \in M$ und $c : (-\varepsilon, \varepsilon) \to M$ eine differenzierbare Kurve [8] mit $c(0) = p$. Sei weiterhin (U, h) eine Karte von M mit $p \in U$ und $\mathcal{E}_p M$ die Menge der in p differenzierbaren Funktionen $\varphi : U \to \mathbb{R}$ [9].

11.11 Definition. (a) *Der Tangentialvektor an die Kurve c im Punkt p ist eine lineare Abbildung*

$$\dot{c}(0) : \mathcal{E}_p M \longrightarrow \mathbb{R}, \qquad (11.42)$$

definiert durch

$$\dot{c}(0)[\varphi] = \frac{d}{dt}\varphi \circ c(t)\Big|_{t=0}. \qquad (11.43)$$

(b) *Der Tangentialraum von M im Punkt p, $T_p M$, ist die Menge aller Tangentialvektoren an alle differenzierbaren Kurven durch p.*

Bemerkung. Statt $\dot{c}(0)$ verwenden wir auch weiterhin die Schreibweise

$$\frac{d}{dt}c\Big|_{t=0},$$

und wir benutzen für Tangentialvektoren die Buchstaben $u, v, w, \ldots$, wenn der Bezug zur Kurve $c(t)$ nicht von Bedeutung ist. □

Mit der wie üblich definierten Addition und skalaren Multiplikation für reellwertige Abbildungen ist $T_p M$ ein *n-dimensionaler reeller Vektorraum*. Für eine gegebene Karte (U, h) von M induziert die kanonische Basis $\{e_1, \ldots, e_n\} \subset \mathbb{R}^n$ eine *Basis von $T_p M$*: sie besteht aus den Tangentialvektoren $\dot{c}_i(0)$ an die Kurven

$$c_i(t) = h^{-1}(h(p) + te_i) \qquad (11.44)$$

---

[8] Differenzierbar bedeutet in allen Fällen die Zugehörigkeit zu einer Klasse C^r für $r \in \mathbb{N} \cup \{\infty\}$.
[9] Wir nennen $\varphi : U \to \mathbb{R}$ *differenzierbar in p*, falls $\varphi \circ h^{-1}$ in $h(p)$ differenzierbar ist. Diese Eigenschaft hängt nicht ab von der gewählten Karte (U, h).

11 Dynamische Systeme auf Mannigfaltigkeiten

für $i = 1, \ldots, n$. Für eine Funktion $\varphi \in \mathcal{E}_p M$ gilt damit

$$\begin{aligned}
\dot{c}_i(0)[\varphi] &= \left.\frac{d}{dt}\varphi \circ c_i(t)\right|_{t=0} \\
&= \left.\frac{d}{dt}\varphi\Big(h^{-1}(h(p) + t e_i)\Big)\right|_{t=0} \\
&= \left.\frac{d}{dt}\varphi \circ h^{-1}(h_1(p), \ldots, h_i(p) + t, \ldots, h_n(p))\right|_{t=0} \\
&= \frac{\partial(\varphi \circ h^{-1})}{\partial x_i}(h(p)) \, .
\end{aligned} \quad (11.45)$$

Analog erhält man für einen beliebigen Tangentialvektor die Darstellung

$$\begin{aligned}
\dot{c}(0)[\varphi] &= \left.\frac{d}{dt}\varphi \circ h^{-1}\Big(h(c(t))\Big)\right|_{t=0} \\
&= \left.\frac{d}{dt}\varphi \circ h^{-1}(C_1(t), \ldots, C_n(t))\right|_{t=0} \\
&= \sum_{k=1}^{n} \frac{\partial(\varphi \circ h^{-1})}{\partial x_k}(h(p))\dot{C}_k(0) \, ,
\end{aligned} \quad (11.46)$$

wobei $C_k(t) = h_k(c(t))$ gesetzt wurde. Mit der Bezeichnung

$$\frac{\partial}{\partial x^i} := \dot{c}_i(0), \quad i = 1, \ldots, n, \quad (11.47)$$

für die Basisvektoren folgt schließlich aus (11.45) und (11.46) die Basisdarstellung

$$\dot{c}(0) = \sum_{k=1}^{n} \dot{C}_k(0) \frac{\partial}{\partial x^k} \, . \quad (11.48)$$

Den Nachweis der linearen Unabhängigkeit der Vektoren $\frac{\partial}{\partial x^1}, \ldots, \frac{\partial}{\partial x^n}$ überlassen wir einer Übungsaufgabe. Damit ist klar, daß $T_p M$ isomorph ist zum $\mathbb{R}^n$. Für eine zweite Karte um p ändert sich die Basis von $T_p M$, doch dieser „neue" Tangentialraum $T_p M$ ist „zu sich selbst" isomorph. Schließlich wollen wir auch nicht verschweigen, daß für die Tangentialvektoren eine Produktregel gilt, nämlich mit $v \in T_p M$,

$$v[\varphi \psi] = \varphi(p)v[\psi] + \psi(p)v[\varphi] \quad (\varphi, \psi \in \mathcal{E}_p M) \, . \quad (11.49)$$

Die Menge

$$TM := \bigcup_{p \in M} T_p M \quad (11.50)$$

nennt man das *Tangentialbündel* von M. TM ist zu verstehen als *disjunkte* Vereinigung und läßt sich mit der Identifikation

$$(p, v) \longleftrightarrow v \in T_p M \quad (11.51)$$

auch schreiben in der Form

$$TM = M \times \bigcup_{p \in M} T_p M = \{(p,v) \mid v \in T_p M, \, p \in M\}. \tag{11.52}$$

Mit π bezeichnen wir die kanonische Projektion

$$\pi : TM \longrightarrow M, \quad (p,v) \mapsto p. \tag{11.53}$$

Jede Karte (U, h) von M induziert eine Karte

$$(U \times \bigcup_{p \in U} T_p U, H) \tag{11.54}$$

von TM mit

$$H(p,v) = (h(p), (v^1, \ldots, v^n)) \in \mathbb{R}^n \times \mathbb{R}^n, \tag{11.55}$$

dabei sind $v^1, \ldots, v^n$ die Koeffizienten von $v \in T_p M$ bezüglich der Basis $\left\{\frac{\partial}{\partial x^1}, \ldots, \frac{\partial}{\partial x^n}\right\}$ von $T_p M$ (vergleiche (11.48)). Es gibt genau eine Topologie auf TM, bezüglich der jede so gebildete Abbildung $H : TU \to h(U) \times \mathbb{R}^n \subset \mathbb{R}^n \times \mathbb{R}^n$ (mit $TU = \pi^{-1}(U)$) ein Homöomorphismus ist, und diese Topologie ist eindeutig bestimmt. Darüber hinaus bilden die Karten (11.54) einen C^r-Atlas von TM. In diesem Sinne ist TM ebenfalls eine C^r-Mannigfaltigkeit, und π ist differenzierbar.

Ein *Vektorfeld* ist jede differenzierbare Abbildung

$$X : M \longrightarrow TM, \tag{11.56}$$

für die gilt

$$\pi \circ X = id_M, \tag{11.57}$$

das heißt, X ordnet jedem $p \in M$ einen Tangentialvektor aus $T_p M$ zu.

Bemerkung. M sei eine n-dimensionale differenzierbare Mannigfaltigkeit und $c : (-\varepsilon, \varepsilon) \to M$ eine differenzierbare Kurve mit $c(0) = p$, $p \in M$. $K_p(M)$ sei die Menge aller zu Karten (U, h) von M um p gehörigen Funktionen h. Für die Abbildung

$$\vartheta_p : K_p(M) \longrightarrow \mathbb{R}^n, \quad h \longmapsto \frac{d}{dt} h \circ c \Big|_{t=0} \tag{11.58}$$

gilt bei Kartenwechsel:

$$\begin{aligned}
\vartheta_p(h_1) &= \vartheta_p(h_1 \circ h_2^{-1} \circ h_2) = \frac{d}{dt}(h_1 \circ h_2^{-1} \circ h_2 \circ c)\Big|_{t=0} \\
&= D(h_1 \circ h_2^{-1})(h_2(p)) \frac{d}{dt} h_2 \circ c \Big|_{t=0} \\
&= D(h_1 \circ h_2^{-1})(h_2(p)) \vartheta_p(h_2),
\end{aligned} \tag{11.59}$$

dabei ist $D(h_1 \circ h_2^{-1})(h_2(p))$ ein Endomorphismus des $\mathbb{R}^n$. (11.58) ist offenbar eine lineare Abbildung, welche jedem $h \in K_p(M)$ den Tangentialvektor (im Sinne von Definition 11.7) der Kurve $h \circ c$ im Punkt $h(p) \in \mathbb{R}^n$ zuordnet. Für Banach-Mannigfaltigkeiten macht man diesen Zusammenhang zur Definition: Sei $M \neq \emptyset$ eine differenzierbare Banach-Mannigfaltigkeit (mit dem Banach-Raum X) und $K_p(M)$ wie oben die Menge aller Funktionen zu Karten (U, h, X) von M um $p, p \in M$. Eine Abbildung

$$\vartheta_p : K_p(M) \longrightarrow X \tag{11.60}$$

wird *Tangentialvektor* von M in p genannt, wenn für je zwei Funktionen $h_1, h_2 \in K_p M$ folgende Verträglichkeitsbedingung gilt:

$$\vartheta_p(h_1) = D(h_1 \circ h_2^{-1})(h_2(p))\vartheta_p(h_2). \tag{11.61}$$

Die Definitionen von $T_p M$ und TM bleiben unverändert, ebenso die des Vektorfeldes.
□

Für das Folgende nehmen wir zu M eine weitere differenzierbare Mannigfaltigkeit N hinzu und betrachten differenzierbare Funktionen $f : M \to N$ (in derselben Differenzierbarkeitsklasse wie M und N).

11.12 Definition. *Die Abbildung*

$$Df : TM \longrightarrow TN, \quad \left.\frac{d}{dt}c\right|_{t=0} \longmapsto \left.\frac{d}{dt}f \circ c\right|_{t=0} \tag{11.62}$$

heißt Differential *von f, und*

$$D_p f = (Df)\big|_{T_p M} \tag{11.63}$$

ist die Ableitung *oder* Tangentialabbildung *von f im Punkt p (in Verallgemeinerung von (11.26) und (11.37)).*

Ist also $f : M \to N$ eine differenzierbare Funktion, dann bildet $D_p f$ den Tangentialvektor an die Kurve $c : (-\varepsilon, \varepsilon) \to M$ im Punkt $c(0) = p$ ab auf den Tangentialvektor an die Kurve $f \circ c : (-\varepsilon, \varepsilon) \to N$ im Punkt $f(p)$. Das bedeutet für eine Funktion $\varphi \in \mathcal{E}_{f(p)} N$ nach (11.43):

$$\begin{aligned}
D_p f(\dot{c}(0))[\varphi] &= \left(\left.\frac{d}{dt}f \circ c\right|_{t=0}\right)[\varphi] \\
&= \left.\frac{d}{dt}\varphi \circ f \circ c(t)\right|_{t=0} \\
&= \dot{c}(0)[\varphi \circ f].
\end{aligned} \tag{11.64}$$

Offenbar ist $D_p f$ eine *lineare Abbildung* auf $T_p M$, und sie genügt sinngemäß der *Kettenregel* (11.32).

Ist $f : M \to N$ ein C^r-Diffeomorphismus, dann gilt für alle $p \in M$: $D_p f : T_p M \to T_{f(p)} N$ ist ein Isomorphismus mit der Inversen $D_{f(p)} f^{-1}$. Insbesondere haben dann M und N dieselbe Dimension. Wir nennen $f : M \to N$ einen *lokalen Diffeomorphismus* im Punkt $p \in M$, falls Umgebungen $U(p) \subseteq M$ und $V(f(p)) \subseteq N$ existieren, so daß $f_{|U}$ ein Diffeomorphismus von U auf V ist. Ist $f : M \to N$ aus $C^r(M)$, $r \geq 1$, und ist $D_p f$ ein Isomorphismus für ein $p \in M$, dann ist f ein lokaler Diffeomorphismus in p [10].

11.13 Definition. (a) *Man nennt eine Abbildung $f : M \to N$, $f \in C^r(M)$, eine Immersion, wenn $D_p f$ injektiv ist für alle $p \in M$.*

(b) *f heißt Einbettung von M in N, falls f eine Immersion ist, welche M homöomorph auf ihr Bild $f(M)$ abbildet.*

11.14 Satz. *Ist f eine C^r-Einbettung von M in N, dann ist $f(M)$ eine C^r-Untermannigfaltigkeit von N, und f ist ein C^r-Diffeomorphismus von M auf $f(M)$.*

Beweis. Ruelle [133], Proposition B.4.3, S. 145. ∎

11.15 Korollar. *Sei N eine C^r-Mannigfaltigkeit, $r \geq 1$. Eine Teilmenge $V \subseteq N$ ist genau dann eine C^r-Untermannigfaltigkeit von N, wenn V das Bild einer C^r-Einbettung ist.*

Beweis. Ist V eine Untermannigfaltigkeit von N, dann ist die Inklusion von V in N eine C^r-Einbettung. Die Umkehrung folgt aus Satz 11.14. ∎

Bemerkung. Zum Beweis wird die Behauptung von Satz 11.14 ebenso wie die frühere Behauptung über die Existenz lokaler Diffeomorphismen zurückgespielt auf eine entsprechende Behauptung in euklidischen Räumen $\mathbb{R}^m$ beziehungsweise $\mathbb{R}^n$ (statt M und N). Dort sind sie Korollare des *Satzes von der Inversen Funktion*, der Gültigkeit hat in euklidischen und in Banach-Räumen. Er lautet:

Seien E, F Banachräume (beziehungsweise $\mathbb{R}^m, \mathbb{R}^n$), U eine offene Teilmenge von E und $p \in U$. Sei $f \in C^r(U, F)$, $r \in \mathbb{N} \cup \{\infty\}$, und die Ableitung $Df(p)$ (das heißt, die Fréchet-Ableitung oder die Funktionalmatrix) in p habe eine Inverse. Dann gibt es eine offene Menge $V \subseteq U$ mit $p \in V$, auf der $f_{|V}$ eine eindeutige Inverse f^{-1} besitzt. f^{-1} ist ebenfalls aus der Klasse C^r, und es gilt $Df^{-1}(f(y)) = (Df(y))^{-1}$ für alle $y \in V$. □

Der nächste Satz bettet eine abstrakte Hausdorff-Mannigfaltigkeit ein in den Euklidischen Raum.

11.16 Satz. (Whitneys Theoreme) (a) *Sei M eine kompakte n-dimensionale C^r-Mannigfaltigkeit, $1 \leq r \leq \infty$. Dann existiert eine C^r-Einbettung von M in $\mathbb{R}^{2n+1}$.*

---

[10] Dies ist keineswegs trivial, sondern folgt aus dem *Satz von der Inversen Funktion*. Vergleiche dazu die Bemerkung im Anschluß an Korollar 11.15.

11 Dynamische Systeme auf Mannigfaltigkeiten

(b) *Ist M eine separable* [11] *C^r-Mannigfaltigkeit, $1 \leq r \leq \infty$, dann existiert eine C^r-Einbettung $f : M \to \mathbb{R}^{2n+1}$ so, daß $f(M)$ eine abgeschlossene C^∞-Untermannigfaltigkeit von $\mathbb{R}^{2n+1}$ ist.*

Beweis. Teil (a) stammt aus Hirsch [64], Theorem 3.5, und ist dort bewiesen, Teil (b) findet man in Ruelle [133] auf Seite 145. ∎

Bemerkung. Für Banach-Mannigfaltigkeiten gestaltet sich die Definition der Tangentialabbildung naturgemäß etwas umständlicher: M und N seien C^{r+1}-(Banach-)Mannigfaltigkeiten, $f \in C^{r+1}(M, N)$, und $f_{|U}$ sei ein Diffeomorphismus auf einer Umgebung U von $x_0 \in M$ ($r \in \mathbb{N} \cup \{\infty\}$). Die lineare C^r-Abbildung

$$D_{x_0} f : T_{x_0} M \longrightarrow T_{f(x_0)} N, \quad \vartheta_{x_0} \longmapsto \vartheta_{x_0} \circ f^*_{x_0} \tag{11.65}$$

wird *Ableitung* (oder *Tangentialabbildung*) von f in x_0 genannt, dabei ist

$$f^*_{x_0} : K_{f(x_0)}(N) \longrightarrow K_{x_0}(M), \quad h \longmapsto h \circ f_{|V}, \tag{11.66}$$

(vergleiche (11.58)) und $V \subseteq U$ eine offene Umgebung von x_0 mit $f(V) \subseteq U'$ für eine vorgegebene Karte (U', h, X) von $f(x_0)$. Ist N endlichdimensional und L eine C^{r+1}-Untermannigfaltigkeit von N, so heißt f *transversal* zu L in x_0, wenn gilt:

$$f(x_0) \in L \implies D_{x_0} f(T_{x_0} M) + T_{f(x_0)} L = T_{f(x_0)} N. \tag{11.67}$$

□

11.17 Definition. *M sei eine n-dimensionale differenzierbare Mannigfaltigkeit. Mit*

$$T^*_p M := (T_p M)^* \tag{11.68}$$

bezeichnen wir den Dualraum von $T_p M$, das heißt, den Raum $\mathcal{L}(T_p M, \mathbb{R})$ der linearen Abbildungen von $T_p M$ in $\mathbb{R}$. $T^*_p M$ wird Kotangentialraum genannt, und die Menge

$$T^* M := \bigcup_{p \in M} T^*_p M \tag{11.69}$$

heißt Kotangentialbündel.

Jetzt sei $p \in M$, $U(p) \subseteq M$ offen und $f : U(p) \to \mathbb{R}$ differenzierbar. Dann gilt für die **Tangentialabbildung**

$$D_p f : T_p M \longrightarrow T_{f(p)} \mathbb{R} \tag{11.70}$$

mit $v \in T_p M$, $v = \dot{c}(0)$ für eine Kurve $c(t)$ wie in Definition 11.12:

$$(df)_p(v) := D_p f(v) = \frac{d}{dt} f \circ c \Big|_{t=0} \in \mathbb{R}. \tag{11.71}$$

$(df)_p$ nennt man auch das *totale Differential* von f in p, es gilt $(df)_p \in T^*_p M$.

---
[11] **Das heißt,** M besitzt eine abzählbare dichte Teilmenge.

Für eine gegebene Karte (U, h) mit $p \in U$ bezeichnen wir analog zu (11.47) mit x^i die *Koordinatenfunktionen*

$$x^i : U \longrightarrow \mathbb{R}, \quad q \longmapsto h_i(q), \ 1 \le i \le n, \tag{11.72}$$

wobei $q \stackrel{h}{\longmapsto} (h_1(q), \ldots, h_n(q))$. Mit den Bezeichnungen wie in (11.45) erhalten wir dann für die Basiselemente von T_pM:

$$\begin{aligned} dx^i \left(\frac{\partial}{\partial x^j} \right) &= \left. \frac{d}{dt} x^i \circ c_j \right|_{t=0} \\ &= \left. \frac{d}{dt} h_i \left(h^{-1}(h(p) + te_j) \right) \right|_{t=0} \\ &= \left. \frac{d}{dt} [h(p) + te_j]_i \right|_{t=0} = \delta_{ij} \end{aligned} \tag{11.73}$$

für $i, j = 1, \ldots, n$ [12]. Das heißt, für eine Karte $h : q \to (h_1(q), \ldots, h_n(q))$ auf $U(p)$ bilden die dx^i, $x^i : q \to h_i(q)$, $i = 1, \ldots, n$, die *duale Basis* von T_p^*M zu $\left\{ \frac{\partial}{\partial x^1}, \ldots, \frac{\partial}{\partial x^n} \right\}$ aus (11.47).

Auf dem Tangentialraum kann man nun auf bequeme Weise eine Metrik definieren.

11.18 Definition. *M sei eine n-dimensionale differenzierbare Mannigfaltigkeit. M heißt Riemannsche Mannigfaltigkeit, wenn auf jedem Tangentialraum T_pM, $p \in M$, ein positiv definites inneres Produkt*

$$g_p(\cdot, \cdot) = <\cdot, \cdot>_p, \quad g_p : T_pM \times T_pM \longrightarrow \mathbb{R}, \tag{11.74}$$

existiert, welches stetig differenzierbar von p abhängt. Die Zuordnung

$$p \longmapsto g_p, \quad p \in M, \tag{11.75}$$

nennt man dann eine Riemannsche Metrik *auf M, und man bezeichnet eine Riemannsche Mannigfaltigkeit dann auch durch* (M, g).

Im einzelnen verlangen wir von $<\cdot, \cdot>_p$ mit $u, v, w \in T_pM$ und $r \in \mathbb{R}$:

(a) $<ru + v, w>_p = r<u, w>_p + <v, w>_p$,
(b) $<u, v>_p = <v, u>_p$,
(c) $<u, u>_p \ge 0$ und $<u, u>_p = 0 \Leftrightarrow u = 0$.

Für $p \in M$ und eine vorgegebene Karte (U, h) mit $p \in U$ ist $<\cdot, \cdot>_p$ wegen der Bilinearität eindeutig festgelegt durch die Koeffizientenfunktionen

$$g_{ij}(p) := \left\langle \frac{\partial}{\partial x^i}, \frac{\partial}{\partial x^j} \right\rangle_p, \quad 1 \le i, j \le n, \tag{11.76}$$

wobei $g_{ij}(p) = g_{ji}(p)$ wegen der Symmetrie von $<\cdot, \cdot>_p$ gilt.

---

[12] Mit $[\cdot]_i$ im letzten Term vor δ_{ij} ist die i-te Komponente eines Vektors im $\mathbb{R}^n$ gemeint. Das tiefgestellte p im totalen Differential dx^i haben wir weggelassen.

11 Dynamische Systeme auf Mannigfaltigkeiten

Verwendet man für die Differentiale der Koordinatenfunktionen x^i die Tensorprodukt-Schreibweise (vergleiche Anhang A.4)

$$dx^i \otimes dx^j(u,v) := dx^i(u) \cdot dx^j(v), \quad u,v \in T_pM, \tag{11.77}$$

und setzt man mit $g_{ij}(p)$ aus (11.76)

$$g_p = \sum_{i,j=1}^n g_{ij}(p)dx^i \otimes dx^j, \tag{11.78}$$

dann gilt

$$g_p : T_pM \times T_pM \longrightarrow \mathbb{R} \tag{11.79}$$

und wegen (11.73)

$$\begin{aligned} g_p\left(\frac{\partial}{\partial x^k}, \frac{\partial}{\partial x^l}\right) &= \sum_{i,j} g_{ij}(p)dx^i \otimes dx^j \left(\frac{\partial}{\partial x^k}, \frac{\partial}{\partial x^l}\right) \\ &= \sum_{i,j} g_{ij}(p)dx^i\left(\frac{\partial}{\partial x^k}\right) \cdot dx^j\left(\frac{\partial}{\partial x^l}\right) \\ &= \sum_{i,j} g_{ij}(p)\delta_{ik}\delta_{jl} \\ &= g_{kl}(p). \end{aligned} \tag{11.80}$$

Damit hat $<\cdot,\cdot>_p$ die Gestalt (11.78) und definiert ein sogenanntes *Tensorfeld*

$$p \longmapsto g_p : T_pM \times T_pM \longrightarrow \mathbb{R} \tag{11.81}$$

auf M. Die Eigenschaft einer Riemannschen Metrik, daß g_p stetig differenzierbar von p abhängt, beinhaltet zweierlei: Zum einen sind die Koeffizientenfunktionen

$$p \longmapsto g_{ij}(p), \quad 1 \leq i, j \leq n, \tag{11.82}$$

sämtlich stetig differenzierbare Funktionen von M nach $\mathbb{R}$, und zum anderen ist die Riemannsche Metrik invariant gegenüber der Wahl der Karten (U,h) von M, und zwar in folgendem Sinn: Sind (U,h) und (V,g) zwei Karten von M mit $p \in U \cap V$, und sind

$$(g_{ij})_{i,j} \quad \text{bzw.} \quad (\overline{g}_{rs})_{r,s} \tag{11.83}$$

zwei $(n \times n)$-Koeffizientenfunktionsmatrizen, die gemäß (11.76) zu (U,h) beziehungsweise (V,g) gehören, dann gilt im Punkt p die Matrixgleichung

$$(g_{ij}) = D(g \circ h^{-1})^t (\overline{g}_{rs}) D(g \circ h^{-1}). \tag{11.84}$$

Dabei ist $D(g \circ h^{-1})$ die Funktionalmatrix der Abbildung

$$g \circ h^{-1} : h(U \cap V) \longrightarrow g(U \cap V) \tag{11.85}$$

(D^t bezeichnet die transponierte Matrix). Alle beteiligten Elemente von (11.84) sind Funktionen von p. Im konkreten Fall ist der Nachweis von (11.84) elementweise durchzuführen und verlangt vorwiegend Geduld und sorgfältigen Umgang mit dem bisher in diesem Abschnitt Gelernten, oder man vertraut auf McCleary [91], S. 249.

Komponentenweise folgt aus der Matrixgleichung (11.84)

$$g_{ij} = \sum_{r,s} \bar{g}_{rs} \frac{\partial y^r}{\partial x^i} \frac{\partial y^s}{\partial x^j}, \tag{11.86}$$

dabei bezeichnen $y^1, \ldots, y^n$ analog zu (11.72) die Koordinatenfunktionen der Karte (V, g). Die Summen (11.78), das heißt,

$$p \longmapsto \sum_{i,j=1}^{n} g_{ij}(p) dx^i \otimes dx^j, \quad p \in U, \tag{11.87}$$

eine für jede Karte (U, h), bilden zusammen mit der Transformationsregel (11.86) ein $(0,2)$-*Tensorfeld* auf M. Vor einer allgemeinen Beschreibung von Tensorfeldern wollen wir ein weiteres Beispiel betrachten:

In (11.56) haben wir das Vektorfeld auf einer differenzierbaren Mannigfaltigkeit M als Abbildung $X : M \to TM$ eingeführt, für die gilt $\pi \circ X = id_M$. Um das Vektorfeld lokal darstellen zu können, wählen wir eine Karte (U, h) und schreiben $X(p)$ in der Basisdarstellung

$$X(p) = \sum_{i=1}^{n} a^i \frac{\partial}{\partial x^i} \tag{11.88}$$

mit Funktionen $a^i = a^i(p)$, vergleiche (11.48). Auf diese Weise erhalten wir eine Menge

$$\{a_U^i : U \to \mathbb{R} \mid 1 \leq i \leq n\} \tag{11.89}$$

von Funktionen auf jeder Karte (U, h). Wir verlangen, daß diese Funktionenmengen bei Kartenwechsel ineinander übergehen. Damit ist dann das Vektorfeld eindeutig dargestellt. Die dazu notwendige Transformationsregel erhält man wie folgt: Für zwei Karten (U, h), (V, g) von M mit $p \in U \cap V$ sei

$$X(p) = \sum_i a_U^i(p) \frac{\partial}{\partial x^i} = \sum_j a_V^j(p) \frac{\partial}{\partial y^j} \tag{11.90}$$

11 Dynamische Systeme auf Mannigfaltigkeiten

mit einer weiteren Basis $\left\{\frac{\partial}{\partial y^1}, \ldots, \frac{\partial}{\partial y^n}\right\}$, induziert durch (V,g), wobei $a_U^i : U \to \mathbb{R}$ und $a_V^j : V \to \mathbb{R}$ differenzierbare Funktionen sind. Aus (11.45) folgt

$$\frac{\partial}{\partial x^i} = \sum_j \frac{\partial y^j}{\partial x^i} \frac{\partial}{\partial y^j} \tag{11.91}$$

und somit für alle $j = 1, \ldots, n$ auf $U \cap V$:

$$a_V^j = \sum_i a_U^i \frac{\partial y^j}{\partial x^i}. \tag{11.92}$$

Das ist die gesuchte Transformationsregel, und die Summen (11.90), das heißt,

$$p \longmapsto \sum_i a_U^i(p) \frac{\partial}{\partial x^i}, \quad p \in U, \tag{11.93}$$

eine für jede Karte, bilden ein $(1,0)$-*Tensorfeld* auf M.

Allgemein definiert für $p \in M$ jede multilineare Abbildung

$$g_p : \underbrace{T_p^* M \oplus \ldots \oplus T_p^* M}_{k\text{-mal}} \oplus \underbrace{T_p M \oplus \ldots \oplus T_p M}_{l\text{-mal}} \longrightarrow \mathbb{R} \tag{11.94}$$

(das heißt, g_p ist linear in jedem Eintrag) einen *Tensor der Varianz* (k,l), kurz: (k,l)-*Tensor* genannt (vergleiche Anhang A.4), und eine Abbildung

$$p \longmapsto g_p, \quad p \in M, \tag{11.95}$$

mit g_p aus (11.94) nennt man ein (k,l)-*Tensorfeld* auf M. Es heißt (stetig) differenzierbar, wenn die analog zu (11.76) zu bildenden Koeffizientenfunktionen

$$g_{i_1,\ldots,i_l}^{j_1,\ldots,j_k} = g\left(dx^{j_1}, \ldots, dx^{j_k}, \frac{\partial}{\partial x^{i_1}}, \ldots, \frac{\partial}{\partial x^{i_l}}\right) \tag{11.96}$$

(vergleiche (11.80), das Argument p haben wir weggelassen) dies sind. Aus der Darstellung von g_p auf überlappenden Karten erhalten wir analog zu (11.86) Transformationsregeln, die man zum Beispiel bei McCleary [91] auf Seite 248 nachliest.

Die Existenz einer Riemannschen Metrik auf einer Mannigfaltigkeit bietet unter anderem den Komfort, daß man die Länge einer Kurve $c(t)$ auf einer Mannigfaltigkeit messen kann. Dazu sei M weiterhin eine n-dimensionale C^r-Mannigfaltigkeit ($r \in \mathbb{N} \cup \{\infty\}$) und

$$c : I \to M, \quad I = [\alpha, \beta], \quad \alpha, \beta \in \mathbb{R}, \tag{11.97}$$

eine differenzierbare Kurve. Wir benötigen zunächst einmal einen Tangentialvektor „entlang einer Kurve c", also $\dot{c}(\tau)$ für beliebiges $\tau \in I$. Dazu kehren wir zurück zur

Tangentialabbildung und betrachten für $\tau \in I$ und hinreichend kleines $\varepsilon > 0$ die Kurve

$$k(t) = c(\tau + t) \quad \text{für} \quad t \in (-\varepsilon, \varepsilon). \tag{11.98}$$

Mit $\varphi \in \mathcal{E}_{c(\tau)}M$ gilt dann wie in (11.43)

$$\begin{aligned}\dot{k}(0)[\varphi] &= \frac{d}{dt}\varphi \circ k(t)\Big|_{t=0} \\ &= \frac{d}{dt}\varphi \circ c(t)\Big|_{t=\tau},\end{aligned} \tag{11.99}$$

und wir setzen

$$\dot{c}(\tau) := \dot{k}(0). \tag{11.100}$$

Damit können wir die Bogenlänge einer Kurve c so definieren, wie wir dies von Kurven im $\mathbb{R}^n$ gewohnt sind, das heißt, für $\alpha, \beta \in I$ ist

$$L_{\alpha,\beta}(c) := \int_\alpha^\beta \sqrt{<\dot{c}(\tau), \dot{c}(\tau)>_{c(\tau)}}\, d\tau \tag{11.101}$$

die *Bogenlänge* der Kurve $c_{|[\alpha,\beta]}$. Definiert man durch

$$\|\dot{c}(\tau)\| := \sqrt{<\dot{c}(\tau), \dot{c}(\tau)>_{c(\tau)}} \tag{11.102}$$

eine „Norm", so lautet (11.101)

$$L_{\alpha,\beta}(c) = \int_\alpha^\beta \|\dot{c}(\tau)\| d\tau. \tag{11.103}$$

Eine Riemannsche Metrik induziert in natürlicher Weise eine Metrik auf M, die definiert ist als das Infimum der Bogenlängen aller differenzierbaren Kurven, die zwei Punkte in M verbinden.

Den *Winkel* θ *zwischen* zwei *Kurven* $c_1(t)$ und $c_2(t)$ zur Zeit $t = t_p$ bestimmt man aus

$$\cos\theta = \frac{<\dot{c}_1(t_p), \dot{c}_2(t_p)>_p}{\sqrt{<\dot{c}_1(t_p), \dot{c}_1(t_p)>_p <\dot{c}_2(t_p), \dot{c}_2(t_p)>_p}}, \tag{11.104}$$

wobei $c_i(t_p) = p$ für $i = 1, 2$. Die Existenz einer Riemannschen Metrik gestattet auch die Definition von Volumina oder Flächeninhalten: Ist (U, h) eine Karte von M und $A \subseteq U$ ein Volumenelement oder ein Flächenstück, so berechnet sich dessen Inhalt gemäß

$$\text{vol}(A) = \int_{h(A)} \sqrt{\det(g_{ij})}\, dx^1 \ldots dx^n \tag{11.105}$$

11 Dynamische Systeme auf Mannigfaltigkeiten

mit den Koeffizientenfunktionen aus (11.76). Das Volumen einer beliebigen kompakten Teilmenge von M wird mit Hilfe einer Zerlegung der Eins definiert, welche einer **Kartenüberdeckung** von M untergeordnet ist (vergleiche dazu Definition 12.5). Alles weitere dazu in Abschnitt 15.

11.19 Beispiele. (a) Für $p \in \mathbb{R}^n$ läßt sich der Tangentialraum $T_p\mathbb{R}^n$ mit $\mathbb{R}^n$ selbst kanonisch identifizieren, und das gewöhliche Skalarprodukt

$$<a,b> := \sum_{i=1}^{n} a_i b_i \tag{11.106}$$

für $a = (a_1, \ldots, a_n)$, $b = (b_1, \ldots, b_n) \in \mathbb{R}^n$ liefert uns somit eine Riemannsche Metrik auf $\mathbb{R}^n$.

(b) Ist $S \subset \mathbb{R}^3$ ein *glattes Flächenstück* mit einer Parameterdarstellung

$$x : U(\subset \mathbb{R}^2) \longrightarrow S\,^{13)}, \tag{11.107}$$

$p = x(u_0, v_0) \in S$ und

$$n(p) = \frac{x_u \times x_v}{\|x_u \times x_v\|} \tag{11.108}$$

($\times$: Vektorprodukt im $\mathbb{R}^3$) mit $u, v \in U$ und

$$x_u = \frac{\partial x}{\partial u}(u_0, v_0), \quad x_v = \frac{\partial x}{\partial v}(u_0, v_0) \tag{11.109}$$

der Normalenvektor an S im Punkt p, so ist (aus der Analysis oder Differentialgeometrie bekannt) die Tangentialebene T_pS derjenige Teilraum von Vektoren aus $\mathbb{R}^3$, auf dem $n(p)$ senkrecht steht. Die Bezeichnung T_pS ist nach wie vor gerechtfertigt: Die Tangentialebene ist ein Tangentialraum im Sinne von Definition 11.7 (beziehungsweise, sie ist durch eine Isomorphie identifizierbar mit dem Tangentialraum aus Definition 11.11), und die Anwendung des üblichen Skalarproduktes im $\mathbb{R}^3$ auf Vektoren aus T_pS macht aus der Tangentialebene eine Riemannsche Mannigfaltigkeit. Wen wundert's?! Die Riemann-Metrik auf S ist die auf $S \subset \mathbb{R}^3$ *induzierte Riemann-Metrik* des $\mathbb{R}^3$ (vergleiche Beispiel (d)).

(c) Die *n-Sphäre*

$$S^n = \left\{ x = (x_1, \ldots, x_{n+1}) \in \mathbb{R}^{n+1} \,\bigg|\, \sum_{i=1}^{n+1} x_i^2 = 1 \right\}, \tag{11.110}$$

[13)] Der Einfachheit halber sei x ein Homöomorphismus, das heißt, $x^{-1} : S \to U$ definiert eine Karte, die für sich allein S zu einer Mannigfaltigkeit werden läßt.

$n \in \mathbb{N}$. Um aus S^n eine differenzierbare (C^∞-)Mannigfaltigkeit zu machen, wählt man, wie in 11.2 angedeutet, als Karten entweder die stereographischen Projektionen, oder man geht folgendermaßen vor: Für $j = 1, \ldots, n+1$ definiert man die offenen Hemisphären

$$U_{2j-1} = \{x \in S^n \mid x_j > 0\} \quad \text{und} \quad U_{2j} = \{x \in S^n \mid x_j < 0\} \quad (11.111)$$

und Abbildungen $h_i : U_i \to \mathbb{R}^n$, $i = 1, \ldots, 2n+2$, für die gilt

$$h_i(x) = (x_1, \ldots, \hat{x}_j, \ldots x_{n+1}) \in \mathbb{R}^n, \quad (11.112)$$

falls $i = 2j - 1$ oder $2j$. Gemeint ist in (11.112) das n-Tupel, welches man aus x durch Streichen der j-ten Koordinate erhält. Jedes h_i bildet U_i homöomorph auf die Einheitskugel

$$B = \{x \in \mathbb{R}^n \mid \|x\| < 1\} \quad (11.113)$$

im $\mathbb{R}^n$ ab, also bilden die $2n + 2$ Karten (U_i, h_i) einen Atlas von M. Er ist differenzierbar; die Kartenwechsel sind, wie man unmittelbar sieht, aus C^∞.

Für $n = 2$, wo unser Konzept des Tangentialraums $T_p S^n$ noch mit der Anschauung korrespondiert, bestimmen wir diesen wie folgt: Sei $c(t) = (x(t), y(t), z(t))$, $t \in (-\varepsilon, \varepsilon) \subset \mathbb{R}$, eine Kurve auf S^2 und sei $c(0) = p = (x_0, y_0, z_0)$. Dann folgt mit

$$f(x, y, z) = x^2 + y^2 + z^2 - 1 \quad (11.114)$$

$f(c(t)) = f(x(t), y(t), z(t)) = 0$ auf S^2 und somit

$$\begin{aligned} 0 = \frac{df}{dt}(c(0)) &= <Df(c(0)), \dot{c}(0)> \\ &= <(2x_0, 2y_0, 2z_0), (\dot{x}(0), \dot{y}(0), \dot{z}(0))>. \end{aligned} \quad (11.115)$$

$\dot{c}(0)$ ist der Vektor tangential zu S^2 im Punkt $c(0) = p$, also gilt

$$T_p S^2 = \{(a, b, c) \in \mathbb{R}^3 \mid ax_0 + by_0 + cz_0 = 0\}. \quad (11.116)$$

Man erkennt, $T_p S^2$ genügt Definition 11.7 und ist ein zweidimensionaler linearer Raum, sprich: eine Ebene durch den Ursprung. Bezüglich der Riemannschen Metrik gilt das unter (b) Gesagte. Das Tangentialbündel von S^2 ist die disjunkte Vereinigung der Tangentialräume in allen Punkten von S^2. Also haben wir

$$\begin{aligned} TS^2 = \{(p, v) \mid &p = (x_0, y_0, z_0) \in \mathbb{R}^3 \quad \text{und} \quad x_0^2 + y_0^2 + z_0^2 = 1, \\ &v = (v_1, v_2, v_3) \in \mathbb{R}^3 \quad \text{und} \quad v_1 x_0 + v_2 y_0 + v_3 z_0 = 0\}. \end{aligned} \quad (11.117)$$

TS^2 ist eine vierdimensionale Mannigfaltigkeit.

(d) *Immersion und induzierte Metrik.* Sei $f : M \to N$ eine Immersion, das heißt (vergleiche Definition 11.13),

$$D_p f : T_p M \longrightarrow T_{f(p)} N \qquad (11.118)$$

ist injektiv für alle $p \in M$. Ist N eine Riemannsche Mannigfaltigkeit, dann induziert f auf M eine Riemannsche Metrik durch

$$< u, v >_p \; := \; < D_p f(u), D_p f(v) >_{f(p)}, \qquad (11.119)$$

$u, v \in T_p M$. Da $D_p f$ injektiv ist, ist $<\cdot,\cdot>_p$ positiv definit, die restlichen Bedingungen von Definition 11.18 sind leicht zu verifizieren. Die Metrik (11.119) heißt die durch f auf M induzierte Metrik, und f ist dann eine *isometrische Immersion* [14]. Ist $\alpha : M \to N$, $M \subset N$, eine *Inklusion*, dann nennt man die durch sie induzierte Riemann-Metrik auf M die *von* (der Riemann-Metrik auf) N *auf M induzierte Metrik*.

Eine häufige Anwendungssituation ist folgende: M sei eine Riemannsche Mannigfaltigkeit der Dimension $n + k$, N eine Mannigfaltigkeit mit Dimension k, $h : M \to N$ sei eine differenzierbare Funktion und $q \in N$ ein *regulärer* Wert von h, das heißt,

$$D_p f : T_p M \longrightarrow T_{f(p)} N \qquad (11.120)$$

ist surjektiv für alle $p \in h^{-1}(\{q\})$. Dann ist $h^{-1}(\{q\}) \subseteq M$ eine Untermannigfaltigkeit von M (vergleiche do Carmo [37]) mit Dimension n, und $h^{-1}(\{q\})$ besitzt die von M induzierte Riemann-Struktur. Ein Beispiel dafür ist noch einmal die n-Sphäre mit

$$h : \mathbb{R}^n \longrightarrow \mathbb{R}, \quad h(x_1, \ldots, x_n) = \sum_{i=1}^{n} x_i^2 - 1. \qquad (11.121)$$

Hier ist 0 ein regulärer Wert von h und

$$h^{-1}(\{0\}) = \{x \in \mathbb{R}^n \mid x_1^2 + \ldots + x_n^2 = 1\} = S^{n-1}. \qquad (11.122)$$

Die Riemann-Metrik, induziert von $\mathbb{R}^n$ auf der Einheitskugel S^{n-1}, nennt man auch die *kanonische Metrik auf* S^{n-1}. Völlig analog funktioniert dies für den räumlichen Torus aus Beispiel 11.5 (e).

(e) *Der flache Torus und die Produktmannigfaltigkeit.* Sind M und N m- beziehungsweise n-dimensionale differenzierbare Mannigfaltigkeiten mit Karten (U, h) beziehungsweise (V, g), dann induzieren alle möglichen Karten der Form

$$(U \times V, h \times g) \qquad (11.123)$$

---

[14] Sind M und N Riemann-Mannigfaltigkeiten und $f : M \to N$ ein Diffeomorphismus, dann nennt man f eine *Isometrie*, falls gilt: $< u, v >_p = < D_p f(u), D_p f(v) >_{f(p)}$ für alle $p \in M$, $u, v \in T_p M$.

mit

$$(h \times g)(u,v) := (h(u), g(v)) \in \mathbb{R}^m \times \mathbb{R}^n \equiv \mathbb{R}^{m+n} \qquad (11.124)$$

eine differenzierbare Struktur auf $M \times N$, und $M \times N$ heißt dann *Produktmannigfaltigkeit* von M und N.

Für den Torus [15)]

$$\mathbb{T}^2 = \mathbb{R}^2/\mathbb{Z}^2 \simeq S^1 \times S^1 \qquad (11.125)$$

greifen wir zurück auf den Atlas von Beispiel (c), bestehend aus vier Karten (U_i, h_i) für S^1. Dann induzieren die Karten

$$(U_i \times U_j, h_i \times h_j), \quad i,j = 1, \ldots, 4, \qquad (11.126)$$

eine differenzierbare Struktur auf $S^1 \times S^1$, mit der der Torus zur 2-dimensionalen Produktmannigfaltigkeit wird, für die aufgrund von Definition 11.11 gilt:

$$T_{(p,q)} S^1 \times S^1 \equiv T_p S^1 \times T_q S^1 \qquad (11.127)$$

mit $p, q \in S^1$ ($\equiv$ bedeutet: *ist isomorph* beziehungsweise *identifizierbar mit*).

Sind M und N Riemannsche Mannigfaltigkeiten und $\pi_M : M \times N \to M$ und $\pi_N : M \times N \to N$ die beiden natürlichen Projektionen, dann definieren wir auf $M \times N$ eine Riemann-Metrik wie folgt: Für $(p,q) \in M \times N$ und $u,v \in T_{(p,q)} M \times N$ sei (mit $D := D_{(p,q)}$):

$$< u, v >_{(p,q)} = < D\pi_M(u), D\pi_M(v) >_p + < D\pi_N(u), D\pi_N(v) >_q . \qquad (11.128)$$

Man prüft leicht nach, daß dies wirklich eine Riemann-Metrik auf dem Produkt $M \times N$ ist, sie heißt *Produktmetrik*.

Damit bekommt $\mathbb{T}^2$ eine Riemannsche Struktur, indem man $S^1 \subset \mathbb{R}^2$ mit der durch die Riemann-Metrik des $\mathbb{R}^2$ auf S^1 induzierten Metrik ausstattet und anschließend die Produktmetrik bildet.

Bemerkungen. 1. Die Inklusion $\alpha : S^1 (\subset \mathbb{R}^2) \to \mathbb{R}^2$ induziert gemäß (11.119), das heißt, durch

$$< u, v >_p := < D_p\alpha(u), D_p\alpha(v) >_p \qquad (11.129)$$

[15)] $\mathbb{R}^2/\mathbb{Z}^2$ und $S^1 \times S^1$ sind diffeomorphe Mannigfaltigkeiten (in Zeichen: $\simeq$), den Nachweis dieser Feststellung überlassen wir den Übungsaufgaben 3 und 4. Darüber hinaus ist $\mathbb{T}^2$ auch diffeomorph zum räumlichen Torus (11.13) aus Beispiel 11.5 (e). Die differenzierbare Mannigfaltigkeitsstruktur von $\mathbb{T}^2 = \mathbb{R}^2/\mathbb{Z}^2$ ergibt sich im übrigen als Spezialfall einer entsprechenden Aussage für Quotientenräume M/G diskreter Gruppen G, die diskontinuierlich auf Mannigfaltigkeiten M operieren und wird in Abschnitt 14 ausführlicher behandelt.

für $p \in S^1$, $u,v \in T_pS^1$ diese Riemannsche Metrik auf S^1, wobei auf der rechten Seite von (11.129) das gewöhnliche Skalarprodukt zweier Vektoren des $\mathbb{R}^2$ steht.

Als Inklusion ist α trivialerweise eine Immersion.

2. Die übliche Parameterdarstellung der Einheitskreislinie, gemeint ist

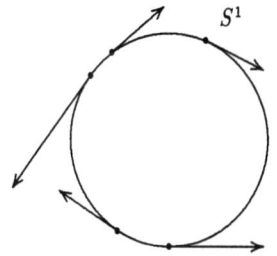

Fig. 11.3: Tangentialvektoren an S^1.

$$f : [0, 2\pi) \longrightarrow S^1 \subset \mathbb{R}^2, \quad f(t) = (\cos t, \sin t) \tag{11.130}$$

ist ebenfalls eine Immersion, denn die Abbildung

$$D_{t_0}f : T_{t_0}[0, 2\pi) \equiv \mathbb{R} \longrightarrow T_{f(t_0)}\mathbb{R}^2 \equiv \mathbb{R}^2 \tag{11.131}$$

ist für jeden Punkt $t_0 \in [0, 2\pi)$ injektiv. Denn wählt man zu $x \in \mathbb{R}$ die Kurve

$$c(t) = xt + t_0 \quad \text{mit} \quad c(0) = t_0 \quad \text{und} \quad \dot{c}(0) = x, \tag{11.132}$$

so gilt

$$\begin{aligned} D_{t_0}f(x) &= \left.\frac{d}{dt}f \circ c\right|_{t=0} \\ &= \left.x(-\sin(xt + t_0), \cos(xt + t_0))\right|_{t=0} \\ &= x(-\sin t_0, \cos t_0)\,. \end{aligned} \tag{11.133}$$

Der Vektor $D_{t_0}f(x)$ steht senkrecht auf $f(t_0)$ und Vorzeichen und Betrag von x bestimmen seine Richtung und Länge. Daraus folgt die behauptete Injektivität. Aber f ist *keine Einbettung*, denn f ist zwar injektiv und stetig, aber kein Homöomorphismus. Man spricht in diesem Zusammenhang von S^1 als einer „immersed line" im Unterschied zu einer „embedded line". □

Auf der Produktmannigfaltigkeit $\mathbb{T}^2 = S^1 \times S^1$ (vergleiche dazu noch einmal die Anmerkung auf der letzten Seite) ist für $u, v \in T_{(p,q)}S^1 \times S^1$ ($p, q \in S^1$) die Produktmetrik nach (11.128) gegeben durch ($D = D_{(p,q)}$)

$$<u, v>_{(p,q)} = <D\pi_1(u), D\pi_1(v)>_p + <D\pi_2(u), D\pi_2(v)>_q \tag{11.134}$$

mit den Projektionen π_i ($i = 1, 2$) auf die erste beziehungsweise zweite Komponente von $S^1 \times S^1$. Wegen (11.127) ist

$$D_{(p,q)}\pi_1 : T_{(p,q)}S^1 \times S^1 \longrightarrow T_pS^1 \tag{11.135}$$

ebenfalls eine Projektion (auf die erste Komponente von $T_pS^1 \times T_qS^1$, analog für π_2). Das bedeutet, jeder der beiden Summanden auf der rechten Seite von (11.134) ist das gewöhnliche (von p beziehungsweise q unabhängige) Skalarprodukt zweier paralleler Vektoren im $\mathbf{R}^2$, somit hat $< u,v >_{(p,q)}$ die Form

$$< u,v >_{(p,q)} = u_1 v_1 + u_2 v_2 \qquad (11.136)$$

mit $u_i, v_i \in \mathbf{R}$ für $i = 1, 2$ [16]. Man erhält (11.136) auch direkt durch Induzieren der euklidischen Metrik des Einheitsquadrats auf $\mathbf{T}^2 = \mathbf{R}^2/\mathbf{Z}^2$: Die Abbildung

$$\alpha : \mathbf{T}^2 \longrightarrow \mathbf{R}^2, \quad [p,q] \longmapsto (p,q) \in [0,1) \times [0,1) \qquad (11.137)$$

ist eine Einbettung und induziert nach (11.119) auf $\mathbf{T}^2$ die Riemannsche Metrik

$$< u,v >_{[p,q]} := < D_{[p,q]}\alpha(u), D_{[p,q]}\alpha(v) >, \qquad (11.138)$$

$[p,q] \in \mathbf{T}^2$ (rechts steht das euklidische Skalarprodukt im $\mathbf{R}^2$). Somit bekommen wir eine Basis von $T_{[p,q]}\mathbf{T}^2$ durch

$$\frac{\partial}{\partial x} := (D_{[p,q]}\alpha)^{-1}((1,0)), \quad \frac{\partial}{\partial y} := (D_{[p,q]}\alpha)^{-1}((0,1)) \qquad (11.139)$$

mit

$$\left\langle \frac{\partial}{\partial x}, \frac{\partial}{\partial x} \right\rangle_{[p,q]} = \left\langle \frac{\partial}{\partial y}, \frac{\partial}{\partial y} \right\rangle_{[p,q]} = 1 \qquad (11.140)$$

und

$$\left\langle \frac{\partial}{\partial x}, \frac{\partial}{\partial y} \right\rangle_{[p,q]} = 0 \qquad (11.141)$$

nach (11.138). Mit der Basisdarstellung

$$u = u_1 \frac{\partial}{\partial x} + u_2 \frac{\partial}{\partial y} \qquad (11.142)$$

(analog für v), das heißt,

$$D_{[p,q]}\alpha(u) = (u_1, u_2) \in \mathbf{R}^2, \qquad (11.143)$$

folgt mit (11.138) sowie (11.140) und (11.141) aus der Linearität von $D_{[p,q]}\alpha$ und der Bilinearität des Skalarproduktes wie in (11.136)

$$< u,v >_{[p,q]} = u_1 v_1 + u_2 v_2. \qquad (11.144)$$

Den Torus $\mathbf{T}^2 = \mathbf{R}^2/\mathbf{Z}^2 \simeq S^1 \times S^1$ mit dieser Riemannschen Metrik nennt man den *flachen Torus*, und alles bisher über $\mathbf{T}^2$ gesagte gilt analog für

$$\mathbf{T}^n = \mathbf{R}^n/\mathbf{Z}^n \simeq \underbrace{S^1 \times \ldots \times S^1}_{n\text{-mal}}. \qquad (11.145)$$

□

---

[16] Da man annehmen kann, daß $T_p S^1$ und $T_q S^1$ ein kartesisches Koordinatensystem bilden, ist (11.136) ein gewöhnliches Skalarprodukt zweier Vektoren des $\mathbf{R}^2$.

11 Dynamische Systeme auf Mannigfaltigkeiten

Wir wollen nun noch die üblicherweise in Räumen differenzierbarer Funktionen auf kompakten Mannigfaltigkeiten anzutreffende Topologie einführen. Dazu sei (M, f), wie gehabt, ein diskretes dynamisches System mit einer kompakten, differenzierbaren (= glatten) Mannigfaltigkeit M und einer Funktion $f \in C^r(M,M)$, $r \in \mathbb{N} \cup \{\infty\}$. $U_1, \ldots, U_n$, $V_1, \ldots, V_n$ seien offene Teilmengen eines Banachraumes mit $M \subseteq \bigcup_{i=1}^{n} U_i$ und $M \subseteq \bigcup_{i=1}^{n} V_i$ und es gelte $f(U_i) \subseteq V_i$ für $i = 1, \ldots, n$. Ferner gelte:

Für $r \neq \infty$ sei für $i = 1, \ldots, n$ eine Umgebung $\mathfrak{U}_i$ von $f_{|U_i}$ im Banachraum $C^r(U_i, V_i)$ mit der Norm

$$\|g\|_{U_i, r} := \max\{\|g^{(0)}\|_{U_i, 0}, \ldots, \|g^{(r)}\|_{U_i, 0}\} \tag{11.146}$$

gegeben, wobei

$$\|g\|_{U_i, 0} := \sup\{\|g(x)\| \mid x \in U_i\}, \tag{11.147}$$

und $g^{(0)} = g$ ist. Für $r = \infty$ wählen wir $\mathfrak{U}_i$ aus dem topologischen Raum

$$C^\infty(U_i, V_i) := \bigcap_{n \in \mathbb{N}_0} C^n(U_i, V_i) \tag{11.148}$$

mit der folgenden Topologie: Eine Menge $\mathfrak{O} \subseteq C^\infty(U_i, V_i)$ sei offen, wenn es zu jedem $g \in \mathfrak{O}$ ein $n \in \mathbb{N}_0$ und ein $\varepsilon > 0$ gibt derart, daß

$$\{h \in C^\infty(U_i, V_i) \mid \|g - h\|_{U_i, n} < \varepsilon\} \subseteq \mathfrak{O}. \tag{11.149}$$

Eine Umgebung der Abbildung $f \in C^r(M, M)$ sei nun definitionsgemäß jede Menge $\mathfrak{U} \subseteq C^r(M,M)$, zu der für $i = 1, \ldots, n$ Umgebungen $\mathfrak{U}_i$ von $f_{|U_i}$ in $C^r(U_i, V_i)$ existieren, so daß gilt:

$$\{g \in C^r(M,M) \mid g(U_i) \subseteq V_i \text{ und } g_{|U_i} \in \mathfrak{U}_i \text{ für } i = 1, \ldots, n\} \subseteq \mathfrak{U}^{[17]}. \tag{11.150}$$

11.20 Definition. *Man nennt die Topologie, deren Umgebungen gemäß (11.150) durch eine endliche Überdeckung $\{U_i \mid i = 1, \ldots, n\}$ einer kompakten glatten Mannigfaltigkeit M in der Menge $C^r(M,M)$ gegeben sind, C^r-Topologie.*

Bemerkung. Unterschiedliche endliche Überdeckungen mit den oben aufgezählten Eigenschaften liefern äquivalente Topologien. □

Eine elegantere Möglichkeit, die C^r-Topologie (für $r \in \mathbb{N}$) einzuführen, benutzt Whitneys erstes Theorem (Satz 11.16). Dazu betrachten wir allgemeiner den Funktionenraum $C^r(M, N)$, $r \in \mathbb{N}$, wobei M eine m-dimensionale und N eine n-dimensionale kompakte Mannigfaltigkeit ist. Nach Satz 11.16 existiert eine C^r-Einbettung von N in $\mathbb{R}^{2n+1}$, und somit können wir schreiben

$$C^r(M, N) \subset C^r(M, \mathbb{R}^{2n+1}). \tag{11.151}$$

---

[17] **Das heißt**, die Mengen der Form (11.150) für alle möglichen Wahlen von Umgebungen $\mathfrak{U}_i$ von $f_{|U_i}$ in $C^r(U_i, V_i)$ für $i = 1, \ldots, n$ bilden eine Umgebungsbasis.

Zur Konstruktion der C^r-Topologie auf $C^r(M, \mathbb{R}^s)$, $s = 2n + 1$, schlagen nun Palis und de Melo [110] folgendes vor: Wähle eine offene Überdeckung $V_1, \ldots, V_k$ von M so, daß jedes V_i enthalten ist im Definitionsbereich U_i einer Karte (U_i, h_i) mit $h_i(U_i) = B_2$ und $h_i(V_i) = B_1$, wobei B_1 und B_2 offene Kugeln im $\mathbb{R}^m$ mit Radius 1 beziehungsweise 2 und Zentrum 0 sind. Für $f \in C^r(M, \mathbb{R}^s)$ bilden wir für $i = 1, \ldots, k$

$$f^i := f \circ h_i^{-1} : B_2 \longrightarrow \mathbb{R}^s \tag{11.152}$$

und definieren

$$\|f\|_r := \max_{i=1,\ldots,k} \max_{j=0,\ldots,r} \sup\{\|f^i(u)\|, \|Df^i(u)\|, \ldots, \|D^{(r)}f^i(u)\| \mid u \in B_1\}. \tag{11.153}$$

Man zeigt nun leicht, daß (11.153) eine Norm auf $C^r(M, \mathbb{R}^s)$ definiert und daß $C^r(M, \mathbb{R}^s)$ vollständig ist bezüglich dieser Norm. Sie induziert (definitionsgemäß) die C^r-Topologie auf $C^r(M, \mathbb{R}^s)$, die wiederum nicht von der gewählten Überdeckung $V_1, \ldots, V_k$ abhängt. Die so gebildete Topologie induziert die C^r-Topologie auf $C^r(M, N) \subset C^r(M, \mathbb{R}^{2n+1})$, die für $M = N$ mit der in 11.20 definierten C^r-Topologie übereinstimmt. Es gilt der folgende wichtige Satz:

11.21 Satz. *M sei eine kompakte Mannigfaltigkeit, dann gilt: Die Menge* $\mathrm{Diff}^r(M)$ *der C^r-Diffeomorphismen von M ist offen in $C^r(M,M)$.*

Beweis. Sei $f \in \mathrm{Diff}^r(M)$. Nach Satz 11.16 (Whitneys Theorem) können wir $M \subset \mathbb{R}^{2m+1}$ ($m = \dim M$) annehmen. Ist $p \in M$, dann existieren nach dem Satz von der inversen Funktion [18] offene Umgebungen $\mathfrak{V}_p$ von f in $C^r(M, M)$ und V_p von p in M, so daß gilt:

$$g \in \mathfrak{V}_p \longrightarrow g|_{V_p} \quad \text{ist ein Diffeomorphismus.} \tag{11.154}$$

Sei $\{V_{p_1}, \ldots, V_{p_k}\}$ eine endliche Überdeckung von M und

$$\mathfrak{V} := \bigcap_{i=1}^{k} \mathfrak{V}_{p_i}. \tag{11.155}$$

Ist δ die Lebesgue-Zahl [19] dieser Überdeckung, dann gilt für jedes $g \in \mathfrak{V}$:

$$\|p - q\| < \delta \quad \text{und} \quad p \neq q \implies g(p) \neq g(q). \tag{11.156}$$

Andererseits gilt

$$\rho = \inf\{\|f(p) - f(q)\| \mid p, q \in M \text{ und } \|p - q\| \geq \delta\} > 0. \tag{11.157}$$

---
[18] Vergleiche Bemerkung zu Korollar 11.15.
[19] Zu jeder offenen Überdeckung eines Kompaktums M gibt es eine reelle Zahl $\delta > 0$ derart, daß jede Teilmenge $A \subseteq M$ mit einem Durchmesser $\delta(A) < \delta$ ganz in einer der Überdeckungsmengen enthalten ist. Sie heißt *Lebesgue-Zahl*.

Nach Verkleinerung von $\mathfrak{V}$ kann man somit schließen:

$$g \in \mathfrak{V} \implies g \text{ ist injektiv.} \tag{11.158}$$

Da g ein lokaler Diffeomorphismus ist, ist also g ein Diffeomorphismus, das heißt, zu $f \in \text{Diff}^r(M)$ existiert eine offene Umgebung $\mathfrak{V}'(f) \subseteq \text{Diff}^r(M)$. ∎

Bemerkung. Die C^∞-Topologie auf $C^\infty(M,M)$ beziehungsweise $\text{Diff}^\infty(M)$ ist im Gegensatz zu den C^r-Topologien für $r \in \mathbb{N}$ keine Normtopologie (vergleiche (11.149)). □

Für den Rest dieses Abschnitts legen wir nun folgendes Set-up zugrunde: (M, f) sei ein diskretes dynamisches System mit einer kompakten C^r-Mannigfaltigkeit M und $f \in C^r(M, M)$. $U \subseteq M$ sei offen, $f_{|U} : U \to M$ sei ein C^1-Diffeomorphismus auf sein Bild, und $p \in U$ sei ein periodischer Punkt von f der Periode n mit $O_f(p) \subseteq U$.

In Verallgemeinerung der gewohnten Linearisierungskonzepte in euklidischen Räumen wollen wir die lokale Dynamik diskreter Systeme (M, f) auf Mannigfaltigkeiten in der Umgebung periodischer Punkte $p \in M$ zurückführen auf die Dynamik ihres linearen Teils, das heißt, der linearen Abbildung

$$A = D_p f^n : T_p M \longrightarrow T_p M \tag{11.159}$$

($f^n(p) = p$). Ist die lineare Abbildung A hyperbolisch, so ist ihr dynamisches Verhalten einfach strukturiert und leicht zu beschreiben. O. B. d. A. betrachten wir A zunächst als Endomorphismus auf $\mathbb{R}^N$.

Als kompakter Hausdorff-Raum mit abzählbarer Basis ist M metrisierbar, das heißt, es existiert eine Metrik auf M, welche die auf M vorhandene Topologie induziert, wir bezeichnen sie mit „d".

11.22 Definition. (a) *Eine lineare Abbildung heißt* hyperbolisch, *falls alle ihre Eigenwerte dem Betrag nach von 1 verschieden sind.*

(b) $p \in M$ *heißt* hyperbolischer periodischer Punkt *von f der Periode n, falls gilt:*

$$D_p f^n : T_p M \longrightarrow T_p M \tag{11.160}$$

ist eine hyperbolische lineare Abbildung. Sein Orbit wird als hyperbolischer periodischer Orbit *bezeichnet.*

Bemerkung. Natürlich ist ein hyperbolischer Punkt der Periode n von f ein hyperbolischer Fixpunkt von f^n und umgekehrt. □

Für eine lineare Abbildung $A : \mathbb{R}^N \to \mathbb{R}^N$ und für einen reellen Eigenwert λ von A sei E_λ die Menge der Eigenvektoren zum Eigenwert λ, das heißt, der Eigenraum aller Vektoren $v \in \mathbb{R}^N$ mit $(A - \lambda I)^k v = 0$ für ein $k \in \mathbb{N}$. Entsprechend sei $E_{\lambda, \bar\lambda}$ für ein Paar konjugiert komplexer Eigenwerte λ und $\bar\lambda$ gleich dem Durchschnitt von $\mathbb{R}^N$ mit der direkten Summe der entsprechend definierten Eigenräume E_λ und $E_{\bar\lambda}$ für die Fortsetzung von A auf $\mathbb{C}^N$, das heißt, $E_{\lambda,\bar\lambda} = \mathbb{R}^N \cap E_\lambda \oplus E_{\bar\lambda}$.

Mit $E^s = E^s(A)$ bezeichnen wir dann die direkte Summe aus allen so gebildeten Eigenräumen für $|\lambda| < 1$, das heißt,

$$E^s = E^s(A) = \bigoplus_{|\lambda|<1} E_\lambda \oplus \bigoplus_{|\lambda|<1} E_{\lambda,\bar\lambda}. \tag{11.161}$$

Völlig analog ist

$$E^u = E^u(A) = \bigoplus_{|\lambda|>1} E_\lambda \oplus \bigoplus_{|\lambda|>1} E_{\lambda,\bar\lambda}. \tag{11.162}$$

Ist A invertierbar, das heißt, ist 0 kein Eigenwert von A, dann gilt

$$E^u(A) = E^s(A^{-1}). \tag{11.163}$$

Die Eigenräume E^s und E^u sind invariant unter A, und A ist offenbar genau dann hyperbolisch, falls gilt:

$$\mathbb{R}^N = E^s \oplus E^u. \tag{11.164}$$

Da die Einschränkung von A auf $E^s(A)$ ein linearer Operator ist, dessen sämtliche Eigenwerte einen Absolutbetrag kleiner als 1 haben, gilt der folgende Satz:

11.23 Satz. *Es existiert eine Norm, bezüglich der die Einschränkung der linearen Abbildung A auf $E^s(A)$ eine kontrahierende Abbildung ist. Ist A invertierbar, dann ist auch die Einschränkung von A^{-1} auf $E^u(A)$ kontrahierend.*

Dieser Satz folgt aus einem bekannten Ergebnis [20]:

11.24 Lemma. *Angenommen, alle Eigenwerte einer linearen Abbildung $A : \mathbb{R}^N \to \mathbb{R}^N$ haben einen Absolutbetrag kleiner als 1. Dann gibt es eine Norm in $\mathbb{R}^N$, so daß A kontrahierend ist in der von dieser Norm erzeugten Metrik.*

Beweis. Sei $r(A)$ der *Spektralradius* von A, das heißt, der maximale Absolutbetrag der Eigenwerte von A. Dann existiert nach einem bekannten Ergebnis aus der linearen Algebra zu jedem $\delta > 0$ eine Norm $\|\cdot\|$ in $\mathbb{R}^N$ so, daß für ihre zugeordnete Matrixnorm (Operatornorm)

$$\|A\| := \sup_{\|v\|=1} \|Av\| \tag{11.165}$$

gilt:

$$r(A) \leq \|A\| < r(A) + \delta. \;\text{[21]} \tag{11.166}$$

Ist δ hinreichend klein, dann folgt daraus $\|A\| < 1$ und damit die Behauptung. ∎

---

[20] Der Nachsatz gilt wegen (11.163).
[21] Die linke Ungleichung ist trivial.

11 Dynamische Systeme auf Mannigfaltigkeiten

11.25 Definition. $E^s(A)$ *heißt* kontrahierender *und* $E^u(A)$ expandierender *Unterraum von A.*

Bemerkung. Achtung! Der expandierende Unterraum ist nicht (äquivalent) charakterisiert dadurch, daß seine Vektoren unter Iteration der Abbildung expandieren – alle Vektoren außerhalb $E^s(A)$ expandieren unter hinreichend vielen Iterationen der Abbildung A. Das ergibt sich aus dem nachfolgenden Satz.

11.26 Satz. *Es sei* $A : \mathbb{R}^N \to \mathbb{R}^N$ *eine hyperbolische lineare Abbildung, dann gilt:*

(a) *Für jeden Vektor* $v \in E^s(A)$ *konvergieren die Vorwärtsiterierten* $A^n v$ *für* $n \to \infty$ *exponentiell* [22] *gegen 0. Ist A invertierbar, dann gehen die Rückwärtsiterierten* $A^{-n}v$ *gegen Unendlich.*

(b) *Für* $v \in E^u(A)$ *ist es umgekehrt: Die Vorwärtsiterierten gehen gegen Unendlich, und die Rückwärtsiterierten, falls A invertierbar ist, konvergieren gegen 0.*

(c) *Für* $v \in \mathbb{R}^N \backslash (E^s(A) \cup E^u(A))$ *gehen die Iterierten* $A^n v$ *exponentiell gegen Unendlich für* $n \to \infty$, *und, falls A invertierbar ist, auch für* $n \to -\infty$.

Beweis. (a) folgt aus Satz 11.23 und für geeignetes λ, $0 < \lambda < 1$, aus

$$\|A^{-n}v\| = \lambda^{-n}\|v\|, \tag{11.167}$$

da $v \in E^u(A^{-1})$. Die Konvergenzaussage ist unabhängig von der speziellen Vektornorm (aus Satz 11.23), da alle Vektornormen des $\mathbb{R}^N$ äquivalent sind.

(b) folgt aus (a), wenn man A und A^{-1} vertauscht.

(c) Ist $v \in \mathbb{R}^N \backslash (E^s \cup E^u)$, dann gilt $v = v^+ + v^-$ mit $v^+ \in E^u$, $v^- \in E^s$, $v^+, v^- \neq 0$. Dann folgt für hinreichend große $n \in \mathbb{N}$:

$$\begin{aligned} \|A^n v\| &= \|A^n(v^+ + v^-)\| \\ &\geq \|A^n v^+\| - \|A^n v^-\| \\ &\geq \lambda^{-n}\|v^+\| - \lambda^n \|v^-\| \\ &\geq \lambda^{-n}\|v^+\| - \varepsilon \end{aligned} \tag{11.168}$$

für geeignetes λ, $0 < \lambda < 1$, und $\varepsilon > 0$ [23]. Daraus folgt die Behauptung für positive Iterierte. Der Beweis für die negativen Iterierten geht genauso, wenn man nur v^+ und v^- vertauscht. ∎

Mit $\sigma(A)$ bezeichnen wir das Spektrum von A (das heißt, die Menge alle Eigenwerte, vergleiche Anhang A.3), und wir definieren für A hyperbolisch die *langsam-*

---

[22] Das heißt, $\|A^n v\| \leq \text{const } \lambda^n \|v\|$ mit $0 < \lambda < 1$.
[23] Geeignet ist zum Beispiel $\lambda = \max\{\lambda(A), 1/\mu(A)\}$ mit $\lambda(A)$, $\mu(A)$ aus (11.169).

sten *Kontraktions-* und *Expansionsraten* von A wie folgt:

$$\begin{aligned}\lambda(A) &:= r(A\big|_{E^s}) = \sup\{|\chi| \mid \chi \in \sigma(A), |\chi| < 1\},\\ \mu(A) &:= (r(A^{-1}\big|_{E^u}))^{-1} = \inf\{|\chi| \mid \chi \in \sigma(A), |\chi| > 1\}.\end{aligned} \quad (11.169)$$

Wie in (11.166) kann man dann zu jedem $\delta > 0$ eine Matrixnorm finden mit

$$\|A\big|_{E^s}\| < \lambda(A) + \delta \quad \text{und} \quad \|A^{-1}\big|_{E^u}\| < 1/\mu(A) + \delta. \quad (11.170)$$

Zurück zum oben zugrundegelegten Set-up mit einem hyperbolischen Fixpunkt $p \in U$ eines Diffeomorphismus $f: U \to M$ ($U \subseteq M$ offen): Bezogen auf die kanonischen Basen in T_pM und $\mathbb{R}^m$ ($m = \dim M$) existiert ein natürlicher Isomorphismus φ von T_pM auf $\mathbb{R}^m$ (gemeint ist die Abbildung auf den Koordinatenvektor), welcher durch

$$A = \varphi \circ D_p f \circ \varphi^{-1} : \mathbb{R}^m \longrightarrow \mathbb{R}^m \quad (11.171)$$

die hyperbolische lineare Abbildung D_pf und (ihre Matrixdarstellung) A linear konjugiert, so daß die Zerlegung (11.164) isomorph ist zu

$$T_pM = E^s(D_pf) \oplus E^u(D_pf) \quad (11.172)$$

mit sinngemäß definierten Unterräumen E^s und E^u. Im folgenden unterscheiden wir in der Regel nicht mehr ausdrücklich zwischen diesen beiden isomorphen Zerlegungen.

Durch $\|v\| := \|\varphi^{-1}(v)\|$ für $v \in \mathbb{R}^m$ definiert jede Norm auf T_pM eine solche auf $\mathbb{R}^m$ und umgekehrt, und für die zugeordneten Operatornormen ergibt sich daraus

$$\|D_pf\| = \|A\|, \quad (11.173)$$

so daß die Sätze 11.23 und 11.26 (mit D_pf statt A) ohne Einschränkung weiterhin Gültigkeit haben, das Gleiche gilt für die Definitionen in (11.169).

11.27 Satz. *Sei p ein hyperbolischer Fixpunkt eines lokalen C^r-Diffeomorphismus $f : U \to M, U \subseteq M, r \geq 1$. Dann existieren C^r-eingebettete „Scheiben"*[24] *W_p^+, $W_p^- \subseteq U$ so, daß gilt:*

$$T_pW_p^{-\text{ bzw.}+} = E^{s \text{ bzw. }u}(D_pf), \quad (11.174)$$

außerdem

$$f(W_p^-) \subseteq W_p^-, \quad \text{und} \quad f^{-1}(W_p^+) \subseteq W_p^+, \quad (11.175)$$

---

[24]) W_p^+ und W_p^- sind (lokale) Untermannigfaltigkeiten von M. Ihre im allgemeinen geringere Dimension soll das Wort „Scheiben" ausdrücken im Gegensatz zu „Kugeln" in M.

11 Dynamische Systeme auf Mannigfaltigkeiten

und zu jedem $\delta > 0$ existiert ein $C(\delta)$ derart, daß für $y \in W_p^-$, $z \in W_p^+$ und $n \geq 0$ gilt:

$$d(f^n(y), p) < C(\delta)(\lambda(D_p f) + \delta)^n d(y, p), \qquad (11.176)$$

sowie

$$d(f^{-n}(z), p) < C(\delta)(1/\mu(D_p f) + \delta)^n d(z, p). \qquad (11.177)$$

Darüber hinaus existiert ein $\delta_0 > 0$ so, daß

$$d(f^n(y), p) \leq \delta_0 \quad \text{für} \quad n \geq 0 \implies y \in W_p^- \qquad (11.178)$$

und

$$d(f^n(z), p) \leq \delta_0 \quad \text{für} \quad n \leq 0 \implies z \in W_p^+. \qquad (11.179)$$

Bemerkung. W_p^+ und W_p^- sind nicht eindeutig bestimmt. Allerdings liegt im Durchschnitt von je zwei Scheiben, die den Behauptungen des Satzes für W_p^+ (beziehungsweise W_p^-) genügen, eine Umgebung von p. Das heißt, wir können W_p^+ und W_p^- jeweils als offene Teilmengen einer „größeren Mannigfaltigkeit" ansehen.

11.28 Definition. (a) *Jede Menge W_p^+ (analog W_p^-), die den Behauptungen von Satz 11.27 genügt, nennt man eine lokale instabile Mannigfaltigkeit (analog: eine lokale stabile Mannigfaltigkeit) von f im Punkt p.*

(b) *Die Mannigfaltigkeiten*

$$W^u(p) = W_p^u = \bigcup_{n \geq 0} f^n(W_p^+) \qquad (11.180)$$

und

$$W^s(p) = W_p^s = \bigcup_{n \leq 0} f^n(W_p^-) \qquad (11.181)$$

heißen (globale) instabile und stabile Mannigfaltigkeiten von f im Punkt p.

Bemerkungen. 1. Im Gegensatz zu den lokalen stabilen beziehungsweise instabilen Mannigfaltigkeiten sind die globalen Mannigfaltigkeiten im allgemeinen komplizierte Immersionen im Phasenraum.

2. In Abschnitt 9 haben wir bereits mit stabilen beziehungsweise instabilen Mannigfaltigkeiten gearbeitet. Soweit die beteiligten Abbildungen Diffeomorphismen (im $\mathbb{R}^n$) waren, decken sich die jetzigen Definitionen mit den dortigen. Allerdings benötigten wir im 9. Abschnitt auch die Existenz stabiler und instabiler Mannigfaltigkeiten für C^r-Abbildungen $f: U \to F$, $U \subseteq E$ offen, E, F Banachräume, die

keine Diffeomorphismen waren, was, wie wir hoffentlich noch in Erinnerung haben, die Verhältnisse etwas komplizierter machte. □

Beweis von Satz 11.27. Die Formulierung des Satzes stammt aus Katok und Hasselblatt [73]. Der Satz ist ein Spezialfall des *Satzes von Hadamard-Perron*, zu dessen Aussage und Beweis wir ebenfalls auf [73], S. 242–257, verweisen. [25] ∎

11.29 Korollar.
$$W_p^u = \{y \in U \mid d(f^{-n}(y), p) \xrightarrow[n \to \infty]{} 0\},$$
$$W_p^s = \{y \in U \mid d(f^n(y), p) \xrightarrow[n \to \infty]{} 0\}, \quad (11.182)$$

Beweis. Klar. ∎

Für das Folgende greifen wir auf eine Sprechweise aus dem ersten Abschnitt zurück. Dort bezeichneten wir für $f \in \text{Diff}^r(M)$ und beliebiges $p \in M$ mit $\omega(p)$ die Menge der Häufungspunkte von $O_f^+(p)$, das heißt,

$$\omega(p) = \{q \in M \mid \exists (n_i)_{i \in \mathbb{N}} \subset \mathbb{Z}, n_i \xrightarrow[i \to \infty]{} \infty : f^{n_i}(p) \xrightarrow[i \to \infty]{} q\}, \quad (11.183)$$

und nannten sie ω-*Grenzmenge* von p (für f) [26]. Entsprechend heißt die ω-Grenzmenge von p für f^{-1} α-*Grenzmenge* von p.

$\omega(p)$ ist nichtleer, abgeschlossen und f-invariant, aus $x \in O_f(p)$ folgt $\omega(x) = \omega(p)$, und ist p ein periodischer Punkt von f, dann gilt $\omega(p) = O_f(p)$.

Die stabile Mannigfaltigkeit W_p^s ist dann eine Teilmenge der Punkte in M, die p als ω-Grenzwert haben, und W_p^u ist enthalten in der Menge von Punkten in M, welche p als α-Grenzwert haben (Beweis: Übungsaufgabe 6).

Satz 11.27 hat angedeutet, daß beim Vorhandensein von *Hyperbolizität* (hier: in einem Fixpunkt) lokale invariante Strukturen existieren, auf denen die Dynamik einer hyperbolischen Abbildung f sehr stark der ihres linearen Teils $D_p f$ ähnelt. Dies kann man auf *hyperbolischen Mengen* zu globaleren Resultaten ausbauen. Bevor wir dies tun, wollen wir jedoch noch ein wenig abschweifen zu einem weiteren lokalen Resultat, welches zeigt, daß ein Diffeomorphismus in der Nähe eines hyperbolischen Fixpunktes topologisch konjugiert ist zu seinem linearen Teil.

11.30 Satz. (Hartman-Grobman-Theorem) *Sei $f \in \text{Diff}^r(M)$ und p ein hyperbolischer Fixpunkt von f. Sei $A = D_p f : T_p M \to T_p M$. Dann existieren Umgebungen $V = V(p) \subseteq M$ und $U = U(0) \subseteq T_p M$ und ein lokaler Homöomorphismus* [27] *$h : V \to U$ mit $h(p) = 0$ derart, daß gilt:*

$$A \circ h = h \circ f, \quad (11.184)$$

---

[25] Wir beweisen in Satz 11.31 unter stärkeren Voraussetzungen eine schwächere Version der Aussage von Satz 11.27.

[26] Man sagt dann, p hat q als ω-Grenzwert.

[27] h ist definiert auf einer Kartenumgebung von p, welche $V(p)$ und $f(V(p))$ enthält.

das heißt, das folgende Diagramm kommutiert:

$$\begin{array}{ccc} V & \xrightarrow{f} & f(V) \\ h \downarrow & & \downarrow h \\ U & \xrightarrow{A} & T_pM \end{array}$$

Beweis. Vergleiche Palis und de Melo [110], S. 60–63. Katok und Hasselblatt [73] beweisen diesen Satz sogar für stetig differenzierbare Funktionen $f : U \to \mathbb{R}^n$, $U \subseteq \mathbb{R}^n$ offen ([73], S. 260–262). ∎

Wir wollen den Satz von Hartman-Grobman benutzen, um eine schwächere Version von Satz 11.27 zu beweisen, nämlich für Mannigfaltigkeiten $M \subseteq \mathbb{R}^k$. Es sei also $M \subseteq \mathbb{R}^k$, $f \in \text{Diff}^r(M)$ und $p \in M$ ein hyperbolischer Fixpunkt von f. d sei die von $\mathbb{R}^k$ auf M induzierte euklidische Metrik, und für $\beta > 0$ bezeichnen wir mit B_β die Kugel $B_\beta \cap M$ mit Radius β und Zentrum p. Mit

$$\begin{aligned} W^s_\beta(p) &= \{q \in B_\beta \mid \exists n_0 \in \mathbb{N}_0 \colon f^n(q) \in B_\beta \text{ für alle } n \geq n_0\}, \\ W^u_\beta(p) &= \{q \in B_\beta \mid \exists n_0 \in \mathbb{N}_0 \colon f^{-n}(q) \in B_\beta \text{ für alle } n \geq n_0\} \end{aligned} \quad (11.185)$$

seien lokale stabile und instabile Mannigfaltigkeiten (der Größe β) von p gegeben, und $W^s(p)$ bezeichne im folgenden die (stabile Mannigfaltigkeit der) Punkte in M, welche p als ω-Grenzwert haben (analog $W^u(p)$).

11.31 Satz. *Ist $\beta > 0$ hinreichend klein, dann gilt:*

(a) $W^s_\beta(p) \subseteq W^s(p)$ *und* $W^u_\beta(p) \subseteq W^u(p)$, *das heißt, alle Punkte in einer Umgebung von p, deren Vorwärts- (beziehungsweise Rückwärts-)Orbit in dieser Umgebung bleibt, haben p als ω-Grenzwert (beziehungsweise α-Grenzwert).*

(b) $W^s_\beta(p)$ *(beziehungsweise $W^u_\beta(p)$) ist eine in M topologisch eingebettete Scheibe* [28], *deren Dimension übereinstimmt mit der des kontrahierenden (beziehungsweise expandierenden) Unterraumes E^s (bzw. E^u) von $A = D_p f$.*

(c) $W^s(p) = \bigcup_{n \leq 0} f^n(W^s_\beta(p))$ *und* $W^u(p) = \bigcup_{n \geq 0} f^n(W^u_\beta(p))$.

Bemerkung. Im Unterschied zu eingebetteten differenzierbaren lokalen Untermannigfaltigkeiten W^-_p, W^+_p in Satz 11.27 versorgt uns der Satz von Hartman-Grobman hier lediglich mit topologischen Einbettungen von $W^s_\beta(p)$ und $W^u_\beta(p)$. Entsprechendes gilt für die globalen Mannigfaltigkeiten: In Satz 11.27 sind es Immersionen und somit differenzierbare Untermannigfaltigkeiten, hier sind es topologische Unterräume [29]. Bevor wir in den Beweis von Satz 11.31 einsteigen, wollen wir dies präzisieren:

---

[28] Vergleiche Anmerkung zu Satz 11.27.

[29] Das ist der Grund für die von Definition 11.28 abweichende beziehungsweise dort doppelte Bezeichnungsweise.

Eine *topologische Immersion* von $U \subseteq \mathbb{R}^k$ in M ist eine stetige Abbildung $F : U \to M$ so, daß jeder Punkt $x \in U$ eine Umgebung V besitzt mit folgender Eigenschaft: Die Einschränkung von F auf V, $F|_V$, ist ein Homöomorphismus auf sein Bild. In diesem Fall sagen wir, daß $F(U) \subseteq M$ eine topologische Immersion (= versenkte Untermannigfaltigkeit) von U in M der Dimension k ist. Eine *topologische Einbettung* von $U \subseteq \mathbb{R}^k$ in M ist dann eine injektive topologische Immersion $F : U \to M$, die U homöomorph auf ihr Bild $F(U)$ abbildet. □

Beweis von Satz 11.31. (a) und (b): Sei β hinreichend klein gewählt. Nach dem Satz von Hartman-Grobman existiert eine Umgebung U von 0 in T_pM und ein Homöomorphismus

$$h : B_\beta \longrightarrow U, \tag{11.186}$$

welcher f und den Isomorphismus $A = D_p f$ konjugiert. A ist hyperbolisch, also gilt

$$T_pM = E^s(A) \oplus E^u(A), \tag{11.187}$$

das heißt, aus $x \in U$ und $A^n x \in U$ für alle $n \geq n_0 \in \mathbb{N}_0$ folgt nach Satz 11.26 $x \in E^s(A)$ und somit

$$A^n x \longrightarrow 0 \quad \text{für} \quad n \to \infty. \tag{11.188}$$

Sei jetzt $q \in W_\beta^s(p)$. Wegen $f^n(q) \in B_\beta$ und $h \circ f^n(q) = A^n h(q)$ gilt

$$A^n h(q) \in U \quad \text{für} \quad n \geq n_0 \tag{11.189}$$

und somit

$$A^n h(q) \longrightarrow 0 \quad \text{für} \quad n \to \infty. \tag{11.190}$$

Also konvergiert $f^n(q) = h^{-1}(A^n h(q))$ gegen $p = h^{-1}(0)$, das heißt, $W_\beta^s(p) \subseteq W^s(p)$. Außerdem gilt

$$h^{-1}(E^s(A) \cap U) = W_\beta^s(p), \tag{11.191}$$

und das beweist (b). Analog zeigt man $W_\beta^u(p) \subseteq W^u(p)$ und

$$h^{-1}(E^u(A) \cap U) = W_\beta^u(p). \tag{11.192}$$

(c): Da $W^s(p)$ invariant ist unter f, so folgt aus $W_\beta^s(p) \subseteq W^s(p)$

$$f^{-n}(W_\beta^s(p)) \subseteq W^s(p) \tag{11.193}$$

für alle n und somit

$$\bigcup_{n \geq 0} f^{-n}(W_\beta^s(p)) \subseteq W^s(p). \tag{11.194}$$

11 Dynamische Systeme auf Mannigfaltigkeiten

Andererseits, ist $q \in W^s(p)$, dann gilt, zumindest für eine Teilfolge von $(f^n(q))$,

$$\lim_{n\to\infty} f^n(q) = p, \tag{11.195}$$

also existiert ein $n_0 \in \mathbb{N}$ mit $f^n(q) \in B_\beta$ für alle $n \geq n_0$. Somit ist $f^{n_0}(q) \in W^s_\beta(p)$ oder $q \in f^{-n_0}(W^s_\beta(p))$. Völlig analog zeigt man $W^u(p) = \bigcup_{n \geq 0} f^n(W^u_\beta(p))$. ∎

11.32 Korollar. *Es existieren injektive topologische Immersionen*

$$\varphi_s : E^s(A) \longrightarrow M \quad bzw. \quad \varphi_u : E^u(A) \longrightarrow M, \tag{11.196}$$

deren Bilder die Mannigfaltigkeiten $W^s(p)$ und $W^u(p)$ sind.

Beweis. Wir werden eine Abbildung $\varphi_s : E^s(A) \to M$ definieren mit $\varphi_s(E^s(A)) = W^s(p)$. Ist $x \in E^s(A)$, dann existiert nach Satz 11.26 ein $n_0 \in \mathbb{N}$ so, daß gilt

$$A^{n_0} x \in U, \tag{11.197}$$

dabei ist U die Umgebung von 0 aus Satz 11.31. Wir definieren

$$\varphi_s(x) = f^{-n_0} \circ h^{-1}(A^{n_0} x). \tag{11.198}$$

Diese Definition ist sinnvoll, das heißt, φ_s hängt nicht von n_0 ab. Dies sieht man wie folgt ein: Da h^{-1} auf U die Abbildungen A und f konjugiert, folgt aus (11.184) zunächst

$$f^{-1} \circ h^{-1} \circ A(x) = h^{-1}(x) \quad \text{für alle} \quad x \in U.\,^{30)} \tag{11.199}$$

Sei jetzt $x \in E^s(A)$, $n_0 > m_0$ und $A^{m_0}(x) \in U$. Nach Satz 11.26 folgt dann $A^n x \in U$ für alle $n \geq m_0$ und weiter:

$$\begin{aligned}\varphi_s(x) &= f^{-n_0} \circ h^{-1} \circ A^{n_0}(x) \\ &= \underbrace{f^{-1} \circ \ldots \circ f^{-1}}_{(n_0-1)\text{-mal}} \circ \underbrace{f^{-1} \circ h^{-1} \circ A}_{= h^{-1}} \circ \underbrace{A \circ \ldots \circ A}_{(n_0-1)\text{-mal}}(x),\end{aligned} \tag{11.200}$$

und nach weiteren $n_0 - m_0 - 1$ Schritten, in denen jeweils (11.199) angewandt wird, ergibt sich daraus

$$\varphi_s(x) = f^{-m_0} \circ h^{-1} \circ A^{m_0}(x), \tag{11.201}$$

das heißt, φ_s ist unabhängig von n_0. φ_s ist, wie man leicht überprüft, eine injektive topologische Immersion [31] von $E^s(A)$ in M, und es gilt

$$\varphi_s(E^s(A)) = W^s(p). \tag{11.202}$$

---
[30] $f = h^{-1} \circ A \circ h \Rightarrow f^{-1} = h^{-1} \circ A^{-1} \circ h \Rightarrow f^{-1} \circ h^{-1} \circ A = h^{-1}$.

[31] φ_s ist lediglich lokal ein Homöomorphismus, denn: Sei $x \in E^s(A)$ und $A^{n_0} x \in U$, dann existiert aus Stetigkeitsgründen eine Umgebung $U' = U'(x)$ derart, daß $\varphi_{s|_{U'}}$ ein Homöomorphismus ist von U' auf $f^{-n_0}(h^{-1}(A^{n_0}(U')))$.

Letzteres ergibt sich aus:

$$x \in E^s(A) \implies \varphi_s(x) = f^{-n} \circ h^{-1}(A^n x) \in W^s_\beta(p) \subseteq W^s(p) \quad (11.203)$$

für n hinreichend groß, sowie

$$r \in W^s(p) \implies \exists m \in \mathbb{N}_0 : r = f^{-m}(q) \text{ und } f^n(q) \in B_\beta \text{ für } n \geq n_0. \quad (11.204)$$

Es ist $q = h^{-1}(x)$, $x \in U$, und somit gilt mit $y = A^{-m}x$

$$f^{n+m}(r) = f^n \circ h^{-1}(x) = h^{-1}(A^n x) = h^{-1}(A^{n+m} y) \in B_\beta \quad (11.205)$$

für alle $n \geq n_0$. Daraus folgt $y \in E^s(A)$ und $r = \varphi_s(y)$. Analog kann man eine injektive topologische Immersion $\varphi_u : E^u(A) \to W^u(p)$ konstruieren, deren Bild $W^u(p)$ ist. ∎

Bemerkungen. 1. Ist $p \in M$ ein hyperbolischer Fixpunkt von f, dann ist die stabile Mannigfaltigkeit von p für f identisch mit der instabilen Mannigfaltigkeit von p für f^{-1}. Diese Dualität erlaubt uns, wie im letzten Satz (beziehungsweise Korollar), jede Eigenschaft der stabilen Mannigfaltigkeit in eine entsprechende Eigenschaft der instabilen Mannigfaltigkeit zu übersetzen.

2. Es ist wichtig, noch einmal darauf aufmerksam zu machen, daß der Satz von Hartman-Grobman $W^s(p)$ lediglich zu einer topologischen Untermannigfaltigkeit, das heißt, zu einer topologischen Immersion im oben definierten Sinn, macht. Satz 11.27 besagt hingegen, daß die stabile beziehungsweise instabile Mannigfaltigkeit eine differenzierbare Untermannigfaltigkeit ist, genauer, eine Immersion im Sinne von Definition 11.13, und zwar von derselben Differenzierbarkeitsklasse wie f selbst.

3. Entsprechend haben wir in Satz 11.31 gezeigt, daß die lokalen Mannigfaltigkeiten topologische Einbettungen in M sind, was noch nicht bedeutet, daß sie eingebettete Untermannigfaltigkeiten von M sind. Dies erklärt auch einen deutlich geringeren Beweisaufwand von Satz 11.31 gegenüber 11.27! □

Übungsaufgaben:

1. M sei eine Untermannigfaltigkeit von $\mathbb{R}^n$ ($n \in \mathbb{N}$). Zeigen Sie: $c : (-\varepsilon, \varepsilon) \to M$, $\varepsilon > 0$, ist genau dann eine differenzierbare C^r-Kurve im $\mathbb{R}^n$, wenn c differenzierbar ist im Sinne von Definition 11.6.
2. Unter den Voraussetzungen zu Definition 11.11 sei $T_p M$ der Tangentialraum von M im Punkt $p \in M$.
   (a) Zeigen Sie: $\left\{ \frac{\partial}{\partial x^1}, \ldots, \frac{\partial}{\partial x^n} \right\}$, definiert in (11.47), ist eine Basis von $T_p M$.

   HINWEIS: Wegen (11.48) ist lediglich noch die lineare Unabhängigkeit der Basisvektoren zu beweisen.

   (b) Beweisen Sie die Produktregel (11.49).

11 Dynamische Systeme auf Mannigfaltigkeiten

3. Sie sollen zeigen, daß der Torus $\mathbf{T}^2 = \mathbb{R}^2/\mathbb{Z}^2$ eine differenzierbare Mannigfaltigkeit ist. Beweisen Sie dazu folgende Teilaussagen:

   (a) Die kanonische Projektion $\pi : \mathbb{R}^2 \to \mathbf{T}^2$ (vergleiche (10.31)) ist eine stetige und offene Abbildung.

   (b) $\mathbf{T}^2$ (ausgestattet mit der Quotiententopologie) ist ein zusammenhängender Hausdorff-Raum mit abzählbarer Basis.

   (c) Wählen Sie zu jedem Punkt $z = (x, y) \in \mathbb{R}^2$ eine Umgebung $U = U(z)$, so daß $\pi_z := \pi|_U$ injektiv ist (warum geht das?) und beweisen Sie, daß die Karten
   $$(\pi_z(U), \pi_z^{-1}), \quad z \in \mathbb{R}^2,$$
   einen differenzierbaren Atlas von $\mathbf{T}^2$ definieren.

4. (a) Beweisen Sie, daß $\pi|_{[0,1) \times [0,1)}$ (mit π aus Aufgabe 3) ein Diffeomorphismus ist und folgern Sie daraus, daß π selbst ein lokaler Diffeomorphismus ist.

   (b) Zeigen Sie, daß die Produktmannigfaltigkeit $S^1 \times S^1$ (vergleiche Beispiel 11.19(e)) diffeomorph ist zum Torus $\mathbf{T}^2$ aus Aufgabe 3.

5. Beweisen Sie Korollar 11.29.

6. Für $f \in \mathrm{Diff}^r(M)$ sei $\omega(p)$ die ω-Grenzmenge von p aus Gleichung (11.183). Zeigen Sie:

   (a) Aus $x \in O_f(p)$ folgt $\omega(x) = \omega(p)$.

   (b) Ist p ein periodischer Punkt von f, dann gilt $\omega(p) = O_f(p)$.

   (c) Die stabile Mannigfaltigkeit W_p^s aus Definition 11.28 ist eine Teilmenge der Punkte in M, die p als ω-Grenzwert haben, und W_p^u ist enthalten in der Menge von Punkten in M, die p als α-Grenzwert haben (das ist ein ω-Grenzwert von f^{-1}).

7. Zum Satz von Hartman-Grobman: Sei $f : \mathbb{R}^n \to \mathbb{R}^n$ ein kontrahierender C^1-Diffeomorphismus mit $\det(Df(x)) > 0$ für alle $x \in \mathbb{R}^n$ (das heißt, f erhält die Orientierung). Zeigen Sie, daß f topologisch konjugiert ist zur Abbildung $x \mapsto x/2$, $x \in \mathbb{R}^n$.

12 Hyperbolische Mengen und homokline Punkte

Beide Stichworte aus der Überschrift sind uns in den Beispielen des 10. Abschnitts bereits begegnet: Das Solenoid ist eine *hyperbolische Menge* und, wie wir gezeigt haben, ein chaotischer Attraktor, Smales Horseshoe-Abbildung ist chaotisch auf einer maximalen invarianten Menge mit hyperbolischer Struktur, und die hyperbolischen toralen Automorphismen sind, als lineare Spezialfälle der Anosov-Diffeomorphismen, hyperbolisch auf dem gesamten Torus T^2, der andererseits für sie einen chaotischen Attraktor darstellt. Dabei haben wir den Begriff „hyperbolische Menge" lediglich informell verwendet, um einen all diesen Beispielen gemeinsamen Sachverhalt zu beschreiben, daß nämlich jeder Punkt einer solchen Menge mit einer stabilen und einer instabilen Richtung ausgestattet ist. Dies ist die allen genannten Beispielen gemeinsame Ursache für die vorgefundene chaotische Dynamik. Die stabilen und die instabilen Mengen eines jeden hyperbolischen Punktes sind in den Beispielen jeweils dicht in den jeweiligen invarianten Grenzmengen, was auf eine äußerst komplizierte Dynamik der Schnittpunkte beider Mengen hinweist. Man bezeichnet letztere als *homokline Punkte*, die, zum Beispiel für Arnolds cat map, dicht liegen auf dem Torus T^2. Im Gegensatz zu der „geometrisch konstruierten" chaotischen Dynamik auf hyperbolischen Grenzmengen der bisher genannten Beispiele hat der Hénon-Attraktor vermutlich keine „saubere" hyperbolische Struktur. Dies hat er gemeinsam mit dem Kasseler Eiffelturm und vergleichbaren Modellen im $\mathbb{R}^n$ für $n \geq 2$. Man nennt sie seltsame Attraktoren, und zwar nicht deshalb, weil man die Kriterien unserer Definition 6.11 eines seltsamen Attraktors nachgewiesen hat, sondern weil man diesen numerisch erzeugten Gebilden unterstellt, sie wären seltsame Attraktoren im Sinne von Definition 6.11. Ausnahmen bestätigen wie so oft die Regel, wie unser Hinweis auf die Arbeit von Gardini, Abraham, Record und Fournier-Prunaret [49] in Zusammenhang mit den gekoppelten logistischen Abbildungen zeigt ebenso wie unser früherer Hinweis auf Devaney [36], 1989^2, S. 253–254, wo eine Homöomorphie zwischen der Hénon-Abbildung auf ihrem Attraktor und Smales Horseshoe-Abbildung entwickelt wird.

In diesem Abschnitt soll ein theoretisch sauber fundiertes Verständnis hyperbolischer Mengen und homokliner Punkte erarbeitet werden, losgelöst von den Eigenheiten der jeweiligen hyperbolischen Mengen aus dem 10. Abschnitt (die jedoch weiterhin als Beispiele herangezogen werden). Das informelle Verständnis begann dort ja bereits bei dem Begriff (*in-*)*stabile Menge*, den wir synonym zu *Mannigfaltigkeit* benutzt haben. Als nächstes wollen wir festlegen, was wir unter *expandierenden* und *kontrahierenden Richtungen* verstehen wollen. Dazu nehmen wir zu unserem bisherigen Set-up vom Schluß des letzten Abschnitts noch eine kompakte f-invariante Menge Λ hinzu, das heißt, (M, f) sei ein diskretes dynamisches System mit einer C^r-Mannigfaltigkeit M und $f \in C^r(M, M)$. $U \subseteq M$ sei offen, $f_{|U} : U \to M$ sei ein C^1-Diffeomorphismus auf sein Bild und $\Lambda \subseteq U$ eine kompakte f-invariante Menge.

12 Hyperbolische Mengen und homokline Punkte

12.1 Definition. *Sei $0 \leq \lambda < \mu$. (a) Von einer Folge invertierbarer linearer Abbildungen*

$$L_m : \mathbb{R}^n \longrightarrow \mathbb{R}^n, \quad m \in \mathbb{Z}, \tag{12.1}$$

sagt man, sie gestatte ein (λ, μ)-Splitting, falls für alle $m \in \mathbb{Z}$ eine Zerlegung

$$\mathbb{R}^n = E_m^s \oplus E_m^u \tag{12.2}$$

existiert mit

$$L_m E_m^s = E_{m+1}^s, \quad L_m E_m^u = E_{m+1}^u \tag{12.3}$$

und (mit der zu einer Vektornorm auf $\mathbb{R}^n$ nach (11.165) gehörenden Matrixnorm)

$$\|L_m|_{E_m^s}\| \leq \lambda, \quad \|L_m^{-1}|_{E_{m+1}^u}\| \leq \mu^{-1}. \tag{12.4}$$

(b) *Wir sagen, die Folge $(L_m)_{m \in \mathbb{Z}}$ gestatte ein* exponentielles (λ, μ)-*Splitting, falls sie ein (λ, μ)-Splitting gestattet und falls zusätzlich gilt:*

$$\lambda < 1 \quad \text{und} \quad \dim E_m^s \geq 1 \tag{12.5}$$

oder

$$\mu > 1 \quad \text{und} \quad \dim E_m^u \geq 1. \tag{12.6}$$

(c) *Wir nennen die Folge $(L_m)_{m \in \mathbb{Z}}$* hyperbolisch *(oder* gleichmäßig hyperbolisch*), falls sie ein (λ, μ)-Splitting gestattet mit $\lambda < 1 < \mu$.*

Bemerkung. Wählt man in (12.2) eine Orthonormalbasis von E_m^s und ergänzt sie zu einer solchen von $\mathbb{R}^n = E_m^s \oplus E_m^u$, so ist die Menge der karthesischen Koordinaten von Vektoren aus E_m^s (beziehungsweise aus E_m^u) bezüglich dieser Orthonormalbasis gleich der Menge $\mathbb{R}^k \times \{0\}$, $0 \in \mathbb{R}^{n-k}$, für ein $k = k(m)$, $0 \leq k \leq n$ (beziehungsweise gleich der Menge $\{0\} \times \mathbb{R}^{n-k}$, $0 \in \mathbb{R}^k$). Das heißt, $E_m^s(E_m^u)$ ist isomorph zu $\mathbb{R}^k \times \{0\}$ ($\{0\} \times \mathbb{R}^{n-k}$), und wir können annehmen:

$$E_m^s = \mathbb{R}^k \times \{0\} \quad \text{und} \quad E_m^u = \{0\} \times \mathbb{R}^{n-k}. \tag{12.7}$$

□

Um die Relevanz von Definition 12.1 zu erkennen, sollten wir uns anhand der Darstellung (11.33) des Differentials (der Ableitung) $D_p f^n$, $n \in \mathbb{Z}$, deutlich machen, daß die (lokale) Dynamik der Iterierten f^n nicht einfach zu reduzieren ist auf die Iterierten einer einzigen linearen Abbildung. Statt dessen haben wir es nun mit einer Folge immer länger werdender „Produkte" linearer Abbildungen zu tun. Und anstelle der Eigenwerte achten wir nun auf die Expansion beziehungsweise Kontraktion von Tangentialvektoren.

12.2 Definition. *M sei eine glatte Mannigfaltigkeit, $U \subseteq M$ eine offene Menge, $f : U \to M$ sei ein C^1-Diffeomorphismus auf sein Bild, und $\Lambda \subseteq U$ sei eine kompakte f-invariante Menge.* Man nennt Λ eine hyperbolische Menge, *falls eine Riemannsche Metrik auf U existiert*[1]) *und $\lambda < 1 < \mu$ so, daß für jeden Punkt $x \in \Lambda$ die Folge der Ableitungen*

$$D_{f^n(x)}f : T_{f^n(x)}M \longrightarrow T_{f^{n+1}(x)}M, \quad n \in \mathbb{Z}, \tag{12.8}$$

ein (λ, μ)-Splitting gestattet.

Bemerkungen. 1. Wir bezeichnen das hyperbolische Splitting in einem Punkt $x \in \Lambda$ mit $E_x^s \oplus E_x^u$.

2. Man kann hyperbolische Mengen auch ohne Bezug auf eine Riemannsche Metrik definieren (vergleiche Katok und Hasselblatt [73], Exercise 6.4.1 und 6.4.2, S. 272 f.). □

12.3 Definition. *Ein C^1-Diffeomorphismus $f : M \to M$ einer kompakten Mannigfaltigkeit M heißt* Anosov-Diffeomorphismus, *falls M eine hyperbolische Menge für f ist.*

Die Verbindung der Lyapunov-Metrik zum (λ, μ)-Splitting

$$E^s_{f^n(x)} \oplus E^u_{f^n(x)} \tag{12.9}$$

ergibt sich aus (12.4): die dort verwendete Matrixnorm ist die gemäß (11.165) zur Norm

$$\|u\|_{x_n} := \sqrt{<u,u>_{x_n}}, \quad x_n = f^n(x), \tag{12.10}$$

auf $T_{f^n(x)}M$ gehörige, erzeugt von der Lyapunov-Metrik auf U. Die Existenz einer Riemannschen Metrik auf der Untermannigfaltigkeit $U \subseteq M$ ist prinzipiell durch den folgenden Satz gesichert:

12.4 Satz. *Auf jeder differenzierbaren Mannigfaltigkeit M existiert wenigstens eine Riemannsche Metrik.*

Zum Beweis führen wir zunächst einen neuen Begriff ein.

12.5 Definition. *Sei M eine differenzierbare Mannigfaltigkeit.*

(a) *Eine Familie offener Mengen $V_\alpha \subseteq M$ mit $\bigcup_\alpha V_\alpha = M$ nennt man* lokal endlich, *falls jeder Punkt $p \in M$ eine Umgebung W besitzt so, daß $W \cap V_\alpha \neq \emptyset$ für nur endlich viele Indizes gilt. Und: Der* Träger *einer Funktion $f : M \to \mathbb{R}$ ist der Abschluß der Menge von Punkten, in denen f ungleich null ist.*

(b) *Wir bezeichnen eine Familie $\{f_\alpha\}$ differenzierbarer Funktionen $f_\alpha : M \to \mathbb{R}$ als* (differenzierbare) Zerlegung der Eins, *falls gilt:*

---
[1]) In diesem Zusammenhang bezeichnet man sie als *Lyapunov-Metrik*.

12 Hyperbolische Mengen und homokline Punkte

(i) *Für jedes α ist $f_\alpha \geq 0$, und der Träger von f_α ist enthalten in einer lokalen Koordinatenumgebung U_α einer Karte (U_α, h_α) aus einer differenzierbaren Struktur von M.*
(ii) *Die Familie $\{U_\alpha\}$ ist eine lokal endliche Überdeckung von M.*
(iii) *Für jedes $p \in M$ ist $\sum_\alpha f_\alpha(p) = 1$* [2].

Vielfach nennt man dann die Zerlegung der Eins, $\{f_\alpha\}$, der Überdeckung $\{U_\alpha\}$ untergeordnet.

Bemerkung. Man kann zeigen, daß jede differenzierbare Mannigfaltigkeit M eine Zerlegung der Eins besitzt, zum Beweis vergleiche Brickell und Clark [23]. □

Beweis von Satz 12.4. Sei $\{f_\alpha\}$ eine differenzierbare Zerlegung der Eins auf M, die einer Überdeckung $\{U_\alpha\}$ von M aus lokalen Koordinatenumgebungen der differenzierbaren Struktur von M untergeordnet ist. Für jede Karte (U_α, h_α) ist $h_\alpha : U_\alpha \to \mathbb{R}^n$, $n = \dim M$, eine Immersion (wir begründen dies am Schluß des Beweises) und induziert daher gemäß (11.119) eine Riemannsche Metrik

$$< u, v >_p^\alpha := < D_p h_\alpha(u), D_p h_\alpha(v) > \tag{12.11}$$

für $p \in U_\alpha$, $u, v \in T_p U_\alpha$. Wir setzen

$$< u, v >_p = \sum_\alpha f_\alpha(p) < u, v >_p^\alpha \tag{12.12}$$

für $p \in M$ und $u, v \in T_p M$, und es ist nun nicht allzu schwer, nachzuweisen, daß diese Konstruktion eine Riemannsche Metrik auf M definiert [3].

Offen ist noch die Begründung dafür, daß für jede Karte $h_\alpha : U_\alpha \to \mathbb{R}^n$ eine Immersion ist. Es ist zu zeigen:

$$u \neq v, \quad u, v \in T_p U_\alpha, \quad p \in U_\alpha \implies D_p h_\alpha(u) \neq D_p h_\alpha(v). \tag{12.13}$$

Wir nehmen das Gegenteil an, das heißt, es gelte

$$(D_p h_\alpha(u)[\varphi] =) u[\varphi \circ h_\alpha] = v[\varphi \circ h_\alpha] (= D_p h_\alpha(v)[\varphi]) \tag{12.14}$$

für alle $\varphi \in \mathcal{E}_{h_\alpha(p)} \mathbb{R}^n$. Sei $\psi \in \mathcal{E}_p U_\alpha$. Wir schreiben ψ in der Form

$$\psi = (\psi \circ h_\alpha^{-1}) \circ h_\alpha, \tag{12.15}$$

dann ist $\varphi := \psi \circ h_\alpha^{-1} \in \mathcal{E}_{h_\alpha(p)} \mathbb{R}^n$, und mit (12.14) folgt

$$u[\psi] = v[\psi]. \tag{12.16}$$

Da $\psi \in \mathcal{E}_p U_\alpha$ beliebig gewählt war, gilt $u = v$. ∎

---
[2] Dies ist sinnvoll, da für jeden Punkt p $f_\alpha(p) \neq 0$ nur für endlich viele Indizes gilt.
[3] Beachten Sie: $T_p U_\alpha = T_p M$, falls $p \in U_\alpha$.

12.6 Beispiele. (a) *Hyperbolischer Fixpunkt*: Es gelte $f(p) = p$ für $p \in M$. Dann ist $D_p f$ ein Isomorphismus von $T_p M$ auf sich selbst. Mit

$$E_p^s = E^s(D_p f), \quad E_p^u = E^u(D_p f) \tag{12.17}$$

(vergleiche Definition 11.25) ist dann

$$T_p M = E_p^s \oplus E_p^u \tag{12.18}$$

ein (λ, μ)-Splitting, wobei λ gleich dem Supremum aller Eigenwerte von $D_p f$ kleiner als 1 und μ entsprechend gleich dem Infimum aller Eigenwerte größer als 1 gewählt wird. Die Normabschätzungen (12.4) beziehen sich dabei auf irgendeine Riemannsche Norm auf $T_p M$.

(b) *Hyperbolischer periodischer Orbit*: Nach Definition 11.22 ist $p \in M$ ein hyperbolischer periodischer Punkt von f der Periode n, falls

$$D_p f^n : T_p M \longrightarrow T_p M \tag{12.19}$$

eine hyperbolische lineare Abbildung ist, das heißt, alle Eigenwerte von $D_p f^n$ haben einen Absolutbetrag ungleich 1. $O_f(p)$ sei der Orbit von p und $U = U(O_f(p))$ eine zusammenhängende offene Umgebung von $O_f(p)$. Sie besitzt eine Zerlegung der Eins, und nach Satz 12.4 existiert eine Riemann-Metrik auf U, die auf jedem Tangentialraum $T_p M$, $p \in U$, eine Vektornorm $\|\cdot\|_p$ mit einer zugeordneten Matrixnorm induziert.

Für $x \in O_f(p)$ betrachten wir die Folge der linearen Abbildungen (vergleiche (12.8))

$$D_{f^n(x)} f : T_{f^n(x)} M \longrightarrow T_{f^{n+1}(x)} M, \quad n \in \mathbb{Z}. \tag{12.20}$$

Aus (11.33) folgt

$$T_x M \xrightarrow{D_x f} T_{f(x)} M \xrightarrow{D_{f(x)} f} T_{f^2(x)} M \longrightarrow \cdots \xrightarrow{D_{f^{n-1}(x)} f} T_x M . \tag{12.21}$$
$$\underbrace{\hphantom{T_x M \xrightarrow{D_x f} T_{f(x)} M \xrightarrow{D_{f(x)} f} T_{f^2(x)} M \longrightarrow \cdots \xrightarrow{D_{f^{n-1}(x)} f} T_x M}}_{D_x f^n \text{ [4]}}$$

Wir behaupten zunächst, daß die Eigenwerte von $D_p f^n$ und $D_x f^n$ für alle $x \in O_f(p)$ dieselben sind (damit ist Hyperbolizität eine Eigenschaft des gesamten Orbits $O_f(p)$ und Definition 11.22 überhaupt erst sinnvoll). Dazu sei $u \in T_p M$ und $\lambda \in \mathbb{R}$ ein Eigenwert von $D_p f^n$ so, daß gilt

$$D_p f^n(u) = D_{f^{n-1}(p)} f \circ \ldots \circ D_p f(u) = \lambda u . \tag{12.22}$$

---

[4] Das heißt, $D_x f^n$ ist die *Komposition* der darüberstehenden Abbildungen $D_{f^k(x)} f : T_{f^k(x)} M \to T_{f^{k+1}(x)} M$, $k = 0, \ldots, n-1$.

12 Hyperbolische Mengen und homokline Punkte

$f: U \to M$ ist ein Diffeomorphismus, also sind alle Tangentialabbildungen $D_{f^k(p)}f$ Isomorphismen. Somit existiert genau ein $v \in T_{f^{n-1}(p)}M$ mit

$$u = D_{f^{n-1}(p)}f(v), \qquad (12.23)$$

und aufgrund der Linearität von $D_x f$ gilt weiter

$$D_p f^n(u) = D_p f^n(D_{f^{n-1}(p)}f(v)) = D_{f^{n-1}(p)}f(\lambda v). \qquad (12.24)$$

Anwendung von $(D_{f^{n-1}(p)}f)^{-1}$ auf beide Seiten von (12.24) ergibt zusammen mit (12.22):

$$D_{f^{n-1}(p)}f^n(v) = D_{f^{n-2}(p)}f \circ \ldots \circ D_p f \circ D_{f^{n-1}(p)}f(v) = \lambda v, \qquad (12.25)$$

das heißt, λ ist auch ein Eigenwert von $D_x f^n$ für $x = f^{n-1}(p)$. Aus der n-maligen Durchführung dieses Beweisschrittes (und einem Rollentausch von x und p) folgt die Zwischenbehauptung, und folglich sind die Tangentialabbildungen $D_x f^n$ für alle $x \in O_f(p)$ hyperbolisch.

Sei jetzt $x \in O_f(p)$ beliebig, fest. Wir betrachten die Folge der Tangentialabbildungen

$$L_m := D_{f^m(x)}f : T_{f^m(x)}M \longrightarrow T_{f^{m+1}(x)}M, \quad m \in \mathbb{Z}. \qquad (12.26)$$

Es gilt $L_m = L_{m \text{ (modulo } n)}$, und da f ein Diffeomorphismus ist, sind die Abbildungen L_m invertierbar.

$D_{f^m(x)}f^n$ ist aufgrund unserer Zwischenbehauptung hyperbolisch, also können wir $T_{f^m(x)}M$ darstellen als direkte Summe des kontrahierenden und des expandierenden Unterraums von $D_{f^m(x)}f^n$, das heißt,

$$T_{f^m(x)}M = \underbrace{E^s(D_{f^m(x)}f^n)}_{=:\ E^s_m} \oplus \underbrace{E^u(D_{f^m(x)}f^n)}_{=:\ E^u_m}. \qquad (12.27)$$

Dies gilt für $m = 0, \ldots, n-1$. Zum Nachweis von (12.3), das heißt, von

$$L_m E^s_m = E^s_{m+1}, \qquad (12.28)$$

sei $u \in E^s_m$ und

$$D_{f^m(x)}f^n(u) = \chi u, |\chi| < 1. \qquad (12.29)$$

Dann folgt aufgrund der Kettenregel [5]

$$\begin{aligned} D_{f^{m+1}(x)}f^n(L_m(u)) &= D_{f^{m+1}(x)}f^n(D_{f^m(x)}f(u)) \\ &= D_{f^m(x)}f(D_{f^m(x)}f^n(u)) \\ &= L_m(\chi u) = \chi L_m(u), \end{aligned} \qquad (12.30)$$

---

[5] Die mittlere Gleichung in (12.30) folgt aus der Kettenregel, nämlich $D_{f^{m+1}(x)}f^n \circ D_{f^m(x)}f = D_{f^m(x)}f \circ D_{f^m(x)}f^n = D_{f^m(x)}f^{n+1}$.

das heißt,
$$L_m(u) \in E^s_{m+1}. \tag{12.31}$$

Genauso zeigt man
$$L_m^{-1} E^s_{m+1} \subseteq E^s_m. \tag{12.32}$$

Also gilt (12.28), der Nachweis von
$$L_m E^u_m = E^u_{m+1} \tag{12.33}$$

verläuft analog.

Zum Nachweis, daß das Tangentialraumsplitting (12.27) hyperbolisch ist, fehlen uns noch die Abschätzungen (12.4) mit geeigneten Konstanten λ und μ, $\lambda < 1 < \mu$. Wir beschränken uns in den nachfolgenden Überlegungen auf die kontrahierenden Unterräume E^s_x, $x \in O_f(p)$, die entsprechenden Resultate auf E^u_x erhält man analog.

Sei $x \in O_f(p)$, $u \in E^s_x$ und, wie in (11.169),
$$\lambda := \lambda(D_x f^n) = r(D_x f^n \big|_{E^s_x}). \tag{12.34}$$

Für $k \geq 0$, $k = ln + m$, $m \in \{0, \ldots, n-1\}$, folgt dann
$$\|D_x f^k(u)\| = \|D_{f^m(x)} f^{ln}(D_{f^{m-1}(x)} f \circ \ldots \circ D_x f(u))\| \leq \lambda^l c_n \|u\| \tag{12.35}$$

mit $c_n = \left(\max_{0 \leq m \leq n-1} \|L_m\|\right)^n$. Daraus ergibt sich schließlich wegen $0 < \lambda < 1$ mit $C = c_n \lambda^{\frac{1-n}{n}}$ und $\lambda_n = \sqrt[n]{\lambda}$ (n ist die Orbitlänge, also konstant) die Abschätzung
$$\|D_x f^k(u)\| \leq C \lambda_n^k \|u\|. \tag{12.36}$$

Mit
$$\mu := \mu(D_x f^n) = (r(D_x f^{-n} \big|_{E^u_x}))^{-1} \tag{12.37}$$

und $\mu_n = \sqrt[n]{\mu^{-1}}$ erhält man analog für $u \in E^u_x$
$$\|D_x f^{-k}(u)\| \leq C \mu_n^k \|u\|, \tag{12.38}$$

wobei in beiden Ungleichungen dieselbe Konstante vorkommen darf.

Die Abschätzungen (12.36) und (12.38) sind unabhängig von der speziellen Metrik, da auf E^s_x (beziehungsweise E^u_x) alle Normen äquivalent sind (lediglich die Konstante ändert sich). Aber sie garantieren noch kein (λ, μ)-Splitting im Sinne von Defini-

12 Hyperbolische Mengen und homokline Punkte

tion 12.1. Die noch ausstehenden Abschätzungen (12.4) folgen erst nach geeigneter Anpassung der Riemannschen Metrik. Dahinter steckt ein wichtiges Resultat, welches wir unabhängig vom Beispiel als eigenständigen Satz formulieren wollen.

12.7 Satz. *Unter den Voraussetzungen von Definition 12.2 existiere auf Λ ein Df-invariantes Splitting, das heißt, für jedes $x \in \Lambda$ gebe es eine Zerlegung des Tangentialraumes*

$$T_x M = E_x^s \oplus E_x^u \tag{12.39}$$

mit

$$D_x f(E_x^s) = E_{f(x)}^s \quad \text{und} \quad D_x f(E_x^u) = E_{f(x)}^u, \tag{12.40}$$

und für eine Riemannsche Metrik auf U gebe es Konstanten $C > 0$ und $0 < \lambda < 1$, so daß für alle $k \geq 0$ gilt:

$$\|D_x f^k(u)\| \leq C\lambda^k \|u\| \quad \text{für} \quad u \in E_x^s,$$

und

$$\|D_x f^{-k}(v)\| \leq C\lambda^k \|v\| \quad \text{für} \quad v \in E_x^u. \tag{12.41}$$

Dann ist Λ eine hyperbolische Menge.

Bemerkungen. 1. Die Umkehrung gilt ebenfalls, aus (12.4) folgen offensichtlich die Ungleichungen (12.41). Die Mehrzahl der Autoren wählt deshalb auch die von der speziellen Riemannschen Metrik unabhängige Formulierung von Satz 12.7 als Definition einer hyperbolischen Menge.

2. Mit $\lambda = \max(\lambda_n, \mu_n)$ erfüllen (12.36) und (12.38) die Ungleichungen (12.41), nach Satz 12.7 ist also (erwartungsgemäß) ein hyperbolischer periodischer Orbit auch eine hyperbolische Menge. □

Beweis von Satz 12.7. Wir müssen eine geeignete Riemannsche Metrik finden, mit der die Abschätzungen (12.4) erfüllt sind, und zwar tun wir dies für $0 < \lambda = \mu^{-1} < 1$. Wir folgen dabei einem entsprechenden Beweis von Shub [140], S. 21 f., und definieren eine neue Metrik

$$< u, v >_x' = \sum_{k=0}^{n-1} < D_x f^k(u), D_x f^k(v) >_x, \quad u, v \in E_x^s, \tag{12.42}$$

für $x \in U$ ($\Lambda \subseteq U$, U offen), wobei n so groß gewählt ist, daß für C und λ aus (12.41) gilt:

$$C\lambda^n << 1. \tag{12.43}$$

Analog definiert man $< u, v >_x'$ mit f^{-k} anstelle von f^k für $u, v \in E_x^u$, und setzt $< u, v >_x' = 0$ für $u \in E_x^s$ und $v \in E_x^u$. Man zeigt leicht, daß auf diese Weise eine

Riemannsche Metrik auf U definiert ist. Wir lassen jetzt das tiefgestellte x weg und erhalten aus (12.42) für die zugehörige Norm die Darstellung

$$\|u\|'^2 = \sum_{k=0}^{n-1} \|Df^k(u)\|^2, \quad u \in E^s. \tag{12.44}$$

Für $u \in E^s$ folgt aus (12.44)

$$\begin{aligned}
\|Df(u)\|'^2 &= \sum_{k=0}^{n-1} \|Df^k(Df(u))\|^2 \\
&= \sum_{k=0}^{n-1} \|Df^{k+1}(u)\|^2 \\
&= \sum_{k=1}^{n} \|Df^k(u)\|^2 \\
&= \sum_{k=0}^{n-1} \|Df^k(u)\|^2 + \|Df^n(u)\|^2 - \|u\|^2.
\end{aligned} \tag{12.45}$$

Mit (12.41), das heißt, mit

$$\|Df^n(u)\| \leq C\lambda^n \|u\| \tag{12.46}$$

erhalten wir aus (12.45)

$$\|Df(u)\|'^2 \leq \|u\|'^2 - \|u\|^2(1 - (C\lambda^n)^2). \tag{12.47}$$

Wir können $C \geq 1$ annehmen (denn sonst brauchten wir gar nichts zu beweisen), und erhalten durch wiederholte Anwendung von (12.41)

$$\begin{aligned}
\|u\|'^2 &= \sum_{k=0}^{n-1} \|Df^k(u)\|^2 \leq \|u\|^2 + C^2\lambda^2 \|u\|^2 + \ldots + C^2\lambda^{2(n-1)} \|u\|^2 \\
&\leq C^2 n \|u\|^2,
\end{aligned} \tag{12.48}$$

beziehungsweise

$$\frac{\|u\|'^2}{C^2 n} \leq \|u\|^2. \tag{12.49}$$

Mit (12.49) folgt aus (12.47)

$$\|Df(u)\|'^2 \leq \|u\|'^2 - \frac{\|u\|'^2}{C^2 n}(1 - (C\lambda^n)^2) \tag{12.50}$$

und somit

$$\|Df(u)\|'^2 \leq \left(1 - \frac{1 - (C\lambda^n)^2}{C^2 n}\right) \|u\|'^2. \tag{12.51}$$

Setzt man nun

$$\sigma = \sqrt{1 - (1 - (C\lambda^n)^2)/C^2 n}, \quad (12.52)$$

dann gilt (n war fest gewählt)

$$\|Df(u)\|' \leq \sigma \|u\|' \quad \text{mit} \quad 0 < \sigma < 1. \quad (12.53)$$

Der gleiche Beweis funktioniert genauso für $Df^{-1}\big|_{E^u}$, damit sind die Abschätzungen (12.4) mit $\sigma = \lambda = \mu^{-1}$ sinngemäß erfüllt. ∎

12.8 Definition. *Sei M eine kompakte C^r-Mannigfaltigkeit und $f \in \text{Diff}^r(M)$, $r \in \mathbb{N} \cup \{\infty\}$. Dann heißt ein Punkt $p \in M$ wandernd, wenn es in M eine Umgebung U von p gibt und ein $N > 0$, so daß gilt:*

$$f^n(U) \cap U = \emptyset \quad (12.54)$$

für alle $n > N$.

Als nichtwandernde Menge $\Omega(f)$ *bezeichnet man die Menge aller nicht wandernden Punkte $x \in M$.* [6]

Bemerkung. $\Omega(f)$ ist eine kompakte f-invariante Menge und enthält die Attraktoren des dynamischen Systems (M, f). [7] □

12.9 Definition. *Unter denselben Voraussetzungen wie in Definition 12.8 sagen wir: f genügt Axiom A, falls*

(a) $\Omega(f)$ *hyperbolisch ist, und*
(b) *die periodischen Punkte von f dicht sind in $\Omega(f)$, das heißt, $\overline{\text{Per}(f)} = \Omega(f)$.*

Bemerkung. Axiom A-dynamische Systeme wurden erstmals von Smale [144] behandelt. Beispiele für solche Systeme sind (wie wir im Verlauf dieses Abschnitts zeigen werden) Smales Horseshoe-Abbildung und Abbildungen, die ein Solenoid als maximale invariante Menge besitzen. □

12.10 Definition. $C^r(M, M)$, $r \in \mathbb{N} \cup \{\infty\}$, *sei mit der C^r-Topologie versehen. $f \in \text{Diff}^r(M)$ heißt (C^r-)strukturell stabil, wenn es eine Umgebung $\mathfrak{U} \subseteq \text{Diff}^r(M)$ von f gibt, so daß (M, f) konjugiert ist zu (M, g) für jedes $g \in \mathfrak{U}$* [8].

Bemerkung. Das Konzept der strukturellen Stabilität wurde 1937 von Andronov und Pontryagin [4] eingeführt und ist vollständig verschieden von dem der dynamischen Stabilität. Letztere macht Aussagen über einzelne Orbits und verlangt,

---

[6] Zum Beispiel wandern die periodischen Punkte von f nicht.
[7] Beweis: Übungsaufgabe 1.
[8] Das heißt, es existiert ein Homöomorphismus $h : M \to M$, so daß $h \circ f = g \circ h$ auf M erfüllt ist.

daß keine sensitive Abhängigkeit von den Anfangsbedingungen vorliegt. Strukturelle Stabilität hingegen schaut auf das gesamte System und fragt, ob unter kleinen C^r-Störungen des Systems seine dynamischen Eigenschaften über die gesamte Zeit erhalten bleiben. Wir werden uns mit diesen Fragen schwerpunktmäßig in Abschnitt 13 beschäftigen. □

Fortsetzung der Beispiele 12.6. (c) *Hyperbolische torale Automorphismen* auf $\mathbf{T}^2 = \mathbf{R}^2/\mathbf{Z}^2$: Stellvertretend betrachten wir wie im 10. Abschnitt die Abbildung

$$F_A : \mathbf{T}^2 \longrightarrow \mathbf{T}^2, \quad F_A[x,y] = \pi(A(x,y)) \tag{12.55}$$

für $A = \begin{pmatrix} 2 & 1 \\ 1 & 1 \end{pmatrix}$. Mit $[x,y]$ bezeichnen wir wie dort die Klassen der Äquivalenzrelation

$$(x,y) \sim (x',y') \iff x - x' \in \mathbf{Z} \quad \text{und} \quad y - y' \in \mathbf{Z} \tag{12.56}$$

auf $\mathbf{R}^2$, und $\pi : (x,y) \to [x,y]$ ist die Projektion von (x,y) auf seine Äquivalenzklasse. F_A ist ein Diffeomorphismus auf $\mathbf{T}^2$ mit $F_A^{-1} = F_{A^{-1}}$. Der Diffeomorphismus

$$\pi^{-1} := \left(\pi\big|_{[0,1) \times [0,1)}\right)^{-1} : \mathbf{T}^2 \longrightarrow [0,1) \times [0,1) \tag{12.57}$$

induziert auf $\mathbf{T}^2$ die Riemannsche Metrik

$$< u,v >_{[p,q]} = < D_{[p,q]}\pi^{-1}(u), D_{[p,q]}\pi^{-1}(v) > \tag{12.58}$$

(rechts steht das gewöhnliche Skalarprodukt im $\mathbf{R}^2$) für $u,v \in T_{[p,q]}\mathbf{T}^2$, $[p,q] \in \mathbf{T}^2$ (vergleiche Beispiel 11.19 (e)). Nach Identifikation von $T_{[p,q]}\mathbf{T}^2$ und $\mathbf{R}^2$ (siehe (12.67) weiter unten) ist (12.58) das gewöhnliche Skalarprodukt im $\mathbf{R}^2$, das heißt, es gilt (vergleiche (11.144))

$$< u,v >_{[p,q]} = u_1 v_1 + u_2 v_2 \tag{12.59}$$

mit $D_{[p,q]}\pi^{-1}(u) = (u_1, u_2) \in \mathbf{R}^2$, analog für v.

Die Eigenwerte der Matrix A sind

$$\lambda = \frac{3 - \sqrt{5}}{2} < 1 \quad \text{und} \quad \mu(=\lambda^{-1}) = \frac{3 + \sqrt{5}}{2} > 1. \tag{12.60}$$

Die Matrix A ist symmetrisch, also stehen die zugehörigen Eigenvektoren paarweise orthogonal aufeinander. Die Eigenräume sind gegeben durch die Geraden

(für λ) und
$$\begin{aligned} l_s &= \left\{(x,y) \in \mathbf{R}^2 \mid y = -\frac{\sqrt{5}+1}{2}x\right\} \\ l_u &= \left\{(x,y) \in \mathbf{R}^2 \mid y = \frac{\sqrt{5}-1}{2}x\right\}, \end{aligned} \tag{12.61}$$

12 Hyperbolische Mengen und homokline Punkte

wir bezeichnen sie wie üblich mit $E^s(A)$ (zum Eigenwert λ gehörig) und $E^u(A)$. Da A hyperbolisch ist, gilt

$$\mathbb{R}^2 = E^s(A) \oplus E^u(A). \tag{12.62}$$

Sei nun $(p,q) \in [0,1) \times [0,1)$, dann gilt

$$F_A[p,q] = \pi(A(\pi^{-1}[p,q])) \tag{12.63}$$

und für die Tangentialabbildung:

$$D_{[p,q]}F_A: \ T_{[p,q]}\mathbb{T}^2 \xrightarrow{D_{[p,q]}\pi^{-1}} \mathbb{R}^2 \xrightarrow{A} \mathbb{R}^2 \xrightarrow{D_{A(p,q)}\pi} \underbrace{T_{\pi(A(p,q))}\mathbb{T}^2}_{= F_A[p,q]}. \tag{12.64}$$

Dabei ist

$$D_{[p,q]}\pi^{-1} = (D_{\pi^{-1}[p,q]}\pi)^{-1} = (D_{(p,q)}\pi)^{-1} \tag{12.65}$$

wie

$$D_{(x,y)}\pi : \mathbb{R}^2 \longrightarrow T_{[x,y]}\mathbb{T}^2 \tag{12.66}$$

für $(x,y) \in \mathbb{R}^2$ ein Isomorphismus. In $T_{[x,y]}\mathbb{T}^2$ wählen wir eine Basis,

$$\frac{\partial}{\partial x} = D_{(x,y)}\pi((1,0)), \quad \frac{\partial}{\partial y} = D_{(x,y)}\pi((0,1)), \tag{12.67}$$

wie in (11.139). Identifizieren wir $\frac{\partial}{\partial x}$ mit $(1,0)$ und $\frac{\partial}{\partial y}$ mit $(0,1)$ und damit den Tangentialraum $T_{[x,y]}\mathbb{T}^2$ mit dem $\mathbb{R}^2$, dann gilt

$$D_{(x,y)}\pi = I \quad \text{(die Einheitsmatrix bzw. die Identität)}, \tag{12.68}$$

und aus (12.64) folgt somit erwartungsgemäß

$$D_{[p,q]}F_A = A. \tag{12.69}$$

Außerdem ist nun (12.58) das gewöhnliche Skalarprodukt im $\mathbb{R}^2$, und somit gilt mit $u, v \in \mathbb{R}^2$

$$< D_{[p,q]}F_A(u), D_{[p,q]}F_A(v) >_{F_A[p,q]} = <Au, Av>. \tag{12.70}$$

Für die von der zugehörigen euklidischen Norm induzierte Matrixnorm folgt dann [9)]

$$\|A\big|_{E^s(A)}\| = \lambda \quad \text{und} \quad \|A^{-1}\big|_{E^u(A)}\| = \mu^{-1}, \tag{12.71}$$

[9)] Für $x \in E^s(A)$ gilt $\|Ax\| = \lambda\|x\|$ und somit $\|A\big|_{E^s(A)}\| = \sup_{\|x\|=1} \|Ax\| = \lambda$, analog für $x \in E^u(A)$.

und damit liefert uns (12.62) in jedem Punkt von $\mathbf{T}^2$ ein DF_A-invariantes hyperbolisches Splitting in Teilräume parallel zu $E^s(A)$ und $E^u(A)$, das heißt, F_A ist hyperbolisch auf dem Torus. Also ist F_A ein Anosov-Diffeomorphismus und, da die periodischen Punkte von F_A dicht liegen in $\mathbf{T}^2$ (siehe Satz 10.11), auch ein Axiom A-System. Dieses Resultat läßt sich unmittelbar verallgemeinern: Jede $n \times n$-Matrix A über $\mathbf{Z}$ mit $|\det A| = 1$ derart, daß kein Eigenwert von A den Betrag 1 hat, induziert in gleicher Weise einen hyperbolischen toralen Automorphismus auf $\mathbf{T}^n = \mathbf{R}^n/\mathbf{Z}^n$. Dann stellt

$$\mathbf{R}^n = E^s(A) \oplus E^u(A) \tag{12.72}$$

ein hyperbolisches $DF_A(=A)$-invariantes Splitting dar, wenn wir nach Lemma 11.24 eine Norm in $\mathbf{R}^n$ wählen, für die die Matrix A auf $E^s(A)$ kontrahiert und auf $E^u(A)$ expandiert. Diese Norm definiert eine Riemannsche Metrik auf $\mathbf{T}^n$, in bezug auf die (12.72) in jedem Punkt von $\mathbf{T}^n$ ein hyperbolisches Splitting liefert. Dabei wählt man analog zu (11.169)

$$\lambda = r(A\big|_{E^s(A)}) + \delta \quad \text{und} \quad \mu = (r(A^{-1}\big|_{E^u(A)}))^{-1} + \delta \tag{12.73}$$

mit hinreichend kleinem $\delta > 0$.

(d) *Smales Horseshoe-Abbildung*: Anosov-Diffeomorphismen sind sehr selten, viel öfter begegnet man hyperbolischen Mengen, die nicht selbst Mannigfaltigkeiten sind. Ein prototypisches Beispiel einer solchen hyperbolischen Menge liefert Smales Horseshoe-Abbildung aus dem 10. Abschnitt. Für einen operativ auf einem Rechteck S des $\mathbf{R}^2$ definierten Diffeomorphismus

$$f: S \longrightarrow \mathbf{R}^2 \tag{12.74}$$

auf sein Bild (siehe Figur 10.12 und 10.13) ist

$$\Lambda = \{x \in S \mid f^n(x) \in S, \, n \in \mathbf{Z}\} \tag{12.75}$$

eine maximale, f-invariante, nichtwandernde Menge. Letzteres folgt mittels der Adressierungsabbildung

$$\phi: \Lambda \longrightarrow \Omega_2 \tag{12.76}$$

von Λ auf die Menge der 2-seitigen Folgen in zwei Symbolen (vergleiche Satz 10.16), da Ω_2 die nichtwandernde Menge für den beidseitigen Shift σ_2 ist, das heißt, $\Omega_2 = \Omega(\sigma_2)$ (Beweis: Übungsaufgabe 2). Λ ist Durchschnitt zweier Cantormengen,

$$\Lambda = \Lambda_H \cap \Lambda_V \tag{12.77}$$

mit

$$\Lambda_H = \bigcap_{n \geq 0} f^{-n}(S) \quad \text{und} \quad \Lambda_V = \bigcap_{n \geq 0} f^n(S). \tag{12.78}$$

12 Hyperbolische Mengen und homokline Punkte

Λ_H ist ein Bündel aus horizontalen Linien (= beliebig dünnen Streifen), dessen vertikaler Schnitt eine Cantor-Menge in $\mathbb{R}$ ist (analog für Λ_V).

Auf Λ ist f linear, streckt mit einem Faktor $\mu > 2$ in vertikaler Richtung und kontrahiert mit einem Faktor $0 < \lambda < \frac{1}{2}$ in horizontaler Richtung. Die Jacobi-Matrix hat die Gestalt

$$Df(x) = \begin{pmatrix} \pm\lambda & 0 \\ 0 & \pm\mu \end{pmatrix}, \tag{12.79}$$

wobei in Abschnitt 10 angegeben ist, für welche x das positive und für welche das negative Vorzeichen gilt. Damit liegt das Splitting aber auf der Hand: Für jeden Punkt $x \in \Lambda$ sei E_x^s diejenige horizontale Linie, welche durch x verläuft, analog für E_x^u. Damit gilt

$$\mathbb{R}^2 = E_x^s \oplus E_x^u. \tag{12.80}$$

Mit $x = (x_1, x_2)$ bildet Df jeden Punkt $y = (y_1, x_2) \in E_x^s$ ab auf $(\pm\lambda y_1, \pm\mu x_2)$ $\in E_{f(x)}^s$, das gleiche gilt auch umgekehrt (mit f^{-1} anstelle von f), das heißt, es gilt

$$Df(E_x^s) = E_{f(x)}^s \quad \text{(analog für } E_x^u\text{)}. \tag{12.81}$$

Die Abschätzungen (12.41) in Satz 12.7 folgen mit $\lambda := \max\{\lambda, \mu^{-1}\}$ und $C = 1$ für die euklidische Norm (zum Beispiel) direkt aus der Kettenregel. Damit ist Λ nach Satz 12.7 eine hyperbolische Menge für f, und wegen

$$\overline{\text{Per}(f_{|\Lambda})} = \Lambda \quad \text{und} \quad \Omega(f) = \Lambda \tag{12.82}$$

genügt f Axiom A. Genug der Beispiele!

12.11 Definition. *M sei eine differenzierbare Mannigfaltigkeit, $f : U \to M$ ($U \subseteq M$ offen) sei eine C^1-Abbildung und $\Lambda \subseteq U$ eine kompakte f-invariante Menge. Man bezeichnet Λ als hyperbolischen Repeller, falls auf U eine Riemannsche Metrik existiert, für die in allen Punkten $x \in \Lambda$ gilt*

$$\|D_x f\|^{-1} < 1. \tag{12.83}$$

Beispiel (doch noch nicht genug). Die invarianten Mengen Λ_a für die logistischen Abbildungen

$$f_a(x) = ax(1-x) \tag{12.84}$$

(vergleiche Abschnitte 3 und 7) für $a > 2 + \sqrt{5}$ sind hyperbolische Repeller. Denn für $x \in I_0 \cup I_1 = f^{-1}([0,1])$, wobei

$$I_0 = \left[0, \frac{1}{2} - \sqrt{\frac{1}{4} - \frac{1}{a}}\right] \quad \text{und} \quad I_1 = \left[\frac{1}{2} + \sqrt{\frac{1}{4} - \frac{1}{a}}, 1\right], \tag{12.85}$$

gilt die Abschätzung

$$|f'_a(x)| = |a(1-2x)| = 2a\left|x - \frac{1}{2}\right|$$
$$\geq 2a\sqrt{\frac{1}{4} - \frac{1}{a}} = \sqrt{a^2 - 4a} > \sqrt{(2+\sqrt{5})^2 - 4(2+\sqrt{5})} = 1.$$
(12.86)

12.12 Satz. *Unter den Voraussetzungen von Definition 12.2 sei Λ eine hyperbolische Menge für einen Diffeomorphismus $f : U \to M$, dann gilt: Die Dimensionen der Unterräume E^s_x und E^u_x aus dem hyperbolischen Splitting $T_x M = E^s_x \oplus E^u_x$ sind lokal konstant, und die Unterräume selbst ändern sich stetig mit x.*

Beweis. Sei $\dim M = m$. Aus der Definition folgt für jedes $x \in \Lambda$, $v \in E^s_x$ und $n \geq 0$

$$\|D_x f^n(v)\| \leq \lambda^n \|v\|.$$ (12.87)

Für eine Folge $(x_n) \subset \Lambda$, $x_n \to x$, können wir, indem wir gegebenenfalls immer wieder zu Teilfolgen übergehen, annehmen, daß gilt:

$$\dim E^s_{x_n} = \text{const} =: k,$$ (12.88)

und daß man in jedem linearen Raum $E^s_{x_n}$ eine Orthonormalbasis

$$(v_n^{(1)}, \ldots, v_n^{(k)})$$ (12.89)

wählen kann, so daß gilt

$$\lim_{n \to \infty} v_n^{(i)} = v^{(i)} \in T_x M, \quad i = 1, \ldots, k$$ (12.90)

(letzteres folgt aus der Isomorphie von $T_x M = E^s_x \oplus E^u_x$ und $\mathbb{R}^m$ (für alle $x \in \Lambda$) nach dem Satz von Bolzano-Weierstraß). Als beschränkte lineare Abbildung ist $D_x f^n$ stetig, und aus den Abschätzungen (12.87) für $v = v_n^{(i)}$ folgt (12.87) auch für $v^{(i)}$, das heißt,

$$\|D_x f^n(v^{(i)})\| \leq \lambda^n \|v^{(i)}\|.$$ (12.91)

Aus (12.91) folgt $v^{(i)} \in E^s_x$ und weiter $\dim E^s_x \geq k$ (denn $v^{(1)}, \ldots, v^{(k)}$ sind linear unabhängige Vektoren in E^s_x) sowie

$$\lim_{n \to \infty} E^s_{x_n} \subseteq E^s_x,$$ (12.92)

wobei dieser Limes wie in (12.90) punkt-, das heißt vektorweise, zu verstehen ist, das heißt, für jede konvergente Folge (v_n), $v_n \in E^s_{x_n}$, gilt $\lim_{n \to \infty} v_n \in E^s_x$.

In analoger Weise sind die Vektoren $v \in E^u_x$ charakterisiert durch die Ungleichungen

$$\|D_x f^{-n}(v)\| \leq \mu^{-n} \|v\|$$ (12.93)

12 Hyperbolische Mengen und homokline Punkte

für alle $n \geq 0$ und eine Wiederholung der obigen Beweisschritte ergibt:

$$\lim_{n \to \infty} E^u_{x_n} \subseteq E^u_x \tag{12.94}$$

und

$$\dim E^u_x \geq m - k. \tag{12.95}$$

Daraus folgt aber

$$E^s_x = \lim_{n \to \infty} E^s_{x_n} \quad \text{und} \quad E^u_x = \lim_{n \to \infty} E^u_{x_n} \tag{12.96}$$

und die behauptete lokale Konstanz der Dimensionen. ∎

Bemerkung. Aufgrund der Tangentialeigenschaften (11.174) ändern sich somit in Satz 11.27 auch die lokalen stabilen (beziehungsweise instabilen) Mannigfaltigkeiten stetig mit x. Eine exakte Formulierung dieser Tatsache liest man am besten bei Shub [140] in Theorem 6.2 auf Seite 72 nach. □

12.13 Korollar. *Die Unterräume E^s_x und E^u_x sind gleichmäßig transversal, das heißt, es existiert $\alpha_0 > 0$ derart, daß für jedes $x \in \Lambda$ und für alle $u \in E^s_x$, $v \in E^u_x$ der Winkel zwischen u und v wenigstens gleich α_0 ist*[10].

Beweis. Sei $\alpha(x)$ der kleinere Winkel zwischen $u \in E^s_x$ und $v \in E^u_x$. Wegen $E^s_x \cap E^u_x = \{0\}$ gilt $\alpha(x) > 0$, und nach Satz 12.12 ist $\alpha(x)$ eine stetige Funktion auf Λ. Λ ist kompakt, und daher nimmt $\alpha(x)$ ihr Minimum α_0 an, das heißt, es gilt $\alpha_0 > 0$. ∎

Offenbar ist jede abgeschlossene Teilmenge einer hyperbolischen Menge für f wiederum eine solche. Ohne Beweis fügen wir eine entgegengesetzte Aussage an, nach der man manchmal eine hyperbolische Menge in eine größere „einwickeln" kann:

12.14 Satz. *Sei Λ eine hyperbolische Menge für einen Diffeomorphismus $f: U \to M$. Dann gibt es eine offene Umgebung $V \supseteq \Lambda$, so daß die invariante Menge*

$$\Lambda^g_V := \bigcap_{n \in \mathbb{Z}} g^n(\overline{V}) \tag{12.97}$$

für jede in der C^1-Topologie hinreichend nahe bei f gelegene diffeomorphe Funktion g hyperbolisch ist.

Beweis. Vergleiche Katok und Hasselblatt [73], S. 265. ∎

---
[10] $\sphericalangle(u,v) := \arccos \dfrac{<u,v>_x}{\|u\|_x \|v\|_x}$ für zwei von 0 verschiedene Vektoren u, v aus dem gleichen Tangentialraum $T_x M$ (arccos bezeichnet den Zweig der Umkehrfunktion von cos, der in $[-1,1]$ Werte in $[0,\pi]$ annimmt).

Bemerkung. Offenbar gilt $\Lambda_V^f \supseteq \Lambda$, und in vielen Fällen (etwa für einen hyperbolischen periodischen Orbit oder für den Horseshoe) gilt $\Lambda_V^f = \Lambda$, wenn V hinreichend knapp gewählt wird. Für $g \neq f$ sollten wir uns aber zumindest vergewissern, daß Λ_V^g nichtleer ist; das verschieben wir auf später (Abschnitt 13). □

Satz 12.14 beherbergt einen wichtigen Spezialfall:

12.15 Korollar. *Jede hinreichend kleine C^1-Störung eines Anosov-Diffeomorphismus ist ein Anosov-Diffeomorphismus.*

Wir kommen nun zur Verallgemeinerung auf beliebige hyperbolische Mengen des Satzes 11.27 über die Existenz lokaler (und globaler) *stabiler und instabiler Mannigfaltigkeiten* in hyperbolischen Fixpunkten. Wir setzen für den folgenden Satz (und bei seinen Anwendungen) voraus, daß M kompakt oder eine Riemannsche Mannigfaltigkeit sein soll. Als kompakter Hausdorff-Raum mit abzählbarer Basis ist M metrisierbar und induziert auf den jeweiligen Mannigfaltigkeiten eine Metrik, die wir, wie üblich, mit „d" bezeichnen, und die im Riemannschen Fall ohnehin existiert.

12.16 Satz (über die Existenz stabiler und instabiler Mannigfaltigkeiten für hyperbolische Mengen). *Sei Λ eine hyperbolische Menge für einen C^1-Diffeomorphismus $f: U \to M$ ($U \subseteq M$ offen) so, daß Df auf Λ ein (λ, μ)-Splitting gestattet mit $\lambda < 1 < \mu$. Dann gibt es zu jedem $x \in \Lambda$ ein Paar C^1-eingebetteter Scheiben[11] W_{loc}^s und W_{loc}^u, die wir lokale stabile beziehungsweise lokale instabile Mannigfaltigkeiten von x nennen, so daß gilt:*

(a) $\qquad T_x W_{\text{loc}}^s(x) = E_x^s, \quad T_x W_{\text{loc}}^u(x) = E_x^u;$ \hfill (12.98)

(b) $\qquad f(W_{\text{loc}}^s(x)) \subseteq W_{\text{loc}}^s(f(x)), \quad f^{-1}(W_{\text{loc}}^u(x)) \subseteq W_{\text{loc}}^u(f^{-1}(x));$ \hfill (12.99)

(c) *für jedes $\delta > 0$ existiert ein $C(\delta)$ derart, daß für $n \in \mathbb{N}$ gilt:*

$$d(f^n(x), f^n(y)) < C(\delta)(\lambda + \delta)^n d(x, y) \text{ für } y \in W_{\text{loc}}^s(x),$$
$$d(f^{-n}(x), f^{-n}(y)) < C(\delta)(\mu - \delta)^{-n} d(x, y) \text{ für } y \in W_{\text{loc}}^u(x);$$ \hfill (12.100)

(d) *es existiert ein $\beta > 0$ und eine Familie von (offenen) Umgebungen O_x, welche die Kugel um $x \in \Lambda$ mit Radius β enthalten, so daß gilt:*

$$W_{\text{loc}}^s(x) = \{y \in U \mid f^n(y) \in O_{f^n(x)}, \quad n = 0, 1, 2, 3, \ldots\},$$
$$W_{\text{loc}}^u(x) = \{y \in U \mid f^{-n}(y) \in O_{f^{-n}(x)}, \quad n = 0, 1, 2, 3, \ldots\}.$$ \hfill (12.101)

Bemerkungen. 1. Die Behauptung dieses Satzes folgt wiederum aus dem Satz von Hadamard-Perron, vergleiche dazu den entsprechenden Hinweis zu Satz 11.27.

---

[11] Vergleiche dazu die entsprechende Anmerkung zu Satz 11.27, W_{loc}^s und W_{loc}^u sind (lokale) Untermannigfaltigkeiten von M.

12 Hyperbolische Mengen und homokline Punkte

2. Die lokalen stabilen und instabilen Mannigfaltigkeiten sind im allgemeinen nicht eindeutig bestimmt. Allerdings folgt aus (c) und (d) unmittelbar, daß der Durchschnitt je zweier lokaler stabiler Mannigfaltigkeiten, die den Aussagen des Satzes genügen, sagen wir $_1W^s_{\text{loc}}$ und $_2W^s_{\text{loc}}$, eine offene Umgebung von x in jeder von ihnen enthält. Äquivalent dazu kann man annehmen, daß für ein geeignetes $n \geq 0$ gilt:

$$f^n\left(_1W^s_{\text{loc}}(f^{-n}(x))\right) \subseteq {}_2W^s_{\text{loc}}(x) \text{ und } f^n\left(_2W^s_{\text{loc}}(f^{-n}(x))\right) \subseteq {}_1W^s_{\text{loc}}(x). \quad (12.102)$$

Ein solches n kann sogar gleichmäßig für alle $x \in \Lambda$ gewählt werden. Das Analoge gilt natürlich auch für die lokalen instabilen Mannigfaltigkeiten, indem man n durch $-n$ ersetzt. □

Die letzte Bemerkung zieht nach sich, daß die *globalen stabilen und instabilen Mannigfaltigkeiten* [12)]

$$W^s(x) := \bigcup_{n=0}^{\infty} f^{-n}\left(W^s_{\text{loc}}(f^n(x))\right) \quad (12.103)$$

und

$$W^u(x) := \bigcup_{n=0}^{\infty} f^n\left(W^u_{\text{loc}}(f^{-n}(x))\right) \quad (12.104)$$

unabhängig sind von den einzelnen lokalen Mannigfaltigkeiten und topologisch charakterisiert werden können:

$$\begin{aligned} W^s(x) &= \{y \in U \mid d(f^n(x), f^n(y)) \xrightarrow[n \to \infty]{} 0\}, \\ W^u(x) &= \{y \in U \mid d(f^{-n}(x), f^{-n}(y)) \xrightarrow[n \to \infty]{} 0\}. \end{aligned} \quad (12.105)$$

12.17 Korollar. *Die Restriktion eines Diffeomorphismus auf eine hyperbolische Menge ist expansiv.*

Bemerkung. Sei (X, d) ein metrischer Raum. Ein Homöomorphismus (beziehungsweise eine stetige Abbildung) $f : X \to X$ ist genau dann *expansiv* (vergleiche Abschnitt 6), wenn eine Konstante $\delta > 0$ existiert, so daß folgendes gilt:

$$d(f^n(x), f^n(y)) < \delta \text{ für alle } n \in \mathbb{Z} \text{ (bzw. } n \in \mathbb{N}_0) \implies x = y. \quad (12.106)$$

Beweis des Korollars. Seien $x, y \in \Lambda$. Aus $d(f^n(x), f^n(y)) < \beta$ für $n \in \mathbb{Z}$ folgt nach Satz 12.16 (d)

$$f^n(y) \in O_{f^n(x)} \quad (12.107)$$

sowie

$$y \in W^s_{\text{loc}}(x) \cap W^u_{\text{loc}}(x) = \{x\}. \quad (12.108)$$

■

[12)] **Achtung:** x ist im allgemeinen kein Fixpunkt!

12.18 Beispiel. Modellbeispiele für stabile und instabile Mannigfaltigkeiten einer hyperbolischen Menge liefern die hyperbolischen toralen Automorphismen (vergleiche 12.6, Beispiel (c)). Eine hyperbolische 2×2-Matrix A (mit Eigenwerten $0 < \lambda < 1 < \mu$) besitzt eine stabile, $W^s(0,0)$, und eine instabile Mannigfaltigkeit $W^u(0,0)$; es sind die beiden Eigenräume zu den Eigenwerten λ und μ, und sie sind gegeben durch die Geraden l_s beziehungsweise l_u mit irrationalen Steigungen aus (12.61). Für gegebenes $[x,y] \in \mathbf{T}^2$ verschieben wir diese Eigenräume so, daß der Punkt $(x,y) \in \mathbf{R}^2$ ihr neuer Schnittpunkt ist, und projizieren sie anschließend auf den Torus. Wir erhalten die Mengen

$$W^s[x,y] = \pi(\{(x,y)+l_s\}), \quad W^u[x,y] = \pi(\{(x,y)+l_u\}). \quad (12.109)$$

Diese beiden Mengen haben wir im 10. Abschnitt als stabile und instabile Menge von $[x,y]$ für den toralen Automorphismus $F_A[x,y] = \pi(A(x,y))$ bezeichnet, und es handelt sich bei ihnen um sich transversal durchdringende, auf dem Torus dicht liegende Linienstrukturen, wie in Lemma 10.7 und Satz 10.10 sowie den Figuren 10.9 und 10.10 beschrieben.

Da die Steigungen von l_s und l_u irrational sind, sind die Restriktionen $\pi|_{\{(x,y)+l_s\}}$ beziehungsweise $\pi|_{\{(x,y)+l_u\}}$ Diffeomorphismen auf ihr jeweiliges Bild. Beide Abbildungen sind also Immersionen, das heißt, $W^s[x,y]$ und $W^u[x,y]$ sind (und hier versagt die deutsche Übersetzung) *immersed submanifolds* von $\mathbf{T}^2$. Durch

$$d([x',y'],[x'',y'']) = \|(x',y') - (x'',y'')\| = \sqrt{(x'-x'')^2 + (y'-y'')^2} \quad (12.110)$$

induzieren wir die euklidische Metrik des $\mathbf{R}^2$ auf $W^s[x,y]$ beziehungsweise $W^u[x,y]$ (vergleiche Bemerkung zu Lemma 10.6).

In 12.6 haben wir gezeigt, daß F_A auf $\mathbf{T}^2$ ein (λ,μ)-Splitting mit $\lambda < 1 < \mu$ gestattet, das heißt, das System $(\mathbf{T}^2, F_A)$ genügt den Voraussetzungen von Satz 12.16, und es existiert eine eindeutig bestimmte globale stabile und instabile Mannigfaltigkeit zu jedem Punkt $[x,y] \in \mathbf{T}^2$. Nach Lemma 10.6 gilt

$$[x',y'] \in W^s[x,y] \implies d(F_A^n[x',y'], F_A^n[x,y]) \xrightarrow[n\to\infty]{} 0, \quad (12.111)$$

und die Umkehrung dieser Aussage ist ebenfalls richtig, denn aus $[x',y'] \notin W^s[x,y]$ folgt

$$\begin{aligned} d(F_A^n[x',y'], F_A^n[x,y]) &= d\big(\pi(A^n(x',y')), \pi(A^n(x,y))\big) \\ &= \|A^n(x'-x, y'-y)\| \not\to 0, \end{aligned} \quad (12.112)$$

weil $(x'-x, y'-y) \notin l_s$. Nach (12.105) ist $W^s[x,y]$ also gerade die globale stabile Mannigfaltigkeit von $[x,y]$, wie wir dies in der Bezeichnung ja bereits vorweggenommen haben. All dies gilt analog für $W^u[x,y]$. Die Eigenschaften (b) und (c) von Satz

12 Hyperbolische Mengen und homokline Punkte

12.16 folgen dabei bereits aus Lemma 10.5 und 10.6 (sogar für die globalen Mannigfaltigkeiten), (c) gilt mit $C(\delta) = 1$ und den Eigenwerten λ und μ der Matrix A. (d) können wir in diesem Fall als Definition der lokalen Mannigfaltigkeiten ansehen.

Und schließlich wollen wir uns noch klarmachen, warum für unser Beispiel die Tangentialeigenschaft (a) aus Satz 12.16 erfüllt ist. Wir hatten oben bereits festgestellt, daß die eingeschränkte Projektionsabbildung $\pi|_{\{(x,y)+l_s\}}$ ein Diffeomorphismus von $\{(x,y) + E^s(A)\}$ auf $W^s[x,y]$ ist. Damit haben wir folgende Situation:

$$\begin{array}{ccc} \{(x,y) + E^s(A)\} & \xrightarrow{\pi} & W^s[x,y] \\ \downarrow & & \downarrow \\ E^s(A) = T_{(x,y)}\{(x,y) + E^s(A)\} & \xrightarrow{D_{(x,y)}\pi} & T_{[x,y]}W^s[x,y], \end{array} \quad (12.113)$$

und die Tangentialabbildung $D_{(x,y)}\pi$ ist ein Isomorphismus. Identifizieren wir die beiden Räume in der unteren Zeile von (12.113), so erhalten wir

$$T_{[x,y]}W^s[x,y] = E^s(A) \quad (12.114)$$

und völlig analog

$$T_{[x,y]}W^u[x,y] = E^u(A), \quad (12.115)$$

das heißt,

$$T_{[x,y]}\mathbf{T}^2 = T_{[x,y]}W^s[x,y] \oplus T_{[x,y]}W^u[x,y]. \quad (12.116)$$

Selbstverständlich sind die Eigenschaften (12.114) und (12.115) kanonisch für hyperbolische torale Automorphismen, das heißt, es sind definierende Eigenschaften für diese Abbildungen, und, vergegenwärtigen wir uns noch einmal die Figuren 10.9 und 10.10, so sind sie auch anschaulich klar. □

Der folgende Satz begründet eine Art von Eindeutigkeit lokaler stabiler und instabiler Mannigfaltigkeiten.

12.19 Satz. *Gilt $x, y \in \Lambda$ und $z \in W^s_{\text{loc}}(x) \cap W^s_{\text{loc}}(y)$, dann enthält der Durchschnitt $W^s_{\text{loc}}(x) \cap W^s_{\text{loc}}(y)$ eine offene Umgebung von z in beiden Mannigfaltigkeiten. Eine analoge Aussage gilt für instabile lokale Mannigfaltigkeiten.*

Beweis. Nach Satz 12.16 (c) gilt

$$d(f^n(x), f^n(y)) \leq d(f^n(x), f^n(z)) + d(f^n(z), f^n(y)) \xrightarrow[n \to \infty]{} 0. \quad (12.117)$$

Wegen (d) folgt damit für hinreichend großes n

$$f^n(y) \in W^s_{\text{loc}}(f^n(x)). \quad (12.118)$$

Aus demselben Grund gilt

$$f^n(W^s_{\text{loc}}(y)) \subseteq W^s_{\text{loc}}(f^n(x)) \tag{12.119}$$

für hinreichend großes n. Aus (12.101) folgt, wiederum durch geeignete Anwendung der Dreiecksungleichung, daß $W^s_{\text{loc}}(x)$ und $W^s_{\text{loc}}(y)$ offene Mengen sind. f ist ein Diffeomorphismus, also sind auch die Mengen $f^n(W^s_{\text{loc}}(y))$ und $f^n(W^s_{\text{loc}}(x))$, beide enthalten in $W^s_{\text{loc}}(f^n(x))$, offen. Damit ist auch ihr Durchschnitt offen in $W^s_{\text{loc}}(f^n(x))$ und damit in $f^n(W^s_{\text{loc}}(y))$ und in $f^n(W^s_{\text{loc}}(x))$. Die Behauptung folgt dann aus

$$z \in f^{-n}\Big(f^n(W^s_{\text{loc}}(y)) \cap f^n(W^s_{\text{loc}}(x))\Big). \tag{12.120}$$

∎

12.20 Korollar. *Falls die globalen stabilen Mannigfaltigkeiten $W^s(x)$ und $W^s(y)$ für $x, y \in \Lambda$ einen nichtleeren Durchschnitt haben, dann gilt $W^s(x) = W^s(y)$.*

Beweis. Wir zeigen $W^s(y) \subseteq W^s(x)$, die umgekehrte Inklusion folgt analog. Sei also $y' \in W^s(y)$ und $z \in W^s(x) \cap W^s(y)$, dann folgt

$$d(f^n(y'), f^n(x)) \leq d(f^n(y'), f^n(y)) + d(f^n(y), f^n(z)) + d(f^n(z), f^n(x)) \tag{12.121}$$

und somit für $n \to \infty$

$$y' \in W^s(x). \tag{12.122}$$

∎

Bemerkung. Aus diesem Korollar folgt für jedes $y \in \Lambda$:

$$y \in W^s(x) \iff W^s(y) = W^s(x), \tag{12.123}$$

analog für $W^u(x)$. Mit anderen Worten, zwei globale stabile (beziehungsweise instabile) Mannigfaltigkeiten sind entweder disjunkt oder identisch. □

Andererseits schneiden sich komplementäre Mannigfaltigkeiten, das heißt, $W^s(x)$ und $W^u(y)$ für $x, y \in \Lambda$, lokal in genau einem Punkt:

12.21 Satz. *Mit $W^s_\varepsilon(x)$ beziehungsweise $W^u_\varepsilon(y)$ bezeichnen wir offene ε-Kugeln in $W^s(x)$ beziehungsweise $W^u(y)$. Dann gilt:*

(a) *Es existiert ein $\varepsilon > 0$, so daß für jedes Paar $x, y \in \Lambda$ der Durchschnitt*

$$W^s_\varepsilon(x) \cap W^u_\varepsilon(y) \tag{12.124}$$

aus höchstens einem Punkt besteht.

(b) *Darüber hinaus existiert ein $\delta > 0$, so daß für $x, y \in \Lambda$ gilt:*

$$d(x, y) < \delta \implies W^s_\varepsilon(x) \cap W^u_\varepsilon(y) \neq \emptyset, \tag{12.125}$$

das heißt, der Durchschnitt besteht aus genau einem Punkt.

12 Hyperbolische Mengen und homokline Punkte

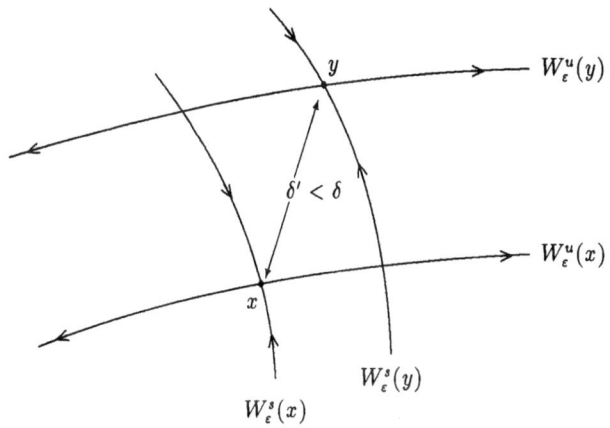

Fig. 12.1: Beweisskizze zu Satz 12.21.

Beweis. Für $x \in \Lambda$ gilt $W_\varepsilon^s(x) = \{x' \in W^s(x) \mid d(x,x') < \varepsilon\}$, analog $W_\varepsilon^u(x)$. Sei jetzt $x = y \in \Lambda$, dann folgt aus Satz 12.16

$$T_x W_\varepsilon^s(x) = E_x^s \quad \text{und} \quad T_x W_\varepsilon^u(x) = E_x^u, \qquad (12.126)$$

wobei gilt

$$E_x^s \oplus E_x^u = T_x M, \qquad (12.127)$$

das heißt, (vergleiche Definition 12.23 weiter unten), $W_\varepsilon^s(x)$ und $W_\varepsilon^u(x)$ schneiden sich transversal im Punkt x. Ist $\varepsilon > 0$ hinreichend klein, dann enthält der Durchschnitt

$$W_\varepsilon^s(x) \cap W_\varepsilon^u(x) \qquad (12.128)$$

wegen der Glattheitseigenschaften von beiden Mannigfaltigkeiten nur den Punkt x. Da Λ kompakt ist und $W_\varepsilon^{s \text{ bzw. } u}$ stetig von x abhängt (vergleiche Bemerkung zu Satz 12.12), kann dieses ε unabhängig von x gewählt werden. Sei jetzt $x \neq y$ und ε wie eben gewählt. Liegt x hinreichend nahe bei y, dann schneiden sich nach Satz 12.12 und dem daran anschließenden Korollar E_x^s und E_x^u beziehungsweise E_y^s und E_y^u unter fast identischen Winkeln echt größer als 0. Wählt man nun δ im Vergleich zu ε klein genug, dann bilden die vier beteiligten Mannigfaltigkeiten aufgrund ihrer Glattheitseigenschaften eine Masche mit fast parallelen Seiten (wie bei einem Fischernetz, vergleiche Fig. 12.1), in der sich $W_\varepsilon^s(x)$ und $W_\varepsilon^u(y)$ genau einmal schneiden. ∎

Wir erinnern uns nun zurück an die Beobachtungen zur Dynamik hyperbolischer toraler Automorphismen in der Umgebung sogenannter *homokliner Punkte*, die wir nun auf „saubere" Füße stellen wollen.

12.22 Definition. *(X, f) sei ein ddS mit einem Homöomorphismus f auf einem metrischen Raum (X, d).*

(a) Man nennt einen Punkt $x \in X$ homoklin zu einem Punkt $y \in X$, $y \neq x$, falls gilt:

$$\lim_{|n| \to \infty} d(f^n(x), f^n(y)) = 0. \tag{12.129}$$

Er heißt heteroklin *zu den Punkten $y_1, y_2 \in X$, falls*

$$\lim_{n \to \infty} d(f^n(x), f^n(y_1)) = \lim_{n \to -\infty} d(f^n(x), f^n(y_2)) = 0. \tag{12.130}$$

(b) Ist M eine differenzierbare Mannigfaltigkeit und $x \in M$ ein hyperbolischer Fixpunkt für $f \in \text{Diff}^1(M)$, dann nennen wir $q \in M$ einen transversalen homoklinen Punkt, falls sich die stabile und die instabile Mannigfaltigkeit von x (vergleiche Definition 11.28) in q transversal schneiden.

12.23 Definition. *U und V seien zwei Untermannigfaltigkeiten einer differenzierbaren Mannigfaltigkeit M.*

(a) Wir sagen, U und V schneiden sich transversal *in einem Punkt $p \in M$, oder, p ist ein* transversaler Schnittpunkt *von U und V, falls gilt*

$$T_p U + T_p V = T_p M. \tag{12.131}$$

U und V nennt man transversal, *falls jeder Schnittpunkt von U und V transversal ist.*

(b) Ist $f : M \to N$ (N wie M eine differenzierbare Mannigfaltigkeit) eine C^1-Abbildung und V eine Untermannigfaltigkeit von N, dann nennen wir f transversal zu V *im Punkt $p \in M$, falls entweder $f(p) \notin V$ oder*

$$D_p f(T_p M) + T_{f(p)} V = T_{f(p)} N \tag{12.132}$$

erfüllt ist. $f : M \to N$ heißt transversal zu V, falls f in allen Punkten $p \in M$ transversal ist zu V.

Wir beginnen damit, das Bild eines transversalen homoklinen Punktes eines nichtkontraktiven (flächenerhaltenden) Diffeomorphismus $f : \mathbb{R}^2 \to \mathbb{R}^2$ zu skizzieren (Fig. 12.2).

Wir nehmen an, daß der Ursprung $(0,0)$ ein Fixpunkt von f ist und daß in einer Umgebung des Ursprungs

$$f(x, y) = (2x, y/2) \tag{12.133}$$

12 Hyperbolische Mengen und homokline Punkte 269

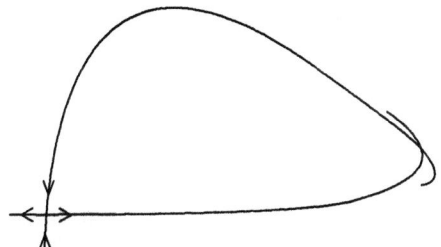

Fig. 12.2: Ein transversaler homokliner Punkt.

erfüllt ist. Die lokalen stabilen und instabilen Mannigfaltigkeiten sind dann Segmente der y- beziehungsweise der x-Achse. Wir nehmen an, daß sich ihre Verlängerungen in einem Punkt q transversal schneiden, für den dann gilt

$$f^n(q) \to 0 \text{ für } |n| \to \infty. \quad (12.134)$$

Damit ist q ein transversaler homokliner Punkt für den Fixpunkt $(0,0)$, und

$$\Lambda = \{(0,0)\} \cup O_f(q) \quad (12.135)$$

ist eine abgeschlossene f-invariante Menge. Da die stabile und die instabile Mannigfaltigkeit von $(0,0)$ f-invariant ist, sind die Bilder von q, $f^n(q)$ für $n \in \mathbb{Z}$, ebenfalls Schnittpunkte beider Mannigfaltigkeiten. Da der Schnittpunkt q transversal und f ein Diffeomorphismus ist, so gilt dasselbe für $f^n(q)$ und jedes n aufgrund der Linearität von Df^n. Damit erhalten wir automatisch abzählbar viele transversale homokline Punkte für den Ursprung.

Zwischen je zwei von ihnen finden wir sogenannte *homokline Schleifen*, die f jeweils aufeinander abbildet, also zum Beispiel die Schleife zwischen q und r auf diejenige zwischen $f(q)$ und $f(r)$, und so weiter [13]. f ist flächenerhaltend, also „schließen die homoklinen Schleifen etwa gleichgroße Flächenstücke ein" und werden somit immer länger, je näher $f^n(q)$ und $f^n(r)$ zusammenrücken (beachte (12.134) und vergleiche Fig. 12.4). Da die instabile Mannigfaltigkeit sich nicht selbst durchdringt (da f auf ihr expansiv ist), erhalten wir immer größer werdende dünne Schleifen, die sich auf der instabilen Mannigfaltigkeit nahe dem Ursprung häufen. Dasselbe Argument trifft auch für die stabile Mannigfaltigkeit zu, und so kommen wir zu dem

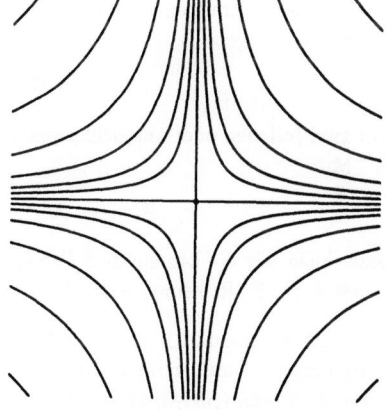

Fig. 12.3: Die Abbildung $(x,y) \mapsto (2x, y/2)$ in einer Umgebung des Ursprungs. Die Segmente der y-(bzw. x-)Achse bestehen aus Punkten, die in positiver (bzw. negativer) Zeit gegen den Ursprung konvergieren. Alle anderen Punkte bewegen sich auf Hyperbeln $xy = $ const.

Bild von Fig. 12.4, insbesondere erhalten wir ein ganzes Geflecht „neuer" transversaler homokliner Punkte. Das hier entwickelte Bild ist invariant gegen flächenerhalten-

---

[13] Dies folgt aus Stetigkeitsgründen und weil f eine 1 zu 1-Abbildung ist.

de Konjugationen und C^1-Linearisierungen (vergleiche Katok und Hasselblatt [73], Abschnitt 6.5 und Proposition 6.2.23), daher produziert jeder transversale homokline Punkt ähnliche Oszillationen wie diejenigen in Fig. 12.4.

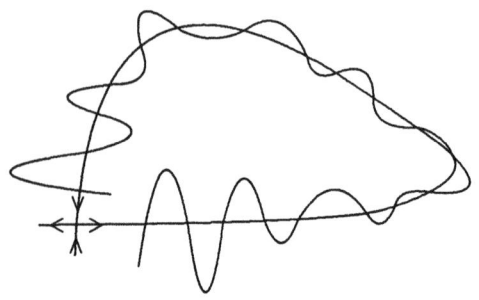

Fig. 12.4: Transversale homokline Orbits.

In Abschnitt 6 haben wir einen engen Zusammenhang zwischen eindimensionaler chaotischer Dynamik bei einer Selbstabbildung eines Intervalls und der Existenz eines Hufeisens festgestellt, der von Glendinning [51] und anderen sogar zur Definition für Chaos erhoben wird (vergleiche Definition 6.4). Für Diffeomorphismen auf Mannigfaltigkeiten gibt es eine deutliche Analogie:

Bei Existenz eines transversalen homoklinen Punktes gibt es einen *verallgemeinerten Horseshoe*, den wir wieder *Hufeisen* nennen und zunächst definieren wollen. Dies verlangt von uns einige Vorarbeiten:

Unter einem (verallgemeinerten) *Rechteck* im $\mathbb{R}^n$ verstehen wir eine Menge $\square$ der Form

$$\square = D_1 \times D_2 \subseteq \mathbb{R}^k \oplus \mathbb{R}^l \equiv \mathbb{R}^n \qquad (12.136)$$

mit zwei (offenen oder abgeschlossenen) Scheiben D_1 und D_2 in $\mathbb{R}^k$ beziehungsweise $\mathbb{R}^l$. Mit

$$\pi_1 : \mathbb{R}^n \longrightarrow \mathbb{R}^k \quad \text{und} \quad \pi_2 : \mathbb{R}^n \longrightarrow \mathbb{R}^l \qquad (12.137)$$

bezeichnen wir die kanonischen Projektionen, und die $\mathbb{R}^k$-Richtung nennen wir *horizontal*, die $\mathbb{R}^l$-Richtung *vertikal*.

12.24 Definition. $\square \subseteq U \subseteq \mathbb{R}^n$ *sei ein Rechteck und* $f : U \to \mathbb{R}^n$ *ein Diffeomorphismus. Dann nennen wir eine Zusammenhangskomponente* $C' =: f(C)$ *von* $\square \cap f(\square)$ *voll (für f), falls gilt:*

(a) $\pi_2(C) = D_2$,
(b) *für jedes $z \in C$ ist* $\pi_1\big|_{f(C \cap (D_1 \times \pi_2(z)))}$ *eine Bijektion auf* D_1.

Geometrisch bedeutet die Bedingung (b), daß das Bild jeder horizontalen Faser in C das Rechteck $\square$ trifft und „vollständig durchquert". Um im folgenden Tangentialvektoren von Punkten im euklidischen Raum zu unterscheiden, bezeichnen wir mit $(x,y) \in \mathbb{R}^k \oplus \mathbb{R}^{n-k}$ einen Punkt im $\mathbb{R}^n$ und mit $(u,v) \in \mathbb{R}^k \oplus \mathbb{R}^{n-k} \equiv T_p\mathbb{R}^n$, wie gewohnt, einen Tangentialvektor in $p = (x,y)$.

12.25 Definition. *Der* horizontale Standard-γ-Kegel in $p \in \mathbb{R}^n$ *ist definiert durch*

$$H_p^\gamma = \{(u,v) \in T_p\mathbb{R}^n \mid \|v\| \leq \gamma\|u\|\}, \tag{12.138}$$

und der vertikale Standard-γ-Kegel *durch*

$$V_p^\gamma = \{(u,v) \in T_p\mathbb{R}^n \mid \|u\| \leq \gamma\|v\|\}\,^{14)}, \tag{12.139}$$

Als Kegel K *in* $\mathbb{R}^n$ *bezeichnen wir jedes Bild eines Standardkegels unter einer invertierbaren linearen Abbildung.*

Für $n = 2$ sehen alle Kegel ähnlich aus. In Fig. 12.5 sehen wir schattiert einen horizontalen Kegel: $|x_2| \leq \gamma|x_1|$. Der Abschluß seines Komplements, $|x_1| \leq |x_2|/\gamma$, ist ein vertikaler Kegel.

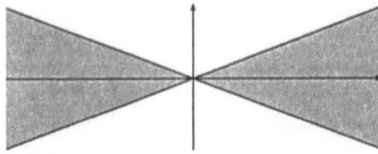

Fig. 12.5: Ein horizontaler Kegel im $\mathbb{R}^2$.

Für die Dimension $n = 3$ erhalten wir einen Kegel für $u = x_1$, $v = (x_2, x_3)$ und

$$\sqrt{x_2^2 + x_3^2} \leq \gamma|x_1|. \tag{12.140}$$

Doch auch hier ist (wie für $n = 2$) der Abschluß des Komplements eines Kegels wieder ein Kegel, also definiert

$$u = (x_2, x_3), \ v = x_1 \quad \text{und} \quad |x_1| \leq \sqrt{x_2^2 + x_3^2}\big/\gamma \tag{12.141}$$

auch einen Kegel, der aber gar nicht so aussieht (vergleiche Fig. 12.6).

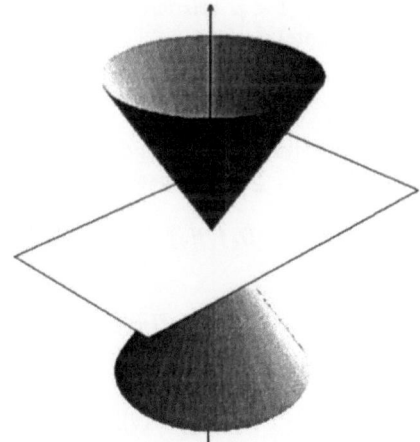

Fig. 12.6: Ein vertikaler Kegel im $\mathbb{R}^3$.

[14)] γ soll größer als 0 sein. Selbstverständlich sind die jeweiligen „Achsen" in den Standardkegeln enthalten, das heißt, $\mathbb{R}^k \times \{0\} \subset H_p^\gamma$ und $\{0\} \times \mathbb{R}^{n-k} \subset V_p^\gamma$ und das Entsprechende gilt für beliebige horizontale beziehungsweise vertikale Kegel.

12.26 Definition. (a) *Als* Kegelfeld *bezeichnen wir eine Abbildung, die jedem Punkt* $p \in \mathbb{R}^n$ *einen Kegel* K_p *in* $T_p\mathbb{R}^n$ *zuordnet. Ein Diffeomorphismus* $f : \mathbb{R}^n \to \mathbb{R}^n$ *induziert durch*

$$(f_*K)_p := D_{f^{-1}(p)}f(K_{f^{-1}(p)}) \qquad (12.142)$$

eine Abbildung auf einem Kegelfeld (und somit ein neues Kegelfeld).

(b) *Unter einer* Kegelfamilie *verstehen wir eine Folge von Kegelfeldern (das heißt, jedem Punkt* $p \in \mathbb{R}^n$ *wird eine Folge* $(K_{p,m})_{m \in \mathbb{Z}}$ *zugeordnet): Eine Folge* $f = (f_m)_{m \in \mathbb{Z}}$ *von Diffeomorphismen agiert auf einer Kegelfamilie gemäß*

$$(f_*K)_{p,m} := D_{f_{m-1}^{-1}(p)} f_{m-1}(K_{f_{m-1}^{-1}(p),m-1}). \qquad (12.143)$$

Wir nennen eine Kegelfamilie invariant, *falls gilt:*

$$(f_*K)_{p,m} \subseteq \overset{\circ}{K}_{p,m} \cup \{0\} \qquad (12.144)$$

($^\circ$ *bezeichnet das Innere der darunterstehenden Menge*).

So, nun haben wir genügend viele neue Werkzeuge bereitgestellt, um das Herzstück des schon mehrfach angesprochenen Satzes von Hadamard und Perron (siehe [73], Theorem 6.2.8) verstehen zu können:

12.27 Satz (Kegelkriterium). *Eine kompakte* f-*invariante Menge* Λ *ist (unter den in diesem Kontext üblichen Voraussetzungen)* hyperbolisch, *falls zwei reelle Zahlen* $(0 <)\lambda < 1 < \mu$ *existieren, so daß für jedes* $x \in \Lambda$ *eine (im allgemeinen nicht* Df-*invariante) Zerlegung*

$$T_xM = S_x \oplus T_x \qquad (12.145)$$

sowie eine dazugehörige Familie horizontaler Kegel $H_x \supseteq S_x$ *und eine Familie vertikaler Kegel* $V_x \supseteq T_x$ *existieren, so daß gilt:*

(a) $$D_xf(H_x) \subseteq \overset{\circ}{H}_{f(x)}, \quad D_{f(x)}f^{-1}(V_{f(x)}) \subseteq \overset{\circ}{V}_x \qquad (12.146)$$

und

(b) $$\|D_xf(u)\| \geq \mu\|u\| \quad \text{für} \quad u \in H_x \qquad (12.147)$$

beziehungsweise

$$\|D_{f(x)}f^{-1}(v)\| \geq \lambda^{-1}\|v\| \quad \text{für} \quad v \in V_{f(x)}. \qquad (12.148)$$

Beweis. Vergleiche Katok und Hasselblatt [73], Korollar 6.4.8 und 6.2.13. Mit letzterem ist ein wesentlicher Beweisschritt für den Satz von Hadamard und Perron abgegolten. ∎

12 Hyperbolische Mengen und homokline Punkte

Bemerkungen. 1. Die Bedingungen unter (b) bedeuten, daß $D_x f$ Vektoren in horizontalen Kegeln H_x expandiert, entsprechendes gilt für $D_{f(x)}f^{-1}$ in vertikalen Kegeln $V_{f(x)}$. Letzteres wiederum ist äquivalent dazu, daß $D_x f$ in vertikalen Kegeln V_x kontrahiert.

2. Existiert eine Zerlegung (12.145), so daß die Teilbedingung

$$D_x f(H_x) \subseteq \overset{\circ}{H}_{f(x)} \tag{12.149}$$

aus (12.146) und (12.147), das heißt,

$$\|D_x f(u)\| \geq \mu \|u\| \quad \text{für} \quad u \in H_x, \tag{12.150}$$

für eine Familie horizontaler Kegel H_x und alle x aus einer Teilmenge Λ von M erfüllt ist, dann sagen wir kürzer, daß *Df auf Λ eine Familie horizontaler Kegel erhält und expandiert*. Das Analoge sagen wir über die vertikalen Kegel, wenn die dazu komplementären Bedingungen aus Satz 12.27 für eine Teilmenge von M vorliegen.

3. In Satz 12.32 weiter unten wenden wir das Kegelkriterium konkret an, um zu beweisen, daß das Solenoid eine hyperbolische Menge ist. Es bietet sich daher an dieser Stelle an, ein paar Seiten zu überblättern und zunächst diesen Beweis zum besseren Verständnis des Kegelkriteriums zu studieren. □

12.28 Definition. *Sei $U \subseteq \mathbb{R}^n$ offen und*

$$\square = D_1 \times D_2 \subseteq U \subseteq \mathbb{R}^k \oplus \mathbb{R}^l \equiv \mathbb{R}^n. \tag{12.151}$$

Dann nennen wir das Rechteck $\square$ ein Hufeisen *für einen Diffeomorphismus $f : U \to \mathbb{R}^n$, falls $\square \cap f(\square)$ wenigstens zwei volle Komponenten $\square_0$ und $\square_1$ besitzt, so daß für $\square' = \square_0 \cup \square_1$ gilt:*

(a) $\pi_2(\square') \subseteq \overset{\circ}{D}_2$, $\pi_1(f^{-1}(\square')) \subseteq \overset{\circ}{D}_1$,
(b) $Df\big|_{f^{-1}(\square')}$ *erhält und expandiert auf $f^{-1}(\square')$ eine horizontale Kegelfamilie* [15], *und*
(c) $Df^{-1}\big|_{\square'}$ *erhält und expandiert auf $\square'$ eine vertikale Kegelfamilie.*

Nach dem Kegelkriterium ist somit

$$\Lambda := \bigcap_{n \in \mathbb{Z}} f^n(\square') \tag{12.152}$$

eine hyperbolische Menge für eine Abbildung f, die im Sinne von Definition 12.28 *ein Hufeisen besitzt*. Denn für $p = (x, y) \in \mathbb{R}^k \oplus \mathbb{R}^{n-k}$ haben wir mit

$$T_p \mathbb{R}^n \equiv \mathbb{R}^k \oplus \mathbb{R}^{n-k} \tag{12.153}$$

---

[15] Im Sinne von *eine geeignete* und *nicht* von *jede*!

eine Zerlegung des Tangentialraumes, bei der die „Achsen" $\mathbb{R}^k \times \{0\}$ beziehungsweise $\{0\} \times \mathbb{R}^{n-k}$ in jeder vertikalen beziehungsweise horizontalen Kegelfamilie enthalten sind, so daß die Bedingungen in Definition 12.28 dieses Ergebnis sicherstellen.

Λ ist die maximale f-invariante Teilmenge von $\overset{\circ}{\square}'$, und sie besitzt „fast horizontale" expandierende und „fast vertikale" kontrahierende Richtungen. Ohne Einschränkung gilt *alles*, was wir im 10. Abschnitt (von 10.13 bis einschließlich 10.19) über Smales Horseshoe-Abbildung gesagt haben, Wort für Wort auch für diese verallgemeinerte Hufeisen-Abbildung [16]. Insbesondere läßt sich wie dort die (chaotische) Dynamik von f durch die Konjugation zum 2-seitigen Shift σ_2 auf der Menge der 2-seitigen Folgen in zwei Symbolen codieren. Auch die Feststellung aus Beispiel 12.6 (d), daß nämlich die f-invariante Grenzmenge Λ für Smales Horseshoe-Abbildung eine hyperbolische Menge und f ein Axiom A-System ist, erhalten wir nun als Spezialfall aus dem Kegelkriterium. Schließlich gilt in Verallgemeinerung von Korollar 10.21 auch ein Resultat über die strukturelle Stabilität dieses dynamischen Systems; da jedes Rechteck, welches ein Hufeisen für f ist, auch ein Hufeisen für jeden Diffeomorphismus $\bar{f}$ ist, der in der C^1-Topologie hinreichend nahe bei f liegt, gilt (ohne Beweis) folgender Satz:

12.29 Satz. *Sei* $\Lambda = \bigcap_{k \in \mathbb{Z}} f^k(\square')$ *die maximale invariante Menge im Innern eines Hufeisens für einen C^1-Diffeomorphismus $f : U \to \mathbb{R}^n$. Dann gilt für jede Abbildung $\bar{f}$, $\bar{f}$ hinreichend nahe bei f in der C^1-Topologie: Es gibt eine $\bar{f}$-invariante Menge $\bar{\Lambda}$ und einen Homöomorphismus $h : \Lambda \to \bar{\Lambda}$ so, daß*

$$h \circ f\big|_{\Lambda} = \bar{f}\big|_{\bar{\Lambda}} \circ h \tag{12.154}$$

erfüllt ist.

Abschließend zum Thema „Horseshoe" wollen wir noch auf einen wichtigen Zusammenhang von transversalen homoklinen Punkten zur Existenz eines Hufeisens hinweisen.

12.30 Satz. *Sei M eine differenzierbare Mannigfaltigkeit, $U \subseteq M$ offen, $f : U \to M$ eine Einbettung, und $p \in U$ ein hyperbolischer Fixpunkt von f mit einem transversalen homoklinen Punkt q. Dann existiert in jeder beliebig kleinen Umgebung von p ein Hufeisen für eine Iterierte von f. Darüber hinaus enthält die hyperbolische invariante Menge Λ in diesem Hufeisen eine Iterierte von q.*

---

[16] Wobei dort das Hufeisen „auf dem Kopf stand", das heißt, die vertikale Richtung war die expandierende.

12 Hyperbolische Mengen und homokline Punkte

Bemerkung. In Satz 6.7 haben wir für stetige Abbildungen $f : I \to I$ auf einem Intervall konstatiert, daß die Existenz eines Hufeisens für eine Iterierte von f äquivalent dazu ist, daß die topologische Entropie $h(f)$ größer als 0 ist. Positive Entropie ihrerseits ist ein starkes Kriterium für das Vorhandensein von chaotischer Dynamik (soweit vergleichbar, stärker als Sensitivität). Wagt man nun einen – zugegeben noch auf wackeligen Füßen stehenden – Analogieschluß, so erahnt man, welche

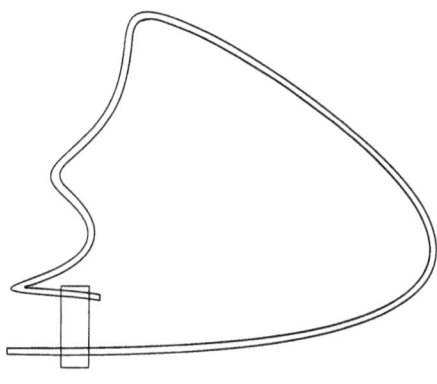

Fig. 12.7: Skizze zu Satz 12.30: So erhält man ein Hufeisen.

starken Konsequenzen die Existenz eines transversalen homoklinen Punktes für die Dynamik von f auch außerhalb der hyperbolischen Menge Λ hat. So existieren, zum Beispiel, nach einem Resultat von Birkhoff [20] in jeder Umgebung der f-invarianten Menge aus (12.135),

$$\gamma(q) := \{p\} \cup \bigcup_{n=-\infty}^{\infty} \{f^n(q)\}, \tag{12.155}$$

(q ist der homokline Punkt zum Fixpunkt p) periodische Punkte von f jeder beliebigen Ordnung. Wir wollen aber diese spannenden Fragen in den nachfolgenden Abschnitt verschieben und hinsichtlich des Beweises von Satz 12.30 auf Katok und Hasselblatt [73], Theorem 6.5.5, verweisen.

12.31 Korollar. *Jeder transversale (zu einem hyperbolischen Fix- oder periodischen Punkt) homokline Punkt ist ein Element von $\overline{\text{Per}(f)}$ und ist damit ein nichtwandernder Punkt.*

Beweis. Sei q der transversale homokline Punkt und Λ die invariante Menge (12.152) in einem Hufeisen für eine Iterierte f^n von f. Dann ist $f^n_{|\Lambda}$ topologisch konjugiert zum 2-seitigen Shift σ_2 auf der Menge Ω_2 der doppelseitigen Symbolfolgen in zwei Symbolen, und somit sind die periodischen Punkte von f^n, und damit erst recht die von f, dicht in Λ. Nach Satz 12.30 ist außerdem $f^m(q) \in \Lambda = \overline{\text{Per}(f)}$ für ein $m \in \mathbb{Z}$ und damit, wegen der Invarianz von Λ, auch q selbst, das heißt, q ist Häufungspunkt periodischer Punkte. ∎

So, jetzt müssen wir lediglich noch ein Versprechen aus dem 10. Abschnitt einlösen, nämlich zu zeigen, daß das Solenoid ebenfalls eine hyperbolische Menge ist.

12.32 Satz. *Das Solenoid*

$$\Lambda = \bigcap_{n \geq 0} F^n(T^2) \tag{12.156}$$

($T^2 = S^1 \times D^2$ *ist der solide Torus im* $\mathbb{R}^3$, D^2 *ist die Einheitskreisscheibe*) *ist eine hyperbolische Menge für die Abbildung (vergleiche (10.3))*

$$F : T^2 \longrightarrow T^2, \quad F(\theta,(x,y)) = \left(2\theta, \frac{1}{10}(x,y) + \frac{1}{2}(\cos\theta,\sin\theta)\right). \tag{12.157}$$

Vorbemerkung. Der ausgefüllte Torus T^2 ist eine 3-dimensionale Mannigfaltigkeit (vergleiche Beispiel 11.5 (e)), deren Tangentialraum $T_{(\theta,x,y)}$ für jeden Punkt $(\theta,x,y) \in T^2$ isomorph ist zum $\mathbb{R}^3$. Die Abbildung F^{-1} ist wohldefiniert auf $F(T^2)$, dessen Inneres eine offene Umgebung von Λ ist. Wählt man

$$U := F^{-1}(\overset{\circ}{\overbrace{F(T^2)}}), \tag{12.158}$$

dann ist $F : U \to T^2$ ein Diffeomorphismus von U auf sein Bild, und wegen

$$x \in \Lambda \implies x \in \bigcap_{n \geq 1} F^n(T^2) \implies F^{-1}(x) \in \bigcap_{n \geq 1} F^{n-1}(T^2) = \Lambda \tag{12.159}$$

ist das Solenoid F-invariant. $\square$

Beweis. Wir wenden das Kegelkriterium 12.27 an, und zeigen zunächst, daß 3-dimensionale horizontale Kegel der Form

$$\{(u,v_1,v_2) \in \mathbb{R}^3 \mid v_1^2 + v_2^2 \leq \gamma^2 u^2\} \tag{12.160}$$

(siehe dazu Fig. 12.6) für geeignete $\gamma > 0$ invariant sind unter

$$D_{(\theta,x,y)}F : T_{(\theta,x,y)}T^2 \longrightarrow T_{F(\theta,x,y)}T^2. \tag{12.161}$$

F ist eine Abbildung im $\mathbb{R}^3$ mit der Funktionalmatrix

$$DF(\theta,x,y) = \begin{pmatrix} 2 & 0 & 0 \\ -\frac{1}{2}\sin\theta & \frac{1}{10} & 0 \\ \frac{1}{2}\cos\theta & 0 & \frac{1}{10} \end{pmatrix}, \tag{12.162}$$

also gilt in unseren Koordinaten

$$\begin{aligned} D_{(\theta,x,y)}F(u,v_1,v_2) &= DF(\theta,x,y)\begin{pmatrix} u \\ v_1 \\ v_2 \end{pmatrix} \\ &= (2u, -\tfrac{1}{2}u\sin\theta + \tfrac{1}{10}v_1, \tfrac{1}{2}u\cos\theta + \tfrac{1}{10}v_2) \\ &=: (u',v_1',v_2'). \end{aligned} \tag{12.163}$$

12 Hyperbolische Mengen und homokline Punkte

Wir nehmen nun an, es gelte

$$v_1^2 + v_2^2 < \gamma^2 u^2 \quad \text{für ein} \quad \gamma \geq \tfrac{3}{10}. \tag{12.164}$$

Dann erhalten wir

$$\begin{aligned}
(v_1')^2 + (v_2')^2 &= \left(-\tfrac{1}{2}u\sin\theta + \tfrac{1}{10}v_1\right)^2 + \left(\tfrac{1}{2}u\cos\theta + \tfrac{1}{10}v_2\right)^2 \\
&= \tfrac{u^2}{4}\sin^2\theta - \tfrac{uv_1}{10}\sin\theta + \tfrac{v_1^2}{100} + \tfrac{u^2}{4}\cos^2\theta + \tfrac{uv_2}{10}\cos\theta + \tfrac{v_2^2}{100} \\
&= \tfrac{1}{4}u^2 + \tfrac{1}{100}(v_1^2 + v_2^2) + \tfrac{1}{10}u(v_2\cos\theta - v_1\sin\theta) \\
&\leq \tfrac{1}{4}u^2 + \tfrac{1}{100}\gamma^2 u^2 + \tfrac{1}{10}u(v_2\cos\theta - v_1\sin\theta) \\
&\leq \left(\tfrac{1}{4} + \tfrac{1}{100}\gamma^2 + \tfrac{1}{5}\gamma\right)u^2 \leq \left(\tfrac{100}{4\cdot 9} + \tfrac{1}{100} + \tfrac{1}{5}\tfrac{10}{3}\right)\gamma^2 u^2 \\
&< \left(\tfrac{27}{9} + \tfrac{1}{100} + \tfrac{2}{3}\right)\gamma^2 u^2 < 4\gamma^2 u^2 = \gamma^2 (u')^2,
\end{aligned} \tag{12.165}$$

und diese Abschätzungen bleiben auch noch richtig für $v_1^2 + v_2^2 = \gamma^2 u^2$ ($u \neq 0$).

In (12.165) verwenden wir die Abschätzung

$$u(v_2\cos\theta - v_1\sin\theta) \leq 2\gamma u^2. \tag{12.166}$$

Ist die linke Seite kleiner oder gleich 0, dann ist nichts zu beweisen. O. B. d. A. sei $u > 0$ und $(v_2\cos\theta - v_1\sin\theta) > 0$, dann lautet (12.166)

$$v_2\cos\theta - v_1\sin\theta \leq 2\gamma u. \tag{12.167}$$

Aus (12.164) folgt

$$\begin{aligned}
(v_2\cos\theta - v_1\sin\theta)^2 + (v_2\cos\theta + v_1\sin\theta)^2 &= 2(v_2^2\cos^2\theta + v_1^2\sin^2\theta) \\
&\leq 2(v_1^2 + v_2^2) \leq 2\gamma^2 u^2
\end{aligned} \tag{12.168}$$

und somit (12.167).

Mit (12.165) haben wir gezeigt, daß horizontale Standard-γ-Kegel für $\gamma \geq \tfrac{3}{10}$ DF-invariant sind [17]. Für $\gamma = \tfrac{1}{\delta}$ beweist die Rechnung in (12.165) gleichzeitig

$$(v_1')^2 + (v_2')^2 \geq (u')^2/\delta^2 \implies v_1^2 + v_2^2 \geq u^2/\delta^2 \tag{12.169}$$

---

[17] Das heißt, $D_{(\theta,x,y)}F$-invariant für alle $(\theta,x,y) \in T^2$, dies gilt analog für DF im Rest des Beweises.

für $\delta \leq \frac{10}{3}$. Das bedeutet, daß auch die vertikalen Standard-δ-Kegel (als Abschlüsse der Komplemente horizontaler Kegel, vergleiche (12.141)) invariant sind unter

$$DF^{-1} = (DF)^{-1} : (u', v_1', v_2') \longrightarrow (u, v_1, v_2), \tag{12.170}$$

und zwar für $\delta \leq \frac{10}{3}$ (F^{-1} ist wohldefiniert auf $F(T^2)$, dessen Inneres eine offene Umgebung von Λ ist).

Da wir die Hyperbolizität des Solenoids mit Hilfe des Kegelkriteriums nachweisen wollen, müssen wir noch zeigen, daß DF Vektoren in horizontalen Kegeln expandiert und in vertikalen kontrahiert. Wir nehmen also zunächst

$$v_1^2 + v_2^2 \leq \gamma^2 u^2 \tag{12.171}$$

und $u \neq 0$ an. Dann gilt mit (12.163)

$$\|DF(u, v_1, v_2)\|^2 \geq 4u^2 \geq \frac{4}{1+\gamma^2} \|(u, v_1, v_2)\|^2 > \|(u, v_1, v_2)\|^2 \tag{12.172}$$

für $\gamma^2 < 3$. Also erhält und expandiert DF Vektoren in horizontalen Standard-γ-Kegeln für $\frac{3}{10} \leq \gamma < \sqrt{3}$. Gilt auf der anderen Seite

$$v_1^2 + v_2^2 \geq u^2/\delta^2, \tag{12.173}$$

dann folgt wiederum aus (12.163)

$$\|DF(u, v_1, v_2)\|^2 = 4u^2 + \left(-\frac{1}{2}u \sin\theta + \frac{1}{10}v_1\right)^2 + \left(\frac{1}{2}u \cos\theta + \frac{1}{10}v_2\right)^2$$
$$\leq 4\delta^2(v_1^2+v_2^2) + \frac{u^2}{4} + \frac{1}{100}(v_1^2+v_2^2) + \frac{u}{10}(v_2 \cos\theta - v_1 \sin\theta) \tag{12.174}$$
$$\leq \frac{1}{4}u^2 + \left(\frac{1}{100} + \frac{1}{5}\delta + 4\delta^2\right)(v_1^2 + v_2^2).$$

Für die letzte Ungleichung haben wir wiederum die Abschätzung (12.166) benutzt. Wählt man $0 < \delta \leq \frac{2}{5}$, so folgt aus (12.174)

$$\begin{aligned}\|DF(u, v_1, v_2)\|^2 &\leq \frac{1}{4}u^2 + \left(\frac{1}{100} + \frac{2}{25} + \frac{16}{25}\right)(v_1^2 + v_2^2) \\ &< \frac{3}{4}\|(u, v_1, v_2)\|^2.\end{aligned} \tag{12.175}$$

Das bedeutet für DF^{-1} wiederum: DF^{-1} erhält und expandiert Vektoren in vertikalen Standard-δ-Kegeln für $0 < \delta \leq \frac{2}{5}$.

Invarianz und Expansion der horizontalen Kegel unter $D_{(\theta,x,y)}F = DF$ sowie der vertikalen Kegel unter DF^{-1} gilt somit gleichmäßig, insbesondere für alle Punkte $(\theta, x, y) \in \Lambda$. Darüber hinaus besitzt der gemeinsame Tangentialraum

$$T_{(\theta,x,y)}T^2 \equiv \mathbb{R}^3 = (\mathbb{R} \times \{(0,0)\}) \oplus (\{0\} \times \mathbb{R}^2) \tag{12.176}$$

eine Zerlegung, für welche die „horizontale Achse" $\mathbb{R} \times \{(0,0)\}$ beziehungsweise „vertikale Achse" $\mathbb{R}^2 \times \{0\}$ selbstverständlich in allen horizontalen beziehungsweise vertikalen Standardkegeln enthalten sind. Damit sind alle Bedingungen des Kegelkriteriums erfüllt, und das Solenoid ist eine hyperbolische Menge für die Abbildung F aus (12.157). ∎

Wie sehen nun die stabilen und instabilen Mannigfaltigkeiten von Λ aus? In der Tat ist es einfach, die stabilen Mannigfaltigkeiten von Λ zu bestimmen: Für jeden Punkt $(\theta_0, x_0, y_0) \in T^2$ wird der Querschnitt

$$D(\theta_0) = \{(\theta, x, y) \in T^2 \mid \theta = \theta_0\} \tag{12.177}$$

(vergleiche Fig. 10.2) durch F kontrahiert und in einen anderen Querschnitt abgebildet [18]. Also bilden die Querschnitte von T^2 eine invariante Familie von Untermannigfaltigkeiten von T^2, die durch F kontrahiert werden. Da die stabilen Mannigfaltigkeiten $W^s(\theta_0, x_0, y_0)$ für $(\theta_0, x_0, y_0) \in \Lambda$ genau durch diese Eigenschaften eindeutig festgelegt sind (vergleiche Satz 12.16), gilt für $(\theta_0, x_0, y_0) \in \Lambda$

$$W^s(\theta_0, x_0, y_0) = D(\theta_0). \tag{12.178}$$

Die instabilen Mannigfaltigkeiten dagegen, lassen sich im allgemeinen nicht explizit angeben. Die instabile Mannigfaltigkeit jedes Punktes in Λ ist in Λ enthalten, denn Λ ist nach Konstruktion die maximale invariante Teilmenge von T^2 für F^{-1}. Das heißt, keine Teilmenge von T^2, welche Λ echt enthält, ist F^{-1}-invariant. Aber die Vereinigung der instabilen Mannigfaltigkeiten aller Punkte in Λ ist F^{-1}-invariant und enthält Λ als Teilmenge, das heißt, sie muß gleich Λ sein. In Satz 10.23 haben wir außerdem exemplarisch für den Punkt $(0, \frac{5}{9}, 0) \in \Lambda$ gezeigt, daß die instabilen Mannigfaltigkeiten von Λ stetige Kurven in Λ sind. Zum Beweis haben wir dort eine Codierung durch einen inversen Shift auf einer sogenannten inversen Grenzmenge benutzt (vergleiche (10.142) und (10.146)), Katok und Hasselblatt [73] hingegen codieren (Λ, F) analog zur Codierungsprozedur bei Smales Horseshoe-Abbildung (vergleiche Satz 10.16) durch den 2-seitigen Shift (Ω_2, σ_2) und können damit auf einfache Weise zeigen, daß jede instabile Mannigfaltigkeit dicht ist in Λ ([73], Proposition 17.1.2). All diese Resultate zusammengenommen, liefern nach den toralen Automorphismen und den Hufeisen-Abbildungen auch für das Solenoid ein vollständiges, scharfes Bild der dort angesiedelten komplizierten Dynamik.

Den hyperbolischen Charakter des Hénon-Attraktors verdeutlicht Fig. 12.8. Im Unterschied zu unseren Modellbeispielen Solenoid, Horseshoe-Abbildung und toraler Automorphismus läßt sich für den Hénon-Attraktor Hyperbolizität, wie bereits in Abschnitt 10 angesprochen, vermutlich nur indirekt über die Existenz eines Hufeisens (Definition 12.28, vergleiche dazu Übungsaufgabe 7) analytisch nachweisen. Für die Parameterwerte $a = 1.4$ und $b = 0.3$ ist der Fixpunkt $p = (x^*, bx^*)$ aus (10.174) ein

---

[18] Vergleiche dazu die ausführliche Beschreibung von (T^2, F) in 10.1.

Sattelpunkt, und sein Orbit scheint eine eindimensionale Kurve auszufüllen, die von der instabilen Mannigfaltigkeit von p nicht zu unterscheiden ist (vergleiche Ruelle [134]). Dies veranlaßte Ruelle zu der *Vermutung*, daß das komplizierte System von „Linien", welches den Hénon-Attraktor bildet, gerade der Abschluß der instabilen Mannigfaltigkeit von p ist, die auch genährt wird von der Tatsache, daß die instabile Mannigfaltigkeit jedes Punktes x aus einem hyperbolischen Attraktor A in A enthalten ist.

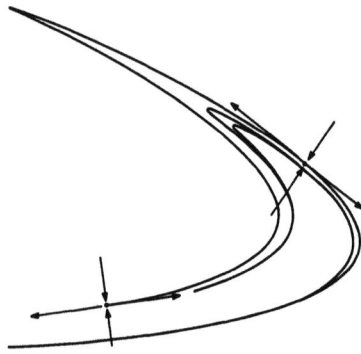

Fig. 12.8: Stabile und instabile Richtungen beim Hénon-Attraktor (aus Ruelle [134]).

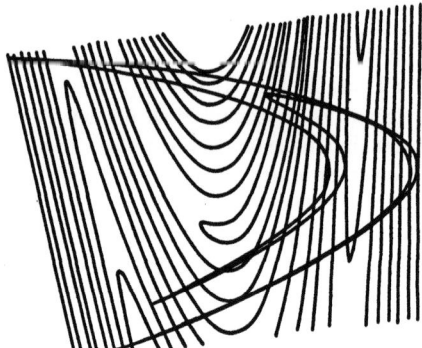

Fig. 12.9: Stabile und instabile Mannigfaltigkeit beim Hénon-Attraktor (aus [134]).

Übungsaufgaben.

1. $\Omega(f)$ sei die nichtwandernde Menge für $f \in \text{Diff}^r(M)$ und M kompakt (vergleiche Definition 12.8). Zeigen Sie:

   (a) $\Omega(f)$ ist f-invariant und kompakt.

   (b) $\Omega(f)$ enthält alle Attraktoren des ddS (M, f).

12 Hyperbolische Mengen und homokline Punkte

2. (Ω_2, σ_2) sei das ddS aus Satz 10.18, das heißt, σ_2 ist der beidseitige Shift auf der Menge der 2-seitigen Folgen in zwei Symbolen. Beweisen Sie: $\Omega_2 = \Omega(\sigma_2)$.

3. Λ sei eine hyperbolische Menge für einen Diffeomorphismus $f : M \to M$. Für $x \in \Lambda$ seien $W^s_{\mathrm{loc}}(x)$ und $W^u_{\mathrm{loc}}(x)$ lokale stabile beziehungsweise instabile Mannigfaltigkeiten im Sinne von Satz 12.16. Zeigen Sie:

   (a) $W^s_{\mathrm{loc}}(x)$ und $W^u_{\mathrm{loc}}(x)$ sind offene Teilmengen von M.

   (b) $W^s_{\mathrm{loc}}(x) \cap W^u_{\mathrm{loc}}(x) \cap K_\delta(x) = \{x\}$ für hinreichend kleines $\delta > 0$.

4. Zeigen Sie unter den Voraussetzungen von Definition 12.22 beziehungsweise 12.23:

   (a) Homokline Punkte werden unter f und f^{-1} auf homokline Punkte abgebildet.

   (b) Diese Aussage gilt ebenso für transversale homokline Punkte.

5. Für $f \in \mathrm{Diff}^r(M)$ sei V eine f-invariante Untermannigfaltigkeit von M und f transversal zu V im Punkt $q \in M$. Zeigen Sie:

   (a) f^n ist transversal zu V für alle $n \in \mathbb{Z}$.

   (b) Ist U ebenfalls eine f-invariante Untermannigfaltigkeit von M und schneiden sich U und V transversal in $q \in M$, dann besitzen U und V mindestens abzählbar viele transversale Schnittpunkte.

6. U und V seien Untermannigfaltigkeiten einer differenzierbaren Mannigfaltigkeit M, und $x \in M$ sei ein transversaler Schnittpunkt von U und V. Zeigen Sie, dann existiert eine Umgebung O_x von x, so daß $U \cap V \cap O_x = \{x\}$ erfüllt ist.

7. Verifizieren Sie experimentell, daß die Hénon-Abbildungen (10.161) für $a = 1.4$ und $b = 0.3$ ein Hufeisen besitzt. Was können Sie daraus schließen?

   HINWEIS: Orientieren Sie sich an Fig. 10.20 und wählen Sie ein geeignetes Viereck für die Abbildung aus. Als Resultat sollten Sie ein Bild analog zu Fig. 10.12 ausgeben.

13 Transversalität und strukturelle Stabilität

Hyperbolizität und *strukturelle Stabilität* spielen eine entscheidende Rolle in der Entwicklung der Theorie dynamischer Systeme der vergangenen vierzig Jahre. Die Theorie hyperbolischer Mengen wurde maßgeblich in den 60er Jahren vorangetrieben und ist aufs engste mit dem Namen Smale verknüpft. Er präsentierte Mitte des Jahrzehnts ein einfaches geometrisches Beispiel (keine Formeln, nur ein Bild und eine geometrische Beschreibung), den *Horseshoe*, und mit ihm den Prototypen schlechthin für komplizierte nichtlineare Dynamik.

Motivation für die Beschäftigung mit hyperbolischen Systemen war die Konstruktion strukturell stabiler Systeme (vergleiche Definition 12.10), das heißt, solcher Systeme, deren topologische Orbitstrukturen resistent sind gegenüber kleinen C^r-Störungen. Heute weiß man, daß beide Konzepte äquivalent sind, wenigstens für C^1-Diffeomorphismen auf kompakten Mannigfaltigkeiten [88]. Zusätzlich zur Hyperbolizität der nichtwandernden Menge (Definition 12.8) tritt dabei die Transversalität ihrer sämtlichen stabilen und instabilen Mannigfaltigkeiten, und beide Eigenschaften zusammen garantieren, genauer, sind äquivalent zur strukturellen Stabilität.

Damit ist der Arbeitsplan für diesen Abschnitt entworfen, und für die folgenden Definitionen und Sätze legen wir, soweit nichts Gegenteiliges gesagt wird, ein dynamisches System (M, f) zugrunde, für das M eine kompakte differenzierbare (n-dimensionale) Mannigfaltigkeit und $f \in \text{Diff}^r(M)$ sein soll. $\Lambda \subseteq M$ sei eine abgeschlossene und f-invariante Teilmenge von M, das heißt, $f(\Lambda) = \Lambda$. Dann ist Λ eine *hyperbolische Menge* für f (Satz 12.7), falls gilt:

(a) Das Tangentialbündel von M, eingeschränkt auf Λ, besitzt eine stetige Zerlegung [1]):

$$T_\Lambda M = E_\Lambda^s \oplus E_\Lambda^u. \tag{13.1}$$

(b) Die Unterbündel E_Λ^s und E_Λ^u sind invariant unter Df, das heißt, es gilt für $x \in \Lambda$

$$D_x f(E_x^s) = E_{f(x)}^s \quad \text{und} \quad D_x f(E_x^u) = E_{f(x)}^u. \tag{13.2}$$

(c) Auf M existiert eine Riemannsche Metrik und eine Konstante $0 < \lambda < 1$, so daß

$$\|D_x f(u)\| \leq \lambda \|u\| \quad \text{und} \quad \|D_x f^{-1}(v)\| \leq \lambda \|v\| \tag{13.3}$$

für alle $x \in \Lambda$, $u \in E_x^s$, $v \in E_x^u$ erfüllt ist.

Ist M selbst eine hyperbolische Menge, dann haben wir es mit einem *Anosov-Diffeomorphismus* zu tun.

---
[1]) Sie ist punktweise zu verstehen, das heißt, $T_\Lambda M = \bigcup_{x \in \Lambda} T_x M$, analog für $E_\Lambda^{s(\text{bzw. }u)}$.

13 Transversalität und strukturelle Stabilität

Im Zentrum von allen Untersuchungen zur strukturellen Stabilität dynamischer Systeme (M, f) steht der Hauptteil seiner Orbitstruktur und das ist die Limesmenge des Systems (vergleiche auch Definition 1.3):

13.1 Definition. (M, f) *sei gegeben wie oben vereinbart. Für* $x \in M$ *lautet die Definition für die* α-*Limesmenge und die* ω-*Limesmenge:*

$$\begin{aligned} \alpha(x) &= \{y \in M \mid \exists (n_i)_{i \in \mathbb{N}}, n_i \to -\infty : f^{n_i}(x) \to y\}, \\ \omega(x) &= \{y \in M \mid \exists (n_i)_{i \in \mathbb{N}}, n_i \to \infty : f^{n_i}(x) \to y\}. \end{aligned} \tag{13.4}$$

Die Mengen

$$L^+(f) = \overline{\bigcup_{x \in M} \omega(x)} \quad \text{und} \quad L^-(f) = \overline{\bigcup_{x \in M} \alpha(x)} \tag{13.5}$$

nennt man positive beziehungweise negative Limesmenge, und die Limesmenge $L(f)$ *ist die Vereinigung von* $L^+(f)$ *und* $L^-(f)$.

Aus dieser Definition geht hervor, daß $L^+(f)$ und $L^-(f)$ f-invariante Mengen sind, das heißt, es gilt

$$f(L^+(f)) = L^+(f) \quad \text{und} \quad f(L^-(f)) = L^-(f). \tag{13.6}$$

Darüber hinaus nähert sich $f^n(x)$ für jedes $x \in M$ der Menge $L^+(f)$ für $n \to \infty$ und $L^-(f)$ für $n \to -\infty$, das heißt, für geeignete Folgen (n_i) beziehungsweise (n_k) natürlicher Zahlen gilt:

$$d(f^{n_i}(x), L^+(f)) \xrightarrow[i \to \infty]{} 0 \quad \text{und} \quad d(f^{-n_k}(x), L^-(f)) \xrightarrow[k \to \infty]{} 0, \tag{13.7}$$

vergleiche Übungsaufgabe 1. Noch einmal betonen wollen wir an dieser Stelle, daß M als kompakter Hausdorff-Raum mit abzählbarer Basis metrisierbar ist. Da $L^+(f)$ und $L^-(f)$ kompakt sind, wird der Abstand d in (13.7) angenommen (vergleiche Anmerkung zu Satz 1.8 beziehungsweise Anhang A.1).

Wir wollen als nächstes diese Begrifflichkeit mit derjenigen der nichtwandernden Menge (Definition 12.8) vergleichen: $x \in M$ ist *nichtwandernd*, falls zu jeder Umgebung U von x und zu jedem $N \in \mathbb{N}$ ein $n > N$ existiert, so daß

$$f^n(U) \cap U \neq \emptyset \tag{13.8}$$

erfüllt ist. $\Omega(f)$ bezeichnet die Teilmenge aller nichtwandernden Punkte von M (manchmal schreiben wir auch einfach nur Ω).

13.2 Satz. Ω *ist abgeschlossen und* $f(\Omega)$ *ist enthalten in* Ω. *Ist* f *ein Homöomorphismus, dann gilt* $f(\Omega) = \Omega$, *und ein Punkt ist genau dann nichtwandernd für* f, *wenn er nichtwandernd ist für* f^{-1}.

Beweis. Nach Definition ist die Menge der wandernden Punkte offen in M, also ist ihr Komplement abgeschlossen. Eine ausführlichere Begründung entnehmen wir dem Beweis von Satz 13.7, ebenso den Nachweis von

$$f(\Omega) \subseteq \Omega. \tag{13.9}$$

Ist nun f ein Homöomorphismus und $x \in \Omega(f)$, dann gibt es ein $n > N$ mit

$$f^n(U) \cap U \neq \emptyset. \tag{13.10}$$

Das f^{-n}-Bild dieses Durchschnitts ist enthalten in der Menge

$$U \cap f^{-n}(U), \tag{13.11}$$

sie ist damit nichtleer, das heißt, $x \in \Omega(f^{-1})$. Schließlich folgt für $\Omega = \Omega(f)$

$$\Omega = f(f^{-1}(\Omega)) \subseteq f(\Omega) \subseteq \Omega, \tag{13.12}$$

also

$$f(\Omega) = \Omega. \tag{13.13}$$

∎

Da Ω abgeschlossen ist und selbstverständlich alle periodischen Punkte von f enthält, gilt

$$\overline{\text{Per}(f)} \subseteq \Omega(f). \tag{13.14}$$

Genau wie $L(f)$ ist auch $\Omega(f)$ eine f-invariante kompakte Teilmenge von M.

13.3 Satz. $L(f) \subseteq \Omega(f)$. [2]

Beweis. Sei $x \in M$, $y \in \omega(x)$ und U eine Umgebung von y. Dann gibt es zu beliebigem $N \in \mathbb{N}$ Indizes $m > n > 0$, $m - n > N$, so, daß $f^m(x)$ und $f^n(x)$ in U liegen. Somit ist

$$f^{m-n}(U) \cap U \neq \emptyset, \tag{13.15}$$

und y ist nichtwandernd. Analog läuft der Beweis für die α-Limesmenge und f^{-1}.

∎

13.4 Korollar. *Sei U eine Umgebung von $\Omega(f)$. Dann gibt es zu jedem $x \in M$ ein $N > 0$, so daß*

$$f^n(x) \in U \quad \text{für alle} \quad n \geq N. \tag{13.16}$$

---

[2] Diese Aussage gilt, ebenso wie die erste Teilaussage von Satz 13.2 für jedes ddS (X, f) mit f stetig auf X.

13 Transversalität und strukturelle Stabilität

Beweis. Übungsaufgabe 2. Sonst lägen ω-Limespunkte außerhalb von U, entfernt von $L^+(f)$. ∎

Ebenso wie die α- und ω-Limespunkte sind auch die homoklinen Punkte (Definition 12.22) nichtwandernd, denn sie sind, im Unterschied zu den zuerst genannten, *biasymptotisch*: ist p ein hyperbolischer Fixpunkt von f, dann ist q *homoklin* zu p, falls $p \neq q \in W^s(p) \cap W^u(p)$, das heißt, falls $q \neq p$ und

$$\lim_{|n|\to\infty} f^n(q) = p \qquad (13.17)$$

erfüllt ist. Im allgemeinen gilt $L(f) \neq \Omega(f)$; ein Beispiel eines homoklinen Punktes, der nicht in der Limesmenge enthalten ist, geben Palis und Takens [111] in Kapitel 5, Abschnitt 4. Jeder transversale homokline Punkt jedoch, ist nach Korollar 12.31 Häufungspunkt periodischer Punkte, und damit in $L^+(f)$, in $L^-(f)$ und in $\Omega(f)$ enthalten.

Wir wollen nun ein weiteres nützliches topologisches Konzept zur Beschreibung dynamischen Verhaltens einführen, und zwar wiederum allgemein für ein diskretes dynamisches System (ddS) (X, f) mit einer stetigen Funktion auf einen metrischen Raum.

13.5 Definition. (a) *Sei (X, f) ein ddS, $x \in X$ und $\varepsilon > 0$. Eine endliche Folge $\{x_n\}_{N_0 \leq n \leq N_1} (N_0 < N_1)$, $x_n \in X$, heißt ε-Pseudoorbit, falls*

$$d(f(x_n), x_{n+1}) < \varepsilon \qquad (13.18)$$

für $N_0 \leq n < N_1$ erfüllt ist. Man sagt, der ε-Pseudoorbit geht von x_{N_0} nach x_{N_1} und hat die Länge $N_1 - N_0$. Statt ε-Pseudoorbit wird auch der Begriff ε-Kette benutzt.

(b) *x heißt* kettenrekurrent, *falls gilt: Zu jedem $\varepsilon > 0$ gibt es Punkte $x = x_0, x_1, x_2, \ldots, x_k = x$ und Indizes $n_1, n_2, \ldots, n_k \geq 1$ mit*

$$d(f^{n_i}(x_{i-1}), x_i) < \varepsilon \qquad (13.19)$$

für $i = 1, \ldots, k$. Die Menge aller kettenrekurrenten Punkte von (X, f) bezeichnen wir mit $\Gamma(f)$.

13.6 Satz. *$x \in X$ ist genau dann kettenrekurrent, wenn zu jedem $\varepsilon > 0$ eine ε-Kette von x nach x existiert, das heißt, wenn x pseudoperiodisch ist für jedes positive ε.*

Beweis. Existiert zu jedem $\varepsilon > 0$ eine ε-Kette von x nach x, dann ist x kettenrekurrent. Umgekehrt sei x kettenrekurrent und sei $\varepsilon > 0$. Dann gibt es Punkte $x = x_0, x_1, \ldots, x_k = x$ und Indizes $n_1, \ldots, n_k \geq 1$ mit

$$d(f^{n_i}(x_{i-1}), x_i) < \varepsilon \qquad (13.20)$$

für $i = 1, \ldots, k$. Für $0 \leq l \leq L := n_1 + n_2 + \ldots + n_k$ definieren wir

$$y_l = \begin{cases} x_0 & \text{für} \quad l = 0 \\ x_j & \text{für} \quad l \in \left\{ \sum_{i=1}^{j} n_i \mid j = 1, \ldots, k \right\} \\ f(y_{l-1}) & \text{sonst} . \end{cases} \quad (13.21)$$

Dann ist die endliche Folge $\{y_l\}_{0 \leq l \leq L}$ ein ε-Pseudoorbit von x nach x. Denn offenbar ist $y_0 = x$ und $y_L = x_k = x$, und für $0 \leq l < L$ gilt:

$$d(f(y_l), y_{l+1}) = 0, \quad \text{falls} \quad y_{l+1} = f(y_l) \quad (13.22)$$

oder

$$\begin{aligned} d(f(y_l), y_{l+1}) &= d(f(y_{\sum_{i=1}^{j} n_i - 1}), x_j) \\ &= d(f(f^{n_j-1}(x_{j-1})), x_j) < \varepsilon \end{aligned} \quad (13.23)$$

für ein $j \in \{1, \ldots, k\}$. ∎

13.7 Satz. *Für $\Omega = \Omega(f)$ und $\Gamma = \Gamma(f)$ gelten folgende Aussagen:*

(a) Ω *und* Γ *sind abgeschlossene Mengen.*
(b) $f(\Omega) \subseteq \Omega$, $f(\Gamma) \subseteq \Gamma$.
(c) $\Omega \subseteq \Gamma$ [3].
(d) *Ist X kompakt, dann gilt $\Omega \neq \emptyset$.*

Beweis. (a) (Vergleiche Satz 13.2.) Sei x ein Häufungspunkt von Ω, U eine offene Umgebung von x und $N > 0$. Dann existiert ein $y \in \Omega$ mit $y \in U$. Aus der Definition folgt $f^n(U) \cap U \neq \emptyset$ für ein $n > N$, das heißt, $x \in \Omega$. Also ist Ω abgeschlossen.

Sei nun x ein Häufungspunkt von Γ und $\varepsilon > 0$. Aufgrund der Stetigkeit von f im Punkt x existiert ein $\delta = \delta(x, \varepsilon) < \frac{\varepsilon}{2}$ mit der Eigenschaft, daß

$$d(f(x'), f(x)) < \varepsilon/2, \quad \text{falls} \quad d(x', x) < \delta . \quad (13.24)$$

In $U_\delta(x)$ liegt ein Punkt $y \in \Gamma$ mit einem $\varepsilon/2$-Pseudoorbit $\{y_n\}_{0 \leq n \leq N}$ von y nach y (Satz 13.6).

Die Punkte $x_0 = x$, $x_1 = y_1, \ldots, x_{N-1} = y_{N-1}$, $x_N = x$ bilden dann einen ε-Pseudoorbit von x nach x. Denn es gilt:

$$\begin{aligned} d(x_1, f(x_0)) &\leq d(y_1, f(y)) + d(f(y), f(x)) < \varepsilon , \\ d(x_{n+1}, f(x_n)) &= d(y_{n+1}, f(y_n)) < \varepsilon/2 \text{ für } n = 1, \ldots, N-2, \\ d(x_N, f(x_{N-1})) &\leq d(x, y) + d(y, f(y_{N-1})) < \varepsilon . \end{aligned} \quad (13.25)$$

Aus Satz 13.6 folgt somit $x \in \Gamma$, das heißt, Γ ist abgeschlossen.

---
[3] Guckenheimer und Holmes [55] geben auf S. 236 einen Hinweis darauf, wann $\Gamma \neq \Omega$ gilt.

13 Transversalität und strukturelle Stabilität

(b) (Vergleiche Satz 13.2.) Sei $x \in \Omega$, U_ε eine offene ε-Umgebung von $f(x)$ und $N > 0$. Aufgrund der Stetigkeit von f in x existiert eine Umgebung U_δ von x ($\delta = \delta(x,\varepsilon)$) mit

$$f(U_\delta) \subseteq U_\varepsilon(f(x)). \tag{13.26}$$

Nach Voraussetzung existiert ein Index $n > N$ mit

$$f^n(U_\delta) \cap U_\delta \neq \emptyset. \tag{13.27}$$

Daraus folgt

$$\emptyset \neq f^{n+1}(U_\delta) \cap f(U_\delta) \subseteq f^n(U_\varepsilon) \cap U_\varepsilon, \tag{13.28}$$

das heißt, $f(x) \in \Omega$.

Sei nun $x \in \Gamma$ und $\varepsilon > 0$. Aufgrund der Stetigkeit von f im Punkt $f(x)$ (das heißt, von f^2 in x) existiert ein $\delta = \delta(x,\varepsilon) < \varepsilon/2$ mit der Eigenschaft, daß

$$d(f(f(x)), f(x')) < \varepsilon, \quad \text{falls} \quad d(f(x), x') < \delta. \tag{13.29}$$

Nach Satz 13.6 existiert eine δ-Kette $\{x_n\}_{0 \leq n \leq N}$ von x nach x, die sich problemlos bis $f(x)$ verlängern läßt.

Somit gilt insbesondere

$$d(f(x), x_1) < \delta. \tag{13.30}$$

Daraus folgt mit (13.29)

$$\begin{aligned} d(f(f(x)), x_2) &\leq d(f(f(x)), f(x_1)) + d(f(x_1), x_2) \\ &< \varepsilon/2 + \varepsilon/2. \end{aligned} \tag{13.31}$$

Also bilden die Punkte

$$y_0 = f(x), \quad y_1 = x_2, \ldots, y_{N-1} = x_N, \quad y_N = f(x) \tag{13.32}$$

eine ε-Kette von $f(x)$ nach $f(x)$, das heißt, $f(x) \in \Gamma$.

(c) Sei $x \in \Omega$ und $\varepsilon > 0$. Aufgrund der Stetigkeit von f im Punkt x existiert ein $\delta = \delta(x,\varepsilon) < \varepsilon$ mit der Eigenschaft

$$d(f(x'), f(x)) < \varepsilon, \quad \text{falls} \quad d(x, x') < \delta. \tag{13.33}$$

Nach Voraussetzung gilt

$$f^n(U_\delta(x)) \cap U_\delta(x) \neq \emptyset \tag{13.34}$$

für ein hinreichend großes $n \geq 2$, das heißt, es existiert ein $z \in U_\delta(x)$ mit $f^n(z) \in U_\delta(x)$. Für die Punkte

$$x_0 = x, \; x_1 = f(z), \; x_2 = x \tag{13.35}$$

gilt somit

$$d(f(x_0), x_1) = d(f(x), f(z)) < \varepsilon \tag{13.36}$$

und

$$d(f^{n-1}(x_1), x_2) = d(f^n(z), x) < \delta < \varepsilon. \tag{13.37}$$

Das heißt, $x \in \Gamma$.

(d) Ist X kompakt, dann ist $\omega(x) \neq \emptyset$ für jedes $x \in X$. Wir zeigen: $\omega(x) \subseteq \Omega$. Dazu sei $y \in \omega(x)$, U eine Umgebung von y und $N > 0$ beliebig vorgegeben. Dann existiert eine Folge $n_1 < n_2 < \ldots$ mit

$$f^{n_i}(x) \longrightarrow y \quad \text{für} \quad i \to \infty. \tag{13.38}$$

Also existiert ein i_0 mit

$$f^{n_i}(x) \in U \quad \text{für alle} \quad i \geq i_0. \tag{13.39}$$

Wir wählen nun einen Index i so, daß $n := n_i - n_{i_0} > N$. Daraus folgt

$$f^n(f^{n_{i_0}}(x)) = f^{n_i}(x) \in U \tag{13.40}$$

und

$$f^n(f^{n_{i_0}}(x)) \in f^n(U), \tag{13.41}$$

das heißt, $U \cap f^n(U) \neq \emptyset$. Also gilt $y \in \Omega$. ∎

Rekapitulieren wir kurz: Für ein beliebiges diskretes dynamisches System (X, f) gilt

$$\text{Per}(f) \subseteq L(f) \subseteq \Omega(f) \subseteq \Gamma(f) \tag{13.42}$$

(selbstverständlich enthält auch die Definition 13.1 nichts für dynamische Systeme auf Mannigfaltigkeiten spezifisches), und es ist nun eine schöne Übung, ein Beispiel (X, f) zu finden, für das alle Inklusionen in (13.42) strikt sind (vergleiche Fig. 13.1).

13.8 Definition. (X, f) *sei ein ddS. Eine abgeschlossene invariante*[4] *Menge* $Y \subseteq X$ *heißt unzerlegbar (irreduzibel), falls zu jedem Paar von Punkten* $x, y \in Y$ *und zu jedem* $\varepsilon > 0$ *Punkte* $x = x_0, x_1, x_2, \ldots, x_k = y$ *und Indizes* $n_1, n_2, \ldots, n_k \geq 1$ *existieren mit*

$$d(f^{n_i}(x_{i-1}), x_i) < \varepsilon \tag{13.43}$$

für $i = 1, \ldots, k$.[5]

---
[4] Invarianz hier: $f(Y) \subseteq Y$.
[5] Statt unzerlegbar: ε-Ketten-zusammenhängend.

13 Transversalität und strukturelle Stabilität

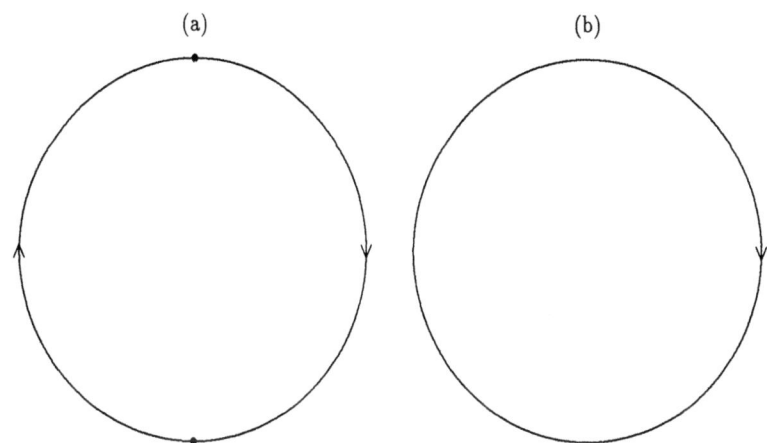

Fig. 13.1: In (a) geben die Pfeile die Richtung von x nach $f(x)$ an. Die markierten Punkte sind fix. Hier gilt $\mathrm{Per}(f) = L(f) = \Omega(f) =$ Menge aus den beiden markierten Punkten, während $\Gamma(f)$ gleich der gesamten Kreislinie ist. In (b) ist f die Drehung um einen irrationalen Winkel. $\mathrm{Per}(f)$ ist dann leer, aber $L(f) = \Omega(f) = R(f) =$ die gesamte Kreislinie (nach Shub [140]).

13.9 Satz. *Eine abgeschlossene invariante Menge $Y \subseteq X$ ist genau dann unzerlegbar, wenn zu je zwei Punkten $x, y \in Y$ und zu jedem $\varepsilon > 0$ ein ε-Pseudoorbit von x nach y existiert.*

Beweis. Entsprechend dem Beweis von Satz 13.6. ∎

13.10 Satz. *Y_1, Y_2 seien zwei unzerlegbare Teilmengen von X mit nichtleerem Durchschnitt. Dann ist auch $Y_1 \cup Y_2$ unzerlegbar.*

Beweis. Die Behauptung folgt aus Satz 13.9 und der Tatsache, daß die Verheftung zweier ε-Pseudoorbits von x nach z beziehungsweise von z nach y (im Punkt z) wiederum einen ε-Pseudoorbit ergibt, und zwar von x nach y. ∎

13.11 Definition. *Sei (X, f) ein ddS und $x \in X$. Der Abschluß der Vereinigung aller unzerlegbaren Teilmengen von X, welche x enthalten, heißt Unzerlegbarkeitskomponente von x*[6]*, und wir bezeichnen sie mit $\wedge(x)$.*

13.12 Satz. *$\wedge(x)$ ist die größte unzerlegbare Teilmenge von X, welche x enthält. Ferner gilt*

$$\bigcup_{x \in X} \wedge(x) = X, \tag{13.44}$$

und für $x, y \in X$, $x \neq y$, gilt entweder $\wedge(x) = \wedge(y)$ oder $\wedge(x) \cap \wedge(y) = \emptyset$.

---

[6] Weitere Namen: dynamische Zusammenhangskomponente, Verkettungskomponente.

Beweis. Sei $\Lambda(x) = \overline{\bigcup_{i \in I} \Lambda_i(x)}$, dann gilt

$$f\left(\overline{\bigcup_i \Lambda_i(x)}\right) \subseteq \overline{f\left(\bigcup_i \Lambda_i(x)\right)} = \overline{\bigcup_i f(\Lambda_i(x))} \subseteq \overline{\bigcup_i \Lambda_i(x)}, \qquad (13.45)$$

das heißt, $\Lambda(x)$ ist (abgeschlossen und) invariant. Zum Nachweis, daß $\Lambda(x)$ unzerlegbar ist, seien $a, b \in \Lambda(x)$ und $\varepsilon > 0$ vorgegeben. Wir zeigen zunächst, daß eine ε-Kette von a nach x existiert. Aufgrund der Stetigkeit von f im Punkt a existiert eine Zahl $\delta = \delta(\varepsilon, a)$, $0 < \delta < \varepsilon/2$, mit der Eigenschaft, daß

$$d(f(a'), f(a)) < \varepsilon/2, \quad \text{falls} \quad d(a', a) < \delta. \qquad (13.46)$$

In $U_\delta(a)$ liegt ein Punkt z aus einer unzerlegbaren Teilmenge $\Lambda_{i(a)}(x)$, die x enthält, mit einer $\varepsilon/2$-Kette

$$\{z = x_0, x_1, \ldots, x_k = x\} \quad \text{von } z \text{ nach } x. \qquad (13.47)$$

Wegen

$$d(f(a), x_1) \leq d(f(a), f(z)) + d(f(z), x_1) < \varepsilon \qquad (13.48)$$

bilden die Punkte

$$\{a, x_1, \ldots, x_{k-1}, x\} \qquad (13.49)$$

somit eine ε-Kette von a nach x. Analog erhalten wir wegen

$$d(f(x'_{k-1}), b) \leq d(f(x'_{k-1}), z) + d(z, b) < \varepsilon/2 + \varepsilon/2 \qquad (13.50)$$

aus einer $\varepsilon/2$-Kette $\{x = x'_0, x'_1, \ldots, x'_l = z\}$ von x nach z (aus einer unzerlegbaren Teilmenge $\Lambda_{i(b)}(x)$) eine ε-Kette von x nach b.

Also existieren zu vorgegebenem $\varepsilon > 0$ zwei ε-Ketten, nämlich $\{a = x_0, x_1, \ldots, x_k = x\}$ von a nach x, und $(x_{k+l} := x'_l) \{x = x_k, x_{k+1}, \ldots, x_{k+l} = b\}$ von x nach b. Dann ist $\{a = x_0, x_1, \ldots, x_k = x, x_{k+1}, \ldots, x_{k+l} = b\}$ eine ε-Kette von a nach b, das heißt, $\Lambda(x)$ ist unzerlegbar nach Satz 13.9 und somit nach Definition die größte unzerlegbare Teilmenge von X, welche x enthält.

Mit Satz 13.10 folgt der Rest der Behauptung von Satz 13.12. ∎

13.13 Satz. *Die Menge $\Gamma(f)$ besitzt eine eindeutige (disjunkte) Zerlegung in Unzerlegbarkeitskomponenten, das heißt, in maximale unzerlegbare Teilmengen.* [7]

Beweis. Wir zeigen zunächst: $\Lambda(x) \subseteq \Gamma$ für jedes $x \in \Gamma$. Dazu sei $y \in \Lambda(x)$ und $\varepsilon > 0$. Dann existiert eine ε-Kette von y nach x und eine ε-Kette von x nach y. Also

---

[7] Mit anderen Worten: Eine Unzerlegbarkeitskomponente besitzt keine echte unzerlegbare Obermenge in X.

existiert eine ε-Kette von y nach y. Also gilt $y \in \Gamma$, das heißt, $\wedge(x) \subseteq \Gamma$. Daraus folgt

$$\Gamma = \bigcup_{x \in \Gamma} \wedge(x) = \bigcup_{i \in I} \wedge(x_i) \quad \text{mit geeigneten} \quad x_i \in \Gamma. \tag{13.51}$$

Zum Nachweis der Eindeutigkeit sei

$$\Gamma = \bigcup_{i \in I} \wedge(x_i) = \bigcup_{j \in J} \wedge(y_j); \quad x_i, y_j \in \Gamma. \tag{13.52}$$

Dann folgt

$$x_1 \in \wedge(y_{j_1}) \quad \text{für ein geeignetes} \quad j_1 \in J, \tag{13.53}$$

das heißt,

$$\wedge(x_1) = \wedge(y_{j_1}). \tag{13.54}$$

Und weiter

$$x_2 \in \wedge(y_{j_2}) \quad \text{mit} \quad j_2 \in J, j_2 \neq j_1, \tag{13.55}$$

das heißt,

$$\wedge(x_2) = \wedge(y_{j_2}), \text{ usw.} \tag{13.56}$$

Also gilt $|I| = |J|$ und $\wedge(x_i) = \wedge(y_{j_i})$ für alle $i \in I$. ∎

Bemerkung. Ist X kompakt, dann besitzen die Komponenten $\wedge(x_i)$ positive Abstände voneinander. Das gilt auch, falls die $\wedge(x_i)$ beschränkte Teilmengen im $\mathbb{R}^n$ sind. In den einzelnen Komponenten $\wedge_i := \wedge(x_i)$ findet die gesamte Rekurrenz (das Wiederkommen) des Systems (X, f) statt, und die Komponenten $\wedge_i$ sind invariant gegenüber *sensiblen Störungen*. Damit ist gemeint, daß jede Störung eines Orbits aus $\wedge_i$, welche diesen innerhalb von Γ beläßt, ihn auch nicht aus $\wedge_i$ herausführt. Diese Begrifflichkeit ist kein Standard in der Literatur über dynamische Systeme, im allgemeinen arbeitet man hier mit Zerlegungen in maximale invariante topologisch transitive Komponenten. Für Axiom-A-Systeme (Definition 12.9), sie stehen in diesem Abschnitt im Mittelpunkt unseres Interesses, sind beide Konzepte äquivalent (siehe weiter unten). □

In diesem neuen Konzept werden im übrigen Attraktoren als unzerlegbare invariante attraktive Mengen charakterisiert. Ruelle [133] algebraisiert diese im Vergleich zu Definition 1.18 alternative Beschreibung von Attraktoren in folgender Weise:

Bezeichnung. Für $x, y \in X$ schreiben wir $x \to y$, in Worten „x geht nach y", falls zu jedem $\varepsilon > 0$ eine ε-Kette von x nach y existiert.

13.14 Satz. (a) *Die Relation $\to$ ist eine Halbordnung auf $\Gamma(f)$, das heißt, sie ist reflexiv ($x \to x$) und transitiv (aus $x \to y$ und $y \to z$ folgt $x \to z$).*

(b) *Die Relation $\to$ ist abgeschlossen, das heißt, aus $\lim_{n\to\infty} x_n = x$, $\lim_{n\to\infty} y_n = y$ sowie $x_n \to y_n$ folgt $x \to y$.*

Beweis. (a) Trivial.

(b) Sei $\varepsilon > 0$. Für hinreichend großes n gilt

$$d(y_n, y) < \varepsilon/2 \tag{13.57}$$

und wegen der Stetigkeit von f weiterhin

$$d(f(x_n), f(x)) < \varepsilon/2. \tag{13.58}$$

Nach Voraussetzung existiert eine $\varepsilon/2$-Kette

$$x_n = z_0, z_1, \ldots, z_k = y_n \tag{13.59}$$

von x_n nach y_n. Daraus folgt

$$d(f(x), z_1) \leq d(f(x), f(x_n)) + d(f(x_n), z_1) < \varepsilon \tag{13.60}$$

und

$$d(f(z_{k-1}), y) \leq d(f(z_{k-1}), z_k) + d(y_n, y) < \varepsilon. \tag{13.61}$$

Also bilden die Punkte

$$\{x, z_1, z_2, \ldots, z_{k-1}, y\} \tag{13.62}$$

eine ε-Kette von x nach y. ∎

Bemerkung. Aus (b) folgt ebenfalls, daß die Menge $\Gamma(f) = \{x \in X \mid x \to x\}$ abgeschlossen ist (vergleiche Satz 13.7). Denn, sei $x \in \overline{\Gamma(f)}$, dann existiert eine Folge $(x_n) \subset \Gamma(f)$, die gegen x konvergiert. Aus Satz 13.14 folgt dann $x \to x$, das heißt, $x \in \Gamma(f)$. □

Bezeichnungen. Durch

$$a \sim b \iff a \to b \quad \text{und} \quad b \to a \tag{13.63}$$

ist eine Äquivalenzrelation auf X definiert [8]. Mit $[a]$ bezeichnen wir die Äquivalenzklasse von a. Die Relation $\to$ induziert eine Ordnungsrelation auf der Menge der Äquivalenzklassen, sie ist definiert durch

$$[a] \geq [b], \quad \text{falls} \quad a \to b. \tag{13.64}$$

---

[8] Man nennt sie die Ruelle-Bowen-Äquivalenzrelation.

13 Transversalität und strukturelle Stabilität

Aus Satz 13.14 folgt, daß die Äquivalenzrelation $\sim$ abgeschlossen ist, somit ist auch jede Äquivalenzklasse $[a]$ abgeschlossen in X.

13.15 Definition. (X, f) *sei ein ddS.*

(a) *Für* $a \in \Gamma(f)$ [9] *bezeichnet man die Äquivalenzklasse* $[a]$ *als eine* Basisklasse *(englisch:* basic class*).*

(b) *Man nennt* $[a]$ *einen* Attraktor, *falls* $[a]$ *minimal ist bezüglich der Ordnungsrelation* $\geq$ *(vergleiche Ruelle* [132], [133]*).* [10]

13.16 Satz.
(a) *Eine Äquivalenzklasse* $[a]$ *ist genau dann eine Basisklasse, falls entweder* a *ein Fixpunkt ist oder* card $[a] > 1$ *gilt.*
(b) $[a]$ *ist genau dann eine Basisklasse, falls gilt* $f^n([a]) = [a]$ *für alle* $n \in \mathbb{N}$.
(c) *Jeder Attraktor ist eine Basisklasse.*
(d) $\Gamma(f) = \bigcup\limits_{a \in \Gamma(f)} [a]$.

Beweis. Übungsaufgabe 4. ∎

Bemerkung. Nach dieser Definition kann man erwarten, daß jeder geeignet gestörte Vorwärtsorbit eines beliebigen Punktes x sich einem Attraktor annähert. In der Tat kann man nämlich zeigen [132], daß sich unter geeigneten Voraussetzungen jeder Orbit unter kleinen zufälligen Störungen fast sicher einem Attraktor nähert. Zufällige Fluktuationen sind in physikalischen oder Computerexperimenten (Rundungsfehler) immer präsent. Deshalb erhält man bei solchen Experimenten als Output in der Regel Attraktoren im Sinne von Definition 13.15. So ist es vermutlich auch beim Hénon-Attraktor für den Diffeomorphismus

$$f : (x_1, x_2) \longmapsto (x_2 + 1 - ax_1^2, bx_1) \tag{13.65}$$

des $\mathbb{R}^2$ für $a = 1.4$ und $b = 0.3$. Hier haben Benedicks und Carleson [17], wie wir vom Schluß des 10. Abschnitts wissen, eine solche Aussage auch beweisen können. □

Die Verbindung von Definition 13.15 (b) zu unzerlegbaren (beziehungsweise topologisch transitiven) invarianten attraktiven Mengen (= Attraktoren im bisherigen Sinne) ergibt sich aus Ruelle [132]: Für eine kompakte invariante attraktive Menge Λ, welche zusätzlich eine Umgebung besitzen soll, auf der f gleichmäßig stetig ist [11], zeigt Ruelle in Ergänzung zu Satz 13.16, daß Λ genau dann ein Attraktor ist, wenn Λ eine basic class ist ([132], Theorem 4.4; der Beweis ist nicht schwierig) und nennt folgerichtig eine invariante attraktive Menge Λ unzerlegbar, wenn Λ eine basic class

---
[9] Das heißt, $x \in \Gamma(f)$ für alle $x \in [a]$.
[10] $[a]$ ist minimal, falls für alle $b \in X$ aus $[b] \leq [a]$ folgt $[b] = [a]$.
[11] Was im Kontext dieses Abschnitts immer erfüllt ist.

(oder äquivalent dazu ein Attraktor) ist. Als hinreichend dafür, daß Λ irreduzibel ist, erweist sich zum Beispiel,

(a) daß ein f-invariantes ergodisches Maß μ existiert (Definition 5.2), dessen Träger [12] Λ ist (vergleiche [132], Korollar 4.3), oder
(b) $\Lambda = L^+(f)$ (vergleiche Ruelle [129], Appendix A.2).

Wir kommen jetzt wieder zurück zu unserem ursprünglichen Set-up: zu Diffeomorphismen auf kompakten Mannigfaltigkeiten. Ist $L^+(f)$ (oder $L^-(f)$) hyperbolisch, dann kann man zeigen, daß

$$\overline{\operatorname{Per}(f)} = L^+(f) \; (\text{oder } L^-(f)) \tag{13.66}$$

gilt und daß $L^+(f)$ eine endliche Zerlegung

$$L^+(f) = \Lambda_1 \cup \ldots \cup \Lambda_k \tag{13.67}$$

in disjunkte, f-invariante, kompakte, topologisch transitive Komponenten Λ_i besitzt, die ihrerseits jeweils eine dichte Teilmenge periodischer Punkte besitzen (Newhouse [101]). Dabei ist Λ_i topologisch transitiv, falls (im Sinne von Definition 1.16 und Satz 1.17) ein $x \in \Lambda_i$ existiert mit

$$\overline{O_f(x)} = \Lambda_i. \tag{13.68}$$

Man nennt (13.67) eine *Spektralzerlegung* von $L^+(f)$. Darüber hinaus haben Hirsch, Palis, Pugh und Shub [65] gezeigt, daß jede Komponente Λ_i in einer Umgebung (von Λ_i) *maximal invariant* ist. Dieser letzte Fakt ist äquivalent zu etwas, was wir bereits kennengelernt haben (Satz 12.21) und das man als die *lokale Produktstruktur* von Λ_i bezeichnet: Danach existiert ein $\varepsilon > 0$ und ein $\delta > 0$, so daß für zwei Punkte $x, y \in \Lambda_i$ mit $d(x, y) < \delta$ sich die lokalen stabilen und instabilen Mannigfaltigkeiten $W_\varepsilon^{s(\text{bzw. }u)}(x)$ und $W_\varepsilon^{u(\text{bzw. }s)}(y)$ in genau einem Punkt schneiden, der in Λ_i liegt.

Darüber hinaus kann man beweisen, daß aus $\omega(x) \subseteq \Lambda_i$ folgt: $x \in W^s(z)$ für ein $z \in \Lambda_i$ (vergleiche dazu Newhouse [102] und Bowen [22], die in ihren Beweisen die Idee des *shadowing* [13] von Orbits verwenden, die wir weiter unten kennenlernen werden). Eine Menge mit diesen Eigenschaften der Zerlegungskomponenten Λ_i nennt man eine *Basismenge* (englisch: *basic set*) für den zugrundeliegenden Diffeomorphismus.

Ist die Menge der nichtwandernden Punkte $\Omega(f)$ hyperbolisch und gilt außerdem

$$\overline{\operatorname{Per}(f)} = \Omega(f), \tag{13.69}$$

---

[12] Der Träger von μ ist die kleinste abgeschlossene Teilmenge A von X, für die gilt $\int_X f\mu(dx) = 0$, wenn f auf A verschwindet.
[13] Wir verzichten hier auf eine lokale „Eindeutschung", die das Wiedererkennen dieses Begriffs in der Literatur über dynamische Systeme überflüssigerweise erschweren würde.

dann sagen wir (Definition 12.9), f *genügt Axiom A* [14]. In diesem Fall gilt nun aber mit (13.66)

$$\Omega(f) = L^+(f), \tag{13.70}$$

und wir können $\Omega(f)$ wegen (13.67) in endliche viele Basismengen zerlegen, das heißt,

$$\Omega(f) = \Lambda_1 \cup \ldots \cup \Lambda_k. \tag{13.71}$$

Dies ist der Inhalt von Smales Spektralzerlegungssatz (vergleiche Smale [144], 1967), das entsprechende Resultat für Limesmengen, (13.67), von Newhouse [101] erschien 1972, also fünf Jahre später.

13.17 Satz (Spektralzerlegungssatz). *Ein Diffeomorphismus* $f : M \to M$ *genüge Axiom A. Dann gibt es eine eindeutig bestimmte endliche Zerlegung*

$$\Omega(f) = \Lambda_1 \cup \ldots \cup \Lambda_k \tag{13.72}$$

der Menge der nichtwandernden Punkte von f in disjunkte, f-invariante, abgeschlossene, topologisch transitive Teilmengen Λ_i, $i = 1, \ldots, k$.

Zum Beweis dieses Satzes greifen wir zurück auf Satz 12.21, der besagt, daß für jede hyperbolische Menge Λ und hinreichend kleines $\varepsilon > 0$ ein $\delta > 0$ existiert, so daß für $x, y \in \Lambda$ gilt:

$$d(x, y) < \delta \Rightarrow \begin{cases} W^s_\varepsilon(x) \cap W^u_\varepsilon(y) \text{ ist ein einzelner Punkt, und der Durchschnitt ist} \\ \text{transversal (vergleiche Fig. 12.1).} \end{cases}$$

Man bezeichnet diesen Schnittpunkt mit $[x, y]_{\varepsilon, \delta}$ (oder einfach mit $[x, y]$) und sagt, eine hyperbolische Menge Λ habe *lokale Produktstruktur*, falls für hinreichend kleine ε und δ und $x, y \in \Lambda$ gilt:

$$d(x, y) < \delta \implies [x, y] \in \Lambda. \tag{13.73}$$

Die beiden in Fig. 12.1 nicht bezeichneten Schnittpunkte der beteiligten Mannigfaltigkeiten sind gerade die Punkte $[x, y]$ und $[y, x]$.

13.18 Lemma. *Ist* $\overline{\text{Per}(f)}$ *hyperbolisch, dann hat* $\overline{\text{Per}(f)}$ *lokale Produktstruktur.*

Beweis. Vergleiche Shub [140], Proposition 8.11.

Wir verschieben diesen Beweis auf später, denn er macht maßgeblich Gebrauch vom oben bereits angesprochenen *Shadowing-Prinzip*, auf das wir erst weiter unten eingehen werden (vergleiche Satz 13.37), um den Blick auf Smales Spektralsatz nicht unnötig zu verstellen.

---

[14] Für den Fall, daß dim $M = 2$ ist, gilt: $\Omega(f)$ hyperbolisch $\Rightarrow \overline{\text{Per}(f)} = \Omega(f)$. Das ist nicht mehr richtig für höhere Dimensionen (vergleiche Dankner [34] und Newhouse und Palis [104]).

Beweis von Satz 13.17. Sei $p \in \text{Per}(f)$ und δ eine kleine positive Konstante. Wir setzen

$$X_p = \overline{W^u(p) \cap \Omega(f)} \tag{13.74}$$

und

$$B_\delta(X_p) = \{y \in \Omega(f) \mid d(y, X_p) < \delta\}\,^{15)}. \tag{13.75}$$

1. Als erstes werden wir zeigen, daß jede Menge X_p sowohl offen als auch abgeschlossen ist in $\Omega(f)$. Dazu sei δ die Konstante in (13.73) für die lokale Produktstruktur von $\Omega(f)$ und $y \in B_\delta(X_p) \cap \text{Per}(f)$; die Periode von y sei k. Sei nun

$$x \in W^u(p) \cap \Omega(f) \quad \text{mit} \quad d(x, y) < \delta, \tag{13.76}$$

dann gilt $W^u(p) = W^u(x)$, und wir setzen $z = [y, x]$. Nach Lemma 13.18 liegt z in $\overline{\text{Per}(f)}$ und aufgrund seiner Definition in $W^s(y)$, so daß $f^{nk}(z) \to y$ für $n \to \infty$ gilt.

Andererseits, da z auch zu $W^u(x) = W^u(p)$ gehört, und wenn wir annehmen, daß die Periode von p gleich l ist, dann gilt

$$f^{nl}(z) \in W^u(p) \cap \overline{\text{Per}(f)} \tag{13.77}$$

und somit

$$y = \lim_{n \to \infty} f^{nl}(z) \in \overline{W^u(p) \cap \overline{\text{Per}(f)}} = X_p. \tag{13.78}$$

Damit wissen wir

$$B_\delta(X_p) \cap \text{Per}(f) \subseteq X_p, \tag{13.79}$$

und, da die periodischen Punkte dicht liegen in $B_\delta(X_p)$ [16)] und weil $B_\delta(X_p)$ offen ist in $\Omega(f)$, gilt somit

$$B_\delta(X_p) \subseteq X_p, \quad \text{das heißt,} \quad B_\delta(X_p) = X_p. \tag{13.80}$$

Nach Definition ist X_p abgeschlossen in $\Omega(f)$ und wegen (13.80) also auch offen in $\Omega(f)$.

2. Aus $W^u(f(p)) = W^u(p) = f(W^u(p))$ folgt

$$\begin{aligned} X_{f(p)} &= \overline{W^u(f(p)) \cap \Omega(f)} \\ &= \overline{f(W^u(p)) \cap f(\Omega(f))} \\ &= f(\overline{W^u(p) \cap \Omega(f)}) = f(X_p). \end{aligned} \tag{13.81}$$

[15)] $d(y, X_p) = \inf\{d(x, y) \mid x \in X_p\}$, $B_\delta(X_p)$ ist eine offene δ-Umgebung von X_p in $\Omega(f)$.
[16)] Das heißt, $B_\delta(X_p) \subseteq \overline{\text{Per}(f)}$, vergleiche (13.75).

13 Transversalität und strukturelle Stabilität

3. Als nächstes zeigen wir, daß für $p, q \in \text{Per}(f)$ die Mengen X_p und X_q entweder identisch sind oder disjunkt. Dazu sei $q \in X_p$. Wir setzen

$$\hat{W}^u_\varepsilon(q) = W^u_\varepsilon(q) \cap \Omega(f). \tag{13.82}$$

Da X_p offen ist in $\Omega(f)$, gilt

$$\hat{W}^u_\varepsilon(q) \subseteq X_p \tag{13.83}$$

für hinreichend kleines $\varepsilon > 0$, also haben wir

$$X_q = \bigcup_{n \geq 0} \overline{f^{nlm}(\hat{W}^u_\varepsilon(q))} \subseteq X_p, \tag{13.84}$$

dabei hat p die Periode l und q die Periode m. Das Gleichheitszeichen links in (13.84) gilt nach (11.180), denn q ist ein hyperbolischer Fixpunkt von f^{lm}, also gilt

$$W^u(q) = \bigcup_{n \geq 0} (f^{lm})^n (W^u_\varepsilon(q)), \tag{13.85}$$

und die Inklusion rechts in (13.84) folgt aus (13.81), wonach für alle $n \geq 0$ wegen (13.83) gilt:

$$f^{nlm}(\hat{W}^u_\varepsilon(q)) \subseteq X_{f^{nlm}(p)} = X_p. \tag{13.86}$$

Da X_p wie X_q eine offene Umgebung von q in $\Omega(f)$ ist, gibt es in X_q einen Punkt $y \in W^u(p) \cap \Omega(f)$, für ihn gilt

$$p = \lim_{n \to -\infty} f^{nlm}(y) \in \overline{X}_q = X_q. \tag{13.87}$$

Mit analogen Argumenten wie denjenigen zu (13.84) folgt daraus

$$X_p \subseteq X_q. \tag{13.88}$$

Nun seien p und q aus $\text{Per}(f)$ beliebig. Gilt $X_p \cap X_q \neq \emptyset$, dann muß dieser Durchschnitt offen sein in $\Omega(f) = \overline{\text{Per}(f)}$, und somit existiert ein periodischer Punkt r von f im Durchschnitt. Wie oben folgt dann

$$X_p = X_r = X_q. \tag{13.89}$$

Die Mengen X_p bilden somit eine disjunkte (offene und) abgeschlossene Überdeckung, also eine Zerlegung von $\Omega(f)$. Da $\Omega(f)$ kompakt ist, gibt es nur endlich viele verschiedene Zerlegungsmengen X_p. Wegen (13.81) werden sie durch f permutiert, sie sind im allgemeinen also nicht invariant unter f. Aber in der Menge der Zerlegungsmengen X_p herrscht eine Klasseneinteilung in f-invariante Zyklen

$$\begin{aligned} \Lambda_1 &= X_{1,1} \cup \ldots \cup X_{n_1,1} \\ &\vdots \\ \Lambda_k &= X_{1,k} \cup \ldots \cup X_{n_k,k} \end{aligned} \tag{13.90}$$

mit

$$f(X_{j,i}) = X_{j+1,i} \quad \text{für} \quad 1 \leq j \leq n_i - 1,$$
$$f(X_{n_i,i}) = X_{1,i} \quad (13.91)$$

für $i = 1, \ldots, k$ und folglich $f^{n_i} : X_{j,i} \to X_{j,i}$ für $j = 1, \ldots, n_i$ und $i = 1, \ldots, k$.

Das heißt, die Mengen $\Lambda_1, \ldots, \Lambda_k$ bilden eine disjunkte, f-invariante, abgeschlossene Zerlegung von $\Omega(f)$.

4. Zum vollständigen Beweis der Aussage von Satz 13.17 fehlen noch zwei Details: die topologische Transitivität der Zerlegungsmengen und die Eindeutigkeit der Zerlegung. Zum Nachweis, daß f auf Λ_i ($i = 1, \ldots, k$) *topologisch transitiv* ist, müssen wir zeigen, daß für je zwei nichtleere offene Teilmengen $U, V \subseteq \Lambda_i$ ein $n \in \mathbb{N}$ existiert mit

$$f^n(U) \cap V \neq \emptyset. \quad (13.92)$$

Wir halten i fest und überlegen uns zunächst, daß es dazu hinreichend ist zu zeigen, daß jede der Abbildungen

$$f^{n_i} : X_{j,i} \longrightarrow X_{j,i} \quad (13.93)$$

topologisch mischend ist, was wiederum bedeutet, daß für jedes Paar nichtleerer offener Mengen $U', V' \subseteq X_{j,i}$ ein $N_j \in \mathbb{N}$ existiert, so daß gilt

$$f^{n_i \cdot n}(U') \cap V' \neq \emptyset \quad \text{für alle} \quad n > N_j. \quad (13.94)$$

Mit $U, V \subseteq \Lambda_i$ gilt nämlich für $m \in \mathbb{N}$

$$f^m(U) \cap V = \bigcup_{j=1}^{n_i} \bigcup_{l=1}^{n_i} f^m(U \cap X_{j,i}) \cap (V \cap X_{l,i}). \quad (13.95)$$

Sind nun U und V offen und nichtleer, so gilt dies auch mindestens für zwei Mengen $U \cap X_{j,i}$ und $V \cap X_{l,i}$ mit $j, l \in \{1, \ldots, n_i\}$ und o. B. d. A. $l \geq j$. Aus (13.91) folgt dann, daß $f^{l-j}(U \cap X_{j,i})$ eine offene und nichtleere Teilmenge von $X_{l,i}$ ist. Wählt man in (13.94) $U' = f^{l-j}(U \cap X_{j,i})$ und $V' = V \cap X_{l,i}$ und in (13.95)

$$m = n \cdot n_i + (l - j) \quad \text{mit} \quad n > N_l(U', V'), \quad (13.96)$$

dann gilt [17]

$$f^m(U) \cap V \neq \emptyset. \quad (13.97)$$

---

[17] Offenbar reicht es aus, in (13.96) $m = n \cdot n_i + (l - j)$ für *ein* $n \in \mathbb{N}$ zu wählen, welches $f^{n_i \cdot n}(U') \cap V' \neq \emptyset$ erfüllt. Das heißt, im Augenblick ist es hinreichend, wenn alle Abbildungen f^{n_i} topologisch transitiv sind, aber wir benötigen ihre Mischungseigenschaft in späteren Sätzen und beweisen sie deshalb an dieser Stelle.

13 Transversalität und strukturelle Stabilität

Damit ist also noch zu zeigen: Ist $f^N(X_p) = X_p$, dann ist f^N auf X_p topologisch mischend. Seien also $U, V \subseteq X_p$ offen und nichtleer. Wir müssen eine ganze Zahl $T > 0$ finden, so daß für alle $t \geq T$, $t \in \mathbb{N}$, gilt

$$f^{tN}(V) \cap U \neq \emptyset. \tag{13.98}$$

Sei $p_1 \in \text{Per}(f) \cap V$, dann gilt $X_{p_1} = X_p$, und wir können einen Punkt $z \in W^u(p_1) \cap \Omega(f)$ finden mit $z \in U$. Wir nehmen an, p_1 habe die Periode k unter f^N, also

$$f^{kN}(p_1) = p_1. \tag{13.99}$$

Wie eben können wir für jedes i, $0 \leq i \leq k - 1$, ein $z_i \in U$ finden mit

$$z_i \in W^u(f^{iN}(p_1)), \tag{13.100}$$

und folglich

$$\lim_{t \to \infty} f^{-tkN}(z_i) = f^{iN}(p_1). \tag{13.101}$$

Somit gibt es Zahlen $T_i \in \mathbb{N}$, $0 \leq i \leq k - 1$, so daß gilt:

$$f^{-tkN}(z_i) \in f^{iN}(V) \quad \text{für} \quad t \geq T_i, \tag{13.102}$$

mit anderen Worten,

$$f^{-tkN-iN}(z_i) \in V \quad \text{für} \quad t \geq T_i. \tag{13.103}$$

Wir setzen $T := \max_i T_i$, und für $t \geq kT$ setzen wir

$$t = ks + i \quad \text{mit} \quad 0 \leq i < k \quad \text{und} \quad s \in \mathbb{N}. \tag{13.104}$$

Dann ist $s \geq T_i$ und

$$f^{-tN}(z_i) = f^{-skN-iN}(z_i) \in V. \tag{13.105}$$

z_i liegt in U, also folgt

$$f^{-tN}(U) \cap V \neq \emptyset \quad \text{für} \quad t \geq kT, \tag{13.106}$$

mit anderen Worten,

$$U \cap f^{tN}(V) \neq \emptyset \quad \text{für} \quad t \geq kT, \tag{13.107}$$

und wir sind fertig.

5. So, jetzt fehlt uns lediglich noch die Eindeutigkeit der Zerlegung von $\Omega(f)$. Aufgrund der topologischen Transitivität besitzt jedes Λ_i einen dichten Orbit und kann

daher nicht als disjunkte Vereinigung von endlich vielen nichttrivialen abgeschlossenen f-invarianten Mengen dargestellt werden. Daraus folgt bereits die Eindeutigkeit der Λ_i's, denn wäre $\Omega_1 \cup \ldots \cup \Omega_r = \Omega(f)$ eine weitere Zerlegung dieser Art von $\Omega(f)$, dann wäre

$$\Omega_1 \cap \Lambda_i, \ldots, \Omega_r \cap \Lambda_i \qquad (13.108)$$

eine solche Zerlegung von Λ_i, aber dann müssen alle Zerlegungsmengen in (13.108) bis auf eine leer sein, das heißt,

$$\Lambda_i \subseteq \Omega_j \quad \text{für ein} \quad j \in \{1, \ldots, r\}. \qquad (13.109)$$

Vertauscht man die Rollen der Λ's und Ω's, so folgt umgekehrt

$$\Omega_j \subseteq \Lambda_i. \qquad (13.110)$$

Daraus folgt die Eindeutigkeit der Zerlegung. [18)] ∎

Bemerkung. Die einzelnen Schritte in diesem Beweis waren durchgängig elementar, doch das ging zu Lasten der Eleganz. Einen eleganteren Beweis schlagen Katok und Hasselblatt [73] vor: Sie beweisen einen noch allgemeineren Zerlegungssatz (Theorem 18.3.1) für kompakte sogenannte *lokal maximale hyperbolische Mengen* Λ von f, für die definitionsgemäß gilt

$$\Lambda = \Lambda_V^f := \bigcap_{n \in \mathbb{Z}} f^n(\overline{V}) \qquad (13.111)$$

(vergleiche Satz 12.14) mit einer offenen Umgebung V von Λ. Ihr Beweis verläuft folgendermaßen: Auf $\text{Per}(f_{|\Lambda})$ definieren sie eine Relation $\sim$ durch

$$x \sim y \iff W^u(x) \cap W^s(y) \neq \emptyset \quad \text{und} \quad W^s(x) \cap W^u(y) \neq \emptyset, \qquad (13.112)$$

wobei beide Durchschnitte in mindestens einem Punkt transversal sein sollen. Sie zeigen, daß dies eine Äquivalenzrelation ist (Reflexivität und Symmetrie sind trivial) und erhalten jedes Λ_i, auf dem f sogar topologisch mischend ist, als Abschluß einer Äquivalenzklasse. Das klingt elegant, verlangt allerdings massive Vorarbeiten, die wir in diesem einführenden Text nicht leisten können. (Für den, der hier sein Wissen vertiefen will, das *Inclination Lemma*, auf Seite 257 in [73], welches seinerseits eine Konsequenz aus dem Theorem von Hadamard und Perron ([73], Theorem 6.2.8) ist, das uns ja die Existenz von stabilen beziehungsweise instabilen Mannigfaltigkeiten in hyperbolischen Punkten absichert.) □

13.19 Korollar. *Unter den Voraussetzungen von Satz 13.17 läßt sich M darstellen als endliche disjunkte Vereinigung invarianter Teilmengen,*

$$M = \bigcup_{i=1}^{k} W^s(\Lambda_i), \qquad (13.113)$$

[18)] Auf die gleiche Weise kann man die Eindeutigkeit der Mengen $X_{j,i}$ in (13.90) zeigen.

13 Transversalität und strukturelle Stabilität

wobei gilt

$$W^s(\Lambda_i) = \{x \in M \mid \omega(x) \subseteq \Lambda_i\}$$
$$= \{x \in M \mid d(f^n(x), \Lambda_i) \xrightarrow[n \to \infty]{} 0\}. \quad (13.114)$$

Man nennt $W^s(\Lambda_i)$ die stabile Menge von Λ_i, und es gilt

$$W^s(\Lambda_i) = \bigcup_{x \in \Lambda_i} W^s(x). \quad (13.115)$$

Eine analoge Aussage gilt für die instabilen Mengen

$$W^u(\Lambda_i) = \{x \in M \mid d(f^{-n}(x), \Lambda_i) \xrightarrow[n \to \infty]{} 0\} \quad (13.116)$$

für $i = 1, \ldots, k$.

Beweis. Übungsaufgabe 4, man verwende: $\omega(x) \subseteq \Lambda_i \Rightarrow \exists z \in \Lambda_i$ mit $x \in W^s(z)$. ∎

Aus (13.113) folgt, daß einige der $W^s(\Lambda_i)$ offen sein müssen, in diesem Fall ist Λ_i in der Tat ein *Attraktor* im Sinne unserer Definition 1.18! Dual dazu ist Λ_i ein *Repeller*, wenn $W^u(\Lambda_i)$ offen ist und Λ_i ist vom *Sattel-Typ*, falls Λ_i weder ein Attraktor noch ein Repeller ist.

Bemerkungen. 1. Analog zu (13.71) bezeichnet man auch (13.113) als eine Spektralzerlegung, da die Zerlegung einer Mannigfaltigkeit in invariante Mengen für den Diffeomorphismus derjenigen endlichdimensionaler Vektorräume in Eigenräume einer linearen Abbildung stark ähnelt.

2. Die Basismengen ihrerseits sind unzerlegbar im Sinne von Definition 13.8, und im Fall $\Omega(f) = \Gamma(f)$ [19] sind sie identisch mit den Basisklassen aus Definition 13.15 (vergleiche Ruelle [132], S. 141).

3. Aus Korollar 12.17 folgt eine wichtige Eigenschaft der Basismengen Λ_i: auf ihnen ist f *expansiv*. Daraus folgt, daß auch Diffeomorphismen auf hyperbolischen Attraktoren, soweit sie nicht stabile periodische Orbits sind, *sensitive Abhängigkeit von den Anfangsbedingungen* aufweisen, ähnlich derjenigen bei der Winkelverdopplung auf dem Einheitskreis oder beim Bernoulli-Shift (vergleiche Abschnitt 6.2). □

Wir wollen nun davon ausgehen, wir hätten den Spektralzerlegungssatz in seiner schärferen Form für lokal maximale hyperbolische Mengen eines Diffeomorphismus f bewiesen (vergleiche die Bemerkung vor dem letzten Korollar), zumindest jedoch wollen wir annehmen, daß er auch in diesem Fall richtig ist. Dann ergeben sich zahlreiche wichtige Folgerungen:

---

[19] Das ist zum Beispiel für Anosov-Diffeomorphismen erfüllt.

13.20 Korollar. (a) *Ist f auf einer (kompakten) lokal maximalen hyperbolischen Menge Λ topologisch transitiv oder mischend, dann sind die periodischen Punkte dicht in Λ, und die instabile Mannigfaltigkeit jedes periodischen Punktes von f ist dicht in Λ. Insbesondere gilt:*

(b) *Genügt f Axiom A und ist f auf $\Omega(f)$ topologisch transitiv (oder mischend), dann gilt*

$$\Omega(f) = \overline{W^u(p) \cap \Omega(f)} \tag{13.117}$$

für jeden periodischen Punkt p von f.

Beweis. (a) Die Spektralzerlegung ist trivial: $\Omega(f_{|\Lambda}) = \Lambda$; der erste Teil der Behauptung,

$$\overline{\operatorname{Per}(f_{|\Lambda})} = \Lambda, \tag{13.118}$$

ist die Aussage von Satz 13.44 weiter unten. Der zweite Teil folgt aus

$$\Lambda = X_p = \overline{W^u(p) \cap \Omega(f_{|\Lambda})} \tag{13.119}$$

für jeden periodischen Punkt p von f.

(b) Die Behauptung folgt mit (a) aus der 5. Übungsaufgabe und

$$\Omega(f) = \Omega(f_{|\Omega(f)}) \tag{13.120}$$

oder direkt aus Satz 13.17. ∎

13.21 Korollar. *Λ sei eine zusammenhängende lokal maximale hyperbolische Menge für einen Diffeomorphismus f so, daß gilt*

$$\Lambda = \Omega(f_{|\Lambda}) \tag{13.121}$$

(oder gleichbedeutend damit $\overline{\operatorname{Per}(f_{|\Lambda})} = \Lambda$). Dann ist $f_{|\Lambda}$ topologisch mischend (oder transitiv).

Beweis. Die Spektralzerlegung ist trivial. ∎

Dieses Korollar hat einen wichtigen Spezialfall:

13.22 Korollar. *Sei $f : M \to M$ ein Anosov-Diffeomorphismus einer kompakten zusammenhängenden Mannigfaltigkeit, so daß*

$$\Omega(f) = M \tag{13.122}$$

erfüllt ist. Dann ist f topologisch mischend.

Bemerkung. Ob $\Omega(f) = M$ für *jeden* Anosov-Diffeomorphismus gilt, ist nicht bekannt, wenn auch sehr wahrscheinlich. □

13 Transversalität und strukturelle Stabilität

Wie in der Einleitung zu diesem Abschnitt bereits angedeutet, war das Ziel, stabile Systeme konstruieren zu können, das heißt, solche Systeme, deren globale Orbitstruktur robust ist gegenüber Störungen, in den 60er Jahren und danach die vorrangige Motivation für die Beschäftigung mit hyperbolischen Limes- beziehungsweise nichtwandernden Mengen. Neben dem Konzept der *strukturellen Stabilität* (vergleiche Definition 12.10) führte Smale [144] die Ω-*Stabilität* ein, die mit topologischen Konjugationen, eingeschränkt auf $\Omega(f)$, operiert:

13.23 Definition. (a) $f, g \in \text{Diff}^r(M)$ *sind topologisch konjugiert auf* Ω, *falls ein Homöomorphismus*

$$h : \Omega(f) \longrightarrow \Omega(g) \tag{13.123}$$

existiert, so daß für alle $x \in \Omega(f)$ *gilt*

$$h \circ f(x) = g \circ h(x). \tag{13.124}$$

(b) $f \in \text{Diff}^r(M)$ *heißt* Ω-*stabil, falls es eine Umgebung* $\mathfrak{U} \subseteq \text{Diff}^r(M)$ *von f gibt, so daß g zu f topologisch konjugiert ist auf* Ω *für alle* $g \in \mathfrak{U}$.

13.24 Definition. $f \in \text{Diff}^r(M)$ *erfülle Axiom A. Wir sagen, f genügt der schwachen Transversalitätsbedingung, falls (für die Basismengen Λ_i aus der Spektralzerlegung (13.72) von $\Omega(f)$ sowie die stabilen beziehungsweise instabilen Mengen (13.114) beziehungsweise (13.116) aus der Spektralzerlegung von M) folgendes gilt: Ist $W^s(\Lambda_i) \cap W^u(\Lambda_j) \neq \emptyset$, dann existieren periodische Punkte $p \in \Lambda_i$, $q \in \Lambda_j$, so daß $W^s(p)$ und $W^u(q)$ einen transversalen Schnittpunkt besitzen.*

Im Jahr 1970 bewies Smale folgenden Stabilitätssatz [145]:

13.25 Satz. *Die Menge aller $f \in \text{Diff}^r(M)$, welche (Axiom A und) der schwachen Transversalitätsbedingung genügt, ist offen in $\text{Diff}^r(M)$, und diese Funktionen sind Ω-stabil.*

Ob die schwache Transversalität auch notwendig ist für die Ω-Stabilität, ist, von Spezialfällen abgesehen, noch offen. Dies wird vermutet [20], und wir kommen ganz am Schluß dieses Abschnitts noch einmal darauf zurück:

13.26 Ω-Stabilitätsvermutung. *Ein Diffeomorphismus $f \in \text{Diff}^r(M)$ ist genau dann Ω-stabil, falls er (Axiom A und) der schwachen Transversalitätsbedingung genügt.*

Auch die strukturelle Stabilität, die mit Konjugationen auf ganz M operiert, steht in engem Zusammenhang zu einer Transversalitätsbedingung.

13.27 Definition. $f \in \text{Diff}^r(M)$ *erfülle Axiom A. Man sagt, f genügt der starken Transversalitätsbedingung, falls $W^s(x)$ und $W^u(y)$ für alle $x, y \in \Omega(f)$ transversal sind.*

---
[20] Vergleiche zum Beispiel das sehr gute einleitende Kapitel 0 in Palis und Takens [111].

Erinnern wir uns: $W^s(x)$ und $W^u(y)$ sind transversal (Definition 12.23), falls für *alle* Punkte $p \in W^s(x) \cap W^u(y)$ gilt:

$$T_p W^s(x) + T_p W^u(y) = T_p M. \tag{13.125}$$

Bemerkung. Selbstverständlich folgt aus der starken die schwache Transversalitätsbedingung. □

Eine wichtige Klasse von Diffeomorphismen, welche die Transversalitätsbedingungen erfüllen, ist die der *Morse-Smale-Diffeomorphismen*:

13.28 Definition. $f \in \text{Diff}^r(M)$ *heißt Morse-Smale, falls gilt:*

(a) $\Omega(f)$ *besteht aus endlich vielen Fix- oder periodischen Punkten, die sämtlich hyperbolisch sind.*
(b) *Die stabilen und instabilen Mannigfaltigkeiten der Fix- und periodischen Punkte sind alle transversal zueinander.*

Auch die linearen hyperbolischen Automorphismen des Torus $\mathbf{T}^2$ erfüllen die starke Transversalitätsbedingung: Sie genügen Axiom A (vergleiche 12.6, Beispiel (c), die einzige Basismenge ist der Torus $\mathbf{T}^2$ selbst), und in jedem Punkt $[x,y] \in \mathbf{T}^2$ sind die Tangentialräume der instabilen und der stabilen Mannigfaltigkeit identisch mit den entsprechenden Eigenräumen der den Automorphismus erzeugenden Matrix A, und diese stehen senkrecht aufeinander, da A symmetrisch ist. Es ist auch richtig, obwohl wir das nicht beweisen wollen, daß jeder Anosov-Diffeomorphismus Axiom A und die starke Transversalitätsbedingung erfüllt.

Smales Horseshoe-Abbildung f genügt aufgrund ihrer geometrischen Konstruktion offensichtlich auch der starken Transversalitätsbedingung: In 12.6, Beispiel (d), haben wir gezeigt, daß sie Axiom A genügt. Die hyperbolische nichtwandernde Menge $\Omega(f)$ fällt zusammen mit der maximalen f-invarianten Menge Λ. Für alle $x \in \Lambda$ sind die expandierenden Unterräume von Df vertikale und die kontrahierenden Unterräume horizontale Linien. Daraus folgt die Transversalität.

Auch in diesem starken Fall gibt es eine Stabilitätsvermutung:

13.29 Starke Stabilitätsvermutung (Palis und Smale [109]). *Ein C^r (oder C^s, $s \geq r$)-Diffeomorphismus ist genau dann (C^r-)strukturell stabil, wenn er (Axiom A und) die starke Transversalitätsbedingung erfüllt.* [21]

Wie oben bereits angekündigt, werden wir auf beide Stabilitätsvermutungen am Schluß dieses Abschnitts noch einmal zurückkommen. Zuvor wollen wir aber das zweite zentrale Resultat in diesem Abschnitt nach Smales Spektralzerlegungssatz herleiten, daß nämlich alle hyperbolischen Mengen strukturell stabil sind.

---

[21] Im folgenden lassen wir das Wort „starke" weg.

13 Transversalität und strukturelle Stabilität

Für die Horseshoe-Abbildung beziehungsweise für die verallgemeinerte Hufeisen-Abbildung haben wir in Korollar 10.21 beziehungsweise Satz 12.29 anschaulich argumentiert, daß jedes Hufeisen (im Sinne von Definition 12.28) für einen Diffeomorphismus f auch ein Hufeisen ist für jeden in der C^1-Topologie nahe genug bei f gelegenen Diffeomorphismus $\bar{f}$, so daß für die Limesmenge Λ gilt: Es gibt eine $\bar{f}$-invariante Menge $\bar{\Lambda}$ und einen Homöomorphismus $h : \Lambda \to \bar{\Lambda}$ so, daß

$$h \circ f_{|\Lambda} = \bar{f}_{|\bar{\Lambda}} \circ h \tag{13.126}$$

erfüllt ist. Exakt diese Aussage wollen wir für Diffeomorphismen auf beliebigen hyperbolischen Mengen Λ herleiten. Zunächst bleiben wir jedoch noch konkret bei einem unserer Modellsysteme und beweisen die strukturelle Stabilität für torale Automorphismen. Wie wir sehen werden, geschieht dies mit meist elementaren Hilfsmitteln, aber nicht unerheblichem technischen Aufwand.

13.30 Satz. *Jeder hyperbolische lineare Automorphismus F_A des 2-Torus $\mathbb{T}^2 = \mathbb{R}^2/\mathbb{Z}^2$ ist strukturell stabil.*

Wir beweisen zunächst folgenden Hilfssatz:

13.31 Lemma. *Jede in der C^1-Topologie hinreichend nahe bei F_A gelegene C^1-Abbildung $g : \mathbb{T}^2 \to \mathbb{T}^2$ ist ein topologischer Faktor von F_A, das heißt, es existiert eine surjektive stetige Abbildung $h : \mathbb{T}^2 \to \mathbb{T}^2$, so daß*

$$h \circ F_A = g \circ h \tag{13.127}$$

erfüllt ist. h nennt man auch eine Semikonjugation.

Beweis. Für $g : \mathbb{T}^2 \to \mathbb{T}^2$ und

$$F_A[x,y] = \pi(A(x,y)), \quad [x,y] \in \mathbb{T}^2, \tag{13.128}$$

(dabei ist $\pi : \mathbb{R}^2 \to \mathbb{T}^2$ die kanonische Projektion und A eine hyperbolische lineare Abbildung des $\mathbb{R}^2$ mit ganzzahligen Einträgen) müssen wir die Gleichung (13.127) beziehungsweise

$$h = g \circ h \circ F_A^{-1} \tag{13.129}$$

lösen. Wir verwenden dazu ein bekanntes Konzept aus der Homotopie-Theorie:

13.32 Definition. *Sind M und M' topologische Mannigfaltigkeiten und ist $\pi : M' \to M$ eine stetige Abbildung mit der Eigenschaft, daß card $\pi^{-1}(y)$ unabhängig ist von $y \in M$ und daß jedes $x \in \pi^{-1}(y)$ eine Umgebung besitzt, die homöomorph auf eine Umgebung von y abgebildet wird, dann nennt man M' (oder (M', π)) einen* Überlagerungsraum *von M. Ist $n = $ card $\pi^{-1}(y)$ endlich, dann spricht man von einer n-fachen* Überlagerung.

Ist $f: N \to M$ stetig (N: eine weitere Mannigfaltigkeit) und $F: N \to M'$ so, daß gilt

$$f = \pi \circ F, \tag{13.130}$$

dann nennt man F eine Überlagerungsabbildung *(kurz: Lift) von f. Ist $f: M \to M$ stetig und $F': M' \to M'$ ebenfalls stetig so, daß*

$$f \circ \pi = \pi \circ F \tag{13.131}$$

erfüllt ist, dann nennt man F ebenfalls einen Lift *von f. Einen Homöomorphismus einer Überlagerung M' von M nennt man eine* Decktransformation, *falls er ein Lift der Identität auf M ist.*

Zurück zum Beweis des Lemmas: 1. Wir wählen g (in der C^1-Topologie) hinreichend nahe bei F_A und wollen zunächst zeigen, daß eine C^1-Abbildung $G: \mathbb{R}^2 \to \mathbb{R}^2$ nahe A existiert, die ein Lift von g ist. Dazu sei $x \in \mathbb{R}^2$ beliebig vorgegeben [22]. Im vorliegenden Fall ist die kanonische Projektion π eine Überlagerungsabbildung von $\mathbb{T}^2$, und nach (13.128) gilt:

$$F_A \circ \pi(x) = \pi \circ A(x), \tag{13.132}$$

mit anderen Worten, die lineare Abbildung A ist ein Lift von F_A.

Da $g \circ \pi(x)$ nahe bei $F_A \circ \pi(x)$ liegt, existiert genau ein y aus einer hinreichend kleinen Umgebung U von $A(x)$ mit

$$g \circ \pi(x) = \pi(y). \tag{13.133}$$

Wir definieren $G(x) := y$, damit gilt

$$g \circ \pi(x) = \pi \circ G(x), \tag{13.134}$$

und man macht sich leicht klar, daß G (in der C^1-Norm) nahe bei A liegt und, da π ein lokaler Diffeomorphismus ist und da lokal gilt

$$\pi^{-1} \circ g \circ \pi(x) = G(x), \tag{13.135}$$

ist G ein C^1-Lift von g und ein Diffeomorphismus, wenn g ein solcher ist.

2. Eine Abbildung $F: \mathbb{R}^2 \to \mathbb{R}^2$ ist genau dann ein Lift einer Abbildung $f: \mathbb{T}^2 \to \mathbb{T}^2$, wenn ein Endomorphismus $L: \mathbb{Z}^2 \to \mathbb{Z}^2$ existiert, so daß

$$F(x+m) = F(x) + Lm \tag{13.136}$$

---

[22] Wir vereinfachen ab jetzt die Schreibweise für die Elemente aus $\mathbb{R}^2$ beziehungsweise $\mathbb{T}^2$. Das gilt auch für ihre Norm, die wir mit *einfachen* Betragstrichen schreiben.

13 Transversalität und strukturelle Stabilität

gilt für alle $x \in \mathbb{R}^2$ und $m \in \mathbb{Z}^2$ (Beweis: Übungsaufgabe 6). Wir schreiben die Abbildung G von oben in der Form

$$G = A + \tilde{g} \tag{13.137}$$

mit einer kleinen C^1-Störung $\tilde{g}$. $A+\tilde{g}$ ist Lift von g, also gilt nach (13.136) für $x \in \mathbb{R}^2$ und $m \in \mathbb{Z}^2$

$$(A+\tilde{g})(x+m) = (A+\tilde{g})(x) + q, \; q \in \mathbb{Z}^2, \tag{13.138}$$

das heißt,

$$\tilde{g}(x+m) = \tilde{g}(x) + \underbrace{q - Am}_{\in \mathbb{Z}^2}. \tag{13.139}$$

Da $\tilde{g}$ in der C^1-Norm klein sein soll, muß gelten

$$\tilde{g}(x+m) = \tilde{g}(x) \quad \text{für} \quad m \in \mathbb{Z}^2, \; x \in \mathbb{R}^2. \tag{13.140}$$

Eine Abbildung des $\mathbb{R}^2$, die (13.140) erfüllt, nennt man *doppelt periodisch*.

3. Wir suchen, wie gesagt, nach einer surjektiven, stetigen Funktion $h : \mathbb{T}^2 \to \mathbb{T}^2$, welche die Gleichung (13.127) (beziehungsweise (13.129)) erfüllt und machen dazu folgenden *Ansatz*[23]: Der Lift von h, H genannt, sei von der Form (id = Identität)

$$H = id + \tilde{h}, \tag{13.141}$$

dabei sei $\tilde{h}$ eine beschränkte, stetige, doppelt periodische Abbildung von $\mathbb{R}^2$ in $\mathbb{R}^2$ (vergleiche Palis und de Melo [110], S. 158). Mit diesem Ansatz „liften" wir die gesamte Gleichung (13.127) und erhalten

$$(A+\tilde{g}) \circ (id + \tilde{h}) = (id + \tilde{h}) \circ A, \tag{13.142}$$

das heißt,

$$\tilde{h} \circ A - A \circ \tilde{h} = \tilde{g} \circ (id + \tilde{h}) \tag{13.143}$$

beziehungsweise

$$\mathcal{L}(\tilde{h}) = \tilde{g} \circ (id + \tilde{h}) \tag{13.144}$$

mit

$$\mathcal{L}(\tilde{h}) := \tilde{h} \circ A - A \circ \tilde{h}. \tag{13.145}$$

---

[23] Dieser Ansatz kommt nicht von ungefähr: Für den Lift jeder Abbildung $f : \mathbb{T}^2 \to \mathbb{T}^2$, die homotop ist zu $id_{\mathbb{T}^2}$, gilt in (13.136) nämlich $L = I$ (Einheitsmatrix).

Der so definierte Operator $\mathcal{L}$ ist linear auf dem Raum $\mathcal{P} \subset C_b^0(\mathbb{R}^2)$ der beschränkten, stetigen, doppelt periodischen Abbildung des $\mathbb{R}^2$ auf sich selbst, und es gilt $\mathcal{L}(\mathcal{P}) \subseteq \mathcal{P}$. Darüber hinaus ist $\mathcal{L}$ invertierbar, da A hyperbolisch ist. Um dies einzusehen, seien e_1, e_2 Eigenvektoren von A, so daß gilt

$$Ae_1 = \lambda_1 e_1, \ Ae_2 = \lambda_2 e_2 \quad \text{mit} \quad |\lambda_1| = |\lambda_2^{-1}| > 1. \tag{13.146}$$

Damit zerlegen wir die Vektorfunktion $\tilde{h}$ in die Form

$$\tilde{h}(x) = h_1(x)e_1 + h_2(x)e_2, \ x \in \mathbb{R}^2, \tag{13.147}$$

mit zwei unbekannten skalaren, beschränkten, stetigen, doppelt periodischen Koordinatenabbildungen h_1 und h_2. Setzen wir (13.147) in (13.145) ein, dann erhält $\mathcal{L}$ die Gestalt

$$\mathcal{L}(\tilde{h}) = \mathcal{L}_1(h_1)e_1 + \mathcal{L}_2(h_2)e_2 \tag{13.148}$$

mit

$$\begin{aligned}\mathcal{L}_1(h_1) &= h_1 \circ A - \lambda_1 h_1, \\ \mathcal{L}_2(h_2) &= h_2 \circ A - \lambda_2 h_2,\end{aligned} \tag{13.149}$$

und sowohl $\mathcal{L}_1$ als auch $\mathcal{L}_2$ kann explizit invertiert werden [24]:

$$\begin{aligned}\mathcal{L}_1^{-1}(h_1) &= -\sum_{n=0}^{\infty} \lambda_1^{-(n+1)} h_1 \circ A^n, \\ \mathcal{L}_2^{-1}(h_2) &= \sum_{n=0}^{\infty} \lambda_2^n h_2 \circ A^{-(n+1)}.\end{aligned} \tag{13.150}$$

Da h_1 und h_2 beschränkt sind, konvergieren beide Reihen, und es gilt

$$\begin{aligned}\mathcal{L}_1^{-1}(\mathcal{L}_1(h_1)) &= -\sum_{n=0}^{\infty} \lambda_1^{-(n+1)} \mathcal{L}_1(h_1) \circ A^n \\ &= -\sum_{n=0}^{\infty} \lambda_1^{-(n+1)} (h_1 \circ A - \lambda_1 h_1) \circ A^n \\ &= -\sum_{n=0}^{\infty} (\lambda_1^{-(n+1)} h_1 \circ A^{n+1} - \lambda_1^{-n} h_1 \circ A^n) \\ &= h_1,\end{aligned} \tag{13.151}$$

analog für $\mathcal{L}_2^{-1}$. Mit

$$\mathcal{L}^{-1}(\tilde{h})(x) := \mathcal{L}_1^{-1}(h_1)(x)e_1 + \mathcal{L}_2^{-1}(h_2)(x)e_2 \tag{13.152}$$

---

[24] Die Idee hierfür liefert die *Neumann-Reihe*, das heißt, die Beziehung $(I - \lambda A)^{-1} = \sum_{n=0}^{\infty} \lambda^n A^n$, gültig für $\|\lambda A\| < 1$, was im vorliegenden Fall ($\|\lambda_2 A\| \leq 1$) „nicht ganz" erfüllt ist.

($\mathcal{L}_1^{-1}(h_1)$ und $\mathcal{L}_2^{-1}(h_2)$ sind wie h_1 und h_2 skalare Funktionen!) gilt nach (13.147) und (13.148)

$$\begin{aligned}\mathcal{L}(\mathcal{L}^{-1}(\tilde{h}))(x) &= \mathcal{L}_1(\mathcal{L}_1^{-1}(h_1))(x)e_1 + \mathcal{L}_2(\mathcal{L}_2^{-1}(h_2))(x)e_2 \\ &= h_1(x)e_1 + h_2(x)e_2 \\ &= \tilde{h}(x).\end{aligned} \qquad (13.153)$$

Damit ist (13.144) äquivalent zu

$$\begin{aligned}\tilde{h} &= \mathcal{L}^{-1}(\tilde{g} \circ (id + \tilde{h})) \\ &= \mathcal{L}^{-1} \circ \mathcal{T}(\tilde{h})\end{aligned} \qquad (13.154)$$

mit

$$\mathcal{T}(\tilde{h}) := \tilde{g} \circ (id + \tilde{h}). \qquad (13.155)$$

Wegen

$$\begin{aligned}\|\mathcal{T}(h) - \mathcal{T}(h')\| &= \sup_{x \in \mathbb{R}^2} |\tilde{g}(x + h(x)) - \tilde{g}(x + h'(x))| \\ &\leq \|D\tilde{g}\| \cdot \sup_{x \in \mathbb{R}^2} |h(x) - h'(x)| = \|D\tilde{g}\| \cdot \|h - h'\|\end{aligned} \qquad (13.156)$$

(mit $\|D\tilde{g}\| := \sup_{x \in \mathbb{R}^2} \sup_{\|v\|=1} |D\tilde{g}(x)v|$, $D\tilde{g}$: Funktionalmatrix) haben wir schließlich

$$\|\mathcal{L}^{-1} \circ \mathcal{T}\| \leq \|D\tilde{g}\| \cdot \|\mathcal{L}^{-1}\|. \qquad (13.157)$$

Der zweite Faktor rechts hängt nur von A ab, das heißt, falls

$$\|D\tilde{g}\| < \|\mathcal{L}^{-1}\|^{-1} \qquad (13.158)$$

erfüllt ist, dann ist $\mathcal{L}^{-1} \circ \mathcal{T}$ ein kontrahierender Operator auf $\mathcal{P}$, und nach dem Banachschen Fixpunktsatz existiert dann ein eindeutiger Fixpunkt $\tilde{h} \in \mathcal{P}$.

4. Maßgeblich dafür, daß $\mathcal{L}^{-1} \circ \mathcal{T}$ kontrahiert, ist die Abschätzung (13.158). Die Verbindung zu den Voraussetzungen des Lemmas ergibt sich mit

$$g \circ \pi = \pi \circ (A + \tilde{g}) \qquad (13.159)$$

und

$$(g - F_A) \circ \pi = \pi \circ ((A + \tilde{g}) - A) = \pi \circ \tilde{g} \qquad (13.160)$$

aus der Kettenregel, das heißt, aus

$$D_{\pi(x)}(g - F_A) = D_{\tilde{g}(x)}\pi \circ D\tilde{g}(x), \qquad (13.161)$$

denn mit

$$D_{\tilde{g}(x)}\pi = I \qquad (13.162)$$

(vergleiche (12.68)) folgt

$$D_{\pi(x)}(g - F_A) = D\tilde{g}(x). \qquad (13.163)$$

Durch Übergang zur Norm folgt (13.158) dann aus der Voraussetzung, daß g in der C^1-Topologie hinreichend nahe bei F_A gewählt werden kann, das heißt, daß

$$\sup_{x \in \mathbb{R}^2} \sup_{\|v\|=1} |D_{\pi(x)}(g - F_A)(v)| < \varepsilon \qquad (13.164)$$

für jedes vorgegebene ε von einem geeigneten g erfüllt wird.

Die Fixpunktlösung $\tilde{h}$ ist die eindeutige Lösung der Gleichung (13.144). Projiziert man $id + \tilde{h}$ auf den Torus $\mathbf{T}^2$, dann erhält man eine stetige Lösung h von (13.127), für die also gilt

$$h \circ \pi = \pi \circ (id_{\mathbb{R}^2} + \tilde{h}). \qquad (13.165)$$

Wir wollen als nächstes zeigen, daß h C^0-nahe (das bedeutet: nahe bezüglich der Supremumsnorm) bei der Identität $id_{\mathbf{T}^2}$ liegt. Zunächst gilt

$$\begin{aligned}\sup_{x \in \mathbf{T}^2} |g(x) - F_A(x)| &= \sup_{x \in \mathbb{R}^2} |g \circ \pi(x) - F_A \circ \pi(x)| \\ &= \sup_{x \in \mathbb{R}^2} |\pi \circ (A + \tilde{g})(x) - \pi \circ A(x)| \qquad (13.166) \\ &= \sup_{x \in \mathbb{R}^2} |\pi \circ \tilde{g}(x)|\end{aligned}$$

und völlig analog

$$\sup_{x \in \mathbf{T}^2} |h(x) - id_{\mathbf{T}^2}(x)| = \sup_{x \in \mathbb{R}^2} |\pi \circ \tilde{h}(x)|. \qquad (13.167)$$

Jetzt müssen wir uns klarmachen, wann ein Element aus $\mathbf{T}^2$ in einer Nullumgebung liegt. Dazu sei O' eine hinreichend kleine Kreisumgebung des Ursprungs in $\mathbb{R}^2$. Dann ist $\pi(O')$ eine offene „Kreisumgebung" von $0 \in \mathbf{T}^2$ (sie besteht, wie Fig. 13.2 zeigt, aus vier Viertelkreisscheiben, die richtig zusammengesetzt O' ergeben), und die Umkehrung davon ist ebenfalls richtig.

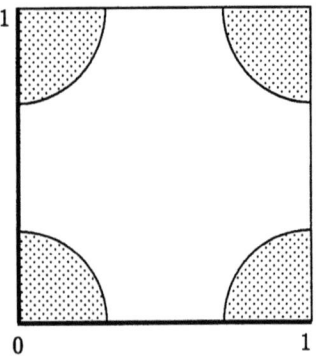

Fig. 13.2: Gepunktet: „Kreisumgebung" von 0 in $\mathbf{T}^2$.

Das bedeutet für (13.166) und (13.167): g ist genau dann C^0-nahe bei F_A, wenn $\tilde{g}$ C^0-nahe ist bei 0 (also klein ist in der Supremumsnorm), und die Abstände in den jeweiligen Supremumsnormen sind identisch. Entsprechend gilt: h ist genau dann C^0-nahe bei $id_{\mathbf{T}^2}$, wenn $\tilde{h}$ klein ist in der Supremumsnorm, und so weiter.

Wenn es uns jetzt noch gelingt, $\|\tilde{h}\|$ mit Hilfe von $\|\tilde{g}\|$ nach oben abzuschätzen, dann ist h C^0-nahe bei $id_{\mathbf{T}^2}$, wenn wir nur g nahe genug bei F_A wählen. Nun, $\tilde{h}$ ist der Fixpunkt der Gleichung (13.154), und man erhält ihn

13 Transversalität und strukturelle Stabilität

als Grenzwert der Iterierten des Operators $\mathcal{L}^{-1} \circ \mathcal{T}$ für irgendeine Startabbildung aus $\mathcal{P}$. Wir wählen die 0-Abbildung und erhalten mit der Abkürzung

$$\mathcal{F} := \mathcal{L}^{-1} \circ \mathcal{T}, \tag{13.168}$$

somit

$$\begin{aligned}\tilde{h} &= \lim_{k\to\infty} \mathcal{F}^k(0) = \lim_{k\to\infty} \sum_{n=0}^{k-1} (\mathcal{F}^{n+1}(0) - \mathcal{F}^n(0)) \\ &= \sum_{n=0}^{\infty} (\mathcal{F}^{n+1}(0) - \mathcal{F}^n(0)).\end{aligned} \tag{13.169}$$

Daraus folgt für die Norm

$$\begin{aligned}\|\tilde{h}\| &\leq \sum_{n=0}^{\infty} \|\mathcal{F}^{n+1}(0) - \mathcal{F}^n(0)\| \leq \sum_{n=0}^{\infty} \lambda^n \|\mathcal{F}(0)\| \\ &= \frac{1}{1-\lambda} \|\mathcal{F}(0)\|,\end{aligned} \tag{13.170}$$

dabei ist λ die Kontraktionskonstante. Es gilt

$$\mathcal{F}(0) = \mathcal{L}^{-1} \circ \mathcal{T}(0) = \mathcal{L}^{-1}(\tilde{g}) \tag{13.171}$$

(vergleiche (13.154)) und somit

$$\|\mathcal{F}(0)\| = \|\mathcal{L}^{-1}(\tilde{g})\| \leq \|\mathcal{L}^{-1}\| \|\tilde{g}\|. \tag{13.172}$$

Wie oben bereits gesagt, hängt $\|\mathcal{L}^{-1}\|$ nur von A ab, das heißt, mit

$$\|\tilde{h}\| \leq \frac{1}{1-\lambda} \|\mathcal{L}^{-1}\| \|\tilde{g}\| \tag{13.173}$$

haben wir die ersehnte Abschätzung bewiesen.

Jetzt benutzen wir ein bekanntes Resultat aus der Homotopietheorie (vergleiche Katok und Hasselblatt [73], Lemma 8.2.14), nach dem zwei C^1-Abbildungen, die hinreichend C^0-nahe beieinanderliegen, homotop sind (über eine C^1-Homotopie). Nach dem oben Bewiesenen sind also unter den Voraussetzungen unseres Lemma h und $id_{\mathbb{T}^2}$ homotop [25]. Damit hat h einen Abbildungsgrad ungleich 0 und muß demnach surjektiv sein (Hirsch [64], S. 125), und somit ist das Lemma bewiesen. ∎

Beweis von Satz 13.30. Zusätzlich zu den Voraussetzungen des letzten Lemmas sei jetzt $g \in \text{Diff}^1(\mathbb{T}^2)$. Ebenso wie die Lösung h aus (13.165) der Gleichung

$$h \circ F_A = g \circ h \tag{13.174}$$

---

[25] h ist eine eindeutige Lösung von (13.129) unter allen stetigen Abbildungen homotop zu $id_{\mathbb{T}^2}$. Die Homotopie ist gegeben durch die Abbildung $f_t(x) = \pi \circ (id + t\tilde{h})(x)$, $t \in [0,1]$, $x \in \mathbb{R}^2$.

beziehungsweise

$$h = g^{-1} \circ h \circ F_A \tag{13.175}$$

aus dem Lemma erhält man durch Vertauschen der Rollen von g und F_A eine Lösung

$$h' = F_A^{-1} \circ h' \circ g \tag{13.176}$$

der Gleichung

$$h \circ g = F_A \circ h. \tag{13.177}$$

Die Komposition der Gleichungen (13.175) und (13.176) ergibt

$$\begin{aligned} h' \circ h &= F_A^{-1} \circ h' \circ g \circ g^{-1} \circ h \circ F_A \\ &= F_A^{-1} \circ (h' \circ h) \circ F_A, \end{aligned} \tag{13.178}$$

das heißt, F_A und $h' \circ h$ sind kommutativ. Wegen

$$|h'(h(x)) - x| \leq |h'(h(x)) - h'(x)| + |h'(x) - x| \tag{13.179}$$

ist mit h' und h auch $h' \circ h$ C^0-nahe an der Identität [26]. Nun wollen wir ein Argument benutzen, welches wir im Anschluß an diesen Beweis getrennt formulieren und beweisen wollen (Lemma 13.33). Es besagt, daß die Kommutativität (13.178) zusammen mit der Tatsache, daß F_A auf $\mathbb{T}^2$ expansiv ist (siehe Korollar 12.17 und Bemerkung 3 nach Korollar 13.19), zur Folge hat, daß sogar

$$h' \circ h = id_{\mathbb{T}^2} \tag{13.180}$$

gilt. Daraus folgt unmittelbar, daß h, und damit auch h', bijektiv ist. Also ist g topologisch konjugiert zu F_A. ∎

13.33 Lemma. *Sei (X, f) ein ddS und f expansiv (das heißt, es existiert eine Konstante $\delta > 0$), so daß gilt:*

$$d(f^n(x), f^n(y)) < \delta \text{ für alle } n \in \mathbb{Z} \ (bzw. \ n \in \mathbb{N}_0) \implies x = y, \tag{13.181}$$

und sei $h : X \to X$ eine stetige Abbildung, für die gilt:

(a) $d(h(x), x) < \delta$ *für alle* $x \in X$, *und*
(b) $f \circ h = h \circ f$,

dann gilt $h = id_X$.

Beweis. Sei $h(x) = y \neq x$ und $d(f^n(x), f^n(y)) \geq \delta$. Aus

$$f^n(y) = f^n(h(x)) = h(f^n(x)) \tag{13.182}$$

---
[26] Als zusätzliches Argument brauchen wir noch die Stetigkeit von h'.

folgt dann aber

$$d\bigl(f^n(x), h(f^n(x))\bigr) \geq \delta \qquad (13.183)$$

im Widerspruch zu unseren Annahmen. ∎

Bemerkungen. 1. Wir haben mit Lemma 13.31 und Satz 13.30 sogar gezeigt, daß F_A *streng strukturell stabil* ist auf $\mathbb{T}^2$. Für die strenge strukturelle C^r-Stabilität von f fordert man nämlich zusätzlich, daß die konjugierenden Homöomorphismen $h = h_g$ und h_g^{-1} gleichmäßig gegen die Identität konvergieren, wenn g in der C^r-Topologie gegen f konvergiert.

2. Das eindimensionale Analogon von Satz 13.30 beweist man ganz analog: Alle expandierenden Abbildungen des Einheitskreises $S^1 = \mathbb{R}/\mathbb{Z}$ sind streng strukturell stabil. Und selbstverständlich kann unser zweidimensionales Resultat auch verallgemeinert werden auf beliebige hyperbolische lineare Automorphismen des m-Torus für $m > 2$. □

Schauen wir einen Moment zurück, so müssen wir eingestehen, daß uns der Beweis der strukturellen Stabilität von hyperbolischen linearen Automorphismen des Torus doch ein wenig Mühe gekostet hat. Das dürfte wohl auch Anosov so gegangen sein, der 1967 die analoge Aussage für beliebige C^r-Diffeomorphismen auf kompakten Mannigfaltigkeiten (vergleiche Definition 12.3) bewiesen hat [6].

13.34 Satz. C^r-*Anosov-Diffeomorphismen* $f : M \to M$ $(r \geq 1)$ *sind strukturell stabil und bilden eine offene Teilmenge von* $\mathrm{Diff}^r(M)$.

Beweis. Vergleiche Shub [140], S. 102, beziehungsweise Satz 13.35. ∎

Morse-Smale-Diffeomorphismen sind ebenfalls strukturell stabil (Palis und Smale [109]), doch wir wollen die Sonderfälle verlassen und konzentrieren uns stattdessen auf eine entsprechende Aussage für allgemeine hyperbolische Mengen.

13.35 Satz. *Sei M eine Riemannsche Mannigfaltigkeit und $\Lambda \subseteq U$ eine hyperbolische Menge eines Diffeomorphismus $f : U \to M$ ($U \subseteq M$ offen). Dann gilt: Für jede offene Umgebung $V \subseteq U$ von Λ und jedes $\delta > 0$ existiert ein $\varepsilon > 0$, so daß gilt: Für jede Abbildung $f' : U \to M$ mit $d_{C^1}(f_{|V}, f') < \varepsilon$ existiert eine hyperbolische Menge*

$$\Lambda' = f'(\Lambda') \subseteq V \qquad (13.184)$$

für f' und ein Homöomorphismus

$$h : \Lambda' \longrightarrow \Lambda \qquad (13.185)$$

mit

$$d_{C^0}(id, h) + d_{C^0}(id, h^{-1}) < \delta, \qquad (13.186)$$

so daß gilt:

$$h \circ f'_{|\Lambda'} = f_{|\Lambda} \circ h. \tag{13.187}$$

Und wenn δ klein genug ist, dann ist h eindeutig bestimmt. [27]

Prägnanter formuliert sagt der Satz, daß zu jeder hyperbolischen Menge Λ eines Diffeomorphismus f und für jeden Diffeomorphismus f' in der Nähe von f eine hyperbolische Menge Λ' von f' existiert, so daß $f'_{|\Lambda'}$ und $f_{|\Lambda}$ topologisch konjugiert sind.

Bemerkungen. 1. Nach diesem Satz sind zum Beispiel die Basismengen in der Spektralzerlegung der nichtwandernden Menge strukturell stabil unter kleinen C^r-Perturbationen; das gleiche gilt für hyperbolische Attraktoren: sie sind (im Sinne von Satz 13.35) widerstandsfähig gegenüber Störungen.

2. Da für Anosov-Diffeomorphismen $\Lambda = M$ gilt, folgt die Aussage sowohl von Satz 13.30 als auch Satz 13.34 als Korollar aus Satz 13.35. □

Moser [99] gelang 1969 ein sehr eleganter Beweis der strukturellen Stabilität von Anosov-Difffeomorphismen, selbstverständlich zwei Jahre nach dem Originalbeweis, aber Mosers Beweis zeigte den richtigen Weg, um die strukturelle Stabilität beliebiger hyperbolischer Mengen zu beweisen. Im Beweis von Satz 13.35 benutzt man das bereits angesprochene *Shadowing-Prinzip*. „Beschattet" werden dabei ε-Pseudoorbits, deren Definition in 13.5 sich problemlos auf Diffeomorphismen ausdehnen läßt.

13.36 Definition. (a) *M sei eine Riemannsche Mannigfaltigkeit, $U \subseteq M$ offen und $f : U \to M$ ein Diffeomorphismus. Für $N_0 \in \mathbb{Z} \cup \{-\infty\}$ und $N_1 \in \mathbb{Z} \cup \{\infty\}$ ($N_0 < N_1$) nennen wir eine endliche Folge*

$$\{x_n\}_{N_0 \leq n \leq N_1} \subset M \tag{13.188}$$

einen ε-Pseudoorbit von f, falls

$$d(f(x_n), x_{n+1}) < \varepsilon \tag{13.189}$$

für $N_0 \leq n < N_1$ erfüllt ist. [28]

---

[27] Die Bezeichnungen der von den jeweiligen Normen induzierten Metriken d_{C^0} beziehungsweise d_{C^1} erklären sich selbst.

[28] Kompaktheit von M haben wir mehrmals zuvor vorausgesetzt, damit wir auf M eine Metrik d zur Verfügung haben. Man muß dies nicht unbedingt tun, denn auf einer Riemannschen Mannigfaltigkeit ist eine *natürliche Topologie* durch eine sogenannte *Längenmetrik* gegeben, die als das Infimum der Längen aller Kurven definiert ist, die zwei Punkte verbinden (vergleiche Abschnitt 11). Die von dieser natürlichen Metrik induzierte Topologie ist identisch mit der Topologie der Riemannschen Mannigfaltigkeit als topologische Mannigfaltigkeit.

(b) *Wir sagen, der ε-Pseudoorbit* (13.188) *wird vom Orbit $O_f(x)$, $x \in U$, δ-beschattet, falls*

$$d(f^n(x), x_n) \leq \delta \qquad (13.190)$$

für $N_0 \leq n \leq N_1$ erfüllt ist.

13.37 Satz (Shadowing-Lemma). *Sei M eine kompakte Riemannsche Mannigfaltigkeit, $f \in \text{Diff}^r(M)$, $r \geq 1$, und $\Lambda \subseteq M$ eine hyperbolische Menge für f. Dann existieren eine Umgebung U von Λ und Konstanten $\varepsilon_0 > 0$ und $K > 0$, so daß jeder ε-Pseudoorbit in U mit $\varepsilon < \varepsilon_0$ von einem Orbit $O_f(x)$, $x \in M$, Kε-beschattet wird.*

Das Shadowing-Lemma verallgemeinert eine analoge Aussage über die Beschattung *periodischer* ε-Pseudoorbits, die unter dem Namen *Anosov Closing Lemma* [29] bekannt geworden ist. Unter einem *periodischen ε-Pseudoorbit* von f verstehen wir endlich viele Punkte

$$\{x_0, x_1, \ldots, x_{m-1}, x_m = x_0\} \qquad (13.191)$$

mit der Eigenschaft

$$d(f(x_k), x_{k+1}) < \varepsilon \qquad (13.192)$$

für $k = 0, \ldots, m-1$. Bekanntlich ist x_0 dann ein kettenrekurrenter Punkt für f, das heißt, $x_0 \in \Gamma(f)$.

13.38 Satz (Anosov Closing Lemma). *Unter den Voraussetzungen von Satz 13.37 gibt es eine Umgebung U von Λ und Konstanten $\varepsilon_0 > 0$ und $K > 0$, so daß jeder periodische ε-Pseudoorbit von f,*

$$\{x_0, x_1, \ldots, x_{m-1}, x_m = x_0\} \subset U, \qquad (13.193)$$

mit $\varepsilon < \varepsilon_0$ von einem periodischen Orbit von f Kε-beschattet wird, das heißt, es existiert ein $x \in M$ mit

$$f^m(x) = x \quad und \quad d(f^k(x), x_k) \leq K\varepsilon \qquad (13.194)$$

für $k = 0, \ldots, m-1$.

Bemerkung. Einen Spezialfall eines periodischen ε-Pseudoorbits stellt jedes Orbitstück $x_0, f(x_0), \ldots, f^{m-1}(x_0)$ dar, für das gilt $d(f^m(x_0), x_0) < \varepsilon$. Darauf angewandt, folgt aus Satz 13.38 insbesondere, daß in der Umgebung jedes Punktes x_0 aus einer hyperbolischen Menge Λ, dessen Orbit irgendwann fast zu dem Ausgangspunkt x_0 zurückkehrt, ein periodischer Orbit existiert, der dem fast zurückkehrenden Orbitstück eng auf den Fersen ist. Diese Beobachtung läßt sich sogar quantifizieren.

---
[29] Vergleiche Anosov [6].

13.39 Korollar. *Sei Λ eine hyperbolische Menge für einen Diffeomorphismus $f \in \text{Diff}^r(M)$ mit einem (λ,μ)-Splitting. Dann gilt: Zu jedem $\alpha \geq \max(\lambda,\mu^{-1})$ existieren eine Umgebung U von Λ sowie Konstanten $\varepsilon_0 > 0$ und $K_0 > 0$, so daß für jedes Orbitstück*

$$x_0, f(x_0), \ldots, f^{m-1}(x_0) \quad \text{mit} \quad d(f^m(x_0), x_0) < \varepsilon \tag{13.195}$$

und $\varepsilon < \varepsilon_0$ in U ein periodischer Punkt x von f existiert mit

$$x \in M \ (\text{sogar } x \in \Lambda), \quad f^m(x) = x \tag{13.196}$$

und

$$d(f^k(x), f^k(x_0)) < K_0 \alpha^{\min(k,m-k)} \Big(d(x,x_0) + d(x, f^m(x_0))\Big) \tag{13.197}$$

für $k = 0, \ldots, m$.

Beweis. Man kombiniert das hyperbolische Splitting von Λ mit Satz 13.38 (vergleiche [73], Proposition 6.4.16). Der Zusatz folgt aus Satz 12.14. ∎

Beweis von Satz 13.38. Wir überführen zunächst die Aussage von Anosovs Closing Lemma in eine äquivalente Darstellung, aus der wir später durch geeignete Verallgemeinerungen sowohl die Behauptung des Shadowing Lemmas 13.37 als auch diejenige über die strukturelle Stabilität hyperbolischer Mengen in Satz 13.35 ableiten können.

Schritt 1: Sei $X = \{x_0, \ldots, x_{m-1}\} \subset U$ [30]) und $h: X \to X$ eine Bijektion mit

$$h(x_k) = x_{k+1}, \quad 0 \leq k \leq m-2, \quad \text{und} \quad h(x_{m-1}) = x_0. \tag{13.198}$$

Ist $i: X \to M$ die Inklusion, dann ist X offenbar genau dann ein periodischer ε-Pseudoorbit von f, wenn gilt:

$$d(i \circ h(x), f \circ i(x)) < \varepsilon \tag{13.199}$$

für alle $x \in X$. Auf X gilt also [31])

$$d_{C^0}(i \circ h, f \circ i) < \varepsilon, \tag{13.200}$$

und man sagt dann, das Diagramm

$$\begin{array}{ccc} X & \xrightarrow{i} & U \\ h \downarrow & & \downarrow f \\ X & \xrightarrow{i} & M \end{array} \tag{13.201}$$

---
[30]) U ist eine offene Umgebung von X, die in den nachfolgenden Beweisschritten spezifiziert wird, siehe Bemerkung nach Lemma 13.43.
[31]) Mit $d_{C^0}(f,g) := \sup_{x \in X} d(f(x), g(x))$ für $f, g \in C^0(X, M)$.

sei *kommutativ bis auf ε* (englisch: commutes up to ε). Anosovs Closing Lemma 13.38 ist bewiesen, wenn wir eine Abbildung

$$j : X \longrightarrow U \tag{13.202}$$

gefunden haben, für die gilt:

$$f \circ j = j \circ h \quad \text{und} \quad d_{C^0}(i,j) \leq K\varepsilon. \tag{13.203}$$

Denn dann gilt

$$f^k \circ j = j \circ h^k, \tag{13.204}$$

das heißt insbesondere,

$$f^k(j(x_0)) = j(h^k(x_0)) = j(x_k), \quad 0 \leq k \leq m-1, \tag{13.205}$$

und

$$f^m(j(x_0)) = j(h^m(x_0)) = j(x_0). \tag{13.206}$$

Die Behauptung von Satz 13.38 folgt daraus mit $x = j(x_0)$ wegen

$$d\Big(f^k(j(x_0)), x_k\Big) = d(j(x_k), x_k) \leq K\varepsilon \tag{13.207}$$

für $k = 0, \ldots, m-1$ nach (13.203).

Schritt 2: Unsere Beweisstrategie ist es, in einer Umgebung von i eine Abbildung $j : X \to M$ zu finden, für die das Diagramm (13.201) – mit j statt i – kommutativ ist. Wir werden zeigen, daß die Abbildung

$$\begin{aligned} F &: C^0(X,M) \longrightarrow C^0(X,M), \\ F &: k \longmapsto f \circ k \circ h^{-1} \end{aligned} \tag{13.208}$$

auf der Menge der stetigen Funktionen von X in M (ausgestattet mit der Supremumsnorm) in einer Umgebung von i genau einen Fixpunkt besitzt. Dazu werden wir völlig neue Werkzeuge einsetzen, nämlich geodätische Kurven und die Exponentialabbildung:

Die Analoga zu den Geraden des euklidischen Raumes auf Riemannschen Mannigfaltigkeiten sind die *geodätischen Kurven* (vergleiche Definition 14.10); darunter versteht man diejenigen Kurven auf M, welche die kürzeste Verbindung zwischen zwei gegebenen (hinreichend nahe beieinanderliegenden) Punkten darstellen. Ein normaler Weg $c(t)$ im euklidischen Raum ist bekanntlich genau dann eine Gerade, wenn sein Tangentialvektor konstant ist, wenn also die zweite Ableitung $\ddot{c}(t)$ verschwindet. Diese Eigenschaft charakterisiert auch die geodätischen Kurven (kurz:

die Geodätischen) auf einer Riemannschen Mannigfaltigkeit M: Eine proportional zur Bogenlänge parametrisierte Kurve c auf M ist eine *Geodätische*, wenn gilt $\ddot{c}(t) \equiv 0$. Geodätische sind eindeutig bestimmt, das heißt, zu $x \in M$ und $v \in T_x M$ existiert ein offenes Intervall I_v um $0 \in \mathbb{R}$ und auf ihm genau eine proportional zur Bogenlänge parametrisierte Geodätische

$$c_v : I_v \longrightarrow M, \qquad (13.209)$$

die den Anfangsbedingungen

$$c_v(0) = x, \quad \dot{c}_v(0) = v \qquad (13.210)$$

genügt (vergleiche Abschnitt 14). Man kann das Intervall I_v maximal wählen, so daß c_v nicht mehr auf ein echt größeres Intervall als Geodätische fortgesetzt werden kann. Speziell für $x \in M$ und $v = 0$ bedeutet dies $c_0(t) \equiv x$.

Im Moment dienen uns die Geodätischen lediglich als Hilfsmittel zur Definition der Exponentialabbildung und zum Kennenlernen ihrer Eigenschaften, in Abschnitt 14 werden sie dann zum eigentlichen Gegenstand unserer Betrachtungen.

Für $x \in M$ und eine hinreichend kleine Kugelumgebung $K_\epsilon(0)$ der Null in $T_x M$ ist die *Exponentialabbildung*

$$\exp_x : K_\epsilon(0) \longrightarrow M \qquad (13.211)$$

gegeben durch

$$\exp_x : v \longmapsto c_v(1), \quad v \in K_\epsilon(0), \qquad (13.212)$$

dabei ist $c_v(1)$ der Kurvenpunkt für $t = 1$ derjenigen Geodätischen c_v auf M, für die gilt

$$c_v(0) = x \quad \text{und} \quad \dot{c}_v(0) = v. \qquad (13.213)$$

Aus dieser Definition folgt unmittelbar

$$\exp_x(0) = x, \qquad (13.214)$$

und aus

$$c_{av}(a^{-1}t) = c_v(t) \qquad (13.215)$$

für $a \neq 0$ folgt weiter für $0 \leq t < 1$

$$c_v(t) = \exp_x(tv). \qquad (13.216)$$

13 Transversalität und strukturelle Stabilität

Ein tieferes Verständnis der Exponentialabbildung gewinnen wir durch folgende Überlegungen: Aus den üblichen Sätzen über die Existenz und Eindeutigkeit von Lösungen gewöhnlicher Differentialgleichungen 2. Ordnung folgt die Existenz einer offenen Umgebung des Ursprungs $(0,0)$ in $\mathbb{R} \times T_x M$, in der die Geodätische $c_v(t)$ eindeutig bestimmt und differenzierbar (aus der Klasse C^∞) ist. Darüber hinaus zeigt man leicht, daß zwei Lösungen einer Differentialgleichung 2. Ordnung, welche in demselben Punkt mit unterschiedlichen Geschwindigkeiten $v_1 \neq v_2$ starten, eine gewisse Zeit lang nach dem Start noch verschieden sind, speziell für zwei Geodätische gilt also mit $R > 0$:

$$v_1 \neq v_2, \|v_i\| \leq R \text{ für } i = 1,2 \Rightarrow \exists T > 0 : c_{v_1}(t) \neq c_{v_2}(t) \text{ für alle } t \in (0,T]. \quad (13.217)$$

Darüber hinaus sind Geodätische, wie oben bereits gesagt, proportional zur Bogenlänge parametrisiert, was bedeutet, daß ihre Parametrisierung so gewählt ist, daß $\|\dot{c}_v(t)\| = \text{const}$ für alle $t \in [0,T]$ gilt (vergleiche Satz 14.11).

Aus der zuvor gemachten Feststellung folgt, daß durch

$$f : K_R(0) = \{v \in T_x M \mid \|v\| \leq R\} \longrightarrow M, \quad v \longmapsto c_v(T) \quad (13.218)$$

ein durch das Anfangswertproblem

$$\ddot{c}_v(t) = 0, \quad \dot{c}_v(t) = v, \quad c_v(t) = x \quad (13.219)$$

induzierter Homöomorphismus von $K_R(0) \subset T_x M$ auf sein Bild definiert ist. Dabei ist T eine möglicherweise sehr kleine von R abhängige Größe. Mit $\varepsilon = TR$ folgt somit aus (13.215) weiter, daß

$$\exp_x : K_\varepsilon(0) \longrightarrow M, \quad v \longmapsto c_v(1) \quad (13.220)$$

ein differenzierbarer (C^∞-)Homöomorphismus von $K_\varepsilon(0)$ auf sein Bild ist, dabei drückt sich die C^∞-Abhängigkeit der Lösung des Anfangswertproblems (13.219) durch auf die Exponentialabbildung. Bezeichnen wir mit $\hat{\varepsilon}$ das Supremum aller $\varepsilon > 0$, für die $\exp_x$ auf der Kugel $K_\varepsilon(0)$ injektiv ist, dann ergibt sich folgender Hilfssatz:

13.40 Lemma. *Für jedes $x \in M$ existiert ein $\hat{\varepsilon} > 0$, so daß*

$$\exp_x : K_{\hat{\varepsilon}}(0) \subset T_x M \longrightarrow M \quad (13.221)$$

folgende Eigenschaften besitzt:

(a) $\exp_x$ *ist ein Diffeomorphismus von $K_{\hat{\varepsilon}}(0)$ auf eine offene Umgebung von x.*
(b) $D_0 \exp_x = id_{T_x M}$.

Beweis. (b) Wir identifizieren den Tangentialraum von T_xM mit T_xM, da dieser selbst ein linearer Raum ist. Für $v \in T_xM$ gilt dann

$$D_v \exp_x : T_xM \longrightarrow T_{\exp_x(v)}M \qquad (13.222)$$

und somit nach (13.214)

$$D_0 \exp_x : T_xM \longrightarrow T_xM \, . \qquad (13.223)$$

Mit der Kettenregel und (13.216) folgt dann

$$D_0 \exp_x(v) \;=\; \frac{d}{dt} \exp_x(tv)\Big|_{t=0} \;=\; \frac{d}{dt} c_v(t)\Big|_{t=0} \;=\; v\, . \qquad (13.224)$$

(a) folgt dann direkt aus dem Satz von der inversen Funktion (vergleiche Bemerkung zu Korollar 11.15). ∎

Bemerkungen. 1. Wenn M kompakt ist, hängt $\hat{\varepsilon}$ nicht von x ab. Es gilt sogar noch mehr: Für hinreichend kleines $0 < \varepsilon < \hat{\varepsilon}$ ist $\exp_x$ sogar ein Diffeomorphismus von $K_\varepsilon(0)$ auf $K_\varepsilon(x)$, im folgenden sei $\hat{\varepsilon}$ immer so klein gewählt.

2. Aus (b) folgt wie bei der reellen Exponentialfunktion mit der Kettenregel

$$D_x \exp_x^{-1} \;=\; (D_0 \exp_x)^{-1} \;=\; id_{T_xM} \, . \qquad (13.225)$$

□

Ist $\pi : TM \to M$ die natürliche Projektion auf dem Tangentialbündel von M, so bezeichnet man jede Abbildung

$$\sigma : M \longrightarrow TM\, , \qquad (13.226)$$

so daß gilt

$$\pi \circ \sigma \;=\; id_M\, , \qquad (13.227)$$

auch als *Sektion* von TM über M. Offenbar sind die Sektionen gerade die Vektorfelder. Die 0-Sektion ist dann zum Beispiel der Schnitt durch alle Tangentialräume T_xM, $x \in M$, im Nullpunkt 0_x [32]. Durch

$$\exp : v \longmapsto (x, \exp_x(v))\, , \quad \text{falls} \quad v \in K_{\hat{\varepsilon}}(0) \subset T_xM\, , \qquad (13.228)$$

ist also nach Lemma 13.40 ein Diffeomorphismus einer Umgebung der 0-Sektion des Tangentialbündels TM auf eine Umgebung der Diagonale von $M \times M$ definiert [33].

---
[32] Wir verwenden für die Abbildung σ und ihr Bild $\sigma(M)$ dasselbe Wort „Sektion".
[33] Es gilt $d(x, \exp_x v) = \|v\|$.

13 Transversalität und strukturelle Stabilität

Mit Hilfe der Exponentialabbildung können wir eine Abbildung $f \in \text{Diff}^r(M)$ lokal in diese Umgebung der 0-Sektion „hinaufheben": Zu $\hat{\varepsilon}$ aus Lemma 13.40 existiert ein δ, $0 < \delta \leq \hat{\varepsilon}$, welches ebenfalls unabhängig von x gewählt werden kann, so daß durch

$$f_{x,\delta} := \exp_x^{-1} \circ f \circ \exp_{f^{-1}(x)} : K_\delta(0) \longrightarrow K_{\hat{\varepsilon}}(0) \subset T_x M, \qquad (13.229)$$

$K_\delta(0) \subset T_{f^{-1}(x)} M$, $x \in M$, eine Familie von lokalen Diffeomorphismen definiert ist. Wegen (13.214) gilt

$$f_{x,\delta}(0) = 0, \qquad (13.230)$$

und aufgrund der Kettenregel folgt aus (13.225)

$$D_0 f_{x,\delta} = D_x \exp_x^{-1} \circ D_{f^{-1}(x)} f \circ D_0 \exp_{f^{-1}(x)} = D_{f^{-1}(x)} f. \qquad (13.231)$$

Unter Beibehaltung dieser Eigenschaften können wir jede der Abbildungen $f_{x,\delta}$ auf den gesamten Tangentialraum fortsetzen:

13.41 Lemma. *Sei U eine beschränkte, offene Umgebung von $0 \in \mathbb{R}^n$ und $f: U \to \mathbb{R}^n$ ein lokaler Diffeomorphismus mit $f(0) = 0$. Dann gibt es zu jedem $\eta > 0$ ein $\delta > 0$ und einen Diffeomorphismus $\tilde{f}: \mathbb{R}^n \to \mathbb{R}^n$, so daß gilt*

$$\|\tilde{f} - D_0 f\|_{C^1} < \eta \quad und \quad \tilde{f} = f \quad auf \quad K_\delta(0). \qquad (13.232)$$

Beweis. Für $\eta_0 > 0$ sei $\rho: \mathbb{R}^n \to [0,1]$ eine C^1-Abbildung mit

$$\rho(v) = \begin{cases} 1 & \text{für } v \in K_\delta(0) \\ 0 & \text{sonst} \end{cases} \qquad (13.233)$$

sowie

$$\|D\rho\| \leq \frac{K}{\eta_0} \qquad (13.234)$$

mit einer geeigneten Konstanten $K > 0$, und es sei

$$\tilde{f} := \rho f + (1-\rho) D_0 f \qquad (13.235)$$

(wobei ρf gleich 0 sei, wenn $\rho = 0$ ist, auch dann, wenn f undefiniert ist). Damit haben wir

$$\tilde{f} - D_0 f = \rho(f - D_0 f). \qquad (13.236)$$

Da nun f eine C^1-Abbildung ist, gilt für hinreichend kleines $\eta_0 > 0$

$$\|f - D_0 f\|_{C^0} = o(\eta_0), \qquad (13.237)$$

außerdem folgt aus (13.236) mit der Produktregel

$$\|D(\tilde{f} - D_0 f)\|_{C^0} \leq \|D\rho(f - D_0 f)\|_{C^0} + \|\rho(Df - D_0 f)\|_{C^0} = o(1) \qquad (13.238)$$

und daraus die Behauptung. ■

Die Diffeomorphismen

$$f_{x,\delta} : K_\delta(0) \longrightarrow T_x M, \quad x \in M, \qquad (13.239)$$

genügen offenbar den Voraussetzungen des Fortsetzungslemmas 13.41 mit $T_x M$ anstelle des $\mathbb{R}^n$. Ihre Fortsetzungen nennen wir f_x.

Schritt 3: Wir sind nun in der Lage, den Diffeomorphismus f_x auf der hyperbolischen Menge Λ (beziehungsweise sogar in einer Umgebung von Λ) als Störung einer hyperbolischen linearen Abbildung darzustellen. Für $x \in \Lambda$ sei

$$T_x M = E_x^s \oplus E_x^u \qquad (13.240)$$

ein Df-invariantes hyperbolisches Splitting. Wie gewohnt, identifizieren wir

$$E_x^s \equiv \mathbb{R}^k \times \{0\} \quad \text{und} \quad E_x^u \equiv \{0\} \times \mathbb{R}^{n-k} \qquad (13.241)$$

und erhalten damit anstelle von (13.240) die Tangentialraumzerlegung (mit $k = k(x)$)

$$T_x M \equiv \mathbb{R}^n = \mathbb{R}^k \oplus \mathbb{R}^{n-k}. \qquad (13.242)$$

Die Teilräume $\mathbb{R}^k$ und $\mathbb{R}^{n-k}$ sind, wie gesagt, Df-invariant, das heißt, $D_x f$ besitzt eine diagonale Blockmatrixdarstellung

$$D_x f(u,v) = \begin{pmatrix} A_x & 0 \\ 0 & B_x \end{pmatrix} \begin{pmatrix} u \\ v \end{pmatrix} \qquad (13.243)$$

mit $(u,v) \in \mathbb{R}^k \oplus \mathbb{R}^{n-k}$ sowie (o. B. d. A. sei $\lambda = \mu^{-1}$)

$$\|A_x\| \leq \lambda \quad \text{und} \quad \|B_x^{-1}\| \leq \lambda. \qquad (13.244)$$

Aus (13.231) folgt für beliebig vorgegebenes $\eta > 0$ mit Lemma 13.41

$$\|f_x - D_{f^{-1}(x)} f\|_{C^1} < \eta, \qquad (13.245)$$

wobei f_x auf einer Umgebung $K_\delta(0)$, $\delta = \delta(\eta)$, die Darstellung (13.229) besitzt. Mit (13.243) bedeutet dies

$$f_x(u,v) = (Au + \alpha_x(u,v), Bv + \beta_x(u,v)) \qquad (13.246)$$

mit $A = A_{f^{-1}(x)}$, B analog, sowie

$$\|\alpha_x\|_{C^1} < \eta \quad \text{und} \quad \|\beta_x\|_{C^1} < \eta. \tag{13.247}$$

Das Tangentialraumsplitting (13.240) läßt sich problemlos auf eine Umgebung von Λ ausdehnen (vergleiche Shub [140], Proposition 7.6), und eine für unsere Zwecke geeignete (fast-hyperbolische) Fortsetzung von $D_x f$ erhält man dann wie folgt: Sind z und x zwei Punkte aus M mit $d(f(x), z) < \hat{\varepsilon}$ (mit $\hat{\varepsilon}$ aus Lemma 13.40 unter Beachtung der daran anschließenden Bemerkung 1), dann definieren wir eine Abbildung

$$F_{z,x} : T_x M \longrightarrow T_z M \tag{13.248}$$

durch

$$F_{z,x} = D_{f(x)} \exp_z^{-1} \circ D_x f. \tag{13.249}$$

Ist $x \in \Lambda$ und $z = f(x)$, so gilt wegen (13.225)

$$F_{z,x} = D_x f. \tag{13.250}$$

Darüber hinaus gibt es zu jedem $\eta > 0$ eine Umgebung $U = U_\eta(\Lambda)$ und eine Konstante $0 < \varepsilon \leq \hat{\varepsilon}$, so daß folgendes gilt [34]: Für alle $x \in U_\eta(\Lambda)$ und für alle $z \in M$ mit $d(f(x), z) < \varepsilon$ gibt es eine Zerlegung

$$T_x M = \tilde{E}_x^s \oplus \tilde{E}_x^u \tag{13.251}$$

und eine lineare Abbildung $\tilde{F}_{z,x}$ auf $T_x M$ der Form

$$\tilde{F}_{z,x} = \begin{pmatrix} A_{z,x} & 0 \\ 0 & B_{z,x} \end{pmatrix} \tag{13.252}$$

mit folgenden Eigenschaften (λ aus (13.244)):

$$\|\tilde{F}_{z,x} - F_{z,x}\| < \eta, \quad \|\tilde{F}_{z,x}\big|_{\tilde{E}_x^s}\| \leq \lambda, \quad \|\tilde{F}_{z,x}^{-1}\big|_{\tilde{E}_x^u}\| \leq \lambda. \tag{13.253}$$

Und für $x \in \Lambda$ gilt

$$F_{f(x),x} = \tilde{F}_{f(x),x} = D_x f. \tag{13.254}$$

Somit existiert also zu vorgegebenem $\eta > 0$ eine Umgebung U von Λ mit folgender Eigenschaft: Ist $\{x_0, \ldots, x_{m-1}, x_m\}$ ein (periodischer oder nicht-periodischer) ε-Pseudoorbit von f in U, das heißt, gilt

$$d(f(x_k), x_{k+1}) < \varepsilon \quad \text{für} \quad k = 0, \ldots, m-1, \tag{13.255}$$

---

[34] Vergleiche den oben genannten Satz von Shub [140]. $F_{z,x}$ ist stetig abhängig von z und x und somit „fast diagonal".

und ist ε hinreichend klein, dann gilt für die Funktionen

$$f_{k,\delta} := \exp^{-1}_{x_{k+1}} \circ f \circ \exp_{x_k} : K_\delta(0) \longrightarrow T_{x_{k+1}}M, \qquad (13.256)$$

$k = 0, \ldots, m-1$ (wobei wir an dieser Stelle einfach annehmen wollen, daß diese Hintereinanderausführung in einer geeigneten Kugelumgebung $K_\delta(0) \subset T_{x_k}M$ sinnvoll definiert ist, siehe dazu Beweisschritt 5), analog zu (13.231)

$$D_0 f_{k,\delta} = D_{f(x_k)} \exp^{-1}_{x_{k+1}} \circ D_{x_k} f \circ D_0 \exp_{x_k}, \qquad (13.257)$$

und mit Lemma 13.40 gilt weiter

$$\begin{aligned} D_0 f_{k,\delta} &= D_{f(x_k)} \exp^{-1}_{x_{k+1}} \circ D_{x_k} f \\ &= F_{x_{k+1},x_k}. \end{aligned} \qquad (13.258)$$

Wie zuvor identifizieren wir die „gesplitteten" Tangentialräume $T_{x_k}M$ aus (13.251) jeweils mit $\mathbb{R}^n = \mathbb{R}^k \oplus \mathbb{R}^{n-k}$ (wobei k mit x_k variieren kann). Das Fortsetzungslemma 13.41 zusammen mit den Abschätzungen (13.253) liefert völlig analog wie für f_x in (13.246) die Darstellungen:

$$f_k(u,v) = (A_k u + \alpha_k(u,v), B_k v + \beta_k(u,v)) \qquad (13.259)$$

mit

$$\|A_k\| \leq \lambda \quad \text{und} \quad \|B_k^{-1}\| \leq \lambda \qquad (13.260)$$

sowie

$$\|\alpha_k\|_{C^1} < C\eta \quad \text{und} \quad \|\beta_k\|_{C^1} < C\eta \qquad (13.261)$$

und $(u,v) \in \mathbb{R}^k \oplus \mathbb{R}^{n-k}$. Dabei haben wir die beiden η-Abweichungen in (13.232) sowie (13.253) zu $C\eta$ mit einer Konstanten $C > 0$ verrechnet, und f_k stimmt mit $f_{k,\delta}$ auf einer hinreichend kleinen Kugelumgebung $K_\delta(0)$, $0 < \delta \leq \overset{\circ}{\varepsilon}$, überein. Wichtig ist es, noch einmal zu betonen, daß (wegen der Kompaktheit von M) δ unabhängig von x, und das bedeutet an dieser Stelle, unabhängig von den einzelnen ε-Pseudoorbits gewählt werden kann. Dagegen gilt im Unterschied zu (13.230) nicht mehr $f_{k,\delta}(0) = 0$.

Schritt 4: Wir kommen nun zurück zum Ausgangspunkt, Diagramm (13.201), und wollen unsere Fixpunktaufgabe mit Hilfe der Exponentialabbildung analog zu (13.229) „hinaufheben" in eine Umgebung der 0-Sektion von TM über X, das heißt, der Menge $\sigma_0(X)$ mit $\sigma_0(x) = 0_x \in T_xM$ für alle $x \in X$. Dazu sei $B_\varepsilon(i)$ eine ε-Umgebung der Inklusion $i : X \to M$ in $C^0(X,M)$ und

$$\Gamma^0_\varepsilon(X,TM) \subset \Gamma(X,TM)^{35)} \qquad (13.262)$$

[35)] Die Menge $\Gamma(X,TM)$ aller Sektionen (beziehungsweise Vektorfelder) von TM über X mit der Norm $\|\|\sigma\|\| := \sup_{x \in X} \|\sigma(x)\|$ ist ein Banachraum.

11 Dynamische Systeme auf Mannigfaltigkeiten 235

Nach Verkleinerung von $\mathfrak{V}$ kann man somit schließen:

$$g \in \mathfrak{V} \implies g \text{ ist injektiv.} \tag{11.158}$$

Da g ein lokaler Diffeomorphismus ist, ist also g ein Diffeomorphismus, das heißt, zu $f \in \text{Diff}^r(M)$ existiert eine offene Umgebung $\mathfrak{V}'(f) \subseteq \text{Diff}^r(M)$. ∎

Bemerkung. Die C^∞-Topologie auf $C^\infty(M, M)$ beziehungsweise $\text{Diff}^\infty(M)$ ist im Gegensatz zu den C^r-Topologien für $r \in \mathbb{N}$ keine Normtopologie (vergleiche (11.149)). □

Für den Rest dieses Abschnitts legen wir nun folgendes Set-up zugrunde: (M, f) sei ein diskretes dynamisches System mit einer kompakten C^r-Mannigfaltigkeit M und $f \in C^r(M, M)$. $U \subseteq M$ sei offen, $f_{|U} : U \to M$ sei ein C^1-Diffeomorphismus auf sein Bild, und $p \in U$ sei ein periodischer Punkt von f der Periode n mit $O_f(p) \subseteq U$.

In Verallgemeinerung der gewohnten Linearisierungskonzepte in euklidischen Räumen wollen wir die lokale Dynamik diskreter Systeme (M, f) auf Mannigfaltigkeiten in der Umgebung periodischer Punkte $p \in M$ zurückführen auf die Dynamik ihres linearen Teils, das heißt, der linearen Abbildung

$$A = D_p f^n : T_p M \longrightarrow T_p M \tag{11.159}$$

($f^n(p) = p$). Ist die lineare Abbildung A hyperbolisch, so ist ihr dynamisches Verhalten einfach strukturiert und leicht zu beschreiben. O. B. d. A. betrachten wir A zunächst als Endomorphismus auf $\mathbb{R}^N$.

Als kompakter Hausdorff-Raum mit abzählbarer Basis ist M metrisierbar, das heißt, es existiert eine Metrik auf M, welche die auf M vorhandene Topologie induziert, wir bezeichnen sie mit „d".

11.22 Definition. (a) *Eine lineare Abbildung heißt* hyperbolisch, *falls alle ihre Eigenwerte dem Betrag nach von 1 verschieden sind.*

(b) $p \in M$ *heißt* hyperbolischer periodischer Punkt *von f der Periode n, falls gilt*:

$$D_p f^n : T_p M \longrightarrow T_p M \tag{11.160}$$

ist eine hyperbolische lineare Abbildung. Sein Orbit wird als hyperbolischer periodischer Orbit *bezeichnet.*

Bemerkung. Natürlich ist ein hyperbolischer Punkt der Periode n von f ein hyperbolischer Fixpunkt von f^n und umgekehrt. □

Für eine lineare Abbildung $A : \mathbb{R}^N \to \mathbb{R}^N$ und für einen reellen Eigenwert λ von A sei E_λ die Menge der Eigenvektoren zum Eigenwert λ, das heißt, der Eigenraum aller Vektoren $v \in \mathbb{R}^N$ mit $(A - \lambda I)^k v = 0$ für ein $k \in \mathbb{N}$. Entsprechend sei $E_{\lambda, \bar{\lambda}}$ für (mit $K_0 = K(\varepsilon_0)$ aus (13.271)) und erhalten für $\varepsilon < \varepsilon_0$ und $\delta = K\varepsilon < \delta_0$ mit $\sigma \in \Gamma^0_\delta(X,TM)$:

$$\begin{aligned}
\Phi \circ F \circ \Phi^{-1}(\sigma(x)) &= \Phi F\Big(\exp_{i(x)}(\sigma(x))\Big) \\
&= \Phi\Big(f\Big(\exp_{i(h^{-1}(x))}\sigma(h^{-1}(x))\Big)\Big) \\
&= \exp^{-1}_{i(x)}\Big(f\Big(\exp_{i(h^{-1}(x))}\sigma(h^{-1}(x))\Big)\Big) \\
&=: \mathcal{F}(\sigma(x)).
\end{aligned} \qquad (13.272)$$

Somit induziert F auf Γ^0_δ eine Abbildung

$$\mathcal{F}: \Gamma^0_\delta(X,TM) \longrightarrow \Gamma(X,TM), \qquad (13.273)$$

definiert durch (13.272). Im letzten Beweisschritt werden wir zeigen, daß für hinreichend kleines $\varepsilon > 0$ ein eindeutig bestimmter Fixpunkt $\hat\sigma$ von $\mathcal{F}$ in Γ^0_δ für $\delta = K\varepsilon < \delta_0$ existiert, mit einer noch zu bestimmenden von ε unabhängigen Konstanten $K > 0$. Für diesen gilt dann

$$\mathcal{F}(\hat\sigma) = \Phi \circ F \circ \Phi^{-1}(\hat\sigma) = \hat\sigma \in \Gamma^0_\delta(X,TM) \qquad (13.274)$$

und somit

$$F(\Phi^{-1}(\hat\sigma)) = \Phi^{-1}(\hat\sigma) \in B_\delta(i). \qquad (13.275)$$

Mit anderen Worten, mit

$$j := \Phi^{-1}(\hat\sigma) \qquad (13.276)$$

gilt wie gewünscht (vergleiche (13.203))

$$f \circ j = j \circ h \quad \text{und} \quad d_{C^0}(i,j) \leq K\varepsilon. \qquad (13.277)$$

Damit ist Anosovs Closing Lemma (Satz 13.38) bewiesen mit Ausnahme des Existenz- und Eindeutigkeitsnachweises für den Fixpunkt $\hat\sigma$ von $\mathcal{F}$.

Bevor wir diesen in Angriff nehmen, schauen wir noch einmal auf den Beginn des Beweises. Unter den Voraussetzungen von Satz 13.37 verallgemeinern wir das dortige Szenario an zwei Stellen:

(a) X darf ein *beliebiger topologischer Raum* mit einem Homöomorphismus $h:X \to X$ und $i:X \to U$ irgendeine stetige Funktion sein.
(b) f darf durch einen Diffeomorphismus g *aus einer Umgebung* $\mathfrak{U}$ *von* f in der C^1-Topologie ersetzt werden, für den analog zu (13.200) gilt:

$$d_{C^0}(i \circ h, g \circ i) < \varepsilon. \qquad (13.278)$$

13 Transversalität und strukturelle Stabilität

Damit haben wir das folgende bis auf ε kommutative Diagramm:

$$\begin{array}{ccc} X & \xrightarrow{i} & U \\ h \downarrow & & \downarrow g \\ X & \xrightarrow{i} & M \end{array} \qquad (13.279)$$

Die zu Satz 13.38 analoge Aussage lautet nun: *Es gibt eine Umgebung U von Λ und Konstanten $\varepsilon_0 > 0$ und $K > 0$, so daß gilt: Ist $i : X \to U$ stetig und $g \in \mathfrak{U}(f)$ so gewählt, daß*

$$d_{C^0}(i \circ h, g \circ i) < \varepsilon \qquad (13.280)$$

für $\varepsilon < \varepsilon_0$ erfüllt ist, dann gibt es genau eine stetige Abbildung $j : X \to M$ mit

$$d_{C^0}(i,j) \leq K\varepsilon, \qquad (13.281)$$

so daß das Diagramm

$$\begin{array}{ccc} X & \xrightarrow{j} & U \\ h \downarrow & & \downarrow g \\ X & \xrightarrow{j} & M \end{array} \qquad (13.282)$$

kommutativ ist. In dieser allgemeinen Form ist der Satz für nicht notwendig kompakte Riemannsche Mannigfaltigkeiten in [140], Theorem 7.8, beziehungsweise in [73], Theorem 18.1.3, bewiesen. Durch geeignete Spezifikation erhält man daraus unmittelbar einen noch ausstehenden

Beweis für das Shadowing Lemma 13.37. Wir wählen $X = \mathbb{Z}$ mit der diskreten Topologie und $h(n) = n+1$ für $n \in \mathbb{Z}$. Außerdem sei, wie im Fall von Anosovs Closing Lemma $g = f$. Jeden ε-Pseudoorbit $\{x_n\}_{N_0 \leq n \leq N_1}$ ($N_0, N_1 \in \mathbb{Z} \cup \{-\infty, \infty\}, N_0 < N_1$) können wir als Funktion

$$i : \mathbb{Z} \longrightarrow M, \quad i(n) = x_n, \qquad (13.283)$$

für $N_0 \leq n \leq N_1$ ansehen (der Vollständigkeit halber setzen wir $i(n) \equiv x_{N_0}$ für alle übrigen n). Dann existiert aufgrund der obigen Verallgemeinerung von Satz 13.38 eine Umgebung U von Λ und es existieren Konstanten $\varepsilon_0 > 0$ und $K > 0$, so daß für jeden ε-Pseudoorbit $\{x_n\}_{N_0 \leq n \leq N_1} \subset U$ mit $\varepsilon < \varepsilon_0$ folgendes gilt: Es gibt genau eine Abbildung $j : \mathbb{Z} \to U$ mit

$$d_{C^0}(i,j) \leq K\varepsilon \quad \text{und} \quad j(n+1) = j(h(n)) = f(j(n)). \qquad (13.284)$$

Mit anderen Worten, setzt man

$$y_n := j(n), \qquad (13.285)$$

dann gilt wegen (13.284)

$$y_n = f^n(y_0) \qquad (13.286)$$

und

$$d(y_n, x_n) = d(f^n(y_0), x_n) \leq K\varepsilon. \qquad (13.287)$$

Das heißt, $O_f(y_0)$ ist ein Orbit von f, welcher den ε-Pseudoorbit $\{x_n\}_{N_0 \leq n \leq N_1}$ $K\varepsilon$-beschattet, und das ist die Behauptung von Satz 13.37. ∎

Bemerkung. Shadowing gewährleistet aber nicht, daß der beschattende Orbit in irgendeiner Weise *typisch* ist. Denken wir zum Beispiel zurück an die Abbildung

$$f: \mathbb{R}/\mathbb{Z} \longrightarrow \mathbb{R}/\mathbb{Z}, \quad x \longmapsto 2x(\bmod 1), \qquad (13.288)$$

dann wird jeder computergenerierte Orbit irgendwann gleich 0, da jeder Anfangswert intern als binärer Bruch dargestellt und folglich in jedem Schritt die Anzahl der binären Ziffern ungleich 0 nach dem Punkt kleiner wird (vergleiche Übungsaufgabe 3 in Abschnitt 1). Der Computer berechnet jedesmal einen Orbit, der von Null attrahiert wird, aber das ist natürlich nicht das typische Verhalten dieses Systems (vergleiche 6.2, Beispiel 8). Ähnlich verhält es sich für torale Automorphismen: Alle Punkte mit rationalen Koordinaten und damit auch alle auf einem Rechner darstellbaren Punkte sind periodisch. □

Wenn wir sicherstellen wollen, daß ein ε-Pseudoorbit in Λ von einem (typischen) Orbit $O_f(x)$ eines Punktes $x \in \Lambda$ beschattet werden kann, dann müssen wir verlangen, daß Λ *lokale Produktstruktur* besitzt (vergleiche (13.73) und Fig. 12.1).

13.42 Korollar zu Satz 13.37. *Sei (M, f) ein ddS mit einer kompakten Mannigfaltigkeit M und einem Diffeomorphismus $f: M \to M$. Λ sei eine hyperbolische Menge für f, die lokale Produktstruktur besitzt. Dann existiert zu jedem $\delta > 0$ ein $\varepsilon > 0$, so daß jeder ε-Pseudoorbit in Λ von einem Orbit $O_f(x)$ mit $x \in \Lambda$ δ-beschattet wird.*

Beweis. Vergleiche Shub [140], Proposition 8.20. Der Beweis bietet keine neuen Schwierigkeiten gegenüber dem von Satz 13.37, er verlangt allerdings einen geschickten und sorgsamen Umgang mit der Definition der transversalen Schnittpunkte

$$[x, y] = [x, y]_{\varepsilon, \delta} = W^s_\varepsilon(x) \cap W^u_\varepsilon(y) \qquad (13.289)$$

für $x, y \in \Lambda$ mit $d(x, y) < \delta$ (vergleiche Fig. 12.1). ∎

Wir wollen nun in einem letzten Schritt den Beweis von Satz 13.38 vollenden.

Schritt 5: Wir kommen zurück auf die Gleichungen (13.272), welche die Abbildung

$$\mathcal{F}: \Gamma^0_\delta(X, TM) \longrightarrow \Gamma(X, TM) \qquad (13.290)$$

13 Transversalität und strukturelle Stabilität

definieren, für die gilt:

$$\mathcal{F}(\sigma(x)) = \exp^{-1}_{i(x)} \left(f\left(\exp_{i(h^{-1}(x))} \sigma(h^{-1}(x)) \right) \right), \quad (13.291)$$

mit $\sigma \in \Gamma^0_\delta(X, TM)$, $x \in X$. Dabei ist $\delta = K\varepsilon$ und

$$X = \{x_0, x_1, \ldots, x_{m-1}, x_m = x_0\} \quad (13.292)$$

ein periodischer ε-Pseudoorbit, $i : X \to M$ die Inklusionsabbildung sowie

$$h(x_k) = x_{k+1}, \quad 0 \leq k \leq m-2, \quad \text{und} \quad h(x_{m-1}) = x_0. \quad (13.293)$$

Setzen wir die Elemente von X in (13.291) ein, so ergeben sich m Gleichungen:

$$f_{k-1}(\sigma(x_{k-1})) = \mathcal{F}(\sigma(x_k)) = \exp^{-1}_{x_k} \circ f \circ \exp_{x_{k-1}}(\sigma(x_{k-1})) \quad (13.294)$$

für $k = 1, \ldots, m-1$, sowie

$$f_{m-1}(\sigma(x_{m-1})) = \mathcal{F}(\sigma(x_0)) = \exp^{-1}_{x_0} \circ f \circ \exp_{x_{m-1}}(\sigma(x_{m-1})) \quad (13.295)$$

mit $\sigma(x_k) \in T_{x_k}M$ für $k = 0, \ldots, m-1$. Ein Blick auf Gleichung (13.256) sagt uns: Wir segeln wieder in bekannten Gewässern. Außerdem sichern unsere Überlegungen zur Wahl von ε vor Gleichung (13.272) ab, daß die Funktionen auf der rechten Seite von (13.294) sinnvoll hintereinander ausgeführt werden können. Darüber hinaus seien die Funktionen f_k durch Lemma 13.41 auf $\mathbb{R}^n$ fortgesetzt. Wir suchen einen Fixpunkt $\hat{\sigma}$ von $\mathcal{F}$, das heißt, wir suchen eine Sektion $\hat{\sigma} \in \Gamma^0_\delta$, so daß gilt

$$\mathcal{F}(\hat{\sigma}(x_k)) = \hat{\sigma}(x_k) \quad (13.296)$$

für alle $x_k \in X$. Wie zuvor identifizieren wir jeden der Tangentialräume $T_xM, x \in X$, mit $\mathbb{R}^n = \mathbb{R}^k \oplus \mathbb{R}^{n-k}$, wobei k von x abhängt, und setzen

$$\sigma(x_k) := (u_k, v_k) \quad (13.297)$$

für $k = 0, \ldots, m-1$. Dann lauten (13.294) und (13.295) zusammen mit (13.296)

$$\boldsymbol{F}(u,v) := \begin{pmatrix} f_{m-1}(u_{m-1}, v_{m-1}) \\ f_0(u_0, v_0) \\ \vdots \\ f_{m-2}(u_{m-2}, v_{m-2}) \end{pmatrix} = \begin{pmatrix} (u_0, v_0) \\ (u_1, v_1) \\ \vdots \\ (u_{m-1}, v_{m-1}) \end{pmatrix} =: (u, v). \quad (13.298)$$

Gesucht ist also ein Fixpunkt dieser Abbildung

$$\boldsymbol{F} : \mathbb{R}^N \longrightarrow \mathbb{R}^N \quad (13.299)$$

mit $N = m \cdot \dim M = m \cdot n$. Im $\mathbb{R}^N$ arbeiten wir mit der Kasten-Norm

$$\|(x_0, x_1, \ldots, x_{m-1})\| := \max_{0 \leq i \leq m-1} \|x_i\|_{\mathbb{R}^n}, \quad (13.300)$$

($x_i = (u_i, v_i)$), und wir schreiben

$$F(u,v) = L(u,v) + S(u,v), \qquad (13.301)$$

mit

$$S((u_0,v_0),\ldots,(u_{m-1},v_{m-1})) := \big((\alpha_{m-1}(u_{m-1},v_{m-1}),\beta_{m-1}(u_{m-1},v_{m-1})),\ldots, \\ (\alpha_{m-2}(u_{m-2},v_{m-2}),\beta_{m-2}(u_{m-2},v_{m-2}))\big) \qquad (13.302)$$

sowie

$$L((u_0,v_0),(u_1,v_1),\ldots,(u_{m-1},v_{m-1})) := ((A_{m-1}u_{m-1},B_{m-1}v_{m-1}),\ldots, \\ (A_{m-2}u_{m-2},B_{m-2}v_{m-2})), \qquad (13.303)$$

wobei die Darstellungen für $f_0,\ldots,f_{m-1}$ aus (13.259) stammen und die dort angegebenen Eigenschaften (13.260) und (13.261) besitzen, im Gegensatz zu (13.226) gilt jedoch nicht mehr $f_k(0,0) = (0,0)$. Wir wollen noch einmal herausstellen, daß die Abschätzungen (13.261) für die Störungen der hyperbolischen linearen Anteile der m Funktionen f_k, $k = 0,\ldots,m-1$, in Abhängigkeit von einem vorgegebenen $\eta > 0$ nur in einer Umgebung U von Λ gültig sind! Aus dieser Umgebung $U(\Lambda)$ sind die ε-Pseudoorbits in Satz 13.38 zu wählen.

13.43 Lemma. *Die Abbildung* (13.298) *besitzt einen eindeutig bestimmten Fixpunkt*

$$(\hat{u},\hat{v}) = ((\hat{u}_0,\hat{v}_0),\ldots,(\hat{u}_{m-1},\hat{v}_{m-1})), \qquad (13.304)$$

so daß für hinreichend kleines $c > 0$ *aus* $d_{C^0}(f \circ i, i \circ h) < \varepsilon$ *(siehe* (13.200)*) folgt*

$$\|(\hat{u},\hat{v})\| \leq K\varepsilon \qquad (13.305)$$

mit einer von ε *unabhängigen Konstanten* $K > 0$.

Bemerkung. ε ist in Abhängigkeit von den Größen η (aus Beweisschritt 3) und $\hat{\varepsilon}$ (Schritt 4) zu wählen. Beide Einschränkungen bestimmen die Konstante ε_0 in der Behauptung von Satz 13.38. η seinerseits ist, wie man aus dem nachfolgenden Beweis leicht abliest, abhängig von der Kontraktionskonstanten $\lambda < 1$ aus dem hyperbolischen Splitting von Df auf Λ und bestimmt die Umgebung $U(\Lambda)$, aus der die periodischen ε-Pseudoorbits stammen dürfen. □

Beweis. Wir identifizieren

$$\mathbb{R}^N \equiv \underbrace{\mathbb{R}^n \times \mathbb{R}^n \times \ldots \times \mathbb{R}^n}_{m\text{-mal}} \qquad (13.306)$$

und schreiben die Vektoren $x_i \in \mathbb{R}^n$ jeder vektoriellen Komponente von $\mathbb{R}^N$ in der Form

$$x_i = (u_i,v_i) \in \mathbb{R}^n = \mathbb{R}^k \oplus \mathbb{R}^{n-k}, \qquad (13.307)$$

13 Transversalität und strukturelle Stabilität

wobei die Anzahl k beziehungsweise $n - k$ der Komponenten von x_i mit i variieren kann.

L ist hyperbolisch: L kontrahiert Vektoren der Form $((u_0, 0), (u_1, 0), \ldots, (u_{m-1}, 0))$ und expandiert solche der Form $((0, v_0), (0, v_1), \ldots, (0, v_{m-1}))$. Damit ist das Spektrum $\sigma(L)$ disjunkt vom Einheitskreis und $L - I$ ist invertierbar mit [36]

$$\|(L - I)^{-1}\| \leq \frac{1}{1 - \lambda}, \qquad (13.308)$$

dabei steht links die zur Kastennorm (13.300) gehörige Matrixnorm. Außerdem gilt mit (13.261)

$$\|S(u, v) - S(u', v')\| \leq C \cdot \eta \|(u, v) - (u', v')\| \qquad (13.309)$$

mit $C = C(f, \Lambda) > 0$ und η aus (13.261).

Mit $z := (u, v)$ ist

$$z = F(z) = L(z) + S(z) \qquad (13.310)$$

äquivalent zu

$$-(L - I)(z) = S(z) \qquad (13.311)$$

beziehungsweise

$$z = -(L - I)^{-1} S(z) =: G(z); \qquad (13.312)$$

wählt man $\eta < (1 - \lambda)/C$, dann folgt

$$\|G(z) - G(z')\| \leq \frac{C}{1 - \lambda} \eta \|z - z'\| \qquad (13.313)$$

mit $0 < K_1 := \frac{C}{1 - \lambda}$ und $K_1 \eta < 1$, das heißt, G ist eine kontrahierende Abbildung auf $\mathbb{R}^N$ und besitzt aufgrund des Banachschen Fixpunktsatzes einen eindeutig bestimmten Fixpunkt $\hat{z}$ in $\mathbb{R}^N$. Wir schreiben $\hat{z} = (\hat{u}, \hat{v})$ gemäß (13.304).

Jetzt müssen wir lediglich noch gewährleisten, daß $\|(\hat{u}, \hat{v})\| \leq K\varepsilon$ erfüllt ist. Für alle $x = (x_0, \ldots, x_{m-1}) \in \mathbb{R}^N$ mit x_i aus (13.307) gilt

$$\hat{z} = \lim_{i \to \infty} G^i(x), \qquad (13.314)$$

also auch für $x = 0$. Aus (13.314) folgt wie im Beweis von Lemma 13.31

$$\|\hat{z}\| \leq \sum_{i=1}^{\infty} \|G^i(0) - G^{i-1}(0)\|. \qquad (13.315)$$

---

[36] Vergleiche Anhang A.3.2.

Durch Induktion zeigt man

$$\|G^i(0) - G^{i-1}(0)\| \leq K_1\eta\|G^{i-1}(0) - G^{i-2}(0)\|$$
$$\leq (K_1\eta)^{i-1}\|G(0)\|. \qquad (13.316)$$

Also gilt

$$\|\hat{\hat{z}}\| \leq \sum_{k=0}^{\infty}(K_1\eta)^k\|G(0)\|, \qquad (13.317)$$

und wegen $\|G(0)\| \leq \frac{1}{1-\lambda}\|S(0)\|$ und

$$\|S(0)\| = \|\mathcal{F}(0)\| = d_{C^0}(f \circ i, i \circ h) < \varepsilon \qquad (13.318)$$

(vergleiche Anmerkung 33 und (13.266)) haben wir schließlich

$$\|\hat{\hat{z}}\| \leq \frac{\varepsilon}{(1-K_1\eta)(1-\lambda)} =: K\varepsilon \qquad (13.319)$$

mit $K_1 = \frac{C}{1-\lambda}$ aus diesem Beweis. ∎

Jetzt sind wir in der Tat am Beweisende von Satz 13.38 angelangt, denn die Sektion $\hat{\vartheta}$ über X mit

$$\hat{\vartheta}(x_k) = (\hat{\hat{u}}_k, \hat{\hat{v}}_k), \quad k = 0, \ldots, m-1, \qquad (13.320)$$

und $(\hat{\hat{u}}, \hat{\hat{v}}) = ((\hat{\hat{u}}_0, \hat{\hat{v}}_0), \ldots, (\hat{\hat{u}}_{m-1}, \hat{\hat{v}}_{m-1}))$ ist der gesuchte Fixpunkt der Abbildung $\mathcal{F}$ aus (13.273), da für hinreichend kleines $\varepsilon > 0$ gilt: $\hat{\vartheta} \in \Gamma_\delta^0$ mit $\delta = K\varepsilon < \delta_0$ und $\varepsilon < \varepsilon_0$. ∎

Anosovs Closing Lemma 13.38 garantiert, wie oben bereits gesagt, nicht, daß der beschattende periodische Orbit selbst in der hyperbolischen Menge Λ liegt. In der Tat ist dies auch nicht immer der Fall (vergleiche Katok und Hasselblatt [73], Übungsaufgabe 6.4.7), obwohl es für unsere sämtlichen Modellbeispiele zutrifft. Das ist eine Folge der Tatsache, daß diese Beispiele hyperbolischer Mengen lokal *maximal* sind (vergleiche Satz 12.14): Es existiert eine offene Umgebung V von Λ, so daß gilt

$$\Lambda = \Lambda_V^f := \bigcap_{n \in \mathbb{Z}} f^n(\overline{V}). \qquad (13.321)$$

Ist V eine offene Umgebung von Λ, dann ist jeder periodische Punkt in V enthalten in Λ_V^f. Ist also V hinreichend klein und Λ lokal maximal, dann liegen diese periodischen Orbits alle in Λ. Es gilt sogar noch mehr:

13 Transversalität und strukturelle Stabilität

13.44 Satz. *Ist $\Lambda = \Lambda_V^f$ eine lokal maximale hyperbolische Menge von $f \in \text{Diff}^r(M)$, dann gilt*

$$\overline{\text{Per}(f_{|\Lambda})} = \Omega(f_{|\Lambda}). \tag{13.322}$$

Beweis. Für $x \in \Omega(f_{|\Lambda})$ und $\varepsilon > 0$ bezeichne U_ε die $\frac{\varepsilon}{2K+1}$-Umgebung von x in Λ, wobei die Konstante $K > 0$ diejenige aus Satz 13.38 sei. Dann existiert ein $N \in \mathbb{N}$, so daß gilt

$$f^N(U_\varepsilon) \cap U_\varepsilon \neq \emptyset. \tag{13.323}$$

Für $y \in f^N(U_\varepsilon) \cap U_\varepsilon$ haben wir

$$d(f^N(y), y) < \frac{2\varepsilon}{2K+1}, \tag{13.324}$$

also existiert nach Satz 13.38 ein periodischer Punkt z von f so, daß gilt

$$d(f^k(z), f^k(y)) < \frac{2K\varepsilon}{2K+1} \tag{13.325}$$

für $k = \{0, \ldots, N-1\}$, wenn ε hinreichend klein gewählt ist. Mit demselben Argument folgt $z \in V$ und somit auch $z \in \Lambda_V^f = \Lambda$. Schließlich gilt

$$d(x, z) \leq d(x, y) + d(y, z) \leq \frac{(2K+1)\varepsilon}{2K+1} = \varepsilon. \tag{13.326}$$
∎

Mit dem folgenden Satz schließt sich auch ein kleiner Gedankenkreis zurück zu Korollar 13.42.

13.45 Satz. *Eine kompakte lokal maximale hyperbolische Menge besitzt lokale Produktstruktur.*

Beweis. Wähle ε so, daß $U_\varepsilon(\Lambda) =: V$ die Bedingung

$$\Lambda = \Lambda_V^f \tag{13.327}$$

erfüllt. Dann liegen alle Punkte $[x, y]$ aus Korollar 13.42 in V und damit in Λ. ∎

13.46 Satz. *Ist $\Gamma(f)$ hyperbolisch, dann gilt*

$$\Gamma(f) = \overline{\text{Per}(f)}.\,[37] \tag{13.328}$$

Beweis. Man überlegt sich zunächst, daß für jeden Homöomorphismus f gilt:

$$\Gamma(f_{|\Gamma(f)}) = \Gamma(f) \tag{13.329}$$

(vergleiche auch Shub [140], S. 16). Wir wählen nun ε_0 und K so wie in Satz 13.38, dann ist jeder Punkt $x \in \Gamma(f)$ ε-pseudoperiodisch für alle $\varepsilon < \varepsilon_0$ mit einem

---
[37] Daraus folgt: $\overline{\text{Per}(f)} = \Omega(f) = \Gamma(f)$.

Pseudoorbit, der in $\Gamma(f)$ enthalten ist. Satz 13.38 liefert uns für jedes $\varepsilon < \varepsilon_0$ einen periodischen Punkt x' mit

$$d(x, x') \leq K\varepsilon, \tag{13.330}$$

also gehört x zu $\overline{\text{Per}(f)}$, das heißt, es gilt

$$\Gamma(f) \subseteq \overline{\text{Per}(f)}. \tag{13.331}$$

Die umgekehrte Inklusion folgt aus Satz 13.7. ∎

Bemerkung. Für Anosov-Diffeomorphismen gilt nach dem letzten Satz

$$\overline{\text{Per}(f)} = \Gamma(f). \tag{13.332}$$

Manche Autoren bezeichnen *diese* Aussage als Anosovs Closing Lemma. □

Bis jetzt haben wir die auf Seite 326 vorgenommene Verallgemeinerung der Aussage von Anosovs Closing Lemma 13.38 beziehungsweise des Shadowing Lemmas 13.37 mit dem fast-kommutativen Diagramm (13.279),

$$\begin{array}{ccc} X & \xrightarrow{i} & U \\ h \downarrow & & \downarrow g \\ X & \xrightarrow{i} & M \end{array}, \tag{13.333}$$

überhaupt noch nicht voll ausgeschöpft, denn in den beiden oben genannten bisherigen Anwendungen galt $g = f$. Das ändert sich mit dem Beweis der strukturellen Stabilität von hyperbolischen Mengen. [38]

Beweis von Satz 13.35. Wir verwenden den Shadowing-Satz zweimal. Sei dazu $\delta > 0$ vorgegeben und $0 < \varepsilon < \frac{\delta}{2K}$ mit $K > 0$ aus dem Shadowing-Satz.

Wir setzen dort $X = \Lambda$, $h = f$, $g = f'$ (aus der Behauptung von Satz 13.35) und $i = id_\Lambda : \Lambda \to U(\Lambda)$ ist wieder die Inklusion, das heißt, das Diagramm (13.333) hat die Besetzung

$$\begin{array}{ccc} \Lambda & \xrightarrow{i = id_\Lambda} & U(\Lambda) \\ f \downarrow & & \downarrow f' \\ \Lambda & \xrightarrow{i = id_\Lambda} & M \end{array} \tag{13.334}$$

---

[38] Die damit angesprochene Verallgemeinerung des Shadowing-Lemmas wollen wir im nachfolgenden Beweis als den *Shadowing-Satz* bezeichnen.

13 Transversalität und strukturelle Stabilität

und es gilt
$$d_{C^0}(i \circ f_{|\Lambda}, f' \circ i) < \varepsilon. \tag{13.335}$$

Aus dem Shadowing-Satz folgt dann: Es existiert genau eine stetige Abbildung $j : \Lambda \to U(\Lambda)$ mit
$$j \circ f_{|\Lambda} = f' \circ j, \tag{13.336}$$

und nach Satz 12.14 ist die Menge
$$\Lambda' := j(\Lambda) \tag{13.337}$$

wegen $d_{C^1}(f_{|V}, f') < \varepsilon$ hyperbolisch.

Wir zeigen im zweiten Schritt, daß j injektiv ist, indem wir die Aussage des Shadowing-Satzes seitenverkehrt verwenden. ε bleibt wie zuvor, außerdem wählen wir diesmal
$$X = \Lambda', \quad i' = id_{\Lambda'}, \quad g = f \quad \text{und} \quad h = f' \tag{13.338}$$

und erhalten diesmal eine Abbildung k, für die gilt
$$k \circ f'_{|\Lambda'} = f \circ k. \tag{13.339}$$

Dabei sollten wir uns Klarheit darüber verschaffen, daß wir f' anstelle von f im Shadowing-Satz verwenden können, wenn wir nur ε klein genug wählen.

Aus (13.336) und (13.339) folgt (für $x \in \Lambda$)
$$(k \circ j) \circ f = k \circ f' \circ j = f \circ (k \circ j), \tag{13.340}$$

das heißt, $k \circ j$ und f sind kommutativ. Wegen der beiden Abschätzungen
$$d_{C^0}(j, i) \leq K\varepsilon \quad \text{und} \quad d_{C^0}(k, i') \leq K\varepsilon \tag{13.341}$$

aus dem Shadowing-Satz ist $k \circ j$ für hinreichend kleines $\varepsilon > 0$ nahe der Identität id_Λ. f ist expansiv auf Λ, und somit folgt ganz analog zum Beweis von Satz 13.30 aus Lemma 13.33
$$k \circ j = id_\Lambda. \tag{13.342}$$

Damit ist
$$k = j^{-1} \tag{13.343}$$

ein Homöomorphismus auf Λ'. Für k gilt nach (13.341)
$$d_{C^0}(k^{-1}, id_\Lambda) + d_{C^0}(k, id_{\Lambda'}) \leq 2K\varepsilon < \delta \tag{13.344}$$

und (13.339), das heißt,
$$k \circ f'_{|\Lambda'} = f_{|\Lambda} \circ k, \tag{13.345}$$

was zu beweisen war. ∎

Ganz zum Schluß dieses Abschnitts kommen wir noch einmal zurück auf die beiden Stabilitätsvermutungen 13.26 und 13.29. In den frühen 70er Jahren bewies Robbin [121], daß Diffeomorphismen, die Axiom A und entweder die schwache oder die starke Transversalitätsbedingung erfüllen, $(C^r\text{-})\Omega$- beziehungsweise strukturell stabil sind, und zwar zeigte er dies für $r \geq 2$. De Melo [35] und Robinson [123] vervollständigten dieses Resultat um den Fall $r = 1$. In einer anderen Arbeit [122] hatte Robinson bereits gezeigt, daß die Transversalitätsbedingung auch notwendig ist für beide C^r-Stabilitäten. So bleibt bei beiden Stabilitätsvermutungen übrig, zu beweisen, daß die Hyperbolizität der Menge $\Omega(f)$ der nichtwandernden Punkte notwendig ist für jede der beiden Versionen von Stabilität eines dynamischen Systems. Daneben weiß man aber auch noch nicht, ob $\overline{\text{Per}(f)} = \Omega(f)$ immer gilt, wenn f C^r-Ω-stabil ist; für $r = 1$ folgt dies aus Pughs Closing Lemma [119].

Mit unseren Mitteln wird man diese Lücke sicherlich nicht schließen können. Immerhin gelang Mañé [88] im Jahr 1988 ein bemerkenswerter Schritt nach vorn: Er bewies die Stabilitätsvermutung 13.29 für C^1-strukturelle Stabilität von C^s-Diffeomorphismen jeder Dimension $s \geq 1$. Sein Beweis beinhaltet nicht die C^1-Ω-Stabilität, doch das erledigte Palis [108] noch im gleichen Jahr.

Zum Abschluß dieses Abschnitts wollen wir die von uns betrachteten Stabilitätskonzepte in einen übergeordneten Zusammenhang hineinstellen: Wenn man untersuchen will, wie verschiedene Eigenschaften dynamischer Systeme sich mit den Systemen verändern, dann stattet man sinnvollerweise den Raum der Systeme mit einer Topologie aus, und man wünscht sich solche Eigenschaften, die sich (zumindest lokal) nicht verändern, wenn das System leicht gestört wird. Insbesondere für den Anwender ist das ein vernünftiges Anliegen. Strukturelle Stabilität ist ein brauchbares Konzept in diese Richtung: jede *topologische Eigenschaft* eines strukturell stabilen Systems bleibt unter kleinen Störungen unverändert erhalten. Im nicht strukturell stabilen Fall fehlt uns jedoch eine zufriedenstellende Beschreibungsmöglichkeit von Eigenschaften der globalen Orbitstruktur in offenen Mengen von dynamischen Systemen.

Andererseits möchte man irgendetwas aussagen können über „die meisten" Systeme, mit anderen Worten, man möchte „typische" Systeme beschreiben. Für eine Familie von Systemen, die (stetig oder differenzierbar) von endlich vielen Parametern abhängt, bieten sich zwei Beschreibungsmöglichkeiten von „typisch" an. Entweder, man arbeitet mit dem natürlichen Maß (vergleiche Abschnitt 5.10) oder dem Lebesgue-Maß, und dann ist eine Eigenschaft typisch, falls sie für alle Parameterwerte mit Ausnahme einer Menge vom Maß 0 gilt. Oder man betrachtet dichte offene Teilmengen des Parameterbereichs D, und nennt eine Eigenschaft typisch oder *generisch*, falls sie für eine Menge von Parametern zutrifft, welche sich als Durchschnitt abzählbar vieler offener dichter Teilmengen von D darstellen läßt. Dieses Konzept stammt ab vom Baireschen Kategorienprinzip (vergleiche Heuser [63], S. 148), nach dem in einem vollständigen metrischen Raum jeder Durchschnitt abzählbar vie-

13 Transversalität und strukturelle Stabilität

ler offener dichter Mengen dicht ist. In diesem Zusammenhang nennt man einen abzählbaren Durchschnitt offener Mengen eine G_δ-Menge, und eine Menge heißt *generisch* (oder *residual*), falls sie eine dichte G_δ-Menge enthält, und sie heißt *nirgends dicht*, falls ihr Abschluß ein leeres Inneres besitzt. Abzählbare Vereinigungen nirgends dichter Mengen nennt man *von erster Kategorie*.

Diese beiden Konzepte von „typisch" sind grundverschieden: zum Beispiel gibt es generische Mengen mit Lebesgue-Maß null. Wir interessieren uns für generische Eigenschaften von Diffeomorphismen und Vektorfeldern ausgestattet mit der C^r-Topologie, und in diesem Kontext drängen sich am Schluß dieses Abschnitts zwei Fragen besonders auf:

1. Ist $\overline{\text{Per}(f)} = \Omega(f)$ generisch in $\text{Diff}^r(M)$?
2. Ist $\Gamma(f) = \Omega(f)$ generisch in $\text{Diff}^r(M)$?

Ein Teilresultat zu erstens ist das oben bereits genannte Closing Lemma von Pugh [119], welches sagt: $\overline{\text{Per}(f)} = \Omega(f)$ ist generisch in $\text{Diff}^1(M)$. Die Transversalität nimmt anscheinend eine Schlüsselstellung ein, wenn man nach generischen Eigenschaften in $\text{Diff}^r(M)$ sucht. In diesem Zusammenhang nennt man $f \in \text{Diff}^r(M)$ *Kupka-Smale*, wenn gilt:

(a) Alle periodischen Punkte von f sind hyperbolisch, und
(b) sind p und q periodische Punkte von f, dann ist $W^s(p)$ transversal zu $W^u(q)$.

Nach dem Theorem von Kupka und Smale (vergleiche Katok und Hasselblatt [73], S. 292) ist die Eigenschaft Kupka-Smale generisch in $\text{Diff}^r(M)$.

Übungsaufgaben.

1. Beweisen Sie unter den Voraussetzungen von Definition 13.1 die Aussagen (13.6) und (13.7), das heißt,

    (a) $L^+(f)$ und $L^-(f)$ sind f-invariant.
    (b) $d(f^{n_i}(x), L^+(f)) \xrightarrow[i \to \infty]{} 0$, $d(f^{-n_k}(x), L^-(f)) \xrightarrow[k \to \infty]{} 0$ für jedes $x \in M$ und geeignete Teilfolgen (n_i) und (n_k) von $\mathbb{N}$.

2. Beweisen Sie Korollar 13.4.

3. Zeigen Sie für ein dds (X, f): Sind Ω_1, Ω_2 zwei unzerlegbare Teilmengen von X mit nichtleerem Durchschnitt, dann ist auch $\Omega_1 \cup \Omega_2$ unzerlegbar.

4. Beweisen Sie Satz 13.16 und Korollar 13.19.

5. Ein Diffeomorphismus $f : M \to M$ genüge Axiom A. Zeigen Sie: Dann ist $\Omega(f)$ lokal maximal für f.

6. Beweisen Sie: Eine Abbildung $F: \mathbb{R}^2 \to \mathbb{R}^2$ ist genau dann ein Lift einer Abbildung $f: \mathbf{T}^2 \to \mathbf{T}^2$ (im Sinne von Definition 13.32), wenn ein Endomorphismus $L: \mathbf{Z}^2 \to \mathbf{Z}^2$ existiert, so daß
$$F(x+m) = F(x) + Lm$$
   für alle $x \in \mathbb{R}^2$ und $m \in \mathbf{Z}^2$ erfüllt ist.

7. Beweisen Sie folgende semilokale Version der C^1-strukturellen Stabilität von Smales Horseshoe-Abbildung f: Sei $g: S \to \mathbb{R}^2$ (S: Rechteck) eine hinreichend C^1-nahe bei f gelegene C^1-Abbildung. Dann folgt:

    (a) Es existiert eine injektive stetige Abbildung
    $$h = h_g : \Lambda \longrightarrow S,$$
    so daß gilt
    $$g \circ h_g = h_g \circ f.$$

    (b) $\Lambda_g := h_g(\Lambda)$ ist eine abgeschlossene g-invariante Menge.

    (c) $g_{|\Lambda_g}$ ist topologisch konjugiert zum 2-seitigen Shift σ_2.

8. Sei $f: M \to M$ ein C^1-Diffeomorphismus einer kompakten Mannigfaltigkeit M. Zeigen Sie: Besitzt f^n für irgendein n unendlich viele Fixpunkte, dann ist f nicht C^1-streng strukturell stabil.

9. (a) Sei $f: S^1 \to S^1$ eine C^∞-Abbildung, und sei x ein periodischer Punkt von f der Periode n mit
    $$|(f^n)'(x)| = 1.$$
    Zeigen Sie: f ist für kein k C^k-streng strukturell stabil.

    (b) Sei $f: S^1 \to S^1$ eine Abbildung, die einen stabilen und einen instabilen Fixpunkt besitzt und keine anderen Fixpunkte, zum Beispiel
    $$f(x) = x + \lambda \sin 2\pi x \quad \text{mit} \quad -1 < \lambda < 1.$$
    Zeigen Sie: f ist streng strukturell stabil.

10. Zu Morse-Smale-Diffeomorphismen:

    (a) Beweisen Sie, daß ein Morse-Smale-Diffeomorphismus auf $[0,1]$ strukturell stabil ist.

    (b) Zeigen Sie, daß die Abbildung $f(x) = x^3 + \frac{3}{4}x$ ein Morse-Smale-Diffeomorphismus auf dem Intervall $\left[-\frac{1}{2}, \frac{1}{2}\right]$ ist.

11. Sei $f(x) = x - x^2$. Begründen Sie, daß diese Abbildung nicht strukturell stabil ist.

14 Lagrangesche Mechanik und geodätische Flüsse auf hyperbolischen Flächen

Die Beschreibung eines dynamischen Systems ist vergleichsweise einfach für diskrete Zeit, weil die Abbildung, welche das diskrete dynamische System generiert, in der Regel explizit angegeben werden kann. Im Gegensatz dazu ist ein kontinuierliches dynamisches System (vergleiche Definition 1.19) üblicherweise infinitesimal vorgegeben, im allgemeinen durch eine Differentialgleichung, und die Rekonstruktion der Dynamik aus dieser infinitesimalen Beschreibung verlangt nach geeigneten Integrationsschritten.

Wir wollen im folgenden annehmen, daß der Phasenraum eine m-dimensionale differenzierbare Mannigfaltigkeit M ist. Jede differenzierbare (C^r- mit $r \geq 1$)Funktion

$$F : M \times \mathbb{R}_0^+ \longrightarrow M \tag{14.1}$$

definiert ein *kontinuierliches dynamisches System auf M* [1] und somit durch

$$\varphi^t(x) := F(x,t), \quad x \in M, \ t \in \mathbb{R}_0^+ \tag{14.2}$$

eine Familie $\{\varphi^t\}_{t \in \mathbb{R}_0^+}$ von differenzierbaren Abbildungen $\varphi^t : M \to M$ mit der Halbgruppeneigenschaft

$$\varphi^t \circ \varphi^s = \varphi^{t+s}, \quad t,s \in \mathbb{R}_0^+. \tag{14.3}$$

Besitzt $\varphi = \varphi^1$ eine Inverse, so gilt dies ebenso für alle φ^t mit $t > 0$ [2], und mit

$$\varphi^{-t} = (\varphi^t)^{-1}, \quad t \in \mathbb{R}_0^+, \tag{14.4}$$

gilt (14.3) auch für negative Zeiten t und s. Sind alle Abbildungen φ^t (C^r-)Diffeomorphismen, so nennt man $\{\varphi^t\}_{t \in \mathbb{R}}$ einen *differenzierbaren Fluß* auf M, und man spricht von einem *Halbfluß*, falls die Abbildungen φ^t lediglich für nichtnegative Zeit definiert sind.

Durch jeden Punkt $p \in M$ geht genau ein Orbit

$$O_\varphi(p) = \{\varphi^t(p) \mid t \in \mathbb{R}\} \tag{14.5}$$

des Flusses; p heißt ebenso wie sein Orbit *periodisch*, falls ein $\tau \in \mathbb{R}^+$ existiert mit

$$F(p,\tau) = \varphi^\tau(p) = p, \tag{14.6}$$

---

[1] Von $F|_{\{x\} \times \mathbb{R}_0^+}$ verlangen wir dabei für alle $x \in M$ zumindest Stetigkeit, im allgemeinen jedoch stetige Differenzierbarkeit als Funktion von t.

[2] Für $t \in \mathbb{R}_0^+$ gilt mit Gleichung (1.60) für $x \in M$: $\varphi^{-t}(x) := (\varphi^{-1})^{n+1}(\varphi^{1-s}(x))$ mit $n \in \mathbb{Z}^+$, $s \in [0,1)$ und $n + s = t$.

und
$$\tau(p) := \inf\{t \in \mathbb{R}^+ \mid F(p,t) = p\} \tag{14.7}$$

wird dann die *Periode* von p genannt. Für beliebige endliche Zeit, das heißt, für $t \in [-\varepsilon, \varepsilon]$, $\varepsilon > 0$, stellt der Orbit von p eine parametrisierte glatte Kurve $x : [-\varepsilon, \varepsilon] \to M$ dar mit

$$x(t) := \varphi^t(p) \quad \text{und} \quad x(0) = p. \tag{14.8}$$

Bezeichnet $\frac{d}{dt}x(t)\Big|_{t=0}$ ihren Tangentialvektor im Punkt p, das heißt, zur Zeit $t = 0$, so ist durch die Abbildung

$$X : M \longrightarrow TM, \quad p \longmapsto \frac{d}{dt}x(t)\Big|_{t=0} \in T_pM \tag{14.9}$$

eine Sektion des Tangentialbündels, also ein Vektorfeld auf M festgelegt. Mit anderen Worten, jedem Fluß auf M ist durch (14.9) eindeutig ein Vektorfeld zugeordnet.

Die lokale Version dieses Konzeptes ist aus der Theorie gewöhnlicher Differentialgleichungen wohl vertraut: Ist (U, h) eine Karte von M mit den lokalen Koordinaten $x^1, \ldots, x^m$ (das heißt, $x^i(x) = h_i(x)$ für alle $x \in U$), dann gilt

$$TU = U \times \bigcup_{x \in U} T_xM \equiv U \times \mathbb{R}^m, \tag{14.10}$$

und jedes Vektorfeld auf U ist bestimmt durch eine Abbildung von U in den $\mathbb{R}^m$ und somit auf folgende Weise durch m reellwertige Funktionen $v^1, \ldots, v^m$ festgelegt. Bezeichnen $\frac{\partial}{\partial x^i}$, $i = 1, \ldots, m$, lokale Basisvektorfelder, die jedem Punkt $x \in U$ den i-ten Koordinateneinheitsvektor des $\mathbb{R}^m$ zuordnen, so können wir jedes Vektorfeld

$$X : U \longrightarrow U \times \mathbb{R}^m \tag{14.11}$$

eindeutig lokal darstellen in der Form

$$X(x) = \sum_{i=1}^m v^i(x) \frac{\partial}{\partial x^i}(x). \tag{14.12}$$

Durch (14.12) sind somit für jedes $x \in U$ m reellwertige Funktionen

$$(x^1(x), \ldots, x^m(x)) \longmapsto v^i(x) \tag{14.13}$$

für $i = 1, \ldots, m$ definiert, oder, anders herum betrachtet, legen die m reellwertigen Funktionen

$$v^i(x^1, \ldots, x^m), \quad i = 1, \ldots, m, \tag{14.14}$$

das Vektorfeld X auf U eindeutig fest.

14 Lagrangesche Mechanik und geodätische Flüsse

Sei nun $x : [-\varepsilon, \varepsilon] \to U$ eine differenzierbare Kurve in U mit $x(0) = p$, so ist der Geschwindigkeitsvektor von $x(t)$ zur Zeit t,

$$\frac{d}{dt}x(t) := \dot{x}(t) \in T_{x(t)}U \tag{14.15}$$

definiert durch (11.100), das heißt, durch

$$\dot{x}(t)[\varphi] = \frac{d}{d\tau}\varphi \circ x(\tau)\Big|_{\tau=t} \tag{14.16}$$

für jede differenzierbare Abbildung $\varphi : U(x(t)) \to \mathbb{R}$. Mit $C(\tau) := x(t+\tau)$ für $\tau \in [t-\varepsilon, t+\varepsilon]$ gilt weiter

$$\begin{aligned}\dot{C}(0)[\varphi] &= \frac{d}{d\tau}\varphi \circ x(t+\tau)\Big|_{\tau=0} \\ &= \frac{d}{ds}\varphi \circ x(s)\Big|_{s=t} \\ &= \dot{x}(t)[\varphi]\end{aligned} \tag{14.17}$$

und somit nach (11.48)

$$\dot{x}(t) = \dot{C}(0) = \sum_{i=1}^{m} \dot{c}_i(0)\frac{\partial}{\partial x^i}(x(t)) \tag{14.18}$$

mit

$$c_i(\tau) = x^i(C(\tau)) = x^i(x(t+\tau)), \tag{14.19}$$

das heißt,

$$\begin{aligned}\dot{c}_i(0) &= \frac{d}{d\tau}x^i(x(t+\tau))\Big|_{\tau=0} \\ &= \frac{d}{ds}x^i(x(s))\Big|_{s=t}.\end{aligned} \tag{14.20}$$

Gleichung (14.18) lautet also

$$\frac{d}{dt}x(t) = \sum_{i=1}^{m} \frac{d}{dt}x^i(x(t))\frac{\partial}{\partial x^i}(x(t)). \tag{14.21}$$

Wird der Anfangspunkt $x(0) = p$ repräsentiert durch die Koordinaten $x_0^1, \ldots, x_0^m$, dann erhält man die zeitliche Entwicklung dieses Punktes (zumindest für kleine Zeiten t), indem man das System

$$\frac{d}{dt}x^i(x(t)) = v^i\big(x^1(x(t)), \ldots, x^m(x(t))\big) \tag{14.22}$$

gewöhnlicher Differentialgleichungen erster Ordnung mit den Anfangsbedingungen

$$x^i(x(0)) = x_0^i \qquad (14.23)$$

für $i = 1, \ldots, m$ löst, denn aus (14.12) und (14.21) folgt mit den Lösungen $x^i = x^i(x(t))$ aus (14.22)

$$\frac{d}{dt}x(t) = X(x(t)). \qquad (14.24)$$

Aus der Theorie gewöhnlicher Differentialgleichungen wissen wir, daß Lösungen von (14.22) unter sehr moderaten Voraussetzungen, zum Beispiel, falls die Funktionen v_i stetig differenzierbar sind, in einem hinreichend kleinen Zeitintervall existieren, dort eindeutig sind und stetig differenzierbar von den Anfangsbedingungen abhängen.

So kann man, zumindest für kleine Werte von t, den Orbit $x(t) = \varphi^t(p)$ aus dem Vektorfeld X über die Beziehung

$$x(t) = h^{-1}\Big(x^1(x(t)), \ldots, x^m(x(t))\Big) \qquad (14.25)$$

aus den Lösungen von (14.22) zurückgewinnen. Mit anderen Worten, zumindest für kleine Werte von t existiert eine eindeutig bestimmte Lösung $x(t)$ mit $x(0) = p$ der Differentialgleichung (14.24), die in lokalen Koordinaten definiert ist. Man bezeichnet sie als eine *Integralkurve* des Vektorfeldes X.

14.1 Definition. *Ist $X : M \to TM$ ein differenzierbares $(C^r$-$)$ Vektorfeld, $p \in M$ und $\varepsilon > 0$, dann nennt man jede differenzierbare C^{r+1}-Abbildung*

$$x : (-\varepsilon, \varepsilon) \longrightarrow M, \qquad (14.26)$$

($\varepsilon = \infty$ ist zugelassen), für die

$$x(0) = p \quad \text{und} \quad \frac{d}{dt}x(t) = X(x(t)) \qquad (14.27)$$

für alle $t \in (-\varepsilon, \varepsilon)$ erfüllt ist, Integralkurve von X durch p.

Integralkurven sind im folgenden Sinne eindeutig:

14.2 Satz. *$I, J \subseteq \mathbb{R}$ seien offene Intervalle und $\alpha : I \to M$, $\beta : J \to M$ seien Integralkurven eines differenzierbaren Vektorfeldes X auf M. Gilt $\alpha(t_0) = \beta(t_0)$ für ein $t_0 \in I \cap J$, so folgt daraus $\alpha(t) = \beta(t)$ für alle $t \in I \cap J$, und es existiert eine Integralkurve $\gamma : I \cup J \to M$, die mit α auf I und mit β auf J übereinstimmt.*

Beweis. Sei $\alpha(t_0) = \beta(t_0)$, dann existiert nach dem Existenz- und Eindeutigkeitssatz von Picard-Lindelöf, angewandt auf das Anfangswertproblem (14.27), ein $\delta > 0$ mit

$$\alpha(t) = \beta(t) \quad \text{für} \quad |t - t_0| < \delta. \qquad (14.28)$$

14 Lagrangesche Mechanik und geodätische Flüsse

Also ist die Menge

$$\tilde{I} := \{t \in I \cap J \mid \alpha(t) = \beta(t)\} \tag{14.29}$$

eine offene Teilmenge von $I \cap J$. Da das Komplement $I \cap J \setminus \tilde{I}$ ebenfalls offen und $I \cap J$ zusammenhängend ist, gilt $\tilde{I} = I \cap J$. Der Rest ist trivial. ∎

Ist M kompakt, so kann M von endlich vielen Karten (U, h) überdeckt werden. Innerhalb jeder Koordinatenumgebung existieren lokale Lösungen von (14.24) für im allgemeinen kleine Zeitintervalle. Satz 14.2 gewährleistet, daß sie kettenartig aneinandergesetzt werden können, was uns ja auch aus der Theorie gewöhnlicher Differentialgleichungen bekannt ist. Zu jedem Punkt $p \in M$ entstehen auf diese Weise eindeutige „globale" Integralkurven

$$x : \mathbb{R} \longrightarrow M \quad \text{mit} \quad x(0) = p \tag{14.30}$$

von X durch p. Legt man einen strengen Maßstab an, so ergibt sich dies jedoch erst aus dem Beweis des nachfolgenden Satzes:

14.3 Satz. *Sei M eine kompakte Mannigfaltigkeit und X ein differenzierbares Vektorfeld auf M. Dann existiert auf M ein globaler differenzierbarer Fluß für X, das heißt, es existiert eine C^r-Abbildung*

$$F : M \times \mathbb{R} \longrightarrow M \tag{14.31}$$

mit

$$F(p, 0) = p \quad \text{und} \quad \frac{\partial}{\partial t} F(p, t) = X(F(p, t)) \tag{14.32}$$

für alle $t \in \mathbb{R}$.

Bemerkung. Mit den gleichen Argumenten wie für die Existenz und Eindeutigkeit von lokalen Lösungen $x(t)$ des Anfangswertproblems (14.27) existiert in einer Umgebung jedes Punktes $q \in M$ ein *lokaler Fluß* für X, das heißt, es existiert ein $\varepsilon_q > 0$, eine Umgebung $U(q)$ und eine C^r-Abbildung

$$F : U(q) \times (-\varepsilon_q, \varepsilon_q) \longrightarrow M, \tag{14.33}$$

welche für alle $p \in U(q)$ und für alle $t \in (-\varepsilon_q, \varepsilon_q)$ den Bedingungen (14.32) genügt. □

Beweis. Sei $p \in M$. Wir werden zeigen, daß eine Integralkurve durch p existiert, die für alle $t \in \mathbb{R}$ definiert ist. Dazu sei $(a, b) \subseteq \mathbb{R}$ der Definitionsbereich einer Integralkurve $\alpha : (a, b) \to M$ mit $0 \in (a, b)$ und $\alpha(0) = p$. Wir nennen (a, b) maximal, wenn für jedes Intervall J mit der gleichen Eigenschaft gilt: $J \subseteq (a, b)$. Wir wollen zeigen: Ist (a, b) maximal, dann ist $b = \infty$.

Wir nehmen das Gegenteil an und betrachten eine Folge $t_n \to b$, $t_n \in (0, b)$. Da M kompakt ist, konvergiert die Folge $\alpha(t_n)$ gegen ein $q \in M$ (gegebenenfalls geht man zu einer Teilfolge über). Wir wählen jetzt $U(q)$ und ε_q wie in der vorausgehenden Bemerkung und $n_0 \in \mathbb{N}$ so, daß gilt

$$b - t_{n_0} < \frac{\varepsilon_q}{2} \quad \text{und} \quad \alpha(t_{n_0}) \in U(q). \tag{14.34}$$

Wir definieren

$$\gamma(t) = \begin{cases} \alpha(t), & \text{falls } t \leq t_{n_0} \\ F(\alpha(t_{n_0}), t - t_{n_0}), & \text{falls } t \geq t_{n_0}. \end{cases} \tag{14.35}$$

γ ist eine Integralkurve von X mit $\gamma(0) = p$ und hat den Definitionsbereich $(a, t_{n_0} + \varepsilon_q) \supset (a, b]$ im Widerspruch zur Maximalität von (a, b). Auf demselben Wege zeigt man $a = -\infty$, das heißt, es existiert eine Integralkurve

$$\alpha : \mathbb{R} \longrightarrow M \quad \text{mit} \quad \alpha(0) = p. \tag{14.36}$$

Nach Satz 14.2 ist α eindeutig bestimmt. Wir setzen nun

$$F(p, t) = \alpha(t) \quad \text{für} \quad p \in M, t \in \mathbb{R}, \tag{14.37}$$

dann gilt (14.32). ∎

Schreiben wir den Fluß wie gewohnt in der Form

$$\varphi^t(p) = F(p, t), \tag{14.38}$$

so läßt sich problemlos zeigen:

14.4 Korollar. *Für jedes $t \in \mathbb{R}$ ist*

$$\varphi^t : M \longrightarrow M, \quad p \longmapsto F(p, t) \tag{14.39}$$

ein C^r-Diffeomorphismus. Außerdem ist φ^0 die Identität, und es gilt

$$\varphi^{t+s} = \varphi^t \circ \varphi^s \quad \text{für alle} \quad t, s \in \mathbb{R}. \tag{14.40}$$

Beweis. Trivial. ∎

Damit schließt sich der Kreis, wir sind wieder am Beginn dieses Abschnitts und haben in der Zwischenzeit festgestellt: Zu jedem Fluß auf einer differenzierbaren Mannigfaltigkeit M (den man als Lösung einer gewöhnlichen Differentialgleichung verstehen kann) existiert ein eindeutiges Vektorfeld auf M, und umgekehrt existiert zu jedem Vektorfeld auf einer kompakten Mannigfaltigkeit M ein globaler Fluß, der das Anfangswertproblem (14.32) löst.

14.5 Definition. *Man nennt ein* Vektorfeld X *auf* M vollständig, *falls ein globaler Fluß für* X *auf* M *existiert, das heißt, in allen Punkten* $p \in M$ *existiert die Lösung* $\varphi^t(p) = F(p,t)$ *von* (14.32) *für alle* $t \in \mathbb{R}$.

Es gibt zahlreiche nützliche Verbindungen zwischen zeit-diskreten und zeit-kontinuierlichen dynamischen Systemen. Die naheliegendste Möglichkeit, einem Fluß $(\varphi^t)_{t \in \mathbb{R}}$ ein diskretes dynamisches System zuzuordnen, ist offenbar, die Iterierten der Abbildung φ^t für einen bestimmten Wert $t = t_0$ zu betrachten, sagen wir, für $t = 1$. Nun sei $f := \varphi^{t_0}$, und wir nehmen an,

$$f^k(x) = x \quad \text{für ein} \quad k > 1, \quad \text{aber} \quad f(x) \neq x, \tag{14.41}$$

das heißt, x ist periodisch unter f, aber kein Fixpunkt von f. Dann gilt für $t \in \mathbb{R}$

$$f^k(\varphi^t(x)) = \varphi^{kt_0+t}(x) = \varphi^t(\varphi^{kt_0}(x)) = \varphi^t(f^k(x)) = \varphi^t(x), \tag{14.42}$$

also ist jeder Punkt $\varphi^t(x)$, $t \in \mathbb{R}$, ebenfalls ein periodischer Punkt der Periode k für f. Besitzt f also einen isolierten periodischen Punkt mit einer Periode größer als 1, dann kann man f nicht in dieser Weise von einem Fluß ableiten.

Eine weitere, lokale aber dafür weitaus nützlichere Methode ist die Konstruktion einer sogenannten *Poincaré-Abbildung*[3], im Englischen prägnanter *first-return map* oder *cross-section* genannt: Sei $x_0 \in M$ ein Punkt mit $X(x_0) \neq 0$ und N eine Kodimension 1-Untermannigfaltigkeit von M, welche x_0 enthält und transversal zum Vektorfeld X ist. Wenn wir nun annehmen, daß der Punkt x_0 periodisch ist für den Fluß $(\varphi^t)_{t \in \mathbb{R}}$, das heißt, es gilt

$$\varphi^{t_0}(x_0) = x_0 \quad \text{für ein} \quad t_0 > 0, \tag{14.43}$$

dann durchstößt jeder Nachbarorbit $\varphi^t(x)$, $t \geq 0$, die Fläche N transversal zu einer Zeit τ nahe t_0. Damit ist für alle Punkte x aus einer Umgebung U von x_0 eine Abbildung $P: U \to N$ von x auf den (nächsten) Durchstoßungspunkt definiert. Dieser Mechanismus funktioniert natürlich auch noch, wenn x_0 „nicht ganz periodisch" ist. Die Existenz der Poincaré-Abbildung P sichert folgender Satz (vergleiche Ruelle [133], S. 16):

14.6 Satz. *Sei* $(\varphi^t)_{t \in \mathbb{R}}$ *ein differenzierbarer Fluß auf einer differenzierbaren Mannigfaltigkeit* M *und sei* $x_0 \in M$ *ein periodischer Punkt der Periode* $t_0 > 0$. N *sei eine Untermannigfaltigkeit von* M *mit Kodimension* 1, *zu der der Orbit* $\varphi^t(x_0)$, $t \geq 0$, *im Punkt* x_0 *transversal ist. Dann gibt es eine offene Umgebung* U *von* x_0 *in* N, *so daß für jedes* $x \in U$ *ein eindeutig bestimmtes* $\tau(x) > 0$ (*nahe* t_0) *existiert mit*

$$\varphi^{\tau(x)}(x) \in N \quad \text{und} \quad \varphi^t(x) \notin N \quad \text{für} \quad t \in (0, \tau(x)). \tag{14.44}$$

---
[3] Vergleiche Poincaré [116], S. 167–224, und [117].

Die durch Satz 14.6 eindeutig festgelegte differenzierbare Abbildung

$$P: U \longrightarrow N, \quad x \longmapsto \varphi^{\tau(x)}(x) \qquad (14.45)$$

heißt *Poincaré-Abbildung* [4] mit $P(x_0) = x_0$ und $\tau(x_0) = t_0$ für die differenzierbare Funktion

$$\tau: U \longrightarrow \mathbb{R}^+, \quad x \longmapsto \tau(x). \qquad (14.46)$$

Eine inverse Konstruktion zur Poincaré-Abbildung ist der sogenannte *Suspensions-Fluß* eines Diffeomorphismus $f: M \to M$. Dazu sei

$$\tau: M \longrightarrow \mathbb{R} \qquad (14.47)$$

eine differenzierbare, nach oben und unten (mit Abstand zu 0) beschränkte „Dach"-Funktion (vergleiche Fig. 14.1). Sie definiert zusammen mit f eine sogenannte *Suspensions-Mannigfaltigkeit* M_f, die wir dadurch erhalten, daß wir in der Menge

$$\{(x,l) \in M \times \mathbb{R} \mid 0 \leq l \leq \tau(x)\} \qquad (14.48)$$

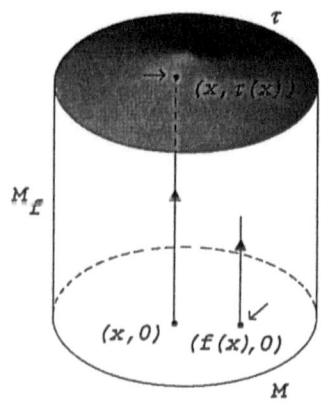

Fig. 14.1: Suspension einer Abbildung f mit einer Dach-Funktion τ.

jeweils die Punkte $(x, \tau(x))$ und $(f(x), 0)$ identifizieren. Ein Fluß auf M_f ist dann gegeben durch die Abbildung

$$((x,l),t) \longmapsto \sigma^t(x,l) := (x, l+t) \qquad (14.49)$$

für $0 \leq l + t \leq \tau(x)$, und mittels der Identifikation

$$(x, \tau(x)) = (f(x), 0) \qquad (14.50)$$

wird er fortgesetzt auf alle anderen Werte von $t \in \mathbb{R}$. Wenn wir M mit dem Querschnitt $M \times \{0\}$ für den Fluß $(\sigma^t)_{t \in \mathbb{R}}$ identifizieren, dann erhalten wir f als Poincaré-Abbildung zurück. Der Fluß $(\sigma^t)_{t \in \mathbb{R}}$ ist differenzierbar, und er gehört zu dem „vertikalen" Vektorfeld

$$X = \frac{\partial}{\partial t} \equiv (0,1). \qquad (14.51)$$

Wir interessieren uns speziell für *geodätische Flüsse auf Riemannschen Mannigfaltigkeiten*, welche eng verknüpft sind mit dem sogenannten *Prinzip der kleinsten*

---

[4] Fig. 15.1 zeigt Poincaré-Abbildungen eines Flusses auf 3-dimensionalen Hyperflächen seines 4-dimensionalen Phasenraumes.

14 Lagrangesche Mechanik und geodätische Flüsse

Wirkung in der theoretischen Mechanik [5] und der Beschreibung der Bewegung eines freien Massenpunktes mit Hilfe einer *Lagrange-Funktion*. Zur Erinnerung:

Die Newtonsche Gleichung

$$m \frac{d^2 x}{dt^2} = F(x), \quad x \in \mathbb{R}^n, \tag{14.52}$$

beschreibt die Bewegung eines Punktes der Masse m im $\mathbb{R}^n$, $x = x(t)$ gibt die Position des Punktes zur Zeit t an. Mit $v = \frac{dx}{dt}$ lautet sie

$$\frac{d}{dt} mv = F(x). \tag{14.53}$$

Die allgemeine Lösung dieser gewöhnlichen Differentialgleichung definiert ein dynamisches System auf $\mathbb{R}^n \times \mathbb{R}^n$ in den Koordinaten (x, v). Ist die Kraft F durch ein Gradientenvektorfeld gegeben, das heißt, mit $x = (x_1, \ldots, x_n)$,

$$F = -\nabla V := -\left(\frac{\partial V}{\partial x_1}, \ldots, \frac{\partial V}{\partial x_n}\right), \tag{14.54}$$

dann heißt die Funktion $V : \mathbb{R}^n \to \mathbb{R}$ *potentielle Energie,* und die *kinetische Energie* ist gegeben durch

$$T = \frac{1}{2} m <v, v>\ [6]. \tag{14.55}$$

Die *Gesamtenergie*

$$H = \frac{1}{2} m <v, v> + V(x) \tag{14.56}$$

ist wegen

$$\begin{aligned}\frac{dH}{dt} &= <v, m\dot{v}> + \frac{dV}{dt} = <v, m\dot{v}> + <\dot{x}, \nabla V> \\ &= <v, m\dot{v} + \nabla V> = 0\end{aligned} \tag{14.57}$$

eine Erhaltungsgröße (Invariante) des Systems. Für $(x, v) \in \mathbb{R}^n \times \mathbb{R}^n$ sei nun eine Funktion L gegeben durch

$$L(x, v) = \frac{1}{2} m <v, v> - V(x), \tag{14.58}$$

dann lautet die Newtonsche Gleichung (14.52)

$$\frac{d}{dt} \frac{\partial L}{\partial v} = \frac{\partial L}{\partial x}, \tag{14.59}$$

---

[5] Vergleiche zum Beispiel Landau und Lifschitz [78].
[6] $<\cdot, \cdot>$ bezeichnet wie gewohnt das euklidische Skalarprodukt im $\mathbb{R}^n$.

und sie heißt in dieser Form *Lagrange-* oder *Euler-Lagrange-Gleichung*. Der Grund, weshalb Lagrange diesen Formalismus einführte, ist darin begründet, daß die Bewegungsgleichung (14.52), $F = ma$ (a: Beschleunigung), ziemlich kompliziert werden kann, wenn man erzwungene Bewegungen betrachtet, zum Beispiel ein dreidimensionales Pendel, welches aus einem Massenpunkt besteht, der durch eine Stange mit einem Punkt fest verbunden ist und dessen Bewegung somit auf eine Kugelfläche eingeschränkt ist. Der Lagrangesche Formalismus arbeitet in einem solchen Fall mit verallgemeinerten Koordinaten und verallgemeinerten Kräften, die so gewählt sind, daß das System zu jeder Zeit den Zwangsbedingungen genügt. Die Lagrange-Gleichung leitet sich ab aus einer sehr allgemeinen Formulierung der Bewegungsgesetze eines mechanischen Systems [7], dem sogenannten *Prinzip der kleinsten Wirkung*. Es besagt, daß die Bewegung eines mechanischen Systems, welches durch eine reellwertige Funktion $L = L(x,v,t)$ charakterisiert wird und zu zwei Zeitpunkten t_1 und t_2 ($t_1 < t_2$) feste Positionen einnehmen soll, dazwischen immer so verläuft, daß das Integral

$$S = \int_{t_1}^{t_2} L(x,v,t)dt \qquad (14.60)$$

den kleinstmöglichen Wert annimmt.

Zwangsbedingungen sind vielfach von der Art, daß die Bewegung des Systems auf eine Mannigfaltigkeit $M \subset \mathbb{R}^n$ eingeschränkt wird. Das System ist dann vollständig definiert, wenn man jedem Punkt $x \in M$ eine potentielle Energie und jedem Tangentialvektor eine kinetische Energie zuordnet. Letztere ist eine positiv definite quadratische Form $K(v) = \frac{1}{2} k_x(v,v)$ auf TM, deren Koeffizienten in lokalen Koordinaten vom Punkt x abhängen, das heißt, es handelt sich dabei um ein Skalarprodukt auf $T_x M$.[8] Eine Lagrange-Funktion hat somit die Form

$$L(x,v) = \frac{1}{2} k_x(v,v) - V(x). \qquad (14.61)$$

Nach diesen Vorbereitungen läßt sich ein *Lagrangesches dynamisches System* wie folgt beschreiben: Man legt eine Mannigfaltigkeit M zugrunde (im folgenden als *Zustandsraum* bezeichnet), die nicht unbedingt kompakt sein muß. Der *Phasenraum* des Systems ist das Tangentialbündel TM. Das System ist bestimmt durch eine differenzierbare Lagrange-Funktion

$$L: TM \longrightarrow \mathbb{R}, \quad \text{das heißt,} \quad L(x,\cdot): T_x M \longrightarrow \mathbb{R}, \qquad (14.62)$$

der Form (14.61), und es ist gegeben durch die Lagrange-Differentialgleichung

---

[7] Vergleiche ihre Herleitung vor Definition 14.10 weiter unten.
[8] Mit anderen Worten, jede kinetische Energie definiert eine Riemannsche Metrik auf M.

14 Lagrangesche Mechanik und geodätische Flüsse

(14.59) [9]. Im allgemeinen ist dieses dynamische System nur für endliche Zeit definiert. Im Falle einer kompakten Mannigfaltigkeit M ist es aber *für alle Zeiten t definiert* und bestimmt damit einen globalen oder *vollständigen Fluß*. Dies beweist man wie folgt:

14.7 Lemma. *Für ein Lagrangesches dynamisches System ist die Gesamtenergie*

$$H = H(x,v) = \frac{1}{2} k_x(v,v) + V(x) \tag{14.63}$$

invariant oder stationär, das heißt, konstant als Funktion der Zeit t.

Beweis. Die kinetische Energie $K(v) = \frac{1}{2} k_x(v,v)$ ist eine homogene Funktion von v zweiten Grades, das heißt, es gilt

$$K(\lambda v) = \lambda^2 K(v) \tag{14.64}$$

mit $\lambda > 0$. Daraus folgt (vergleiche Erwe [39], S. 312)

$$\left\langle \frac{\partial K(v)}{\partial v}, v \right\rangle = 2K(v). \tag{14.65}$$

Aus (14.61) folgt dann

$$\left\langle \frac{\partial L(x,v)}{\partial v}, v \right\rangle = 2K(v) \tag{14.66}$$

und weiter (die Argumente von H und L lassen wir weg)

$$H = \left\langle \frac{\partial L}{\partial v}, v \right\rangle - L. \tag{14.67}$$

Daraus folgt mit der Lagrange-Gleichung (14.59)

$$\frac{d}{dt} H = \left\langle \frac{d}{dt} \frac{\partial L}{\partial v}, v \right\rangle + \left\langle \frac{\partial L}{\partial v}, \dot{v} \right\rangle - \left\langle \frac{\partial L}{\partial x}, \dot{x} \right\rangle - \left\langle \frac{\partial L}{\partial v}, \dot{v} \right\rangle = 0. \tag{14.68}$$

∎

14.8 Satz. *Ist M kompakt, dann definiert die Lagrange-Gleichung einen globalen Fluß auf TM.*

Beweis. Mit M sind auch die Niveauflächen $H = $ const kompakt in TM. Nach Lemma 14.7 verläßt ein Orbit eine Niveaufläche nicht, also existiert für jede Anfangsbedingung auf der Niveaufläche eine Lösung der Lagrange-Gleichung wenigstens für eine *feste* Zeit $\varepsilon > 0$ (wegen der Kompaktheit). Somit kann jede Lösung iterativ ins Unendliche fortgesetzt werden. ∎

---

[9] (14.59) ist eine gewöhnliche Differentialgleichung erster Ordnung auf TM beziehungsweise zweiter Ordnung auf M, deren Lösungskurven einen Fluß auf TM definieren. Man zeigt leicht, daß die Lagrange-Gleichung (14.59) für Lagrange-Funktionen der Form (14.61) invariant ist gegenüber Kartenwechseln. Das heißt, der durch sie bestimmte Fluß ist unabhängig von der Karte, die man gewählt hat, um (14.59) aufzuschreiben.

14.9 Definition. *Sei M eine Riemannsche Mannigfaltigkeit mit einer Riemann-Metrik $g_x(\cdot,\cdot) = <\cdot,\cdot>_x$ für alle $x \in M$ und der Lagrange-Funktion*

$$L(x,v) = \frac{1}{2} g_x(v,v), \quad x \in M, \ v \in T_x M \tag{14.69}$$

(also $V(x) \equiv 0$). Das Lagrangesche dynamische System auf TM (beziehungsweise seine Restriktion auf das Tangentialbündel

$$SM = M \times \bigcup_{x \in M} \{v \in T_x M \mid g_x(v,v) = 1\} \tag{14.70}$$

der Einheitsvektoren von TM), welches durch die Lagrange Funktion (14.69) festgelegt ist, nennt man den **geodätischen Fluß** *(auf) der Riemannschen Mannigfaltigkeit (M,g).*

Bemerkung. Wegen Lemma 14.7 ist die Gesamtenergie $H = \frac{1}{2} g_x(v,v)$ eines geodätischen Flusses konstant in der Zeit. Damit ist die Länge

$$\|v\|_x = \sqrt{g_x(v,v)}, \quad v \in T_x M, \tag{14.71}$$

von Tangentialvektoren ebenfalls invariant unter dem geodätischen Fluß. Aus diesem Grunde ist die Restriktion eines geodätischen Flusses auf SM sinnvoll. □

In Abschnitt 13 haben wir *geodätische Kurven* auf M als kürzeste Verbindungslinien zwischen je zwei Punkten von M kennengelernt (soweit diese hinreichend nahe beieinanderliegen). Wir werden weiter unten geodätische Kurven allgemeiner definieren, und zwar, wie die Namensgebung vermuten läßt, als die Projektionen der Orbits des geodätischen Flusses in den Zustandsraum M. Die Eigenschaft, kürzeste Verbindungslinien zweier (hinreichend nahe beieinanderliegender) Punkte zu sein, ergibt sich dann aus dem Prinzip der kleinsten Wirkung angewandt auf die Lagrange-Funktion (14.69). Mit diesem Hinweis könnten wir uns bescheiden, doch wir nutzen den Augenblick, um (für eine *beliebige* Lagrange-Funktion $L(x,v)$) zunächst einmal die Lagrange-Gleichung (14.59) aus dem Prinzip der kleinsten Wirkung abzuleiten.

Dazu nehmen wir an, daß L eine C^1-Funktion von $(x,v) \in \mathbb{R}^n \times \mathbb{R}^n$ ist. Für $x, y \in \mathbb{R}^n$ und $T > 0$ betrachten wir C^2-Kurven $c : [0,T] \to \mathbb{R}^n$ mit $c(0) = x$, $c(T) = y$ und ihre *Wirkung*

$$S(c) := \int_0^T L(c(t), \dot{c}(t)) dt. \tag{14.72}$$

Um S zu minimieren, variieren wir die Kurve c, mit anderen Worten, wir betrachten eine Kurvenschar

$$c_s : [0,T] \longrightarrow \mathbb{R}^n, \tag{14.73}$$

14 Lagrangesche Mechanik und geodätische Flüsse

die stetig differenzierbar vom Scharparameter $s \in (-\delta, \delta)$ abhängt mit $c_0 = c$ sowie $c_s(0) = x$ und $c_s(T) = y$ für alle s.

Die notwendige Bedingung dafür, daß $S(c)$ minimal ist, lautet:

$$\frac{d}{ds} S(c_s)\Big|_{s=0} = 0. \tag{14.74}$$

Es gilt (vergleiche Landau und Lifschitz [78])

$$\frac{d}{ds} \int_0^T L(c_s(t), \dot{c}_s(t)) dt \Big|_{s=0} = \int_0^T \left(\frac{\partial L}{\partial x} \frac{dc_s}{ds}\Big|_{s=0} + \frac{\partial L}{\partial v} \frac{d\dot{c}_s}{ds}\Big|_{s=0} \right) dt$$
$$= -\int_0^T \left(\frac{d}{dt} \frac{\partial L}{\partial v} - \frac{\partial L}{\partial x} \right) \frac{dc_s}{ds}\Big|_{s=0} dt, \tag{14.75}$$

dabei haben wir den zweiten Summanden im mittleren Integral partiell integriert und die Tatsache benutzt, daß

$$\frac{dc_s(t)}{ds}\Big|_{s=0} = 0 \tag{14.76}$$

für $t = 0$ beziehungsweise T erfüllt ist. c_s kann beliebig sein mit Ausnahme der fixierten Endpunkte, also kann auch $\frac{dc_s}{ds}\Big|_{s=0}$ beliebig sein, und somit verschwindet das letzte Integral in (14.75) nur dann für alle Variationen c_s, wenn

$$\frac{d}{dt} \frac{\partial L(c(t), \dot{c}(t))}{\partial v} - \frac{\partial L(c(t), \dot{c}(t))}{\partial x} = 0 \tag{14.77}$$

für alle t erfüllt ist. Das bedeutet: Eine Kurve c minimiert nur dann die Wirkung S in (14.72), wenn sie der Lagrange-Gleichung (14.77) genügt, das heißt, wenn sie die Projektion einer Lösungskurve der Lagrange-Gleichung in den Zustandsraum ist. Unsere Herleitung besagt darüber hinaus, daß eine C^2-Kurve c genau dann der Lagrange-Gleichung genügt, wenn c (im Sinne der Variationsrechnung) ein *kritischer Punkt* für das Funktional S in bezug auf benachbarte Kurven ist, das heißt, wenn mit $c = c_0$ und den Annahmen von oben gilt:

$$\frac{d}{ds} S(c_s)\Big|_{s=0} = 0. \tag{14.78}$$

Die Herleitung beweist die analogen Aussagen auch für Lagrange-Funktionen auf beliebigen Mannigfaltigkeiten M. Mit Hilfe lokaler Karten wechselt man nämlich hinüber in den $\mathbb{R}^n$ und nutzt die Tatsache, daß die Lagrange-Gleichung invariant ist gegenüber Kartenwechseln. Für einen geodätischen Fluß auf einer Riemannschen Mannigfaltigkeit M erheben wir die gerade hergeleitete Äquivalenz zur Definition:

14.10 Definition. *Unter den Voraussetzungen von Definition 14.9 sei* $c : [0,T] \to M$ *eine* C^1-*Kurve auf* M ($T > 0$). *Dann nennt man*

$$S(c) := \int_0^T \frac{1}{2} g_{c(t)}(\dot{c}(t), \dot{c}(t)) dt \qquad (14.79)$$

die Wirkung *von* c.

$$l(c) = \int_0^T \sqrt{g_{c(t)}(\dot{c}(t), \dot{c}(t))} dt \qquad (14.80)$$

ist die Bogenlänge *von* c (*vergleiche Abschnitt* 11), *und man sagt,* c *ist parametrisiert mit konstanter Geschwindigkeit* (*oder*: *proportional zur Bogenlänge parametrisiert*), *falls gilt*:

$$\frac{d}{dt} \sqrt{g_{c(t)}(\dot{c}(t), \dot{c}(t))} = \frac{d}{dt} \|\dot{c}(t)\|_{c(t)} = 0. \qquad (14.81)$$

Eine C^2-*Kurve* $c : [0,T] \to M$, *die eine kritische Kurve für die Wirkung* S *ist, nennt man* geodätische Kurve, *oder kurz*: Geodätische.

Bemerkung. Die Geodätischen einer Riemannschen Mannigfaltigkeit (M,g) sind also gerade die Projektionen der Orbits des geodätischen Flusses auf TM in M. □

Wenn wir im folgenden über Geodätische sprechen, setzen wir immer den Kontext von Definition 14.9 voraus. Entsprechendes gilt für die Norm $\|\dot{c}(t)\|_{c(t)}$, in deren Schreibweise wir überdies den Fußpunkt $_{c(t)}$ weglassen, und so weiter.

14.11 Satz. *Geodätische sind parametrisiert mit konstanter Geschwindigkeit.*

Beweis. Jede Geodätische c genügt der Lagrange-Gleichung (14.77) mit der Lagrange-Funktion

$$L(x,v) = \frac{1}{2} g_x(v,v), \quad x \in M, \ v \in T_xM. \qquad (14.82)$$

Nach Lemma 14.7 ist die Gesamtenergie des Systems konstant in der Zeit, das heißt, wegen $V(x) \equiv 0$ gilt

$$H = \frac{1}{2} g_{c(t)}(\dot{c}(t), \dot{c}(t)) = \text{const}, \qquad (14.83)$$

mit anderen Worten, $\|\dot{c}(t)\| = \text{const}$. ∎

14.12 Satz. *Ist* $c : [0,T] \to M$ *eine* C^1-*Kurve, dann folgt*

$$S(c)T \geq l^2(c)/2 \qquad (14.84)$$

14 Lagrangesche Mechanik und geodätische Flüsse

und das Gleichheitszeichen gilt in (14.84) *genau dann, wenn c konstante Geschwindigkeit hat.*

Beweis. Aus der Cauchy-Schwarzschen Ungleichung folgt

$$l^2(c) = \left(\int_0^T \|\dot{c}(t)\| dt\right)^2 \leq \int_0^T \|\dot{c}(t)\|^2 dt \cdot \int_0^T 1^2 dt = 2S(c)T \tag{14.85}$$

und Gleichheit gilt genau dann, wenn $\|\dot{c}(t)\| = \text{const}$. ∎

Bemerkungen. 1. Nach Satz 14.11 können wir uns auf Kurven mit konstanter Geschwindigkeit $\|\dot{c}(t)\| = \text{const}$ konzentrieren, wenn wir nach Geodätischen suchen. Aus Satz 14.12 folgt weiter, daß kritische Kurven für die Wirkung auch kritische sind für die Bogenlänge l und umgekehrt. Insbesondere gilt somit: Besitzt die Wirkung für eine Geodätische c ein Minimum, dann ist auch die Länge $l(c)$ minimal (und umgekehrt), und es gilt $l(c) = T\|\dot{c}(0)\|$. Aber nicht jede Geodätische, die zwei vorgegebene Punkte $x, y \in M$ verbindet, ist die kürzeste Verbindung zwischen x und y (das macht man sich am besten an den Großkreisen auf der Kugeloberfläche klar). Denn kritische Punkte müssen keine lokalen und noch weniger globale Minima sein. Aber man kann zeigen, daß für den Fall, daß x und y nahe genug beieinanderliegen, unter allen Kurven c, die x und y verbinden, die Länge $l(c)$ beziehungsweise die Wirkung $S(c)$ ein eindeutig bestimmtes (globales) Minimum in einer Geodätischen annehmen. Mit anderen Worten, die Geodätischen sind (zumindest) lokal die kürzesten Verbindungslinien zweier Punkte [10].

2. Als Projektionen der Lösungskurven der Lagrange-Gleichung sind die Geodätischen eindeutig bestimmt durch Anfangsbedingungen, das heißt: Zu gegebenen $x \in M$ und $v \in T_xM$ existiert genau eine maximale Geodätische c_v, die den Anfangsbedingungen

$$c_v(0) = x, \quad \dot{c}_v(0) = v \tag{14.86}$$

genügt. Maximal bedeutet dabei, daß das Definitionsintervall von c_v bereits so gewählt ist, daß sich c_v nicht auf ein echt größeres Intervall als Geodätische fortsetzen läßt. Ist M kompakt, dann ist der geodätische Fluß nach Satz 14.8 global und die Geodätischen sind auf ganz $\mathbb{R}$ definiert. □

In bestimmten Fällen, in denen eine Riemannsche Mannigfaltigkeit geeignete Symmetrien und Isometrien besitzt, kann man den geodätischen Fluß beschreiben, ohne dafür die Lagrange-Gleichung explizit zu lösen. Um Beispiele dieser Art kennenzulernen, beginnen wir mit einem sehr abstrakten Hilfssatz, der sich jedoch als äußerst hilfreiches Werkzeug erweisen wird.

---

[10] Der Beweis beruht auf dem *Gaußschen Lemma*, er ist gleichzeitig ein lokaler Existenz- und Eindeutigkeitsbeweis für Geodätische. Man findet ihn zusammen mit dem Lemma zum Beispiel in Gallot, Hulin und Lafontaine [48], Kapitel II.C oder in Katok und Hasselblatt [73], Abschnitt 6.5.

14.13 Definition. *Ist M eine Riemannsche Mannigfaltigkeit und $\varphi : M \to M$ ein Diffeomorphismus. φ ist eine* Isometrie, *falls gilt:*

$$< u, v >_x \; = \; < D_x\varphi(u), D_x\varphi(v) >_{\varphi(x)} \tag{14.87}$$

für alle $x \in M$ sowie $u, v \in T_x M$.

Aus der Kettenregel folgt, daß die Hintereinanderausführung zweier Isometrien auf M wieder eine Isometrie ist; die Isometrien auf M bilden eine Gruppe. Außerdem ist das isometrische Bild einer Geodätischen wieder eine Geodätische (Übungsaufgabe 1).

14.14 Lemma. *M sei eine Riemannsche Mannigfaltigkeit und Γ eine Gruppe von Isometrien auf M. Mit SM bezeichnen wir wie gehabt die Menge der Einheitsvektoren in TM, und wir nehmen an, daß Γ transitiv ist auf SM, das heißt,*

$$v, v' \in SM \implies \exists \varphi \in \Gamma : D\varphi(v) = v'. \tag{14.88}$$

Ist C eine nichtleere Familie von Kurven $c : \mathbb{R} \to M$ mit $g_{c(t)}(\dot{c}(t), \dot{c}(t)) = 1$ für alle $t \in \mathbb{R}$ [11]) und mit folgenden Eigenschaften:

(a) *$c \in C$, $\varphi \in \Gamma \implies \varphi \circ c \in C$,*
(b) *$c, c' \in C \implies \exists \varphi_{c,c'} \in \Gamma : \varphi_{c,c'} \circ c = c'$,*
(c) *$c \in C \implies \exists \varphi_c \in \Gamma : \text{Fix}(\varphi_c) = c(\mathbb{R})$,*

dann ist C gleich der Menge aller Geodätischen von M mit konstanter Geschwindigkeit 1.

Beweis. Um zu zeigen, daß C die Menge aller Geodätischen c von M mit $\|\dot{c}(t)\| = 1$ enthält, betrachten wir einen Tangentialeinheitsvektor $v \in T_p M$, $p \in M$. Er bestimmt eindeutig eine Geodätische c_v mit $c_v(0) = p$ und $\dot{c}_v(0) = v$; wir wollen zeigen, daß $c_v \in C$ gilt. Dazu wählen wir eine Kurve $c \in C$ und setzen $v' := \dot{c}(0)$. Dann gibt es nach (14.88) eine Isometrie $\varphi \in \Gamma$ mit

$$D\varphi(v') = v \tag{14.89}$$

das heißt, $c' := \varphi \circ c \in C$ (siehe (a)) ist tangential zu c_v in p. Nun betrachten wir die Abbildung $\varphi_{c'} \in \Gamma$ gemäß (c): Als Isometrie bildet sie c_v auf eine Geodätische ab, und wegen $\varphi_{c'}(c') = c'$ ist auch $\varphi_{c'}(c_v)$ tangential zu c_v in p. Aufgrund ihrer Eindeutigkeit stimmen $\varphi_{c'}(c_v)$ und c_v also überein, das heißt,

$$\varphi_{c'}\big|_{c_v(\mathbb{R})} = id . \tag{14.90}$$

Andererseits ist aber $\text{Fix}(\varphi_{c'}) = c'(\mathbb{R})$, und daraus folgt $c_v = c' \in C$.

Umgekehrt sei $c \in C$. Da C alle Geodätischen enthält, folgt aus (b), daß c das isometrische Bild einer Geodätischen und damit selbst eine Geodätische ist. ∎

---
[11]) Das heißt, von Kurven mit konstanter Geschwindigkeit 1.

14 Lagrangesche Mechanik und geodätische Flüsse

Mit Hilfe dieses Lemmas beweist man leicht die folgenden bekannten Tatsachen (Übungsaufgabe 2):

(a) Die Geodätischen auf der Einheitskugel S^2 sind die *Großkreise*, parametrisiert mit Geschwindigkeit 1, das heißt, diejenigen Kreise auf der Kugeloberfläche, deren Mittelpunkt der Kugelmittelpunkt ist. Zwei Punkte, die nicht antipodisch sind, zerlegen den Großkreis in zwei Bögen, von denen der kürzere die kürzest mögliche Verbindung dieser beiden Punkte auf der Kugeloberfläche darstellt.

(b) Die Geodätischen des $\mathbb{R}^2$ sind die Geraden, und die Geodätischen auf dem (flachen) Torus $\mathbb{T}^2 = \mathbb{R}^2/\mathbb{Z}^2$ sind die Projektionen dieser Geraden auf den Torus.

Die Tatsache, daß die Geodätischen des Torus $\mathbb{T}^2$ die Projektionen der Geraden des $\mathbb{R}^2$ sind, folgt selbstverständlich daraus, daß die durch die kanonische Projektion π induzierte Riemannsche Metrik auf $\mathbb{T}^2$ nichts anderes ist als das gewöhnliche euklidische Skalarprodukt im $\mathbb{R}^2$, mit anderen Worten, $\pi\big|_{[0,1)\times[0,1)}$ ist eine Isometrie.

Diese Tatsache läßt sich selbstverständlich auch aus Definition 14.9 ableiten, indem man den geodätischen Fluß des Torus $\mathbb{T}^2$ auf dem Tangentialbündel $T\mathbb{T}^2$ direkt anschaut: Für $x \in \mathbb{T}^2$ und $v \in T_x\mathbb{T}^2 \equiv \mathbb{R}^2$ lautet die Lagrange-Funktion

$$L(x,v) = \frac{1}{2}<v,v> = \frac{1}{2}v^2, \tag{14.91}$$

und die Lagrange-Gleichung reduziert sich damit auf

$$\dot{v} = \ddot{x} = 0 \quad \text{beziehungsweise} \quad \dot{x} = v, \ \dot{v} = 0. \tag{14.92}$$

Dieses System beschreibt die Bewegung einer punktförmigen Einheitsmasse ohne Einwirkung äußerer Kräfte, das heißt, es handelt sich um eine geradlinige Bewegung mit konstanter Geschwindigkeit v. Für vorgegebenes $v = (v_1, v_2) \in \mathbb{R}^2$ und $x = (x_1, x_2) \in \mathbb{T}^2$ ist der Orbit des geodätischen Flusses durch (x,v) gegeben durch

$$\{(\varphi_v^t(x), v) \mid t \in \mathbb{R}\} \subset T\mathbb{T}^2 \tag{14.93}$$

mit

$$\varphi_v^t(x_1, x_2) = (x_1 + v_1 t, x_2 + v_2 t)(\text{mod } 1). \tag{14.94}$$

Das heißt, die Projektion des geodätischen Flusses (von $\mathbb{T}^2$) auf $\mathbb{T}^2$ ist ein linearer Fluß auf $\mathbb{T}^2$, dessen Orbits auf Projektionen von Geraden mit der Steigung v_2/v_1 des $\mathbb{R}^2$ auf den Torus verlaufen, und das sind definitionsgemäß die Geodätischen auf dem Torus.

Der lineare Fluß (14.94) ist topologisch transitiv und besitzt in $\mathbb{T}^2$ dichte Orbits, falls die Steigung v_2/v_1 irrational ist, und er ist periodisch mit geschlossenen Orbits für rationale Steigung. Der geodätische Fluß auf $T\mathbb{T}^2$ ist ebenfalls recht harmlos, denn der Phasenraum zerfällt in *invariante Tori* $\mathbf{T}^2 \times \{v\}$ [12], und die Bewegung auf $\mathbf{T}^2 \times \{v\}$ ist gegeben durch $\varphi_v^t \times \{v\}$. Damit ist der geodätische Fluß auf dem Torus $\mathbf{T}^2$ ein einfaches Beispiel für ein vollständig integrables System (vergleiche dazu Abschnitt 15, insbesondere Definition 15.28), bei dem chaotische Dynamik *nicht* auftreten kann.

In Verallgemeinerung der Dynamik geodätischer Flüsse auf dem flachen Torus $\mathbf{T}^2$ wollen wir uns nun ausführlicher mit geodätischen Flüssen auf sogenannten *hyperbolischen Flächen* auseinandersetzen: Mit $\mathbb{H}$ bezeichnen wir die obere Halbebene $\mathbb{R} \times \mathbb{R}^+$ (ohne die reelle Achse); als offene Teilmenge des $\mathbb{R}^2$ ist sie eine differenzierbare Mannigfaltigkeit. Wir wollen zunächst eine Riemannsche Metrik auf $\mathbb{H}$ definieren, dazu schreiben wir $\mathbb{H}$ in der Form

$$\mathbb{H} = \{z \in \mathbb{C} \mid \operatorname{Im} z > 0\}, \tag{14.95}$$

so daß die Tangentialvektoren von $\mathbb{H}$ ebenfalls als komplexe Zahlen geschrieben werden. Für $z \in \mathbb{H}$ und $(u + iv), (u' + iv') \in T_z\mathbb{H}$ definieren wir

$$<u + iv, u' + iv'>_z := \operatorname{Re} \frac{(u+iv)(u'-iv')}{(\operatorname{Im} z)^2}. \tag{14.96}$$

Man sieht leicht, daß durch (14.96) eine Riemannsche Metrik $g_z(\cdot,\cdot) = <\cdot,\cdot>_z$ auf $\mathbb{H}$ definiert ist. Betrachtet man die Halbebene $\mathbb{H}$ als Riemannsche Mannigfaltigkeit ausgestattet mit der Metrik (14.96), so bezeichnet man sie als die *hyperbolische Ebene* oder *Lobatschevsky-Ebene* nach dem Entdecker der ersten nicht-euklidischen Geometrie. Im Punkt $z = i$ stimmt (14.96) mit der euklidischen Metrik überein.

Ist $c : [\alpha, \beta] \to \mathbb{H}$ eine differenzierbare Kurve, also $c(\tau) = x(\tau) + iy(\tau)$, so ist ihre Bogenlänge zwischen $c(\alpha)$ und $c(t)$, $\alpha \leq t \leq \beta$, gegeben durch (11.101), das heißt, durch

$$\begin{aligned} s(t) &= \int_\alpha^t \sqrt{<\dot{c}(\tau), \dot{c}(\tau)>_{c(\tau)}}\, d\tau \\ &= \int_\alpha^t \frac{|\dot{c}(\tau)|}{\operatorname{Im} c(\tau)}\, d\tau \\ &= \int_\alpha^t \frac{\sqrt{(\dot{x}(\tau))^2 + (\dot{y}(\tau))^2}}{y(\tau)}\, d\tau. \end{aligned} \tag{14.97}$$

In der Differentialgeometrie drückt man diesen Zusammenhang von Bogenlänge und Riemannscher Metrik aus durch ein Linienelement ds, welches im vorliegenden Fall gegeben ist durch

$$ds^2 = \frac{dx^2 + dy^2}{y^2} = \frac{dz\, d\bar{z}}{(\operatorname{Im} z)^2} = -\frac{4 dz\, d\bar{z}}{(z - \bar{z})^2}, \tag{14.98}$$

---

[12] Die erste Poincaré-Abbildung in Fig. 15.1 zeigt solche invarianten Tori.

und man bezeichnet in diesem Kontext die durch (14.96) induzierte quadratische Form auf $T_z\mathbb{H}$ als die *erste Fundamentalform* von $\mathbb{H}$ in $z \in \mathbb{H}$. Sie (beziehungsweise (14.98)) induziert eine Metrik ρ auf $\mathbb{H}$, und zwar auf folgende Weise: Für $z, z' \in \mathbb{H}$ sei $\rho(z, z')$ definitionsgemäß das Infimum über die Bogenlängen sämtlicher Kurven in $\mathbb{H}$, welche z und z' verbinden. Es ist klar, daß ρ nicht-negativ ist und symmetrisch und die Dreiecksungleichung erfüllt. Man bezeichnet ρ als die *hyperbolische Metrik* auf $\mathbb{H}$.

Bemerkungen. 1. Da sich die Riemannsche Metrik (14.96) vom euklidischen Abstand lediglich um den skalaren Faktor $(\operatorname{Im} z)^2$ unterscheidet, stimmen mit (11.104) hyperbolische und euklidische Winkel überein.

2. Die euklidische und die hyperbolische Metrik auf $\mathbb{H}$ induzieren identische Topologien. Insbesondere ist die abgeschlossene hyperbolische Ebene $\overline{\mathbb{H}}$ kompakt in der euklidischen Topologie und ihre Unterraumtopologie ist die hyperbolische Topologie. Für eine Teilmenge E der hyperbolischen Ebene bezeichnen wir mit

(a) $\widetilde{E}$ den Abschluß von E relativ zu $\mathbb{H}$, und mit
(b) $\overline{E}$ den Abschluß von E relativ zu $\overline{\mathbb{H}}$. □

Den Schlüssel zum Verständnis der Geometrie von $\mathbb{H}$ liefern die *Isometrien* von $(\mathbb{H}, \rho)$, wir beginnen mit *Möbius-Transformationen*: Die Menge der nicht-singulären komplexen 2×2-Matrizen $\begin{pmatrix} a & b \\ c & d \end{pmatrix}$ bildet bezüglich der üblichen Matrixmultiplikation eine Gruppe, sie wird mit $GL(2, \mathbb{C})$ bezeichnet und *allgemeine lineare Gruppe* genannt. Jede Matrix aus $GL(2, \mathbb{C})$ definiert eine Abbildung

$$T(z) = \frac{az + b}{cz + d}, \quad z \in \mathbb{C}, \tag{14.99}$$

für die also $a, b, c, d \in \mathbb{C}$ und $ad - bc \neq 0$ erfüllt ist. Damit ist T nicht konstant, und c und d können nicht gleichzeitig gleich 0 sein. Ist $c \neq 0$, dann ist T lediglich auf $\mathbb{C} \setminus \{-d/c\}$ definiert. T läßt sich auf natürliche Weise auf $\overline{\mathbb{C}} = \mathbb{C} \cup \{\infty\}$ fortsetzen: Wir setzen

$$T(-d/c) = \infty \tag{14.100}$$

und

$$\begin{aligned} T(\infty) &= a/c, \quad \text{falls } c \neq 0, \quad \text{beziehungsweise} \\ T(\infty) &= \infty, \quad \text{falls } c = 0. \end{aligned} \tag{14.101}$$

Mit diesen Definitionen ist T eine bijektive Abbildung von $\overline{\mathbb{C}}$ auf sich selbst, und T^{-1} hat ebenfalls die Form (14.99). Die Menge $\mathcal{M}$ der so definierten Abbildungen bezeichnet man als die *Möbius-Transformationen* von $\mathbb{C}$. Mit der Hintereinanderausführung als Verknüpfung ist $\mathcal{M}$ ebenfalls eine Gruppe und

$$\psi : GL(2, \mathbb{C}) \longrightarrow \mathcal{M}, \quad \begin{pmatrix} a & b \\ c & d \end{pmatrix} \longmapsto \frac{az + b}{cz + d} \tag{14.102}$$

ist ein Homomorphismus, dessen Kern aus den skalaren Vielfachen der Einheitsmatrix besteht. Wenn Mißverständnisse nicht zu befürchten sind, bezeichnen wir die Gruppe $\mathcal{M}$ der Möbius-Transformationen selbst mit $GL(2,\mathbb{C})$, insbesondere für die von Untergruppen von $GL(2,\mathbb{C})$ erzeugten Untergruppen von $\mathcal{M}$ vermeiden wir dadurch doppelte Bezeichnungs- und Sprechweisen. Mit $SL(2,\mathbb{C})$ bezeichnen wir die Untergruppe aller Elemente aus $GL(2,\mathbb{C})$ (beziehungsweise $\mathcal{M}$) mit Determinante $ad-bc=1$, $GL(2,\mathbb{R})$ und $SL(2,\mathbb{R})$ sind die entsprechenden Untergruppen mit reellen Einträgen, und $GL_+(2,\mathbb{R})$ bezeichnet die Untergruppe der reellen 2×2-Matrizen mit positiver Determinante $ad-bc>0$.

Im folgenden betrachten wir die Gruppe der von $GL_+(2,\mathbb{R})$ erzeugten Möbius-Transformationen für $z\in\mathbb{H}$ und bezeichnen sie mit $\mathcal{M}_\mathbb{H}$. Aus

$$T'(z) = \frac{ad-bc}{(cz+d)^2} \tag{14.103}$$

folgt

$$\begin{aligned}
\operatorname{Im} T(z) &= \frac{1}{2i}\left(\frac{az+b}{cz+d} - \frac{a\bar{z}+b}{c\bar{z}+d}\right) \\
&= \frac{(az+b)(c\bar{z}+d) - (a\bar{z}+b)(cz+d)}{2i(cz+d)(c\bar{z}+d)} \\
&= |T'(z)|\operatorname{Im} z,
\end{aligned} \tag{14.104}$$

also bildet T die obere Halbebene $\mathbb{H}$ in sich selbst ab. Mit (14.100) und (14.101) bildet T darüber hinaus den Rand von $\mathbb{H}$, $\mathbb{R}\cup\{\infty\}$, in sich selbst ab, also ist T surjektiv auf $\mathbb{H}$.

14.15 Lemma. *Die Abbildungen $T\in\mathcal{M}_\mathbb{H}$ sind Isometrien von $\mathbb{H}$.*

Beweis. Für $T\in\mathcal{M}_\mathbb{H}$ und $z,z'\in\mathbb{H}$ müssen wir zeigen, $\rho(T(z),T(z'))=\rho(z,z')$ beziehungsweise, mit $w=T(z)$,

$$\frac{dz\,d\bar{z}}{(z-\bar{z})^2} = \frac{dw\,d\bar{w}}{(w-\bar{w})^2}. \tag{14.105}$$

Dies folgt wegen $\frac{d}{dt}T\circ c(t) = T'(c(t))\cdot\dot{c}(t)$ aus

$$\begin{aligned}
<T'(z)(u+iv), T'(z)(u'+iv')>_{T(z)} &= \operatorname{Re}\frac{T'(z)(u+iv)\overline{T'(z)(u'+iv')}}{(\operatorname{Im} T(z))^2} \\
&= \frac{T'(z)\overline{T'(z)}}{|T'(z)|^2}\operatorname{Re}\frac{(u+iv)(u'-iv')}{(\operatorname{Im} z)^2} \\
&= <u+iv, u'+iv'>_z.
\end{aligned} \tag{14.106}$$

∎

14 Lagrangesche Mechanik und geodätische Flüsse

Bemerkung. $\rho(T(z), T(z')) = \rho(z, z')$ beziehungsweise (14.105) ist das Kriterium für Isometrie von T im metrischen Raum $(\mathbb{H}, \rho)$. Im vorliegenden Fall ist ρ von der Riemannschen Metrik (14.96) induziert, so daß die Isometrie von T durch Definition 14.13 festgelegt ist. □

Beispiele für Möbius-Transformationen von $\mathbb{H}$ sind:

$$\begin{pmatrix} 0 & 1 \\ -1 & 0 \end{pmatrix} : z \longmapsto -\frac{1}{z},$$

$$\begin{pmatrix} 1 & b \\ 0 & 1 \end{pmatrix} : z \longmapsto z + b \, (b \in \mathbb{R}), \qquad (14.107)$$

$$\begin{pmatrix} a & 0 \\ 0 & 1 \end{pmatrix} : z \longmapsto az \, (a > 0).$$

Sie repräsentieren die drei möglichen Typen von Möbius-Transformationen T von $\mathbb{H}$ ungleich der Identität: *elliptische* (mit genau einem Fixpunkt in $\mathbb{H}$), *parabolische* (ohne Fixpunkt und ohne invariante Geodätische in $\mathbb{H}$) und *hyperbolische* (ohne Fixpunkt in $\mathbb{H}$, aber mit genau einer invarianten Geodätischen, im folgenden als *Achse* von T bezeichnet).

Bemerkung. Allgemein lassen sich die Möbius-Transformationen T aus (14.99) für

$$A = \begin{pmatrix} a & b \\ c & d \end{pmatrix} \in GL(2, \mathbb{C}) \qquad (14.108)$$

mit Hilfe ihrer sogenannten *Spur* klassifizieren (vergleiche Beardon [16], Theorem 4.3.4): Mit

$$\text{Spur}^2(T) := \frac{(\text{Spur}(A))^2}{\det A} \qquad (14.109)$$

ist nämlich

(a) T elliptisch $\iff$ $\text{Spur}^2(T) \in [0, 4)$,
(b) T parabolisch $\iff$ $\text{Spur}^2(T) = 4$,
(c) T hyperbolisch $\iff$ $\text{Spur}^2(T) \in (4, \infty)$. □

Neben den Möbius-Transformationen $T \in \mathcal{M}_{\mathbb{H}}$ besitzt $\mathbb{H}$ noch weitere Isometrien: Beispiele sind

$$z \longmapsto -\bar{z} \quad \text{und} \quad z \longmapsto \frac{1}{\bar{z}}, \qquad (14.110)$$

geometrisch betrachtet ist die erste Abbildung die Spiegelung an der imaginären Achse und die zweite die Inversion am Einheitskreis.

Wir benutzen nun die Möbius-Transformationen, um alle Geodätischen der hyperbolischen Ebene zu bestimmen. Zunächst betrachten wir die isometrischen Bilder der imaginären Achse $\mathcal{I}$ parametrisiert durch

$$t \longmapsto ie^t =: c_{\mathcal{I}}(t) \tag{14.111}$$

mit

$$\|\dot{c}_{\mathcal{I}}(t)\| = <\dot{c}_{\mathcal{I}}(t), \dot{c}_{\mathcal{I}}(t)>_{c_{\mathcal{I}}(t)} = 1. \tag{14.112}$$

14.16 Lemma. *Ist C irgendeine vertikale Gerade in $\mathbb{H}$ oder ein Halbkreis mit dem Mittelpunkt auf der reellen Achse, dann gibt es eine Möbius-Transformation $T \in \mathcal{M}_{\mathbb{H}}$ mit $T(\mathcal{I}) = C$.*

Beweis. Ist C gleich der vertikalen Linie $\{z \in \mathbb{H} \mid \operatorname{Re} z = b\}$, dann wählt man $T(z) = z + b$. Ist C ein Halbkreis mit den Endpunkten $x, x + r \in \mathbb{R}$, dann bildet

$$T_1 : z \longmapsto \frac{z}{z+1} \tag{14.113}$$

$\mathcal{I}$ auf den Halbkreis mit den Endpunkten 0 und 1 ab, das folgt aus

$$\left| \frac{it}{1+it} - \frac{1}{2} \right| = \left| \frac{2it - (1+it)}{2(1+it)} \right| = \frac{1}{2} \tag{14.114}$$

für $t \in \mathbb{R}$. Wählt man $T_2(z) = rz$ und $T_3(z) = z + x$, so gilt die Behauptung mit $T = T_3 \circ T_2 \circ T_1$. ∎

Bemerkung. Parametrisiert man eine vertikale Gerade in $\mathbb{H}$ beziehungsweise einen Halbkreis mit Zentrum auf der reellen Achse mit konstanter Geschwindigkeit eins, so gibt es also nach dem Lemma eine Möbius-Transformation, die diese Kurve auf $\mathcal{I}$ abbildet und die Parametrisierung erhält. □

14.17 Lemma. *Ist C eine vertikale Gerade in $\mathbb{H}$ oder eine (Halb-)Kreislinie in $\mathbb{H}$ mit Zentrum auf der reellen Achse und φ eine Möbius-Transformation aus $\mathcal{M}_{\mathbb{H}}$ oder $\varphi(z) = -\bar{z}$, dann ist auch $\varphi(C)$ eine vertikale Gerade oder eine Kreislinie mit Zentrum auf der reellen Achse.*

Beweis. Für $\varphi(z) = -\bar{z}$ ist das klar. Für Möbius-Transformationen reicht es nach Lemma 14.16 aus, zu zeigen, daß das Bild der imaginären Achse $\mathcal{I}$ der Behauptung genügt. Wegen

$$\frac{az+b}{cz+d} = \frac{a}{c} + \frac{(bc-ad)/c^2}{z+d/c}, \tag{14.115}$$

falls $c \neq 0$, und

$$\frac{az+b}{d} = \frac{a}{d}z + \frac{b}{d} \tag{14.116}$$

ist aber jede Möbius-Transformation eine Komposition von Abbildungen der Form $z \mapsto z + \alpha$, $z \mapsto -1/z$ und $z \mapsto \beta z$, das heißt, es reicht aus, die Behauptung für jede einzelne von diesen drei elementaren Transformationen zu überprüfen. Doch für diese ist sie offensichtlich: Die imaginäre Achse $\mathcal{I}$ ist invariant unter $z \mapsto -1/z$ und $z \mapsto \beta z$, und $z \mapsto z + \alpha$ bildet sie auf eine vertikale Gerade ab. ∎

Mit Hilfe von Lemma 14.14 können wir nun die Geodätischen der hyperbolischen Ebene $\mathbb{H}$ genau angeben:

14.18 Satz. *Die Geodätischen der hyperbolischen Ebene $\mathbb{H}$ sind gerade die vertikalen Geraden und die Halbkreislinien mit Zentrum auf der reellen Achse.*

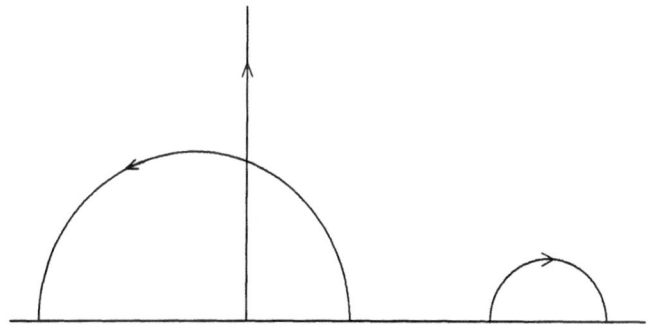

Fig. 14.2: Geodätische von $\mathbb{H}$.

Beweis. Γ sei die von der Gruppe $\mathcal{M}_\mathbb{H}$ der Möbius-Transformationen auf $\mathbb{H}$ und von der Transformation $S : z \mapsto -\bar{z}$ erzeugte Gruppe. Γ ist transitiv auf $S\mathbb{H}$, denn zu $v \in T_z\mathbb{H}$, $w \in T_{z'}\mathbb{H}$ mit $\|v\|_z = \|w\|_{z'} = 1$ existiert eine Möbius-Transformation $T \in \mathcal{M}_\mathbb{H}$, für die gilt

$$T(z) = z' \quad \text{und} \quad T'(z)v = w \qquad (14.117)$$

(Beweis: Übungsaufgabe 3). $\mathcal{C}$ sei jetzt die Menge aller vertikalen Geraden in $\mathbb{H}$ und aller Halbkreise mit Zentrum auf der reellen Achse, ausgestattet mit allen möglichen Parametrisierungen mit Geschwindigkeit eins. Die Eigenschaft (a) aus Lemma 14.14 folgt dann aus Lemma 14.17 und (b) aus Lemma 14.16. Eigenschaft (c) ergibt sich daraus, daß S eine Isometrie ist, die genau die imaginäre Achse festhält, das heißt, für $c \in \mathcal{C}$ wählt man (in der Bezeichnungsweise von Lemma 14.14)

$$\varphi_c = \varphi_{\mathcal{I},c} \circ S \circ \varphi_{c,\mathcal{I}}. \qquad (14.118)$$

∎

Die Gruppe Γ ist tatsächlich die vollständige Isometriegruppe von $\mathbb{H}$.

14.19 Satz. *Die Isometriegruppe von $\mathbb{H}$ wird erzeugt von $\mathcal{M}_\mathbb{H}$ und der Spiegelung $S : z \mapsto -\bar{z}$.*

Beweis. Sei ϕ eine Isometrie von $\mathbb{H}$. Da $\phi(\mathcal{I})$ ($\mathcal{I}$: imaginäre Achse) eine Geodätische ist, so folgt aus Satz 14.18 und Lemma 14.16, daß ein $T \in \mathcal{M}_{\mathbb{H}}$ existiert mit

$$T^{-1} \circ \phi_{|\mathcal{I}} = id_{|\mathcal{I}}. \tag{14.119}$$

Es reicht zu zeigen, daß $T^{-1} \circ \phi$ entweder gleich der Identität auf $\mathbb{H}$ ist oder mit der Symmetrie S übereinstimmt.

Wir betrachten die Geodätische c mit den Endpunkten $-r$ und r ($r \geq 0$). Sie enthält den Punkt $ir \in \mathcal{I}$, also gilt dies wegen (14.119) auch für $T^{-1} \circ \phi(c)$. Da $T^{-1} \circ \phi$ Winkel erhält, sind diese beiden Geodätischen, c und $T^{-1} \circ \phi(c)$, orthogonal zu $\mathcal{I}$ im Punkt ir. Also sind sie identisch bis auf ihre Orientierung, das heißt, entweder gilt

$$T^{-1} \circ \phi(z) = z \quad \text{für} \quad z \in c \tag{14.120}$$

oder

$$T^{-1} \circ \phi(z) = -\bar{z} \quad \text{für} \quad z \in c, \tag{14.121}$$

und die Ableitung von $T^{-1} \circ \phi$ im Punkt ir ist entweder 1 oder -1. Dies funktioniert für jede derartige Geodätische c. Da Isometrien C^1-Abbildungen sind (mit stetigen Ableitungen), folgt daraus

$$T^{-1} \circ \phi = id_{|\mathbb{H}} \quad \text{oder} \quad T^{-1} \circ \phi = S \tag{14.122}$$

auf $\mathbb{H}$. Daraus folgt $\phi \in \mathcal{M}_{\mathbb{H}}$ oder $\phi = T \circ S$ mit $T \in \mathcal{M}_{\mathbb{H}}$. ∎

14.20 Definition. *Horizontale Linien*

$$\mathbb{R} + ir := \{t + ir \mid t \in \mathbb{R}\}, \quad r > 0, \tag{14.123}$$

nennt man Horozyklen *mit Zentrum ∞. Kreislinien in $\mathbb{H}$ tangential zu $\mathbb{R}$ in $x \in \mathbb{R}$ nennt man* Horozyklen *mit Zentrum x.*

14.21 Satz. *Zu jedem Horozyklus H gibt es eine Möbius-Transformation $T \in \mathcal{M}_{\mathbb{H}}$, so daß $T(\mathbb{R} + i) = H$ erfüllt ist.*

Beweis. Für Horozyklen $H = \mathbb{R} + ir$ wählt man $T(z) = rz$. Für Horozyklen mit Zentrum $x \in \mathbb{R}$ und mit dem euklidischen Durchmesser $r > 0$ wählt man $T_1(z) = -1/z$, $T_2(z) = rz$, $T_3(z) = z + x$ und $T = T_3 \circ T_2 \circ T_1$. ∎

Für das Folgende ist es nützlich, ein alternatives Modell der hyperbolischen Ebene $\mathbb{H}$ zu besitzen: Die Abbildung

$$\varphi : \mathbb{H} \longrightarrow \mathbb{C}, \quad z \mapsto \frac{z-i}{z+i} \tag{14.124}$$

14 Lagrangesche Mechanik und geodätische Flüsse

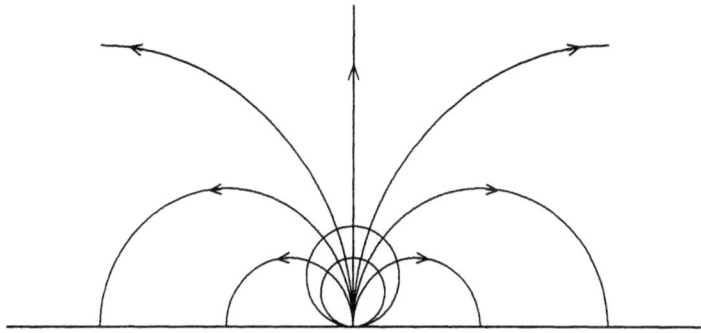

Fig. 14.3: Geodätische und Horozyklen in $\mathbb{H}$.

bildet $\mathbb{H}$ auf die offene Einheitskreisscheibe

$$\mathbb{D} = \{z \in \mathbb{C} \mid |z| < 1\} \tag{14.125}$$

in $\mathbb{C}$ ab, denn es gilt $|\varphi(z)| = 1$ für $z \in \mathbb{R}$ und $\varphi(i) = 0$. Definiert man durch

$$<u,v>_{\varphi(z)} := <D\varphi^{-1}(u), D\varphi^{-1}(v)>_z \tag{14.126}$$

(das heißt, durch einen push-forward) eine Riemannsche Metrik auf $\mathbb{D}$, so ist φ selbstverständlich eine Isometrie von $\mathbb{H}$ auf $\mathbb{D}$. Mit dieser Metrik ausgestattet, bezeichnet man $\mathbb{D}$ als die *Poincaré-Scheibe*. Die Metrik ρ auf $\mathbb{H}$ wird in eine Metrik auf $\mathbb{D}$ transformiert, die sich von dem Differential

$$ds = \frac{2|dz|}{1-|z|^2} \tag{14.127}$$

ableitet und die wir ebenfalls mit ρ bezeichnen wollen. Sämtliche Isometrien ϕ von $\mathbb{H}$ werden durch die Konjugation

$$\phi \longmapsto \varphi \circ \phi \circ \varphi^{-1} \tag{14.128}$$

auf die Isometrien von $\mathbb{D}$ bezüglich dieser Metrik abgebildet (Beweis: Übungsaufgabe 4), man erhält als Isometriegruppe von $(\mathbb{D}, \rho)$ exakt die Gruppe aller Abbildungen

$$z \longmapsto \frac{az + \bar{c}}{cz + \bar{a}}, \quad z \longmapsto \frac{a\bar{z} + \bar{c}}{c\bar{z} + \bar{a}} \tag{14.129}$$

mit $|a|^2 - |c|^2 = 1$ $(a, c \in \mathbb{C})$. Dann ist

$$\mathcal{M}_{\mathbb{D}} := \varphi \circ \mathcal{M}_{\mathbb{H}} \circ \varphi^{-1}, \tag{14.130}$$

eine Untergruppe der Isometriegruppe von $(\mathbb{D}, \rho)$, und $\phi \in \mathcal{M}_{\mathbb{H}}$ besitzt genau dann keinen Fixpunkt, wenn dies auch für $\varphi \circ \phi \circ \varphi^{-1}$ gilt. Damit ist jede *fixpunktfreie*

Untergruppe Γ der Isometriegruppe (das heißt, jede Untergruppe fixpunktfreier Isometrien) von $(\mathbb{D}, \rho)$ eine Untergruppe von $\mathcal{M}_{\mathbb{D}}$, und alle nachfolgenden Ergebnisse über derartige fixpunktfreie Untergruppen Γ gelten sowohl auf $\mathbb{D}$ als auch $\mathbb{H}$.

Hyperbolische Flächen sind spezielle Riemannsche Flächen (vergleiche Definition 14.27 weiter unten), man erhält sie durch Faktorisierung von $\mathbb{D}$ (beziehungsweise $\mathbb{H}$) mittels einer diskreten topologischen Gruppe Γ von Möbius-Transformationen auf $\mathbb{D}$ (beziehungsweise $\mathbb{H}$). Dazu setzen wir im folgenden für die von uns gleichbezeichneten Gruppen der sie erzeugenden 2×2-Matrizen $\Gamma \subseteq GL(2, \mathbb{C})$ beziehungsweise $\Gamma \subseteq SL(2, \mathbb{C})$ voraus.

Eine *topologische Gruppe* G ist beides, eine Gruppe und ein topologischer Raum, verknüpft durch die Forderung, daß die beiden Abbildungen

$$x \longmapsto x^{-1} \quad \text{und} \quad (x, y) \longmapsto xy \qquad (14.131)$$

für $x, y \in G$ stetig sein sollen. Auf $GL(2, \mathbb{C})$ definiert

$$\|A\| := (|a|^2 + |b|^2 + |c|^2 + |d|^2)^{\frac{1}{2}} \qquad (14.132)$$

eine Norm, in bezug auf die die Abbildungen

$$A \longmapsto A^{-1} \quad \text{und} \quad (A, B) \longmapsto AB \qquad (14.133)$$

stetig sind, das heißt, $GL(2, \mathbb{C})$ ist eine topologische Gruppe bezüglich der Metrik $\|A - B\|$ [13]. Wir nennen eine Untergruppe G von $GL(2, \mathbb{C})$ *diskret*, falls die Unterraumtopologie von G die diskrete Topologie ist.

Allgemein nennt man eine topologische Gruppe diskret, wenn ihre Topologie die diskrete Topologie ist, und es gilt folgendes Kriterium: Ist G eine topologische Gruppe, so daß für ein $g \in G$ die Menge $\{g\}$ offen ist, dann ist G diskret. Um zu beweisen, daß eine Untergruppe $\Gamma \subseteq GL(2, \mathbb{C})$ diskret ist, ist somit zum Beispiel hinreichend zu zeigen, daß

$$\inf\{\|A - I\| \mid A \in \Gamma, A \neq I\} > 0 \qquad (14.134)$$

für die Einheitsmatrix I erfüllt ist, das heißt, daß $\{I\}$ offen ist in Γ. Ein dazu äquivalentes Folgenkriterium lautet: Γ ist genau dann diskret, wenn gilt:

$$A_n \in \Gamma,\ A_n \longrightarrow I \implies A_n = I \quad \text{für fast alle } n. \qquad (14.135)$$

In diesem Kriterium kann jedes andere Gruppenelement A an die Stelle von I treten. Ist Γ speziell eine Untergruppe von $SL(2, \mathbb{C})$ (das heißt, $\det A = ad - bc = 1$ für alle $A \in \Gamma$), dann gilt:

---

[13] Man mache sich klar, daß auch die Norm, die Determinante und die Spur (Spur$(A) = a + d$) stetige Funktionen auf $GL(2, \mathbb{C})$ sind.

14.22 Lemma. *Eine Untergruppe Γ von $SL(2,\mathbb{C})$ ist genau dann diskret, wenn die Menge*

$$\Gamma_k := \{A \in \Gamma \mid \|A\| \leq k\} \qquad (14.136)$$

für jedes positive k endlich ist.

Beweis. Ist die Menge Γ_k für jedes $k \in \mathbb{N}$ endlich, so folgt aus (14.136) und aus der Stetigkeit der Norm (14.132), daß Γ diskret ist. Ist umgekehrt die Menge Γ_k für ein $k \in \mathbb{N}$ unendlich, dann existiert eine Folge $(A_n)_{n\in\mathbb{N}}$ von verschiedenen Elementen $A_n \in \Gamma$ mit $\|A_n\| \leq k$ für $n = 1, 2, 3, \ldots$ Hat A_n die Einträge a_n, b_n, c_n, d_n, dann gilt $|a_n| \leq k$, und die Folge $(a_n)_{n\in\mathbb{N}}$ hat eine konvergente Teilfolge. Das Analoge gilt für die übrigen Einträge, und durch einen „Diagonalisierungsprozeß" erhält man eine Teilfolge von (A_n), für die alle Elemente konvergieren, das heißt, $A_{n_k} \to B$ für $k \to \infty$. Da det stetig ist, gilt det $B = 1$ und somit $B \in SL(2,\mathbb{C})$. Also ist Γ nicht diskret. ∎

Bemerkung. Aus diesem Kriterium folgt, daß jede diskrete Untergruppe von $SL(2,\mathbb{C})$ abzählbar ist, denn es gilt

$$\Gamma = \bigcup_{k \in \mathbb{N}} \Gamma_k. \qquad (14.137)$$

Für eine diskrete Untergruppe von $GL(2,\mathbb{C})$ gilt im allgemeinen nicht mehr, daß die Mengen Γ_k endlich sind, sie ist aber noch immer abzählbar (vergleiche Übungsaufgabe 5). □

14.23 Definition. *M sei eine differenzierbare Mannigfaltigkeit und G eine Gruppe von Diffeomorphismen $g : M \to M$. Man sagt, G operiert diskontinuierlich auf M, falls für jede kompakte Teilmenge K von M*

$$g(K) \cap K = \emptyset \qquad (14.138)$$

für alle $g \in G$ mit Ausnahme höchstens endlich vieler erfüllt ist.

Das Operieren einer Gruppe G auf einer Mannigfaltigkeit M induziert eine Äquivalenzrelation auf M durch

$$p \sim q \iff \exists g \in G : q = g(p). \qquad (14.139)$$

M/G bezeichne wie üblich den Quotientenraum, das heißt, die Menge der Äquivalenzklassen

$$G(p) := \{q \in M \mid \exists g \in G : q = g(p)\} \qquad (14.140)$$

ausgestattet mit der Quotiententopologie, und $\pi : M \to M/G$ sei die kanonische Projektion. π ist stetig und offen, letzteres ist richtig, da für jede offene Teilmenge A von M auch

$$\pi^{-1}(\pi(A)) = \bigcup_{g \in G} g(A) \qquad (14.141)$$

offen ist, da alle $g \in G$ offen sind.

Im allgemeinen vererbt sich die Mannigfaltigkeitsstruktur von M nicht auf ihre so gebildeten Quotientenräume, M/G muß nicht einmal hausdorffsch sein.

14.24 Satz. *Operiert eine Gruppe von Diffeomorphismen diskontinuierlich auf M, dann ist M/G ebenfalls eine differenzierbare Mannigfaltigkeit.*

Beweis (unter den einschränkenden zusätzlichen Voraussetzungen, daß M ein metrischer Raum und die Gruppe G fixpunktfrei ist [14])). Wir zeigen zunächst, daß M/G ein Hausdorff-Raum ist. Dazu seien $p, q \in M$ und $\pi(p) \neq \pi(q)$. Wir wählen $r > 0$ so klein, daß die Mengen

$$K_1 = \{x \in M \mid |x - p| \leq r\} \quad \text{und} \quad K_2 = \{x \in M \mid |x - q| \leq r\} \quad (14.142)$$

in M liegen und definieren für $n \in \mathbb{N}$

$$A_n = \left\{x \in M \mid |x - p| < \frac{r}{n}\right\}$$

sowie
$$B_n = \left\{x \in M \mid |x - q| < \frac{r}{n}\right\}. \quad (14.143)$$

Wir wollen zeigen, daß ein $n \in \mathbb{N}$ existiert mit $\pi(A_n) \cap \pi(B_n) = \emptyset$. Dazu nehmen wir an, für alle $n \in \mathbb{N}$ existiere ein

$$\xi_n \in \pi(A_n) \cap \pi(B_n), \quad (14.144)$$

das heißt, es gilt

$$\xi_n = g_n(a_n) - h_n(b_n) \quad (14.145)$$

mit $(a_n, b_n) \in A_n \times B_n$ und $g_n, h_n \in G$. Daraus folgt

$$a_n = g_n^{-1} \circ h_n(b_n) =: f_n(b_n) \quad (14.146)$$

mit $f_n \in G$. Für $K := K_1 \cup K_2$ kompakt folgt daraus

$$f_n(K) \cap K \neq \emptyset \quad (14.147)$$

für alle n. Da G diskontinuierlich auf M operiert, muß die Menge $\{f_1, f_2, f_3, \ldots\}$ endlich sein, und es muß eine konstante Teilfolge von (f_n) existieren. Das heißt, es gibt ein $f \in G$ mit

$$a_n = f(b_n) \quad \text{für} \quad n \geq n_0. \quad (14.148)$$

[14)] *Fixpunktfrei* bedeutet: $g(p) \neq p$ für alle $g \in G$, $g \neq id$, und für alle $p \in M$. Im übrigen benötigen wir die Aussage von Satz 14.24 auch nur unter diesen einschränkenden Voraussetzungen. Einen Beweis ohne die Voraussetzung, daß G fixpunktfrei ist, findet man in Beardon [16], und do Carmo [37] beweist den Satz für fixpunktfreie Gruppen, die diskontinuierlich auf beliebigen differenzierbaren Mannigfaltigkeiten operieren.

14 Lagrangesche Mechanik und geodätische Flüsse

Für $n \to \infty$ folgt daraus $p = f(q)$ und somit $\pi(p) = \pi(q)$ im Widerspruch zu den Voraussetzungen.

Einen Atlas von M/G konstruieren wir wie folgt: Sei $p \in M$, dann gibt es eine Umgebung U_p von p in M mit den Eigenschaften:

(a) $U_p \subseteq U$ für eine Karte (U, h_p) von M, und
(b) $g(U_p) \cap U_p = \emptyset$ für alle $g \in G$, $g \neq id$.

Das Zweite gilt ohnehin bis auf höchstens endlich viele $g \in G$, und für diese wählt man U_p klein genug. Wir setzen $\pi_p := \pi_{|U_p}$, dann definieren die Karten

$$(\pi(U_p), h_p \circ \pi_p^{-1}), \quad p \in M, \tag{14.149}$$

einen differenzierbaren Atlas auf M/G. Denn, die Kartenwechsel

$$h_q \circ \pi_q^{-1} \circ \pi_p \circ h_p^{-1}, \quad p, q \in M, \tag{14.150}$$

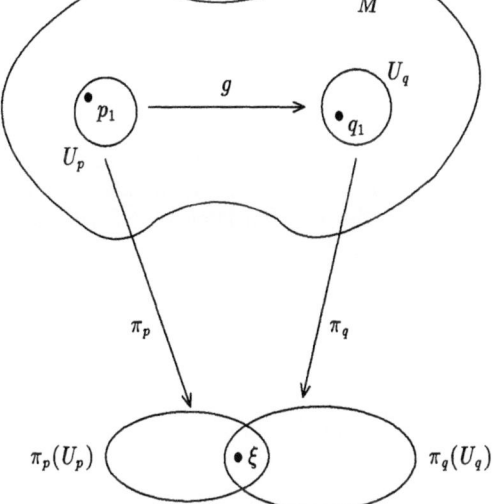

Fig. 14.4: Beweisskizze zu Satz 14.24.

sind genau dann differenzierbar, wenn $\pi_q^{-1} \circ \pi_p$ differenzierbar ist, und letzteres sieht man wie folgt ein: Sei $p_1 \in U_p$, $q_1 \in U_q$ und

$$\xi = \pi_p(p_1) = \pi_q(q_1), \tag{14.151}$$

das heißt,

$$q_1 = \pi_q^{-1} \circ \pi_p(p_1). \tag{14.152}$$

Dann gilt $p_1 \sim q_1$, und somit existiert ein $g \in G$ mit $q_1 = g(p_1)$. Dann gibt es eine Umgebung $U(p_1) \subseteq U_p$ mit $g(U(p_1)) \subseteq U_q$, so daß gilt

$$\pi_p(x) = \pi(x) = \pi_q \circ g(x) \in \pi(U_p) \cap \pi(U_q) \qquad (14.153)$$

für alle $x \in U(p_1)$, vergleiche Fig. 14.4. Wendet man π_q^{-1} auf (14.153) an, so folgt daraus

$$\pi_q^{-1} \circ \pi_p = g \qquad (14.154)$$

auf $U(p_1)$, das heißt aber, $\pi_q^{-1} \circ \pi_p$ ist differenzierbar in p_1. ∎

Bemerkungen. 1. Ist M/G ausgestattet mit dem Atlas aus (14.149), dann ist die Projektion

$$\pi : M \longrightarrow M/G \qquad (14.155)$$

ein lokaler Diffeomorphismus.

2. Eine wichtige Anwendung von Satz 14.24 liefert der flache Torus $\mathbf{T}^2 = \mathbf{R}^2/\mathbf{Z}^2$: Die Gruppe G der Translationen

$$g(x,y) = (x+m, y+n), \quad (m,n) \in \mathbf{Z}^2, \qquad (14.156)$$

operiert offensichtlich diskontinuierlich auf $\mathbf{R}^2$ und definitionsgemäß gilt $\mathbf{R}^2/G = \mathbf{R}^2/\mathbf{Z}^2 = \mathbf{T}^2$. Damit liefert (14.149) (mit $h_p = id$ für alle p!) einen differenzierbaren Atlas auf dem Torus $\mathbf{T}^2$, für den die Projektion π ein lokaler Diffeomorphismus ist (vergleiche auch Übungsaufgabe 3 in Abschnitt 11). □

Wir wollen den letzten Satz anwenden auf (fixpunktfreie) diskrete Untergruppen der Isometriegruppe von $\mathbb{D}$ beziehungsweise $\mathbb{H}$, sie operieren in der Tat diskontinuierlich. Zunächst eine Vorüberlegung: Für

$$A = \begin{pmatrix} a & b \\ c & d \end{pmatrix} \in GL(2,\mathbb{C}) \quad \text{und} \quad T(z) = \frac{az+b}{cz+d} \qquad (14.157)$$

setzt man

$$\|T\| := \frac{\|A\|}{|\det A|^{\frac{1}{2}}}. \qquad (14.158)$$

Für die Isometrien von $\mathbb{D}$ unter ihnen (vergleiche (14.129)) ergibt sich dann folgender Zusammenhang mit der hyperbolischen Metrik auf $\mathbb{D}$:

$$\|T\|^2 = 2\cosh\rho(0, T(0)) \qquad (14.159)$$

(beziehungsweise $\|T\|^2 = 2\cosh\rho(i, T(i))$ für alle Möbius-Transformationen $T \in \mathcal{M}$. Diese Identität erhält man wie folgt:

14 Lagrangesche Mechanik und geodätische Flüsse

Aus (14.127) folgert man zunächst

$$\rho(0,r) = \int_0^r \frac{2}{1-t^2}\,dt = \log\frac{1+r}{1-r} \qquad (14.160)$$

für $0 < r < 1$. Für eine Möbius-Transformation ϕ aus (14.129), welche z auf 0 und w auf r abbildet, folgt daraus [15]

$$\begin{aligned}\frac{|z-w|^2}{(1-|z|^2)(1-|w|^2)} &= \frac{r^2}{1-r^2} \\ &= \sinh^2\left(\frac{1}{2}\rho(0,r)\right) \\ &= \sinh^2\left(\frac{1}{2}\rho(z,w)\right),\end{aligned} \qquad (14.161)$$

und wegen $|a|^2 - |c|^2 = 1$ (vergleiche (14.129)) erhält man aus (14.161) durch schlichtes Einsetzen und Ausrechnen

$$\begin{aligned}|c| &= \sinh\left(\frac{1}{2}\rho(0,\phi(0))\right), \\ |a| &= \cosh\left(\frac{1}{2}\rho(0,\phi(0))\right),\end{aligned} \qquad (14.162)$$

und somit gilt

$$\|\phi\|^2 = 2\cosh\rho(0,\phi(0)) \qquad (14.163)$$

für jede Möbius-Transformation aus (14.129). Beardon [16] beweist die Beziehung $\|T\|^2 = 2\cosh\rho(i,T(i))$ für eine beliebige Möbius-Transformation $T \in \mathcal{M}$, aus der man dann (14.159) durch Konjugation mit der Isometrie $\varphi(z) = \dfrac{z-i}{z+i}$ sogar für beliebiges $T \in \mathcal{M}$ erhält.

Im folgenden bezeichne Γ immer eine Gruppe von Möbius-Transformationen, die auf $\mathbb{D}$ (beziehungsweise $\mathbb{H}$) operiert. Das bedeutet insbesondere, $g(\mathbb{D}) = \mathbb{D}$ für alle $g \in \Gamma$ (kurz: $\Gamma(\mathbb{D}) = \mathbb{D}$), analog für $\mathbb{H}$. Und wie bereits angekündigt, unterscheiden wir nun nicht mehr zwischen Γ und der sie erzeugenden Untergruppe von $GL(2,\mathbb{C})$. Damit gilt folgende Äquivalenz:

14.25 Satz. *Eine Untergruppe Γ von $SL(2,\mathbb{C})$ ist genau dann diskret, wenn sie auf $\mathbb{D}$ (beziehungsweise $\mathbb{H}$) diskontinuierlich operiert.*

---

[15] Wir verwenden die Beziehung: $\dfrac{|\phi(z)-\phi(w)|^2}{(1-|\phi(z)|^2)(1-|\phi(w)|^2)} = \dfrac{|z-w|^2}{(1-|z|^2)(1-|w|^2)}$, sie ist gültig für alle Möbius-Transformationen ϕ, welche $\mathbb{D}$ invariant lassen (vergleiche [16], S. 39).

Beweis. Zunächst nehmen wir an, daß Γ diskret ist. Dann folgt aus Lemma 14.22 zum einen, daß Γ abzählbar ist, das heißt,

$$\Gamma = \{g_1, g_2, g_3, \ldots\} \tag{14.164}$$

und zum anderen

$$\|g_n\| \longrightarrow \infty \quad \text{für} \quad n \to \infty. \tag{14.165}$$

Nach unseren Vorüberlegungen bedeutet dies

$$\rho(0, g_n(0)) \longrightarrow \infty \quad (\text{beziehungsweise } \rho(i, g_n(i)) \to \infty \text{ auf } \mathbb{H}). \tag{14.166}$$

Ist $K \subset \mathbb{D}$ kompakt, dann existiert ein $r > 0$, so daß gilt

$$K \subset B_r = \{z \in \mathbb{D} \mid \rho(0, z) < r\}, \tag{14.167}$$

und aus $g(K) \cap K \neq \emptyset$ folgt $g(B_r) \cap B_r \neq \emptyset$ und somit

$$\rho(0, g(0)) < 2r. \tag{14.168}$$

Wegen (14.166) geht das nur für endlich viele $g_n \in \Gamma$ und das heißt, Γ operiert diskontinuierlich auf $\mathbb{D}$ (für $\mathbb{H}$ analog).

Umgekehrt operiere Γ diskontinuierlich auf $\mathbb{D}$ (beziehungsweise $\mathbb{H}$). Angenommen, Γ ist nicht diskret, dann gibt es eine Folge (A_n) paarweise verschiedener Matrizen in $SL(2, \mathbb{C})$, die eine Folge $(g_n) \subset \Gamma$ mit $g_n \neq g_m$ für $n \neq m$ erzeugt und für die gilt

$$A_n \longrightarrow I \quad \text{für} \quad n \to \infty, \tag{14.169}$$

vergleiche (14.135). Daraus folgt

$$g_n(z) \longrightarrow z \quad \text{für alle} \quad z \in \mathbb{D}, \tag{14.170}$$

und das bedeutet, daß die Menge

$$K := \{z, g_1(z), g_2(z), \ldots\} \tag{14.171}$$

kompakt ist und daß

$$g_n(K) \cap K \neq \emptyset \tag{14.172}$$

für alle $n \in \mathbb{N}$ gilt. Also operiert Γ nicht diskontinuierlich auf $\mathbb{D}$ (beziehungsweise $\mathbb{H}$). ∎

Bemerkung. Eine Analyse des letzten Beweises zeigt sogar, daß Γ diskret ist, falls Γ auf irgendeiner nicht-leeren offenen Teilmenge von $\overline{\mathbb{C}} = \mathbb{C} \cup \{\infty\}$ diskontinuierlich operiert. Das Umgekehrte gilt allerdings nicht. Die sogenannte *Picard-Gruppe* Γ von

14 Lagrangesche Mechanik und geodätische Flüsse

Möbius-Transformationen $g \in SL(2,\mathbb{C})$, für die a, b, c und d von der Form $m + in$ mit $m, n \in \mathbb{Z}$ sind, ist offensichtlich diskret. Aber die parabolischen Fixpunkte von Γ (das sind die Fixpunkte der parabolischen Elemente $g \in \Gamma$) liegen dicht in $\overline{\mathbb{C}}$, und wenn eine offene Menge $D \subseteq \overline{\mathbb{C}}$ einen Fixpunkt eines parabolischen Elementes $g \in \Gamma$ enthält, dann agiert Γ nicht diskontinuierlich auf D (vergleiche Beardon [16], Lemma 5.3.3). □

Aus den Sätzen 14.24 und 14.25 erhalten wir nun folgende zentrale Aussage: Ist Γ eine diskrete, fixpunktfreie Untergruppe von $SL(2,\mathbb{C})$, die auf $\mathbb{D}$ (beziehungsweise $\mathbb{H}$) operiert, dann ist der Quotientenraum $\mathbb{D}/\Gamma$ (beziehungsweise $\mathbb{H}/\Gamma$) eine differenzierbare Mannigfaltigkeit. Dieses Resultat läßt sich verbessern (vergleiche Beardon [16], Theorem 6.2.1), wenn man anstelle der Karten (14.149) einen Atlas $\{(\pi(U_w), \phi_w), w \in \mathbb{D}\}$ konstruiert [16], für den jedes ϕ_w ein Homöomorphismus

$$\phi_w : \pi(U_w) \longrightarrow \{z \in \mathbb{C} \mid |z| < 1\} \qquad (14.173)$$

ist und dessen Kartenwechsel $\phi_w \circ \phi_v^{-1}$ analytisch sind. Die Analytizität ergibt sich unmittelbar aus dem Beweis von Satz 14.24, da die Abbildungen $\pi_v \circ \pi_w^{-1}$ bereits analytisch sind.

Besitzt ein zusammenhängender Hausdorff-Raum $\mathcal{R}$ einen Atlas $\mathcal{A} = \{(U_i, \phi_i) \mid i \in I\}$, für den jedes ϕ_i ein Homöomorphismus ist von U_i auf eine offene Teilmenge von $\mathbb{C}$ und dessen Kartenwechsel $\phi_i \circ \phi_j^{-1}$ analytisch sind, dann nennt man $\mathcal{R}$ eine *Riemannsche Fläche* [17]. Damit können wir unsere letzten Resultate wie folgt zusammenfassen:

14.26 Satz. *Ist Γ eines diskrete, fixpunktfreie Untergruppe von $SL(2,\mathbb{C})$, dann ist $\mathbb{D}/\Gamma$ (beziehungsweise $\mathbb{H}/\Gamma$) eine Riemannsche Fläche.*

Bemerkungen. 1. Die Aussage gilt allgemeiner: Ist $D \subseteq \overline{\mathbb{C}}$ ein Gebiet und $\Gamma \subseteq GL(2,\mathbb{C})$ eine Untergruppe, die D invariant läßt (das heißt, $\Gamma(D) = D$) und diskontinuierlich auf D operiert, dann ist D/Γ eine Riemannsche Fläche (vergleiche Beardon [16], Theorem 6.2.1).

2. Aus (14.129) ergibt sich die Gültigkeit von Satz 14.26 insbesondere für alle diskreten, fixpunktfreien Untergruppen der Isometriegruppe von $(\mathbb{D}, \rho)$, und für diskrete, fixpunktfreie Untergruppen der Isometriegruppe von $(\mathbb{H}, \rho)$ folgt das analoge Resultat durch Konjugation beziehungsweise aus Satz 14.19 und Bemerkung 1. □

Nach dem Riemannschen Abbildungssatz (für Riemannsche Flächen, siehe Ahlfors [2]) ist jede einfach zusammenhängende Fläche konform äquivalent zu einer der drei

---

[16] Für $w \in \mathbb{D}$ wählt man $\phi_w = \sigma_w \circ \pi_w^{-1}$, dabei bezeichnet σ_w diejenige Möbius-Transformation, die w auf 0 und U_w auf die offene Einheitskreisscheibe abbildet, und die Umgebungen U_w werden genauso ausgewählt wie in Satz 14.24.

[17] $\mathcal{R}$ ist 2-dimensional.

Standard-(Riemannschen)Flächen (ausgestattet mit trivialen Atlanten)

$$\mathbb{D} \text{ (bzw. } \mathbb{H}\text{)}, \quad \mathbb{C}, \quad \overline{\mathbb{C}} = \mathbb{C} \cup \{\infty\}, \tag{14.174}$$

hierbei nennen wir zwei Riemannsche Flächen $\mathcal{R}_1$ und $\mathcal{R}_2$ *konform äquivalent*, falls eine analytische Bijektion f von $\mathcal{R}_1$ auf $\mathcal{R}_2$ existiert (dann ist auch f^{-1} analytisch, und man nennt die Abbildung f *biholomorph*). Dies erlaubt es uns, die Aussage von Satz 14.26 umzukehren (wir tun dies ohne Beweis): Ist irgendeine Riemannsche Fläche $\mathcal{R}$ gegeben, dann kann man eine einfach zusammenhängende Riemannsche Fläche $\hat{\mathcal{R}}$, eine Überlagerungsfläche von $\mathcal{R}$ im Sinne von Definition 13.32, und eine Überlagerungsabbildung $\pi : \hat{\mathcal{R}} \to \mathcal{R}$ konstruieren mit folgenden Eigenschaften:

(a) Jeder Punkt $z \in \hat{\mathcal{R}}$ besitzt eine Umgebung $\hat{U}$ derart, daß π eingeschränkt auf $\hat{U}$ ein Homöomorphismus auf eine offene Teilmenge von $\mathcal{R}$ ist.

(b) Zu jeder Kurve $\gamma : [0,1] \to \mathcal{R}$ und zu jedem $\hat{z} \in \hat{\mathcal{R}}$ mit $\pi(\hat{z}) = \gamma(0)$ gibt es eine eindeutig bestimmte Kurve $\hat{\gamma} : [0,1] \to \hat{\mathcal{R}}$ mit

$$\pi \circ \hat{\gamma} = \gamma \quad \text{und} \quad \hat{\gamma}(0) = \hat{z} \tag{14.175}$$

(man nennt $\hat{\gamma}$ einen *Lift* von γ).

Aufgrund des Riemannschen Abbildungssatzes kann man annehmen, daß $\hat{\mathcal{R}}$ eine der Standard-Flächen aus (14.174) ist, und man kann zeigen, daß eine Gruppe $\Gamma \subseteq GL(2,\mathbb{C})$ von Möbius-Transformationen mit $\Gamma(\hat{\mathcal{R}}) = \hat{\mathcal{R}}$ existiert, welche diskontinuierlich auf $\hat{\mathcal{R}}$ operiert, so daß $\mathcal{R}$ konform äquivalent ist zu $\hat{\mathcal{R}}/\Gamma$. Ist die Riemannsche Fläche $\mathcal{R}$ (orientierbar und) kompakt, dann entscheidet ihr *Geschlecht g* [18], in welchen Fällen $\mathcal{R}$ konform äquivalent ist zu $\mathbb{D}/\Gamma$. Es gilt:

(a) $\hat{\mathcal{R}} = \overline{\mathbb{C}}$, falls $g = 0$,
(b) $\hat{\mathcal{R}} = \mathbb{C}$, falls $g = 1$, und
(c) $\hat{\mathcal{R}} = \mathbb{D}$ (bzw. $\mathbb{H}$), falls $g \geq 2$.

Das heißt, jede kompakte Riemannsche Fläche mit dem Geschlecht $g \geq 2$ ist konform äquivalent zu einem sogenannten kompakten Faktor $\mathbb{D}/\Gamma$ (beziehungsweise $\mathbb{H}/\Gamma$). Dies zeigt die Bedeutung von Gruppen von Möbius-Transformationen, die diskontinuierlich auf $\mathbb{D}$ (beziehungsweise $\mathbb{H}$) operieren.

14.27 Definition. *Man nennt eine Riemannsche Fläche hyperbolisch, wenn sie vom Typ $\mathbb{D}/\Gamma$ ist.*

---

[18] Aus der algebraischen Topologie ist bekannt, daß jede kompakte, orientierbare 2-dimensionale Fläche diffeomorph ist zu einer Kugel mit $n \geq 0$ Henkeln (mit anderen Worten, zu einem Torus mit n Löchern). Die ganze Zahl n ist dann das *Geschlecht g* der Fläche (siehe auch Anhang A.4.3).

14 Lagrangesche Mechanik und geodätische Flüsse

Man kann zeigen, daß $\mathbb{D}/\Gamma$ genau dann kompakt ist, wenn Γ keine parabolischen Elemente enthält. Zur Erinnerung: Parabolische Möbius-Transformationen besitzen genau einen Fixpunkt in ∞ oder auf der reellen Achse, aber keinen Fixpunkt (und keine invariante Geodätische) in $\mathbb{H}$.

Wie bereits angekündigt, interessieren wir uns für die Dynamik geodätischer Flüsse auf kompakten hyperbolischen Flächen. Dazu verschaffen wir uns zunächst noch ein einfaches Modell von $\mathbb{D}/\Gamma$ in Gestalt eines anschaulichen Vertretersystems.

14.28 Definition. *$\Gamma \subset GL(2,\mathbb{C})$ sei eine Gruppe von Möbius-Transformationen, die diskontinuierlich auf $\mathbb{D}$ operiert. Man bezeichnet eine solche Gruppe als* Fuchssche Gruppe *auf $\mathbb{D}$.*

(a) *Jedes Repräsentantensystem von $\mathbb{D}/\Gamma$ bezeichnet man als eine* Fundamentalmenge *für Γ. Das heißt, eine Teilmenge $F \subseteq \mathbb{D}$, die genau ein Element aus jedem Orbit von Γ enthält* [19]*, ist eine Fundamentalmenge für Γ.*

(b) *Ein Gebiet $D \subseteq \mathbb{D}$ heißt* Fundamentalbereich *für Γ, falls gilt:*
  (i) *Es existiert eine Fundamentalmenge F mit $D \subseteq F \subseteq \widetilde{D}$ ($\widetilde{D} = \overline{D} \cap \mathbb{D}$ bezeichnet den Abschluß von D in $\mathbb{D}$).*
  (ii) *$h\text{-}vol\,(\partial \widetilde{D}) = 0$.*

Hier bezeichnet man für $E \subseteq \mathbb{D}$

$$h\text{-}vol\,(E) := \iint_E \left[\frac{2}{1-|z|^2}\right]^2 dxdy \tag{14.176}$$

als das *hyperbolische Volumen* von E, vergleiche (14.127). Ist D ein Fundamentalbereich, dann gilt für alle $g \in \Gamma$, $g \neq id$, offenbar:

$$\text{(i)}\ g(D) \cap D = \emptyset, \qquad \text{(ii)}\ \bigcup_{g \in \Gamma} g(\widetilde{D}) = \mathbb{D}. \tag{14.177}$$

(i) besagt, daß D keine äquivalenten Punkte enthält, das heißt, daß die Äquivalenzklassen im Inneren von $\widetilde{D}$ nur aus einem Punkt bestehen, und (ii) bedeutet, daß $\widetilde{D}$ und seine Bilder die Poincaré-Scheibe mosaikartig auspflastern.

Die Gruppe Γ induziert die kanonische Projektion $\pi: \mathbb{D} \to \mathbb{D}/\Gamma$, von der wir wissen, daß sie stetig und offen ist. Auf $\widetilde{D}$ identifizieren wir ebenfalls äquivalente Punkte (notwendigerweise geht das nur auf dem Rand $\partial \widetilde{D}$) und erhalten den Quotientenraum $\widetilde{D}/\Gamma$, den wir ebenfalls mit der Quotiententopologie ausstatten, und $\widetilde{\pi}: \widetilde{D} \to \widetilde{D}/\Gamma$ sei die zugehörige kanonische Projektion. Welcher Zusammenhang besteht zwischen $\mathbb{D}/\Gamma$ und $\widetilde{D}/\Gamma$?

---

[19] Für $z \in \mathbb{D}$ bezeichnet man die Menge $G(z) = \{g(z) \in \mathbb{D} \mid g \in \Gamma\}$ in unserem derzeitigen Kontext auch als den *Orbit* von z und $\Gamma_z = \{g \in \Gamma \mid g(z) = z\}$ als den *Stabilisator* von z.

Die Elemente von $\mathbb{D}/\Gamma$ sind die Orbits $G(z)$, $z \in \mathbb{D}$, und das bedeutet, die Elemente von $\widetilde{D}/\Gamma$ sind die Mengen $\widetilde{D} \cap G(z)$. $\alpha : \widetilde{D} \to \mathbb{D}$ bezeichne die Inklusionsabbildung (das heißt, $\alpha = id_{|\widetilde{D}}$). Wir konstruieren nun eine Abbildung

$$\phi : \widetilde{D}/\Gamma \longrightarrow \mathbb{D}/\Gamma \qquad (14.178)$$

durch die Vorschrift

$$\phi : \widetilde{D} \cap G(z) \longmapsto G(z). \qquad (14.179)$$

Diese Konstruktion ist sinnvoll wegen $\widetilde{D} \cap G(z) \neq \emptyset$ für $z \in \widetilde{D}$, und weil auf $\widetilde{D}$ gilt:

also:
$$\phi \circ \widetilde{\pi} = \pi \circ \alpha, \qquad (14.180)$$

$$\begin{array}{ccc} \widetilde{D} & \xrightarrow{\alpha} & \mathbb{D} \\ \widetilde{\pi} \downarrow & & \downarrow \pi \\ \widetilde{D}/\Gamma & \xrightarrow{\phi} & \mathbb{D}/\Gamma \end{array} \qquad (14.181)$$

In diesem Diagramm ist ϕ offenbar surjektiv, die Stetigkeit von ϕ erhält man wie folgt: Ist A eine offene Teilmenge von $\mathbb{D}/\Gamma$, so folgt aus (14.180)

$$\widetilde{\pi}^{-1}(\phi^{-1}(A)) = \widetilde{D} \cap \pi^{-1}(A), \qquad (14.182)$$

und diese Menge ist offen in $\widetilde{D}$, da π stetig ist. Für jede Menge B ist $\widetilde{\pi}^{-1}(B)$ genau dann offen in $\widetilde{D}$, wenn B offen ist in $\widetilde{D}/\Gamma$: also ist $\phi^{-1}(A)$ offen in $\widetilde{D}/\Gamma$, und ϕ ist stetig. Wir definieren nun eine Eigenschaft, die garantiert, daß ϕ ein Homöomorphismus ist und folglich $\mathbb{D}/\Gamma$ und $\widetilde{D}/\Gamma$ topologisch äquivalent sind.

14.29 Definition. *Ein Fundamentalbereich D für eine Fuchssche Gruppe Γ auf $\mathbb{D}$ heißt* lokal endlich, *wenn für jede kompakte Teilmenge $K \subset \mathbb{D}$ gilt: $g(\widetilde{D}) \cap K \neq \emptyset$ für höchstens endlich viele $g \in \Gamma$.*

Es gilt der Satz:

14.30 Satz. *D ist genau dann lokal endlich, wenn ϕ ein Homöomorphismus von $\widetilde{D}/\Gamma$ auf $\mathbb{D}/\Gamma$ ist.*

Beweis. Vergleiche Beardon [16], Theorem 9.2.4. ∎

Wichtige Fundamentalbereiche sind *konvexe Polygone*, das heißt, konvexe Teilmengen von $\mathbb{D}$, die durch zusammenhängende geschlossene *Streckenzüge* in $\mathbb{D}$ begrenzt werden. Die *Geraden* (oder *Strecken*) in $\mathbb{D}$ sind die Geodätischen, und *konvex* nennt man eine Teilmenge $E \subseteq \mathbb{D}$ (beziehungsweise $\mathbb{H}$), falls für je zwei Punkte z und w aus E auch ihre Verbindungslinie $[z, w]$ (ein geodätisches Segment) in E enthalten

14 Lagrangesche Mechanik und geodätische Flüsse

ist. Ein Beispiel eines solchen konvexen Polygons zeigt Fig. 14.5. Die Geodätischen in $\mathbb{D}$ sind alle Geraden durch das Zentrum 0 und sämtliche „Halbkreis"-Bögen, die senkrecht stehen auf dem Einheitskreis (vergleiche Fig. 14.5). Dies ergibt sich aus Satz 14.18 und aus der Tatsache, daß die Isometrie $\varphi : z \mapsto \frac{z-i}{z+i}$, welche $\mathbb{H}$ auf $\mathbb{D}$ abbildet, als konforme Abbildung gerade Linien und Kreise auf ebensolche abbildet und außerdem Winkel erhält. Es ist anschaulich klar, daß durch je zwei Punkte aus $\mathbb{D}$ (wie in $\mathbb{H}$) genau eine Geodätische verläuft, und daß jede Geodätische in $\mathbb{D}$ genau zwei Endpunkte auf S^1 besitzt. Unter einem *geodätischen Segment* $[z, w]$ verstehen wir die abgeschlossene Verbindungslinie zweier verschiedener Punkte $z, w \in \mathbb{D}$ (auf der Geodätischen durch z und w).

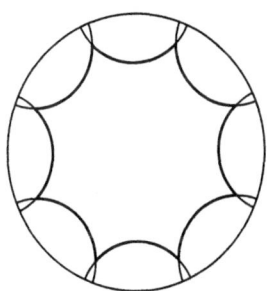

Fig. 14.5: Das hyperbolische Oktogon: ein konvexer Fundamentalbereich.

14.31 Definition. *Γ sei eine Fuchssche Gruppe auf $\mathbb{D}$. Dann nennt man $P \subseteq \mathbb{D}$ ein konvexes Fundamentalpolygon für Γ, falls P ein konvexer, lokal endlicher Fundamentalbereich für Γ ist.*

Achtung, die Definition sagt nicht, daß P durch einen (hyperbolischen) Polygonzug begrenzt wird, die polygonale Gestalt ist vielmehr eine Konsequenz aus der Konvexität und der lokalen Endlichkeit von P. Wir geben nun eine bereits von Dirichlet im Jahr 1850 benutzte Konstruktion eines konvexen Fundamentalpolygons an, die damit gleichzeitig die Existenz von Fundamentalbereichen für Fuchssche Untergruppen der Isometriegruppe von $\mathbb{D}$ beweist. Sei also Γ eine Fuchssche Gruppe von Isometrien von $\mathbb{D}$ und sei $z_0 \in \mathbb{D}$ kein Fixpunkt von Γ. Dann definieren wir für jedes $g \in \Gamma$, $g \neq id$, die Mengen

$$L_g(z_0) = \{z \in \mathbb{D} \mid \rho(z, z_0) = \rho(z, g(z_0))\} \tag{14.183}$$

und

$$\begin{aligned} H_g(z_0) &= \{z \in \mathbb{D} \mid \rho(z, z_0) < \rho(z, g(z_0))\} \\ &= \{z \in \mathbb{D} \mid \rho(z, z_0) < \rho(g^{-1}(z), z_0)\}. \end{aligned} \tag{14.184}$$

$L_g(z_0)$ ist eine Geodätische (Beweis: Übungsaufgabe 6), die den Punkt z_0 nicht enthält, und $H_g(z_0)$ ist eine konvexe „Halbkreisscheibe", die z_0 enthält und durch $L_g(z_0)$ berandet wird. $L_g(z_0)$ ist der gemeinsame Rand von $H_g(z_0)$ und $H_{g^{-1}}(g(z_0))$, vergleiche Fig. 14.6.

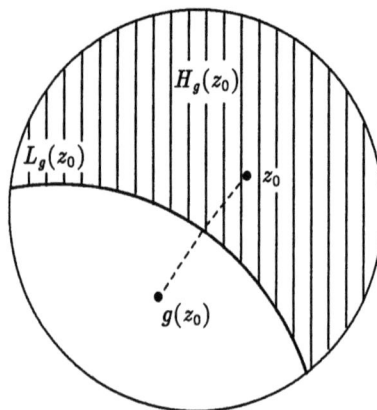

Fig. 14.6: Zur Definition des Dirichlet-Polygons.

14.32 Definition. *Unter den oben gemachten Annahmen nennt man die Menge*

$$\mathcal{D}_{z_0} := \bigcap_{\substack{g \in \Gamma, \\ g \neq id}} H_g(z_0) \qquad (14.185)$$

das Dirichlet-Polygon von Γ mit dem Zentrum z_0. [20]

14.33 Satz. *Ist Γ eine Fuchssche Gruppe von Isometrien von $\mathbb{D}$, und z_0 kein Fixpunkt von Γ, dann gilt: Das Dirichlet-Polygon ist ein konvexes Fundamentalpolygon für Γ, mit anderen Worten, Γ besitzt einen konvexen, lokal endlichen Fundamentalbereich.*

Beweis. Da jede Menge $H_g(z_0)$ konvex ist und z_0 enthält, ist auch $\mathcal{D}_{z_0}$ konvex und nicht-leer. Ist $h \in \Gamma$ so folgt aus (14.184)

$$h(H_g(z_0)) = H_{hogoh^{-1}}(h(z_0)). \qquad (14.186)$$

Daraus folgt

$$\begin{aligned} h(\mathcal{D}_{z_0}) &= \bigcap_{\substack{g \in \Gamma, \\ g \neq id}} H_{hogoh^{-1}}(h(z_0)) \\ &= \bigcap_{\substack{g \in \Gamma, \\ g \neq id}} H_g(h(z_0)) = \mathcal{D}_{h(z_0)}, \end{aligned} \qquad (14.187)$$

Zur Vereinfachung nehmen wir $\widetilde{\mathcal{D}}_{z_0} = \overline{\mathcal{D}}_{z_0}$ an, damit ist $\widetilde{\mathcal{D}}_{z_0}$ wie in Fig. 14.5 eine kompakte Teilmenge von $\mathbb{D}$. [21]

Für $g \neq id$ gilt $\mathcal{D}_{z_0} \cap \mathcal{D}_{g(z_0)} = \emptyset$, und da Γ diskontinuierlich auf $\mathbb{D}$ operiert, folgt $\Gamma = \{g_1, g_2, g_3, \ldots\}$, und es gibt höchstens endlich viele $g \in \Gamma$ mit

$$\widetilde{\mathcal{D}}_{z_0} \cap \widetilde{\mathcal{D}}_{g(z_0)} = \widetilde{\mathcal{D}}_{z_0} \cap g(\widetilde{\mathcal{D}}_{z_0}) \neq \emptyset, \qquad (14.188)$$

denn

$$\widetilde{\mathcal{D}}_{z_0} = \{z \in \mathbb{D} \mid \rho(z, z_0) \leq \rho(z, g(z_0)) \text{ für alle } g \in \Gamma\} \qquad (14.189)$$

---

[20] Fig. 14.5 zeigt ein Dirichlet-Polygon: es ist lokal isometrisch zu $\mathbb{H}$ und homöomorph zu einer Kugel mit zwei Henkeln, einer Brezel.

[21] Für die anschließenden Anwendungen dieses Satzes bedeutet dies keine Einschränkung. Ohne diese zusätzliche Voraussetzung liest man den Beweis, daß $\mathcal{D}_{z_0}$ ein Fundamentalbereich und lokal endlich ist, in Beardon [16] nach.

14 Lagrangesche Mechanik und geodätische Flüsse

ist kompakt. Ist g_k eine von diesen endlich vielen Isometrien, dann gilt

$$\tilde{\mathcal{D}}_{z_0} \cap \tilde{\mathcal{D}}_{g_k(z_0)} = \{z \mid \rho(z, z_0) = \rho(z, g_k(z_0))\}, \tag{14.190}$$

das heißt, dieser Durchschnitt besteht nur aus Punkten, die (hyperbolisch) gleichweit von z_0 und $g_k(z_0)$ entfernt sind, und diese bilden eine Geodätische in $\mathbb{D}$ wie $L_g(z_0)$ in Fig. 14.6. Also ist $\mathcal{D}_{z_0}$ ein Polygon, welches durch endlich viele Seiten berandet wird, und seine Bilder unter den Abbildungen $g \in \Gamma$ pflastern die Poincaré-Scheibe $\mathbb{D}$. ∎

Für eine diskrete Gruppe Γ fixpunktfreier Isometrien auf $\mathbb{D}$ und beliebiges $z_0 \in \mathbb{D}$ ist $\tilde{\mathcal{D}}_{z_0}/\Gamma$ nach Satz 14.30 homöomorph zu $\mathbb{D}/\Gamma$ und damit (topologisch) unabhängig von z_0 und homöomorph zu einer hyperbolischen Fläche. Das Dirichlet-Polygon

$$D := \mathcal{D}_{z_0} \subseteq \mathbb{D} \tag{14.191}$$

ist damit ein sehr anschauliches Modell des Quotientenraumes (beziehungsweise der hyperbolischen Fläche) $\mathbb{D}/\Gamma$, denn D enthält keine äquivalenten Punkte, das heißt, die Äquivalenzklassen im Inneren von D bestehen nur aus einem Punkt, und die Seiten von D sind geodätische (konvexe) Segmente, die paarweise durch seitenpaarende Isometrien aus Γ identifiziert werden, welche ihrerseits die gesamte Gruppe Γ erzeugen [22]. Aus den Eigenschaften (stetig und offen) der Projektion $\tilde{\pi}: \tilde{D} \to \tilde{D}/\Gamma$ folgt, daß $\tilde{D}/\Gamma$ – und damit auch $\mathbb{D}/\Gamma$ – genau dann kompakt ist, wenn $\tilde{D}$ wie im Fall des Oktogons von Fig. 14.5 kompakt ist in $\mathbb{D}$.

Weiter oben (in Bemerkung 2 zu Satz 14.24) hatten wir festgestellt, daß der flache Torus $\mathbf{T}^2$ der Quotientenraum einer diskontinuierlich auf $\mathbb{R}^2$ operierenden Gruppe von Translationen ist. Seine Geodätischen sind die Projektionen der Geraden des $\mathbb{R}^2$ auf $\mathbf{T}^2$, und der geodätische Fluß auf $S\mathbf{T}^2$ wird auf einen linearen Fluß in $\mathbf{T}^2$ projiziert, dessen Orbits selbstverständlich die Geodätischen von $\mathbf{T}^2$ sind. In Abhängigkeit von der notwendigerweise konstanten Geschwindigkeit v des geodätischen Flusses (vergleiche (14.92)) sind die Projektionen seiner Orbits entweder dicht in $\mathbf{T}^2$ oder periodisch, das heißt, geschlossen. Der Phasenraum $S\mathbf{T}^2$ des geodätischen Flusses zerfällt in invariante Tori $\mathbf{T}^2 \times \{v\}$, auf denen der Fluß linear ist. Im Unterschied dazu ist die Dynamik des geodätischen Flusses auf kompakten hyperbolischen Flächen $\mathcal{R} = \mathbb{D}/\Gamma$ (beziehungsweise $\mathbb{H}/\Gamma$), für die $\mathbb{D}$ (beziehungsweise $\mathbb{H}$) durch eine diskrete, fixpunktfreie Untergruppe Γ von $SL(2, \mathbb{C})$ (beziehungsweise von $GL_+(2, \mathbb{R})$) faktorisiert wird, ungleich komplizierter und vergleichbar mit der chaotischen Dynamik der Winkelverdopplung auf dem Einheitskreis beziehungsweise hyperbolischer Automorphismen auf dem Torus. Kompakte Flächen vom Typ $\mathbb{D}/\Gamma$ (beziehungsweise $\mathbb{H}/\Gamma$, oben bereits als *kompakte Faktoren* der hyperbolischen Ebene bezeich-

---

[22] Ein geodätisches Segment der Form $\tilde{D} \cap g(\tilde{D})$ mit positiver Länge nennt man eine *Seite* von D, und man kann zeigen, daß die Elemente der Menge $\Gamma^* = \{g \in \Gamma \mid \tilde{D} \cap g(\tilde{D})$ ist eine Seite$\}$ die Gruppe Γ erzeugen und die Seiten von D paarweise aufeinander abbilden. Man nennt deshalb die Elemente von Γ^* *seitenpaarend*.

net) haben konstante *negative Gaußsche Krümmung* [23] (vergleiche Anhang A.4), vergleichbar komplizierte dynamische Eigenschaften haben geodätische Flüsse auf allen Riemannschen Mannigfaltigkeiten mit negativer *sektionaler Krümmung*. Ein Beispiel für eine Fläche mit konstanter negativer Gaußscher Krümmung (gleich -1) ist die *Pseudosphäre* von Fig. 14.7. Im Gegensatz zu kompakten Faktoren der hyperbolischen Ebene (die bekanntlich diffeomorph sind zu Brezelflächen) ist sie allerdings isometrisch einbettbar in den $\mathbb{R}^3$.

Analog zu diskreten dynamischen Systemen werden wir einen Fluß chaotisch nennen, wenn er topologisch transitiv ist und wenn seine periodischen Orbits dicht sind im Phasenraum und wenn er ein ergodisches invariantes Maß besitzt mit mindestens einem positiven Lyapunov-Exponenten (vergleiche dazu Definition 15.45). Wir wollen nun die beiden ersten Eigenschaften für geodätische Flüsse auf kompakten hyperbolischen Flächen $\mathcal{R} = \mathbb{D}/\Gamma$ beweisen. Den Nachweis der Existenz eines invarianten ergodischen Maßes für den geodätischen Fluß auf $\mathbb{D}/\Gamma$ verschieben wir auf den folgenden Abschnitt (Satz 15.40), da erst dort die notwendigen Kenntnisse über ergodische Flüsse erarbeitet werden.

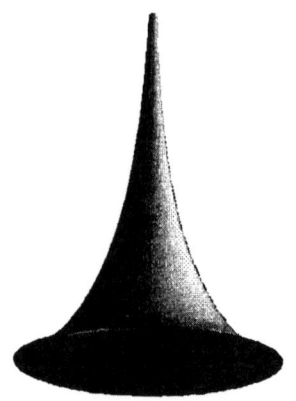

Fig. 14.7: Die Pseudosphäre entsteht durch Rotation der Kurve
$y = ln\frac{1+\sqrt{1-x^2}}{x} - \sqrt{1-x^2}$,
$0 < x \leq 1$, um die y-Achse.

Falls eine Möbius-Transformation $T \neq id$ eine Geodätische als Invariante ($=$ invariante Menge) besitzt, so ist diese eindeutig bestimmt und wird, wie bereits gesagt, als ihre *Achse* bezeichnet.

14.34 Satz. *Sei Γ eine diskrete Gruppe fixpunktfreier Isometrien auf $\mathbb{D}$, dann gilt:*
(a) *Die Projektionen der Achsen von $\mathbb{D}$ sind geschlossene Geodätische von $\mathbb{D}/\Gamma$.*
(b) *Ist $\mathbb{D}/\Gamma$ kompakt, dann gilt auch die Umkehrung von (a), das heißt, die Projektionen der Achsen von $\mathbb{D}$ sind genau die geschlossenen Geodätischen von $\mathbb{D}/\Gamma$.*

---

[23] Für beliebige kompakte, orientierbare Flächen (das heißt, kompakte, orientierbare 2-dimensionale Mannigfaltigkeiten) gelten die Aussagen:
  (a) Jede kompakte, orientierbare Fläche vom Geschlecht $g \geq 2$ besitzt eine Metrik von konstanter negativer Krümmung.
  (b) Jede kompakte, orientierbare Fläche mit einer Metrik von konstanter negativer Krümmung ist isometrisch zu einem Faktor $\mathbb{D}/\Gamma$ einer diskreten Gruppe Γ von Isometrien von $\mathbb{D}$.
  Der Beweis von (a) ist Standard in jedem Buch über Riemannsche Geometrie, (b) folgt aus *Koebes Regularisierungstheorem*, das man in fortgeschrittener Literatur zur Theorie der Riemannschen Flächen finden kann.

14 Lagrangesche Mechanik und geodätische Flüsse

Bemerkung. Die geschlossenen Geodätischen von $\mathbb{D}/\Gamma$ wiederum sind definitionsgemäß die Projektionen (von $S(\mathbb{D}/\Gamma)$ auf $\mathbb{D}/\Gamma$) der periodischen Orbits des geodätischen Flusses (von $\mathbb{D}/\Gamma$) auf $\mathbb{D}/\Gamma$. □

Sobald wir von Geodätischen auf dem Quotientenraum $\mathbb{D}/\Gamma$ sprechen, beziehen wir uns notwendigerweise auf eine Riemannsche Metrik. Ihre Existenz ergibt sich aus dem folgenden Hilfssatz.

14.35 Lemma. *Unter den Voraussetzungen von Satz 14.34 existiert auf $\mathbb{D}/\Gamma$ eine Riemannsche Metrik, bezüglich der die kanonische Projektion $\pi : \mathbb{D} \to \mathbb{D}/\Gamma$ eine lokal isometrische Überlagerungsabbildung ist.*

Beweis. Wir schreiben wieder $\mathcal{R} = \mathbb{D}/\Gamma$. Zunächst verschaffen wir uns eine Riemannsche Metrik auf $\mathcal{R}$, und zwar durch

$$< u, v >_{\pi(z)} := < (D_z\pi)^{-1}(u), (D_z\pi)^{-1}(v) >_z \tag{14.192}$$

für $u, v \in T_{\pi(z)}\mathcal{R}$ und $z \in \mathbb{D}$ beliebig. Nach Satz 14.24 (vergleiche die daran anschließende Bemerkung) ist π ein lokaler Diffeomorphismus. Für jedes $z \in \mathbb{D}$ existiert somit eine offene Umgebung U von z, für die

$$D_z\pi : T_z U \longrightarrow T_{\pi(z)}\pi(U) = T_{\pi(z)}\mathcal{R} \tag{14.193}$$

ein Isomorphismus ist. Also ist das Skalarprodukt auf der rechten Seite von (14.192) für jedes $z \in \mathbb{D}$ sinnvoll definiert. Es bleibt jedoch zu zeigen, daß die Definition unabhängig ist von z. Dazu sei $z' \in \pi(z)$ mit $z' \neq z$. Dann gibt es eine Isometrie $g \in \Gamma$ mit $z' = g(z)$ und $\pi \circ g = \pi$. Daraus folgt

$$D_z\pi = D_z\pi \circ g = D_{z'}\pi \circ D_z g \tag{14.194}$$

und somit

$$(D_{z'}\pi)^{-1} = D_z g \circ (D_z\pi)^{-1} \tag{14.195}$$

und, da $D_z g$ eine Isometrie zwischen $T_z\mathbb{D}$ und $T_{z'}\mathbb{D}$ ist, folgt die gewünschte Unabhängigkeit der Metrik (14.192) auf $\mathcal{R}$ vom Punkt $z \in \pi(z)$. Mit diesen Überlegungen folgt auch, daß $< u, v >_{\pi(z)}$ stetig differenzierbar von $\pi(z)$ abhängt, das heißt, (14.192) definiert eine Riemannsche Metrik auf $\mathcal{R}$.

Damit ist die kanonische Projektion $\pi : \mathbb{D} \to \mathcal{R}$ automatisch eine lokale Isometrie. Zum Nachweis, daß π eine Überlagerungsabbildung ist (vergleiche Definition 13.32), sei $z \in \mathbb{D}$, $D := \mathcal{D}_z$ das Dirichlet-Polygon mit dem Zentrum z und $U \subseteq \overset{\circ}{D}$ eine offene Umgebung von z, auf der π ein Diffeomorphismus auf sein Bild $\pi(U)$ ist. Dann ist $U' = \pi(U)$ eine offene Umgebung von $\pi(z)$ und

$$\pi^{-1}(U') = \bigcup_{g \in \Gamma} g(U) \tag{14.196}$$

eine disjunkte Vereinigung offener Teilmengen von $\mathbb{D}$, so daß $\pi : g(U) \to \pi(U)$ für alle $g \in \Gamma$ ein Diffeomorphismus ist, das heißt, jedes $z' \in \mathbb{D}$, $z' \in \pi^{-1}(\pi(z))$, besitzt eine offene Umgebung, die diffeomorph auf eine Umgebung von z abgebildet wird, und somit ist $\mathbb{D}$ ein Überlagerungsraum von $\mathcal{R}$. ∎

Bemerkung. (14.192) ist die einzige Riemannsche Metrik auf $\mathcal{R} = \mathbb{D}/\Gamma$, für die π eine lokal isometrische Überlagerungsabbildung ist. Darüber hinaus sind die Geodätischen von $\mathcal{R}$ die Projektionen (unter π) der Geodätischen von $\mathbb{D}$, und umgekehrt ist jede Geodätischen von $\mathbb{D}$ Lift einer Geodätischen von $\mathcal{R}$. Denn ist c eine Geodätische von $\mathbb{D}$, dann ist $\pi \circ c$ eine Geodätische von $\mathcal{R}$, und aufgrund ihrer Eindeutigkeit sind dies die einzig möglichen Geodätischen von $\mathcal{R}$. □

Beweis von Satz 14.34. (a) Aufgrund des Lemmas ist die Projektion jeder Geodätischen in $\mathbb{D}$ eine Geodätische auf $\mathcal{R}$. Nun sei $c : \mathbb{R} \to \mathbb{D}$ eine Achse von $\mathbb{D}$, das heißt, es existiert ein $g \in \Gamma$ mit $g(c) = c$. Aus $c(0) = z$ und $c(T) = g(z)$ folgt dann

$$\pi \circ c(0) = \pi(z) = \pi(g(z)) = \pi \circ c(T), \qquad (14.197)$$

das heißt, die Projektion des geodätischen Segments $[c(0), c(T)]$ (o. B. d. A. sei $T > 0$) ist eine geschlossene Geodätische von $\mathcal{R}$. Darüber hinaus gilt $\pi \circ c(t) = \pi \circ c(t+T)$ für alle $t \in \mathbb{R}$. Denn mit $c_T(t) := c(t+T)$ sind $\pi \circ c$ und $\pi \circ c_T$ identische (geodätische) Kurven auf $\mathcal{R}$. Dies ergibt sich aufgrund ihrer Eindeutigkeit aus

$$\pi \circ c_T(0) = \pi \circ c(T) = \pi \circ g \circ c(0) = \pi \circ c(0) \qquad (14.198)$$

und

$$\begin{aligned}\frac{d}{dt}\pi \circ c_T(t)\bigg|_{t=0} &= D_{g \circ c(0)}\pi \circ D_{c(0)}g(\dot{c}(0)) \\ &= D_{c(0)}\pi \circ g(\dot{c}(0)) = D_{c(0)}\pi(\dot{c}(0)) = \frac{d}{dt}\pi \circ c(t)\bigg|_{t=0},\end{aligned} \qquad (14.199)$$

und T muß nicht minimal, das heißt, nicht die Periode von c sein.

Damit ist die Projektion jeder Achse von $\mathbb{D}$ eine geschlossene Geodätische von $\mathcal{R}$.

(b) Umgekehrt sei $c : [0, T] \to \mathcal{R}$ geschlossen und $z \in \mathbb{D}$ mit $\pi(z) = c(0)$, dann gibt es eine eindeutig bestimmte Kurve $\hat{c} : [0, T] \to \mathbb{D}$ mit $\pi \circ \hat{c} = c$ und $\hat{c}(0) = z$ ($\hat{c}$ ist ein Lift von c im Sinne unserer Ausführungen im Anschluß an Satz 14.26). Aufgrund des vorangehenden Lemmas ist $\hat{c}$ ein geodätisches Segment in $\mathbb{D}$, und es gilt

$$\pi \circ \hat{c}(T) = c(T) = c(0) = \pi(z) \qquad (14.200)$$

und somit
$$\hat{c}(T) = h(z) \tag{14.201}$$

für ein geeignetes $h \in \Gamma$. Da $\mathbb{D}/\Gamma$ kompakt sein soll, enthält Γ nach einer früheren Bemerkung keine parabolischen Elementen, das heißt, alle $g \in \Gamma$ sind hyperbolisch mit einer eindeutig bestimmten Achse. Es gilt $h(z) \neq z$, also ist $\hat{c}$ die geodätische Verbindungslinie von z und $h(z)$ auf dieser Achse, und der Rest folgt dann wie in Teil (a). ∎

14.36 Satz. *Sei Γ eine diskrete Gruppe fixpunktfreier Isometrien von $\mathbb{D}$, so daß $\mathcal{R} = \mathbb{D}/\Gamma$ kompakt ist. Dann sind die periodischen Orbits des geodätischen Flusses (von $\mathcal{R}$) auf $S\mathcal{R}$ dicht in $S\mathcal{R}$.*

Beweis (nach Katok und Hasselblatt [73], Theorem 5.4.14). Sei $v \in S\mathcal{R}$, das heißt, $v \in T_{\pi(z)}\mathcal{R}$ für ein $z \in \mathbb{D}$ und $\|v\|_{\pi(z)} = 1$. Wir wählen das Dirichlet-Polygon $D := \mathcal{D}_z$ mit dem Zentrum $z \in \mathbb{D}$ und einen Lift (von $S\mathcal{R}$ nach $S\mathbb{D}$), und zwar $\hat{v}$ mit $\hat{v} \in T_z \mathbb{D}$ und
$$(D_z \pi)^{-1}(v) = \hat{v}. \tag{14.202}$$

c sei die Geodätische in $\mathbb{D}$ mit $c(0) = z$, $\dot{c}(0) = \hat{v}$, und $x =: c(-\infty)$ und $y =: c(\infty)$ seien die Endpunkte von c. Unsere Strategie wird es nun sein, ein (hyperbolisches) Element $\gamma \in \Gamma$ zu finden, so daß die Endpunkte seiner Achse d in einer beliebig kleinen Umgebung U von x, einerseits, und V von y, andererseits, liegen. Dann findet man unter allen Tangentialvektoren an diese Achse einen, sagen wir w, der nahe bei $\hat{v} = \dot{c}(0)$ liegt [24]. Die Projektion der Achse d von γ unter π ist nach Satz 14.34 eine geschlossene Geodätische von $\mathcal{R}$ und damit die Projektion eines periodischen Orbits des geodätischen Flusses auf $S\mathcal{R}$, der $v \in S\mathcal{R}$ (zumindest im Punkt $D\pi(w)$) wunschgemäß nahe kommt.

Für vorgegebenes $\delta > 0$ seien also U und V δ-Umgebungen von x beziehungsweise y in $\mathbb{D}$. Dann gibt es „Kopien" des Dirichlet-Polygons D, $D_1 = g_1(D)$ in U und $D_2 = g_2(D)$ in V mit $g_1, g_2 \in \Gamma$, das heißt, für $\gamma := g_2 \circ g_1^{-1}$ gilt $\gamma(D_1) = D_2$. Wir wählen einen Punkt $z \in D_1$, dann ist $\gamma(z) \in D_2$. Man überzeugt sich leicht, daß die meisten Geodätischen durch z in U enthalten sind. Da γ Winkel erhält, gilt dies analog für die Geodätischen durch $\gamma(z)$ in V, und man findet eine Geodätische κ durch z und enthalten in U so, daß $\gamma \circ \kappa$ in V enthalten ist (vergleiche Fig. 14.8).

---

[24] Für zwei Einheitstangentialvektoren $u, v \in S\mathbb{D}$, deren Fußpunkte z und z' durch ein (eindeutig bestimmtes) geodätisches Segment in $\mathbb{D}$ verbunden sind, kann man einen Abstand dist(u, v) definieren, indem man die Länge des geodätischen Segmentes quadriert und ebenso den Winkel zwischen einem dieser Vektoren und der parallelen Verschiebung des anderen entlang der Geodätischen und dann aus der Summe beider Quadrate die Wurzel zieht. Aufgeschrieben sieht das so aus: Ist $c : [0, 1] \to \mathbb{D}$ die geodätische Verbindung von z und z' aus $\mathbb{D}$ und $X(t)$ das stetige Vektorfeld entlang c mit $X(0) = u$ und $\sphericalangle(X(t), \dot{c}(t)) = \sphericalangle(u, \dot{c}(0))$ für alle $t \in [0, 1]$, dann definieren wir dist$(u, v) = \sqrt{(\sphericalangle(X(1), v))^2 + (\rho(z, z'))^2}$.

Wir können annehmen, daß γ das Gebiet innerhalb von U, welches durch κ berandet wird, auf das Gebiet in $\mathbf{D}$ abbildet, welches von $\gamma \circ \kappa$ berandet wird und das Komplement von V enthält. Auf dem Rand $\partial \mathbf{D}$ besitzt γ zwei Fixpunkte (deren geodätische Verbindungslinie die Achse von γ ist), von denen somit aus Symmetriegründen der eine in $\partial \mathbf{D} \cap \overline{U}$ und der andere in $\partial \mathbf{D} \cap \overline{V}$ liegen muß. Also liegt die Achse d von γ gleichmäßig nahe bei c (Fig. 14.8) und besitzt somit einen Einheitstangentialvektor nahe bei $\hat{v} = \dot{c}(0)$. ∎

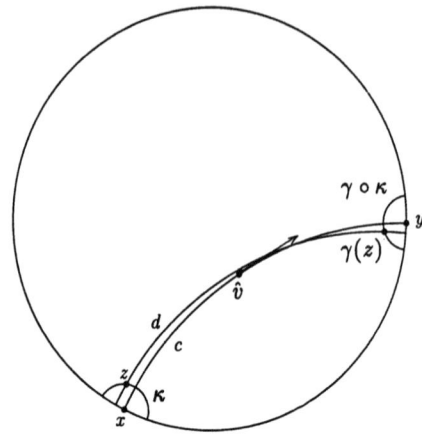

Fig. 14.8: Beweisskizze zu Satz 14.36 (nach Katok und Hasselblatt [73]).

14.37 Satz. *Unter den Voraussetzungen von Satz 14.36 besitzt der geodätische Fluß auf $S\mathcal{R}$ einen Orbit, der dicht ist in $S\mathcal{R}$, das heißt, der geodätische Fluß ist topologisch transitiv.*

Beweis [25]). Aufgrund des letzten Satzes ist zu zeigen: Sind $u, v \in S\mathcal{R}$ zwei periodische Punkte für den geodätischen Fluß $g^t : S\mathcal{R} \to S\mathcal{R}$ und U, V offene Umgebungen von u beziehungsweise v in $S\mathcal{R}$, dann gibt es eine Zeit $t \in \mathbb{R}$, so daß $g^t(U) \cap V \neq \emptyset$ erfüllt ist. Die Lifts von u und v von $S\mathcal{R}$ nach $S\mathbf{D}$, siehe (14.202), bezeichnen wir (ohne ∧) ebenfalls mit u und v, und wir wählen dazu Geodätische c_u und c_v in $\mathbf{D}$ mit $\dot{c}_u(0) = u$ und $\dot{c}_v(0) = v$ und bezeichnen mit c diejenige Geodätische in $\mathbf{D}$ mit den Endpunkten

$$c(-\infty) = c_v(-\infty) \quad \text{und} \quad c(\infty) = c_u(\infty), \qquad (14.203)$$

dabei können wir wie in Fig. 14.9 $c_v(-\infty) \neq c_u(\infty)$ annehmen. Damit ist anschaulich klar (vergleiche Fig. 14.9), daß folgendes gilt:

$$\text{dist}(\dot{c}_u(t), \dot{c}(t)) \longrightarrow 0 \quad (t \to \infty)$$

und

$$\text{dist}(\dot{c}_v(t), \dot{c}(t)) \longrightarrow 0 \quad (t \to -\infty), \qquad (14.204)$$

und die Konvergenz ist sogar exponentiell [26]). Da die Projektionen von $\dot{c}_u$ beziehungsweise $\dot{c}_v$ unter $D\pi$ periodische Orbits des geodätischen Flusses $\{g^t\}$ sind, folgt aus (14.204), daß $t_1, t_2 \in \mathbb{R}$ existieren, so daß die Projektion von $\dot{c}(t_1)$ unter $D\pi$ auf $S\mathcal{R}$ in U und die Projektion von $\dot{c}(t_2)$ in V liegt. Daraus folgt die Behauptung. ∎

---

[25]) Zum ersten Mal wurde dies 1924 von Artin [11] bewiesen.
[26]) Vergleiche Katok und Hasselblatt [73], Theorem 5.4.13 und 5.4.15.

14 Lagrangesche Mechanik und geodätische Flüsse

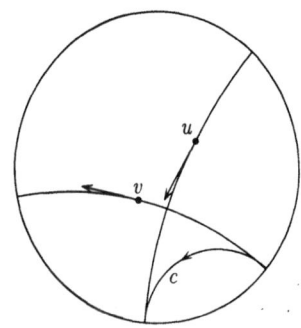

Fig. 14.9: Beweisskizze zur Transitivität des geodätischen Flusses auf $\mathbb{D}/\Gamma$ (nach Katok und Hasselblatt [73]).

Ein stärkeres Resultat, nämlich daß der geodätische Fluß $g^t : S\mathcal{R} \to S\mathcal{R}$ auf kompakten Faktoren (hyperbolischen Flächen) $\mathcal{R} = \mathbb{D}/\Gamma$ (beziehungsweise $\mathbb{H}/\Gamma$) *ergodisch* ist, beweisen wir später in Satz 15.40.

Darüber hinaus sind geodätische Flüsse $\{g^t\}$ auf hyperbolischen Flächen $\mathcal{R} = \mathbb{D}/\Gamma$ sogar *Anosov-Flüsse*[27] was in Analogie zu diskreten Systemen bedeutet, daß $S\mathcal{R}$ eine *hyperbolische Menge* ist für $\{g^t\}$. Letztere definiert man völlig analog zum diskreten Fall (an die Stelle von f^n tritt g^t), und die Theorie hyperbolischer Mengen für Flüsse, insbesondere der Satz über die Existenz stabiler und instabiler lokaler und globaler Mannigfaltigkeiten, ist praktisch eine Reformulierung der entsprechenden Passagen aus dem 12. Abschnitt, diesmal für kontinuierliche Zeit. Völlig analog zu den Verhältnissen auf hyperbolischen Flächen zeigt man, daß auch die geodätischen Flüsse auf kompakten Riemannschen Mannigfaltigkeiten mit negativer sektionaler Krümmung (vergleiche Anhang A.4), wie die Pseudosphäre in Fig. 14.7, Anosov-Flüsse sind [6].

Übungsaufgaben:

1. Sei M eine Riemannsche Mannigfaltigkeit. Zeigen Sie, daß das isometrische Bild einer Geodätischen in M wieder eine Geodätische ist.

2. Beweisen Sie mit Hilfe von Lemma 14.14 sorgfältig, daß die Geodätischen der Einheitskugel S^2 die Großkreise (parametrisiert mit Geschwindigkeit 1) und die Geodätischen des $\mathbb{R}^2$ die Geraden sind.

   HINWEIS: Die Isometriegruppe der Sphäre S^2 wird erzeugt von den Drehungen und den Spiegelungen an Großkreisen, die Isometrien des $\mathbb{R}^2$ werden erzeugt von den Verschiebungen, Drehungen und den Spiegelungen an Geraden.

3. Γ sei die Isometriegruppe der hyperbolischen Ebene $\mathbb{H}$ (vergleiche Satz 14.19). Zeigen Sie: Γ ist transitiv auf $S\mathbb{H}$.

   HINWEIS: Entnehmen Sie die Definition für „Γ transitiv auf $S\mathbb{H}$" dem Lemma 14.14 und studieren Sie noch einmal den Beweis von Satz 14.18.

---
[27] Siehe dazu Smale [144] beziehungsweise Katok und Hasselblatt [73], Abschnitt 17.5 und 17.6.

4. (a) Zeigen Sie, daß durch die Konjugation

$$\phi \longmapsto \varphi \circ \phi \circ \varphi^{-1}$$

sämtliche Isometrien ϕ von $\mathbb{H}$ genau auf die Isometrien von $\mathbb{D}$ abgebildet werden. Dabei ist $\varphi : \mathbb{H} \to \mathbb{D}$ durch $z \mapsto \dfrac{z-i}{z+i}$ wie in Gleichung (14.124) gegeben.

(b) Zeigen Sie, daß die Isometriegruppe von $(\mathbb{D}, \rho)$ durch die Abbildungen in (14.129) gegeben ist.

5. (a) Zeigen Sie, daß $\Gamma = \{2^n I \mid n \in \mathbb{Z}\}$ eine diskrete Untergruppe von $GL(2, \mathbb{C})$ ist, und daß in diesem Fall die Mengen Γ_k aus (14.136) unendlich sind.

(b) Zeigen Sie, daß jede diskrete Untergruppe von $GL(2, \mathbb{C})$ abzählbar ist.

6. (a) Gegeben seien zwei Punkte z_1 und $z_2 \in \mathbb{D}$. Zeigen Sie, daß die Menge aller Punkte $z \in \mathbb{D}$, die den gleichen hyperbolischen Abstand von z_1 und z_2 haben, eine Geodätische ist.

(b) Zeigen Sie, daß für $g \in \mathcal{M}_\mathbb{D}$ und fixpunktfrei die Menge

$$L_g(z_0) = \{z \in \mathbb{D} \mid \rho(z, z_0) = \rho(z, g(z_0))\}$$

(siehe Fig. 14.6) für $z_0 \in \mathbb{D}$ eine Geodätische ist.

7. Berechnen Sie für eine hyperbolische Möbius-Transformation $f(z) = \dfrac{az+b}{cz+d}$ auf $\mathbb{H}$ und einen Punkt z_0 auf ihrer Achse (das heißt, auf der eindeutig bestimmten f-invarianten Geodätischen) den hyperbolischen Abstand zwischen z_0 und $f(z_0)$.

15 Hamiltonsche Flüsse, invariante Maße und Lyapunov-Spektrum

Bei der Formulierung der Bewegungsgesetze der Mechanik mit Hilfe der Lagrange-Gleichung (14.59) wird der mechanische Zustand eines Systems durch seine verallgemeinerten Koordinaten und Geschwindigkeiten beschrieben, das heißt,

$$L = L(\boldsymbol{q}, \dot{\boldsymbol{q}}), \quad \boldsymbol{q} = (q_1, \ldots, q_N). \tag{15.1}$$

Diese Beschreibung ist nicht die einzig mögliche. Eine weitere Möglichkeit bieten die *Hamilton-Gleichungen*, sie verwenden verallgemeinerte Koordinaten und Impulse (Momente) und können durch eine sogenannte *Legendre-Transformation* aus den Lagrange-Gleichungen hergeleitet werden. Dazu sei

$$dL = \sum_{i=1}^{N} \frac{\partial L}{\partial q_i} dq_i + \sum_{i=1}^{N} \frac{\partial L}{\partial \dot{q}_i} d\dot{q}_i \tag{15.2}$$

das totale Differential der Lagrange-Funktion $L(\boldsymbol{q}, \dot{\boldsymbol{q}})$. Mit

$$p_i := \frac{\partial L}{\partial \dot{q}_i}, \quad i = 1, \ldots, N, \tag{15.3}$$

Momente oder *verallgemeinerte Impulse* genannt, folgt aus der Lagrange-Gleichung $\dot{p}_i = \frac{\partial L}{\partial q_i}$ für $i = 1, \ldots, N$, und (15.2) lautet dann

$$dL = \sum_{i=1}^{N} \dot{p}_i dq_i + \sum_{i=1}^{N} p_i d\dot{q}_i. \tag{15.4}$$

Mit

$$d\left(\sum_{i=1}^{N} p_i \dot{q}_i\right) = \sum_{i=1}^{N} p_i d\dot{q}_i + \sum_{i=1}^{N} \dot{q}_i dp_i \tag{15.5}$$

erhalten wir aus (15.4)

$$d\left(\sum_{i=1}^{N} p_i \dot{q}_i - L\right) = -\sum_{i=1}^{N} \dot{p}_i dq_i + \sum_{i=1}^{N} \dot{q}_i dp_i. \tag{15.6}$$

Die Größe unter dem Differentialzeichen stellt die Gesamtenergie des Systems dar (wie in Lemma 14.7), ausgedrückt durch Koordinaten und Momente heißt sie die *Hamilton-Funktion* des Systems:

$$H(\boldsymbol{p}, \boldsymbol{q}) := \sum_{i=1}^{N} p_i \dot{q}_i - L(\boldsymbol{q}, \dot{\boldsymbol{q}}). \tag{15.7}$$

Faßt man die Koordinaten und Impulse als unabhängige Variablen auf, dann liefert ein Koeffizientenvergleich von

$$dH = \sum_{i=1}^{N} \frac{\partial H}{\partial p_i} dp_i + \sum_{i=1}^{N} \frac{\partial H}{\partial q_i} dq_i \qquad (15.8)$$

und (15.6) die *Hamilton-Gleichungen*

$$\dot{p}_i = -\frac{\partial H}{\partial q_i}, \quad \dot{q}_i = \frac{\partial H}{\partial p_i} \qquad (15.9)$$

für $i = 1, \ldots, N$.

Bemerkungen. 1. In karthesischen Koordinaten gilt für die Gesamtenergie

$$H = \left\langle \frac{\partial L}{\partial v}, v \right\rangle - L, \qquad (15.10)$$

vergleiche (14.67), und die Lagrange-Gleichung wird transformiert in

$$p = \frac{\partial L}{\partial v} \quad \text{und} \quad \dot{p} = \frac{\partial L}{\partial x}. \qquad (15.11)$$

2. Die betreffende Abbildung

$$\mathcal{L} : (q, \dot{q}) \longmapsto \left(q, \frac{\partial L}{\partial \dot{q}} \right), \qquad (15.12)$$

komponentenweise verstanden, nennt man eine *Legendre-Transformation*. Für $x \in M$, $v \in T_x M$ und eine gegebene Lagrange-Funktion $L(x,v)$ heißt das

$$\mathcal{L} : TM \longrightarrow T^*M, \quad (x,v) \longmapsto \left(x, \frac{\partial L}{\partial v} \right), \qquad (15.13)$$

und für einen geodätischen Fluß ist es die Abbildung

$$\mathcal{L} : (x,v) \longmapsto \left(x, \frac{\partial K}{\partial v} \right) \quad \text{mit} \quad K(v) = \frac{1}{2} g_x(v,v). \qquad (15.14)$$

□

Wir betrachten zunächst Hamiltonsche Systeme in euklidischen Räumen: Für ein System mit N Freiheitsgraden ist $\mathbb{R}^{2N}$ der Phasenraum von Koordinaten $q = (q_1, \ldots, q_N)$ und Momenten $p = (p_1, \ldots, p_N)$, auf dem eine stetig differenzierbare (Hamilton-)Funktion

$$\begin{aligned} H &: U \longrightarrow \mathbb{R}, \quad U \subseteq \mathbb{R}^{2N} \text{ offen}, \\ H &= H(p,q) = H(p_1, \ldots, p_N, q_1, \ldots, q_N) \end{aligned} \qquad (15.15)$$

15 Hamiltonsche Flüsse, invariante Maße und Lyapunov-Spektrum

gegeben ist. Dann induzieren die Hamiltonschen Gleichungen (15.9) einen vollständigen differenzierbaren Fluß

$$\varphi^t : \mathbb{R}^{2N} \longrightarrow \mathbb{R}^{2N}, \qquad (15.16)$$

der also für alle $t \in \mathbb{R}$ existiert und die Anfangsbedingung $(\boldsymbol{p}_0, \boldsymbol{q}_0) \in \mathbb{R}^{2N}$ auf die Lösungskurve

$$\varphi^t(\boldsymbol{p}_0, \boldsymbol{q}_0) = (\boldsymbol{p}(t), \boldsymbol{q}(t)) \qquad (15.17)$$

abbildet. Aus den Hamilton-Gleichungen (15.9) folgt

$$\frac{dH}{dt} = \sum_{i=1}^{N} \left(\frac{\partial H}{\partial q_i} \dot{q}_i + \frac{\partial H}{\partial p_i} \dot{p}_i \right) \equiv 0 \qquad (15.18)$$

und somit gilt wie in Lemma 14.7 auch für Hamilton-Systeme (zunächst nur im euklidischen Fall)

$$H(\boldsymbol{p}, \boldsymbol{q}) =: h = \text{const}, \qquad (15.19)$$

das heißt, die Hamilton-Funktion (= Gesamtenergie) ist konstant auf den Lösungskurven. Mit anderen Worten, jede $2N - 1$ dimensionale Hyperfläche

$$H(p_1, \ldots, p_N, q_1, \ldots, q_N) = h \qquad (15.20)$$

ist invariant für den Hamiltonschen Fluß, das heißt, für vorgegebene Gesamtenergie h ist der Fluß in der Tat $(2N - 1)$-dimensional. Damit haben wir die Möglichkeit, Poincaré-Abbildungen (Satz 14.6) zu konstruieren und zum Beispiel im Fall $N = 2$ den 3-dimensionalen Hamiltonschen Fluß anhand 2-dimensionaler diskreter dynamischer Systeme (first-return maps) zu studieren, was wir weiter unten auch tun wollen.

Allgemeinere Konzepte Hamiltonscher Systeme legen als Zustandsraum eine differenzierbare Mannigfaltigkeit M zugrunde und als Phasenraum das Kotangentialbündel T^*M (das in Verbindung mit der Legendre-Funktion in (15.13) bereits in dieser Funktion aufgetaucht ist). Damit ordnen sich aber die euklidischen Systeme als Spezialfälle in solch ein Konzept ein, deren Phasenraum $\mathbb{R}^{2N}$ man bekanntlich als den Raum $T^*\mathbb{R}^N$ ansehen kann. Um derart verallgemeinerte Hamilton-Systeme verstehen zu können, müssen wir zunächst unser Hintergrundwissen über Tensoren (vergleiche Anhang A.4) durch einige Fakten aus der Tensoralgebra erweitern.

Sei also M eine n-dimensionale differenzierbare Mannigfaltigkeit, $p \in M$, $T_p^*M = (T_pM)^*$ der Dualraum von T_pM und die disjunkte Vereinigung $T^*M = \bigcup_{p \in M} T_p^*M$ das Kotangentialbündel. Jede Sektion

$$\sigma : M \longrightarrow T^*M, \quad \pi \circ \sigma = id_M, \qquad (15.21)$$

ist ein $(0,1)$-Tensorfeld auf M wird kurz 1-*Form* genannt. Allgemeiner ist jede Sektion des Tensorproduktes

$$\underbrace{TM \otimes \ldots \otimes TM}_{k\text{-mal}} \otimes \underbrace{T^*M \otimes \ldots \otimes T^*M}_{l\text{-mal}} = (TM)^{\otimes k} \otimes (T^*M)^{\otimes l} \qquad (15.22)$$

ein (k,l)-Tensorfeld auf M (vergleiche (11.94)). Eine Basis von T^*M ist bekanntlich gegeben durch die 1-Formen dx^i, $i = 1,\ldots,n$, das heißt, durch die Ableitungen (11.71) der Koordinatenfunktionen x^i, für die gilt:

$$dx^i\left(\frac{\partial}{\partial x^j}\right) = \delta_{ij} \quad (i,j = 1,\ldots,n). \qquad (15.23)$$

Die Ableitung einer differenzierbaren Funktion $f: M \to \mathbb{R}$ (mit anderen Worten, das totale Differential (11.71)) ist ebenfalls eine 1-Form, sie hat die lokale Darstellung

$$(df)_p(v) = \sum_{i=1}^{n} \frac{\partial f}{\partial x^i}(p) dx^i(v), \quad v \in T_p M, \qquad (15.24)$$

mit

$$\frac{\partial f}{\partial x^i}(p) := \frac{\partial (f \circ h^{-1})}{\partial x^i}(x_1(p),\ldots,x_n(p)) \qquad (15.25)$$

und einer lokalen Karte (U,h).

Wir wollen im folgenden ein differenzierbares Vektorfeld $v: M \to TM$, definiert durch $\pi \circ v = id_M$, welches lokal durch

$$v(p) = \sum_{i=1}^{n} v^i(p) \frac{\partial}{\partial x^i} \qquad (15.26)$$

gegeben sei, als Abbildung der Menge der differenzierbaren reellwertigen Funktionen in sich selbst betrachten, die in folgender Weise definiert ist:

$$(vf)(p) = \sum_{i=1}^{n} v^i(p) \frac{\partial f}{\partial x^i}(p) \qquad (15.27)$$

mit $\frac{\partial f}{\partial x^i}(p)$ aus (15.25). Damit ist die Iteration $v \circ v$ ebenso sinnvoll wie Hintereinanderausführungen der Form $vw := v \circ w$ für Vektorfelder v, w auf M. Diese Operationen beziehen Ableitungen höherer Ordnungen als eins ein, im folgenden seien also die beteiligten differenzierbaren Funktionen immer aus der Differenzierbarkeitsklasse, die der jeweilige Kontext verlangt.

15.1 Definition. *Für zwei Vektorfelder v, w auf M nennt man*

$$\mathcal{L}_v w := [v,w] := vw - wv \qquad (15.28)$$

Lie-Ableitung. $[v,w]$ *heißt* Lie-Klammer.

15.2 Satz. *Die Lie-Klammer zweier differenzierbarer Vektorfelder auf M definiert ein differenzierbares Vektorfeld auf M.*

15 Hamiltonsche Flüsse, invariante Maße und Lyapunov-Spektrum

Beweis. In lokalen Koordinaten sei

$$v = \sum_{i=1}^{n} v^i \frac{\partial}{\partial x^i}, \quad w = \sum_{i=1}^{n} w^i \frac{\partial}{\partial x^i}. \tag{15.29}$$

Dann gilt nach dem Satz von Schwarz über die Vertauschbarkeit der Differentiationsreihenfolge zweimal stetig differenzierbarer Funktionen für eine entsprechend differenzierbare Funktion $f : M \to \mathbb{R}$

$$(vw - wv)f = v \sum_{i=1}^{n} w^i \frac{\partial f}{\partial x^i} - w \sum_{i=1}^{n} v^i \frac{\partial f}{\partial x^i} \tag{15.30}$$

$$= \sum_{i,j=1}^{n} v^j \frac{\partial w^i}{\partial x^j} \frac{\partial f}{\partial x^i} + \sum_{i,j=1}^{n} v^j w^i \frac{\partial^2 f}{\partial x^i \partial x^j} - \sum_{i,j=1}^{n} w^j \frac{\partial v^i}{\partial x^j} \frac{\partial f}{\partial x^i} + \sum_{i,j=1}^{n} v^i w^j \frac{\partial^2 f}{\partial x^j \partial x^i}$$

$$= \sum_{i,j=1}^{n} \left(v^j \frac{\partial w^i}{\partial x^j} - w^j \frac{\partial v^i}{\partial x^j} \right) \frac{\partial f}{\partial x^i},$$

das heißt, $[v, w]$ ist ein Vektorfeld auf M mit den lokalen Koordinaten

$$\sum_{j=1}^{n} \left(v^j \frac{\partial w^i}{\partial x^j} - w^j \frac{\partial v^i}{\partial x^j} \right). \tag{15.31}$$

∎

Aus (15.31) folgt unmittelbar

$$\left[\frac{\partial}{\partial x^i}, \frac{\partial}{\partial x^j} \right] = 0. \tag{15.32}$$

Außerdem hat die Lie-Klammer die folgenden Eigenschaften:

15.3 Satz. *v, w und z seien differenzierbare Vektorfelder auf M, $a, b \in \mathbb{R}$ und $f, g : M \to \mathbb{R}$ differenzierbare Funktionen. Dann gilt:*

(a) $[v, w] = -[w, v]$,
(b) $[av + bw, z] = a[v, z] + b[w, z]$,
(c) $[[v, w], z] + [[w, z], v] + [[z, v], w] = 0$ *(Jacobi-Identität)*,
(d) $[fv, gw] = fg[v, w] + f(vg)w - g(wf)v$.

Beweis. (a) und (b): Trivial. (c) Vergleiche do Carmo [37], S. 27. (d) Übungsaufgabe 1. ∎

Bemerkung. In (d) verstehen wir die Funktionen f und g als Koeffizienten. Für $f \equiv 1$ folgt aus (d) die *Produktregel* für die *Lie-Ableitung*, das heißt,

$$\mathcal{L}_v(gw) = g\mathcal{L}_v w + \mathcal{L}_v g w. \tag{15.33}$$

□

Die Anwendung der Lie-Ableitung kann in natürlicher Weise auf Tensoren [1] ausgeweitet werden: Für $(0,0)$-Tensoren (das sind die differenzierbaren Funktionen $f: M \to \mathbb{R}$) definieren wir

$$\mathcal{L}_v f := vf \qquad (15.34)$$

(vergleiche (15.27)), für $(1,0)$-Tensoren (Vektorfelder) ist sie durch (15.28) definiert, und für $(0,1)$-Tensoren λ (1-Formen) definiert die Gleichung

$$\mathcal{L}_v(\lambda(w)) = \mathcal{L}_v\lambda(w) + \lambda(\mathcal{L}_v w) \qquad (15.35)$$

die Lie-Ableitung $\mathcal{L}_v\lambda$, denn $\lambda(w): M \to \mathbb{R}$ ist eine differenzierbare Abbildung. In gleicher Weise setzt man die Lie-Ableitung auf Tensorfelder höherer Stufe fort, indem man die Gültigkeit der Produktregel

$$\mathcal{L}_v(\xi \otimes \eta) = \mathcal{L}_v\xi \otimes \eta + \mathcal{L}_v\eta \otimes \xi \qquad (15.36)$$

verlangt.

Ist ω ein $(0,1)$-Tensorfeld auf N und $f: M \to N$ differenzierbar, dann nennt man $f^*\omega$, definiert durch

$$f^*\omega(v) := \omega(Dfv), \quad v \in TM, \qquad (15.37)$$

den *pullback* von ω auf M [2]. Das funktioniert natürlich analog für $(0,k)$-Tensoren und $k > 1$.

Ist f ein Diffeomorphismus, so definiert umgekehrt

$$f_*\omega(Dfv) := \omega(v), \quad v \in TM, \qquad (15.38)$$

einen sogenannten *push-forward* eines kovarianten Tensors auf M.

Die Lie-Klammer $[v,w] = \mathcal{L}_v w$ zweier Vektorfelder v und w auf M kann auch interpretiert werden als eine Ableitung von w längs der Trajektorien von v. Dazu sei $\varphi^t: U \to M$, $U \subseteq M$,

$$\varphi^t(p) = x(t) \quad \text{mit} \quad x(0) = p \qquad (15.39)$$

ein lokaler Fluß, der durch v induziert wird, das heißt,

$$\dot{\varphi}^t(p) = v(x(t)), \qquad (15.40)$$

dann gilt

---

[1] Unter Tensoren ω verstehen wir im allgemeinen Tensorfelder $\omega: M \to \mathbb{R}$, vereinzelt jedoch auch „einzelne" Tensoren $\omega = \omega(p)$, $p \in M$.

[2] Wir verzichten wieder einmal auf die Eindeutschung. Weitaus wichtiger ist die *exakte Lesart* von (15.37): $f^*\omega$ definiert nämlich dasjenige Tensorfeld auf M, für das gilt: $f^*\omega(p)(v) = \omega(f(p))(Dfv)$, $v \in T_pM$. Auch die Schreibweise haben wir hier ein wenig entlastet: Wir lassen in $Df(v)$ die Klammer weg.

15.4 Satz. $\quad \mathcal{L}_v w(p) \;=\; \lim_{t\to 0} \frac{1}{t}(w - D\varphi^t w)(\varphi^t(p))\,.$ \hfill (15.41)

Beweis. Vergleiche do Carmo [37], Proposition 5.4. ∎

Bemerkung. Mit Hilfe des pullback (15.37) berechnet man die Lie-Ableitung eines $(0,k)$-Tensors ω analog zu (15.41) über einen von v induzierten lokalen Fluß φ^t gemäß

$$\mathcal{L}_v \omega \;=\; \lim_{t\to 0} \frac{1}{t}((\varphi^t)^*\omega - \omega)\,. \tag{15.42}$$
□

15.5 Definition. (a) *Ein kovarianter $(0,k)$-Tensor ω über einem linearen Raum heißt* alternierend, *wenn für jede Permutation π aus der symmetrischen Gruppe $\mathcal{S}_k$ gilt*

$$\omega(v_{\pi(1)}, \ldots, v_{\pi(k)}) \;=\; \operatorname{sgn}\pi \cdot \omega(v_1, \ldots, v_k) \tag{15.43}$$

mit

$$\operatorname{sgn}\pi \;=\; \begin{cases} -1 & \text{für} \quad \pi \text{ ungerade} \\ 1 & \text{für} \quad \pi \text{ gerade.} \end{cases} \tag{15.44}$$

Ein $(0,k)$-Tensorfeld auf einer differenzierbaren Mannigfaltigkeit M heißt alternierend, *falls es in jedem Punkt $p \in M$ alternierend ist. Alternierende $(0,k)$-Tensorfelder nennt man k-Formen, und der Raum aller k-Formen auf M wird mit*

$$\bigwedge\nolimits^k(M) \;:=\; \Gamma(\bigwedge\nolimits^k T^*M) \tag{15.45}$$

bezeichnet. [3]

(b) *Ist ω ein $(0,k)$-Tensor, dann ist durch*

$$\mathcal{A}\omega(v_1, \ldots, v_n) \;:=\; \frac{1}{k!} \sum_{\pi \in \mathcal{S}_k} \operatorname{sgn}\pi \cdot \omega(v_{\pi(1)}, \ldots, v_{\pi(k)}) \tag{15.46}$$

eine lineare Abbildung

$$\mathcal{A} : (T^*M)^{\otimes k} \;\longrightarrow\; \bigwedge\nolimits^k T^*M \tag{15.47}$$

definiert, für die $\mathcal{A}\big|_{\bigwedge^k T^*M} = \operatorname{id}_{\bigwedge^k T^*M}$ und $\mathcal{A} \circ \mathcal{A} = \mathcal{A}$ gilt. Für $\omega \in (T^*M)^{\otimes k}$, $\eta \in (T^*M)^{\otimes l}$ definiert man damit ein äußeres Produkt *durch*

$$\omega \wedge \eta \;:=\; \frac{(k+l)!}{k!\,l!}\mathcal{A}(\omega \otimes \eta) \in \bigwedge\nolimits^{k+l} T^*M\,. \text{[4]} \tag{15.48}$$

---

[3] $\Gamma(\bigwedge^k T^*M)$ bezeichnet die Menge aller Sektionen des Bündels $\bigwedge^k T^*M$ alternierender $(0,k)$-Tensoren über TM.

[4] Für $\omega \in \mathbb{R}$ setzt man $\omega \wedge \eta = \eta \wedge \omega = \omega\eta$. Für $\omega \in \bigwedge^k(M)$, $\eta \in \bigwedge^l(M)$ sei $(\omega \wedge \eta)(p) := \omega(p) \wedge \eta(p)$, $p \in M$, wobei das rechte Produkt durch (15.48) definiert ist.

Bemerkungen. 1. Ein $(0,k)$-Tensor ω ist genau dann alternierend, wenn gilt:

$$\omega(v_1,\ldots,v_k) = 0, \text{ falls } v_i = v_j \text{ für ein Tupel } (i,j) \text{ mit } i \neq j. \qquad (15.49)$$

(Beweis: Übungsaufgabe 2.)

2. Mit

$$\omega \otimes \eta(v_1,\ldots,v_k,v_{k+1},\ldots,v_{k+l}) = \omega(v_1,\ldots,v_k) \cdot \eta(v_{k+1},\ldots,v_{k+l}) \qquad (15.50)$$

ergibt sich für $\omega \wedge \eta$ die explizite Darstellung

$$\omega \wedge \eta(v_1,\ldots,v_{k+l}) = \frac{1}{k!\,l!} \sum_{\pi \in S_{k+l}} \operatorname{sgn} \pi \cdot \omega(v_{\pi(1)},\ldots,v_{\pi(k)}) \cdot \eta(v_{\pi(k+1)},\ldots,v_{\pi(k+l)}). \qquad (15.51)$$

3. Im Fall $k = l = 1$ folgt: $\omega \wedge \eta = \omega \otimes \eta - \eta \otimes \omega$. $\qquad\square$

15.6 Satz. *Für ω und η wie in Definition 15.5 (b) gelten folgende Rechenregeln:*

(a) $\omega \wedge \eta = (-1)^{kl} \eta \wedge \omega$ *(also: $\omega \wedge \omega = 0$ für k ungerade).*
(b) $\omega \wedge (\eta \wedge \lambda) = (\omega \wedge \eta) \wedge \lambda =: \omega \wedge \eta \wedge \lambda$ *(mit $\lambda \in (T^*M)^{\otimes m}$).*
(c) $f^*(\omega \wedge \eta) = (f^*\omega) \wedge (f^*\eta)$.

Diese Regeln bestätigt man leicht durch Nachrechnen, darüber hinaus ist das äußere Produkt $\wedge$ ebenso wie das Tensorprodukt $\mathbb{R}$-bilinear, und es gilt

$$\omega \wedge \eta = A\omega \wedge \eta = \omega \wedge A\eta. \qquad (15.52)$$

$\bigwedge^k T_p^* M$ ist ein Vektorraum; für $k > n = \dim M$ gilt $\bigwedge^k T_p^* M = \{0\}$, für $0 < k \leq n$ ist eine Basis gegeben durch

$$\{dx^{i_1} \wedge \ldots \wedge dx^{i_k} \mid 1 \leq i_1 < i_2 < \ldots < i_k \leq n\} \qquad (15.53)$$

mit den zu $\frac{\partial}{\partial x^i}$, $i = 1,\ldots,n$, dualen Basisvektoren dx^i, $i = 1,\ldots,n$, von T_p^*M. Somit gilt

$$\dim \bigwedge^k T_p^* M = \binom{n}{k}, \qquad (15.54)$$

wobei $\omega_1,\ldots,\omega_k \in T_p^*M$ genau dann unabhängig sind, wenn $\omega_1 \wedge \ldots \wedge \omega_k \neq 0$ gilt (Übungsaufgabe 2).

Für $\omega \in \bigwedge^k T_p^* M$ haben wir die Basisdarstellung (vergleiche Anhang A.4.1)

$$\omega = \omega_{i_1,\ldots,i_k}\, dx^{i_1} \otimes \ldots \otimes dx^{i_k}, \qquad (15.55)$$

wobei entsprechend der Einsteinschen Summenkonvention über alle doppelt vorkommenden Indizes und über alle Wahlen von $i_1, \ldots, i_k$ zwischen 1 und n zu summieren ist und nicht nur über die geordneten wie in (15.53). Also gilt

$$\omega = \mathcal{A}\omega = \omega_{i_1,\ldots,i_k} \mathcal{A}(dx^{i_1} \otimes \ldots \otimes dx^{i_k}), \tag{15.56}$$

so daß

$$\begin{aligned}\omega(v_1,\ldots,v_k) &= \omega_{i_1,\ldots,i_k} \frac{1}{k!} \sum_{\pi \in S_k} \operatorname{sgn} \pi \cdot dx^{i_1} \otimes \ldots \otimes dx^{i_k}(v_{\pi(1)},\ldots,v_{\pi(k)}) \\ &= \omega_{i_1,\ldots,i_k} \frac{1}{k!} dx^{i_1} \wedge \ldots \wedge dx^{i_k}(v_1,\ldots,v_k).\end{aligned} \tag{15.57}$$

15.7 Definition. *M sei eine n-dimensionale differenzierbare Mannigfaltigkeit. Eine n-Form $\Omega \neq 0$ (das heißt, $\Omega(p) \neq 0$ für alle $p \in M$) aus $\Gamma(\bigwedge^n T^*M)$ heißt* Volumenform *auf M. M heißt* orientierbar, *wenn eine Volumenform Ω auf M existiert.*

Zwei Volumenformen Ω und Ω' auf M heißen äquivalent, *falls eine Funktion $f \in C^\infty(M)$ existiert mit $f(p) > 0$ für alle $p \in M$, so daß gilt $\Omega' = f\Omega$* [5]*. Jede Äquivalenzklasse $[\Omega]$ von Volumenformen auf M nennt man eine* Orientierung *von M, und M heißt* orientiert, *wenn auf M eine Orientierung existiert.*

Bemerkungen. 1. Ist M eine orientierbare Mannigfaltigkeit, dann gilt: M ist genau dann zusammenhängend, wenn M genau zwei Orientierungen besitzt, nämlich $[\Omega]$ und $[-\Omega]$ (vergleiche Abraham und Marsden [1], Proposition 2.5.7).

2. Ein einfaches Beispiel einer nicht orientierbaren Mannigfaltigkeit ist das *Möbius-Band*. □

15.8 Definition. *M und N seien zwei orientierbare n-dimensionalen Mannigfaltigkeiten mit Volumenformen Ω_M und Ω_N. Dann nennt man eine C^∞-Abbildung $f: M \to N$* volumenerhaltend *(bezüglich Ω_M und Ω_N), falls*

$$f^*\Omega_N = \Omega_M \tag{15.58}$$

erfüllt ist, und f heißt orientierungserhaltend, *falls gilt*

$$f^*\Omega_N \in [\Omega_M]. \tag{15.59}$$

Auf kompakten Mannigfaltigkeiten M kann eine Volumenform integriert werden und definiert dann ein *Volumen* beziehungsweise ein *Maß* auf M. Dies funktioniert mit Hilfe lokaler Karten: Wir beginnen im $\mathbb{R}^n$ und nehmen an, $f: \mathbb{R}^n \to \mathbb{R}$ sei stetig mit kompaktem Träger $\operatorname{tr} f = \overline{\{f \neq 0\}}$. Dann ist

$$\int f dx^1 \ldots dx^n \tag{15.60}$$

---

[5]) Dies definiert eine Äquivalenzrelation auf der Menge aller Volumenformen auf M.

definiert als Riemann- beziehungsweise Lebesgue-Integral. Ist $U \subseteq \mathbb{R}^n$ offen und ω eine n-Form auf U (das heißt, $\omega \in \Gamma(\bigwedge^n T^*U)$) mit kompaktem Träger, dann gilt mit (15.57)

$$\omega = \frac{1}{n!} \omega_{i_1,\ldots,i_n} dx^{i_1} \wedge \ldots \wedge dx^{i_n} = \omega_{1,\ldots,n} dx^1 \wedge \ldots \wedge dx^n, \tag{15.61}$$

und wir definieren

$$\int \omega := \int \omega_{1,\ldots,n} dx^1 \ldots dx^n. \tag{15.62}$$

Sind U und V offene Teilmengen des $\mathbb{R}^n$ und ist $f : U \to V$ ein Diffeomorphismus, der die Orientierung erhält, dann gilt weiter: Hat ω einen kompakten Träger, dann hat auch $f^*\omega$ einen kompakten Träger und

$$\int f^*\omega = \int \omega. \tag{15.63}$$

Dies folgt aus der üblichen Transformationsregel für Integrale im $\mathbb{R}^n$ bei Variablensubstitution. Nun sei M eine n-dimensionale orientierbare Mannigfaltigkeit mit Orientierung $[\Omega]$, (U, h) sei eine lokale Karte von M, und ω sei eine n-Form auf M mit kompaktem Träger $tr\,\omega$. Gilt $tr\,\omega \subset U$, dann hat $h_*(\omega_{|U})$ kompakten Träger im $\mathbb{R}^n$.

15.9 Definition. *M sei eine orientierbare n-dimensionale Mannigfaltigkeit mit Orientierung $[\Omega]$, und es sei $\omega \in \bigwedge^n(M)$.*

(a) *Eine Karte (U, h) mit $h(U) = U' \subseteq \mathbb{R}^n$ heißt positiv orientiert, falls $h_*(\Omega_{|U})$ äquivalent ist zu der Standard-Volumenform $dx^1 \wedge \ldots \wedge dx^n$ auf U'.*

(b) *Ist (U, h) positiv orientiert und ist der kompakte Träger von ω enthalten in U, dann definieren wir*

$$\int \omega := \int h_*(\omega_{|U}). \tag{15.64}$$

Diese Definition ist unabhängig von der gewählten Karte.

(c) *Ist der Träger von ω nicht mehr in einer einzelnen Kartenumgebung enthalten, dann wählt man eine Zerlegung der Eins (vergleiche Definition 12.5) aus Funktionen ψ_α mit kompakten Trägern, die einer Überdeckung $\{(U_\alpha, h_\alpha)\}$ von M aus positiv orientierten Kartenumgebungen untergeordnet ist*[6] *und definiert*

$$\omega_\alpha = \psi_\alpha \omega \quad (\text{das heißt, } \omega_\alpha \text{ hat kompakten Träger in } U_\alpha) \tag{15.65}$$

sowie

$$\int \omega := \sum_\alpha \int \omega_\alpha \left(= \sum_\alpha \int h_{\alpha*}(\psi_\alpha \omega_{|U_\alpha}) \right). \tag{15.66}$$

---

[6] Ist M orientierbar, dann existiert immer ein Atlas, dessen sämtliche Karten positiv orientiert sind.

15 Hamiltonsche Flüsse, invariante Maße und Lyapunov-Spektrum

Bemerkungen. 1. Die Summe in (15.66) enthält nur endlich viele Summanden, das heißt, $\int \omega \in \mathbb{R}$.

2. Für jeden anderen Atlas aus positiv orientierten Karten und jede andere Zerlegung der Eins, die den Kartenumgebungen untergeordnet ist, ergibt sich auf der rechten Seite von (15.66) derselbe Wert. Man bezeichnet $\int \omega$ als das Integral von $\omega \in \bigwedge^n(M)$.

3. Sind M und N orientierte n-dimensionale Mannigfaltigkeiten und ist $f: M \to N$ ein orientierungserhaltender Diffeomorphismus, dann gilt: Hat $\omega \in \bigwedge^n(M)$ einen kompakten Träger, dann hat auch $f^*\omega$ einen kompakten Träger, und es folgt

$$\int \omega = \int f^*\omega. \tag{15.67}$$

Dies ist eine *Substitutionsregel*, ihr Beweis ist eine (straight-forward-)Anwendung von Definition 15.9, und wir überlassen ihn deshalb einer Übungsaufgabe. □

Für die Volumenform Ω auf M folgt aus der positiven Orientiertheit $\int \Omega > 0$, das heißt, $\int \Omega$ ist ein *Volumen*, mit dessen Hilfe das Integral einer Funktion f mit kompaktem Träger definiert werden kann:

15.10 Definition. *Sei M eine orientierbare Mannigfaltigkeit mit einer Volumenform Ω [7]. $f \in C^\infty(M)$ habe kompakten Träger. Dann nennt man*

$$\int_\Omega f := \int f\Omega \tag{15.68}$$

das Integral von f bezüglich Ω.

Dieses Integral ist $\mathbb{R}$-linear, da es letztlich auf das Riemann-Integral zurückgeht, und es kann unter Ausnutzung des *Satzes von Stone-Weierstraß* (vergleiche Anhang A.3) fortgesetzt werden auf beliebige stetige Funktionen mit kompaktem Träger. Aus dem *Darstellungssatz von Riesz*[8] ergibt sich dann folgende Aussage:

15.11 Satz (Darstellungssatz von Riesz). *Sei M eine kompakte orientierbare Mannigfaltigkeit mit einer Volumenform Ω. $\mathfrak{B}$ bezeichne die σ-Algebra der Borelschen Teilmengen von M (erzeugt von den offenen beziehungsweise abgeschlossenen Teilmengen von M). Dann gibt es genau ein Maß μ_Ω auf $\mathfrak{B}$, so daß für jede stetige Funktion f mit kompaktem Träger auf M gilt*

$$\int_M f(x)\mu_\Omega(dx) = \int_\Omega f. \tag{15.69}$$

---

[7] Dies soll an dieser Stelle und im folgenden automatisch beinhalten, daß M durch $[\Omega]$ orientiert und folglich $\int \Omega > 0$ ist.

[8] Vergleiche Anhang A.3.

Bemerkung. Dem gerade entwickelten Konzept ordnen sich auch Riemannsche Mannigfaltigkeiten unter. Ist nämlich M eine solche, so haben wir in (11.105), das heißt, durch

$$\operatorname{vol}(A) = \int_{h(A)} \sqrt{\det(g_{ij})} dx^1 \ldots dx^n$$

ein sogenanntes *Riemannsches Volumen* definiert, dabei ist (U, h) eine Karte von M und $A \subseteq U$ ein Gebiet mit kompaktem Abschluß. Diese Definition kann im Sinne von Definition 15.9 mit Hilfe einer Zerlegung der Eins auf beliebige kompakte Gebiete von M erweitert werden, und somit definiert der Integrand in (11.105) eine *Volumenform* auf M. □

15.12 Definition. *M sei eine differenzierbare Mannigfaltigkeit. Dann ist die äußere Ableitung*

$$d : \bigwedge^k(M) \longrightarrow \bigwedge^{k+1}(M) \tag{15.70}$$

definiert durch folgende Eigenschaften:

(a) *d ist $\mathbb{R}$-linear.*
(b) *Für $k = 0 \, (\bigwedge^0(M) = C^\infty(M))$ gilt: $df = Df$.*
(c) *Für $\omega \in \bigwedge^k(M), \eta \in \bigwedge^l(M)$ gilt die Produktregel:*
    $d(\omega \wedge \eta) = d\omega \wedge \eta + (-1)^k \, \omega \wedge d\eta$.
(d) *$d \circ d(\omega) = 0$.*
(e) *d ist lokal definiert, mit anderen Worten, sind zwei k-Formen auf einer offenen Teilmenge $O \subseteq M$ identisch, dann gilt dies auch für ihre äußeren Ableitungen.*

Durch Induktion über die Dimension k ist d somit wohldefiniert, denn aus den Regeln folgt zunächst lokal für $\omega = \varphi dx^{i_1} \wedge \ldots \wedge dx^{i_k}$ aus einer Basisdarstellung in $\bigwedge^k T_p^* M$ mit $\varphi = \varphi_{i_1,\ldots,i_k} : M \to \mathbb{R}$:

$$\begin{aligned}
d\omega &= d(\varphi dx^{i_1} \wedge \ldots \wedge dx^{i_k}) \\
&= d(\varphi \wedge dx^{i_1} \wedge \ldots \wedge dx^{i_k}) \\
&\stackrel{(c)}{=} d\varphi \wedge dx^{i_1} \wedge \ldots \wedge dx^{i_k} + (-1)^k \varphi \cdot d(dx^{i_1} \wedge \ldots \wedge dx^{i_k}) \\
&\stackrel{(d)}{=} d\varphi \wedge dx^{i_1} \wedge \ldots \wedge dx^{i_k} \, .
\end{aligned} \tag{15.71}$$

Somit ist die Eindeutigkeit von d bewiesen (und gleichzeitig eine wichtige praktische Rechenregel gefunden). Den Existenzbeweis für d kann man führen, indem man für diesen Ausdruck die Rechenregeln nachrechnet.

15.13 Satz. *Die äußere Ableitung ist vertauschbar mit der Lie-Ableitung und mit dem pullback:*

(a) $d\mathcal{L}_v \omega = \mathcal{L}_v d\omega$.
(b) $f^* d\omega = df^* \omega$ *(und $f_* d\omega = df_* \omega$, falls f ein Diffeomorphismus ist)*.

15 Hamiltonsche Flüsse, invariante Maße und Lyapunov-Spektrum

Beweis. (a) Man bestätige zunächst (mit (15.36)), daß gilt

$$\mathcal{L}_v(\omega^1 \wedge \ldots \wedge \omega^k) = \mathcal{L}_v\omega^1 \wedge \ldots \wedge \omega^k + \ldots + \omega^1 \wedge \ldots \wedge \mathcal{L}_v\omega^k, \quad (15.72)$$

woraus (a) folgt.

(b) Für $\omega = \varphi dx^{i_1} \wedge \ldots \wedge dx^{i_k}$ gilt mit (15.37)

$$f^*\omega = f^*\varphi \cdot f^*dx^{i_1} \wedge \ldots \wedge f^*dx^{i_k}, \quad (15.73)$$

und mit $d(f^*\varphi) = f^*d\varphi$ erhält man (b). Analog für f_*. ∎

Als weitere Konvention verwenden wir gelegentlich die sogenannte *Verkürzung einer k-Form* ω auf einen Tangentialvektor v, definiert durch

$$\omega \lrcorner v := \omega(v, \cdot, \ldots, \cdot). \quad (15.74)$$

Sie ist $\mathbb{R}$-linear und $C^\infty(M)$-linear in v. Außerdem gilt

$$(\omega \wedge \eta) \lrcorner v = (\omega \lrcorner v) \wedge \eta + (-1)^k \omega \wedge (\eta \lrcorner v) \quad (15.75)$$

sowie

$$df \lrcorner v = \mathcal{L}_v f \quad (15.76)$$

und

$$\mathcal{L}_v \omega = d\omega \lrcorner v + d(\omega \lrcorner v), \quad (15.77)$$

und schließlich auch noch

$$f^*\omega \lrcorner f^*v = f^*(\omega \lrcorner v). \quad (15.78)$$

15.14 Definition. *Eine k-Form $\omega \in \bigwedge^k(M)$ heißt abgeschlossen, wenn gilt $d\omega = 0$, und ω heißt exakt, wenn $\omega = d\eta$ für ein $\eta \in \bigwedge^{k-1}(M)$ erfüllt ist.*

Wegen $d \circ d = 0$ ist jede exakte k-Form abgeschlossen, lokal gilt auch die Umkehrung:

15.15 Satz (Poincaré-Lemma). *Ist $\omega \in \bigwedge^k(M)$ abgeschlossen, dann gibt es zu jedem $p \in M$ eine Umgebung U von p, in der ω exakt ist.*

Beweis. Vergleiche Katok und Hasselblatt [73], S. 724. ∎

Nun aber zurück zu den Hamilton-Systemen auf Mannigfaltigkeiten: Als Phasenraum wählen wir zunächst irgendeine $2N$-dimensionale differenzierbare Mannigfaltigkeit M. Das System ist bestimmt durch eine Hamilton-Funktion $H : M \to \mathbb{R}$, und wir nehmen an, daß eine abgeschlossene, nichtdegenerierte 2-Form Ω auf M existiert, das heißt, eine 2-Form $\Omega \in \bigwedge^2(M)$, für die gilt:

$$\text{(a) } d\Omega = 0, \quad \text{(b) } \underbrace{\Omega \wedge \ldots \wedge \Omega}_{N\text{-mal}} \neq 0. \quad (15.79)$$

Das Hamiltonsche Vektorfeld v_H ist dann definiert durch die Bedingung

$$\Omega(v_H(x), v) = dH(v) \qquad (15.80)$$

für $x \in M$, $v \in T_xM$. Mannigfaltigkeiten, die solch eine abgeschlossene, nichtdegenerierte 2-Form besitzen, nennt man *symplektisch* (vergleiche Definition 15.16 weiter unten). Symplektische Mannigfaltigkeiten sind zum Beispiel der $\mathbb{R}^{2N}$ beziehungsweise das Tangentialbündel T^*M einer differenzierbaren Mannigfaltigkeit M, die traditionell als die wichtigsten Phasenräume für Hamiltonsche Systeme in der klassischen Mechanik angesehen werden können.

Für ein Hamilton-System im Phasenraum $\mathbb{R}^{2N}$ mit den Koordinaten $q_1, \ldots, q_N$, $p_1, \ldots, p_N$ hat die 2-Form

$$\Omega = \sum_{i=1}^{N} dq_i \wedge dp_i \equiv dq \wedge dp \qquad (15.81)$$

die gewünschten Eigenschaften (a) und (b) aus (15.79). Dann folgt mit dem Ansatz

$$v_H = v_1 \frac{\partial}{\partial q} + v_2 \frac{\partial}{\partial p} \qquad (15.82)$$

in lokalen Koordinaten für das Hamiltonsche Vektorfeld und mit

$$dH = \frac{\partial H}{\partial q} dq + \frac{\partial H}{\partial p} dp \qquad (15.83)$$

für das Basiselement $v = \frac{\partial}{\partial p}$ aus (15.80):

$$\begin{aligned} dH\left(\frac{\partial}{\partial p}\right) &= \frac{\partial H}{\partial p} = dq \wedge dp \left(v_1 \frac{\partial}{\partial q} + v_2 \frac{\partial}{\partial p}, \frac{\partial}{\partial p}\right) \qquad (15.84) \\ &= dq\left(v_1 \frac{\partial}{\partial q} + v_2 \frac{\partial}{\partial p}\right) \cdot dp\left(\frac{\partial}{\partial p}\right) - dq\left(\frac{\partial}{\partial p}\right) \cdot dp\left(v_1 \frac{\partial}{\partial q} + v_2 \frac{\partial}{\partial p}\right) \\ &= v_1 \, . \end{aligned}$$

Analog erhält man für $v = \frac{\partial}{\partial q}$ aus (15.80)

$$\frac{\partial H}{\partial q} = -v_2, \qquad (15.85)$$

und, da diese Gleichungen vektoriell zu lesen sind, ergibt sich für das Vektorfeld v_H somit die Darstellung

$$v_H = \sum_{i=1}^{N} \left(\frac{\partial H}{\partial p_i} \frac{\partial}{\partial q_i} - \frac{\partial H}{\partial q_i} \frac{\partial}{\partial p_i}\right), \qquad (15.86)$$

15 Hamiltonsche Flüsse, invariante Maße und Lyapunov-Spektrum

das heißt, die Integralkurven von v_H sind gerade die Lösungskurven der Hamilton-Gleichungen (15.9).

Jetzt sei M eine N-dimensionale Mannigfaltigkeit und (U, h) eine Karte mit lokalen Koordinaten $q_1, \ldots, q_N$. Analog zu (11.55) induziert die Abbildung

$$H(p, \theta) = (h(p), p_1, \ldots, p_N) \qquad (15.87)$$

eine lokale Karte in T^*M, wobei die Koordinaten p_i durch die Basisdarstellung

$$\theta = -\sum_{i=1}^N p_i dq_i \qquad (15.88)$$

der 1-Form θ bestimmt sind. Damit induzieren die lokalen Koordinaten $\{q_1, \ldots, q_N\}$ in T^*M lokale Koordinaten $\{q_1, \ldots, q_N, p_1, \ldots, p_N\}$. Die äußere Ableitung von θ lautet wie (15.81)

$$\omega = d\theta = \sum_{i=1}^N dq_i \wedge dp_i, \qquad (15.89)$$

und definiert für eine gegebene Hamilton-Funktion H gemäß (15.80) wie im euklidischen Fall ein Hamiltonsches Vektorfeld v_H auf T^*M. Nun ist es an der Zeit, diese Vorgehensweisen unter einem gemeinsamen allgemeinen Dach zu vereinigen.

15.16 Definition. *M sei eine differenzierbare Mannigfaltigkeit und ω sei eine 2-Form auf M, das heißt, eine Abbildung*

$$\omega : M \longrightarrow \bigwedge^2 T^*M, \qquad (15.90)$$

die jedem $x \in M$ einen antisymmetrischen (= alternierenden) 2-Tensor auf T_xM zuordnet.

(a) *ω heißt* nichtdegeneriert, *falls die Abbildung*

$$\omega^\flat : v \longrightarrow \omega(v, \cdot). \qquad (15.91)$$

für jeden Punkt $v \in T_xM$ ein Isomorphismus von T_xM auf seinen Dualraum T_x^*M ist. [9]

(b) *Eine nichtdegenerierte 2-Form ω mit $d\omega = 0$ heißt* symplektische Form. *Ein Paar (M, ω) bestehend aus einer differenzierbaren Mannigfaltigkeit und einer symplektischen Form heißt* symplektische Mannigfaltigkeit.

---

[9] Das heißt, $\omega(v_1, v_2) = 0$ für alle $v_2 \in T_xM \Rightarrow v_1 = 0$. Darüber hinaus haben wir bereits folgendes Kriterium für Nichtdegeneriertheit benutzt [1]: ω ist genau dann nichtdegeneriert, wenn T_xM (beziehungsweise M) gerade Dimension (= $2n$ für ein $n \in \mathbb{N}$) besitzt und $\omega^n := \omega \wedge \ldots \wedge \omega$ eine Volumenform ist.

(c) *Ein Diffeomorphismus* $f : (M, \omega) \to (N, \eta)$ *zwischen symplektischen Mannigfaltigkeiten, für den gilt*

$$f^*\eta = \omega \qquad (15.92)$$

heißt symplektischer Diffeomorphismus *oder* Symplektomorphismus. *Ist* $(M, \omega) = (N, \eta)$, *dann nennt man f eine* kanonische Transformation.

Im folgenden arbeiten wir mit zwei grundlegenden Eigenschaften symplektischer Mannigfaltigkeiten, die wir in den beiden folgenden Sätzen formulieren, aber auf deren Beweise wir verzichten wollen [10]):

15.17 Satz. *Ist (M, ω) eine symplektische Mannigfaltigkeit, dann ist* $\dim M$ *gerade* (= $2n$ *für ein* $n \in \mathbb{N}$), *und* $\omega^n = \omega \wedge \ldots \wedge \omega$ *ist eine Volumenform. Insbesondere ist M orientierbar.*

15.18 Satz (Darboux-Theorem). (M, ω) *sei eine symplektische Mannigfaltigkeit mit Dimension $2n$. Dann existiert zu jedem Punkt $x \in M$ eine Umgebung U von x und eine Karte $h : U \to \mathbb{R}^{2n}$, so daß ω in jedem Punkt $y \in U$ in bezug auf die Basis $\left\{ \frac{\partial}{\partial x^1}, \ldots, \frac{\partial}{\partial x^{2n}} \right\}$* kanonische *(oder* Standard-)Form *besitzt, das heißt, es gilt*

$$\omega\left(\frac{\partial}{\partial x^i}, \frac{\partial}{\partial x^{n+i}}\right) = \omega(y)\left(\frac{\partial}{\partial x^i}, \frac{\partial}{\partial x^{n+i}}\right) = 1 \text{ für } i = 1, \ldots, n \qquad (15.93)$$

sowie

$$\omega\left(\frac{\partial}{\partial x^i}, \frac{\partial}{\partial x^j}\right) = 0, \text{ falls } |i - j| \neq n. \qquad (15.94)$$

Bemerkungen. 1. In Standard-Form hat ω offenbar die Gestalt

$$\omega = \sum_{i=1}^{n} dx^i \wedge dx^{i+n}. \qquad (15.95)$$

2. Mit (15.95) rechnet man die Volumenform ω^n einfach aus, es ergibt sich

$$\omega^n = n!(-1)^{[n/2]} dx^1 \wedge \ldots \wedge dx^{2n} \neq 0, \qquad (15.96)$$

wobei $[n/2]$ die größte ganze Zahl kleiner oder gleich $n/2$ bezeichnet. □

Die durch eine Karte (U, h) wie in Satz 15.18 gegebenen lokalen Koordinaten werden *symplektische* oder *Darboux-Koordinaten* genannt. Man stellt sofort fest, daß die 2-Form

$$\omega = \sum_{i=1}^{N} dq_i \wedge dp_i \qquad (15.97)$$

---

[10]) Man findet Beweise zu beiden Sätzen in Katok und Hasselblatt [73], Abschnitt 5.5 beziehungsweise in Abraham und Marsden [1], Abschnitt 3.1. Satz 15.17 folgt unmittelbar aus dem in Fußnote 9 zitierten Kriterium.

15 Hamiltonsche Flüsse, invariante Maße und Lyapunov-Spektrum

in (15.81) beziehungsweise (15.89) eine symplektische 2-Form auf $\mathbb{R}^{2N}$ beziehungsweise T^*M in symplektischen Koordinaten ist. Symplektische 2-Formen in symplektischen Koordinaten sind invariant unter Symplektomorphismen auf T^*M, die durch Diffeomorphismen $f: M \to M$ induziert werden:

15.19 Satz. *M sei eine differenzierbare Mannigfaltigkeit und $f : M \to M$ ein Diffeomorphismus. Dann ist der pullback D^*f auf T^*M ein Symplektomorphismus, das heißt, eine kanonische Abbildung auf T^*M.*

Beweis. Der pullback D^*f, betrachtet als Funktion $D^*f : T^*M \to T^*M$, wird gewöhnlich als *Lift* von f bezeichnet und ist definiert durch

$$D^*f(\omega(p))(v) = \omega(p)(Dfv) \tag{15.98}$$

(vergleiche (15.37)) für $p \in M$ und $v \in T_{f^{-1}(p)}M$. Schreibt man $f(q_1,\ldots,q_N) = (Q_1,\ldots,Q_N)$, dann bewirkt D^*f die Koordinatentransformation

$$(Q_1,\ldots,Q_N, P_1,\ldots,P_N) \longmapsto (q_1,\ldots,q_N, p_1,\ldots,p_N)$$

mit

$$p_j = \sum_{i=1}^{N} \frac{\partial Q_i}{\partial q_j} P_i \tag{15.99}$$

für $j = 1,\ldots,N$. Daraus folgt

$$\sum_{i=1}^{N} P_i dQ_i = \sum_{i=1}^{N} P_i \sum_{j=1}^{N} \frac{\partial Q_i}{\partial q_j} dq_j = \sum_{j=1}^{N} \left(\sum_{i=1}^{N} P_i \frac{\partial Q_i}{\partial q_j} \right) dq_j = \sum_{j=1}^{n} p_j dq_j \,. \tag{15.100}$$

Also bleibt θ und somit auch $\omega = d\theta$ unverändert unter D^*f. ∎

Symplektische Mannigfaltigkeiten gestatten uns nun, Hamiltonsche Flüsse und Vektorfelder sehr abstrakt und unabhängig von ihrem traditionellen Kontext in der klassischen Mechanik zu definieren.

15.20 Definition. *(M,ω) sei eine symplektische Mannigfaltigkeit und $H : M \to \mathbb{R}$ eine differenzierbare Funktion. Dann nennt man das Vektorfeld*

$$v_H = dH^\sharp, \tag{15.101}$$

definiert durch

$$\omega \lrcorner v_H = dH, \tag{15.102}$$

das **Hamiltonsche Vektorfeld** *von H. Den Fluß φ^t mit*

$$\dot{\varphi}^t = v_H, \tag{15.103}$$

das heißt,
$$\dot{\varphi}^t(x) = v_H(\varphi^t(x)), \tag{15.104}$$

nennt man den Hamiltonschen Fluß *von* H.

Zunächst wollen wir uns vergewissern, daß im Fall der symplektischen Phasenräume $\mathbb{R}^{2N}$ beziehungsweise T^*M durch $\dot{\varphi}^t = v_H$ mit $v_H = dH^\sharp$, definiert durch (15.102), wirklich eine äquivalente Formulierung der Hamiltonschen Gleichungen

$$\dot{q}_i = \frac{\partial H}{\partial p_i}, \quad \dot{p}_i = -\frac{\partial H}{\partial q_i}, \quad i = 1, \ldots, N, \tag{15.105}$$

gegeben ist. Dazu müssen wir nachprüfen, daß

$$v_H = \sum_{i=1}^{N} \left(\frac{\partial H}{\partial p_i} \frac{\partial}{\partial q_i} - \frac{\partial H}{\partial q_i} \frac{\partial}{\partial p_i} \right) \tag{15.106}$$

der Gleichung (15.102) mit $\omega = \sum_{i=1}^{N} dq_i \wedge dp_i$ genügt. Es gilt

$$\begin{aligned}
\omega \lrcorner v_H &= \sum_{i=1}^{N} (dq_i \wedge dp_i) \lrcorner v_H \\
&= \sum_{i=1}^{N} (dq_i \lrcorner v_H) \wedge dp_i - \sum_{i=1}^{N} dq_i \wedge (dp_i \lrcorner v_H) \\
&- \sum_{i=1}^{N} \left(\frac{\partial H}{\partial p_i} dp_i + \frac{\partial H}{\partial q_i} dq_i \right) = dH.
\end{aligned} \tag{15.107}$$

Die letzte Gleichung folgt dabei aus

$$dq_i \lrcorner v_H = dq_i(v_H) = \frac{\partial H}{\partial p_i} \tag{15.108}$$

beziehungsweise

$$dp_i \lrcorner v_H = -\frac{\partial H}{\partial q_i}. \tag{15.109}$$

15.21 Lemma. *(M, ω) sei eine symplektische Mannigfaltigkeit, $H : M \to \mathbb{R}$ differenzierbar, $\omega \lrcorner v_H = dH$ und $\dot{\varphi}^t = v_H$. Dann gilt (mit $\varphi^{t*} := (\varphi^t)^*$):*

(a) $\frac{d}{dt} \varphi^{t*} \omega = \varphi^{t*}(\mathcal{L}_{v_H} \omega)$. *Insbesondere gilt:*

(b) $\frac{d}{dt} f \circ \varphi^t = \varphi^{t*}(\mathcal{L}_{v_H} f)$, *falls $f : M \to \mathbb{R}$ differenzierbar ist.*

Beweis. Wir beweisen (b) und überlassen (a) einer Übungsaufgabe. Zunächst beweisen wir eine Hilfsbehauptung, und zwar

$$D\varphi^t(v_H(x)) = v_H(\varphi^t(x)). \tag{15.110}$$

Mit $c_x(t) := \varphi^t(x)$ gilt zunächst

$$\dot{c}_x(0) = \left.\frac{d}{d\tau}\varphi^\tau(x)\right|_{\tau=0} = v_H(x) \tag{15.111}$$

und

$$\dot{c}_x(t) = \left.\frac{d}{d\tau}\varphi^\tau(x)\right|_{\tau=t} = \dot{\varphi}^t(x) = v_H(\varphi^t(x)) \tag{15.112}$$

und somit

$$\begin{aligned} D\varphi^t(v_H(x)) &= D\varphi^t(\dot{c}_x(0)) = \left.\frac{d}{d\tau}\varphi^t \circ c_x(\tau)\right|_{\tau=0} \\ &= \left.\frac{d}{d\tau}\varphi^{t+\tau}(x)\right|_{\tau=0} \\ &= \left.\frac{d}{ds}\varphi^s(x)\right|_{s=t} = v_H(\varphi^t(x)). \end{aligned} \tag{15.113}$$

Damit gilt (mit $df = (df)_{\varphi^t(x)}$)

$$\begin{aligned} \varphi^{t*}(\mathcal{L}_{v_H}f)(x) &= \varphi^{t*}df(v_H(x)) = df(D\varphi^t v_H(x)) \\ &= df\bigl(v_H(\varphi^t(x))\bigr). \end{aligned} \tag{15.114}$$

Andererseits folgt

$$\frac{d}{dt}f \circ \varphi^t(x) = df(\dot{\varphi}^t(x)) = df\bigl(v_H(\varphi^t(x))\bigr) \tag{15.115}$$

und somit die Behauptung. ∎

Dieses Lemma erlaubt uns, die nachfolgenden kanonischen Eigenschaften Hamiltonscher Flüsse kurz und prägnant zu beweisen; die Voraussetzungen bleiben dieselben wie im Lemma.

15.22 Satz. *Hamiltonsche Flüsse sind volumenerhaltend.* [11]

Beweis. Nach dem Lemma gilt

$$\begin{aligned} \frac{d}{dt}\varphi^{t*}\omega &= \varphi^{t*}(\mathcal{L}_{v_H}\omega) = \varphi^{t*}(d(\omega \lrcorner v_H) + (d\omega \lrcorner v_H)) \\ &= \varphi^{t*}(d(\omega \lrcorner v_H)) = \varphi^{t*}(d \circ dH) = 0. \end{aligned} \tag{15.116}$$

---
[11] Diese Folgerung, daß Hamiltonsche Flüsse volumenerhaltend sind, ist auch bekannt als das *Theorem von Liouville*.

Also ist $\varphi^{t*}\omega$ konstant als Funktion von t. Da φ^0 die Identität ist, folgt somit $\varphi^{t*}\omega = \omega$. Daraus folgt die Behauptung mit Satz 15.6 (c). ∎

15.23 Satz. *$H(\varphi^t(x))$ ist konstant als Funktion von t.*

Beweis. Es gilt $\dot{\varphi}^t(x) = v_H(\varphi^t(x))$ und somit

$$\begin{aligned}\frac{d}{dt}H(\varphi^t(x)) &= (dH)_{\varphi^t(x)}(\dot{\varphi}^t(x)) \\ &= \omega \lrcorner\, v_H(\varphi^t(x))(\dot{\varphi}^t(x)) \\ &= \omega\bigl(v_H(\varphi^t(x)), v_H(\varphi^t(x))\bigr) = 0.\end{aligned} \quad (15.117)$$

∎

Bemerkungen. 1. Satz 15.23 verallgemeinert eine bekannte Tatsache aus der klassischen Mechanik, daß die Gesamtenergie (= Hamilton-Funktion) eine *Konstante der Bewegung* für den Hamiltonschen Fluß ist. Eine Konstante der Bewegung heißt auch *(erstes) Integral* des Flusses.

2. Allgemein gilt: Eine differenzierbare Abbildung $f : M \to \mathbb{R}$ ist für einen Fluß

$$\dot{\varphi}^t(x) = v(\varphi^t(x)) \quad (15.118)$$

genau dann ein *erstes Integral*, wenn gilt

$$\mathcal{L}_v f(\varphi^t(x)) = 0, \quad (15.119)$$

das heißt, wenn die Lie-Ableitung von f längs des Vektorfeldes v gleich 0 ist. Dies folgt wegen

$$\mathcal{L}_v f = df \lrcorner\, v = df(v) \quad (15.120)$$

aus

$$\mathcal{L}_v f(\varphi^t(x)) = (df)_{\varphi^t(x)}(\dot{\varphi}^t(x)) = \frac{df}{dt}(\varphi^t(x)) = 0. \quad (15.121)$$

15.24 Definition. *(M,ω) sei eine symplektische Mannigfaltigkeit und $f, g : M \to \mathbb{R}$ seien differenzierbare Funktionen. Dann ist die* Poisson-Klammer *von f und g definiert durch*

$$\{f, g\} := \omega(v_f, v_g) = df(v_g), \quad (15.122)$$

dabei ist $v_f = df^\sharp$ und $v_g = dg^\sharp$, das heißt, $\omega \lrcorner\, v_f = df$ und $\omega \lrcorner\, v_g = dg$. Man sagt, f und g sind in Involution, *falls ihre Poisson-Klammer verschwindet.*

15.25 Satz. *In symplektischen Koordinaten $\{q_1, \ldots, q_n, p_1, \ldots, p_n\}$ gilt*

$$\{f, g\} = \sum_{i=1}^{N}\left(\frac{\partial f}{\partial q_i}\frac{\partial g}{\partial p_i} - \frac{\partial f}{\partial p_i}\frac{\partial g}{\partial q_i}\right). \quad (15.123)$$

Beweis. Dies folgt aus (15.122) mit $v_g = \sum_{i=1}^{n} \left(\frac{\partial g}{\partial p_i} \frac{\partial}{\partial q_i} - \frac{\partial g}{\partial q_i} \frac{\partial}{\partial p_i} \right)$. ∎

15.26 Satz. (a) *Die Poisson-Klammer ist antisymmetrisch, und es gilt*

$$\{\cdot, f\} = \mathcal{L}_{v_f}. \tag{15.124}$$

(b) *f ist genau dann ein erstes Integral des Hamiltonschen Flusses von $H : M \to \mathbb{R}$, wenn gilt $\{f, H\} = 0$.*

Beweis. (a) Die Antisymmetrie folgt aus der Antisymmetrie von ω, und (15.124) folgt aus

$$\mathcal{L}_{v_f} g = dg \lrcorner v_f = (\omega \lrcorner v_g) \lrcorner v_f = \omega(v_g, v_f) = \{g, f\}. \tag{15.125}$$

(b) Ist φ^t der Hamiltonsche Fluß von H, dann verschwindet

$$\frac{d}{dt} f \circ \varphi^t = {\varphi^t}^*(\mathcal{L}_{v_H} f) = {\varphi^t}^* \{f, H\} \tag{15.126}$$

genau dann, wenn $\{f, H\}$ verschwindet. ∎

Bemerkung. Insbesondere haben wir damit die Invarianz von H (Satz 15.23) noch einmal mitbewiesen, denn es gilt

$$\{H, H\} = dH(v_H) = \omega \lrcorner v_H(v_H) = \omega(v_H, v_H) = 0. \tag{15.127}$$

H ist also, wie wir bereits wissen, ein erstes Integral, das heißt, eine Konstante der Bewegung für den Hamiltonschen Fluß. □

15.27 Beispiel. Im $\mathbb{R}^3$ sei

$$\dot{x}_1 = x_2 x_3, \quad \dot{x}_2 = x_1 x_3, \quad \dot{x}_3 = x_1 x_2, \tag{15.128}$$

dann sind

$$f_1(x_1, x_2, x_3) = x_1^2 - x_2^2 \quad \text{und} \quad f_2(x_1, x_2, x_3) = x_1^2 - x_3^2 \tag{15.129}$$

erste Integrale.

Die Hauptmotivation, erste Integrale eines gegebenen Flusses zu finden, liegt auf der Hand: je mehr von ihnen existieren, desto genauer sind die Orbits (durch diese Integrale) festgelegt. A priori wird man also bemüht sein, $2n - 1$ unabhängige erste Integrale für einen $2n$-dimensionalen Fluß zu bestimmen, denn dann ist die Mannigfaltigkeit, auf der sich das System bewegen muß, eindimensional und bestimmt somit vollständig jeden Orbit. Es wird sich jedoch zeigen, daß aufgrund der symplektischen Struktur der Hamilton-Gleichungen in der Tat bereits n unabhängige erste Integrale in Involution ausreichen, um die Bewegungsgleichungen zu lösen. Insbesondere kann chaotisches Verhalten ausgeschlossen werden, wenn eine hinreichend große Zahl erster Integrale existiert. Ist zum Beispiel $H : \mathbb{R}^4 \to \mathbb{R}$ und existiert neben der Hamilton-Funktion ein weiteres erstes Integral, dann ist chaotisches Verhalten ausgeschlossen. Solche Systeme nennt man *vollständig integrabel* oder schlicht *integrabel*.

15.28 Definition. *Sei (M, ω) eine $2n$-dimensionale symplektische Mannigfaltigkeit, $H : M \to \mathbb{R}$ differenzierbar, $\omega \,\lrcorner\, v_H = dH$ und $\dot{\varphi}^t = v_H$. Man nennt das so definierte Hamiltonsche System integrabel, wenn n erste Integrale $H = f_1, \ldots, f_n : M \to \mathbb{R}$ existieren, die in Involution sind und deren Differentiale df_i (punktweise) linear unabhängig sind. Das heißt, es gilt:*

(a) $\{f_i, f_k\} = 0$ *für alle* $i, k = 1, \ldots, n$.
(b) *Die Differentiale (vergleiche (15.24)) $df_1, \ldots, df_n$ sind linear unabhängig.*

15.29 Beispiele (aus Steeb [147]). 1. $H : \mathbb{R}^{2N} \to \mathbb{R}$ sei gegeben durch

$$H(p, q) = \frac{1}{2} \sum_{k=1}^{N} (p_k^2 + \alpha^2 q_k^2), \tag{15.130}$$

so sind die ersten Integrale gegeben durch

$$f_k(p, q) = p_k^2 + q_k^2, \quad k = 1, \ldots, N. \tag{15.131}$$

2. $H : \mathbb{R}^{2N} \to \mathbb{R}$ sei gegeben durch

$$H(p, q) = h(p), \tag{15.132}$$

das heißt, die Hamilton-Funktion hängt nicht von q ab. Dann sind die ersten Integrale gegeben durch

$$f_k(p, q) = p_k, \quad k = 1, \ldots, N. \tag{15.133}$$

3. $H : \mathbb{R}^4 \to \mathbb{R}$ sei gegeben durch

$$H(p, q) = \tfrac{1}{2}(p_1^2 + p_2^2) + e^{q_2 - q_1}. \tag{15.134}$$

Dann lauten die Bewegungsgleichungen

$$\begin{aligned} \dot{q}_1 &= p_1, & \dot{p}_1 &= e^{q_2 - q_1}, \\ \dot{q}_2 &= p_2, & \dot{p}_2 &= -e^{q_2 - q_1}, \end{aligned} \tag{15.135}$$

und die ersten Integrale sind gegeben durch H und

$$f_2(p, q) = p_1 + p_2. \tag{15.136}$$

Es würde den Rahmen und Anspruch dieses Buches sprengen, wollte man an dieser Stelle die Theorie vollständig integrabler Hamiltonscher Systeme in ihrer historischen Entwicklung und mit all ihren Konsequenzen behandeln, in deren Zentrum

15 Hamiltonsche Flüsse, invariante Maße und Lyapunov-Spektrum

der *Satz von Liouville* steht. Er besagt, daß ein Hamilton-System mit n Freiheitsgraden sich auf n-dimensionalen Tori quasiperiodisch bewegt und durch sogenannte Quadraturen, das heißt, durch analytische Schritte wie Berechnen von Integralen und so weiter, lösbar ist, falls es n funktionell unabhängige Konstanten der Bewegung f_i in Involution gibt, das heißt, für die $\{f_i, f_k\} = 0$ für alle $i, k = 1, \ldots, n$ gilt. Eine geringfügig abgespeckte Version des Satzes von Liouville (zum Original vergleiche Arnold [8]) lautet:

15.30 Satz. *(M, Ω) sei eine $2n$-dimensionale symplektische Mannigfaltigkeit. $H = f_1, f_2, \ldots, f_n \in C^\infty(M)$ seien in Involution stehende Funktionen auf M, für festes $c = (c_1, \ldots, c_n) \in \mathbb{R}^n$ sei*

$$M_c = \{x \in M \mid f_i(x) = c_i, \ i = 1, \ldots, n\}, \tag{15.137}$$

und für jedes $x \in M_c$ seien die Differentiale

$$(df_1)_x, \ldots, (df_n)_x \tag{15.138}$$

linear unabhängig (dies ist die Eigenschaft der funktionellen Unabhängigkeit). Dann gilt:

(a) *Für fast alle $c \in \mathbb{R}^n$ definiert M_c eine differenzierbare Mannigfaltigkeit, die invariant ist unter dem Hamiltonschen Fluß φ_H^t von H (und damit auch unter jedem Hamiltonschen Fluß $\varphi_{f_i}^t$).*

(b) *Ist M_c kompakt und zusammenhängend, dann ist M_c diffeomorph zum n-Torus*

$$\mathbb{T}^n = \{(\theta_1, \ldots, \theta_n) \in \mathbb{R}^n \mid \theta_i = \theta_i (\operatorname{mod} 2\pi), \ i = 1, \ldots, n\}. \tag{15.139}$$

(c) *Über diesen Diffeomorphismus ist der Hamiltonsche Fluß φ_H^t, eingeschränkt auf M_c, konjugiert zu einem linearen Fluß auf $\mathbb{T}^n$. Er beschreibt eine quasiperiodische Bewegung auf M_c, das heißt, in Winkelvariablen $\theta = (\theta_1, \ldots, \theta_n)$ haben wir*

$$\frac{d\theta}{dt} = \omega \quad \text{mit} \quad \omega = \omega(c) = (\omega_1(c), \ldots, \omega_n(c)) \tag{15.140}$$

und mit einer Abbildung $\omega : \mathbb{R}^n \to \mathbb{R}^n$, die von c abhängt.

(d) *Die Hamiltonschen Gleichungen können damit durch Quadraturen gelöst werden.*

Beweis. Vergleiche Katok und Hasselblatt [73], Theorem 5.5.21. ∎

Der Phasenraum M zerfällt nach diesem Satz in invariante n-dimensionale Tori $\mathbb{T}_c^n$. Ein Punkt von $\mathbb{T}_c^n$ wird durch n Winkelkoordinaten $\theta = (\theta_1, \ldots, \theta_n)$, $0 \leq \theta_i \leq 2\pi$ für alle i, bestimmt, und seine Bewegung wird durch Gleichungen

$$\frac{d\theta_i}{dt} = \omega_i(c), \quad i = 1, \ldots, n, \tag{15.141}$$

beschrieben. Dies bedeutet, jede Koordinate ändert sich gleichförmig und läuft mit konstanter Geschwindigkeit auf einem Kreis. Die Lösung der Gleichung lautet

$$\theta_i(t) = \theta_i(0) + \omega_i(c)t. \tag{15.142}$$

Da θ_i und $\theta_i + 2\pi$ die i-te Koordinate desselben Punktes auf $\mathbf{T}_c^n$ beschreiben, ist die Bewegung in allen θ_i periodisch, und wir können die ω_i's als Frequenzen bezeichnen, die im allgemeinen für verschiedene i verschieden sein werden. Die vollständige Bahn kann man sich als eine schraubenförmige Windung um den Torus $\mathbf{T}_c^n$ vorstellen, die nicht notwendig geschlossen, also periodisch, zu sein braucht. Unter geeigneten Voraussetzungen liegt sie sogar dicht auf dem Torus. Eine solche Bewegung heißt *quasiperiodisch*.

Nach dem obigen Satz wählt man auf M_c die Winkelvariablen $(\theta_1, \ldots, \theta_n)$ als Koordinaten. Wegen der linearen Unabhängigkeit der df_i können wir $(f_1, \ldots, f_n, \theta_1, \ldots, \theta_n)$ als neue Koordinaten im Phasenraum M einführen. Dieser Satz von Koordinaten kann jedoch aus den „alten" symplektischen Koordinaten in M – wir nennen sie wiederum $(q, p) = (q_1, \ldots, q_n, p_1, \ldots, p_n)$ – im allgemeinen *nicht* durch eine kanonische Transformation gewonnen werden, welche die nichtentartete 2-Form Ω invariant läßt. Der Satz von Liouville in seiner vollen Entfaltung besagt jedoch, daß man in der Umgebung von M_c eine symplektische (kanonische) Koordinatentransformation finden kann, so daß die Hamilton-Funktion in diesen neuen Koordinaten $(I_1, \ldots, I_n, \theta_1, \ldots, \theta_n)$ nur noch von $(I_1, \ldots, I_n)$ abhängt. Einen solchen Satz von Koordinaten nennt man *Wirkungs-Winkel-Koordinaten*. Man findet leicht solche Koordinaten I_k, sie sind definiert durch

$$I_k = \int_{\gamma_k} p \, dq, \quad k = 1, \ldots, n, \tag{15.143}$$

wobei γ_k, $k = 1, \ldots, n$, die n elementaren, nicht ineinander stetig deformierbaren geschlossenen Kurven auf dem n-Torus $\mathbf{T}_c^n$ sind. Die Variablen I_k nennt man *Wirkungsvariablen*, sie können als neue Impulsvariablen betrachtet werden, die zusammen mit den Winkelvariablen θ_k einen neuen Satz $(I, \theta) = (I_1, \ldots, I_n, \theta_1, \ldots, \theta_n)$ symplektischer Koordinaten bilden.

Die 2-Form Ω hat somit die Darstellung

$$\Omega = \sum_{k=1}^{n} d\theta_k \wedge dI_k \tag{15.144}$$

und aus (15.80) beziehungsweise $\Omega \lrcorner \, v_H = dH$ folgt, da H nur von den Wirkungsvariablen $I_1, \ldots, I_n$ abhängt, unmittelbar

$$v_H(I, \theta) = \left(\frac{\partial H}{\partial I_1}, \ldots, \frac{\partial H}{\partial I_n}, 0, \ldots, 0 \right). \tag{15.145}$$

15 Hamiltonsche Flüsse, invariante Maße und Lyapunov-Spektrum

Wir erkennen jetzt direkt, daß die Wirkungsvariablen I_k invariant sind unter dem Hamiltonschen Fluß $\varphi^t = v_H$, und daß der Fluß auf jedem n-Torus

$$T_c^n = \{(I_1,\ldots,I_n,\theta_1,\ldots,\theta_n) \mid I_k = c_k, \theta_k = \theta_k(\bmod 2\pi) \text{ für } k=1,\ldots,n\} \quad (15.146)$$

linear ist. Die Hamiltonschen Bewegungsgleichungen in den Koordinaten (I_k, θ_k) lauten also für $k = 1,\ldots,n$

$$\frac{dI_k}{dt} = -\frac{\partial H(I_1,\ldots,I_n)}{\partial \theta_k} = 0, \quad \frac{d\theta_k}{dt} = \frac{\partial H(I_1,\ldots,I_n)}{\partial I_k} = \omega_k(I_1,\ldots,I_n). \quad (15.147)$$

Sie können direkt integriert werden zu

$$\begin{aligned} I_k(t) &= I_k(0) = c_k, \\ \theta_k(t) &= \omega_k(c)t + \theta_k(0) \end{aligned} \quad (15.148)$$

für $k = 1,\ldots,n$. Kehrt man zurück zu den ursprünglichen Koordinaten $q_k = q_k(I,\theta)$, $p_k = p_k(I,\theta)$, erhält man für die Bewegung in diesen Koordinaten

$$\begin{aligned} q_k(t) &= q_k(\theta(0) + \omega(c)t, c), \\ p_k(t) &= p_k(\theta(0) + \omega(c)t, c). \end{aligned} \quad (15.149)$$

Dies besagt aber, daß die Bewegung im allgemeinen quasiperiodisch verläuft. Umgekehrt lautet (15.148) in den ursprünglichen Koordinaten (q_k, p_k) und t:

$$\begin{aligned} I_k(0) &= I_k(q_1(t),\ldots,q_n(t), p_1(t),\ldots,p_n(t)), \\ \theta_k(0) &= \theta_k(q_1(t),\ldots,q_n(t), p_1(t),\ldots,p_n(t)), \end{aligned} \quad (15.150)$$

das heißt, wir haben die Bewegungsgleichungen vollständig gelöst und $2n$ Konstanten der Bewegung (erste Integrale) erhalten. Der Frequenzvektor

$$\omega(I_1,\ldots,I_n) = \left(\frac{\partial H}{\partial I_1},\ldots,\frac{\partial H}{\partial I_n}\right) \quad (15.151)$$

hängt, wie gesagt, von $c = (c_1,\ldots,c_n)$ ab, so daß sich ein vollständig integrables System darstellt als eine Konfiguration unterschiedlicher invarianter Tori im Phasenraum, auf denen der Fluß linear ist, allerdings mit unterschiedlichen Frequenzen von einem Torus zum nächsten.

Integrable Systeme sind jedoch die Ausnahme, die meisten Hamilton-Systeme sind nicht integrabel: Für $n = 1$ sind sie alle integrabel, und ihre Bewegung kann betrachtet werden als Rotation auf einer Kreislinie vom Radius $\sqrt{2I(0)}$ mit konstanter Winkelgeschwindigkeit ω. Die überwiegende Mehrheit von Systemen für $n \geq 2$ ist nicht integrabel. Für $n = 2$ bestimmen im integrablen Fall $I_1(0)$ und $I_2(0)$ zwei Radien mit den Winkelgeschwindigkeiten ω_1 und ω_2, so daß die Bewegung beschränkt ist auf einen 2-Torus. Neben Periodizität wie für $n = 1$ ist quasiperiodisches Verhalten möglich: Ist $\frac{\omega_1}{\omega_2}$ irrational, dann windet sich jeder Orbit unendlich oft dicht um den 2-Torus herum. Für $n > 2$ *kann* im nicht integrablen Fall ein Mechanismus auftreten, den man als *Arnold-Diffusion* bezeichnet und der chaotisches Verhalten ermöglicht.

Damit verlassen wir die (vollständig) integrablen Hamilton-Systeme. Da die Bewegung eines integrablen Hamiltonschen Systems mit n Freiheitsgraden quasiperiodisch ist und beschränkt auf den n-Torus, fallen integrable Systeme nicht in den Bereich der *statistischen Mechanik*, denn die Dimension $2n - 1$ einer Energiefläche $H = $ const ist größer als diejenige des Torus, falls $n > 1$ gilt, so daß kein Orbit die Energiefläche „ausfüllen" kann. Es ist auch klar, daß sie nicht chaotisch sein kann, wobei wir für den Augenblick einen Fluß dann als *chaotisch* bezeichnen wollen, wenn er eine chaotische Poincaré-Abbildung im Sinne von Definition 6.1 induziert.

15.31 Beispiel. Das Hénon-Heiles-Modell. Die Bewegungsgleichungen, die sich aus der von Hénon und Heiles [62] im Jahr 1964 angegebenen Hamilton-Funktion ergeben, modellieren die Bewegungen galaktischer Sternencluster im Universum. Sie beziehen sich auf Beobachtungen von Contopoulos und anderen (1960), nach denen die Trajektorien von Sternen im Gravitationsfeld „typischer" Galaxien in Abhängigkeit von ihren Anfangsbedingungen entweder integrabel oder chaotisch sein können. Das Modell besteht aus zwei gekoppelten Oszillatoren, ähnlich den gekoppelten logistischen Gleichungen (10.177), die Kopplung erfolgt hier jedoch über kubische und nicht wie dort über quadratische Koordinatenterme. Die Hamilton-Funktion $H : \mathbb{R}^4 \to \mathbb{R}$ lautet

$$H(\boldsymbol{p},\boldsymbol{q}) = \tfrac{1}{2}(p_1^2 + q_1^2 + p_2^2 + q_2^2) + q_1^2 q_2 - \tfrac{1}{3}q_2^3 \,. \tag{15.152}$$

Daraus ergeben sich die Bewegungsgleichungen

$$\begin{aligned} \dot{p}_1 &= -q_1 - 2q_1 q_2 \\ \dot{p}_2 &= -q_2 - q_1^2 + q_2^2 \\ \dot{q}_1 &= p_1 \\ \dot{q}_2 &= p_2 \,. \end{aligned} \tag{15.153}$$

Die Hamilton-Funktion ist ein erstes Integral, und man kann zeigen, daß es *kein weiteres erstes Integral* gibt. Sind Startwerte $q_{10}, q_{20}, p_{10}, p_{20}$ vorgegeben, dann ist die Gesamtenergie $E = H(q_{10}, q_{20}, p_{10}, p_{20})$ festgelegt, und die Trajektorie bewegt sich auf der 3-dimensionalen Hyperfläche $H(\boldsymbol{p},\boldsymbol{q}) = E$ des 4-dimensionalen Phasenraums. Das Verhalten des dynamischen Systems (15.153) hängt von E ab, das heißt, die Gesamtenergie E kann als Verzweigungsparameter aufgefaßt werden. Aus der Literatur sind recht ordentliche Darstellungen der Orbitstruktur in Abhängigkeit von E mit Hilfe geeigneter Poincaré-Abbildungen bekannt. Wir übernehmen zwei Darstellungen aus Steeb [147] beziehungsweise Gutzwiller [56], sie betrachten die

15 Hamiltonsche Flüsse, invariante Maße und Lyapunov-Spektrum

Durchstoßpunkte der Orbits mit der q_2-p_2-Ebene für $q_1 = 0$ und $p_2 > 0$. Die Einschränkung führt dazu, daß die Durchstoßpunkte innerhalb einer vorgegebenen Randkurve liegen, die von der vorgegebenen Gesamtenergie E abhängt. Diese Randkurve läßt sich mit Hilfe der Hamilton-Funktion ermitteln, wenn $q_1 = p_1 = 0$ gesetzt wird. Für kleine Werte von E ist das System anscheinend integrabel, jede Trajektorie scheint ihren Torus zu haben, auf dem sie sich bewegt, wenn auch die Verschachtelung der Tori nicht trivial ist $\left(\text{Fig. 15.1 links für } E = \frac{1}{12}\right)$. Für größere Werte von E zerfallen diese Tori allmählich, ein größer werdender Teil der cross-section deutet auf ergodisches Verhalten hin $\left(\text{Fig. 15.1 rechts für } E = \frac{1}{8}\right)$, bis schließlich die Bewegung fast völlig irregulär (chaotisch) wird. Eine ausführlichere Darstellung des Hénon-Heiles-Modells, einschließlich einiger analytischer Resultate, findet man bei Gutzwiller [56]. □

Um den Zerfall der invarianten Tori bei nicht-integrablen Systemen besser verstehen zu können, untersuchte man, beginnend mit Kolmogorov [76] im Jahr 1954, leicht gestörte integrable Systeme der Form

$$H(I_1,\ldots,I_n,\theta_1,\ldots,\theta_n) = H_0(I_1,\ldots,I_n) + \varepsilon H_1(I_1,\ldots,I_n,\theta_1,\ldots,\theta_n) \qquad (15.154)$$

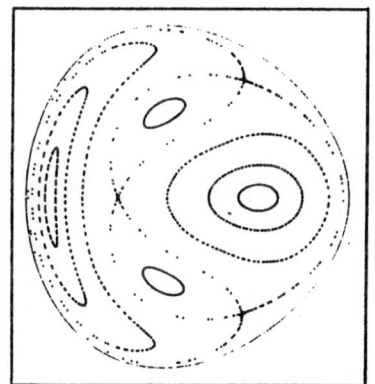 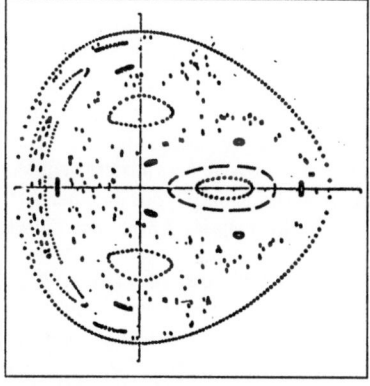

Fig. 15.1: Poincaré-Abbildungen des Hénon-Heiles-Modells (15.153) für $E = 1/12$ (links) und $E = 1/8$ (rechts). Die beiden Abbildungen stammen aus Steeb [147] und aus Gutzwiller [56].

in Wirkungs-Winkel-Variablen, wobei H_0 die Hamilton-Funktion des integrablen ungestörten Systems, und $\varepsilon H_1 (\varepsilon > 0)$ eine kleine Störung ist, die 2π-periodisch in $\theta = (\theta_1,\ldots,\theta_n)$ sein soll. Für Systeme, bei denen H_0 nicht *entartet* ist, das heißt, für die

$$\det\left|\frac{\partial \omega}{\partial I}\right| = \det\left|\frac{\partial^2 H_0}{\partial I^2}\right| \neq 0 \qquad (15.155)$$

erfüllt ist, für die also die Frequenzen des ungestörten Systems eindeutig durch die I_k bestimmt sind (vergleiche (15.151)), konnten Kolmogorov, Arnold und Moser eine wichtige Aussage beweisen, die als *KAM-Theorem* [8] bekannt wurde und verständlich formuliert folgende Aussage macht:

KAM-Theorem. *Bei hinreichend kleiner Störung eines integrablen Hamilton-Systems (das heißt, für hinreichend kleines $\varepsilon > 0$ in (15.154)) bleiben fast alle invarianten Tori erhalten, wenn auch im allgemeinen leicht deformiert*[12]. *Diese invarianten Tori schöpfen im Limes $\varepsilon \to 0$ einen immer größer werdenden Teil des Phasenraums aus. Die Restmenge von Anfangsbedingungen ist charakterisiert durch eine irregulär wandernde Bewegung der Orbits auf ihrer Energiefläche.*

Damit enthält auch der Phasenraum des gestörten Systems (15.154) invariante Tori, auf denen die Bahnen quasiperiodisch verlaufen und die einen nicht verschwindenden Anteil des gesamten Raumes ausmachen. Besitzt ein System nur $n = 2$ Freiheitsgrade, so ist der Phasenraum 4-dimensional und jede Schale konstanter Energie dementsprechend 3-dimensional. Damit zerlegen die invarianten 2-dimensionalen Tori die Energieschale in ein Inneres und ein Äußeres: Eine Trajektorie, die in der Instabilitätszone zwischen zwei Tori startet, bleibt für immer zwischen diesen Tori und entfernt sich somit nicht wesentlich von ihrem Anfangspunkt. Für Systeme mit $n > 2$ Freiheitsgraden begegnet uns ein neues Phänomen. Es erklärt sich aus der Tatsache, daß der Rand jeder Energieschale $(2n - 2)$-dimensional ist, so daß für $n < 2n - 2$ ein n-dimensionaler KAM-Torus nicht als Separatrix dienen kann, die die Energieschale in Bezirke aufteilt, welche von den Trajektorien nicht verlassen werden können. Das heißt, die Lücken zwischen den Tori sind miteinander verbunden, und die Orbits können sich von ihren Anfangswerten weit wegbewegen. Das genaue Verhalten dieser „instabilen" Orbits ist noch nicht richtig verstanden, man erwartet aber, daß es sehr kompliziert sein kann. So gibt es zum Beispiel das Phänomen der Arnold-Diffusion [7], das zu einer Art *Ergodizität* führen kann und uns das Stichwort für den Rest dieses Abschnitts liefert.

15.32 Definition. *M sei eine differenzierbare Mannigfaltigkeit, $(M, \mathfrak{B}, \mu)$ sei ein Wahrscheinlichkeitsraum* [13] *und $\{\varphi^t\}$ eine Gruppe oder Halbgruppe maßerhaltender differenzierbarer Abbildungen auf M, das heißt, für jedes t gilt*

$$\mu((\varphi^t)^{-1}(A)) = \mu(A) \quad \text{für alle} \quad A \in \mathfrak{B}. \tag{15.156}$$

(a) φ^t heißt ergodisch, *falls für jede meßbare Menge $A \in \mathfrak{B}$ gilt* (vergleiche Lemma 5.2)

$$(\varphi^t)^{-1}(A) = A \implies \mu(A) = 0 \quad \text{oder} \quad \mu(A) = 1.\,^{14)} \tag{15.157}$$

---

[12] In Poincaré-Schnitten werden sie *KAM-Tori* genannt: Sie sind geringfügig verändert gegenüber dem Fall $\varepsilon = 0$, doch das qualitative Bild der Bewegung ist im Prinzip dasselbe wie im ungestörten Fall und vergleichbar mit dem linken Bild in Fig. 15.1.
[13] $\mathfrak{B}$ bezeichnet die wie in Satz 15.11 die σ-Algebra der Borelschen Teilmengen von M.
[14] Das heißt, die einzigen invarianten meßbaren Mengen sind $\emptyset$ und M.

15 Hamiltonsche Flüsse, invariante Maße und Lyapunov-Spektrum

(b) *Der (Halb)-Fluß $\{\varphi^t\}$ heißt invariant, falls (15.156) für alle t erfüllt ist, und ein invarianter (Halb)-Fluß heißt ergodisch, falls außerdem (15.157) für alle t erfüllt ist.*

Analog zu Satz 5.3 folgt aus dem Birkhoffschen Ergodensatz (vergleiche [20] oder [47] beziehungsweise [58]) für einen invarianten Fluß (beziehungsweise Halbfluß) $\{\varphi^t\}$ und für jede μ-integrierbare Funktion f, daß das sogenannte *Zeitmittel*

$$\lim_{t\to\infty} \frac{1}{2t} \int_{-t}^{t} f \circ \varphi^s(x) ds =: \bar{f}(x) \tag{15.158}$$

μ-fast überall existiert und daß $\bar{f}$ (φ^t-)*invariant* ist, das heißt, es gilt für alle t

$$\bar{f} \circ \varphi^t(x) = \bar{f}(x) \tag{15.159}$$

μ-fast überall (wobei die Ausnahmemenge von t abhängen kann). Außerdem ist $\bar{f}$ integrierbar mit

$$\int_M \bar{f}(x) \mu(dx) = \int_M f(x) \mu(dx). \tag{15.160}$$

15.33 Satz. *Unter den Voraussetzungen von Definition 15.32 ist ein invarianter Fluß $\{\varphi^t\}$ genau dann ergodisch, falls eine der beiden nachfolgenden äquivalenten Bedingungen erfüllt ist:*

(a) *Jede integrierbare, invariante Funktion f (das heißt, für alle t gilt $f \circ \varphi^t = f$ μ-fast überall) ist μ-fast überall gleich einer Konstanten.*

(b) *Für jede integrierbare Funktion f gilt*

$$\bar{f}(x) = \int_M f(x) \mu(dx) \quad \mu\text{-fast überall}. \tag{15.161}$$

Beweis. Standard. Vergleiche zum Beispiel Walters [47] oder Halmos [58]. ∎

Neben dem Zeitmittel $\bar{f}$ aus (15.158) arbeitet man bei Flüssen alternativ mit den Mittelwerten

$$\lim_{t\to\infty} \frac{1}{t} \int_0^t f \circ \varphi^s(x) ds =: \bar{f}^+(x) \tag{15.162}$$

beziehungsweise

$$\lim_{t\to\infty} \frac{1}{t} \int_{-t}^0 f \circ \varphi^s(x) ds =: \bar{f}^-(x). \tag{15.163}$$

Sie sind wie $\bar{f}$ μ-fast überall invariant, und aus dem Birkhoffschen Ergodensatz folgt

$$\bar{f}^-(x) = \bar{f}(x) = \bar{f}^+(x) \quad \mu\text{-fast überall}. \tag{15.164}$$

Als hinreichende Bedingung dafür, daß ein invarianter Fluß $\{\varphi^t\}$ ergodisch ist, erhält man damit:

(c) *Für jede integrierbare Funktion f ist sowohl $\bar{f}^-$ als auch $\bar{f}^+$ μ-fast überall konstant (wobei die gemeinsame Konstante notwendigerweise durch $\int_M f(x)\mu(dx)$ gegeben ist).*

(15.161) lautet für einen ergodischen Fluß $\{\varphi^t\}$ ausgeschrieben

$$\lim_{t \to \infty} \frac{1}{2t} \int_{-t}^{t} f \circ \varphi^s(x) ds = \int_M f(x)\mu(dx) \tag{15.165}$$

und drückt die für ergodische Flüsse (ebenso wie für ergodische invariante Maße diskreter dynamischer Systeme in Abschnitt 5) charakteristische Eigenschaft aus, daß das zeitliche Mittel entlang einer typischen Trajektorie des Flusses gleich dem Raummittel über dem Phasenraum ist.

Bemerkung. Da der Phasenraum integrabler Systeme (Definition 15.28) in invariante n-Tori zerfällt, kann eine Bahn auf einer $(2n-1)$-dimensionalen Energieschale

$$M_E = \{(p,q) \in M \mid H(p,q) = E\} \tag{15.166}$$

nicht jedem Punkt dieser Schale nahe kommen, sobald $n > 1$ ist. Damit sind integrable Systeme der Dimension $n \geq 2$ sicher nicht ergodisch. □

Für Hamiltonsche Systeme existiert ein kanonisches invariantes Maß: Sei (M,ω) eine $2n$-dimensionale symplektische Mannigfaltigkeit mit der 2-Form

$$\omega = \sum_{i=1}^{n} dq_i \wedge dp_i \tag{15.167}$$

in symplektischen Koordinaten. Dann wählt man

$$\Omega := \frac{(-1)^{[n/2]}}{n!}\omega^n = dq_1 \wedge \ldots \wedge dq_n \wedge dp_1 \wedge \ldots \wedge dp_n \tag{15.168}$$

(vergleiche Satz 15.17 und Gleichung (15.96)) gewöhnlich als Standard-Volumenform auf M. Ist M_E eine Fläche konstanter Energie (oder irgendeine kompakte Teilmenge von M), so existiert nach Satz 15.11 genau ein Borel-Maß μ_Ω auf M_E, so daß

$$\mu_\Omega(A) = \int \chi_A \Omega =: \int_A \Omega \tag{15.169}$$

15 Hamiltonsche Flüsse, invariante Maße und Lyapunov-Spektrum

für alle abgeschlossenen Teilmengen von M_E gilt. Man bezeichnet μ_Ω als das *Liouville-Maß*. Aus der Tatsache, daß Hamiltonsche Flüsse auf (M,ω) volumenerhaltend sind (Satz 15.22), das heißt, es gilt

$$\varphi^{t^*}\Omega = \Omega = \varphi_*^t\Omega \qquad (15.170)$$

für alle t, folgt

$$\begin{aligned}\mu_\Omega(\varphi^{-t}(A)) &= \int \chi_A \circ \varphi^t \Omega = \int (\chi_A \circ \varphi^t)\varphi^{t^*}\Omega \\ &= \int \varphi^{t^*}(\chi_A \Omega) = \mu_\Omega(A)\end{aligned} \qquad (15.171)$$

für alle abgeschlossenen (und somit kompakten) Teilmengen A von M_E. Die mittlere Gleichung in (15.171) gilt wegen [15]

$$\begin{aligned}\varphi^{t^*}(\chi_A\Omega)(p)(v_1,\ldots,v_{2n}) &= \chi_A\Omega(\varphi^t(p))(D\varphi^t v_1,\ldots,D\varphi^t v_{2n}) \\ &= \chi_A \circ \varphi^t(p)\Omega(\varphi^t(p))(D\varphi^t v_1,\ldots,D\varphi^t v_{2n}) \\ &= (\chi_A \circ \varphi^t)\varphi^{t^*}\Omega(p)(v_1,\ldots,v_{2n}),\end{aligned} \qquad (15.172)$$

und

$$\int \varphi^{t^*}(\chi_A\Omega) = \int \chi_A\Omega \qquad (15.173)$$

ist die Substitutionsregel (15.67) angewandt auf die Abbildung $\varphi^t : \varphi^{-t}(A) \to A$ und die Volumenform $\chi_A\Omega$ auf A.

Aus der Regularität des Borelmaßes μ_Ω (vergleiche Anhang A.2) folgt dann für jede Borelsche Teilmenge B von M_E

$$\begin{aligned}\mu_\Omega(\varphi^{-t}(B)) &= \sup\{\mu_\Omega(A) \mid A \subseteq \varphi^{-t}(B) \text{ kompakt}\} \\ &= \sup\{\mu_\Omega(\varphi^{-t}(A)) \mid A \subseteq B \text{ kompakt}\} \\ &= \sup\{\mu_\Omega(A) \mid A \subseteq B \text{ kompakt}\} \\ &= \mu_\Omega(B),\end{aligned} \qquad (15.174)$$

das heißt, das Liouville-Maß μ_Ω mit Ω aus (15.168) ist invariant unter einem Hamiltonschen Fluß auf (M,ω). [16]

Dieses Resultat läßt sich unmittelbar auf beliebige volumenerhaltende Flüsse verallgemeinern (wir haben zuletzt lediglich (15.170) benutzt, die Hamilton-Funktion spielte keine Rolle), und wir können erwarten, daß auch die Umkehrung gilt, das heißt, aus der Invarianz des Liouville-Maßes unter einem Fluß $\{\varphi^t\}$ folgt Volumenerhaltung. Bevor wir dies zeigen, wollen wir unser Wissen über volumenerhaltende

---

[15] Vergleiche dazu die Fußnote 2 in diesem Abschnitt.
[16] Mit anderen Worten, ein Hamilton-Fluß auf (M,ω) erhält das Maß μ_Ω, vergleiche Definition 15.32.

Flüsse noch etwas erweitern und abrunden. Vom $\mathbb{R}^n$ wissen wir, daß die *Divergenz* der sie definierenden Vektorfelder $v = (v_1, \ldots, v_n)$ überall verschwindet, das heißt,

$$\operatorname{div} v = \sum_{i=1}^{n} \frac{\partial v_i}{\partial x_i} = 0 \tag{15.175}$$

in allen Punkten $x \in \mathbb{R}^n$. Dies läßt sich verallgemeinern: Zunächst sei $\Omega_0 = dx_1 \wedge \ldots \wedge dx_n$ die Standard-Volumenform auf $\mathbb{R}^n$, dann gilt für die Lie-Ableitung von Ω_0 aufgrund der Produktregel

$$\mathcal{L}_v \Omega_0 = \mathcal{L}_v dx_1 \wedge \ldots \wedge dx_n + \ldots + dx_1 \wedge \ldots \wedge \mathcal{L}_v dx_n. \tag{15.176}$$

Nach Satz 15.13 gilt

$$\mathcal{L}_v dx_i = d\mathcal{L}_v x_i \tag{15.177}$$

und mit (15.34) sowie (15.27)

$$\mathcal{L}_v x_i = \sum_{j=1}^{n} v_j \frac{\partial x_i}{\partial x_j} = v_i. \tag{15.178}$$

Daraus folgt für $i = 1, \ldots, n$

$$\mathcal{L}_v dx_i = dv_i = \sum_{j=1}^{n} \frac{\partial v_i}{\partial x_j} dx_j \tag{15.179}$$

und somit aus (15.176) wegen $dx_j \wedge dx_j = 0$ und der Bilinearität des äußeren Produktes

$$\mathcal{L}_v \Omega_0 = (\operatorname{div} v) \Omega_0. \tag{15.180}$$

15.34 Definition. *M sei eine orientierbare Mannigfaltigkeit mit einer Volumenform Ω und v ein Vektorfeld auf M. Dann nennt man die eindeutig bestimmte Funktion $\operatorname{div}_\Omega v \in C^\infty(M)$, für die gilt*

$$\mathcal{L}_v \Omega = (\operatorname{div}_\Omega v) \Omega, \tag{15.181}$$

die Divergenz *von v. Wir nennen v* inkompressibel *(bezüglich Ω), falls gilt $\operatorname{div}_\Omega v \equiv 0$.*

15.35 Satz. *Unter den Voraussetzungen von Definition 15.34 gilt: v ist genau dann inkompressibel, falls der durch v definierte Fluß $\{\varphi^t\}$ (mit $\dot{\varphi}^t = v$) volumenerhaltend ist.*

Beweis. Ist v inkompressibel, dann gilt $\mathcal{L}_v \Omega = 0$, das heißt, Ω ist konstant entlang der Integralkurven von v und somit

$$\varphi^{t^*} \Omega(p) = \Omega(p), \quad p \in M. \tag{15.182}$$

Umgekehrt folgt aus (15.182) $\mathcal{L}_v \Omega = 0$. ∎

15 Hamiltonsche Flüsse, invariante Maße und Lyapunov-Spektrum

Beim Nachweis der Invarianz des Liouville-Maßes haben wir die Substitutionsregel in der Form

$$\int_A \Omega = \int_{f^{-1}(A)} f^*\Omega \tag{15.183}$$

benutzt [17], so daß man in Analogie zur Substitutionsregel für Riemann-Integrale im $\mathbb{R}^n$ versucht ist, den pullback $f^*\Omega$ als Multiplikation von Ω mit einer Funktionaldeterminante zu interpretieren. Berechtigterweise, wie der nachfolgende Satz zeigt:

15.36 Satz. *Sei $\Omega_0 = dx_1 \wedge \ldots \wedge dx_n$ das Standard-Volumen auf $\mathbb{R}^n$. Ist $f : \mathbb{R}^n \to \mathbb{R}^n$ ein Diffeomorphismus, dann gilt*

$$f^*\Omega = (\det Df)\Omega. \tag{15.184}$$

Beweis. Nach Satz 15.6 gilt

$$\begin{aligned} f^*\Omega &= f^*dx_1 \wedge \ldots \wedge f^*dx_n \\ &= \left(\sum_{i=1}^n \frac{\partial f_1}{\partial x_i}dx_i\right) \wedge \ldots \wedge \left(\sum_{i=1}^n \frac{\partial f_n}{\partial x_i}dx_i\right) \\ &= \sum_{i_1,\ldots,i_n=1}^n \frac{\partial f_1}{\partial x_{i_1}} \cdots \frac{\partial f_n}{\partial x_{i_n}} dx_{i_1} \wedge \ldots \wedge dx_{i_n} \\ &= \Omega \sum_{\pi \in S_n} \frac{\partial f_1}{\partial x_{\pi(1)}} \cdots \frac{\partial f_n}{\partial x_{\pi(n)}} = (\det Df)\Omega. \end{aligned} \tag{15.185}$$

∎

Damit können wir das Analogon zur Funktionaldeterminante wie folgt definieren:

15.37 Definition. *M sei eine orientierbare n-dimensionale Mannigfaltigkeit mit einer Volumenform Ω, und $f : M \to M$ sei differenzierbar (nicht notwendig ein Diffeomorphismus). Dann bezeichnet man die eindeutig bestimmte Funktion $\det_\Omega f$ auf M, für die gilt*

$$(\det_\Omega f)\Omega = f^*\Omega, \tag{15.186}$$

das heißt ausgeschrieben,

$$\det_\Omega f(p)\Omega(p)(v_1,\ldots,v_n) = \Omega(f(p))(D_pfv_1,\ldots,D_pfv_n) \tag{15.187}$$

für $p \in M$ und $v_1,\ldots,v_n \in T_pM$, als die Determinante von f bezüglich Ω.

Bemerkungen. 1. Ist M eine orientierbare Mannigfaltigkeit mit einer Volumenform Ω und $f : M \to M$ differenzierbar, so bedeutet Invarianz von Ω (unter f) $f^*\Omega = \Omega$ oder (äquivalent dazu) $\det_\Omega f \equiv 1$.

---
[17] Oder, wenn f ein Diffeomorphismus ist: $\int_{f^{-1}(A)} \Omega = \int_A f_*\Omega$.

2. Ist v ein vollständiges differenzierbares Vektorfeld auf M [18)] und $\{\varphi^t\}$ der durch v definierte Fluß (mit $\dot\varphi^t = v$), dann bedeutet Inkompressibilität von v (bezüglich Ω):

$$\operatorname{div}_\Omega v \equiv 0 \iff \varphi^{t^*}\Omega = \Omega \quad \text{für alle } t$$
$$\iff \operatorname{det}_\Omega \varphi^t \equiv 1 \quad \text{für alle } t.$$
(15.188)

□

Jetzt kommen wir zu der angekündigten Verallgemeinerung der Invarianz des Liouville-Maßes von Hamiltonschen auf beliebige inkompressible Flüsse.

15.38 Satz. *M sei eine kompakte orientierbare Mannigfaltigkeit mit einer Volumenform Ω. v sei ein vollständiges Vektorfeld auf M mit dem Fluß $\{\varphi^t\}$. Dann gilt: v ist genau dann inkompressibel (das heißt, $\operatorname{div}_\Omega v \equiv 0$), wenn das Liouville-Maß μ_Ω (definiert in Satz 15.11) invariant ist unter dem Fluß $\{\varphi^t\}$.*

Beweis. Ist v inkompressibel, dann gilt $\varphi^{t^*}\Omega = \Omega$ und somit wie in (15.171)

$$\mu_\Omega(\varphi^{-t}(A)) = \mu_\Omega(A) \qquad (15.189)$$

zunächst für alle kompakten Teilmengen und wegen der Regularität von μ_Ω für alle Borelschen Teilmengen von M.

Umgekehrt folgt aus (15.189) und der Substitutionsregel (15.183)

$$\int_A \mu_\Omega(dx) = \int_{\varphi^t(A)} \mu_\Omega(dx) = \int_{\varphi^t(A)} \Omega = \int_A \varphi^{t^*}\Omega$$
$$= \int_A (\operatorname{det}_\Omega \varphi^t)\Omega = \int_A \operatorname{det}_\Omega \varphi^t(x)\mu_\Omega(dx).$$
(15.190)

Dies gilt für beliebige Borel-Mengen $A \in \mathfrak{B}$, und somit folgt:

$$\operatorname{det}_\Omega \varphi^t = 1 \quad \mu_\Omega\text{-fast überall auf } M, \qquad (15.191)$$

wobei die Ausnahmemenge im allgemeinen von t abhängt. ∎

Bemerkungen. 1. Der Satz ist nicht maßtheoretisch formuliert, da natürlich wie im allgemeinen in Maß- und Wahrscheinlichkeitsräumen Aussagen nur bis auf Ausnahmemengen vom Maß 0 möglich sind.

2. Die Invarianz des Liouville-Maßes (15.169) unter einem Hamiltonschen Fluß ergibt sich als Korollar aus Satz 15.38. □

Auch allgemein kann man die Frage nach der Existenz eines invarianten Maßes für einen gegebenen Fluß für beliebige stetige Flüsse auf kompakten topologischen

---

[18)] Man nennt ein Vektorfeld v *vollständig*, falls jede Integralkurve auf $(-\infty, \infty)$ fortgesetzt werden kann.

Räumen positiv beantworten (Krylov-Bogoliubov-Theorem, vergleiche Katok und Hasselblatt [73]). In welchen Fällen sind diese invarianten Maße ergodisch, oder aus komplementärer Sichtweise, wann sind diese Flüsse ergodisch?

Antworten für geodätische Flüsse geben die beiden nachfolgenden Sätze, die damit gleichzeitig unsere Überlegungen zu geodätischen Flüssen aus dem vorhergehenden Abschnitt abrunden. Das wahrscheinlich grundlegendste Resultat lautet:

15.39 Satz (Hadamard). *Sei M eine kompakte Riemannsche Mannigfaltigkeit mit negativer sektionaler Krümmung* [19] *in jedem Punkt $x \in M$. Dann ist der geodätische Fluß auf jedem Sphärenbündel*

$$\{v \mid \|v\| = \text{const} > 0\} \subset TM \tag{15.192}$$

ergodisch.

Bemerkung. Hadamard [57] zeigte 1898, daß ein geodätischer Fluß auf einer Fläche mit (nicht notwendig konstanter) negativer sektionaler Krümmung hyperbolisch ist. Anosov [5] folgerte daraus 1963 die Ergodizität. Hedlund [59] und Hopf [67] hatten dies bereits 1939 für den Fall *konstanter* Krümmung nachgewiesen. □

Geodätische Flüsse sind Hamiltonsche Flüsse auf dem Tangentialbündel TM. Sie erhalten eine kanonisch definierte Volumenform Ω (Liouvilles Theorem), und somit existiert nach Satz 15.38 auf jeder invarianten Hyperfläche $\{\|v\| = \text{const}\}$ konstanter Energie ein invariantes Liouville-Maß, das dort endlich ist und somit zu einem Wahrscheinlichkeitsmaß normiert werden kann. Einen Beweis, daß dieses Maß und damit der geodätische Fluß auf dem Sphärenbündel (15.192) ergodisch ist, findet man in Arnold und Avez [10]. Die intuitive Beweisidee ist die folgende: Negative sektionale Krümmung hat zur Konsequenz, daß benachbarte Geodätische permanent danach streben, sich voneinander wegzubewegen. Da sie an eine kompakte Mannigfaltigkeit gebunden sind, führt dies zu ergodischer beziehungsweise chaotischer Dynamik, vergleichbar mit der Dynamik typischer Orbits von diskreten dynamischen Systemen (auf einem Intervall in $\mathbb{R}$) mit positivem Lyapunov-Exponenten.

Genauso verhält sich der geodätische Fluß auf einer hyperbolischen Fläche, das heißt, auf einem kompakten zusammenhängenden Faktor $M = \mathbb{D}/\Gamma$ der hyperbolischen Ebene, dabei sei $\mathbb{D}$ wie im letzten Abschnitt die Poincaré-Scheibe und Γ wie dort eine diskrete Gruppe fixpunktfreier Isometrien. Aus den Sätzen 14.36 und 14.37 ist bekannt, daß der geodätische Fluß auf $SM = \{v \in TM \mid \|v\| = 1\}$ einen in SM dichten Orbit besitzt (das heißt, dort topologisch transitiv ist) und daß die periodischen Orbits des geodätischen Flusses dicht liegen in SM. Darüber hinaus erhält der geodätische Fluß, wie gerade festgestellt, ein Maß μ, welches durch die Riemannsche Metrik von M auf SM induziert wird.

---

[19] Siehe Anhang A.4.2.

Für geodätische Flüsse auf TM sind die invarianten Hyperflächen $H = $ const gerade die Sphärenbündel $\{\|v\| = $ const$\}$. $SM = \{\|v\| = 1\}$ ist das direkte Produkt von M und der Einheitssphäre im Tangentialraum, und damit ergibt sich unabhängig vom Kontext Hamiltonscher Systeme das invariante Maß (oder Volumen) auf SM als das Produkt aus dem Riemannschen Volumen auf M und dem kanonischen (euklidischen) Volumen auf der Einheitssphäre bezüglich der Riemannschen Metrik im Tangentialraum (vergleiche dazu auch Sinai [141]). Da M kompakt ist, ist das Liouville-Maß μ endlich und kann somit zu einem Wahrscheinlichkeitsmaß normiert werden.

15.40 Satz. *Γ sei eine diskrete Gruppe fixpunktfreier Isometrien von $\mathbb{D}$, so daß $M = \mathbb{D}/\Gamma$ kompakt ist. Dann gilt: Das (normierte) Liouville-Maß für den geodätischen Fluß $g^t : SM \to SM$ ist ergodisch.*

Beweis. Das Liouville-Maß des geodätischen Flusses $\{g^t\}$ auf SM bezeichnen wir mit μ. Nach Satz 15.33 müssen wir zeigen, daß die Zeitmittel

$$\bar{f}^+(v) = \lim_{t \to \infty} \frac{1}{t} \int_0^t f(g^s(v)) ds \qquad (15.193)$$

beziehungsweise

$$\bar{f}^-(v) = \lim_{t \to \infty} \frac{1}{t} \int_{-t}^0 f(g^s(v)) ds \qquad (15.194)$$

für jede μ-integrierbare reellwertige Funktion f auf SM μ-fast überall konstant (und damit notwendigerweise beide gleich $\int_{SM} f(x) \mu(dx)$) sind. Da die stetigen (also gleichmäßig stetigen) Funktionen auf SM bezüglich der Konvergenz im Mittel dicht sind im Raum $\mathcal{L}^1(\mu)$ der μ-integrierbaren Funktionen auf SM (vergleiche Anhang A.2), reicht es aus, in (15.193) und (15.194) stetige Funktionen zu betrachten. Da M zusammenhängend und kompakt ist [20], gilt dies auch für SM, so daß wir lediglich zeigen müssen, daß $\bar{f}^+$ (beziehungsweise $\bar{f}^-$) auf (hinreichend kleinen) offenen Teilmengen von SM fast überall konstant ist, da diese Konstanten dann auf je zwei überlappenden offenen Mengen (einer endlichen offenen Überdeckung von SM) übereinstimmen müssen und SM nicht in zwei disjunkte, nichtleere, offene Mengen zerlegt werden kann.

Schritt 1: Sei also f stetig auf SM. Aus dem Birkhoffschen Ergodensatz folgt dann, daß das Zeitmittel

$$\bar{f}^+(v) = \lim_{t \to \infty} \frac{1}{t} \int_0^t f(g^s(v)) ds \qquad (15.195)$$

---
[20] Dies folgt aus der Stetigkeit der kanonischen Projektion $\pi : \mathbb{D} \to M$.

15 Hamiltonsche Flüsse, invariante Maße und Lyapunov-Spektrum

auf SM μ-fast überall existiert (vergleiche (15.162)). Vom Schluß des letzten Abschnitts wissen wir, daß der geodätische Fluß auf SM ein Anosov-Fluß ist, das heißt, SM ist eine hyperbolische Menge für $\{g^t\}$ mit stabilen und instabilen Mannigfaltigkeiten $W^s(v)$ und $W^u(v)$ durch jeden seiner Punkte v. Wir überlegen uns zunächst: Wenn der Limes (15.195) für ein $v \in SM$ existiert, dann existiert er für alle $w \in W^s(v)$, und er ist unabhängig von v. Dazu sei ein $\varepsilon > 0$ vorgegeben. Dann gibt es für $w \in W^s(v)$ ein $t_0 > 0$ mit

$$|f(g^t(v)) - f(g^t(w))| < \varepsilon \quad \text{für} \quad t > t_0. \tag{15.196}$$

Dies folgt mit

$$W^s(v) = \{w \in SM \mid d(g^t(v), g^t(w)) \xrightarrow[t \to \infty]{} 0\} \tag{15.197}$$

aus der gleichmäßigen Stetigkeit von f. Daraus ergibt sich

$$\left| \frac{1}{t} \int_0^t \Big(f(g^s(v)) - f(g^s(w))\Big) ds \right|$$
$$\leq \frac{1}{t} \int_0^{t_0} |f(g^s(v)) - f(g^s(w))| ds + \frac{1}{t} \int_{t_0}^t |f(g^s(v)) - f(g^s(w))| ds < \varepsilon \tag{15.198}$$

für hinreichend großes $t > t_0$, das heißt, es gilt $\bar{f}^+(v) = \bar{f}^+(w)$ wie gewünscht, da $\varepsilon > 0$ beliebig vorgegeben war.

Also ist $\bar{f}^+$ fast überall konstant auf stabilen Mannigfaltigkeiten, und da die Existenz und der Wert des Grenzwertes (15.195) g^t-invariant sind, gilt dies auch für die sogenannten *schwachen stabilen Mannigfaltigkeiten*

$$\widetilde{W}^s(v) := \bigcup_{t \in \mathbb{R}} g^t(W^s(v)), \tag{15.199}$$

$v \in SM$. Analog gilt für negative Zeiten: $\bar{f}^-(v)$ existiert μ-fast überall und ist konstant auf (analog zu (15.199) definierten *schwachen*) *instabilen Mannigfaltigkeiten* $W^u(v)$ (beziehungsweise $\widetilde{W}^u(v)$), $v \in SM$. Darüber hinaus folgt aber bereits aus dem Birkhoffschen Ergodensatz, daß $\bar{f}^+$ und $\bar{f}^-$ μ-fast überall auf SM übereinstimmen.

Schritt 2: Nun bringen wir die hyperbolische Geometrie ins Spiel, und zwar dadurch, daß wir die Menge $S\mathbb{H}$ der Einheitstangentialvektoren auf $\mathbb{H}$ durch Punkte $(\tau, \alpha, \beta) \in \mathbb{R}^3$ parametrisieren. Dies geschieht auf folgende Weise (vergleiche Fig. 15.2): Wir wählen einen festen Referenzvektor $u \in S\mathbb{H}$ und einen weiteren Vektor $v \in S\mathbb{H}$, der nicht senkrecht nach unten zeigt. H_v bezeichne denjenigen Horozyklus (Definition 14.20), welcher v als nach innen (oder nach außen) gerichteten Normalenvektor besitzt, analog H_u. c sei diejenige Geodätische, welche die beiden Zentren von H_u und H_v verbindet (das heißt, diejenigen Punkte auf der reellen Achse, in denen die jeweiligen Horozyklen tangential sind zur reellen Achse). Dann sei α die orientierte Bogenlänge [21] auf H_u von $c \cap H_u$ nach $\pi(u)$, dem Fußpunkt von u auf H_u, τ die orientierte Länge des geodätischen Segmentes zwischen H_u und H_v und β die orientierte Bogenlänge auf H_v zwischen $c \cap H_v$ und $\pi(v)$ (siehe Fig. 15.2). Man zeigt jetzt leicht, daß die dadurch gegebene Abbildung

$$\phi : (\tau, \alpha, \beta) \longrightarrow v \qquad (15.200)$$

lokal einen Diffeomorphismus zwischen $\mathbb{R}^3$ und $S\mathbb{H}$ definiert.

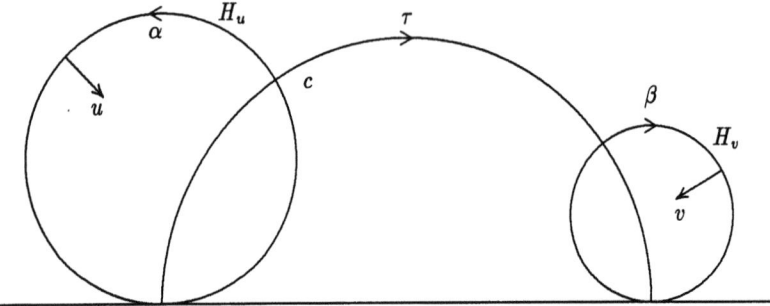

Fig. 15.2: Parametrisierung von $S\mathbb{H}$: Beschreibung im Text.

Da die Geodätische c die beteiligten Horozyklen im rechten Winkel schneidet, parametrisiert ϕ keine vertikal nach unten zeigenden Einheitsvektoren. Dies gelingt mit einer zweiten Parametrisierung, welche $-u$ als Referenzvektor benutzt.

Mittels ϕ lassen sich die stabilen und instabilen Mannigfaltigkeiten des geodätischen Flusses auf $S\mathbb{H}$(!) einfach parametrisieren, man überlegt sich zunächst:

(a) Die *stabile Mannigfaltigkeit* von $v \in S\mathbb{H}$ für den geodätischen Fluß $g^t : S\mathbb{H} \to S\mathbb{H}$ ist das (eindeutig bestimmte) Vektorfeld aller Einheitsnormalenvektoren, welches v enthält, mit Fußpunkt auf dem Horozyklus mit dem Zentrum $c_v(\infty)$ (das ist der Endpunkt für $t \to \infty$ der Geodätischen c_v mit $\dot{c}_v(0) = v$ und $c_v(0) = \pi(v)$).

(b) Die *instabile Mannigfaltigkeit* von $v \in S\mathbb{H}$ ist entsprechend das Einheitsnormalenvektorfeld, das v enthält und seine Fußpunkte auf dem Horozyklus mit dem Zentrum $c_v(-\infty)$ hat. [22]

Daraus folgt unmittelbar mit der Parametrisierung ϕ aus (15.200):

$$W^s(u) = \phi(\{0\} \times \{0\} \times \mathbb{R}), \quad W^u(u) = \phi(\{0\} \times \mathbb{R} \times \{0\}) \qquad (15.201)$$

---

[21] Das Vorzeichen berücksichtigt die Richtung (von ... nach) des Bogenstücks. Durch eine sinnvolle Vereinbarung ist es eindeutig bestimmt (siehe Fig. 15.2).

[22] Diese Aussagen sind nicht allzu schwer zu beweisen, siehe dazu [73], Abschnitt 5.4(d).

beziehungsweise

$$\widetilde{W}^s(u) = \phi(\mathbb{R} \times \{0\} \times \mathbb{R}), \quad \widetilde{W}^u(u) = \phi(\mathbb{R} \times \mathbb{R} \times \{0\}), \tag{15.202}$$

entsprechend mit τ und α beziehungsweise β anstelle der 0-en für Vektoren $v \neq u$ aus $S\mathbb{H}$, die durch ϕ parametrisiert werden.

Für die Poincaré-Scheibe $\mathbb{D}$ drückt sich die Parametrisierung ϕ über die Isometrie (14.124) zunächst durch auf $S\mathbb{D}$, das heißt,

$$\phi : (\tau, \alpha, \beta) \longrightarrow v \in S\mathbb{D}, \tag{15.203}$$

und weiter mittels der Tangentialabbildung $D\pi$ (die kanonische Projektion $\pi : \mathbb{D} \to M = \mathbb{D}/\Gamma$ ist eine lokale Isometrie) auf den Quotientenraum, und wir bezeichnen die dadurch entstehende Parametrisierung wiederum mit ϕ, das heißt,

$$\phi : (\tau, \alpha, \beta) \longrightarrow D\pi(v) \in SM, \tag{15.204}$$

und identifizieren nun in der Schreibweise den Vektor $D\pi(v)$ mit seinem Lift $v \in S\mathbb{D}$, so daß wir sagen können: Ist U' eine hinreichend kleine offene Teilmenge von SM, dann gibt es einen (lokalen) Diffeomorphismus

$$\phi : U \longrightarrow U', \quad (\tau, \alpha, \beta) \longmapsto v, \tag{15.205}$$

mit $U = \phi^{-1}(U') \subset \mathbb{R}^3$.

Bezeichnet Ω die Standard-Volumenform auf SM, dann folgt aus der Substitutionsregel

$$\int_{U'} \Omega = \int_U \phi^*\Omega, \tag{15.206}$$

und $\phi^*\Omega$ ist eine Volumenform auf der offenen Menge $U \subset \mathbb{R}^3$, für die gilt:

$$\int_U \phi^*\Omega = \iiint_U \Omega'(\tau, \alpha, \beta) d\tau d\alpha d\beta \tag{15.207}$$

mit einer stetigen Koeffizienten- oder Dichtefunktion $\Omega' : U \to \mathbb{R}_0^+$ (mit kompaktem Träger in U). Für das Liouville-Maß μ gilt somit

$$\mu(A) = \int_A \Omega = \iiint_{\phi^{-1}(A)} \Omega' d\tau d\alpha d\beta \tag{15.208}$$

für jede Borelsche Teilmenge A von U'. Mit $\mu' := \phi^{-1}(\mu)$, das heißt, $\mu'(\phi^{-1}(A)) = \mu(A)$ ist damit ein Maß auf $U = \phi^{-1}(U')$ definiert, von dem wir o. B. d. A. annehmen können, daß es, genauso wie μ auf U', zu einem Wahrscheinlichkeitsmaß auf U normiert sei, das heißt, es gelte $\mu'(U) = 1$.

Schritt 3: Wir greifen nun die letzte Feststellung in Schritt 1 wieder auf, sie lautet in unseren lokalen Koordinaten (τ, α, β): $\bar{f}^+ \circ \phi$ und $\bar{f}^- \circ \phi$ stimmen μ'-fast überall auf U überein, sagen wir, auf einer meßbaren Teilmenge V von U. Aus dem *Satz von Fubini* folgt dann [23)]

$$\begin{aligned} 1 = \mu'(V) &= \iiint_V \Omega'(\tau, \alpha, \beta) d\tau d\alpha d\beta \\ &= \int_{\mathbb{R}} \left(\iint_{\mathbb{R}^2} \chi_V(\tau, \alpha, \beta) \Omega'(\tau, \alpha, \beta) d\alpha d\beta \right) d\tau, \end{aligned} \quad (15.209)$$

und somit gilt τ-fast überall

$$\bar{f}^+ \circ \phi(\tau, \alpha, \beta) = \bar{f}^- \circ \phi(\tau, \alpha, \beta) \quad (15.210)$$

für alle (α, β) aus dem τ-Schnitt $V^\tau = \{(\alpha, \beta) \mid (\tau, \alpha, \beta) \in V\}$ von vollem Schnittmaß

$$\iint_{\mathbb{R}^2} \chi_V \cdot \Omega'(\tau, \alpha, \beta) d\alpha d\beta, \quad (15.211)$$

das heißt, für fast alle (α, β). Für zwei verschiedene solcher τ's, τ_0 und τ_1, haben dann die Mengen V^{τ_0} und V^{τ_1} einen nichtleeren Durchschnitt, denn beide haben volles Maß bezogen auf die Grundmenge $\{(\alpha, \beta) \mid \exists \tau : (\tau, \alpha, \beta) \in U\}$.

Somit gibt es Punkte (α, β) mit $(\tau_0, \alpha, \beta) \in V$ und $(\tau_1, \alpha, \beta) \in V$, so daß

$$\bar{f}^+ \circ \phi(\tau_0, \alpha, \beta) = \bar{f}^- \circ \phi(\tau_0, \alpha, \beta) \quad (15.212)$$

und die analoge Gleichung mit τ_1 statt τ_0 gilt. Vom ersten Beweisschritt wissen wir, daß $\bar{f}^+$ auf $\widetilde{W}^s(\phi(\tau_0, \alpha, \beta))$ (fast überall) konstant ist und $\bar{f}^-$ auf $\widetilde{W}^u(\phi(\tau_0, \alpha, \beta))$. Aus (15.212) folgt, daß beide Konstanten identisch sein müssen. Analog für τ_1.

Weil M lokal isometrisch ist zu $\mathbb{D}$, folgt daraus aufgrund der von uns gewählten Parametrisierung

$$\bar{f}^+ \circ \phi(\tau_0, \alpha, \beta) = \bar{f}^+ \circ \phi(\tau_1, \alpha, \beta) \quad \text{für fast alle } (\alpha, \beta), \quad (15.213)$$

so daß $\bar{f}^+$ μ-fast überall konstant ist auf der Menge $\phi(V) \subseteq U'$ mit $\mu(\phi(V)) = 1$. Dann gilt dies auch für $\bar{f}^-$. ∎

Bemerkung. Da die Isometriegruppe von $\mathbb{D}$ transitiv ist, hat $M = \mathbb{D}/\Gamma$ konstante Krümmung k. Aus dem *Satz von Gauß-Bonnet* (vergleiche Anhang A.4.3) folgt

---

[23)] Vergleiche Bauer [15], § 22f.

weiter: $k \cdot \operatorname{vol} M = 2\pi\chi = 2\pi(2 - 2g) < 0$, das heißt, k ist negativ. Somit folgt die gerade bewiesene Aussage auch aus Satz 15.39. □

Zurück zur Divergenz: Gilt $\operatorname{div}_\Omega v \equiv 0$ für ein von einem Fluß $\{\varphi^t\}$ auf einer orientierbaren Mannigfaltigkeit M induziertes Vektorfeld v, dann nennt man das dynamische System *konservativ*, unter *dissipativen* Systemen wollen wir Flüsse verstehen mit $\operatorname{div}_\Omega v \not\equiv 0$; ist $\operatorname{div}_\Omega v$ konstant, dann fordern wir $\operatorname{div}_\Omega v < 0$ [24]. Aus

$$\frac{d}{dt}\varphi^{t^*}\Omega \;=\; \varphi^{t^*}\mathcal{L}_v\Omega \quad [25] \tag{15.214}$$

und der Definition von $\operatorname{div}_\Omega v$ folgt mit $x \in M$

$$\begin{aligned}\frac{d}{dt}\varphi^{t^*}\Omega(x) &= \varphi^{t^*}((\operatorname{div}_\Omega v)\Omega)(x) \\ &= \operatorname{div}_\Omega v(\varphi^t(x))\varphi^{t^*}\Omega(x)\end{aligned} \tag{15.215}$$

und somit, falls $\operatorname{div}_\Omega v = \text{const}$, wegen $\varphi^{0^*}\Omega = \Omega$

$$\varphi^{t^*}\Omega \;=\; \Omega\exp((\operatorname{div}_\Omega v)t) \tag{15.216}$$

beziehungsweise

$$\int \varphi^{t^*}\Omega \;=\; \int \Omega \cdot \exp((\operatorname{div}_\Omega v)t), \tag{15.217}$$

das heißt, das Phasenraumvolumen eines dissipativen Systems mit $\operatorname{div}_\Omega v < 0$ kontrahiert im Zeitverlauf mit konstanter Rate, und zwar im allgemeinen auf eine kompakte invariante Teilmenge des Phasenraumes mit verschwindendem Lebesgue-Maß. Dabei wollen wir annehmen, daß es sich dabei um einen Attraktor im Sinne von Definition 1.18 handelt (wobei dort der diskrete Iterationsindex n durch kontinuierliche Zeit t zu ersetzen ist). Auf einem solchen Attraktor existiert im allgemeinen ein natürliches ergodisches invariantes Maß, vergleiche Abschnitt 5.10 (nicht zu verwechseln mit dem Liouville-Maß μ_Ω), welches man nun heranziehen kann, um die Dynamik des Systems auf dem Attraktor analog zum Eindimensionalen mit Hilfe von Lyapunov-Exponenten quantitativ zu charakterisieren (vergleiche Definition 5.6 und 5.12(b)). Auch wenn die Divergenz $\operatorname{div}_\Omega v$ punktweise definiert ist, so macht sie ihrem Wesen nach doch nur eine Aussage über das *durchschnittliche* Verhalten des von v induzierten Flusses in einem infinitesimalen Volumenelement [26] und ist daher nicht geeignet, chaotische Dynamik zu charakterisieren, die im Mehrdimensionalen im allgemeinen hervorgerufen wird durch gegensätzliche Richtungen lokaler

---

[24] Zur allgemeinen Definition dissipativer Systeme vergleiche Abraham und Marsden [1], S. 234.
[25] Vergleiche Übungsaufgabe 4 und den Beweis von Satz 15.22.
[26] Siehe Gaußscher Integralsatz!

Expansion beziehungsweise Kontraktion, wie wir dies von den hyperbolischen Mengen kennen. Analog zum eindimensionalen Lyapunov-Exponenten (5.23) läßt sich durch

$$\begin{aligned}
\lambda(x) &:= \lim_{t\to\infty} \frac{1}{t} ln \left| \frac{\Omega(\varphi^t(x))(D_x\varphi^t v_1, \ldots, D_x\varphi^t v_n)}{\Omega(x)(v_1, \ldots, v_n)} \right| \\
&= \lim_{t\to\infty} \frac{1}{t} ln \left| \frac{\varphi^{t^*}\Omega(x)(v_1, \ldots, v_n)}{\Omega(x)(v_1, \ldots, v_n)} \right| \\
&= \lim_{t\to\infty} \frac{1}{t} ln | \det_\Omega \varphi^t(x) |
\end{aligned} \quad (15.218)$$

für $x \in M$ und eine Basis $\{v_1, \ldots, v_n\}$ von T_xM mit $\Omega(x)(v_1, \ldots, v_n) \neq 0$ ein (dim $M =$) n-dimensionaler Lyapunov-Exponent definieren. Falls das Liouville-Maß μ_Ω invariant ist unter dem Fluß $\{\varphi^t\}$, existiert der Limes in (15.218) nach dem Birkhoffschen Ergodensatz μ_Ω-fast überall, und λ ist konstant (das heißt, unabhängig von x), falls μ_Ω ergodisch ist. [27]

Nach Satz 15.38 gilt in diesem Fall $\text{div}_\Omega v \equiv 0$ beziehungsweise $\det_\Omega \varphi^t \equiv 1$ für alle t und somit $\text{div}_\Omega v = \lambda = 0$. Aber auch für $\text{div}_\Omega v < 0$ folgt aus (15.216)

$$\frac{\varphi^{t^*}\Omega}{\Omega} = \exp((\text{div}_\Omega v)t), \quad (15.219)$$

das heißt,

$$\lambda = \lim_{t\to\infty} \frac{1}{t} ln\left(\exp((\text{div}_\Omega v)t) \right) = \text{div}_\Omega v, \quad (15.220)$$

falls $\text{div}_\Omega v$ konstant ist. Das heißt, der n-dimensionale Lyapunov-Exponent ($n =$ dim M) ist identisch mit der Divergenz. Er gibt an, mit welcher Rate sich ein Volumenelement im Tangentialraum unter dem Fluß $\{\varphi^t\}$ im Zeitverlauf ändert. Da er keine Raumrichtung bevorzugt, drückt er lediglich eine durchschnittliche Volumenänderung aus, so daß man nichts anderes als $\lambda = \text{div}_\Omega v = \text{const}$ erwarten kann. Das bedeutet, Lyapunov-Exponenten geben uns nur dann weiteren Aufschluß über die lokale Dynamik, wenn wir sie in Abhängigkeit von einzelnen Richtungen (oder für k-dimensionale Unterräume von T_xM mit $k <$ dim M, vergleiche Shimada und Nagashima [139]) definieren.

Lokal kann die Dynamik typischer Trajektorien von Flüssen ebenso wie bei diskreten dynamischen Systemen charakterisiert werden durch die Divergenzrate, mit der benachbarte Trajektorien „im Kleinen" auseinanderstreben. Ist gleichzeitig ihre Bewegungsfreiheit eingeschränkt, sind die Trajektorien zum Beispiel gebunden an eine

---

[27] Definition (15.218) ist offenbar unabhängig von der Wahl der Basis $\{v_1, \ldots, v_n\}$. Da Ω eine Volumenform auf M ist, gibt es zu jedem $x \in M$ n linear unabhängige Vektoren $v_1, \ldots, v_n \in T_xM$ mit $\Omega(x)(v_1, \ldots, v_n) \neq 0$.

15 Hamiltonsche Flüsse, invariante Maße und Lyapunov-Spektrum

Hyperfläche konstanter Energie im Phasenraum (wie bei Hamiltonschen Flüssen), dann bewirken beide Bedingungen zusammengenommen in den meisten Fällen chaotisches Verhalten des Systems (vergleiche Abschnitt 5.11). Für diskrete dynamische Systeme des $\mathbb{R}^m$ ($m > 1$) definieren wir als lokales Maß exponentiellen Auseinanderstrebens einen Lyapunov-Exponenten zunächst wie folgt: Für eine C^1-Abbildung $f: \mathbb{R}^m \to \mathbb{R}^m$ betrachten wir die geometrischen (Zeit-)Mittel der Ableitungen

$$\frac{1}{n} ln \|Df^n(x_0)\| = ln \left\| \prod_{k=0}^{n-1} Df(x_k) \right\|^{1/n} \tag{15.221}$$

entlang des Orbits von $x_0 \in \mathbb{R}^m$ und definieren wie in Abschnitt 5

$$\lambda(x_0) := \lim_{n\to\infty} \frac{1}{n} ln\|Df^n(x_0)\| \tag{15.222}$$

als *Lyapunov-Exponenten* von f in x_0. Dabei ist $\|\cdot\|$ die irgendeiner Vektornorm des $\mathbb{R}^m$ zugeordnete Matrixnorm. Existiert auf $(\mathbb{R}^m, \mathfrak{B})$ ein f-invariantes ergodisches Maß μ (Definition 5.2), dann existiert der Limes in (15.222) μ-fast überall und er ist unabhängig vom Anfangswert x_0 (dies folgt aus dem nachfolgenden Satz 15.41). Im Unterschied zum Eindimensionalen sind im $\mathbb{R}^m$ jedoch (maximal) m unabhängige Richtungen der Expansion beziehungsweise Kontraktion eines infinitesimalen Volumenelementes denkbar. Zahlreiche Autoren [28] definieren deshalb m Lyapunov-Exponenten λ_i, $i = 1, \ldots, m$, durch

$$\lambda_i = \lim_{n\to\infty} \frac{1}{n} ln|\lambda_i(n)|, \tag{15.223}$$

dabei ist $\lambda_i(n)$ der i-te Eigenwert der Iterations-Funktionalmatrix

$$Df^n(x_0) = Df(x_{n-1}) \ldots Df(x_0). \tag{15.224}$$

Die Existenz von m Lyapunov-Exponenten (die nicht alle verschieden sein müssen) einer Abbildung f des $\mathbb{R}^m$ (und ihre Unabhängigkeit vom Anfangswert x_0) ergibt sich aus folgenden Spezialfall eines Satzes von Osceledec [107]:

15.41 Satz [29]. *Es sei M eine m-dimensionale kompakte Riemannsche C^∞-Mannigfaltigkeit* [30], *$f: M \to M$ eine C^1-Abbildung und μ ein f-invariantes Wahrscheinlichkeitsmaß auf $(M, \mathfrak{B})$. Dann existiert eine Borelsche Menge $M' \in \mathfrak{B}$ mit $f(M') \subseteq M'$ und $\mu(M') = 1$ mit folgenden Eigenschaften:*

(a) *Für alle $x \in M'$ und alle $v \in T_x M$ existiert*

$$\lambda(x,v) := \lim_{n\to\infty} \frac{1}{n} ln\|D_x f^n(v)\| \tag{15.225}$$

und es gilt $\lambda(x,v) < \infty$.

---
[28] Vergleiche zum Beispiel Farmer, Ott und Yorke [40] sowie Nicolis [105] und Schuster [138].
[29] Vergleiche Walters [152], Theorem 10.4.
[30] M muß mindestens zur Klasse C^2 gehören!

(b) *Für jedes* $x \in M'$ *nimmt* $\lambda(x,v)$ *höchstens* m *verschiedene Werte* $\lambda(x,v_i)$ *für* $i = 1, \ldots, m(x) \leq m$ *an*[31]. *Sie werden als die Lyapunov-Exponenten von* f *in* x *bezeichnet.*

(c) *Für jedes* $x \in M'$ *seien die Lyapunov-Exponenten* $\lambda_i(x) := \lambda(x,v_i)$ *der Größe nach angeordnet und es sei o. B. d. A.*

$$-\infty \leq \lambda_1(x) < \lambda_2(x) < \ldots < \lambda_{m(x)}(x). \tag{15.226}$$

Dann gibt es lineare Teilräume

$$\{0\} = V_0(x) \subset V_1(x) \subset \ldots \subset V_{m(x)}(x) = T_xM, \tag{15.227}$$

so daß

$$\lambda(x,v) = \lambda_i(x) \tag{15.228}$$

für alle $v \in V_i(x) \setminus V_{i-1}(x)$ *erfüllt ist. Die Zahl*

$$m_i(x) := \dim V_i(x) - \dim V_{i-1}(x) \tag{15.229}$$

heißt Vielfachheit von $\lambda_i(x)$, *und es gilt* $\sum_{i=1}^{m(x)} m_i(x) = m$. $\lambda_i(x)$ *ist definiert und meßbar auf* $\{x \in M' \mid m(x) \geq i\}$ *und* $\lambda_i(f(x)) = \lambda_i(x)$.

(d) $D_xf(V_i(x)) \subseteq V_i(f(x))$ *für* $i \leq m(x)$.

Bemerkungen. 1. Sowohl die Menge M' als auch $m(x)$, $\lambda^{(i)}(x)$ und $V_i(x)$ sind wegen der Äquivalenz Riemannscher Metriken auf kompakten Mannigfaltigkeiten unabhängig von der gewählten Metrik.

2. Ist f ein Diffeomorphismus, dann gilt $\lambda^{(1)}(x) > -\infty$, und in (d) gilt $D_xf(V_i(x)) = V_i(f(x))$. □

Nachsatz. *Ist* μ *ergodisch, dann ist* $m(x)$ *und jeder Lyapunov-Exponent* $\lambda_i(x)$ μ-*fast überall konstant (das heißt, unabhängig von* x). ∎

Im ergodischen Fall ist der *größte Lyapunov-Exponent* von besonderem Interesse, wir bezeichnen ihn mit $\lambda_{\max}$.

15.42 Satz. *Unter den Voraussetzungen von Satz 15.41 sei* $M \subset \mathbb{R}^m$ *und* μ *ein ergodisches Wahrscheinlichkeitsmaß auf* M. *Dann gilt für* μ-*fast alle* $x_0 \in M$

$$\lambda_{\max} = \lim_{n \to \infty} \frac{1}{n} \ln \|Df^n(x_0)\|, \tag{15.230}$$

das heißt, in (15.222) wird der größte Lyapunov-Exponent festgelegt.

---

[31] $m : B \to \mathbb{Z}^+$ ist eine meßbare Funktion mit $m \circ f = m$. Man bezeichnet die $m(x)$ verschiedenen Werte $\lambda(x,v_i)$ auch als das *Lyapunov-Spektrum* von f in x.

15 Hamiltonsche Flüsse, invariante Maße und Lyapunov-Spektrum

Beweis. Sei $M' \subseteq M$ gewählt wie in Satz 15.41, $x_0 \in M'$ und $v \in \mathbb{R}^m$. Dann folgt aus (15.225) und (15.226)

$$\begin{aligned}
\lambda_{\max} &= \sup_{v \in \mathbb{R}^m} \lambda(x_0, v) \\
&\geq \lim_{n \to \infty} \frac{1}{n} ln \left(\max_{\|v\|=1} \|Df^n(x_0)v\| \right) \quad (15.231) \\
&= \lim_{n \to \infty} \frac{1}{n} ln \|Df^n(x_0)\|.
\end{aligned}$$

Andererseits gilt für ein $v \in \mathbb{R}^m$ mit $\lambda(x_0, v) = \lambda_{\max}$:

$$\begin{aligned}
\lambda_{\max} &= \lim_{n \to \infty} \frac{1}{n} ln \|Df^n(x_0)v\| \\
&\leq \lim_{n \to \infty} \frac{1}{n} (ln \|Df^n(x_0)\| + ln \|v\|) \quad (15.232) \\
&= \lim_{n \to \infty} \frac{1}{n} \|Df^n(x_0)\|. \qquad \blacksquare
\end{aligned}$$

Bemerkung. Aus der Äquivalenz der Normen des $\mathbb{R}^m$ folgen Existenz und Zahlenwerte der Lyapunov-Exponenten unabhängig von der verwendeten Norm. Der euklidischen Vektornorm ist die Spektralnorm $\|A\|_\rho = \sqrt{\rho(AA^T)}$ ($\rho(A)$ sei der Betrag des betragsgrößten Eigenwertes einer Matrix A) als kompatible Matrixnorm zugeordnet. Somit ergibt sich zumindest für den größten Lyapunov-Exponenten $\lambda_1 := \lambda_{\max}$ für eine C^1-Abbildung f mit symmetrischer Jacobi-Matrix Df die Beziehung (15.223). $\square$

Für alle Vektoren $v \in \mathbb{R}^m \backslash V_{m(x)-1}(x)$, $\mathbb{R}^m \equiv T_x M$, $x \in M'$ aus Satz 15.41, gilt $\lambda(x, v) = \lambda_{\max}$. Das heißt, die Vektoren $v \in \mathbb{R}^m$ mit $\lambda(x, v) < \lambda_{\max}$ bilden einen Teilraum von $\mathbb{R}^m$ mit positiver Kodimension und somit verschwindendem Lebesgue-Maß. Also ist der Grenzwert in (15.225) unabhängig von x für fast alle (im Sinne von Lebesgue) Vektoren $v \in \mathbb{R}^m$ gleich $\lambda_{\max}$. Das hat Konsequenzen für die numerische Berechnung der Lyapunov-Exponenten: Zunächst muß man sagen, daß ihre direkte Bestimmung mit Hilfe der Gleichung (15.223) im allgemeinen nicht praktikabel ist, da die Beträge der Eigenwerte $\lambda_i(n)$ für positive Lyapunov-Exponenten sehr stark anwachsen und sich damit schließlich der numerischen Berechnung entziehen. Diese Probleme sind uns allerdings bereits aus dem Eindimensionalen bekannt. Parker und Chua [112] schlagen deshalb ein Verfahren vor, das auf Benettin, Galgani und Strelcyn [18] zurückgeht und sich zu Nutze macht, daß beliebige Volumenelemente auf einem Attraktor unter Iteration in jedem Iterationsschritt durchschnittlich mit dem Faktor $\exp\left(\sum_{i=1}^m \lambda_i\right)$ expandiert beziehungsweise kontrahiert werden. Wir stellen das Verfahren für den Fall $m(x) \equiv m = 2$ kurz vor: Dazu sei $x_0 \in \mathbb{R}^2$ und $0 \neq \delta x_0 \in \mathbb{R}^2$ eine beliebige Störung. Wie oben festgestellt, ergibt sich dann in (15.225) fast immer

$$\lambda_1 = \lambda_{\max} = \lim_{n \to \infty} \frac{1}{n} ln \|Df^n(x_0)\delta x_0\|. \quad (15.233)$$

Mit

$$x_k = f(x_{k-1}), \quad \delta x_k = Df(x_{k-1})\frac{\delta x_{k-1}}{\|\delta x_{k-1}\|} \tag{15.234}$$

für $k = 1, 2, 3, \ldots$ folgt, wie man leicht nachrechnet,

$$\|\delta x_n\| \cdot \ldots \cdot \|\delta x_0\| = \|Df^n(x_0)\delta x_0\|, \tag{15.235}$$

das heißt,

$$\lambda_1 = \lim_{n\to\infty} \frac{1}{n} ln \prod_{k=0}^{n} \|\delta x_k\| = \lim_{n\to\infty} \frac{1}{n} \sum_{k=0}^{n} ln\|\delta x_k\|. \tag{15.236}$$

Diese Beziehung verwendet man zur näherungsweisen Berechnung von λ_1. Durch die Normierung der sukzessiven Störungen δx_k ist ein schneller Überlauf nicht mehr zu befürchten. Doch wie findet man einen vernünftigen numerischen Wert für λ_2?

Für $\delta x_n = f^n(x_0 + \delta x_0) - f^n(x_0)$ gilt

$$\delta x_n \approx Df^n(x_0)\delta x_0, \tag{15.237}$$

also mit (15.233) für hinreichend großes n

$$\|\delta x_n\| \approx e^{n\lambda_1}\|\delta x_0\|. \tag{15.238}$$

Somit expandiert oder kontrahiert δx_0 im zeitlichen Mittel mit dem Faktor e^{λ_1}. Da wir $\lambda_2 \neq \lambda_1$ voraussetzen, existiert eine Geradenrichtung, in der eine Anfangsstörung $\delta x_0^{(2)}$ unter der Iteration im Mittel mit dem Faktor e^{λ_2} expandiert beziehungsweise kontrahiert.[32]

$\delta x_0^{(1)} = \delta x_0$ und $\delta x_0^{(2)}$ spannen dann ein Parallelogramm im $\mathbb{R}^2$ auf, dessen Fläche in jedem Iterationsschritt im Mittel mit dem Faktor $e^{\lambda_1+\lambda_2}$ expandiert beziehungsweise kontrahiert. Jetzt nehmen wir an, daß alle Flächenelemente auf dieselbe Weise expandieren beziehungsweise kontrahieren, dann können $\delta x_0^{(1)}$ und $\delta x_0^{(2)}$ zwei beliebige linear unabhängige Störungen (Vektoren) sein. Unter der Iteration (15.234) haben sie die Tendenz zu parallelisieren. Um dies zu vermeiden, orthonormiert man die Störungen in jedem Schritt (nach Gram-Schmidt) und erhält damit folgende Iterationsfolgen:

$$\begin{aligned} v_k^{(1)} &:= \delta x_k^{(1)}, \quad u_k^{(1)} := \frac{v_k^{(1)}}{\|v_k^{(1)}\|}, \\ v_k^{(2)} &:= \delta x_k^{(2)} - <\delta x_k^{(2)}, u_k^{(1)}> u_k^{(1)}, \quad u_k^{(2)} := \frac{v_k^{(2)}}{\|v_k^{(2)}\|}, \quad k = 0, 1, 2, \ldots, \end{aligned} \tag{15.239}$$

---

[32] $\lambda_1 = 0$ oder $\lambda_2 = 0$ sei nicht ausgeschlossen.

15 Hamiltonsche Flüsse, invariante Maße und Lyapunov-Spektrum

dabei werden die Folgen $\delta x_k^{(1,2)}$ nach (15.234) berechnet, das heißt,

$$\delta_k^{(i)} = Df(x_{k-1})u_{k-1}^{(i)}, \quad i=1,2. \tag{15.240}$$

Dann gilt für alle k : $\|v_k^{(1)}\| \cdot \|v_k^{(2)}\|$ ist der Flächeninhalt des von $\delta x_k^{(1)}$ und $\delta x_k^{(2)}$ aufgespannten Parallelogramms (vergleiche Fig. 15.3) und somit

$$\|v_k^{(1)}\| \|v_k^{(2)}\| = e^{\lambda_1+\lambda_2} \|u_{k-1}^{(1)}\| \|u_{k-1}^{(2)}\|, \tag{15.241}$$

das heißt,

$$\prod_{k=1}^{n} \|v_k^{(1)}\| \|v_k^{(2)}\| = e^{n(\lambda_1+\lambda_2)}. \tag{15.242}$$

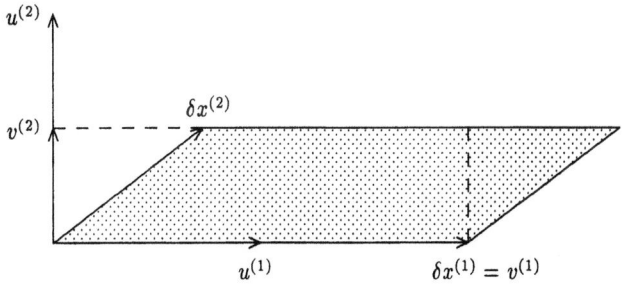

Fig. 15.3: Die Fläche des von $\delta x_k^{(1)}$ und $\delta x_k^{(2)}$ aufgespannten Parallelogramms ist gleich $\|v_k^{(1)}\| \|v_k^{(2)}\|$.

Aus (15.242) folgt für hinreichend großes n

$$\begin{aligned}
\lambda_1 + \lambda_2 &\approx \frac{1}{n} ln \prod_{k=1}^{n} \|v_k^{(1)}\| \|v_k^{(2)}\| \\
&= \underbrace{\frac{1}{n} \sum_{k=1}^{n} ln\|v_k^{(1)}\|}_{\approx \lambda_1} + \underbrace{\frac{1}{n} \sum_{k=1}^{n} ln\|v_k^{(2)}\|}_{\approx \lambda_2}.
\end{aligned} \tag{15.243}$$

Also berechnet sich λ_2 näherungsweise analog zu λ_1 aus dem rechten Summanden in (15.243).

Um gleichzeitig $m > 2$ Lyapunov-Exponenten zu berechnen, wird eine Menge von m linear unabhängigen Störungsvektoren fortwährend iteriert und orthonormiert. In Analogie zu (15.239) erhält man im k-ten Schritt Vektoren $v_k^{(1)}, \ldots, v_k^{(m)}$, so daß für $i = 1, \ldots, m$ und für hinreichend großes n gilt:

$$\lambda_i \approx \frac{1}{n} \sum_{k=1}^{n} ln\|v_k^{(i)}\|. \tag{15.244}$$

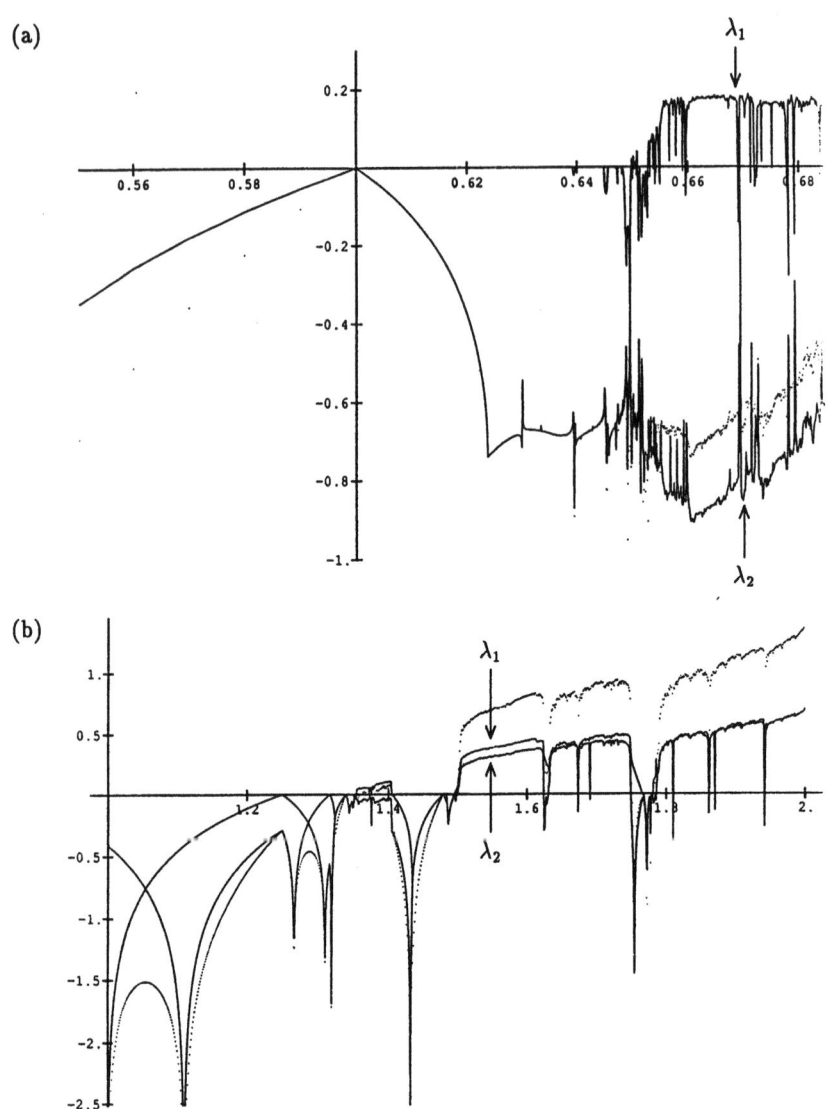

Fig. 15.4: Lyapunov-Exponenten λ_1 (obere durchgezogene Linie) und λ_2 sowie deren Summe $\lambda_1+\lambda_2$ (gepunktet) für die Abbildungen (10.181) in (a) sowie (15.245) in (b) jeweils in Abhängigkeit vom Bifurkationsparameter a auf der Abszisse.

Fig. 15.4 zeigt in Abhängigkeit vom gemeinsamen Bifurkationsparameter a die mit diesem Algorithmus berechneten Lyapunov-Exponenten λ_1 (obere durchgezogene Linie) und λ_2 sowie ihre Summe $\lambda_1+\lambda_2$ (gepunktet) für die gekoppelten logistischen

15 Hamiltonsche Flüsse, invariante Maße und Lyapunov-Spektrum

Gleichungen (10.179), in Fig. 15.4 (a), und, in (b), für eine weitere, auf Kaneko [69] zurückgehende, Kopplung zweier logistischer Abbildungen,

$$f_a^1(x,y) = 1 - ax^2 + D(y-x)$$
$$f_a^2(x,y) = 1 - ay^2 + D(x-y)$$
(15.245)

für festes $D = 0.1$. Der wesentliche Unterschied zwischen beiden Systemen besteht darin, daß in (a) im „unruhigen" rechten Teil der Grafik λ_1 meist größer und λ_2 kleiner als 0 ist, während in (b) beide Lyapunov-Exponenten überwiegend gleichzeitig positiv beziehungsweise negativ sind. Die Existenz *eines* positiven Lyapunov-Exponenten ist ein Hinweis auf (einfaches) chaotisches Verhalten (vergleiche Definition 15.44 weiter unten) während *zwei gleichzeitig* auftretende positive Lyapunov-Exponenten eine stärkere Form von Chaos (sogenanntes Hyperchaos) ausdrücken, mit Attraktoren wie in Fig. 10.23.

Eine besondere Situation liegt vor, wenn die Abbildung f eine konstante Jacobi-Determinante $\det J = \det Df$ besitzt wie im Fall der Hénon-Abbildung (10.161),

$$f : (x,y) \longmapsto (y + 1 - ax^2, bx).$$
(15.246)

Hier gilt $\det J = -b$, und aus (15.223) folgt dann

$$\begin{aligned}
\lambda_1 + \lambda_2 &= \lim_{n \to \infty} \frac{1}{n} ln |\lambda_1(n) \cdot \lambda_2(n)| \\
&= \lim_{n \to \infty} \frac{1}{n} ln |\det(Df^n)| \\
&= \lim_{n \to \infty} \frac{1}{n} ln \left| \prod_{k=1}^{n} \det J \right| \\
&= \lim_{n \to \infty} ln |\det J| = ln |-b|.
\end{aligned}$$
(15.247)

Für die Parameterwerte $a = 1.4$ und $b = 0.3$ besitzt f den *chaotischen Attraktor* [33] von Fig. 10.19. In diesem Fall ist $\lambda_1 \approx 0.42$ und $\lambda_2 = \log 0.3 - \lambda_1 \approx -1.62$. Für $|b| = 1$ gilt $\lambda_1 + \lambda_2 = 0$, das heißt, in diesem Fall ist die Abbildung (15.246) *flächenerhaltend*. In Verallgemeinerung dessen nennt man $f : \mathbb{R}^m \to \mathbb{R}^m$ (in unserem jetzigen Kontext) *konservativ* oder *volumenerhaltend*, wenn $\sum_{i=1}^{m} \lambda_i = 0$ gilt [34] und *dissipativ*, falls $\sum_{i=1}^{m} \lambda_i < 0$ ist. Fig. 15.5 zeigt das Bifurkationsszenario (oben) und die beiden Lyapunov-Exponenten in Abhängigkeit vom Bifurkationsparameter a für $b = 0.1$ (festgehalten) der Hénon-Abbildung in der Form

$$f : (x,y) \longmapsto (a - x^2 - by, x)$$
(15.248)

(vergleiche auch (10.170)), für die ebenfalls $\det J = b$ konstant ist.

---
[33] Vergleiche Definition 15.44 weiter unten.
[34] $m(x) \equiv m$ unabhängig von x.

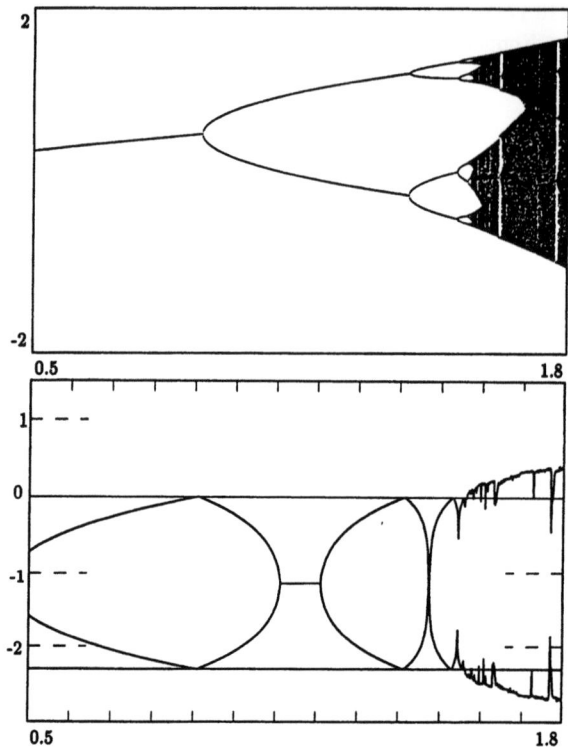

Fig. 15.5 (aus Klein [75]). Oben: (a,x)-Bifurkationsdiagramm, unten: Lyapunov-Spektrum λ_1 und λ_2 in Abhängigkeit von a für $b = 0.1$ und Abbildung (15.248). Die untere horizontale Linie ist die Summe $\lambda_1 + \lambda_2$ (das heißt, f ist global dissipativ).

Wie bereits mehrfach betont, bedeutet $\lambda_{\max} > 0$ für eine Funktion f im Mehrdimensionalen, daß gleichmäßig in fast alle Richtungen exponentielles Auseinanderstreben der Orbits benachbarter Punkte zu erwarten ist. Diese Tatsache ist offenbar gut geeignet, um die empfindliche Abhängigkeit von den Anfangsbedingungen im Mehrdimensionalen zu präzisieren:

15.43 Definition. (M, f) *sei ein dds mit einer m-dimensionalen kompakten Riemannschen Mannigfaltigkeit* M $(m > 1, M$ *sei mindestens* $C^2)$ *und einer* C^1-*Abbildung* f. μ *sei ein f-invariantes Wahrscheinlichkeitsmaß auf* $(M, \mathfrak{B})$ *und* $\emptyset \neq S \subseteq M$ *eine f-invariante meßbare Teilmenge, so daß* $\lambda(x, v)$ *für alle* $x \in S$, $v \in T_x M$ *existiert. Dann nennen wir* f *auf* S *sensitiv abhängig von den Anfangsbedingungen, falls* $\lambda_{\max}(x) > 0$ *für alle* $x \in S$ *erfüllt ist* [35].

---

[35] Dabei ist $\lambda_{\max}(x) = \sup\{\lambda(x, v) \mid v \in T_x M\}$ mit $\lambda(x, v)$ aus (15.225). Notwendigerweise ist damit S eine Teilmenge der Borel-Menge $M' \subseteq M$ mit $\mu(M') = 1$, auf der durch Satz 15.41 die Existenz der Lypunov-Exponenten garantiert ist.

15 Hamiltonsche Flüsse, invariante Maße und Lyapunov-Spektrum

Bemerkungen. 1. Ist μ ergodisch, dann ist $\lambda_{\max}$ konstant auf S, und das Kriterium für Sensitivität lautet schlicht: $\lambda_{\max} > 0$.

2. Diese Definition entspricht 5.12 (b) im Eindimensionalen. Ein Analogon zur Sensitivität im Sinne von Guckenheimer (Definition 5.11 (a)) macht im Mehrdimensionalen im allgemeinen wenig Sinn: Denn aus dem dynamischen Verhalten einzelner (ungleichmäßig verteilter) Punkte aus einer Kugelumgebung eines Referenzpunktes x_0 lassen sich in der Regel keine Rückschlüsse ziehen auf die Dynamik der Funktion in der Umgebung von x_0. Dies ändert sich, wenn das dynamische System bestimmte Richtungen bevorzugt, zum Beispiel bei Automorphismen auf dem Torus oder bei Smales Horseshoe-Abbildung, also allgemein auf hyperbolischen Mengen, wo jeder Punkt mit einem hyperbolischen Splitting in eine Expansions- und eine Kontraktionsrichtung ausgestattet ist. Dann kann Sensitivität im Sinne von Guckenheimer wieder sinnvoll untersucht werden, und sie ist dann auch ein bestimmendes Merkmal für die Dynamik der betreffenden Systeme (vergleiche Abschnitt 10). □

15.44 Definition. *Unter denselben Voraussetzungen wie in Definition* 15.43 *nennen wir f chaotisch auf S, wenn f auf S topologisch transitiv ist, wenn dort $\lambda_{\max} > 0$ gilt, und wenn die periodischen Punkte von f dicht liegen in S. Und: Die Definition eines seltsamen beziehungsweise chaotischen Attraktors A (für eine abgeschlossene f-invariante Teilmenge $\emptyset \neq A \subseteq M$) können wir nun unverändert aus Abschnitt 6 übernehmen.*

Bemerkungen. 1. Diese Definition eines chaotischen Attraktors im $\mathbb{R}^m$ (beziehungsweise auf einer m-dimensionalen Mannigfaltigkeit) ist „bequem" und hat sich nicht zuletzt auch deshalb durchgesetzt, weil der größte Lyapunov-Exponent relativ einfach numerisch bestimmt werden kann, und es liegen sogar Abschätzungen über die Verläßlichkeit der dabei erzielten numerischen Resultate vor, vergleiche Mayer-Kress [90]. Diese Berechnungen setzen (theoretisch) die Existenz eines ergodischen Maßes voraus, wir verweisen auf das in Abschnitt 5.10 Gesagte.

2. Sind neben $\lambda_{\max}$ weitere Lyapunov-Exponenten größer als null, so bezeichnet man das System nach Rössler ([125], [126]) als *hyperchaotisch*. Die Attraktoren 2-dimensionaler hyperchaotischer Systeme zeigen eine scheinbare Tiefe in die zweite Expansionsrichtung, also eine scheinbare Dreidimensionalität (vergleiche Fig. 10.23).

3. Seltsame Attraktoren sind in der Regel Fraktale (vergleiche Mandelbrot [87] und Barnsley [14]) mit vergleichbaren Eigenschaften wie Cantor-Mengen. Sie werden von vielen Autoren alternativ definiert: nicht wie bei uns über die Dynamik, sondern über ihre geometrische Struktur („ihr Aussehen"), und zwar mit Hilfe der *fraktalen* oder *Hausdorff-Dimension* (vergleiche Grassberger und Procaccia [14]). Die Untersuchung der Zusammenhänge zwischen nichtlinearer Dynamik und fraktaler Strukturbildung ist eine faszinierende Aufgabe. Um den Umfang dieses Buches nicht deutlich zu vergrößern, haben wir uns aber entschlossen, das Thema an dieser Stelle nicht zu vertiefen. □

Satz 15.41 (für einen Diffeomorphismus f) kann *wortwörtlich* auf einen invarianten Fluß $\{\varphi^t\}$ übertragen werden, das heißt insbesondere, für jedes $x \in M$ gibt es höchstens $n = \dim M$ verschiedene (eindimensionale) Lyapunov-Exponenten

$$\lambda_i(x) = \lambda(x, v_i) = \varlimsup_{t \to \infty} \frac{1}{t} \ln \|D_x \varphi^t(v_i)\|, \quad i = 1, \ldots, n, \quad (15.249)$$

mit $v_i \in T_x M$ [36], dabei ist $\|\cdot\|$ die von einer Riemannschen Metrik auf M induzierte Norm auf $T_x M$. Ist das zugrundeliegende Maß ergodisch, dann sind die λ_i konstant (vergleiche auch Benettin, Galgani und Strelcyn [18]). Berechnet werden sie wie im diskreten Fall, indem man die Iterierten der Abbildung φ^T für feste Zeit $T > 0$ betrachtet.

Lyapunov-Exponenten lassen sich wie in (15.218) auch für Flüsse auf orientierbaren Mannigfaltigkeiten betrachten: Wir beschränken uns hier auf kompakte differenzierbare Mannigfaltigkeiten, die mit einer nichtdegenerierten 2-Form ausgestattet sind, das heißt, M hat eine gerade Dimension $2n$ und $\Omega = \omega^n = \omega \wedge \ldots \wedge \omega$ ist eine Volumenform auf M. v sei ein vollständiges Vektorfeld auf M und $\{\varphi^t\}$ der von v induzierte Fluß. Wir definieren 2-*dimensionale Lyapunov-Exponenten* $\lambda(x; v_1, v_2)$ durch

$$\lambda(x; v_1, v_2) := \varlimsup_{t \to \infty} \frac{1}{t} \ln \frac{|\varphi^{t^*} \omega(x)(v_1, v_2)|}{|\omega(x)(v_1, v_2)|} \quad (15.250)$$

für $x \in M$ und zwei linear unabhängige Vektoren $v_1, v_2 \in T_x M$ mit $\omega(x)(v_1, v_2) \neq 0$. Osceledecs [107] bereits im diskreten Fall bemühter Ergodensatz sichert für den Fall, daß der Fluß $\{\varphi^t\}$ ein Wahrscheinlichkeitsmaß μ auf $(M, \mathfrak{B})$ erhält, auch hier die Existenz des Limes (15.250), zumindest für alle x aus einer invarianten Teilmenge $M' \subseteq M$ mit $\mu(M') = 1$. Ist μ ergodisch, dann ist λ unabhängig von x, also konstant.

Es gibt höchstens $\binom{2n}{2} = n(2n-1)$ verschiedene 2-dimensionale Lyapunov-Exponenten der Form (15.250), ihre Verbindung zur Divergenz des Vektorfeldes ergibt sich aus folgenden Überlegungen (wobei wir zugunsten einer einprägsamen Heuristik auf einen strengen Beweis verzichten wollen): Wählt man zu $x \in M$ und einer Basis $\{v_1, \ldots, v_{2n}\}$ von $T_x M$ o. B. d. A.

$$\lambda_i(x) = \lambda(x; v_i, v_{n+i}) \quad (15.251)$$

für $i = 1, \ldots, n$, so folgt aus (15.250) für hinreichend großes t näherungsweise

$$\exp(t \lambda_i(x)) \omega(x)(v_i, v_{n+i}) \approx \varphi^{t^*} \omega(x)(v_i, v_{n+i}) \quad (15.252)$$

für $i = 1, \ldots, n$, wobei wir für alle $x \in M$ $\omega(x)(v_i, v_{n+i}) > 0$ annehmen können, da es in (15.250) auf die Reihenfolge der Argumente von $\omega(x)$ nicht ankommt. Wegen der Bilinearität des äußeren Produktes und mit Satz 15.6 (c) folgt aus (15.252) zunächst

$$\exp\left(t \sum_{i=1}^{n} \lambda_i(x)\right) \omega^n(x)(v_1, \ldots, v_{2n}) \approx \varphi^{t^*} \omega^n(x)(v_1, \ldots, v_{2n}), \quad (15.253)$$

---
[36] Für $t \to -\infty$ ergeben sich analog definierte Exponenten.

das heißt,

$$\exp\left(t\sum_{i=1}^{n} \lambda_i(x)\right) \approx \frac{\varphi^{t^*}\omega^n(x)(v_1,\ldots,v_{2n})}{\omega^n(x)(v_1,\ldots,v_{2n})}, \tag{15.254}$$

und mit (15.219) schließlich

$$\sum_{i=1}^{n} \lambda_i(x) \approx \operatorname{div}_\Omega v. \tag{15.255}$$

Durch einen strengen Beweis zeigt man, daß in (15.255) tatsächlich die Gleichheit gilt und daß die Gleichung unabhängig von der gewählten Basis von $T_x M$ gültig ist. Das heißt, für dissipative Systeme ist $\sum_{i=1}^{n} \lambda_i < 0$ und für konservative Systeme gilt $\sum_{i=1}^{n} \lambda_i = 0$. Letzteres trifft insbesondere für einen Hamiltonschen Fluß auf einer symplektischen Mannigfaltigkeit (M,ω) zu: In diesem Fall gilt $\varphi^{t^*}\omega = \omega$ (vergleiche den Beweis zu Satz 15.22), das heißt, die Lyapunov-Exponenten in (15.250) sind (erwartungsgemäß) alle gleich null (da Hamiltonsche Flüsse volumenerhaltend sind).

Nach diesen Vorbereitungen drängt sich unter Berücksichtigung der Bemerkungen zu Definition 15.43 folgende Definition eines chaotischen differenzierbaren Flusses auf:

15.45 Definition. *$\{\varphi^t\}$ sei ein differenzierbarer Fluß auf einer n-dimensionalen kompakten Riemannschen (beziehungsweise orientierbaren) Mannigfaltigkeit, μ sei ein φ^t-invariantes Wahrscheinlichkeitsmaß auf $(M,\mathfrak{B})$ und $\emptyset \neq S \subseteq M$ eine φ^t-invariante meßbare Teilmenge, so daß $\lambda(x,v)$ aus (15.249) für alle $x \in S$ und $v \in T_x M$ existiert (beziehungsweise im Sinne von (15.250) definierte Lyapunov-Exponenten bei einer orientierbaren Mannigfaltigkeit).*

(a) *Wir nennen den Fluß $\{\varphi^t\}$ auf S sensitiv abhängig von den Anfangsbedingungen, falls*

$$\lambda_{\max}(x) = \sup_{v \in T_x M} \lambda(x,v) > 0 \tag{15.256}$$

für alle $x \in S$ erfüllt ist.

(b) *$\{\varphi^t\}$ heißt chaotisch auf S, falls $\{\varphi^t\}$ auf S zusätzlich topologisch transitiv ist, das heißt, $\overline{\{\varphi^t(x)\}} = S$ für mindestens ein $x \in S$, und falls die periodischen Punkte von $\{\varphi^t\}$ dicht sind in S.*

(c) *Die Definition eines seltsamen beziehungsweise chaotischen Attraktors für $\{\varphi^t\}$ können wir wie in Definition 15.44 aus Abschnitt 6 übernehmen.*

Bemerkung. Für eine orientierbare n-dimensionale Mannigfaltigkeit M mit einer Volumenform Ω, welche von einer k-Form ω auf M (mit $\frac{n}{k} \in \mathbb{N}$) abgeleitet ist, das heißt, für die $\Omega = \omega^{n/k}$ gilt, werden *Lyapunov-Exponenten k-ter Stufe* analog zu (15.250) definiert (dort ist $k = 2$), und $\lambda_{\max}$ ist dann entsprechend der größte Lyapunov-Exponent k-ter Stufe. Shimada und Nagashima [139] definieren in analoger Weise k-dimensionale Lyapunov-Exponenten für $1 \leq k \leq n$, indem sie in (15.250) anstelle einer k-Form das äußere (oder *Graßmann-*)*Produkt* der beteiligten Vektoren betrachten, welches gerade das Volumen des von diesen Vektoren aufgespannten Parallelepipeds [37] ist (siehe auch Steeb [147]). □

Für *volumenerhaltende Flüsse* auf einer n-dimensionalen kompakten differenzierbaren Mannigfaltigkeit M sind die Lyapunov-Exponenten (15.250) naturgemäß untauglich, um chaotische Dynamik zu beschreiben. Ein differenzierteres Bild erlauben dagegen (bei Vorhandensein einer Riemannschen Metrik) die Lyapunov-Exponenten (15.249), das heißt,

$$\lambda_i(x) = \lim_{t\to\infty} \frac{1}{t} ln\, \|D_x\varphi^t(v_i)\|, \quad i = 1,\ldots,n, \tag{15.257}$$

für eine Basis $\{v_1,\ldots,v_n\}$ von T_xM, $x \in M$. Ein fundamentales Resultat von Pesin [115] verknüpft die *Entropie* (vergleiche Abschnitt 6) mit diesen Lyapunov-Exponenten:

$$h_\mu(\{\varphi^t\}) = \int_M \left(\sum_{\lambda_i(x)>0} \lambda_i(x)\right) \mu(dx). \tag{15.258}$$

Dabei werden in der Summe unter dem Integral die Lyapunov-Exponenten für jedes $x \in M$ entsprechend ihrer Vielfachheit gezählt, und die Summe soll gleich null sein, wenn keine positiven Exponenten vorhanden sind. Pesin bewies die Identität (15.258) unter den Voraussetzungen von Satz 15.41 für das vom Riemannschen Volumen (11.105) gemäß Satz 15.11 induzierte Maß unter der zusätzlichen Annahme, daß das dynamische System zur Klasse C^2 gehört, und sie gilt gleichermaßen für Flüsse $\{\varphi^t\}$ und für Diffeomorphismen f. Ist dieses zugrundeliegende invariante Maß ergodisch, dann lautet (15.258)

$$h_\mu(\{\varphi^t\})\,(\text{bzw. } h_\mu(f)) = \sum_{\lambda_i>0} \lambda_i. \tag{15.259}$$

Diese Gleichung ist als die *Pesin-Identität* bekannt, und die Tatsache, daß die rechte Seite in (15.259) eine obere Schranke für die Entropie darstellt, bezeichnet man als die *Ruelle-Ungleichung*. Sie wurde zuerst (unveröffentlicht) von Margulis für volumenerhaltende Flüsse bewiesen und gilt bereits für C^1-Systeme [128].

---

[37] Dies ist ein sogenanntes *Parallelflach*, das heißt, ein Prisma, dessen Grundflächen Parallelogramme sind.

15 Hamiltonsche Flüsse, invariante Maße und Lyapunov-Spektrum

Unabhängig vom Vorhandensein einer Riemannschen Metrik gilt die Pesin-Identität für ergodische absolutstetige Maße, die eine C^1-Dichtefunktion besitzen [38]. Allgemeiner gilt sie für alle sogenannten *SRB-Maße* (nach Sinai, Ruelle und Bowen), das sind, grob gesprochen, ergodische Maße, die auf instabilen Mannigfaltigkeiten (von $\{\varphi^t\}$ beziehungsweise f) absolutstetig sind [38]. Ledrappier und Young [83] haben gezeigt, daß ein ergodisches Maß genau dann ein SRB-Maß ist, wenn μ die Pesin-Identität (15.259) erfüllt.

Im Unterschied zur topologischen Entropie in Definition 6.6 bezeichnet $h_\mu(f)$ (beziehungsweise $h_\mu(\{\varphi^t\})$) die maßtheoretische Entropie, im allgemeinen als *metrische* oder *Kolmogorov-Sinai-Entropie* bezeichnet. Sie mißt die *Informationsproduktion* in einem dynamischen System: Ein dynamisches System mit sensitiver Abhängigkeit von den Anfangsbedingungen produziert Information. Das hängt damit zusammen, daß zwei Anfangszustände, die zwar verschieden aber im Rahmen einer vorgegebenen Meßungenauigkeit nicht unterscheidbar sind, nach endlicher Zeit in einem späteren Systemzustand unterschieden werden können. So wird Information über den Anfangszustand x_0 erzeugt, die aus einer direkten Messung von x_0 mit der gleichen Ungenauigkeit nicht erhalten werden kann. Die metrische Entropie ist ein asymptotisches (für t beziehungsweise $n \to \infty$), über beliebig fein werdende Partitionen von M gemitteltes Maß für diese Informationsproduktion. Sie leitet sich wie die topologische Entropie ab aus verallgemeinerten *Shannonschen Informationsmaßen*, den sogenannten *Rényi-Informationen*. Wir können hier nicht näher auf die exakte Definition von h_μ und diese Zusammenhänge eingehen und verweisen auf die Bücher von Billingsley [19], Arnold und Avez [10] und Walters [152] sowie auf die Arbeit von Grassberger und Procaccia [52], welche die Zusammenhänge dieser verschiedenen Maße auf seltsamen Attraktoren numerisch und analytisch untersucht haben. Nichtsdestotrotz wollen wir dennoch eine wichtige Verbindung zwischen den Lyapunov-Exponenten und der *fraktalen Dimension* eines seltsamen Attraktors nicht unerwähnt lassen: Die Größe

$$\dim_\Lambda \mu := k + \frac{\lambda_1 + \ldots + \lambda_k}{|\lambda_{k+1}|}, \tag{15.260}$$

mit $k := \max\{i \mid \lambda_1 + \ldots + \lambda_i \geq 0\}$ [39] bezeichnet man als die *Lyapunov-Dimension*, und

$$\dim_H \mu := \inf\{\dim_H S \mid S \subseteq M, \mu(S) = 1\} \tag{15.261}$$

als die *Informations-Dimension* des invarianten Maßes μ, dabei ist $\dim_H S$ die *Hausdorff-Dimension* der Menge S (siehe Abschnitt 3 und Mandelbrot [87]). Unter

---

[38] Genauer: Ein Maß μ auf einer (kompakten) Mannigfaltigkeit M heißt *absolutstetig*, wenn (analog zu Definition 15.9 mit einer Zerlegung der Eins, die einer Überdeckung von M aus Kartenumgebungen untergeordnet ist) das Maß μ in jeder Kartenumgebung durch Integration einer Dichtefunktion gegeben ist. Man nennt μ *glatt* (engl.: smooth), wenn die Dichten aus C^1 sind.

[39] Das heißt, $\sum_{i=1}^{k} \lambda_i \geq 0$ und $\sum_{i=1}^{k+1} \lambda_i < 0$.

denselben Voraussetzungen wie für die Pesin-Identität gilt $\dim_H \mu \leq \dim_\Lambda \mu$, vergleiche Ledrappier [82]. Kaplan und Yorke [71] (beziehungsweise [70]) vermuteten darüber hinaus, daß in „typischen Fällen" (generisch)

$$\dim_H \mu = \dim_\Lambda \mu \qquad (15.262)$$

erfüllt ist, falls μ ein SRB-Maß ist. Erfahrungsgemäß gilt Gleichheit in vielen Situationen, aber es gibt Ausnahmen!

Nun kommen wir zurück zur Entropie und zu *Hamiltonschen Flüssen*: Aus der Ruelle-Ungleichung beziehungsweise aus (15.259) folgt im ergodischen Fall die Existenz mindestens eines positiven Lyapunov-Exponenten (mit anderen Worten $\lambda_{\max} > 0$). Benettin, Galgani und Strelcyn [18] haben für das Hénon-Heiles-Modell aus Beispiel 15.31 und für Werte der Gesamtenergie $H(p,q) = E$ im Intervall $0 < E \leq \frac{1}{6}$ den größten Lyapunov-Exponenten $\lambda_{\max}(E)$ und die metrische Entropie $h(E) = h_\mu(\{\varphi_H^t\})$ numerisch bestimmt. Dabei ist μ das normierte Liouville-Maß auf einer invarianten, kompakten, zusammenhängenden 3-dimensionalen Mannigfaltigkeit $\Gamma_E \subseteq \{(p,q) \in \mathbb{R}^4 \mid H(p,q) = E\}$, es ist absolutstetig und für $0 < E \leq \frac{1}{6}$ ist die Existenz einer solchen nicht-leeren invarianten kompakten Mannigfaltigkeit Γ_E gesichert. Für Energiewerte $0 < \varepsilon \leq E \leq \frac{1}{6}$ (bei ihnen ist $\varepsilon = 0.11$) ist $h(E)$ und somit mindestens einer der vier Lyapunov-Exponenten größer als null, genauer: $\lambda_{\max}(E)$ ist entweder gleich 0 oder gleich einer positiven Zahl, die nur von E abhängt, je nachdem, ob der Anfangswert für die iterative Berechnung von $\lambda_{\max}$ (sie entspricht weitgehend dem von uns weiter oben angegebenen Algorithmus) in einem Gebiet quasiperiodischer oder stochastischer Bewegung gewählt wird (siehe Fig. 15.1), und es ist hochwahrscheinlich, daß $h(E) > 0$ für $0 < E \leq \frac{1}{6}$ gilt.

Bei Steeb [147] findet man zahlreiche weitere Beispiele (nicht-integrabler) chaotischer Hamiltonscher Systeme mit zwei Freiheitsgraden (das heißt, $H : \mathbb{R}^4 \to \mathbb{R}$), wobei die chaotische Dynamik in allen Beispielen durch einen numerisch ermittelten positiven maximalen Lyapunov-Exponenten begründet wird (vergleiche die dortige Übersichtstabelle auf Seite 163).

Das bekannteste Beispiel eines *dissipativen Flusses* mit chaotischer Dynamik liefert das *Lorenz-Modell* (vergleiche Lorenz [86]), gegeben durch ein System gewöhnlicher Differentialgleichungen im $\mathbb{R}^3$,

$$\begin{aligned} \frac{dx}{dt} &= -ax + ay \\ \frac{dy}{dt} &= -xz + bx - y \qquad (15.263) \\ \frac{dz}{dt} &= xy - cz, \end{aligned}$$

dabei sind a, b, c positive Konstanten. Für die Divergenz des Vektorfeldes auf der rechten Seite gilt

$$\text{div} v(x, y, z) = -a - 1 - c. \qquad (15.264)$$

15 Hamiltonsche Flüsse, invariante Maße und Lyapunov-Spektrum

Für die klassischen Parameterwerte $a = 10$, $b = 28$ und $c = \frac{8}{3}$ (vergleiche [86]) kontrahiert das System (15.263) Volumina auf einen seltsamen Attraktor, den sogenannten *Lorenz-Attraktor* von Fig. 15.6. Auch für andere Konstellationen der Parameter a, b und c tritt (numerisch) chaotisches Verhalten auf, zum Beispiel für $a = 16$, $b = 40$, $c = 4$ haben die eindimensionalen Lyapunov-Exponenten nach Steeb [147] die numerischen Werte

$$\lambda_1 = 1.37, \quad \lambda_2 = 0, \quad \lambda_3 = -22.37 \tag{15.265}$$

mit $\lambda_1 + \lambda_2 + \lambda_3 = \operatorname{div} v = -21$. Die Lorenz-Gleichungen sind abgeleitet von den *Navier-Stokes-Gleichungen* der Hydrodynamik und gewannen in jüngster Zeit

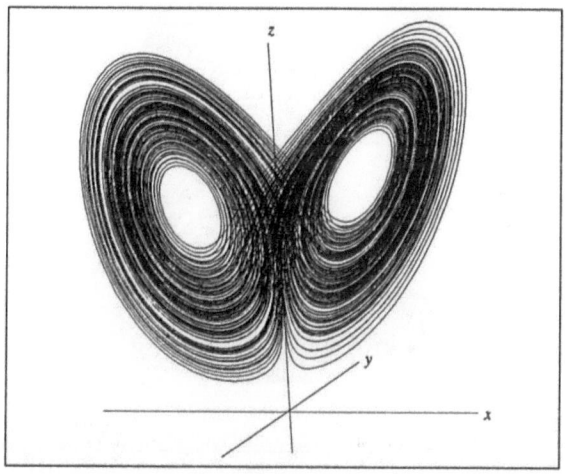

15.6: Der Lorenz-Attraktor für $a = 10$, $b = 28$ und $c = 8/3$ und einen Startwert in der Nähe des Ursprungs (aus Peitgen, Jürgens und Saupe [114]).

wieder an Bedeutung als ein prototypisches Beispiel für *turbulente Dynamik* (vergleiche Ruelle [131] und [135]). In 1976 fand Rössler [124] ein vergleichsweise einfaches System, das bis zum heutigen Tag die einfachste geometrische Konstruktion für das Auftreten von Chaos in einem dreidimensionalen dissipativen Fluß darstellt. Sein System von Differentialgleichungen lautet

$$\begin{aligned}
\frac{dx}{dt} &= -y - z \\
\frac{dy}{dt} &= x + ay \\
\frac{dz}{dt} &= b + xz - cz
\end{aligned} \tag{15.266}$$

mit Konstanten $a, b, c \in \mathbb{R}$. Für $a = b = 0.2$ und $c = 5.7$ besitzt dieses System den nach Rössler benannten seltsamen Attraktor von Fig. 15.7. Rössler leitet dieses dynamische System auf die ihm eigene unverwechselbare operativ anschauliche Weise her aus der Funktionsweise einer auf einer Scheibe rotierenden Karamel-Knetmaschine (in seiner Sprache: rotating taffy puller [126]), sozusagen, einer mechanischen Chaos-Maschine. Es lohnt sich ganz bestimmt, seine Beschreibung des Wesens chaotischer Dynamik anhand dieses Prototypen in [126] beziehungsweise in Baier und Klein [12] oder in Peinke et al. [113] nachzulesen.

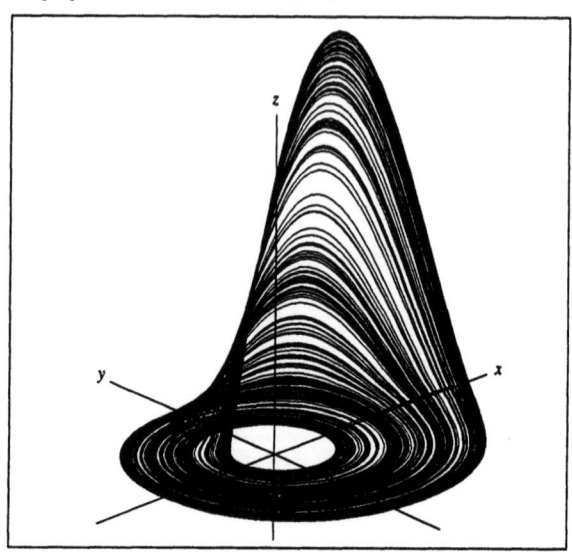

Fig. 15.7: Der Rössler-Attraktor für $a = b = 0.2$ und $c = 5.7$ für den Startwert $(-1, 0, 0)$ (aus Peitgen, Jürgens und Saupe [114]).

Die Untersuchung der ergodischen Eigenschaften *geodätischer Flüsse* auf kompakten Riemannschen Mannigfaltigkeiten M mit negativer Krümmung geht, wie bereits erwähnt, weit zurück auf die Arbeiten von Hadamard [57], Hedlund [59], Hopf [67], Anosov [5] und anderen [40]. Sie sind hyperbolisch (*Anosov-Flüsse*), und das hat in diesem Fall Ergodizität und positive metrische Entropie zur Folge [9]. Pesins Summenformel (15.259) liefert dann wiederum die Existenz mindestens eines positiven Lyapunov-Exponenten und somit sensitive Abhängigkeit von den Anfangsbedingungen im Phasenraum SM.

Genauere Aussagen über ihr *Lyapunov-Spektrum* findet man in Pesin [115]: M ist dort eine kompakte Riemannsche Mannigfaltigkeit mit negativer (sektionaler) Krümmung, und $g^t : SM \to SM$ sei der geodätische Fluß von M. Für $v \in SM$ sei c_v die

---

[40] Eine Vielzahl von Arbeiten zu diesem Thema sind in den 60er und 70er Jahren in russischen Zeitschriften erschienen, die ins Englische übersetzt wurden. Zu nennen sind hauptsächlich die *Russian Mathematical Surveys*, aber auch *Soviet Mathematics Doklady* und die *Proceedings of the Steklov Institute of Mathematics*. Empfehlenswert in diesem Zusammenhang ist die Bibliographie in Katok und Hasselblatt [73].

15 Hamiltonsche Flüsse, invariante Maße und Lyapunov-Spektrum

eindeutig bestimmte Geodätische durch den Fußpunkt $p = \pi(v)$ mit $c_v(0) = p$ und $\dot{c}_v(0) = v$, und w sei ein Vektor orthogonal zu v. Dann ist durch

$$K_{v,w}(t) = <R(\dot{c}_v(t), w(t))\dot{c}_v(t), w(t)> \tag{15.267}$$

die sektionale Krümmung der von $\dot{c}_v(t)$ und $w(t)$ aufgespannten Ebene gegeben, dabei bezeichnet R den Krümmungstensor von M (siehe Anhang A.4.2), und $w(t)$ erhält man durch Parallelverschiebung von w entlang der Geodätischen $c_v(t)$.

$w(t)$ ist ein sogenanntes *Jacobi-Feld* entlang $c_v(t)$. Man erhält Jacobi-Felder (vergleiche do Carmo [37], Kapitel 5)

$$Y : t \longrightarrow Y(t) \in T_{c_v(t)}M \tag{15.268}$$

entlang einer Geodätischen $c_v : \mathbb{R} \to M$ als Lösungen der *Jacobi-Gleichung*

$$\frac{D^2}{dt^2} Y(t) + R(\dot{c}_v(t), Y(t))\dot{c}_v(t) = 0, \tag{15.269}$$

dabei bezeichnet $\frac{D}{dt} Y = \nabla_{\dot{c}_v} Y$ die kovariante Ableitung des Vektorfeldes Y entlang der Geodätischen (siehe Anhang A.4.2).

Der geodätische Fluß besitzt, wie wir wissen, ein absolutstetiges invariantes Maß μ auf SM, welches von der Riemannschen Metrik auf M induziert wird, und somit existieren die Lyapunov-Exponenten $\lambda(v, \xi)$ für $v \in SM$ und $\xi \in T_v SM$. Pesin definiert die Menge

$$\Lambda_0 = \{v \in SM \mid \text{Für jeden Vektor } w \in SM \text{ orthogonal zu } v \tag{15.270}$$

$$\text{gilt } \limsup_{t \to \infty} \frac{1}{t} \int_0^t K_{v,w}(s) ds < 0\}$$

und zeigt:

(a) Λ_0 ist meßbar und invariant unter g^t, und
(b) $\lambda(v, \xi) > 0$ für alle $v \in \Lambda_0$, $\xi \in X^+(v)$,

dabei ist $X^+(v)$ ein $(n-1)$-dimensionaler Unterraum von $T_v SM$, $n = \dim M$ (analog gilt $\lambda(v, \xi) < 0$ für $v \in \Lambda_0$ und $\xi \in X^-(v)$, ein ebenfalls $(n-1)$-dimensionaler Unterraum von $T_v SM$). Im 2-dimensionalen Fall, also für eine kompakte Fläche mit (nicht notwendig konstanter) negativer Krümmung ist $\mu(\Lambda_0) = 1$ [115].

In diesem Fall lassen sich noch stärkere ergodische Eigenschaften nachweisen, siehe Ornstein und Weiss [106]: Ein geodätischer Fluß $\{g^t\}$ auf einer 2-dimensionalen kompakten Riemannschen Mannigfaltigkeit M mit negativer Gaußscher Krümmung ist ein *Bernoulli-Fluß* [41]. Das bedeutet, g^1 (und *als Folge davon* g^t für alle $t \neq 0$) ist isomorph [42] zu einem *Bernoulli-Shift* (vergleiche Abschnitt 6.2, Beispiel (5)), und das heißt im wesentlichen, g^1 ist konjugiert zur Shiftabbildung auf der Menge der 2-seitig unendlichen Folgen über einen endlichen Zustandsraum, ist damit *chaotisch* im Sinne unserer Definition 6.1 (mit anderen Worten, g^1 *besitzt ein Hufeisen*, vergleiche dazu die einschlägigen Sätze im 10. Abschnitt) und definiert tatsächlich einen unabhängigen identisch verteilten *stochastischen Prozeß*, einen sogenannten *K(olmogorov)-Fluß* [77], mit positiver Entropie [9]. Im Gegensatz zum sogenannten *weichen Chaos* bei nichtintegrablen Hamilton-Systemen (zum Beispiel beim Hénon-Heiles-Modell), welches vom KAM-Theorem konstatiert wird und sich in einem in Teilen des Phasenraumes positiven maximalen Lyapunov-Exponenten ausdrückt, ist die Dynamik von geodätischen Flüssen auf Flächen mit negativer Krümmung (allgemeiner: von *Anosov-Flüssen*) somit durch den Begriff „*hartes Chaos*" zutreffend beschrieben.

Übungsaufgaben:

1. Zur Lie-Klammer: Für differenzierbare Vektorfelder v, w auf M und zwei differenzierbare Funktionen $f, g : M \to \mathbb{R}$ ist zu beweisen:

$$[fv, gw] = fg[v,w] + f(vg)w - g(wf)v.$$

2. (a) Ein $(0,k)$-Tensor ω ist genau dann alternierend, wenn gilt:

    $\omega(v_1, \ldots, v_k) = 0$, falls $v_i = v_j$ für ein Tupel (i,j) mit $i \neq j$.

    (b) $\omega_1, \ldots, \omega_k \in T^*M$ ($k \leq \dim M$) sind genau dann linear unabhängig, wenn $\omega_1 \wedge \ldots \wedge \omega_k \neq 0$ gilt.

3. Beweisen Sie (unter den Voraussetzungen von Definition 15.9) die Substitutionsregel (15.67), das heißt,

$$\int \omega = \int f^*\omega.$$

4. (M, ω) sei eine symplektische Mannigfaltigkeit, $H : M \to \mathbb{R}$ differenzierbar, $\omega \lrcorner v_H = dH$ und $\dot{\varphi}^t = v_H$ (siehe Lemma 15.21). Beweisen Sie:

$$\frac{d}{dt}\varphi^{t^*}\omega = \varphi^{t^*}(\mathcal{L}_{v_H}\omega).$$

---

[41] Nach der *Formel von Gauß-Bonnet* (vergleiche Anhang A.4.3) ist das Geschlecht g von M größer als 1. Die Behauptung gilt allgemeiner für alle geodätischen Flüsse auf 2-dimensionalen Flächen mit Geschlecht $g \geq 2$, die keine sogenannten *Brennpunkte* (engl.: focal points, vergleiche [37], Kapitel 10) besitzen. Negative Krümmung schließt Brennpunkte aus.

[42] *Isomorph* bedeutet, daß den endlich vielen Zuständen (Symbolen) Wahrscheinlichkeiten zugeordnet sind, die den Folgenraum zu einem Produktwahrscheinlichkeitsraum machen, und daß eine maßerhaltende, invertierbare Abbildung existiert, welche g^1 und den Shift (bis auf Mengen von Maß 0) konjugiert (vergleiche [152], Definition 2.4).

Anhang

A.1 Topologie

A.1.1 Metrischer Raum. Eine Menge $X \neq \emptyset$ heißt *metrischer Raum*, falls eine Abbildung $d : X \times X \to \mathbb{R}$ existiert mit folgenden Eigenschaften:

(a) $d(x,y) \geq 0$, $d(x,y) = 0 \Leftrightarrow x = y$
(b) $d(x,y) = d(y,x)$
(c) $d(x,z) \leq d(x,y) + d(y,z)$, $x,y,z \in X$.

d heißt dann eine *Metrik* auf X. Für den metrischen Raum X verwenden wir auch die Bezeichnung (X,d). Für $x \in X$ und $\delta > 0$ bezeichnet man die Menge

$$K_\delta(x) := \{y \in X \mid d(x,y) < \delta\}$$

als (offene) δ-*Kugel* um x. $O \subseteq X$ heißt *offen*, falls für jedes $x \in O$ ein $\delta = \delta(x)$ existiert mit $K_\delta(x) \subseteq O$. Für $A \subseteq X$ bezeichnet man die Menge

$$\bar{A} := \{x \in X \mid K_\delta(x) \cap A \neq \emptyset \text{ für alle } \delta > 0\}$$

als den *Abschluß* (oder die *abgeschlossene Hülle*) von A. A heißt *abgeschlossen*, wenn $\bar{A} = A$ gilt.

In einem metrischen Raum gilt die *Vierecksungleichung*

$$|d(x,y) - d(x',y')| \leq d(x,x') + d(y,y')$$

mit $x,y,x',y' \in X$. Ist $A \subseteq X$, $A \neq \emptyset$ und $x \in X$, so heißt

$$d(x,A) := \inf\{d(x,a) \mid a \in A\}$$

Abstand von x und A. Ist außerdem $B \subseteq X$, $B \neq \emptyset$, so heißt

$$d(A,B) := \inf\{d(a,b) \mid a \in A, b \in B\}$$

Abstand von A und B. Es gilt $d(x,A) = 0$ genau dann, wenn $x \in \bar{A}$, und für jede Teilmenge $A \neq \emptyset$ von X ist $d(x,A)$ eine stetige, sogar gleichmäßig stetige Funktion von x. Dabei heißt eine Abbildung $f : X \to Y$ eines metrischen Raumes X in den metrischen Raum Y *gleichmäßig stetig*, wenn es zu jedem $\varepsilon > 0$ ein $\delta = \delta(\varepsilon) > 0$ gibt derart, daß $d(f(x), f(x')) < \varepsilon$, wenn $d(x,x') < \delta$.

Eine Folge $(x_n)_{n \in \mathbb{N}} \subset X$ heißt *Cauchy-Folge*, wenn zu jedem $\varepsilon > 0$ eine natürliche Zahl $n_0 = n_0(\varepsilon)$ existiert, so daß $d(x_m, x_n) < \varepsilon$ für $m, n > n_0$ folgt. Gibt es ein $x \in X$, so daß $d(x_n, x) < \varepsilon$ für alle $n > n_0$ gilt, so konvergiert die Folge (x_n) gegen x, und man bezeichnet x dann als Grenzwert der Folge (x_n), das heißt, $\lim_{n \to \infty} x_n = x$. Jede konvergente Folge ist eine Cauchy-Folge.

Ein metrischer Raum X heißt *vollständig*, wenn in ihm jede Cauchy-Folge konvergiert, und man bezeichnet X als *kompakt*, falls jede Folge in X eine konvergente Teilfolge besitzt. Jeder kompakte metrische Raum ist vollständig.

In vollständigen metrischen Räumen gilt der *Banachsche Fixpunktsatz*: Eine Selbstabbildung $f: X \to X$ eines metrischen Raumes X nennt man *kontrahierend*, falls eine Konstante $0 \leq \lambda < 1$ existiert, so daß für alle $x, y \in X$

$$d(f(x), f(y)) \leq \lambda d(x,y)$$

erfüllt ist. Diese Ungleichung impliziert, daß f stetig ist, und somit ist (X, f) ein diskretes dynamisches System (ddS).

Der Banachsche Fixpunktsatz besagt nun: Ist f eine kontrahierende Selbstabbildung eines vollständigen metrischen Raumes X, dann besitzt f einen eindeutig bestimmten Fixpunkt x_f, und es gilt

$$x_f = \lim_{n \to \infty} f^n(x)$$

für jedes $x \in X$ (f^n bezeichnet die *n-te Iterierte* von f, siehe Definition 1.1). Weiterhin gilt die Fehlerabschätzung

$$d(x_f, f^n(x)) \leq \frac{\lambda^n}{1-\lambda} d(x, f(x))$$

für $n \in \mathbb{N}$ und $x \in X$.

A.1.2 Topologischer Raum. Es sei X eine Menge. Ein System $\mathfrak{O}$ von Teilmengen von X heißt *Topologie* auf X, falls die leere Menge und X zu $\mathfrak{O}$ gehören und falls es ferner folgende Eigenschaften besitzt:

(a) Jede Vereinigung beliebig vieler Mengen aus $\mathfrak{O}$ gehört zu $\mathfrak{O}$.
(b) Der Durchschnitt von jeweils endlich vielen Mengen aus $\mathfrak{O}$ gehört zu $\mathfrak{O}$.

$(X, \mathfrak{O})$ heißt dann *topologischer Raum*, falls keine Verwechslungsgefahr besteht, schreiben wir statt $(X, \mathfrak{O})$ kurz X. Die Elemente von $\mathfrak{O}$ werden *offene Teilmengen* von X genannt, ihre Komplemente heißen *abgeschlossen*. Eine Teilmenge U von X heißt *Umgebung* von $x \in X$, wenn eine offene Menge O existiert, die $x \in O \subseteq U$ erfüllt. U heißt *offene Umgebung*, wenn U offen ist.

In einem metrischen Raum X induzieren die in A.1.1 definierten offenen Mengen eine Topologie auf X. Die Potenzmenge $\mathfrak{P}(X)$ ist eine Topologie auf X, ebenso $\{\emptyset, X\}$. Eine *Topologie* $\mathfrak{O}_1$ auf X heißt *gröber* als eine Topologie $\mathfrak{O}_2$ auf X, falls $\mathfrak{O}_1 \subseteq \mathfrak{O}_2$ gilt. $\mathfrak{O}_2$ heißt dann *feiner* als $\mathfrak{O}_1$. Die gröbste Topologie, die eine nichtleere Familie $\mathfrak{F}$ von Mengen aus X umfaßt, wird die von $\mathfrak{F}$ *erzeugte Topologie* genannt und mit $\mathfrak{O}(\mathfrak{F})$ bezeichnet. $\mathfrak{F}$ heißt *Subbasis* dieser Topologie. Ein System $\mathfrak{B}$ von offenen Mengen eines topologischen Raumes $(X, \mathfrak{O})$ wird *Basis* (der Topologie

Anhang   447

von X) genannt, wenn jede nicht-leere offene Menge aus X Vereinigung von Mengen aus $\mathfrak{B}$ ist. Insbesondere ist jede Basis eine Subbasis.

Seien $(X_1, \mathfrak{O}_1)$ und $(X_2, \mathfrak{O}_2)$ topologische Räume. Eine *Funktion* $f : X_1 \to X_2$ heißt *stetig* im Punkt $x \in X_1$, falls jede Umgebung von $f(x)$ eine Umgebung von x als Urbild besitzt. f heißt stetig, wenn f in jedem Punkt $x \in X$ stetig ist. f ist genau dann stetig, wenn das Urbild jeder offenen Menge von X_2 eine offene Menge in X_1 ist, das heißt, für alle $O \in \mathfrak{O}_2$ ist $f^{-1}(O) \in \mathfrak{O}_1$.

Eine *Abbildung* $f : X_1 \to X_2$ zwischen topologischen Räumen X_1 und X_2 heißt *offen* beziehungsweise *abgeschlossen*, wenn das Bild jeder offenen beziehungsweise jeder abgeschlossenen Menge offen beziehungsweise abgeschlossen ist. Eine bijektive Abbildung $f : X_1 \to X_2$ heißt *Homöomorphismus* (oder *topologische Abbildung*), wenn f und f^{-1} stetig sind. X_1 und X_2 heißen dann *homöomorph* (oder *topologisch äquivalent*). f (bijektiv) ist genau dann ein Homöomorphismus, wenn f stetig und offen (beziehungsweise abgeschlossen) ist.

Ein *topologischer Raum* $(X, \mathfrak{O})$ heißt *hausdorffsch* oder ein *Hausdorff-Raum*, wenn je zwei verschiedene Punkte aus X disjunkte Umgebungen besitzen. X heißt *normal*, falls er hausdorffsch ist und falls je zwei abgeschlossene Teilmengen von X disjunkte Umgebungen besitzen, mit anderen Worten, für je zwei abgeschlossene Teilmengen $A, B \subseteq X$ gibt es offene Mengen $O_1, O_2 \in \mathfrak{O}$ mit $A \subseteq O_1$, $B \subseteq O_2$ und $O_1 \cap O_2 = \emptyset$.

Sei $(X, \mathfrak{O})$ ein topologischer Raum. Eine Familie $\{O_i\}_{i \in I} \subseteq \mathfrak{O}$ nennt man eine *offene Überdeckung* von X, falls gilt

$$X = \bigcup_{i \in I} O_i,$$

und sie heißt *endlich*, wenn I endlich ist. X heißt *quasikompakt*, falls jede offene Überdeckung von X eine endliche Teilüberdeckung enthält, und *kompakt*, falls X hausdorffsch und quasikompakt ist. Eine Teilmenge eines kompakten Raumes ist genau dann kompakt, wenn sie abgeschlossen ist. Dabei nennt man eine Teilmenge $A \subseteq X$ kompakt, wenn der *Teilraum* A kompakt ist. A ist ein *Teilraum* von X, wenn A die von $\mathfrak{O}$ auf A *induzierte Topologie*

$$\mathfrak{O}_A := \{O \cap A \mid O \in \mathfrak{O}\}$$

(auch *Teil-* oder *Unterraum-Topologie* genannt) besitzt. Ein topologischer Raum heißt *lokal-kompakt*, wenn er hausdorffsch ist und jeder Punkt eine kompakte Umgebung besitzt.

Alexandroff-Kompaktifizierung: Zu einem lokal-kompakten Raum X gibt es einen bis auf Homöomorphie eindeutig bestimmten kompakten Raum $\hat{X}$, der einen zu X

homöomorphen Raum Y enthält, so daß $\hat{X}\setminus Y =: \{\infty\}$ aus einem Punkt besteht. Ist X nicht kompakt, dann ist Y dicht in $\hat{X}$. ∞ heißt der unendlich ferne Punkt.

Für kompakte beziehungsweise normale Räume gelten folgende Aussagen: Sowohl kompakte als auch metrische Räume sind normal. Jede kompakte Teilmenge eines Hausdorff-Raumes ist abgeschlossen. Das Bild einer quasi-kompakten Menge unter einer stetigen Abbildung ist quasi-kompakt. Und: Eine stetige Bijektion eines kompakten Raumes auf einen Hausdorff-Raum ist ein Homöomorphismus.

Ein *topologischer Raum* $(X, \mathfrak{O})$ heißt *zusammenhängend*, falls er nicht von zwei disjunkten offenen Mengen überdeckt werden kann, das heißt, gilt $X = O_1 \cup O_2$ für O_1, O_2 offen und nicht-leer, dann folgt $O_1 \cap O_2 \neq \emptyset$. Offenbar ist X genau dann zusammenhängend, wenn $\emptyset$ und X die einzigen zugleich offenen und abgeschlossenen Teilmengen von X sind. Eine *Teilmenge* $A \subseteq X$ heißt *zusammenhängend*, wenn sie als Teilraum zusammenhängend ist. $(X, \mathfrak{O})$ heißt *wegzusammenhängend*, falls zu je zwei Punkten $x_0, x_1 \in X$ eine stetige Kurve $c: [0,1] \to X$ existiert mit $c(i) = x_i$ für $i = 0, 1$. Ein wegzusammenhängender Raum ist zusammenhängend. Die Umkehrung ist im allgemeinen falsch! Ist X_1 zusammenhängend und $f: X_1 \to X_2$ stetig, dann ist auch $f(X_1)$ zusammenhängend.

Eine *Zusammenhangskomponente* in X ist eine maximale zusammenhängende Teilmenge von X, mit anderen Worten, für $x \in X$ bildet die Vereinigung aller zusammenhängenden Teilmengen von X, welche x enthalten, die Zusammenhangskomponente $K(x)$ von x. $K(x)$ ist abgeschlossen. Ein *topologischer Raum* X heißt *total unzusammenhängend*, wenn für jedes $x \in X$ gilt: $K(x) = \{x\}$. *Cantor-Mengen* oder $\mathbb{Q} \subseteq \mathbb{R}$ sind total unzusammenhängend.

Sind $(X_\alpha, \mathfrak{O}_\alpha)$, $\alpha \in \Lambda$, topologische Räume und ist Λ irgendeine Indexmenge, dann nennt man diejenige Topologie auf $X = \Pi_\alpha X_\alpha$, die von der Basis

$$\{\Pi_\alpha O_\alpha \mid O_\alpha \in \mathfrak{O}_\alpha, O_\alpha \neq X_\alpha \text{ für höchstens endlich viele } \alpha\}$$

erzeugt wird, *Produkt-Topologie*, und X, versehen mit dieser Topologie, heißt dann *topologisches Produkt* der topologischen Räume X_α.

Das topologische Produkt von Hausdorff-Räumen ist hausdorffsch, aber das Produkt normaler Räume braucht nicht normal zu sein. Die in diesen Kontext gehörende Aussage für kompakte Räume bezeichnet man als den *Satz von Tychonoff*: Das topologische Produkt (quasi-)kompakter Räume ist (quasi-)kompakt. Das gilt übrigens auch für zusammenhängende Räume.

$(X, \mathfrak{O})$ sei ein topologischer Raum, $\sim$ eine Äquivalenzrelation auf X, und $\pi: X \to X/\sim$ sei die kanonische Projektion auf die Menge der Äquivalenzklassen $X/\sim$. Versehen mit der feinsten Topologie, in bezug auf die π stetig ist (das heißt, $O \subseteq X/\sim$ heißt offen, wenn $\pi^{-1}(O)$ offen ist in X), heißt $X/\sim$ *Quotientenraum* oder

Faktorraum (oder einfach *topologischer Faktor*), und seine Topologie nennt man die *Quotiententopologie* auf $X/\sim$.

Eine wichtige Klasse von Faktorräumen erhält man, wenn eine Gruppe G von Homöomorphismen auf einem topologischen Raum X operiert. Man identifiziert Punkte auf demselben *Orbit*

$$G(z) = \{x \in X \mid \exists g \in G : x = g(z)\}$$

und bezeichnet den so entstehenden Quotientenraum dann mit X/G.

Topologische Eigenschaften von X vererben sich nicht ohne weiteres auf seine Quotientenräume, zum Beispiel muß $X/\sim$ (beziehungsweise X/G) nicht hausdorffsch sein, wenn X hausdorffsch ist. Aus der Stetigkeit der kanonischen Projektion folgt jedoch, daß $X/\sim$ zusammenhängend beziehungsweise quasi-kompakt ist, wenn dies für X erfüllt ist.

A.2 Maßtheorie

A.2.1 Wahrscheinlichkeitsraum. X sei eine nicht-leere Menge. Ein Mengensystem $\mathfrak{A} \subseteq \mathfrak{P}(X)$ heißt eine σ-*Algebra* in X, wenn gilt

$$X \in \mathfrak{A}$$
$$A \in \mathfrak{A} \implies X \setminus A \in \mathfrak{A}$$
$$A_n \in \mathfrak{A} \text{ für } n \in \mathbb{N} \implies \bigcup_{n=1}^{\infty} A_n \in \mathfrak{A}.$$

Das Tupel $(X, \mathfrak{A})$ nennen wir in diesem Fall einen *meßbaren Raum*.

Eine Funktion

$$\mu : \mathfrak{A} \longrightarrow \overline{\mathbb{R}_0^+} = [0, \infty]$$

heißt ein *Maß* auf $\mathfrak{A}$, wenn

$$\mu(\emptyset) = 0$$

und

$$\mu\left(\bigcup_{n=1}^{\infty} A_n\right) = \sum_{n=1}^{\infty} \mu(A_n)$$

erfüllt ist für jede Folge $(A_n)_{n \in \mathbb{N}} \subset \mathfrak{A}$, mit $A_k \cap A_l = \emptyset$ für $k \neq l$.

Wir bezeichnen das Tupel $(X, \mathfrak{A}, \mu)$ dann als einen *Maßraum* auf X. $(X, \mathfrak{A}, \mu)$ heißt *Wahrscheinlichkeitsraum* auf X, wenn $\mu(X) = 1$ erfüllt ist. Eine Sprechweise: Ist eine Eigenschaft für alle Elemente einer Menge $A \subseteq X$ mit $\mu(A) = 1$ erfüllt, so sagen wir, diese Eigenschaft gilt μ-*fast überall*.

A.2.2 Das Lebesgue-Maß. Mit $\mathfrak{F}$ bezeichnen wir die Menge aller endlichen Vereinigungen durchschnittsfremder nach rechts offener endlicher Intervalle in $\mathbb{R}$, zu denen wir noch die leere Mengen hinzunehmen, das heißt,

$$\mathfrak{F} = \left\{ \bigcup_{k=1}^{n} I_k \mid I_k = [\alpha_k, \beta_k) \text{ mit } I_j \cap I_l = \emptyset \text{ für } j \neq l, n \in \mathbb{N} \right\} \cup \{\emptyset\}.$$

$\mathfrak{F}$ ist noch keine σ-Algebra, aber es gibt eine eindeutig bestimmte kleinste σ-Algebra in $\mathbb{R}$, welche das Teilmengensystem $\mathfrak{F}$ umfaßt, nämlich

$$\mathfrak{A}(\mathfrak{F}) = \bigcap_{\substack{\mathfrak{A} \,\sigma\text{-Algebra,} \\ \mathfrak{F} \subset \mathfrak{A}}} \mathfrak{A}.$$

$\mathfrak{A}(\mathfrak{F})$ nennt man die *Borelsche σ-Algebra* in $\mathbb{R}$ und bezeichnet sie mit $\mathfrak{B}$.

Die Funktion

$$\lambda : \mathfrak{F} \longrightarrow \mathbb{R}_0^+$$

mit

$$\lambda(\emptyset) = 0$$

und

$$\lambda \left(\bigcup_{k=1}^{n} I_k \right) = \sum_{k=1}^{n} (\beta_k - \alpha_k),$$

wobei $I_k = [\alpha_k, \beta_k)$ und $I_j \cap I_l = \emptyset$ für $j \neq l$, ist ein sogenanntes *Prämaß* auf $\mathfrak{F}$ [1]. Es unterscheidet sich nur dadurch von einem Maß, daß sein Definitionsbereich noch keine σ-Algebra, sondern lediglich ein Ring in I sein muß, das heißt, abgeschlossen bezüglich endlich vieler Mengenoperationen der Form $A \backslash B$ und $A \cup B$, $A, B \in \mathfrak{F}$.

Das Prämaß λ auf dem Ring $\mathfrak{F}$ besitzt eine eindeutig bestimmte Fortsetzung auf die σ-Algebra der Borelmengen in $\mathbb{R}$ [2], die wir weiterhin mit λ bezeichnen. λ heißt *Lebesgue-Maß* auf $\mathfrak{B}$.

A.2.3 Integral auf einem meßbaren Raum. $(X, \mathfrak{A})$ sei ein meßbarer Raum und die σ-Algebra $\overline{\mathfrak{B}}$ in $\overline{\mathbb{R}} = \mathbb{R} \cup \{+\infty, -\infty\}$ sei definiert durch $\overline{\mathfrak{B}} := \mathfrak{A}(\mathfrak{B} \cup \{-\infty\} \cup \{+\infty\})$ [3].

---
[1] Vergleiche Bauer [15], S. 25.
[2] A. a. O., S. 26 ff.
[3] Das heißt, die σ-Algebra der Borelmengen in $\overline{\mathbb{R}}$ ist die kleinste σ-Algebra, die alle Borelmengen in $\mathbb{R}$ sowie $\{+\infty\}$ und $\{-\infty\}$ enthält.

Anhang 451

Eine Abbildung $f : X \to \overline{\mathbb{R}}$ heißt eine ($\mathfrak{A}$-$\overline{\mathfrak{B}}$-)*meßbare* numerische Funktion auf X, falls

$$f^{-1}(B) \in \mathfrak{A} \quad \text{für alle} \quad B \in \overline{\mathfrak{B}}$$

erfüllt ist.

Jetzt sei $(X, \mathfrak{A}, \mu)$ ein Maßraum. Eine *Elementarfunktion* (oder Treppenfunktion) auf X ist eine meßbare Funktion $e : X \to \mathbb{R}$ der Form

$$e(x) = \sum_{k=1}^{n} \alpha_k \chi_{A_k}(x)$$

mit den *Indikatorfunktionen*

$$\chi_{A_k}(x) = \begin{cases} 1 & \text{für } x \in A_k \\ 0 & \text{sonst} \end{cases},$$

wobei $A_k \in \mathfrak{A}$ für $k = 1, \ldots, n$, $A_i \cap A_j = \emptyset$ für $i \neq j$ und $\bigcup_{k=1}^{n} A_k = X$.

Das Integral einer Elementarfunktion definiert sich dann von selbst, nämlich

$$\int_X e(x)\mu(dx) = \sum_{k=1}^{n} \alpha_k \mu(A_k),$$

wobei man $\mu(A_k) < \infty$ für $k = 1, \ldots, n$ voraussetzt. Die Funktion e wird dann *μ-integrierbar* genannt. Der Wert des Integrals ist unabhängig von der gewählten Zerlegung von X in Mengen A_k, $k = 1, \ldots, n$.

Zu jeder meßbaren numerischen Funktion $f \geq 0$ existiert eine isotone Folge $(e_n)_{n \in \mathbb{N}}$ nichtnegativer Elementarfunktionen, die gegen f konvergiert, das heißt, $f = \sup_{n \in \mathbb{N}} e_n$. Man wählt zum Beispiel für $n \in \mathbb{N}$

$$e_n = \sum_{k=0}^{n2^n - 1} \frac{k}{2^n} \chi_{\{\frac{k}{2^n} \leq f < \frac{k+1}{2^n}\}} + n \chi_{\{n \leq f\}}.$$

Sei jetzt $f : X \to \overline{\mathbb{R}}_0^+$ und $(e_n)_{n \in \mathbb{N}}$ eine isotone Folge von solchen Elementarfunktionen mit $e_n \uparrow f$ für $n \to \infty$. Dann nennt man die (wiederum von der speziellen Wahl der Folge $(e_n)_{n \in \mathbb{N}}$ unabhängige Größe)

$$\int_X f\mu(dx) := \lim_{n \to \infty} \int_X e_n \mu(dx)$$

das *μ-Integral* von f (über X).

Für eine beliebige meßbare Funktion $f : X \to \overline{\mathbb{R}}$ definieren wir (die ebenfalls meßbaren Funktionen)

$$f^+ := \sup(f,0) \quad \text{und} \quad f^- := -\inf(f,0)$$

Dann gilt $f^+ + f^- = |f|$ und $f^+ - f^- = f$, und man nennt die Funktion f μ-*integrierbar*, wenn gilt

$$\int_X |f|\mu(dx) < \infty.$$

In diesem Fall heißt

$$\int_X f\mu(x) := \int_X f^+\mu(dx) - \int_X f^-\mu(dx)$$

das μ-*Integral* von f und f heißt *integrierbar* [4].

A.2.4 Maße mit Dichten. $(X, \mathfrak{A})$ sei wiederum ein meßbarer Raum. ν und μ seien zwei Maße auf $\mathfrak{A}$. Existiert eine $\mathfrak{A}$-meßbare numerische Funktion $f : X \to \overline{\mathbb{R}}$ so, daß

$$\bigwedge_{A \in \mathfrak{A}} \mu(A) = \int_A f\nu(dx)$$

(kurz: $\mu = f\nu$) erfüllt ist, so heißt f eine *Dichte* von μ bezüglich ν. Ein Wahrscheinlichkeitsmaß μ heißt *absolutstetig*, falls μ eine Dichte bezüglich des Lebesgue-Maßes λ besitzt.

Ist f eine Dichte von μ bezüglich ν, das heißt, $\mu = f\nu$, dann gilt $f \geq 0$ ν-fast überall, und eine $\mathfrak{A}$-meßbare Funktion $\varphi : X \to \overline{\mathbb{R}}$ ist genau dann μ-integrierbar, wenn φf ν-integrierbar ist. Für die Integrale gilt

$$\int_X \varphi\mu(dx) = \int_X \varphi f\nu(dx).$$

A.2.5 Integration bezüglich eines Bildmaßes. Gegeben seien ein Wahrscheinlichkeitsraum $(X, \mathfrak{A}, \mu)$, ein meßbarer Raum $(X', \mathfrak{A}')$ sowie eine meßbare Funktion $\varphi : X \to X'$. Das *Bildmaß* $\mu' := \varphi(\mu)$ ist definiert durch

$$\mu'(A') = \varphi(\mu)(A') = \mu(\varphi^{-1}(A'))$$

für alle $A' \in \mathfrak{A}'$. μ' ist ein Wahrscheinlichkeitsmaß auf $\mathfrak{A}'$.

---
[4] Im Falle des *Lebesgue-Integrals* (λ-Integrals) schreiben wir kurz $\int_\mathbb{R} f\,dx$ anstatt $\int_\mathbb{R} f\lambda(dx)$.

Für jede $\mathfrak{A}'$-meßbare numerische Funktion $f' : X' \to \overline{\mathbb{R}}$ gilt der sogenannte Transformationssatz:

(a) $f' \geq 0 \Longrightarrow \int\limits_{X'} f'\varphi(\mu)(dx') = \int\limits_{X} f' \circ \varphi \mu(dx)$.

(b) f' ist $\varphi(\mu)$-integrierbar $\Leftrightarrow$ $f' \circ \varphi$ ist μ-integrierbar, und auch in diesem Falle gilt die Gleichheit der Integrale [5].

A.2.6 Konvergenz im Mittel. Es sei $(X, \mathfrak{A})$ ein meßbarer Raum und μ ein endliches Maß auf $\mathfrak{A}$. Man bezeichnet mit $\mathcal{L}^1(\mu)$ die Menge aller μ-integrierbaren Funktionen $f : X \to \overline{\mathbb{R}}$. Sie bilden einen Vektorraum über $\mathbb{R}$, und das Integral ist ein strikt positives Funktional (vergleiche A.3.1) auf $\mathcal{L}^1(\mu)$. Auf $\mathcal{L}^1(\mu)$ ist durch

$$\rho(f,g) = \int\limits_X |f - g|\mu(dx), \quad f, g \in \mathcal{L}^1(\mu),$$

eine Metrik definiert (wobei $\rho(f,g) = 0 \Leftrightarrow f = g$ μ-fast überall zu beachten ist). Bezüglich dieser Metrik ist die Abbildung

$$f \longmapsto \int\limits_X f\mu(dx)$$

stetig auf dem Raum $\mathcal{L}^1(\mu)$. Mit der Norm

$$\|f\| := \rho(f, 0), \quad f \in \mathcal{L}^1(\mu),$$

ist $\mathcal{L}^1(\mu)$ ein normierter Raum (wiederum mit $\|f\| = 0 \Leftrightarrow f = 0$ μ-fast überall). Man sagt, eine Folge von Funktionen $f_n \in \mathcal{L}^1(\mu)$ *konvergiert im Mittel* gegen eine Grenzfunktion $f \in \mathcal{L}^1(\mu)$, falls $\lim\limits_{n \to \infty} \rho(f_n, f) = 0$ erfüllt ist.

Auf analoge Weise definiert man für $1 \leq p < \infty$ Metriken

$$\rho_p(f,g) := \left(\int\limits_X |f - g|^p \mu(dx) \right)^{\frac{1}{p}}$$

auf den Räumen

$$\mathcal{L}^p(\mu) = \{f \mid |f|^p \in \mathcal{L}^1(\mu)\}$$

und spricht dann sinngemäß von *Konvergenz im p-ten Mittel*. Daneben operiert man in Maßräumen mit zwei weiteren Konvergenzbegriffen, der *Konvergenz fast überall* ($f_n \xrightarrow{\text{f.ü.}} f$) und der *Maßkonvergenz* (oder *Konvergenz dem Maß nach*: $f_n \xrightarrow{\mu} f$). Die Erstgenannte erklärt sich selbst und Maßkonvergenz bedeutet: Eine Folge fast

---

[5] Man beweist (a), wie üblich, zunächst für Indikatorfunktionen, Elementarfunktionen und $\mathfrak{A}'$-meßbare $f' \geq 0$, (b) mittels $f' = f'^+ - f'^-$.

überall endlicher, meßbarer Funktionen $(f_n)_{n \in \mathbb{N}}$ heißt *maßkonvergent* gegen eine meßbare Funktion f, in Zeichen:

$$f_n \xrightarrow{\mu} f \quad (n \to \infty),$$

wenn für alle $\varepsilon > 0$

$$\lim_{n \to \infty} \mu(\{x \in X \mid |f(x) - f_n(x)| \geq \varepsilon\}) = 0$$

gilt. Für diese Konvergenzkonzepte gelten zwei wichtige Konvergenzsätze:

Satz von der monotonen Konvergenz (Beppo-Levi): Eine Folge meßbarer numerischer Funktionen $f_n : X \to \overline{\mathbb{R}}_0^+$ sei monoton nicht-fallend und es gelte

$$f_n \xrightarrow{\text{f.ü.}} f.$$

Dann gilt: Die Grenzfunktion f ist genau dann integrierbar, wenn die Folge $\left(\int_X f_n \mu(dx) \right)_{n \in \mathbb{N}}$ beschränkt ist. Und es gilt in jedem Fall (auch für nicht-integrierbares f)

$$\lim_{n \to \infty} \int_X f_n \mu(dx) = \int_X \lim_{n \to \infty} f_n \mu(dx) = \int_X f \mu(dx).$$

Folgerung: Für nichtnegative meßbare Funktionen f_n gilt

$$\int_X \sum_{n=1}^{\infty} f_n \mu(dx) = \sum_{n=1}^{\infty} \int_X f_n \mu(dx).$$

Satz von der majorisierten Konvergenz (Lebesgue): Ist $g \geq 0$ eine integrierbare Funktion und $(f_n)_{n \in \mathbb{N}}$ eine Folge numerischer, meßbarer Funktionen, so daß für alle n

$$|f_n| \leq g \text{ fast überall}$$

sowie

$$f_n \xrightarrow{\text{f.ü.}} f \quad \text{oder} \quad f_n \xrightarrow{\mu} f$$

erfüllt ist, so ist f integrierbar, und für alle $A \in \mathfrak{A}$ gilt

$$\lim_{n \to \infty} \int_A f_n \mu(dx) = \int_A f \mu(dx).$$

Folgerung: Ist unter den Voraussetzungen des letzten Satzes $g \in \mathcal{L}^p(\mu)$, dann ist $f, f_n \in \mathcal{L}^p(\mu)$, und die Folge (f_n) konvergiert im p-ten Mittel gegen f.

A.2.7 Maße auf topologischen Räumen. Ω sei eine nicht-leere Menge und $\mathcal{F}$ eine Menge reellwertiger Funktionen auf Ω. $\mathcal{F}$ sei ein Vektorraum und enthalte ferner zu jedem $u \in \mathcal{F}$ die Funktion $|u|$ (mit $|u|(x) := |u(x)|$) sowie zu $u, v \in \mathcal{F}$ ihr $\sup(u,v)$ und $\inf(u,v)$, gegeben durch

$$\sup(u,v) = \tfrac{1}{2}(u + v + |u - v|),$$
$$\inf(u,v) = -\sup(-u,-v) = \tfrac{1}{2}(u + v - |u - v|).$$

Im Sinne der Verbandstheorie ist $\mathcal{F}$ ein *Vektorverband*. $\mathcal{F}_+$ bezeichne die Menge der Funktionen $u \in \mathcal{F}$ mit $u \geq 0$. $\mathcal{F}$ nennt man einen *Stoneschen Vektorverband* (reellwertiger Funktionen auf Ω), wenn außerdem gilt:

$$\inf(u,1) \in \mathcal{F} \quad \text{für alle } u \in \mathcal{F}.$$

Dies ist insbesondere erfüllt, wenn die konstante Funktion 1 (und damit jede konstante reelle Funktion auf Ω) in $\mathcal{F}$ liegt. Jede auf einem Stoneschen Vektorverband $\mathcal{F}$ reeller Funktionen definierte *Linearform* I (das heißt, lineare Abbildung $I : \mathcal{F} \to \mathbb{R}$) mit den Eigenschaften:

(I1) I ist positiv, das heißt, $I(u) \geq 0$ für alle $u \in \mathcal{F}_+$, und

(I2) für jede monoton wachsende Folge (u_n) in $\mathcal{F}_+$ mit $\sup_{n \in \mathbb{N}} u_n \in \mathcal{F}_+$ gilt

$$I(\sup_{n \in \mathbb{N}} u_n) = \sup_{n \in \mathbb{N}} I(u_n)$$

nennt man ein *abstraktes Integral* auf $\mathcal{F}$. Es gilt der bedeutungsvolle

Satz von Daniell und Stone: Sei Ω eine nicht-leere Menge, $\mathcal{F}$ ein Stonescher Vektorverband reeller Funktionen auf Ω und I ein abstraktes Integral auf $\mathcal{F}$. Dann existiert genau ein Maß μ auf der σ-Algebra $\mathfrak{A}(\mathcal{F})$, der kleinsten σ-Algebra in Ω, bezüglich der alle Funktionen $u \in \mathcal{F}$ meßbar sind, mit folgenden Eigenschaften:

(a) $\mathcal{F} \subseteq \mathcal{L}^1(\mu)$,

(b) $I(u) = \int_\Omega u \mu(dx)$ für alle $u \in \mathcal{F}$,

(c) $\mu(A) = \inf_{\substack{G \in \mathcal{G} \\ A \subseteq G}} \mu(G)$ für alle $A \in \mathfrak{A}(\mathcal{F})$.

Dabei ist $\mathcal{G} = \{G \in \mathfrak{P}(\Omega) \mid \chi_G \in \mathcal{F}_+^*\}$, und $\mathcal{F}_+^*$ bezeichne die Menge aller numerischen Funktionen $u \geq 0$ auf Ω mit $u = \sup_{n \in \mathbb{N}} u_n$ für eine monoton wachsende Folge $(u_n) \subset \mathcal{F}_+$.

Dieser Satz hat eine wichtige Folgerung: Unter denselben Voraussetzungen wie bei Daniell-Stone gilt für $1 \leq p < \infty$: $\mathcal{F} \cap \mathcal{L}^p(\mu)$ ist dicht in $\mathcal{L}^p(\mu)$ bezüglich der Konvergenz im p-ten Mittel. Insbesondere ist dann $\mathcal{F}$ dicht in $\mathcal{L}^1(\mu)$. Eine wichtige Anwendungssituation dieses Konzeptes liegt vor für Wahrscheinlichkeitsmaße auf lokal-kompakten Räumen: Die Menge $\mathcal{K} = \mathcal{K}(\Omega)$ aller stetigen Funktionen f auf Ω mit kompaktem Träger $T_f := \overline{\{f \neq 0\}}$ ist ein Stonescher Vektorverband und somit dicht in $\mathcal{L}^1(\mu)$ für jedes Maß μ auf $\mathfrak{A}(\mathcal{K})$. Ist Ω *kompakt*, dann ist

$$\mathfrak{A}(\mathcal{K}) = \mathfrak{B},$$

das heißt, gleich der σ-Algebra der *Borelschen Mengen* in Ω, und somit ist aufgrund des Satzes von Daniell-Stone die Menge der (gleichmäßig) stetigen Funktionen auf Ω dicht in $\mathcal{L}^1(\mu)$ bezüglich der Konvergenz im Mittel, und zwar für jedes endliche Maß μ auf Ω.

In Übereinstimmung mit den Borelschen Mengen in $\mathbb{R}$ bezeichnet dabei $\mathfrak{B} = \mathfrak{B}(X)$ für einen topologischen Raum $(X, \mathfrak{O})$ die kleinste σ-Algebra in X, welche alle offenen Mengen $O \in \mathfrak{O}$ enthält, das heißt, $\mathfrak{B} = \mathfrak{A}(\mathfrak{O})$. Ein auf $\mathfrak{B}(X)$ definiertes Maß μ auf einem topologischen Raum X heißt *regulär*, falls für alle $B \in \mathfrak{B}(X)$ gilt:

(R 1) $\mu(B) = \inf\{\mu(G) \mid B \subseteq G, G \text{ offen}\}$, und
(R 2) $\mu(B) = \sup\{\mu(C) \mid C \subseteq B, C \text{ kompakt}\}$.

Ein Maß μ auf $\mathfrak{B}(X)$ heißt *Borel-Maß*. Die Menge alle endlichen, regulären Borel-Maße auf $\mathfrak{B}(X)$ wird mit $\mathcal{M}(X)$ bezeichnet. Jedes endliche Borel-Maß auf einem normalen Raum (siehe A.1.2) besitzt die Eigenschaft (R 1) der *äußeren Regularität*, und jedes endliche Borel-Maß auf einem kompakten Raum ist regulär, da in einem kompakten Raum die abgeschlossenen Teilmengen mit den kompakten zusammenfallen.

A.3 Funktionalanalysis

A.3.1 Normierte Räume. Eine *Norm* auf einem Vektorraum V über einem Körper $\mathbb{K}$ ($\mathbb{K} = \mathbb{C}$ oder $\mathbb{R}$) ist eine Abbildung $\|\cdot\| : V \to \mathbb{R}_0^+$, die für $x, y \in V$ und $\alpha \in \mathbb{K}$ folgenden Axiomen genügt:

(N 1) $\|x\| = 0 \Leftrightarrow x = 0$,
(N 2) $\|\alpha x\| = |\alpha| \cdot \|x\|$,
(N 3) $\|x + y\| \leq \|x\| + \|y\|$.

Ausgestattet mit einer Norm, bezeichnet man V als einen *normierten Raum*. Durch

$$d(x, y) := \|x - y\| \quad \text{für } x, y \in V$$

induziert die Norm eine Metrik auf V. Ein normierter Raum heißt *Banach-Raum*, wenn er bezüglich dieser Metrik vollständig ist (siehe A.1.1). Zwei *Normen* $\|\cdot\|_1$ und $\|\cdot\|_2$ auf V heißen *äquivalent*, falls Konstanten $c, C > 0$ existieren, so daß

$$c\|\cdot\|_1 \leq \|\cdot\|_2 \leq C\|\cdot\|_1$$

Anhang

erfüllt ist. Auf endlich-dimensionalen normierten Räumen sind alle Normen äquivalent. Ein *Skalarprodukt* (oder *inneres Produkt*) auf einem linearen Raum (= Vektorraum) V ist eine positiv-definite symmetrische Bilinearform, das heißt, eine Abbildung

$$<\cdot,\cdot>: V \times V \longrightarrow \mathbb{K}, \quad (x,y) \longmapsto <x,y>,$$

mit den Eigenschaften

(S 1) $<x,x> \geq 0$ und Gleichheit gilt nur für $x = 0$,
(S 2) $<x,y> = \overline{<y,x>}$,
(S 3) $<\alpha x + \beta y, z> = \alpha <x,z> + \beta <y,z>$

für $x,y,z \in V$ sowie $\alpha, \beta \in \mathbb{K}$ (für $z = x+iy \in \mathbb{C}$ bezeichnet $\bar{z} = x-iy$ die konjugiert komplexe Zahl). Ein inneres Produkt induziert die Norm

$$\|x\| := \sqrt{<x,x>} \quad \text{für} \quad x \in V.$$

Ein linearer Raum mit einem inneren Produkt heißt *Prä-Hilbertraum*. Ein vollständiger Prä-Hilbertraum ist ein *Hilbertraum*.

Eine *lineare Abbildung* (oder ein *linearer Operator*) ist eine Abbildung $A: V \to V'$ von einem linearen Raum V in einen linearen Raum V', für die gilt:

(L 1) $A(\alpha x) = \alpha A(x)$,
(L 2) $A(x+y) = A(x) + A(y)$

mit $x, y \in V$ und $\alpha \in \mathbb{K}$. Eine *lineare Abbildung* $A: V \to V'$ zwischen normierten Räumen heißt *beschränkt*, falls

$$\|A\| := \sup_{\substack{x \in V, \\ \|x\|=1}} \|A(x)\| \leq \infty$$

gilt, und in diesem Fall nennt man $\|A\|$ die *Operatornorm* von A. In linearen Räumen ist eine lineare Abbildung genau dann beschränkt, wenn sie stetig ist. Die Menge der beschränkten (= stetigen) linearen Abbildungen von V nach V' bildet den normierten Raum $\mathfrak{L}(V, V')$, normiert durch die Operatornorm.

Ein *lineares Funktional* auf einem linearen Raum V ist eine lineare Abbildung von V in $\mathbb{K}$. Die Menge der beschränkten linearen Funktionale auf einem normierten Raum nennt man *Dualraum* (kurz: *Dual*) von V und bezeichnet sie mit V^*. Die *schwache Topologie* auf einem normierten Raum V ist die gröbste Topologie auf V, in der alle beschränkten, linearen Funktionale stetig sind. Da V^* selbst ein normierter Raum ist (mit der Operatornorm von oben), besitzt V^* ebenfalls die schwache Topologie. Nützlicher als die schwache ist die sogenannte *schwach* Topologie* auf V^*, das ist die Topologie der punktweisen Konvergenz in V^*.

A.3.2 Eigenwerte und Spektrum. Ist $\mathfrak{H}$ ein (reeller oder komplexer) Banachraum, so bezeichnet man mit $\mathcal{L}(\mathfrak{H})$ die Menge der beschränkten linearen Operatoren von $\mathfrak{H}$ in $\mathfrak{H}$ [6]. A heißt *kompakt*, falls für jede beschränkte Folge $(x_n) \subset \mathfrak{H}$ gilt: $(A(x_n))$ besitzt eine konvergente Teilfolge.

Sei jetzt $\mathfrak{H}$ ein komplexer Banachraum und $A \in \mathcal{L}(\mathfrak{H})$. Dann bezeichnet man die Menge

$$\sigma(A) = \{\lambda \in \mathbb{C} \mid A - \lambda I \text{ ist nicht invertierbar in } \mathcal{L}(\mathfrak{H})\}$$

als das *Spektrum* von A. $\sigma(A)$ ist eine kompakte Teilmenge von $\mathbb{C}$; alle Eigenwerte von A gehören zu $\sigma(A)$. Dabei ist λ ein *Eigenwert* von A, wenn ein $x \neq 0$ in $\mathfrak{H}$ existiert mit $Ax = \lambda x$, das heißt, $(A - \lambda I)x = 0$. Die Eigenwerte bilden das *Punktspektrum* $\sigma_p(A)$. Ist A kompakt, dann gilt: $\sigma(A)\backslash\{0\} = \sigma_p(A)\backslash\{0\}$. A heißt *hyperbolisch*, falls $\sigma(A)$ disjunkt ist vom Einheitskreis $\{z \in \mathbb{C} \mid |z| = 1\}$. Für einen Endomorphismus eines endlich-dimensionalen Raumes besteht das Spektrum nur aus Eigenwerten, und im Falle eines komplexen Raumes sichert dann der Fundamentalsatz der Algebra die Existenz von Eigenwerten.

Ist $\mathfrak{H}$ ein reeller Banachraum und $A \in \mathcal{L}(\mathfrak{H})$. Dann läßt sich A eindeutig fortsetzen zu einem linearen Operator – wiederum mit A bezeichnet – auf dem komplexen Banachraum $\mathfrak{H}_\mathbb{C} := \{f + ig \mid f, g \in \mathfrak{H}\}$ mit derselben Norm wie zuvor, und das Spektrum dieses Operators ist das Spektrum von A.

Für einen stetigen Endomorphismus A eines Banachraumes $\mathfrak{H}$ sei $\|A\| < 1$. Dann existiert die Inverse $(I - A)^{-1}$ (I : Identität) auf $\mathfrak{H}$, und sie ist stetig mit

$$\|(I - A)^{-1}\| \leq \frac{1}{1 - \|A\|}$$

und läßt sich in die gleichmäßig konvergente *Neumannsche Reihe*

$$(I - A)^{-1} = \sum_{n=0}^{\infty} A^n$$

entwickeln mit der Fehlerabschätzung

$$\left\|(I - A)^{-1} - \sum_{n=0}^{N} A^n\right\| \leq \frac{\|A\|^{N+1}}{1 - \|A\|}.$$

Die Reihe ist hier im Sinne der punktweisen Konvergenz der Folge der Teilsummen $\sum_{n=0}^{N} A^n x$ mit $x \in \mathfrak{H}$ zu verstehen.

---

[6] Das heißt, der beschränkten *Endomorphismen* von $\mathfrak{H}$.

A.3.3 Fréchet-Ableitung. Eine Transformation $T : \mathfrak{D}_T \to \mathfrak{H}$, $\mathfrak{D}_T \subseteq \mathfrak{H}$, heißt *differenzierbar* in $g \in \mathfrak{D}_T$, falls g Häufungspunkt von $\mathfrak{D}_T$ ist, und wenn es einen linearen, beschränkten Operator $\mathcal{D}T(g) \in \mathcal{L}(\mathfrak{H})$ gibt mit

$$\lim_{\substack{\|h\| \to 0 \\ g+h \in \mathfrak{D}_T \setminus \{g\}}} \frac{\|T(g+h) - T(g) - \mathcal{D}T(g)(h)\|}{\|h\|} = 0.$$

Ist T in jedem Punkt $g \in \mathfrak{D}_T$ differenzierbar, dann heißt T differenzierbar und

$$\mathcal{D}T : \mathfrak{D}_T \longrightarrow \mathcal{L}(\mathfrak{H}), \quad g \longmapsto \mathcal{D}T(g)$$

ist die (sogenannte *Fréchet-*)*Ableitung* von T. Für $k \in \mathbb{Z}^+$ definiert man nun die k-te Ableitung von T, vorausgesetzt sie existiert, rekursiv durch:

$$T^{(0)} := \mathcal{D}^0 T = T,$$

$$T^{(k)} := \mathcal{D}^k T = \mathcal{D}\mathcal{D}^{k-1} T.$$

Entsprechend ist

$$\mathcal{D}^k T(g) := \mathcal{D}\mathcal{D}^{k-1} T(g)$$

die k-te Ableitung von T an der Stelle $g \in \mathfrak{D}_T$. Eine Abbildung $T : \mathfrak{D}_T \to \mathfrak{H}$ gehört zur *Klasse C^r* beziehungsweise *ist C^r*, wenn ihre k-ten Ableitungen

$$T^{(k)} : \mathfrak{D}_T \longrightarrow \mathcal{L}(\mathfrak{H})$$

für alle $k = 0, \ldots, r \in \mathbb{N}_0$ existieren und stetig sind (Schreibweisen: $T \in C^r$ oder $T \in C^r(\mathfrak{D}_T, \mathfrak{H})$). Ist $T \in C^r(\mathfrak{D}_T, \mathfrak{H}_1)$, $\mathfrak{H}_1 \subseteq \mathfrak{H}$, eine Bijektion mit einer C^r-Inversen, dann nennt man T einen C^r-*Diffeomorphismus*.

A.3.4 Darstellungssatz von Riesz. Ω sei ein lokal-kompakter Raum und $C_0(\Omega)$ bezeichne die Menge aller stetigen Funktionen $f : \Omega \to \mathbb{K}$ ($\mathbb{K} = \mathbb{R}$ oder $\mathbb{C}$) mit der Eigenschaft, daß die Menge

$$\{x \in \Omega \mid |f(x)| \geq \varepsilon\}$$

für jedes $\varepsilon > 0$ kompakt ist. $C_0(\Omega)$ ist eine abgeschlossene Teilmenge des Banach-Raumes der stetigen, beschränkten Funktionen $f : \Omega \to \mathbb{K}$ mit der Norm $\|f\| = \sup\{|f(x)| \mid x \in \Omega\} < \infty$. Man bezeichnet $C_0(\Omega)$ als die Menge der *stetigen Funktionen* auf Ω, *die im Unendlichen verschwinden*. Die stetigen Funktionen mit kompaktem Träger ($\mathcal{K}(\Omega)$, siehe A.2.7) sind dicht in $C_0(\Omega)$, und, falls Ω kompakt ist, gilt $C_0(\Omega) = \mathcal{K}(\Omega) = C(\Omega)$, wobei $C(\Omega)$ wie üblich den Banach-Raum der stetigen Funktionen $f : \Omega \to \mathbb{K}$ bezeichnet, ausgestattet mit der obigen Supremumsnorm. $C(\Omega)^*$ beziehungsweise $C_0(\Omega)^*$ sind die zugehörigen Dualräume. Dann gilt folgender Satz:

Sei Ω ein lokal-kompakter Raum und $\mu \in \mathcal{M}(\Omega)$, also ein reguläres, endliches Borel-Maß auf Ω. Definiert man eine Abbildung

$$F_\mu : C_0(\Omega) \longrightarrow \mathbb{R}$$

durch

$$F_\mu : f \longmapsto \int_\Omega f\mu(dx),$$

dann ist $F_\mu \in C_0(\Omega)^*$, und die Abbildung

$$\mu \longmapsto F_\mu$$

ist ein isometrischer Isomorphismus von $\mathcal{M}(\Omega)$ auf $C_0(X)^*$. Hierbei ist durch

$$\|\mu\| := |\mu|(\Omega)$$

eine Norm auf $\mathcal{M}(\Omega)$ definiert mit

$$|\mu|(\Omega) = \sup\left\{\sum_{j=1}^m |\mu(E_i)| \,\Big|\, \Omega = \bigcup_{i=1}^m E_i,\, E_i \cap E_j = \emptyset,\, E_i \text{ meßbar}\right\},$$

dabei wird das Supremum über alle endlichen, meßbaren Zerlegungen von Ω gebildet. $|\mu|$ bezeichnet man als die *totale Variation* von μ. Dieser Satz gilt auch im Fall $\mathbb{K} = \mathbb{C}$, dann ist μ ein komplex-wertiges reguläres Borel-Maß auf Ω (vergleiche Conway [33], Appendix C).

A.3.5 Der Satz von Stone-Weierstraß. Ω sei ein kompakter Raum. Eine Teilmenge $D \subseteq C(\Omega)$ der reellwertigen, stetigen Funktionen auf Ω erfülle folgende Bedingungen:

(a) Für jedes $x \in \Omega$ existiert ein $f_x \in D$ mit $f_x(x) \neq 0$.
(b) D trennt die Punkte von Ω: Für je zwei unterschiedliche Punkte $x, y \in \Omega$ existiert eine Funktion $f_{xy} \in D$ mit $f_{xy}(x) \neq f_{xy}(y)$.

Dann ist die von D erzeugte Unteralgebra [7] $\mathcal{A}(D)$ dicht in $C(\Omega)$, das heißt, $\overline{\mathcal{A}(D)} = C(\Omega)$.

---

[7] Eine *Unteralgebra* von $C(\Omega)$ ist ein Unterraum, auf dem eine Multiplikation erklärt ist, die assoziativ ist und den üblichen Distributivgesetzen (mit Addition und skalarer Multiplikation) genügt.

A.4 Tensoren und Krümmung

A.4.1 Tensoren. V sei ein reeller Vektorraum endlicher Dimension m und V^* sein Dualraum. Der Dualraum V^{**} von V^* wird gegebenenfalls mit V identifiziert, indem jeder Vektor $v \in V$ aufgefaßt wird als Linearform auf V^* mit

$$v(\lambda) := \lambda(v) \quad \text{für alle} \quad \lambda \in V^* \text{ [8]}.$$

Ein *Tensor* ω über V der *Varianz* (r,s) ist eine reellwertige multilineare Funktion (= *Multilinearform*)

$$(v_1, \ldots, v_s, \lambda^1, \ldots, \lambda^r) \longmapsto \omega(v_1, \ldots, v_s, \lambda^1, \ldots, \lambda^r)$$

mit $v_l \in V$, $\lambda^k \in V^*$. Die Summe $r+s$ heißt *Stufe*.

Spezialfälle: $r = s = 0$: $\omega \in \mathbb{R}$, $r = 1$, $s = 0$: $\omega \in V$, $r = 0$, $s = 1$: $\omega \in V^*$.

Tensoren der Varianz $(r,0)$ heißen *kontravariant*, solche der Varianz $(0,s)$ *kovariant*.

Sind ω, η Tensoren mit den Varianzen (r,s) und $(\bar{r}, \bar{s})$, so ist das *Tensorprodukt* $\omega \otimes \eta$ der Tensor der Varianz $(r + \bar{r}, s + \bar{s})$, definiert durch

$$\omega \otimes \eta(v_1, \ldots, v_{s+\bar{s}}, \lambda^1, \ldots, \lambda^{r+\bar{r}})$$
$$:= \omega(v_1, \ldots, v_s, \lambda^1, \ldots, \lambda^r) \cdot \eta(v_{s+1}, \ldots, v_{s+\bar{s}}, \lambda^{r+1}, \ldots, \lambda^{r+\bar{r}}).$$

$\omega \otimes \eta$ ist (bei festen Varianzen) bilinear in ω und η und erfüllt das Assoziativgesetz:

$$(\omega \otimes \eta) \otimes \gamma = \omega \otimes (\eta \otimes \gamma) =: \omega \otimes \eta \otimes \gamma.$$

Ist ω oder η eine reelle Zahl, so geht das Tensorprodukt in das gewöhnliche Produkt mit dieser reellen Zahl über. Das Tensorprodukt zwischen rein kovarianten oder rein kontravarianten Tensoren wird oft durch einfaches Hintereinanderschreiben (oder mit einem ·) bezeichnet, wobei es auf die Reihenfolge nicht ankommt.

Die Menge der Tensoren ω der festen Varianz (r,s) ist ein Vektorraum der Dimension m^{r+s}. Sind e_i Basisvektoren in V und f^j solche in V^*, so hat jedes ω eine *Basisdarstellung* mit reellen Koeffizienten:

$$\omega = \xi^{i_1, \ldots, i_r}_{j_1, \ldots, j_s} f^{j_1} \otimes \ldots \otimes f^{j_s} \cdot e_{i_1} \otimes \ldots \otimes e_{i_r},$$

in dieser Formel ist über doppelt vorkommende Indizes zu summieren (*Einsteinsche Summenkonvention*).

---

[8] Dies ist ein sogenannter *pullback*: ein Mechanismus, der in Abschnitt 15 vielfältig genutzt wird.

Ein rein kovarianter Tensor ω der Varianz $(0, s)$ heißt *schiefsymmetrisch* oder *alternierend*, wenn gilt

$$\omega(v_{\pi(1)}, \ldots, v_{\pi(s)}) = \operatorname{sgn} \pi \cdot \omega(v_1, \ldots, v_s)$$

für alle $v_l \in V$ und alle Permutationen π der Ziffern 1 bis s [9]. Das *Dachprodukt* (oder *äußere Produkt*) von ω und η (wobei η alternierend sein soll mit der Varianz $(0, \bar{s})$), wird definiert durch

$$(\omega \wedge \eta)(v_1, \ldots, v_{s+\bar{s}}) := \frac{1}{s! \bar{s}!} \sum_{\pi \in S_{s+\bar{s}}} \operatorname{sgn} \pi \cdot \omega(v_{\pi(1)}, \ldots, v_{\pi(s)}) \cdot \eta(v_{\pi(s+1)}, \ldots, v_{\pi(s+\bar{s})}),$$

das heißt, $\omega \wedge \eta$ entsteht aus $\omega \otimes \eta$ durch eine *Alternierungsvorschrift*. Für $s = \bar{s} = 1$, das heißt, $\omega, \eta \in V^*$ bedeutet dies insbesondere:

$$\omega \wedge \eta = \omega \otimes \eta - \eta \otimes \omega.$$

$\omega \wedge \eta$ ist (bei festen Stufen) bilinear in ω und η, erfüllt die Regeln:

$$\omega \wedge \eta = (-1)^{s\bar{s}} \eta \wedge \omega, \quad (\omega \wedge \eta) \wedge \gamma = \omega \wedge (\eta \wedge \gamma) =: \omega \wedge \eta \wedge \gamma,$$

und die *Basisdarstellung* lautet nun

$$\omega = \xi_{j_1, \ldots, j_s} f^{j_1} \wedge \ldots \wedge f^{j_s},$$

wobei Eindeutigkeit zum Beispiel bei streng monoton wachsenden Indizes

$$1 \leq j_1 < \ldots < j_s \leq m$$

gewährleistet ist. Der Vektorraum der kovarianten alternierenden Tensoren der Stufe s besitzt somit die Dimension $\binom{m}{s}$.

Ist M eine differenzierbare Mannigfaltigkeit, dann ordnet ein (r, s)-*Tensorfeld* ω jedem $p \in M$ einen Tensor ω_p über T_pM der Varianz (r, s) zu. Für $r = s = 0$ ist ω eine Funktion $f : M \to \mathbb{R}$, für $r = 1, s = 0$ ein Vektorfeld auf M und für $r = 0, s = 1$ eine sogenannte *Pfaffsche Form*. Rein kovariante alternierende $(0, s)$-Tensorfelder nennt man s-*Formen* (siehe Abschnitt 15).

A.4.2 Krümmung. M sei eine differenzierbare Mannigfaltigkeit und $\Gamma(M)$ die Menge aller differenzierbaren Vektorfelder auf M. Eine $\mathbb{R}$-bilineare Abbildung (einen Tensor)

$$\nabla : \Gamma(M) \times \Gamma(M) \longrightarrow \Gamma(M)$$

---

[9] Sie bilden die sogenannte *symmetrische Gruppe* S_s, das Symbol $\operatorname{sgn} \pi$ bezeichnet das Vorzeichen von π, ist also ± 1, je nachdem, ob π gerade oder ungerade ist.

mit der Bezeichnungsweise

$$(u,v) \xmapsto{\nabla} \nabla_u v$$

nennt man einen *(affinen) Zusammenhang* auf M, wenn sie folgende Eigenschaften hat:

(a) $\nabla_{fu+gv} w = f \nabla_u w + g \nabla_v w$,
(b) $\nabla_u (v+w) = \nabla_u v + \nabla_u w$,
(c) $\nabla_u (fv) = f \nabla_u v + (uf) v$,

dabei sind $u, v, w \in \Gamma(M)$, $f, g : M \to \mathbb{R}$ sind C^∞-Funktionen und vf ($= \mathcal{L}_v f$, siehe (15.34)) ist wie in Abschnitt 15 definiert, das heißt,

$$vf(p) = \sum_i v^i(p) \frac{\partial f}{\partial x^i}(p), \quad p \in M,$$

vergleiche (15.27). Man nennt $\nabla_u v$ das *kovariante Differential* von v entlang u. Das kovariante Differential eines Vektorfeldes w entlang einer Kurve c ist durch $\nabla_{\dot c} w$ definiert, w heißt *parallel* zu c, falls $\nabla_{\dot c} w = 0$ gilt, und c ist eine *Geodätische*, falls $\nabla_{\dot c} \dot c = 0$ erfüllt ist (keine Beschleunigung).

Ist M eine Riemannsche Mannigfaltigkeit, dann gibt es genau einen Zusammenhang ∇ auf M, den man als den *Levi-Cività-Zusammenhang* bezeichnet, so daß gilt:

(a) $\nabla_v w - \nabla_w v = [v,w]$ ($[\cdot,\cdot]$ ist die *Lie-Klammer* (15.28)),
(b) $u <v,w> \; = \; <\nabla_u v, w> + <v, \nabla_u w>$

mit $u,v,w \in \Gamma(M)$ [10].

Beweis. ∇ ist durch die *Formel von Koszul* gegeben:

$2 <v, \nabla_u w> \; =$
$u<v,w> + <u,[v,w]> + w<v,u> + <w,[v,u]> - v<w,u> - <v,[w,u]>$. ∎

Durch den Levi-Cività-Zusammenhang ist jede Riemannsche Metrik mit einer wohlbestimmten kovarianten Differentiation verknüpft.

Jedem Paar $u,v \in \Gamma(M)$ ist in Gestalt der Abbildung

$$R(u,v) : \Gamma(M) \longrightarrow \Gamma(M)$$

mit

$$R(u,v)w \; = \; \nabla_v \nabla_u w - \nabla_u \nabla_v w + \nabla_{[u,v]} w, \quad w \in \Gamma(M),$$

---

[10] Die Eigenschaft (a) nennt man *Symmetrie* und (b) bedeutet, daß ∇ mit der Metrik $<\cdot,\cdot>$ *verträglich* ist. Dabei nennt man einen Zusammenhang ∇ verträglich mit der Metrik $<\cdot,\cdot>$, falls für jede stetig differenzierbare Kurve c und jedes Paar zu c paralleler Vektorfelder w und w' gilt: $<w, w'> \; =$ const.

ein sogenannter *Krümmungstensor* zugeordnet, ∇ bezeichnet hierbei den Levi-Cività-Zusammenhang. R ist $\mathbb{R}$-bilinear und $R(u,v)$ ist linear und genügt der sogenannten *Bianchi-Identität*:

$$R(u,v)w + R(v,w)u + R(w,u)v = 0.$$

Für $< R(u,v)w, z >$ schreiben wir kürzer (u,v,w,z).

Ist $\Pi_{v,w}$ eine 2-dimensionale Ebene, die von zwei orthonormalen Vektoren u und v aufgespannt wird, so ist durch

$$K(\Pi) := (u,v,u,v)$$

ihre *sektionale* (oder *Riemannsche*) *Krümmung* definiert. Zur Erläuterung: In einem Skalarproduktraum V bezeichne $|x \wedge y|$ den Ausdruck

$$\sqrt{|x|^2|y|^2 - <x,y>^2}, \quad x,y \in V,$$

er repräsentiert die Fläche des 2-dimensionalen durch das Vektorpaar x, y aufgespannten Parallelogramms. Ist nun $\Pi \subset T_pM$ ein 2-dimensionaler Teilraum des Tangentialraumes T_pM und sind $x, y \in \Pi$ linear unabhängig, dann hängt

$$K(x,y) = \frac{(x,y,x,y)}{|x \wedge y|^2}$$

nicht mehr von der Wahl der Vektoren $x, y \in \Pi$ ab, und $K(x,y) = K(\Pi)$ ist die *sektionale Krümmung* von Π *im Punkt* $p \in M$. Sie ist invariant unter Isometrien und zum Beispiel konstant gleich 1 für die Einheitssphäre, $1/r^2$ für eine Kugel mit dem Radius r und negativ für sattelförmige Flächen. Für 2-dimensionale Flächenstücke im $\mathbb{R}^3$ stimmt die sektionale mit der *Gaußschen Krümmung* überein und genügt somit dem berühmten *Theorema egregium* von Gauß, nach dem die Gaußsche Krümmung

$$K := \kappa_1 \cdot \kappa_2$$

im Gegensatz zur mittleren Krümmung $H := \frac{1}{2}(\kappa_1 + \kappa_2)$ zur *inneren Geometrie* eines solchen Flächenstückes gehört (also ohne den umgebenden Raum zu berücksichtigen allein auf der Grundlage der *ersten Fundamentalform* betrachtet werden kann). Hier bezeichnen κ_1 und κ_2 die beiden *Hauptkrümmungen* eines Flächenpunktes (vergleiche Walter [151], S. 45). Das Theorema egregium besagt mit anderen Worten, daß Flächenstücke mit unterschiedlicher Gaußscher Krümmung nicht isometrisch sein können, wobei die Übereinstimmung in der Gaußschen Krümmung zwar eine notwendige, aber, von Spezialfällen abgesehen, keine hinreichende Bedingung für Isometrie ist. Ein derartiger Spezialfall liegt zum Beispiel vor, wenn übereinstimmende *konstante Gaußsche Krümmung* vorhanden ist und die Flächenstücke hinreichend klein gewählt werden.

Anhang

A.4.3 Kompakte Flächen (2-dimensionale Mannigfaltigkeiten) lassen sich aus unterschiedlichen Sichtweisen klassifizieren: Jede orientierbare kompakte Fläche ist homöomorph zu einer Kugel mit mehreren Henkeln. Die Anzahl g der Henkel definiert ihr *Geschlecht* und ist eine topologische Invariante. Als differenzierbare Mannigfaltigkeiten sind Flächen bis auf Diffeomorphismen durch ihr Geschlecht festgelegt. Das Geschlecht steht durch die Identität

$$\chi = 2 - 2g$$

in Beziehung zur *Eulerschen Charakteristik* $\chi(F)$ einer kompakten Fläche F. Sie kann auf unterschiedliche Weisen definiert werden, in der Regel geschieht dies durch *Triangulierung* von F und Bestimmung der Anzahlen von Ecken (e), Kanten (k) und Flächen (f) der Triangulierung. Die Eulersche Charakteristik

$$\chi(F) := f - k + e$$

ist von der Triangulierung unabhängig, also ebenfalls eine Invariante der Fläche. Ist schließlich $<\cdot,\cdot>$ eine Riemannsche Metrik auf der Fläche und bezeichnet $K(x)$ die Gaußsche Krümmung im Punkt x, so gilt der berühmte *Satz von Gauß-Bonnet*:

$$\chi = \frac{1}{2\pi} \int_F K(x)\,\text{vol}(dx),$$

wobei *vol* das von der Riemann-Metrik induzierte Volumen (11.105) ist.

Literaturverzeichnis

[1] Abraham R. und J. E. Marsden: *Foundations of Mechanics*. Benjamin/Cummings, Reading, Mass., 1978.

[2] Ahlfors, L. V.: *Complex Analysis*. McGraw-Hill., New York, 1966.

[3] Alligood, K. T., T. D. Sauer und J. A. Yorke: *Chaos. An Introduction to Dynamical Systems*. Springer, New York, 1996.

[4] Andronov, A. und L. Pontryagin: *Systèmes grossiers*. Dokl. Akad. Nauk. USSR **14** (1937), S. 247–251.

[5] Anosov, D. V.: *Ergodic properties of geodesic flows on closed Riemannian manifolds of negative curvature*. Sov. Math. Dokl. **4** (1963), S. 1153–1156.

[6] Anosov, D. V.: *Geodesic flows on Riemannian manifolds with negative curvature*. Proceedings of the Steklov Institute of Mathematics **90**. A.M.S., Providence, RI, 1967.

[7] Arnold, V. I.: *Instability of dynamical systems with several degrees of freedom*. Sov. Math. Dokl. **5** (1964), S. 581–585.

[8] Arnold, V. I.: *Mathematical Methods of Classical Mechanics*. Springer, New York, 1978.

[9] Arnold, V. I. und A. Avez: *Problèmes Ergodiques de la Mécanique Classique*. Gauthier-Villars, Paris, 1967.

[10] Arnold, V. I. und A. Avez: *Ergodic Problems of Classical Mechanics*. Addison-Wesley, Amsterdam, 1968.

[11] Artin, E.: *Ein mechanisches System mit quasiergodischen Bahnen*. Abhandlungen aus dem mathematischen Seminar der hamburgischen Universität **3** (1924), S. 170–175; in: Collected Papers, pp. 499–504. Springer-Verlag, Berlin, 1965.

[12] Baier, G. und M. Klein: *A Chaotic Hierarchy*. World Scientific, Singapore, 1991.

[13] Bai-Lin, H.: *Chaos*. World Scientific, Singapore, 1984.

[14] Barnsley, M. F.: *Fractals Everywhere, 2nd Edition*. Academic Press, New York, 1992.

[15] Bauer, H.: *Wahrscheinlichkeitstheorie und Grundzüge der Maßtheorie*. De Gruyter, Berlin, 1968.

[16] Beardon, A. F.: *The Geometry of Discrete Groups*. Springer, New York, 1983.

[17] Benedicks, M. und L. Carleson: *The dynamics of the Hénon map*. Ann. Math. **133** (1991), S. 73–169.

[18] Benettin, G., L. Galgani und J.-M. Strelcyn: *Kolmogorov entropy and numerical experiments*. Phys. Rev. A **14** (1976), S. 2338–2345.

[19] Billingsley, P.: *Ergodic Theory and Information*. Wiley, New York, 1965.

[20] Birkhoff, G. D.: *Proof of the ergodic theorem*. Proc. N.A.S. **17** (1931), S. 656–660.

[21] Blanchard, P.: *Complex analytic dynamics on the Riemann sphere*. Bull. Amer. Math. Soc. **11** (1984), S. 85–141.

[22] Bowen, R.: *On Axiom A diffeomorphisms*. Conference Board Math. Sci. **33**, A.M.S., 1977.

[23] Brickel, F. und R. S. Clark: *Differentiable Manifolds*. Van Nostrand Reinhold Co., London, 1970.

[24] Campanino, M. und H. Epstein: *On the existence of Feigenbaum's fixed point*. Commun. Math. Phys. **79** (1981), S. 261–302.

[25] Campanino, M., H. Epstein und D. Ruelle: *On Feigenbaum's functional equation*. Topology **21** (1982), S. 125–129.

[26] Collet, P. und J. P. Eckmann: *Bifurcations et groupe de renormalisation*. Séminaire d'Analyse, Collège de France (1978).

[27] Collet, P. und J. P. Eckmann: *Renormalization group analysis of some highly bifurcated families*. Proceedings of the Mathematical Physics Conference, Bielefeld, 1978.

[28] Collet, P. und J. P. Eckmann: *A renormalization group of the hierarchical model in statistical physics*. Lecture Notes in Physics **74**. Springer, Berlin, 1978.

[29] Collet, P. und J. P. Eckmann: *Iterated Maps on the Interval as Dynamical Systems*. Birkhäuser, Basel, 1980.

[30] Collet, P. und J. P. Eckmann: *On the abundance of aperiodic behaviour for maps on the interval*. Commun. Math. Phys. **73** (1980), S. 115–160.

[31] Collet, P. und J. P. Eckmann: *Properties of continuous maps of the interval to itself*. Lecture Notes in Physics **116**. Springer, Berlin, 1980, S. 331–339.

[32] Collet, P., J.-P. Eckmann und O. E. Lanford III: *Universal properties of maps of an interval.* Commun. Math. Phys. **76** (1980), S. 211–254.

[33] Conway, J. B.: *A Course in Functional Analysis.* Springer-Verlag, New York, 1985.

[34] Dankner, A.: *On Smale's Axiom A diffeomorphisms.* Ann. of Math. **107**, 1978.

[35] de Melo, W.: *Structural stability of diffeomorphisms on two-manifolds.* Inventiones Math. **21** (1973), S. 233–246.

[36] Devaney, R. L.: *An Introduction to Chaotic Dynamical Systems.* Addison-Wesley, New York, 1986^1, 1989^2.

[37] do Carmo, M. P.: *Riemannian Geometry.* Birkhäuser, Boston, 1992.

[38] Eckmann, J. P. und D. Ruelle: *Ergodic theory of chaos and strange attractors.* Rev. Mod. Phys. **57** (1985), S. 617–656.

[39] Erwe, F.: *Differential- und Integralrechnung I.* BI Hochschultaschenbücher, Bibliographiches Institut, Mannheim, 1962.

[40] Farmer, J. D., E. Ott und J. A. Yorke: *The dimension of chaotic attractors.* Physica **7 D** (1983), S. 153–180.

[41] Feigenbaum, M. J.: *Quantitative universality for a class of nonlinear transformations.* J. Stat. Phys. **19** (1978), S. 25–52.

[42] Feigenbaum, M. J.: *The universal metric properties of nonlinear transformations.* J. Stat. Phys. **21** (1979), S. 669–706.

[43] Feigenbaum, M. J.: *The transition to aperiodic behavior in turbulent systems.* Comm. Math. Phys. **77** (1980), S. 65–86.

[44] Feigenbaum, M. J.: *Universal behavior in nonlinear systems.* Los Alamos Science **1** (1980), S. 4–27.

[45] Feigenbaum, M. J.: *Universal behavior in nonlinear systems.* Physica **7D** (1983), S. 16–39.

[46] Franz, W.: *Topologie.* Sammlung Göschen. De Gruyter & Co., Berlin, 1968.

[47] Friedman, N. A.: *Introduction to Ergodic Theory.* Van Nostrand Reinhold Co., New York, 1970.

[48] Gallot, S., D. Hulin und J. Lafontaine: *Riemannian Geometry.* Springer, Berlin, 1993^2.

[49] Gardini, L., R. Abraham, R. J. Record und D. Fournier-Prunaret: *A double logistic map.* J. Bifurc. and Chaos **4** (1994), S. 145–176.

[50] Garrido, L. und C. Simó: *Some ideas about strange attractors.* In: L. Garrido (ed.), Dynamical Systems and Chaos. Lecture Notes in Physics **179**, Springer, Berlin, 1983.

[51] Glendinning, P.: *Stability, Instability and Chaos: an Introduction to the Theory of Nonlinear Differential Equations.* Cambridge University Press, Cambridge, 1994.

[52] Grassberger, P. und I. Procaccia: *Measuring the strangeness of strange attractors.* Physica **9 D** (1983), S. 189–208.

[53] Grossmann, S. und S. Thomae: *Invariant distributions and stationary correlation functions of one-dimensional discrete processes.* Z. Naturforsch. **32a** (1977), S. 1353–1363.

[54] Guckenheimer, J.: *Sensitive depencence to initial conditions for one-dimensional maps.* Commun. Math. Phys. **70** (1979), S. 133–160.

[55] Guckenheimer, J. und P. J. Holmes: *Nonlinear Oscillations, Dynamical Systems and Bifurcation of Vector Fields.* Springer-Verlag, New York, Heidelberg, Berlin, 1983.

[56] Gutzwiller, M.: *Chaos in Classical and Quantum Mechanics.* Springer-Verlag, New York, 1990.

[57] Hadamard, J.: *Les surfaces a courbures opposées et leurs lignes geodésiques.* J. Math. pures et appl. **14** (1898), S. 27–73.

[58] Halmos, P. R.: *Lectures on Ergodic Theory.* Chelsea, New York, 1956.

[59] Hedlund, G. A.: *The dynamics of glodesic flows.* Bull. Amer. Math. Soc. **45** (1939), S. 241–246.

[60] Hellwig, V.: *Erzeugung von Spline-Kurven durch Iterierte Funktionensysteme verglichen mit dem Chaikin-Algorithmus.* Diplomarbeit. Fachbereich Mathematik-Informatik, Universität Gesamthochschule Kassel, 1997.

[61] Hénon, M.: *A two-dimensional mapping with a strange attractor.* Commun. Math. Phys. **50** (1976), S. 69–77.

[62] Hénon, M. und C. Heiles: *The applicability of the third integral of motion: some numerical experiments.* Astronom. J. **69** (1964), S. 73–79.

[63] Heuser, H.: *Funktionalanalysis.* Teubner, Stuttgart, 1975.

[64] Hirsch, M. W.: *Differential Topology.* Springer-Verlag, New York, 1976.

[65] Hirsch, M., J. Palis, C. Pugh und M. Shub: *Neighbourhoods of hyperbolic sets.* Inventiones Math. **9** (1970), S. 121–134.

[66] Hirsch, M., C. Pugh und M. Shub: *Invariant Manifolds*. Lecture Notes in Mathematics **583**. Springer-Verlag, Berlin, 1977.

[67] Hopf, E.: *Statistik der geodätischen Linien in Mannigfaltigkeiten negativer Krümmung*. Ber. Verh. Sächs. Akad. Wiss. Leipzig **91** (1939), S. 261–304.

[68] Julia, G.: *Mémoires sur l'iteration des fonctions rationnelles*. J. Math. Pures Appl. **8** (1918), S. 47–245.

[69] Kaneko, K.: *Transition from torus to chaos accompanied by frequency lookings with symmetry breaking*. Prog. Theor. Phys. **69** (1983), S. 1427–1442.

[70] Kaplan, J. L. und J. A. Yorke: *Chaotic behavior of multidimensional difference equations*. In: Functional Differential Equations and Approximation of Fixed Points. Lecture Notes in Math. **703**, Peitgen, H. O. and Walter, H. O. (eds.), Springer-Verlag, Berlin, 1979, S. 228–237.

[71] Kaplan, J. L. und J. A. Yorke: *Preturbulence: a regime observed in a fluid flow model of Lorenz*. Commun. Math. Phys. **67** (1979), S. 93–108.

[72] Kato, T.: *Perturbation Theory for Linear Operators*. Springer-Verlag, Berlin, Heidelberg, New York, 1966.

[73] Katok, A. und B. Hasselblatt: *Introduction to the Modern Theory of Dynamical Systems*. Encyclopedia of Mathematics and its Applications **54** (ed. G. C. Rota). Cambridge University Press, Cambridge, 1997.

[74] Kirchgraber, U. und D. Stoffer: *On the definition of chaos*. Z. ang. Math. Mech. **69** (1989), S. 175–185.

[75] Klein, M.: *Untersuchung chaotischer Attraktoren und fraktaler Strukturen in nichtlinearen dynamischen Systemen*. Dissertation. Universität Tübingen, 1992.

[76] Kolmogorov, A. N.: *Preservation of conditionally periodic movements with small change in the Hamiltonian function*. In: Lect. Notes in Phys. **93** (1979), S. 51. Russ. Original: Akad. Nauk SSSR Doklady **98** (1954), S. 527. Reprint in: Bai-Lin [?], S. 81–86.

[77] Kolmogorov, A. N.: *A new metric invariant of transient dynamical systems and automorphisms of Lebesgue spaces*. Dokl. Akad. Nauk. SSSR **119** (1958), S. 861–864.

[78] Landau, L. O. und E. M. Lifschitz: *Mechanik*. Vieweg, Braunschweig, 1969.

[79] Lanford III, O. E.: *Remarks on the accumulation of period-doubling bifurcations*. In: Mathematical Problems in Theoretical Physics. Lecture Notes in Physics **116**. Springer-Verlag, Berlin, Heidelberg, New York, 1980, S. 340–342.

[80] Lanford III, O. E.: *Smooth transformations of intervals.* In: Lecture Notes in Mathematics **901**. Springer-Verlag, Berlin, Heidelberg, New York. 1981, S. 36–54.

[81] Lanford III, O. E.: *A computer-assisted proof of the Feigenbaum conjectures.* Bull. Amer. Math. Soc. **6** (1982), S. 427–434.

[82] Ledrappier, F.: *Some relations between dimension and Lyapunov exponents.* Commun. Math. Phys. **81** (1981), S. 229–237.

[83] Ledrappier, F. und L.-S. Young: *The metric entropy of diffeomorphisms,* Part I: *Characterization of measures satisfying Pesin's entropy formula.* Ann. Math. **122** (1985), S. 509–539; Part II: *Relations between entropy, exponents and dimension.* Ann. Math. **122** (1985), S. 540–574.

[84] Leven, R. W., B.-P. Koch und B. Pompe: *Chaos in Dissipativen Systemen.* Vieweg, Braunschweig/Wiesbaden, 1989.

[85] Li, T. Y. und J. A. Yorke: *Period three implies chaos.* Amer. Math. Monthly **82** (1975), S. 985–992.

[86] Lorenz, E. N.: *Deterministic nonperiodic flow.* J. Atmos. Sci. **20** (1963), S. 130–141.

[87] Mandelbrot, B. B.: *Die fraktale Geometrie der Natur.* Birkhäuser, Basel, 1987.

[88] Mañé, R.: *A proof of the C^1-stability conjecture.* Publ. Math. I.H.E.S. **66** (1988), S. 161–210.

[89] Marek, M. und J. Schreiber: *Chaotic Behavior of Deterministic Dissipative Systems.* Cambridge Univ. Press, Cambridge, 1991.

[90] Mayer-Kress, G. (ed.): *Dimensions and Entropies in Chaotic Systems. Quantification of Complex Behavior.* Springer-Verlag, Berlin, 1986.

[91] McCleary, J.: *Geometry from a Differentiable Viewpoint.* Cambridge University Press, Cambridge, 1994.

[92] Metzler, W.: *Materialien zur Chaostheorie I.* Wintersemester 1995/96, Universität Gesamthochschule Kassel.

[93] Metzler, W., W. Beau, A. Überla: *Anschaulichkeit bei der Modellierung und Simulation dynamischer Systeme.* In: H. Kautschitsch, W. Metzler (Hrsg.). Anschauung und mathematische Modelle. Schriftenreihe Didaktik der Mathematik **13**. UBW Klagenfurth, hpt, Wien, und Teubner, Stuttgart (1985), S. 111-143.

[94] Metzler, W., W. Beau, W. Frees, A. Überla: *Symmetry and self-similarity with coupled logistic maps.* Z. Naturforsch. **42a** (1987), S. 310–318.

[95] Metzler, W., W. Beau, A. Überla: *Ein Weg ins Chaos.* Film C 1641, Institut für den wissenschaftlichen Film, Göttingen, 1988.

[96] Metzler, W., A. Brelle, K. D. Schmidt: *Nonanalytic dynamics generating the Mandelbrot set.* J. Bifurc. and Chaos **2** (1991), S. 241–250.

[97] Metzler, W., A. Brelle, K. D. Schmidt, G. Danker, M. Köppe, D. Mahrenholz: *On the parameter plane of coupled oscillators.* Z. Naturforsch. **48a** (1993), S. 655–662.

[98] Misiurewicz, M.: *Absolutely continuous measures for certain maps of an interval.* Publ. Math. IHES **53** (1981), S. 17–51.

[99] Moser, J.: *On a theorem of Anosov.* J. Diff. Equ. **5** (1969), S. 411–440.

[100] Moser, J.: *Stable and Random Motions in Dynamical Systems (with special emphasis to celestial mechanics).* Princeton University Press, Princeton, N. J., 1973.

[101] Newhouse, S.: *Hyperbolic limit sets.* Trans. A.M.S. **167** (1972), S. 125–150.

[102] Newhouse, S.: *Lectures on dynamical systems.* In: J. Guckenheimer, J. Moser, S. Newhouse, Dynamical Systems, CIME Lectures Bressanone, Birkhäuser, 1980.

[103] Newhouse, S.: *Understanding chaotic dynamics.* In: Chaos in Nonlinear Dynamical Systems (ed. J. Chandra). SIAM, Philadelphia, 1984, S. 1–11.

[104] Newhouse S. und J. Palis: *Hyperbolic nonwandering sets on two-dimensional manifolds.* In: Dynamical Systems (ed. M. Peixoto). Academic Press, New York, 1973, S. 293–301.

[105] Nicolis, J. S.: *Chaotic Dynamics Applied to Biological Information Processing.* Academie-Verlag, Berlin, 1987.

[106] Ornstein, D. S. und B. Weiss: *Geodesic flows are Bernoullian.* Israel J. Math. **17** (1973), S. 184–198.

[107] Osceledec, V. I.: *A multiplicative ergodic theorem. Ljapunov characteristic numbers for dynamical systems.* Trans. Moscow Math. Soc. **19** (1968), S. 197–231.

[108] Palis, J.: *On the C^1-Ω-stability conjecture.* Publ. Math. I.H.E.S. **66** (1988), S. 211–215.

[109] Palis, J. und S. Smale: *Struktural stability theorems.* Proc. A.M.S. Symp. Pure Math. **14** (1970), S. 223–232.

[110] Palis, J. und W. de Melo: *Geometric Theory of Dynamical Systems.* Springer-Verlag, New York, Heidelberg, Berlin, 1982.

[111] Palis, J. und F. Takens: *Hyperbolicity and Sensitive Chaotic Dynamics at Homocline Bifurcations.* Cambridge University Press, Cambridge, 1993.

[112] Parker, T. S. und L. O. Chua: *Practical Numerical Algorithms for Chaotic Systems.* Springer-Verlag, New York, 1989.

[113] Peinke, J., J. Parisi, O. E. Rössler, R. Stoop: *Encounter with Chaos.* Springer-Verlag, Berlin, 1992.

[114] Peitgen, H. O., H. Jürgens, D. Saupe: *Fractals for the Classroom (Part two).* Springer, New York, 1992.

[115] Pesin, Y. B.: *Characteristic Lyapunov exponents and smooth ergodic theory.* Russ. Math. Surveys **32** (1977), S. 55–114.

[116] Poincaré, H.: *Mémoires sur les courbes défines par des équations différentielles.* J. Math. pures et appl. **1** (1885), S. 167–244.

[117] Poincaré, H.: *Les méthodes nouvelles de la méchanique céleste.* Gauthier-Villars, Paris, 1892–1899.

[118] Preston, C.: *Iterates of Maps on an Interval.* Lecture Notes in Mathematics **999**. Springer, Berlin, 1983.

[119] Pugh, C.: *The closing lemma.* Amer. J. Math. **89** (1967), S. 956–1009.

[120] Querenburg, B. von: *Mengentheoretische Topologie.* Springer-Verlag, Berlin, Heidelberg, New York, 1979.

[121] Robbin, J.: *A structural stability theorem.* Annals of Math. **94** (1971), S. 447–493.

[122] Robinson, C.: *Structural stability of vector fields.* Annals of Math. **99** (1974), S. 154–175.

[123] Robinson, C.: *Structural stability of C^1-diffeomorphisms.* J. Diff. Equ. **22** (1976), S. 28–73.

[124] Rössler, O. E.: *An equation for continuous chaos.* Phys. Lett. **57 A** (1976), S. 397–398.

[125] Rössler, O. E.: *An equation for hyperchaos.* Phys. Lett. **71A** (1979), S. 155–157.

[126] Rössler, O. E.: *The chaotic hierarchy.* Z. Naturforsch. **38a** (1983), S. 788–801.

[127] Ruelle, D.: *Applications conservant une mesure absolutement continue par rapport à dx sur* [0,1]. Commun. Math. Phys. **55** (1977), S. 47–51.

[128] Ruelle, D.: *An inequality for the entropy of differentiable maps.* Bol. Soc. Bras. Math. **9** (1978), S. 83–87.

[129] Ruelle, D.: *Thermodynamic Formalism.* Encyclopedia of Math. and its Appl. **5** (ed. G. C. Rota). Addison-Wesley, Reading, 1978.

[130] Ruelle, D.: *Sensitive depencence on initial conditions and turbulent behavior of dynamical systems.* In: Bifurcation Theory and Applications in Scientific Disciplines (O. Gurel and O. E. Rössler, eds.). Ann. N. Y. Acad. Sci., Vol. 316, 1979, S. 408–416.

[131] Ruelle, D.: *Strange attractors.* Math. Intelligencer **2** (1980), S. 126–137.

[132] Ruelle, D.: *Small random perturbations of dynamical systems and the definition of attractors.* Commun. Math. Phys. **82** (1981), S. 137–151.

[133] Ruelle, D.: *Elements of Differentiable Dynamics and Bifurcation Theory.* Academic Press, London, 1989.

[134] Ruelle, D.: *Chaotic Evolution and Strange Attractors.* Cambridge Univ. Press, Cambridge, 1989.

[135] Ruelle, D. (ed.): *Turbulence, Strange Attractors and Chaos.* World Scientific, Singapore, 1995.

[136] Ruelle, D. und F. Takens: *On the nature of turbulence.* Comm. Math. Phys. **20** (1971), S. 167–192 und **23** (1971), S. 343–344.

[137] Šarkovskii, A. N.: *Coexistence of cycles of a continuous map of a line into itself.* Ukr. Mat. Z. **16** (1964), S. 61–71.

[138] Schuster, H. G.: *Deterministic Chaos.* Physik-Verlag, Weinheim, 1984.

[139] Shimada, I. und T. Nagashima: *A numerical approach to ergodic problem of dissipative dynamical systems.* Prog. Theor. Phys. **61** (1979), S. 1605–1616.

[140] Shub, M.: *Global Stability of Dynamical Systems.* Springer-Verlag, New York, 1987.

[141] Sinai, Y. G.: *Introduction to Ergodic Theory.* Princeton University Press, Princeton, 1976.

[142] Singer, D.: *Stable orbits and bifurcations of maps of the interval.* SIAM, J. Appl. Math. **35** (1978), S. 260–267.

[143] Smale, S.: *Diffeomorphisms with many periodic points*. In: Differential and Combinatorial Topology. S. S. Cairus (ed.), Princeton University Press, Princeton, 1965, S. 63–80.

[144] Smale, S.: *Differential dynamical systems*. Bull. Amer. Math. Soc. **73** (1967), S. 747–817.

[145] Smale, S.: *The Ω-stability theorem*. Proc. A.M.S. Symp. Pure Math. **14** (1970), S. 289–297.

[146] Smale, S.: *The Mathematics of Time: Essays on Dynamical Systems, Economic Processes and Related Topics*. Springer, New York, 1980.

[147] Steeb, W.-H.: *Chaos und Quantenchaos in dynamischen Systemen*. BI-Wissenschaftsverlag, Mannheim, 1994.

[148] Štefan, P.: *A theorem of Šarkovskii on the existence of periodic orbits of continuous endomorphisms of the real line*. Commun. Math. Phys. **54** (1977), S. 237–248.

[149] Targonski, G.: *Topics in Iteration Theory*. Vandenhoeck & Ruprecht, Göttingen und Zürich, 1981.

[150] Ulam, J. und J. v. Neumann: *On combinations of stochastic and deterministic processes*. Preliminary report. Bull. Amer. Math. Soc. **53** (1947), S. 1120.

[151] Walter, R.: *Differentialgeometrie*. BI-Wissenschaftsverlag, Mannheim, 1978.

[152] Walters, P.: *An Introduction to Ergodic Theory*. Springer-Verlag, New York, Berlin, Heidelberg, 1982.

[153] Wiggins, S.: *Introduction to Applied Nonlinear Dynamical Systems and Chaos*. Springer-Verlag, New York, 1990.

[154] Wiggins, S.: *Normally Hyperbolic Invariant Manifolds in Dynamical Systems*. Springer-Verlag, New York, 1994.

[155] Williams, R. F.: *Expanding attractors*. Publ. Math. IHES **43** (1974), S. 169–203.

Sachverzeichnis

$(0,k)$-Tensor, 391
$(0,k)$-Tensorfeld, 224, 391
(k,l)-Tensor, 225
(k,l)-Tensorfeld, 225
$(X,\mathfrak{A})$, 449
$(X,\mathfrak{A},\mu)$, 449, 451
(X,f), 7
$(\mathbb{R},X,F)$, 16
$(\mathbb{R}_0^+,X,F)$, 15
$(\mathbb{Z},X,F)$, 16
$(\mathbb{Z}^+,X,F)$, 16
(λ,μ)-Splitting, 247
(n,ε)-separiert, 86
A-Graph, 48
$C(f,\varepsilon,n)$, 86
C^1-Topologie, 136
C^k-Diffeomorphismus, 18
C^k-konjugiert, 18, 19
C^r, 459
C^r-Atlas, 208, 210
C^r-Diffeomorphismus, 459
C^r-Homöomorphismus, 18
C^r-Kurve, 212
C^r-Topologie, 233
C^r-verträglich, 208
$C^r(\mathfrak{D}_T,\mathfrak{H})$, 459
$E_f(A)$, 9, 13
$GL(2,\mathbb{C})$, 358
$GL(2,\mathbb{R})$, 358
$GL_+(2,\mathbb{R})$, 358
$K(f)$, 105
$O_f^+(x)$, 7
$O_f^-(x)$, 7
$O_f(x)$, 7
$P_f(x)$, 105
$\mathbb{R}_0^+$, 456
S-unimodal, 23
$SL(2,\mathbb{C})$, 358
$SL(2,\mathbb{R})$, 358
$S_\varepsilon(f)$, 72

$Sf(x)$, 23
$[v,w]$, 388
$\mathfrak{A}(\mathfrak{F})$, 450
$\mathfrak{B}$, 450, 456
$\mathfrak{F}$, 450
$\mathfrak{G}$-äquivalent, 17
Ω-Stabilität, 303
Ω-stabil, 303
$\Omega(f)$, 255
$\Omega_\varepsilon(x,f)$, 76
α-Grenzmenge, 240
α-Limesmenge, 7, 283
α,δ (Feigenbaum-Konstanten), 41
$\mathcal{K}(\Omega)$, 456
$\mathcal{L}^1(\mu)$, 453
$\mathcal{L}^p(\mu)$, 453
$\mathcal{L}_v\Omega$, 416
$\mathcal{L}_v f$, 463
$\mathcal{L}_v w$, 388
$\mathcal{M}(\Omega)$, 460
χ, 465
$\chi(F)$, 465
δ-beschattet, 315
$\dim_H S$, 439
$\dim_H \mu$, 439
$\dim_\Lambda \mu$, 439
$\text{div}_\Omega v$, 416
$\mathfrak{L}(V,V')$, 457
$\mathfrak{L}(\mathfrak{H})$, 458
λ_f, 65
$\lambda_{\max}$, 429
$\text{sgn}\,\pi$, 462
μ-Integral, 451
μ-fast überall, 450
μ-integrierbar, 451, 452
∇, 462
$\nabla_u v$, 463
$\nu(J,x)$, 69
$\omega \otimes \eta$, 461
$\omega \wedge \eta$, 462

ω-Grenzmenge, 240
ω-Limesmenge, 7, 283
$\omega \lrcorner v$, 397
$\omega^{\flat}$, 399
$\overline{\mathfrak{B}}$, 450
$\overline{\mathbb{R}}$, 450
$\overline{\mathbb{R}}_0^+$, 449
$\rho(f,g)$, 453
$\rho_p(f,g)$, 453
σ-Algebra, 449
ε-Kette, 285
ε-Pseudoorbit, 285, 314
$\varphi_f(x)$, 63
a_∞, 42
dH^1, 401
f-invariant, 61
f-überdeckt, 48
$f^0(x)$, 7
f^n, 7
$f^n(x)$, 7
f^{-n}, 7
$h(f,\varepsilon)$, 86
k-Form, 391, 397
$l \triangleleft k$, 47
m-fach, 48
n-Sphäre, 207, 227
n-Torus, 207
n-fache Überlagerung, 305
n-periodischer Orbit, 20, 21
s-Form, 462
S_s, 462
vol, 465

Abbildung, 451
   lineare, 219, 457
   maßerhaltende, 412
abgeschlossen, 397
abgeschlossene Hülle, 445
Abhängigkeit
   sensitive, 71
Ableitung, 211, 214, 219, 221
Abschluß, 445
absolutstetig, 61, 68, 69, 439, 452

abstraktes Integral, 455
Achse, 359, 378
Adresse, 101
Adressierungsabbildung, 101
Alexandroff-Kompaktifizierung, 447
alternierend, 391, 462
Alternierungsvorschrift, 462
Anosov Closing Lemma, 315
Anosov-Diffeomorphismus, 248, 282
Anosov-Fluß, 444
Arnold-Diffusion, 410
Arnolds cat map, 172
asymptotisch periodisch, 59
asymptotisches Maß, 69
Atlas, 207
   maximaler, 209
attraktiv, 8
Attraktor, 14, 15, 293, 301
   chaotischer, 95, 433, 435, 437
   seltsamer, 58, 95, 246, 435, 437
äußeres Produkt, 462
Axiom A, 255

Banach-Mannigfaltigkeit, 207
Banach-Raum, 456
Banachscher Fixpunktsatz, 446
basic class, 293
basic set, 294
Basin, 13
Basisklasse, 293
Basismenge, 294
Bernoulli-Fluß, 444
Bernoulli-Shift, 81, 444
Bianchi-Identität, 464
biasymptotisch, 285
biholomorph, 372
Bildmaß, 452
Bogenlänge, 226, 352
Borel-Maß, 456
   reguläres, 456
Borelsche σ-Algebra, 450

Cantor-Menge, 36, 448
Cantorsche Wischmenge, 36

Sachverzeichnis

Cauchy-Folge, 445
chaotisch, 79, 435, 437, 444
chaotisch im Sinne von Bernoulli, 84
chaotisch im Sinne von Glendinning, 85
chaotischer Attraktor, 433, 435, 437
Coderaum, 99
cross-section, 345

Dachprodukt, 462
Darboux-Koordinaten, 400
Darstellungssatz von Riesz, 395, 459
dd$S$, 7
Decktransformation, 306
Determinante, 417
Dichte, 61, 452
diffeomorph, 211
Diffeomorphismus, 211
   lokaler, 220
   symplektischer, 400
Differential, 219
   kovariantes, 463
   totales, 221
differenzierbar, 211, 459
differenzierbare Struktur, 209
differenzierbarer Fluß, 339
Dimension, 207
Dirichlet-Polygon, 376
diskret, 364
diskretes dynamisches System, 7, 16, 446
dissipativ, 198, 425, 433
dissipativer Fluß, 440
Divergenz, 416
doppelt periodisch, 307
duale Basis, 222
Dualraum, 221, 457
Dynamik
   turbulente, 441
dynamisches System, 15

Ebene
   hyperbolische, 356
Eigenwert, 458

Einbettung, 220
Einsteinsche Summenkonvention, 393, 461
Einzugsbereich, 9, 13
Elementarfunktion, 451
Elemente einer Partition, 48
elliptisch, 359
empfindliche Abhängigkeit
   von den Anfangswerten, 59, 73
Endomorphismus, 458
Energie
   kinetische, 347
   potentielle, 347
Entropie, 82, 438
   metrische, 439
ergodisch, 61, 64, 412, 413
Ergodizität, 412
erlaubter Pfad, 48
erste Fundamentalform, 357, 464
erste Kategorie, 337
(erstes) Integral, 404
Euler-Lagrange-Gleichung, 348
Eulersche Charakteristik, 465
exakt, 397
Expansionsrate, 238
expansiv, 80, 263, 301
Exponentialabbildung, 318

Faktor
   kompakter, 378
   topologischer, 449
Faktorraum, 449
Feigenbaum-Attraktor, 69, 97
Feigenbaum-Konstante, 41
Feigenbaum-Punkt, 42
Fenster, periodisches, 46
first-return map, 345
Fix(f), 20
Fixpunkt, 20, 77
   zentraler, 77
Fläche
   hyperbolische, 356
   kompakte, 465

flächenerhaltend, 433
flacher Torus, 232
Fluß
   differenzierbarer, 339
   dissipativer, 440
   geodätischer, 350
Form
   Pfaffsche, 462
   symplektische, 399
Formel von Gauß-Bonnet, 444
Formel von Koszul, 463
Fraktal, 36, 435
fraktale (Hausdorff-)Dimension, 36
fraktale Dimension, 435, 439
Fréchet-Ableitung, 459
Fuchssche Gruppe, 373
full family, 138
Fundamentalbereich, 373
Fundamentalmenge, 373
Fundamentalumgebung, 8
Funktional
   lineares, 457

Gaußsche Krümmung, 464
generisch, 336
Geodätische, 318, 352, 463
geodätische Kurve, 317, 352
geodätischer Fluß, 350
geodätisches Segment, 375
Geometrie
   innere, 464
Gesamtenergie, 347
Geschlecht, 372, 465
glatt, 439
globale instabile Mannigfaltigkeit, 156
globale stabile Mannigfaltigkeit, 156
Graßmann-Produkt, 438
Großkreis, 355

Halbfluß, 339
Hamilton-Funktion, 385
Hamilton-Gleichung, 385
Hamiltonscher Fluß, 402
Hamiltonsches Vektorfeld, 401

hartes Chaos, 444
Hauptkrümmung, 464
Hausdorff-Dimension, 435, 439
Hausdorff-Raum, 447
hausdorffsch, 447
Hénon-Abbildung, 433
heteroklin, 268
Hilbertraum, 457
Homöomorphismus, 447
homoklin, 178, 268, 285
homokline Schleife, 269
homokliner Punkt, 246, 267
horizontaler Kegel, 271
Horozyklus, 362
horseshoe, 85
Hufeisen, 48, 85, 270, 273, 444
hyperbolisch, 359, 372, 458
hyperbolische Ebene, 356
hyperbolische Fläche, 356
hyperbolische Menge, 240, 246, 248, 282
hyperbolischer periodischer Orbit, 235
hyperbolischer periodischer Punkt, 235
hyperbolischer Punkt, 21
hyperbolisches Volumen, 373
Hyperbolizität, 240, 282
Hyperchaos, 433
hyperchaotisch, 435

immersed submanifold, 264
Immersion, 220
   isometrische, 229
Impuls
   verallgemeinerter, 385
Indikatorfunktion, 451
induzierte Topologie, 447
induzierter A-Graph, 56
Informations-Dimension, 439
Informationsproduktion, 439
Inklusion, 229
inkompressibel, 416
innere Geometrie, 464
inneres Produkt, 457

Sachverzeichnis

instabil, 21
instabile Mannigfaltigkeit, 155, 158, 422
instabile Menge, 301
integrabel, 406
Integral, 395
  (erstes), 404
Integralkurve, 342
invariant, 8, 413
invarianter Torus, 356
invariantes Maß, 68, 69
Involution, 404
irreduzible Schleife, 49
Isometrie, 229, 354, 357
Iterierte
  (Vorwärts-)Iterierte, 7
  Rückwärts-Iterierte, 7
itinerary, 105

Jacobi-Feld, 443
Jacobi-Gleichung, 443

K(olmogorov)-Fluß, 444
K-Form, 399
  nichtdegenerierte, 399
kanonische Transformation, 400
Karte, 207
Kartenwechsel, 208
Kegel, 271
  horizontaler, 271
  vertikaler, 271
Kegelfamilie, 272
Kegelfeld, 272
Kegelkriterium, 272
Kettenregel, 219
kettenrekurrent, 285
kinetische Energie, 347
Kneading theory, 104
Kneadingfolge, 105
Knettheorie, 104
Kodimension, 155, 210
Kodimension-1-Fläche, 159
Kolmogorov-Sinai-Entropie, 439
kommutativ bis auf ε, 317
kompakt, 446, 447

kompakte Fläche, 465
kompakter Faktor, 378
konform äquivalent, 372
Konjugation, 19
Konjugierte, 18
konservativ, 425, 433
Konstante der Bewegung, 404
kontinuierliches dynamisches System, 15
kontrahierend, 446
Kontraktionsrate, 238
kontravariant, 461
Konvergenz fast überall, 453
Konvergenz im p-ten Mittel, 453
konvexes Fundamentalpolygon, 375
Koordinaten
  symplektische, 400
Koordinatenfunktion, 222
Koordinatenwechsel, 208
Kotangentialbündel, 221
Kotangentialraum, 221
kovariant, 461
kovariantes Differential, 463
Krümmung
  Gaußsche, 464
  Riemannsche, 464
  sektionale, 464
Krümmungstensor, 464
kritische Kurve, 352
kritischer Punkt, 18
kritischer Wert, 18
Kupka-Smale, 337
Kurve
  geodätische, 352

Lagrange-Funktion, 347
Lagrange-Gleichung, 348
Lagrangesches dynamisches System, 348
Lebesgue-Integral, 452
Lebesgue-Maß, 450
Lebesgue-Zahl, 234
Legendre-Transformation, 385
Levi-Cività-Zusammenhang, 463

Lie-Ableitung, 388, 389
Lie-Klammer, 388
Lift, 306, 372, 401
Limesmenge
   $L(f)$, 283
lineare Abbildung, 457
linearer Operator, 457
lineares Funktional, 457
Liouville-Maß, 415
Lobatschevsky-Ebene, 356
logistische Abbildung, 28
lokal endlich, 374
lokal maximale hyperbolische Menge, 300
lokal-kompakt, 447
lokale Mannigfaltigkeit, 239
lokale Produktstruktur, 294, 295, 328
lokaler Fluß, 343
Lorenz-Attraktor, 441
Lorenz-Modell, 440
Lyapunov-Dimension, 439
Lyapunov-Exponent, 65, 427, 428, 436, 438
Lyapunov-instabil, 95
Lyapunov-Metrik, 248
Lyapunov-Spektrum, 428, 442

Mannigfaltigkeit, 159, 246
   differenzierbare, 208
   globale instabile, 156
   globale stabile, 156
   instabile, 155, 422
   orientierbare, 209
   schwache instabile, 421
   schwache stabile, 421
   stabile, 155, 422
   symplektische, 399
   topologische, 207
Maß, 61, 449, 456
   absolutstetiges, 68
   asymptotisches, 69
   ergodisches, 61
   invariantes, 61, 68

Maß
   natürliches, 69
   physikalisches, 69
maßerhaltend, 61, 412
maßerhaltende Abbildung, 412
maßkonvergent, 454
Maßkonvergenz, 453
Maßraum, 449
Mechanik
   statistische, 410
Menge
   attraktive, 8
   invariante, 8
   (in-)stabile, 246
meßbar, 451
meßbare Funktion, 451
meßbarer Raum, 449
Metrik, 445
   kanonische, 229
metrische Entropie, 439
metrischer Raum, 7, 445
Möbius-Band, 393
Möbius-Transformation, 357
Moment, 385
Morse-Smale-Diffeomorphismus, 304, 313
Multilinearform, 461

natürliches Maß, 69
Navier-Stokes-Gleichungen, 441
negative Limesmenge, 283
Neumannsche Reihe, 308, 458
nichtdegeneriert, 399
nichtwandernd, 283
nichtwandernde Menge, 255
nirgends dicht, 337
Norm, 456
normal, 447
normierter Raum, 456

offene Überdeckung, 447
Operator
   linearer, 457
Operatornorm, 457
operiert diskontinuierlich, 365

Sachverzeichnis

Orbit, 16, 373, 449
  (Vorwärts-)Orbit, 7
  periodischer, 20
  Rückwärts-Orbit, 7
  voller, 7
orientierbar, 393
orientiert, 393
Orientierung, 393
orientierungserhaltend, 393

parabolisch, 359
Parallelepiped, 438
Parallelflach, 438
parametrisiert mit konstanter Geschwindigkeit, 352
Partition, 48
$\text{Per}_n(f)$, 20
perfekt, 36
Periode, 20
Periodenverdopplung, 39
periodischer Orbit, 20
periodischer Punkt, 20, 100
periodisches Fenster, 46
Pesin-Identität, 438
Pfad, 49, 105
Pfaffsche Form, 462
Phasenraum, 7, 348
physikalisches Maß, 69
Picard-Gruppe, 370
Poincaré-Abbildung, 345, 346
Poincaré-Lemma, 397
Poincaré-Scheibe, 363
Poisson-Klammer, 404
positive Limesmenge, 283
potentielle Energie, 347
Prä-Hilbertraum, 457
Prämaß, 450
Produkt
  äußeres, 462
  inneres, 457
  topologisches, 448
Produkt-Topologie, 448
Produktmannigfaltigkeit, 230

Produktmetrik, 230
Produktregel, 389
proportional zur Bogenlänge parametrisiert, 352
Pseudoorbit, 285, 314
pullback, 390
Punkt
  homokliner, 267
  hyperbolischer, 21
  kritischer, 18
  periodischer, 20, 100
  restriktiver, 77
  transversaler homokliner, 268
  zentraler, 77
Punktspektrum, 458
push-forward, 390

quadratische Familie, 28
quasikompakt, 447
quasiperiodisch, 408
Quotientenraum, 448
Quotiententopologie, 449

räumliches Mittel, 64
Raum
  Hausdorff-, 447
  meßbarer, 449
  metrischer, 445
  normierter, 456
  topologischer, 446
Rechteck, 270
regulär, 105, 456
reguläres Borel-Maß, 456
Renormierung, 123
Renormierungsoperator, 122
Rényi-Information, 439
Repeller, 259, 301
residual, 337
Richtung
  exandierende, 246
  kontrahierende, 246
Riemannsche Fläche, 371, 372
  hyperbolische, 372
Riemannsche Krümmung, 464

Riemannsche Mannigfaltigkeit, 222
Riemannsche Metrik, 222
Riemannscher Abbildungssatz, 371
Riemannsches Volumen, 396
Rückwärtsiterierte, 7
Rückwärtsorbit, 7, 16
Ruelle-Ungleichung, 438

Sattel-Typ, 301
Satz von Beppo-Levi, 454
Satz von Daniell und Stone, 455
Satz von der Inversen Funktion, 220
Satz von Gauß-Bonnet, 425, 465
Satz von Lebesgue, 454
Satz von Liouville, 407
Satz von Stone-Weierstraß, 395, 460
Satz von Tychonoff, 448
schiefsymmetrisch, 462
schließlich periodisch, 21
schließlich periodischer Punkt, 100
Schnittpunkt
　transversaler, 268
schwach* Topologie, 457
schwache instabile Mannigfaltigkeit, 421
schwache stabile Mannigfaltigkeit, 421
schwache Topologie, 457
schwache Transversalitätsbedingung, 303
Schwarzsche Ableitung, 23
Sektion, 320
sektionale Krümmung, 464
Selbstabbildung, 7
seltsamer Attraktor, 58, 95, 246, 435, 437
Semikonjugation, 305
Sensitität im Sinne von Ruelle, 73
sensitiv abhängig von den Anfangsbedingungen, 434, 437
sensitive Abhängigkeit, 71, 73, 301
　im Sinne von Guckenheimer, 73
　von den Anfangsbedingungen, 71
　von den Anfangswerten, 71
shadowing, 294
Shadowing-Lemma, 315

Shadowing-Prinzip, 295, 314
Shannonsches Informationsmaß, 439
Shiftabbildung, 83, 100
Skalarprodukt, 457
solider 2-Torus, 163
Spektralradius, 236
Spektralzerlegung, 294
Spektrum, 458
Splitting, 247
　exponentielles, 247
Spur, 359
SRB-Maß, 439
stabil, 21
stabile Mannigfaltigkeit, 155, 158, 422
stabile Menge, 301
Stabilisator, 373
stable (unstable) manifold theorem, 155
Standard-Fläche, 372
starke Transversalitätsbedingung, 303
statistische Mechanik, 410
stochastischer Prozeß, 444
Stonescher Vektorverband, 455
Strange Attractor, 58
Strecke, 374
Streckenzug, 374
Struktur
　differenzierbare, 209
strukturell stabil, 255
strukturelle Stabilität, 282, 303
Stufe, 461
Submannigfaltigkeit, 159
Substitutionsregel, 395
superstabil, 40, 137
Suspensions-Fluß, 346
Suspensions-Mannigfaltigkeit, 346
symbolische Dynamik, 82
symmetrische Gruppe, 462
symplektisch, 398
symplektische Form, 399
symplektische Mannigfaltigkeit, 399
symplektischer Diffeomorphismus, 400
Symplektomorphismus, 400
System lokaler Koordinaten, 207

Sachverzeichnis

System
　diskretes dynamisches, 7
　dynamisches, 15
　kontinuierliches, 15
　kontinuierliches dynamisches, 15

Tangentialabbildung, 219, 221
Tangentialbündel, 217
Tangentialraum, 211, 212, 216
Tangentialvektor, 212, 216, 219
Tensor, 461
Tensor der Varianz (k, l), 225
Tensorfeld, 223, 462
Theorema egregium, 464
Topologie, 446
　induzierte, 447
　Produkt-, 448
　schwach*, 457
　schwache, 457
　Unterraum-, 447
　von $\mathfrak{F}$ erzeugte, 446
topologisch konjugiert, 18
topologisch konjugiert auf Ω, 303
topologisch transitiv, 14
topologische Abbildung, 447
topologische Einbettung, 242
topologische Gruppe, 364
topologische Immersion, 242
topologische Mannigfaltigkeit, 207
　mit Rand, 207
topologischer Faktor, 305, 449
topologischer Raum, 446
topologisches Produkt, 448
Torus, 169
　flacher, 232
total unzusammenhängend, 448
totale Variation, 460
totales Differential, 221
Träger, 248
Transformation
　kanonische, 400
Transformationssatz, 453
transition family, 116, 138

transversal, 159, 178, 221
transversaler homokliner Punkt, 268
transversaler Schnittpunkt, 268
Transversalität, 158, 159
Treppenfunktion, 117
Triangulierung, 465
turbulente Dynamik, 441

Übergangsfamilie, 116, 138
Überlagerung
　n-fache, 305
Überlagerungsabbildung, 306
Überlagerungsraum, 305
unimodal, 18, 23
Unteralgebra, 460
Untermannigfaltigkeit, 209
Unterraum
　expandierender, 237
　kontrahierender, 237
Unterraum-Topologie, 447
Unterschied, 106
Unzerlegbarkeitskomponente, 289
unzerlegbar (irreduzibel), 288

Vektorfeld, 218, 345
Vektorverband, 455
　Stonescher, 455
verallgemeinerter Impuls, 385
Verkettung, 114
Verkürzung einer k-Form, 397
vertikaler Kegel, 271
verträglich, 208
Verzweigungsparameter, 28
Viereckungleichung, 445
voller Orbit, 7
vollständig, 345, 446
vollständig integrabel, 406
vollständig unzusammenhängend, 36
Volumen, 395
volumenerhaltend, 433
volumenerhaltender Fluß, 438
Volumform, 393, 396
von $\mathfrak{F}$ erzeugte Topologie, 446
Vorwärtsorbit, 16

(Vorwärts-)Iterierte, 7
(Vorwärts-)Orbit, 7

Wahrscheinlichkeitsmaß, 61
Wahrscheinlichkeitsraum, 61, 449
Wegzusammenhang, 207
wegzusammenhängend, 448
weiches Chaos, 444
Wert
    kritischer, 18
    regulärer, 229
Wirkung, 350, 352
Wirkungs-Winkel-Koordinaten, 408
Wirkungsvariable, 408

zeitliches Mittel, 64
Zeitmittel, 413
zentral, 77
zentraler Punkt, 77
Zerlegung der Eins, 248
zusammenhängend, 448
Zusammenhang, 207
Zusammenhangskomponente, 448
Zustandsraum, 348
Zylinder, 191

Krabs
Dynamische Systeme: Steuerbarkeit und chaotisches Verhalten

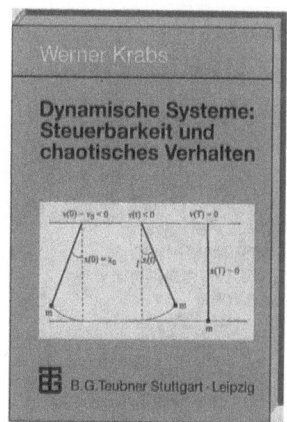

Von Prof. Dr. **Werner Krabs**
Technische Universität Darmstadt

1998. 165 Seiten.
16,2 x 22,9 cm.
Kart. DM 34,80
ÖS 254,– / SFr 31,–
ISBN 3-519-02638-4

Die Theorie der dynamischen Systeme hat sich aus der qualitativen Theorie der Differentialgleichungen entwickelt, die in den letzten beiden Jahrzehnten des 19. Jahrhunderts von Lyapunov und Poincaré begründet wurde. Die abstrakte Definition eines dynamischen Systems verdanken wir G. D. Birkhoff. Neue Impulse hat die Theorie der dynamischen Systeme bekommen durch das Aufkommen der Chaostheorie, die in Ansätzen allerdings auch schon bei Poincaré zu finden ist.

Das vorliegende Buch behandelt in einem ersten Kapitel ungesteuerte Systeme sowohl Zeit-kontinuierlich, als auch Zeit-diskret hinsichtlich asymptotischen Verhaltens, insbesondere in Bezug auf Stabilität. In einem zweiten Kapitel werden gesteuerte Systeme untersucht. Schwerpunktmäßig geht es dabei um die Steuerbarkeit der Systeme in Gleichgewichtszustände. Diese Fragestellung liegt auch dem dritten Kapitel über dynamische Spiele zugrunde und wird sowohl kooperativ, als auch nichtkooperativ behandelt. Dieses Kapitel ist wesentlich neuartig und hat sich aus Fragestellungen bei der mathematischen Konfliktmodellierung entwickelt.

Das vierte und zugleich umfangreichste Kapitel befaßt sich mit chaotischem Verhalten primär Zeit-diskreter Systeme und geht auf verschiedene Chaosdefinitionen ein, die teilweise miteinander verglichen werden. Insbesondere wird das chaotische Verhalten von Abbildungen der Ebene in sich mit sog. homoklinischen Punkten untersucht und am Beispiel eines nichtlinearen Pendels mit oszillierendem Aufhängepunkt demonstriert.

Preisänderungen vorbehalten.

B.G. Teubner Stuttgart · Leipzig

TEUBNER-TASCHENBUCH der Mathematik

Begründet von
I. N. Bronstein und
K. A. Semendjajew
Weitergeführt von
G. Grosche, V. Ziegler
und **D. Ziegler**
Herausgegeben von
Prof. Dr. **Eberhard Zeidler**
Leipzig

1996. XXVI, 1298 Seiten.
14,5 x 20 cm.
Geb. DM 59,–
ÖS 431,– / SFr 53,–
ISBN 3-8154-2001-6

Das vorliegende »TEUBNER-TASCHENBUCH der Mathematik« ersetzt den bisherigen Band – Bronstein/Semendjajew, Taschenbuch der Mathematik –, der mit 25 Auflagen und mehr als 800.000 verkauften Exemplaren bei B. G. Teubner erschien.

In den letzten Jahren hat sich die Mathematik außerordentlich stürmisch entwickelt. Eine wesentliche Rolle spielt dabei der Einsatz immer leistungsfähigerer Computer. Ferner stellen die komplizierten Probleme der modernen Hochtechnologie an Ingenieure und Naturwissenschaftler sehr hohe mathematische Anforderungen.

Diesen aktuellen Entwicklungen trägt das »TEUBNER-TASCHENBUCH der Mathematik« umfassend Rechnung. Es vermittelt ein lebendiges und modernes Bild der heutigen Mathematik und erfüllt aktuell, umfassend und kompakt die Erwartungen, die an ein Nachschlagewerk für Ingenieure, Naturwissenschaftler, Informatiker und Mathematiker gestellt werden. Im Studium ist das »TEUBNER-TASCHENBUCH der Mathematik« ein Handbuch, das Studierende vom ersten Semester an begleitet; im Berufsleben wird es dem Praktiker ein unentbehrliches Nachschlagewerk sein.

Aus dem Inhalt
Wichtige Formeln, graphische Darstellungen und Tabellen – Analysis – Algebra – Geometrie – Grundlagen der Mathematik – Variationsrechnung und Optimierung Stochastik – Numerik

Preisänderungen vorbehalten.

B. G. Teubner Stuttgart · Leipzig